Elemental Materials

Editor-in-Chief	Sung-Taeg NAM
Managing Editor	Tae Gue JUN
Contributing Editor	Dahye HONG Yoonsoo KIM Sun Mok HEO Qiri CAO Jihwan SUNG
Editorial Designer	Junhee KIM Haechan KWON Chanwoo LEE Jeongseok LEE

Hanyang University
Department of Architecture

목차

감각시대 – 원초성과 분위기

바리아

contents

The Age of Sensibility - Primitivity and Atmosphere

Varia

Editorial

남성택 Sung-Taeg Nam

On archirouter

한양대학교 건축학부가 Hanyang Architecture Review의 스페셜 에디션으로 2021년부터 연간 출판하고자 하는 전문학술도서 아키라우터archirouter는 건축의 근본적 문제의식들을 고민하며 그에 비추어 다시 우리 시대의 현상을 직시하고자 시도한다.

건축architecture과 무선공유기router의 합성어인 **아키라우터**는 우리 시대의 건축이 여전히 필요로 하는 다양한 사고와 담론의 촉매 역할을 기대한다. 그리고 인터넷 검색창의 세계가 그러하듯, 특정 키워드를 중심으로 시대를 관통하는 글들을 수집하고 수평적 위계로 정리해 소개하고자 한다.

Volume 4

근원적 재료. Elemental Materials

세상과 생명체는 무엇으로 이루어져 있는가. 만물은 어디에서 유래했고, 무엇으로 창조되었는가. 고대 서양 철학의 4원소(물, 불, 흙, 공기)와 동양 철학의 5행설(물, 불, 나무, 쇠, 흙) 등은 모두 이러한 철학적 물음에 대해 제시된 오래된 해답 가운데 하나이다.

세상을 이루는 요소가 무엇인지에 대해서는 다양한 해석이 존재했다. 그러나 세상을 구성하는 소수의 근본 요소들이 우선적으로 존재하며, 이 단순한 요소들의 다양한 조합을 통해 복잡한 만물이 생성된다는 사유는 크게 다르지 않다. 이러한 철학적, 종교적, 신화적 이론 혹은 믿음은 근대 이후 과학적 오류나 근거 부족으로 인해 사실로 받아들여지지는 않지만, 오랜 세월 인류 문명 속에 DNA처럼 각인되어 여전히 우리의 정신에 영향을 미치며 살아남아 있는 사상임은 부인하기 어렵다.

건축인으로서 우리는 자연스럽게 다음과 같은 질문에 도달하게 된다. 그렇다면, 건축은 무엇으로 이루어져 있는 것일까?

건축의 기원이 인간을 위한 안식처abri/shelter로부터 시작되었다면, 건축가의 소명은 인간의 삶을 보호하기 위한 안식 공간을 구축하는데 있을 것이다. 이 때 건축의 핵심적 요소는 공간이며, 재료와 연결짓기 어려운 비물질적 대상이 될 것이다. 하지만 건축은 오직 공간만으로 이루어질 수는 없다.

건축의 공간은 자연발생적으로 생겨난 것이 아니다. 고대 로마의 건축가 비트루비우스Vitruvius는 건축의 기원을 설명하며, 인류가 처음으로 불을 발견하는 장면을 첫 번째 사건으로 묘사했다. 불의 발견과 기술은 인간 언어의 발달과 사회화의 계기가 되었고, 이내 최초의 오두막을 구축하는 예술의 기점이 되었다는 주장이다.

원시 오두막의 건설에 흔히 사용되었다고 알려진 핵심 재료는 나무였다. 역사적으로도 목재는 다양한 시대와 지역에 걸쳐 보편적인 구축 예술의 재료로 사용되어 왔으며, 다른 재료로 대체되더라도 그 건축 속에 목골조의 기억은 장식적 형태나 구조적 지향점으로서 세계 건축 전반에 잔존해있다. 이에 기인한 건축 모두는 현실이든 이상이든, 그 핵심 재료인 나무의 본성을 벗어날 수 없게 된다.

한편, 다시 비트루비우스로 되돌아가 오두막 이전의 순간을 상상해 보자. 작은 모닥불이 척박한 야생 환경 속에서 일시적이지만 따뜻하고 쾌적한 안식처를 형성하며 인간을 보호하고, 심지어 정신을 고양시키는 역할을 했던 장면이다. 구축된 구조물이 없이도 '비물질적'인 불이 공간으로 정의되는 건축의 소명을 이미 충족하고 있는 것이다.

물론 불 역시, 오두막의 구축을 위해 필요한 것처럼, 나무라는 연소 재료 없이는 존재할 수 없다는 점에서, 불도 결국 하나의 재료와 행위, 기술에 의존하고 있다. 나아가 정주 문명이 시작되면서 건축은 구축적 견고함, 지속성, 심지어 영속성까지 고려하고 추구해야 했고, 건축 내부의 불을 안전하고 효과적으로 유지하기 위해서는 불자리의 고안과 조성이 필요해졌다. 그 과정에서 석재나 벽돌과 같은 단단한 내화성 재료와 결합하며 화로나 벽난로로 구축되었고, 그에 따라 불을 중심으로 하는 특정한 건축 기술 전통이 형성되었다는 점도 기억해야 한다.

19세기 독일 건축가 고트프리드 젬퍼Semper는 '화로'를 건축의 핵심 요소로 규정한 후, 그 주위에 구축되는 요소로 '바닥', '지붕', '울타리벽'을 더해 "구축예술의 4요소"를 제안했다. 그는 이 각각의 건축 요소들이 저마다 고유한 재료 및 기술과 밀접하게 연결되어 있다고 보았다. 재료적 관점에서 보자면, 불(화로), 돌(바닥), 나무(지붕), 섬유(벽)는 건축을 이루는 젬퍼의 근원적 재료로 이해될 수도 있다.

젬퍼에게 화로가 건축의 중심으로서 따뜻한 '공간'을 생성하는 장치였다면, 나머지 세 요소(바닥, 지붕, 벽)은 그 공간을 감싸는 '구축'의 대표적 장치이다. 건축의 비워진 공간은 구축을 통해 채워진 물질에 의해 정의되며, 음과 양 또는 보이드와 솔리드처럼 공간과 구축은 서로 공존하고 상호 보완적인 관계를 이룬다. 공간은 구축의 존재 이유지만, 현실적으로는 구축 행위의 결과로서 공간이 결정된다.

이러한 관점에서 건축은 크게 '공간'과 '구축'이라는 두 층위로 이루어져 있다고도 볼 수 있다. 이때 공간이 무엇으로 이루어졌는지를 말하기는 어렵지만, 구축이 무엇으로 이루어졌는지는 비교적 명확하다. 결국 아키라우터 역시 건축의 재료를 다룬 여타 선행 작업들과 마찬가지로, 구축을 형성하는 물질과 재료에 주로 집중할 수밖에 없는 현실을 피할 수는 없겠다.

그럼에도 불구하고, 건축적 주제로서 재료를 바라보는 우리의 시각에는 미묘한 차이가 존재한다. 미시적으로 보면 인간이 만든 건축은 자연과 명확히 구분되지만, 거시적 관점에서는 인간 역시 지구 생태계의 일부에 불과하다. 그러므로 인간이 만든 건축물도 결국은 자연환경의 범위를 완전히 벗어나지 못한다는 이해가 필요하다. 건축은 동물들의 둥지보다 훨씬 정교하고 복잡한 구축물로 여겨지지만, 본질적으로는 세상에 속한 다양한 재료를 모아 새롭게 배열, 또는 재조합한 것일 뿐이다. 가까이에서 보면 인공물처럼 자연을 배경삼아 눈에 튀지만, 멀리서 보면 그것은 배경의 일부로 녹아든다.

건축물은 세상 속의 또 다른 '작은 세상'이며, 그 본질은 외부 세상과 다르지 않다. 4원소인 흙, 불, 물, 공기를 재결합해 생성한 단단한 재료로 구축된 건축물의 내부 공간은 다시 신선한 공기, 깨끗한 물, 따뜻한 불, 부드러운 흙으로 채워진다. 굳어버린 구축과 흐르는 공간은 서로를 감싸며 조화를 이루고, 건축의 내외부를 경험하는 인간의 일상 속에 특정한 감각과 감정을 지속적으로 유발하는 무대로 기능한다.

오늘날의 현대 건축 역시 재료적 본질에 주목하는 경향을 보인다. 근원적 재료로의 회귀를 통해 본질주의essentialism, 원시주의primitivism, 공감각적 분위기atmosphere 중심의 건축은 복잡한 복합체인 건축을 단순하고 최소한의 재료와 표면, 공간감으로 환원하고자 하는 것은 우연이 아니라고 믿는다.

아키라우터 4호는 만물을 이루는 근원 물질에 대한 다양한 철학적 · 이론적 사유를 개괄한 역사적 문헌들을 정리한 개론적 섹션 **〈세상/건축을 이루는 물질〉**로 시작된다 (공자, 엠페도클레스, 아리스토텔레스, 유안, 오비디우스, 고타마 싯타르타, 비트루비우스). 이어 건축 재료들을 나열하여 그 상호 관계나 상대적 특성을 비교하는 역사적 건축가들의 인식과 태도를 통합적으로 조망하는 총론적 섹션 **〈재료를 마주하며〉**로 이어진다 (이계–영조법식, 레온 바티스타 알베르티, 안드레아 팔라디오, 마크-앙투안 로지에, 외젠 비올레-르-뒤크, 고트프리트 젬퍼, 아돌프 로스, 라슬로 모홀리-나기, 오귀스트 페레).

그 다음에는 각각의 재료적 특성과 역사적 맥락에 집중하는 세 개의 각론적 섹션이 구성된다. 첫째, 고대부터 산업혁명 이전까지 간단한 가공을 통해 구축되어 온 전통 재료들을 다룬 **〈전통시대 — 축조와 피복〉** (오귀스트 슈와지, 프랭크 로이드 라이트, 파울 세르바르트, 안드레아스 힐트, 제프리 킵니스, 안드레아스 힐트, 아담 카루소 외), 둘째, 산업화 이후 기계적 생산과 화학적 합성 과정을 통해 등장한 새로운 재료 현실을 조명하는 **〈산업시대 — 가공과 합성〉** (지그프리드 기디온, 미스 반 데어 로에, 지오 폰티, 레이너 밴함, 장-루이 코헨, 에바 기어링 & 안드레아 데플라제즈 외), 셋째, 원초적 재료의 감각성과 물성에 주목하며 회귀적, 현상학적 감각을 추구하는 현대 건축의 흐름을 담은 **〈감각시대 — 원초성과 분위기〉** (버나드 루도프스키, 르 코르뷔지에, 자크 뤼캉, 딜러 스코피디오 & 렌프로, 마틴 라우흐, 박종진, 남성택 외)가 그것이다.

마지막으로는 다양한 필진의 시선을 담은 기고 섹션 **〈바리아〉** (조성룡, 현명석, 하니 뷔리, 플로리안 아이허, 게롤드 올리히, 아드리안 도르슈너, 전태규, 홍다혜, 앙투안 피콩, 라우렌트 슈탈더)를 통해, 재료에 대한 다층적인 성찰을 함께 소개한다.

이처럼 아키라우터 4호는 재료의 관점에서 건축을 통찰하고자 하며, 건축을 이루는 다양한 재료들 간의 관계, 특정 재료에 대한 각기 다른 입장과 태도, 독창적인 관점을 바탕으로 한 다채로운 건축 담론들을 폭넓게 담아내고자 한다.

감사의 글

아키라우터 프로젝트는 2020년부터 한양대학교 건축학부의 전폭적인 지원과 협력을 바탕으로 출발하였다. 본 호 또한 한양대 건축학부의 조직적 지원과 교수진 전체의 적극적인 협력이 있었기에 가능했다. 기획 단계에서부터 출판에 이르기까지 이어진 이 협력은 단순한 외부 자문을 넘어, 건축학부 내부에서 자생적으로 작동한 집단적 실천이자 창의적 구성이라 할 수 있다.

한양대학교 출판부의 지속적인 지원 역시 이 기획을 꾸준히 지속 가능하게 만든 또 하나의 토대였다. 아울러, 본 호의 제작 과정에는 한국연구재단 기본연구사업(No. RS-2023-00248602)의 연구비 지원도 함께하고 있다.

이번 호에 기꺼이 글을 보내준 국내외 필진들, 그리고 발췌 수록을 허락해준 여러 출판사, 각 텍스트의 번역과 교정을 도맡아준 역자들의 기여 또한 크다. 그들의 헌신 없이는 지금과 같은 분량과 밀도의 성과가 가능하지 않았을 것이다.

무엇보다도, 기획과 자료 조사, 원고 정리, 저자 대응, 번역 조율, 편집 디자인까지 아키라우터의 전체 제작 과정을 실질적으로 이끌어온 편집팀의 헌신은 반드시 기록되어야 한다. 전태규, 홍다혜, 김윤수, 허순목, 조기일, 성지환, 김준희, 권해찬, 이찬우, 이정석—모두 한양대학교 건축학부 출신의 대학원생 및 학부생, 졸업생들로, 이 프로젝트의 실질적 동력이었다. 이들의 손끝에서 기획은 실행이 되었고, 아이디어는 책으로 자리 잡았다. 아키라우터 4호는 바로 그 과정의 결실이다.

편집장 남성택

On archirouter

archirouter is a special edition of Hanyang Architecture Review, published once a year since 2021 by the Department of Architecture at Hanyang University. archirouter adopts the academic form of a book to reconsider fundamental problems for the architecture of our time.

archirouter, a composition of 'architecture' and wireless 'router', is expected to act as a catalyst for various thoughts and discourses still needed for the architecture of our time. As in the world of the internet search engine, by focusing on specific keywords, archirouter collects texts from the past to the present and attempts to select and arrange them appropriately.

Volume 4:

Elemental Materials: What is the World/Architecture Made of?

What is the world and life made of? From where do all things originate, and by what are they created? The theory of the four elements in ancient Western philosophy (water, fire, earth, and air) and the theory of the five phases in Eastern philosophy (water, fire, wood, metal, and earth) represent some of the oldest answers to these enduring questions.

There have been diverse interpretations of the constituent elements of the world. Yet the underlying idea—that a few fundamental elements exist prior to all others, and that through their simple combinations the complexity of all things is generated—remains largely consistent. Although such philosophical, religious, and mythological theories or beliefs are no longer accepted as factual in the wake of modern science, due to their errors or lack of evidence, it is difficult to deny that they have survived as thought deeply inscribed, like DNA, within human civilization, still shaping our collective consciousness.

As architects, we inevitably arrive at the following question: what, then, is architecture made of?

If the origin of architecture lies in the creation of abri/shelters for human beings, then the calling of the architect would be to construct protective spaces for life. In this sense, the essential element of architecture is space, an immaterial entity not easily associated with material substance. Yet architecture cannot consist of space alone.

Architectural space does not arise spontaneously. The Roman architect Vitruvius, in explaining the origins of architecture, depicted the discovery of fire as the primal event. The discovery and use of fire, he argued, became the occasion for the development of human language and social life, and eventually the starting point of the art of constructing the first hut.

The key material commonly associated with the construction of the primitive hut was wood. Historically, timber has been one of the most universal materials of the building arts, across different times and regions. Even when supplanted by other materials, the memory of timber framing has persisted in architecture worldwide, whether in decorative forms or in structural orientations. Thus, any architecture derived from this lineage, whether real or ideal, cannot escape the essential nature of wood as its core material.

At the same time, let us return to Vitruvius and imagine the moment prior to the hut. A small bonfire, in the midst of a harsh and barren landscape, provided not only a temporary but also a warm and uplifting refuge, protecting human life while also elevating the spirit. Even without a constructed structure, the "immaterial" fire was already fulfilling the architectural mission of defining space as a shelter.

Of course, fire itself, like the hut, depends upon material: without the combustible substance of wood, it cannot exist. Moreover, as sedentary civilization began, architecture came to pursue structural firmness, durability, and even permanence. To sustain fire safely and effectively within architecture, the hearth had to be devised and constructed. This necessity brought fire into conjunction with hard, fire-resistant materials such as stone or brick, giving rise to hearths and fireplaces, and thereby to an architectural tradition that organized itself around fire.

In the nineteenth century, the German architect Gottfried Semper defined the "hearth" as the core element of architecture, and added "mound," "roof," and "enclosure" around it to formulate his theory of the "four elements of architecture." Each of these elements, he argued, is intrinsically linked with its own material and technique. From a material perspective, fire (hearth), stone (mound), wood (roof), and textile (enclosure) may thus be understood as Semper's primordial materials of architecture.

For Semper, the hearth was the device that generated the warmth of space at the center of architecture, while the other three elements (mound, roof, enclosure) were representative devices of "construction"—or the very act of built form—that enclosed that space. Architectural space, empty in itself, is defined by the matter with which it is filled through construction; like yin and yang, or void and solid, space and construction exist in a mutually complementary relation. Space gives reason for construction, yet in reality it is construction that often produces space as its outcome.

From this perspective, architecture may be conceived in terms of two layers: "space" and "construction." While it is difficult to define what space is made of, it is comparatively clear what construction consists of. Thus, *Archirouter*, like many earlier studies on architecture, inevitably finds itself concentrating on the materials and substances that shape construction.

Nevertheless, our perspective on materials as an architectural subject carries certain nuances. On a microscopic level, human architecture is distinct from nature; yet in the macroscopic view, humans themselves are but a part of the Earth's ecosystem. Accordingly, human-made buildings cannot fully escape the domain of the natural environment. Architecture, though far more intricate and complex than the nests of animals, is still essentially a rearrangement and recombination of the world's given materials. From up close, it appears as an artifact standing against its natural background, but from a distance, it blends back into that very background.

Architecture is thus another "small world" within the world, and its essence is not different from that of the larger world outside. Buildings, constructed from solid materials recombining the four elements—earth, fire, water, and air—are internally filled again with fresh air, clean water, warm fire, and soft earth. Solidified *construction* and fluid *space* enwrap one another in harmony, functioning as a stage that continuously evokes specific sensations and emotions in the daily life of its inhabitants.

In contemporary, also, reveals a renewed attention to material essence. The return to primordial materials underlies essentialist, primitivist, and atmospheric tendencies in architectural design, which aim to reduce the complex composite of architecture to its simplest materials, surfaces, and spatial sense.

Archirouter 4 begins with an introductory section, **Matter of the World/Architecture**, which surveys historical texts that explore diverse philosophical and theoretical reflections on the primordial substances of existence (Confucius, Empedocles, Aristotle, Liu An, Ovidius, Gautama Siddhārtha, Vitruvius). This is followed by a comprehensive section, **Confronting Materials**, which examines how architects have historically classified and compared materials, recognizing their interrelations and relative properties (Li Jie – *Yingzao fashi*, Leon Battista Alberti, Andrea Palladio, Marc-Antoine Laugier, Eugène Viollet-le-Duc, Gottfried Semper, Adolf Loos, László Moholy-Nagy, Auguste Perret).

The book then turns to three thematic sections, each focusing on the characteristics of materials in their historical contexts: **The Age of Tradition—Construction and Cladding**, addressing materials worked by simple techniques before the Industrial Revolution (Auguste Choisy, Frank Lloyd Wright, Paul Scheerbart, Andreas Hild, Jeffrey Kipnis, Adam Caruso, among others); **The Age of Industry—Processing and Synthesis,** highlighting the emergence of new material realities through mechanical production and chemical synthesis (Sigfried Giedion, Mies van der Rohe, Gio Ponti, Reyner Banham, Jean-Louis Cohen, Eva Geering & Andrea Deplazes, among others); and **The Age of Sensibility—Primitivity and Atmosphere**, tracing contemporary returns to raw material sensibilities and phenomenological atmospheres (Bernard Rudofsky, Le Corbusier, Jacques Lucan, Diller Scofidio + Renfro, Martin Rauch, Jong-Jin Park, Sung-Taeg Nam, among others).

Finally, the volume concludes with a diverse set of contributions gathered under **Varia**

(Sung-Yong Joh, Myung Seok Hyun, Hani Buri, Florian Aicher, Gerold Ulrich, Adrian Dorschner, Tae Gue Jun, Dahye Hong, Antoine Picon, Laurent Stalder), offering multilayered reflections on materials in architecture.

In this way, *Archirouter* 4 seeks to illuminate architecture from the perspective of materials, bringing together a wide range of discourses that explore the relations among different materials of building, diverse positions and attitudes toward particular substances, and original perspectives that open onto new architectural thought.

Acknowledgments

The *Archirouter* was launched in 2020 with the full support and cooperation of the Department of Architecture at Hanyang University. The publication of this issue was likewise made possible through the department's organizational backing and the active collaboration of its entire faculty. From the planning stage through to publication, this collaboration extended beyond external consultation, taking shape instead as a collective practice and creative endeavor that emerged organically within the department itself.

The sustained support of the Hanyang University Press has also provided another foundation that has allowed this project to continue steadily and sustainably. In addition, the production of this issue has been supported by a research grant from the National Research Foundation of Korea (No. RS-2023-00248602).

We also owe much to the domestic and international contributors who generously submitted their writings to this volume, to the many publishers who granted permission for excerpts, and to the translators whose work of translation and careful editing made possible the scope and density of this publication. Without their dedication, the present results would not have been achievable.

Above all, special acknowledgment must be given to the editorial team whose commitment has carried the project through every stage of its making—from planning, research, and manuscript preparation, to author correspondence, translation coordination, and editorial design. Tae Gue Jun, Dahye Hong, Yoonsoo Kim, Sun Mok Heo, Qiri Cao, Jihwan Sung, Junhee Kim, Haechan Kwon, Chanwoo Lee, and Jeongseok Lee—all graduate and undergraduate students of the Department of Architecture at Hanyang University—formed the true driving force of this project. Through their hands, plans were executed, ideas were materialized, and *Archirouter* vol. 4 has become the tangible outcome of that process.

Editor-in-Chief. Sung-Taeg NAM
(translated by Tae Gue JUN)

Matter of the World/ Architecture

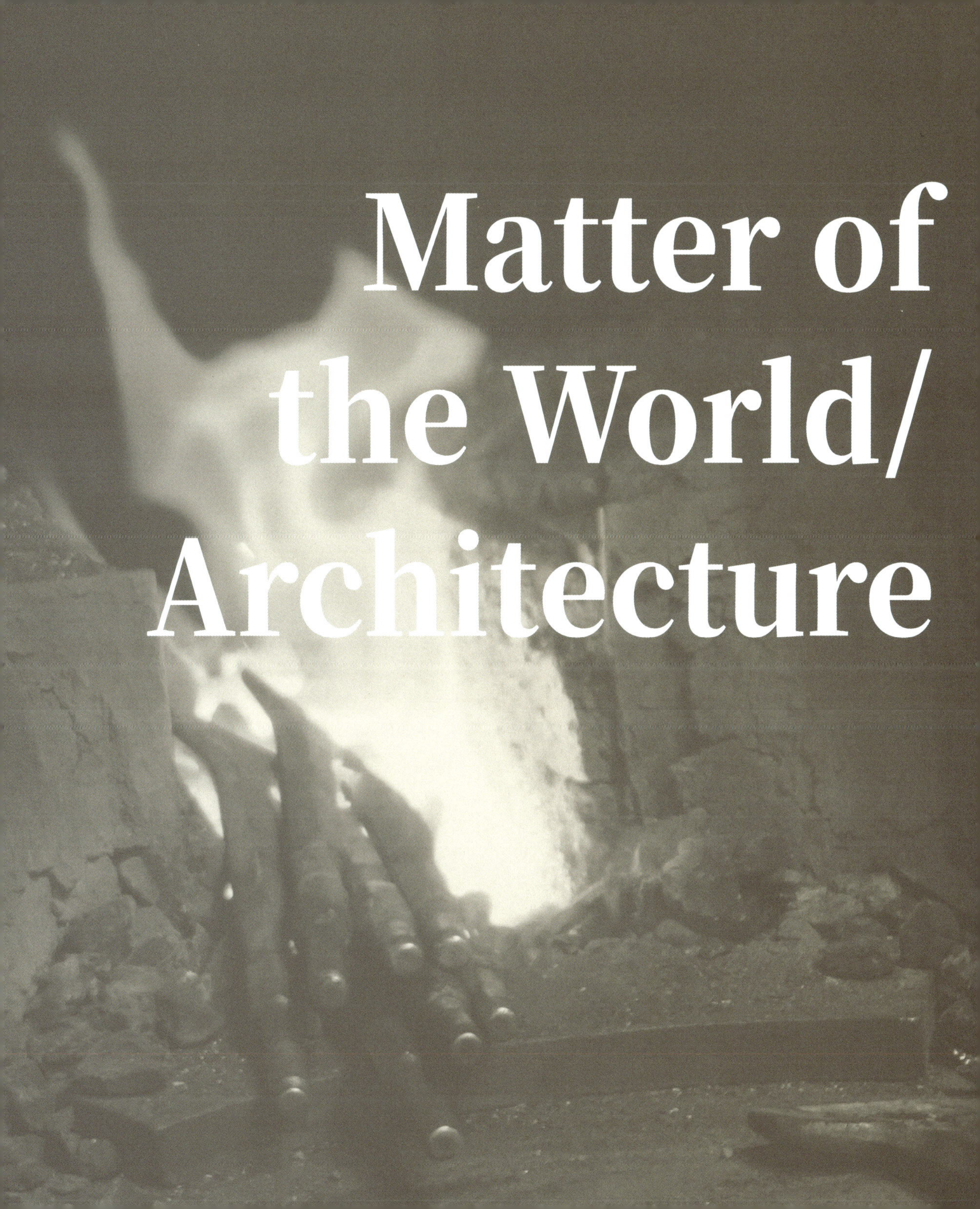

세상/건축을 이루는 물질

Materia Prima

원재료

우리가 진실이라고 믿는 많은 지식은, 사실상 하나의 해석에 불과할지도 모른다. 어떤 설명은 오늘날 과학의 기준에서는 오래전에 폐기되었지만, 한때는 사람들에게 세상을 이해할 수 있는 체계를 제공하기도 했다. 옳고 그름을 떠나 그러한 설명들은 종종 지금의 우리에게 다시금 의미 있게 다가오기도 한다. 상상하고 사유하는 방식에서 새로움을 주거나, 잊고 지냈던 것들을 일깨워주기 때문이다.

이번 글에서 살펴볼 여섯 편의 고대 문헌은 서로 다른 시대와 지역에서 쓰였지만, 공통적으로 "세상은 무엇으로 이루어지는가"라는 질문에 답한다. 불, 물, 공기, 흙, 나무와 같은 기본 요소들은 서로 다른 맥락 속에서 다양한 이름으로 등장한다. 요소들 간의 관계가 설명되기도 하는데, 이는 다시 자연 현상을 설명하는 원리가 되기도 하고, 동식물이나 인간의 특성을 이해하는 방식으로 확장되기도 한다.

고대의 사유는 엄밀한 실험이나 증거를 요구하지 않았다. 그럼에도 우리는 세상을 이루는 것들에 대한 감각과 직관, 그리고 그것을 둘러싼 이미지를 이해할 수 있다. 예를 들어, 불은 따뜻함과 밝음을 지닌 동시에 소멸의 위협을 담고 있고, 물은 차가움과 어둠을 가지면서도 생명의 원천이 된다. 이런 요소들은 오랜 시간 사람들의 상상 속에서 반복되었고, 동서양을 막론하고 비슷한 방식으로 세상을 설명해 왔다.

프랑스의 철학자 가스통 바슐라르(Gaston Bachelard, 1884-1962)는 이처럼 구체적인 사물의 이미지에서 비롯된 상상력을 '물질을 통한 상상'이라고 불렀다. 그는 시인이 불을 노래할 때, 그것은 단지 불의 형상이 아니라 우리 안에 각인된 뜨거움에 대한 감각과 기억을 일깨운다고 말했다. 바슐라르의 '시적 이미지'는 불, 물, 흙, 공기와 같은 요소들이 지닌 원초적이고 경험적인 성질을 통해 세계를 이해하려는 인간의 오래된 시도였다.

이러한 관점은 건축 재료를 바라볼 때에도 유의미하다. 건축은 하나의 인공적 세계이다. 흙과 나무, 금속이 단단한 부분들을 이루고, 그 안에 불이 밝혀지고, 공기가 흐르고, 물이 순환한다. 이 모든 것들은 단지 기능을 수행하는 재료를 넘어, 작은 세계를 구성하는 본질적인 요소들일 것이다. 그렇게 건축은 과학을 넘어 시의 영역에 닿는다.

고대 원소론을 건축의 시선으로 다시 읽는 것은, 재료에 대한 상상력을 회복하는 일이기도 하다. 단단함과 부드러움, 모임과 퍼짐, 습함과 건조함과 같은 감각들은 단순한 물리적 특성이 아니라, 우리가 세상과 관계 맺는 방식이었다. 이번 글은 이처럼 오래된 질문들을 다시 꺼내어, 물질에 대한 상상을 확장해 보고자 한다.

홍다혜

세상은 무엇으로 이루어지는가: 동서양의 근원 물질론
What the World is Made Of: Ancient Theories of Primordial Substance

공자, 엠페도클레스, 아리스토텔레스, 유안, 오비디우스, 고타마 싯타르타 지음

Kong Qiu, Empedocles, Aristotle, Liu An, Ovidius, Gautama Siddhārtha

홍다혜 엮음

『상서(尙書)』는 중국에서 가장 오래된 왕실 문헌집으로, 내용의 원형은 중국 최초의 상고 시대(하(夏), 상(商), 주(周)나라 초기, B.C.1046–771)에 걸쳐 형성되었다. 정리된 것은 춘추전국 말기에서 진국~신(秦) 초기(B.C.11~3)이다. 내용은 공자의 말에서 비롯된 것으로 추측되나, 확실치 않다. 역사 문서이자 고대 사건들을 회고한 기록의 편찬본으로,『상서(尙書)』의 주서(周書, 주나라 시대의 역사)편 중 「홍범(洪範)」을 수록하였다.

공자의 『상서(尙書)』「홍범(洪範)」 1046–771BC
The Great Plan

홍다혜 옮김

때는 왕이 즉위한 지 13년째 되는 해였다. 왕은 기자[역주1]를 찾아가 자문하였다.

이에 왕이 말하였다.
"아, 기자여! 보이지 않는 덕행[역주2]이 백성들을 도와 서로 화합하게 하고, 그들의 삶이 안정되게 하니, 나는 이러한 영속적인 윤리 질서[역주3]가 어떻게 세워지고 정돈될지 모르겠소."

역주1 기자(箕子)는 은나라 말기의 왕족으로, 주왕(紂王)의 숙부로 알려져 있다. '기(箕)'는 기자가 이후에 다스리게 된 땅의 이름으로, 기자는 기라는 땅을 맡아 다스린 귀족이라는 뜻이다.

역주2 덕행, 음칙(陰騭)은 겉으로 드러나지 않는 선행을 의미하며, 하늘이 알고 보답하는 음덕(陰德)을 뜻한다. 음양이 조화를 이루어 만물을 길러내고(生育) 번성케 하는 자연의 도리와도 연관되는 개념이다.

역주3 영속적인 윤리 질서, 이륜(彝倫)은 고대 중국 철학에서 가족과 사회 내에서 지켜야 할 근본적인 관계의 질서를 의미한다. 이는 단순한 가족 윤리를 넘어, 정치 질서, 하늘의 명(命), 사회 통치의 정당성까지 아우르는 개념이다.

기자가 이에 말하였다.

"내가 듣건대, 옛날에 곤[역주4]이 홍수를 막으려 하다가 실패하여, 오행의 도리[역주5]를 어지럽혔다. 이에 상제[역주6]께서 크게 분노하시어, 『홍범구주』[역주7]를 그에게 내리지 않으셨고, 영속적인 윤리 질서가 무너졌다. 결국 곤은 그 죄로 죽임을 당하고, 그의 아들 우[역주8]가 자리를 계승하였다. 그제서야 하늘은 우에게 『홍범구주』를 내려주시고, 윤리 질서를 바로 잡게 되었다."

[…]

"오행의 첫째는 물, 둘째는 불, 셋째는 나무, 넷째는 금속, 다섯째는 흙이다.
물은 아래로 흐르며 만물을 적시고[역주9], 불은 위로 타오르며 열기를 퍼뜨리며[역주10], 나무는 휘고 곧게 자라며 생장을 이루고[역주11], 금속은 모양을 따르고 변형되며[역주12], 흙은 곡식을 심고 거두는 토대가 된다[역주13].
물이 만들어내는 맛은 짠맛, 불은 쓴맛, 나무는 신맛, 금속은 매운맛, 흙은 단맛이다[역주14]."

역주4 곤(鯀)은 순임금 시기의 인물로, 물을 막는 무리한 방식으로 홍수를 막으려다 실패하였다. 이는 오행 중 '수(水)'의 도리—즉 흐르게 하되 길을 터줘야 한다는 원리—를 거스른 것으로 보고, 자연 질서와 인간 윤리 질서를 함께 어지럽힌 자로 평가된다.
역주5 오행의 도리는 목(木), 화(火), 토(土), 금(金), 수(水)의 다섯 요소가 자연 · 사회 · 정치 속에서 조화를 이루는 이치를 의미하며, 이는 우주의 질서, 도덕의 법칙, 통치의 정당성을 설명하는 중심 사상이다.
역주6 상제(上帝)는 고대 중국에서 하늘 위에 존재하는 절대적 신적 존재이다. 천명(天命)을 내리고 질서와 도덕을 관장한다.
역주7 『홍범(洪範) 구주(九疇)』는 고대 중국에서 천자가 나라를 다스릴 때 따라야 할 하늘의 도리, 정치의 원칙, 도덕 규범을 9가지 항목으로 정리한 통치 지침이다.
역주8 우(禹)는 곤(鯀)의 아들로, 하늘의 뜻을 받아 홍수를 다스리는 데 성공하고 하(夏) 왕조를 세운 인물이다. 자연과 인간 사회의 질서를 회복한 존재로 여겨지며, 『홍범구주』를 부여받아 통치의 원리를 확립하였다.
역주9 潤下: 물은 유순하고 형태를 갖지 않지만 모든 곳을 채우며, 모든 생명을 유지하는 바탕이 된다.
역주10 炎上: 불은 에너지가 최고조에 달하는 순간을 상징한다. 사물을 성숙하게 하고 정화한다.
역주11 曲直: 나무는 만물의 성장을 상징하며, 방향성을 따라 구조를 이루고 질서를 확장해 나간다.
역주12 從革: 금속은 응축과 절제의 성질을 지니며, 형태를 조정하고 경계를 형성하는 힘으로 작용한다. 변화와 수렴의 상징이다.
역주13 爰稼穡: 흙은 만물을 받아들이고 조화시키는 균형의 속성을 지니며, 생명을 기르는 바탕이자 변화가 머무는 중심이다.
역주14 각 맛은 오행의 속성과 인체 기능에 대응되며, 음식과 약의 성질을 구분하는 기준으로도 활용된다.

周秉鈞.『尚書易解』,「洪範篇」. Shanghai: East China Normal University Press, 2010.

Chinese Original

惟十有三祀，王訪于箕子。王乃言曰：「嗚呼！箕子。惟陰騭下民，相協厥居，我不知其彝倫攸敘。」

箕子乃言曰：「我聞在昔，鯀堙洪水，汨陳其五行。帝乃震怒，不畀『洪範』九疇，彝倫攸斁。鯀則殛死，禹乃嗣興，天乃錫禹『洪範』九疇，彝倫攸敘。」

[…]

「一.五行：一曰水，二曰火，三曰木，四曰金，五曰土。水曰潤下，火曰炎上，木曰曲直，金曰從革，土爰稼穡。潤下作鹹，炎上作苦，曲直作酸，從革作辛，稼穡作甘。」

Extracted from: Wang, Shishun, trans. "The Great Plan." in *The Book of History*, Eng. Translated by Du Ruiqing, 119–121. Jinan: Shandong Friendship Press, 1993.

English Translation

The king paid a visit to Viscount Ji in the thirteenth year of his reign. The king asked: "Viscount Ji, Heaven has enabled the people on earth to multiply and live in harmony. I wonder what principles Heaven has at his disposal to ensure that the people on earth continue to multiply and live in harmony."

The Viscount replied: "I hear that in harnessing floods Gun dammed up the rivers. As a consequence, he violated the order of the five elements. Infuriated, Heaven refused to pass on to him the Great Plan with its nine components. The proper and constant order and principle for peace and tranquility among the people were then disrupted, and Gun himself died in exile. Following in his father's footsteps, Yu continued to fight the floods. Heaven gave him the Great Plan with its nine components, with which Yu reestablished the proper and constant order for peace and stability on earth.

[...]

First, the five elements, which are water, fire, wood, metal and earth. The water soaks; the fire blazes; the wood grows, either crooked or straight; the metal melts; and the earth yields crops. That which soaks becomes salty; that which blazes becomes bitter; that which grows becomes acid; that which melts becomes acrid; and the crops the earth yields taste sweet.

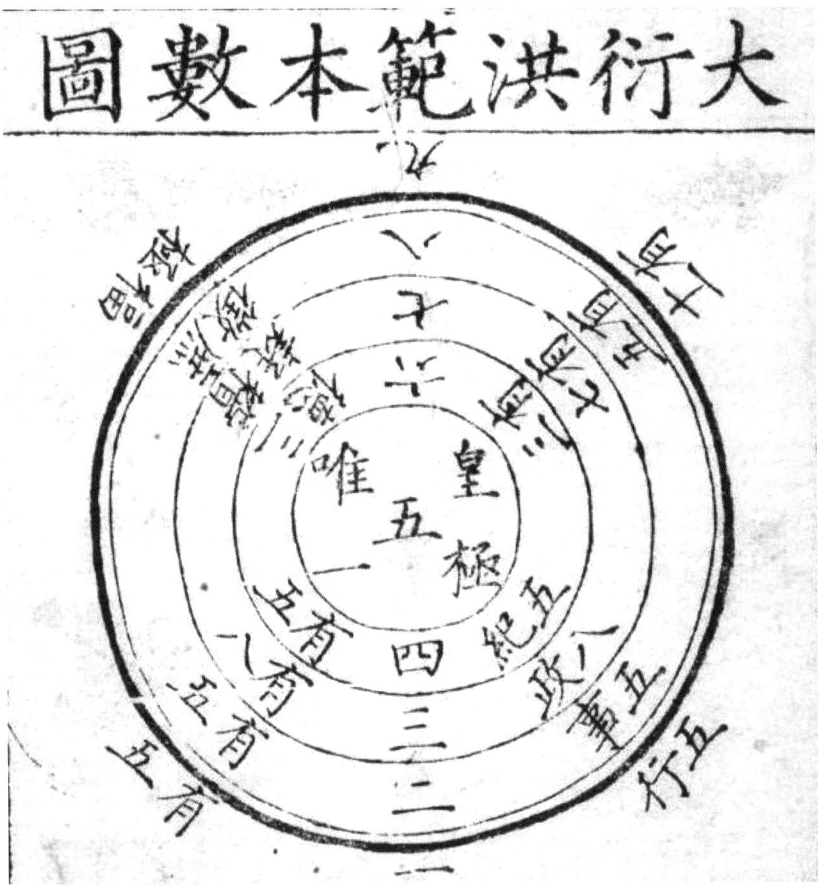

Fig. 1
한방기, 16C–17C,「홍범도해」
韩邦奇, 16C–17C,「洪范图解」

엠페도클레스의 4원소설 Empedocles on 4 Elements

450BC

홍다혜 옮김

빛나는 제우스 [불][역주15], 생명을 나르는 헤라 [흙][역주16], 하데스 [공기][역주17], 그리고 자신의 눈물로 인간의 샘물을 적시는 네이스티스 [물][역주18].

그리고 이들 역시 끊임없이 변화하며, 그러한 질서가 영원하기에 결코 멈추지 않는다.[역주19]

때로는 사랑이 만물을 하나로 모으고, 때로는 다툼에서 비롯된 증오가 그들을 가른다.[역주20]

역주15 엠페도클레스는 세상의 근원 물질을 신들과 동일시하여 상징적으로 표현하였다. 제우스는 불, 헤라는 흙/대지, 하데스는 공기, 네이스티스는 물을 의미한다. 희고 밝은 빛 ἀργής'으로 묘사되는 제우스는, 그리스 신화에서 나타나는 하늘과 번개, 천둥의 신이라는 이미지를 고려했을 때 불이 가진 에너지와 열, 활동적이고 변화무쌍한 운동성을 암시한다.

역주16 생명을 나르고 지탱하는 φερέσβιος 신으로 묘사된 헤라는, 그리스 신화에서 여성 신으로 자연의 모성성을 보여준다. 이는 농사와 건축의 기반이 되는 대지/땅γῆ의 물리적 안정성과도 연결되어, 변화보다는 삶의 지속과 안정의 속성을 갖는다.

역주17 하데스는 수식어 없이 그 자체로 제시되었다. 아리스토텔레스는 그의 저서 『자연학Φυσικὴ ἀκρόασις』에서 엠페도클레스가 명확한 방식으로 공기를 말하지 않는다고 설명한다. 이는 하데스가(혹은 공기가) 말로 표현될 수 없는 영역의 신이기에, 의도적으로 수사적 표현을 배제한 것으로 생각된다.

하데스는 그리스 신화에서 지하 세계와 죽음, 즉 보이지 않는 영역의 신으로, 엠페도클레스는 이러한 무형성을 공기와 연결시킨 것으로 보인다. 지하세계, 혹은 사후세계는 감지되지 않지만 현실 세계에 영향을 끼치며 공기는 무형의 요소이지만 만물을 통과하고 감싼다. 죽음은 '숨'으로 대표되기도 한다. 죽음을 관장하는 하데스는 숨—공기—를 상징하는 것으로 이해할 수 있다.

하데스는 고대 그리스 사상의 전통적 이미지 너머로 엠페도클레스의 독창적 해석이 더해진 상징이다.

역주18 네이스티스는 눈물δακρύοις과 샘물/삶의 근원κρούνωμα으로 묘사된다. 이는 물의 흐르는 이미지와 생명의 기본이 되는 물의 속성을 보여주며, 특히 눈물은 감정과 정화, 순환의 이미지 또한 연상시킨다. 네이스티스는 제우스, 헤라, 하데스와 달리 그리스 신화에 등장하는 신이 아니라는 점에서 특징적이다. 이는 여성형으로 쓰여 여성신임을 알 수 있지만, 엠페도클레스의 단편(Empedocles, fr. B6 DK)에서만 유일하게 확인되는 이름으로 고대 철학자들에 의해 '페르세포네' 혹은 '데메테르'신의 시적 이름일 것으로 추정되고 있다.

역주19 끊임없이 변화한다는 표현은 4원소가 정체된 것이 아니라 항상 운동하고 있음을 보여준다. 또한 질서, 우주적 배열, 조화를 의미하는 표현—διακόσμησις—에서 엠페도클레스의 우주관은 원형적이고 순환적인 것을 알 수 있다.

역주20 사랑은 4원소를 결합하는 힘, 증오는 분리하는 힘으로 우주적 질서 안에서 균형을 이루는 상대적인 원리로 설명된다. 원소들의 결합과 분리를 신들의 결혼과 전쟁에 비유한 것으로 볼 수도 있다. 일부 현대 과학자들은 이를 인력과 척력의 기초가 된 개념으로 보기도 한다.

Greek Original

Ζεὺς ἀργὴς Ἥρη τε φερέσβιος ἠδ' Ἀϊδωνεὺς Νῆστίς θ', ἣ δακρύοις τέγγει κρούνωμα βρότειον:

Καὶ ταῦτα, ἀλλάττοντα διαμπερὲς οὐδαμὰ λήγει, ὡς ἂν ἀϊδίου τῆς τοιαύτης διακοσμήσεως οὔσης:

ἄλλοτε μὲν Φιλότητι συνερχόμεν' εἰς ἓν ἅπαντα, ἄλλοτε δ' αὖ δίχ' ἕκαστα φορεύμενα Νείκεος ἔχθει.

English Translation

Shining Zeus and life-bringing Hera, Aidoneus and Nestis, who let flow from her tears the source of mortal life,

And their continuous change never ceases,

At one time, all things unite in one through Love, at another, each is carried in a different direction through the hatred born of strife.

Greek and English Translation consulted the following book: Diogenes Laertius, "EMPEDOCLES (484–424 B.C.)" in *Lives of Eminent Philosophers*, Edited and translated by R. D. Hicks, Loeb Classical Library 185,Cambridge, MA: Harvard University Press, 1925; reprint, 1972.

아리스토텔레스의 생성과 소멸에 관하여 350BC
Aristotle, On Generation and Corruption

홍다혜 옮김

[…] 자연적으로 존재하는 모든 실체들에 있어서, 그 생성과 소멸[역주21]은 지각 가능한 몸체perceptible bodies[역주22]없이는 일어나지 않는다. 그리고 이 지각 가능한 몸체들에 대해 어떤 이들은, 그 기초가 되는 질료underlying matter[역주23]가 단 하나라고 주장한다. 예를 들어 공기나 불, 또는 그 중간에 위치한 무언가—몸체이면서도 분리 가능한 것[역주24]—을 제시한다. 반면, 다른 이들은 기초 질료가 둘 이상이라고 말한다. 어떤 이들은 불과 흙을, 또 어떤 이는 거기에 공기를 더한 셋을, 또 다른 이들은 엠페도클레스처럼 물까지 포함해 넷이라고 말한다. 이러한 것들이 서로 결합하거나 분리되거나 변화함에 따라, 사물의 생성과 소멸이 일어난다고 그들은 주장한다.

그러므로 우리는 다음과 같은 주장에 동의할 수 있다. 즉, 가장 근본적인 것들이 '원리ἀρχαί, principles'이자 '원소στοιχεῖα, elements'라는 말은 타당하다. 왜냐하면 사물의 생성과 소멸은 바로 그것들이 결합하거나 분리되거나 혹은 다른 방식으로 변화함으로써 일어나기 때문이다. 그런데 앞서 말한 것들과는 다른 어떤 단일한 질료를 상정하고, 그것을 분리 가능한 물체로 여기는 이들은 잘못 생각하고 있다. 왜냐하면 감각적으로 지각 가능한 '반대성contrariety' 없이 그러한 몸체는 존재할 수 없기 때문이다. 가령, 어떤 이들이 원리로서 제시하는 '무한자ἄπειρον'[역주25]라는 것도 반드시 가볍거나 무겁거나, 차거나 뜨겁거나 해야 한다. […]

우리는 지각 가능한 몸체들에 어떤 질료가 존재한다고 말한다. 그러나 이 질료는 분리되어 존재하는 것이 아니라, 항상 어떠한 반대성과 함께 존재하며, 그 반대성으로부터 이른바 '원소들'이 생겨난다. […] '원리'이자 '최초적인 것primary'으로 간주되어야 하는 것은, 분리될 수 없으면서도 반대성을 밑받침하는 '질료'이다. 예컨대 뜨거운 것은 차가운 것의 질료가 아니고, 차가운 것도 뜨거운 것의 질료가 아니다. 이 둘 모두의 밑에 놓인 어떤 것, 그것이 바로 양자(兩者)의 질료[역주26]이다.

따라서 첫번째 원리는, 지각 가능한 몸체가 될 수 있는 것potential perceptible body[역주27]이다. 두번째는 그 안의 반대성들—예컨대 열heat과 냉cold—이며, 셋째로는 비로소 불fire, 물water 등의 '원소들'이 원리이다. 왜

역주21 생성genesis과 소멸phthora은 아리스토텔레스의 철학에서 반복적으로 등장하는 '운동/움직임/변화'의 두 범주이다. 아리스토텔레스 외에도 탈레스, 엠페도클레스 등 자연철학자들은 모두 '지각 가능한 세계'의 '운동과 변화', 즉 생성과 소멸을 설명하고자 했다.

역주22 지각 가능한 몸체perceptible bodies는 지각의 대상이 되는 구체적인 물질적 실체이다. 지각 가능한 것은 실체를 갖는다는 전제가 깔려 있다.

역주23 질료matter는 형이상학적인 개념이 아니라, 실재적인 것이다. 어떤 사물이 변해도 유지되는 가장 기본적인 존재이다.

역주24 분리 가능하다는 것separable은 구체적인 형상form이 사라져도 존속 가능한 어떠한 물질성을 말한다.

역주25 무한자ἄπειρον는 아낙시만드로스가 제시한 원리principle로, 무한하고 규정되지 않은 근원적 질료이다.

역주26 양자의 질료는 곧 '원리principle' 이다. 이는 분리되어 존재할 수 없으며 항상 반대성과 함께 존재한다. 그리고 이로부터 '원소들elements'이 나온다. 본문에서 원리와 원소는 거의 동격으로 간주된다.

냐하면 이들은 서로 변환될 수 있기 때문이다. […]

우리는 몸체의 원리들이 무엇이며 몇 개인지도 말해야 한다. 왜냐하면 다른 철학자들은 그것들을 전제하고 사용하긴 하지만, 왜 하필 그것들이 원리인지, 왜 그 수만큼이어야 하는지에 대해서는 아무런 설명도 하지 않기 때문이다.

그러므로 우리가 지각 가능한 몸체의 '원리들'을 탐구하고 있으며, 이러한 몸체란 결국 '만질 수 있는 것tangible'이며, 곧 촉각sense of touch에 의해 인지되는 것이므로[역주28], 모든 감각의 반대성들이 몸체의 형상이나 원리를 구성하는 것은 아닌게 분명하다. 오직 촉각과 관련된 반대성들만이 그러한 원리들을 만들어낸다. 실제로, 몸체들은 어떤 형태로든 반대성에 따라 서로 구분되는데, 특히 촉각에 관련된 반대성에 따라 구분된다. 이런 이유로, 희거나 검은 것, 달거나 쓴 것, 그리고 이와 유사한 다른 감각적 반대성들은 그 어떤 원소도 구성하지 않는다[역주29]. 물론 시각은 촉각보다 더 고등한prior 감각이라 여겨지므로, 그 대상 또한 더 우선적인 것이라 말할 수도 있다. 하지만 시각이 인식하는 대상은, 몸체가 '촉지 가능한 것qua tangible'으로서 지닌 속성이 아니라, 그와는 다른 차원[역주30]의 특성—그것이 실제로 본성상 더 근원적이라면 그렇게 말할 수 있겠지만, 그렇지 않다—의 것이다.

그렇다면, 우리는 '촉지 가능한 몸체tangible bodies' 자체에 대해, 어떤 것이 가장 근본적인 구별자primary differentiae이며 어떤 것이 반대성인지를 규정해야 한다.

촉각에 대한 반대성의 쌍은 이러하다:

뜨거움 – 차가움hot–cold, 건조함 – 습함dry–moist, 무거움 – 가벼움heavy–light, 단단함 – 부드러움hard–soft, 끈적임 – 부서짐viscous–brittle, 거침 – 매끄러움rough–smooth, 거침 – 고움/세밀함coarse–fine.

이 중에서 무거움과 가벼움은 능동적이거나 수동적인 속성이 아니다. 왜냐하면 어떤 것이 무겁다거나 가볍다는 것은 그것이 다른 것에 작용하거나, 다른 것에 의해 작용을 받기 때문이 아니라, 단지 그렇게 존재하기 때문이다. 하지만 **원소들은 서로 작용하거나 작용받을 수 있어야 하며, 서로 혼합되고 변화되기 위해서는 이러한 능동/수동 관계가 전제되어야 한다.**

사물들이 '뜨겁다'거나 '차갑다'고 불리는 것은 그것들이 작용할 수 있는 능력을 가지기 때문이며, '습하다'거나 '건조하다'고 불리는 것은 그것들이 작용 받을 수 있는 성질을 지니기 때문이다[역주31].

'뜨거운 것'이란 동종의 것들을 결합시키는 성질이며(왜냐하면 사람들이 '불이 분리 작용을 한다'고 말할 때의 그 '분리'란, 실제로는 이질적인 것을 배제하고 동종을 결합시키는 작용이기 때문이다),

역주27 지각 가능한 몸체, 즉 감각적 실체가 될 가능성이 있는 질료로, 아직 어떠한 성질도 없는 어떠한 받침base이다.

역주28 '지각 가능하다'는 것을 뜨거움, 차가움, 무거움, 가벼움 등 '촉각'을 통해 인지되는 특성들에 한정하여 이야기한다. 아리스토텔레스는 물질의 구성원리로서 중요한 것은 촉각적으로 지각되는 속성임을 강조한다.

역주29 아리스토텔레스는 시각과 촉각을 구분하는 등, 감각의 종류를 구별하고 있다. 존재의 근본 원리, 즉 '몸체'라는 것에서 핵심적인 것은 촉지 가능성이다.

역주30 시각을 더 고등한 감각으로 분류하고 있지만, 시각의 대상은 '지각 가능한 몸체'가 아니며, 오히려 더 욱 형이상학적인 차원의 속성임을 암시한다.

역주31 아리스토텔레스는 자연의 근본 원리를 단순히 '물'이나 '불'과 같은 원소의 개별적인 실체로 보지 않고, 그들 사이의 작용/반작용, 결합 방식, 경계 설정의 가능성 등 질료들의 관계적인 구조로 이해하고자 한다.

'차가운 것'이란 동종의 것뿐만 아니라 이질적인 것들도 함께 모으고 결합시키는 성질이다.

'습한 것'이란 외부에 의해 쉽게 경계를 지을 수 있지만, 스스로의 고유한 경계를 갖지는 않는 것을 의미한다.

'건조한 것'이란 스스로의 경계에 의해 쉽게 규정되지만, 외부에 의해 경계를 정하기는 어려운 것을 말한다.

고움과 거침, 끈적임과 부서짐, 단단함과 부드러움, 그리고 그 밖의 여러 가지 차이들은 모두 앞서 말한 네 가지의 반대성으로부터 유래한다[역주32].

'습한 것'은 자체적인 경계를 갖지 않으면서도 외부에 의해 쉽게 경계 지어지고, 닿는 것에 따라 움직이며, 담기는 그릇의 형태를 따른다. 예컨대, '고운 것'도 마찬가지로 그릇의 형태를 따른다. 이는 입자(부분들)가 작기 때문이다. 입자가 작은 물질은 전체가 전체와 접촉하므로, 세밀하게 퍼져 그릇의 형태를 띠게 되며, 고운 것은 이 특성이 특히 강하게 나타난다. 따라서 고움은 습함에서 유래하고, 반대로 거침은 건조함에서 비롯된다.

또한, 끈적임은 습함에서 비롯된다. 왜냐하면 끈적한 것이란, 예를 들어 기름처럼 습한 것이 어떤 방식으로 변화되어 나타난 것이기 때문이다. 반면, 부서짐은 건조함에서 유래한다. 왜냐하면 부서지는 것이란 지나치게 건조하여, 수분이 결여되어 굳어져 버린 것이기 때문이다.

또한, 부드러움은 습함에서 유래한다. 부드럽다는 것은 자신의 위치를 바꾸지 않고도 안으로 휘어들어가는 성질인데, 바로 이것이 습한 것이 하는 행동과 같기 때문이다. 따라서 부드러움이 습함에서 유래하는 것이지, 습함이 부드러움에서 유래하는 것이 아니다. 반대로, 단단함은 건조함에서 비롯된다. 왜냐하면 단단한 것이란 응고된 것, 응고된 것이란 건조한 것이기 때문이다.

[…]

따라서 모든 구별자differentiae들은 결국 이 네 가지 반대성으로 환원된다는 것이 분명하다. 그보다 더 적은 수로는 환원되지 않는다. 예컨대, 뜨거운 것은 습한 것도 아니고 건조한 것도 아니다. 습한 것 역시 뜨겁거나 차가운 것이 아니다. 차가움과 건조함 또한 뜨거움과 습함에서 유래하는 것이 아니다. 결과적으로, 이 네 가지 반대성은 반드시 독립된 기본 성질로 존재해야 한다.

원소[역주33]가 네 가지이고, 네 개 항목으로 만들 수 있는 조합pairing은 여섯 가지이지만, 서로 반대되는 성질들은 본성상 함께 결합할 수 없기에 (예컨대 하나의 사물이 동시에 뜨겁고 차가울 수는 없으며, 동시에 건조하고 습할 수는 없다), **결국 가능한 원소의 조합은 네 가지뿐이라는 것이 분명하다.**

역주32 여러 가지의 촉지 가능한 감각의 대립성들은 그 모든 것이 '원리'가 되는 것이 아니다. 감각의 대립성에도 위계가 있으며, 보다 더 근원적인 것들이 원리가 된다. 앞서 설명한 뜨거움—차가움, 습함—건조함이 가장 근본적인 대립성이다.

역주33 앞서 이야기한 원리(principle)를 의미하는 것으로 보인다: 첫번째는 지각가능한 몸체가 될 수 있는 것들(potential perceptible body), 두번째는 반대성들(뜨거움 – 차가움, 건조함 – 습함), 세 번째는 원소들이다.

그 조합은 다음과 같다:

뜨겁고 건조한 것, 뜨겁고 습한 것, 차갑고 습한 것, 차갑고 건조한 것.

[…]

그리고 이러한 반대성의 조합들은 이성적 논증에 따라, 감각적으로 드러나는 단순한 몸체들simple bodies**—불, 공기, 물, 흙—에 각각 대응한다.** 왜냐하면 불은 뜨겁고 건조하고, 공기는 뜨겁고 습하며 (공기는 일종의 증기이기 때문이다), 물은 차갑고 습하고, 흙은 차갑고 건조하기 때문이다. 따라서 근본적인 몸체들에 대한 구별자/반대성의 분배는 합리적이며, 그 수 역시 이성적 논증과 일치한다.

[…]

네 가지 단순한 몸체들이 있으므로, 각각의 방향성/공간 운동regions[역주34]에 따라 두 가지씩 나뉘게 된다: 불과 공기는 위쪽 경계로 향하는 것이고, 물과 흙은 중심(아래)으로 향하는 것이다. 흙과 불은 극단에 해당하며, 가장 섞이지 않은most unmixed 반면, 물과 공기는 중간 위치에 있으며, 상대적으로 많이 혼합된 것이다quite mixed. 또한, 네 가지 중에서 각각 두 개씩은 서로 반대 관계에 있다: 불은 물과 반대이고, 공기는 흙과 반대이다. 왜냐하면 이들은 서로 반대되는 성질contrary affection로 구성되어 있기 때문이다. 하지만 보다 정확하게 말하자면, 이 네 가지는 두 가지 성질 중 하나를 더 지배적으로 갖는다:

흙은 차가움보다는 건조함이, 물은 습함보다는 차가움이, 공기는 뜨거움보다는 습함이, 불은 건조함보다는 뜨거움이 본질적으로 두드러진다[역주35].

역주34 앞서 '습함—건조함'을 '외부에 의해 경계가 만들어지는 성질—스스로의 경계에 의해 규정되는 성질'로 '뜨거움—차가움'을 '동종의 것을 결합하는 성질—이질적인 것까지도 결합하는 성질'로 설명한 바 있다. 이러한 근본적인 촉지 가능한 반대성은 경계로 향하거나, 중심으로 모이는 '운동성'을 만들어낸다. 이는 불, 물, 흙, 공기의 영역(방향성과 위치)을 결정한다.

역주35 네 원소가 운동성, 위치, 혼합 정도, 반대되는 성질, 우세한 성질에 따라 구조화되었다. 이때, 이들의 성질은 모두 상대적이며 관계적이다. 해당 본문에 이어 등장하는 내용은, 네 원소들 사이의 상호 변환 가능성에 대한 설명이다. 서로 정반대의 관계에 있는 불과 물, 공기와 흙은 서로 변환되기 어렵지만, 흙과 물, 공기와 불 등은 상대적으로 변환되기 쉽다.

Extracted from: Aristotle. *The Basic Works of Aristotle*. Edited by Richard McKeon. New York: Random House, 1941.

English Translation

[...] for all the naturally constituted substances, their generation and perishing are not without the perceptible bodies. And of these some people say that the underlying matter is one, positing, for example, air or fire or something intermediate between these, which is both a body and separable, while other people say that it is more than one in number, some speaking of fire and earth, while others speak of these and of air as a third, and others also speak of water as a fourth of these, as does Empedocles. From these things, when they are combined and separated or altered, they say that the generation and perishing of things result.

So let us agree that it is correct to say that the primary ones are principles and elements – the things from which, by their changing either by combination and separation or by some other kind of change, generation and perishing result. However, those who posit a single matter beyond the aforementioned things, and this as bodily and separable, are in error. For, without perceptible contrariety, it is impossible for this body to exist. For it is necessary for this apeiron, which some say is the principle, to be light or heavy or cold or hot. [...]

But we say that there is a certain matter of the perceptible bodies, yet this is not separable, but is always with contrariety, from which the so-called elements come to be. [...] regarding as a principle and as primary the matter which is inseparable but which underlies the contraries; for neither is the hot the matter for the cold, nor is this the matter for the hot, but the underlying thing is the matter for both. So that, first of all, the potential perceptible body is a principle; second, the contrarieties [are principles] – I mean, for example, heat and cold; and only thirdly [are] fire, water and such things [principles], for these change into one another, and it is not as Empedocles and others say (for there would be no alteration), while the contrarieties do not change. But nonetheless, even so, it should be said which and how many are principles of body; for the other philosophers posit them and make use of them, and say nothing as to why these or this many.

Since, then, we are searching for the principles of perceptible body, and this is tangible, and tangible is what is perceived by the sense of touch, it is clear that not all contrarieties produce forms and principles of body, but only those that relate to touch. Indeed, bodies differ according to some contrariety or other, and in particular according to tangible contrariety. It is for this reason that neither whiteness or blackness, nor sweetness or bitterness, and similarly none of the other perceptible contrarieties produce any element. Yet sight is prior to touch, so that its subject should also be prior; however, the object of sight is not a quality of tangible body *qua tangible*, but with respect to some aspect that is different and (if so it be) prior by nature.

It is, then, of tangible bodies themselves that we must determine which are the primary differentiae and contrarieties. Here are the pairs of contrarieties that relate to touch: hot-cold, dry-moist, heavy-light, hard-soft, viscous-brittle, rough-smooth, coarse-fine. Of these, heavy and light are neither active nor passive; for things are not called heavy or light because they act on something else or are acted upon by something else, whereas the elements must act on or be acted upon by one another, since they mix and change into one another.

But things are called hot and cold because they have the capacity to act, moist and dry because they have the capacity to be acted upon. For hot is what associates things of the same kind (for dissociation, which is what they say fire does, is associating things of the same kind, since the result is to expel what is foreign), while cold is what brings together and associates things of the same kind and things of different kinds alike. Moist is what, though easily delimited, is not determined by limits of its own; dry is what is easily determined by its own limit, though difficult to delimit.

The fine and coarse and viscous and brittle and hard and soft and the other differentiae are derived from these. For since it is of the moist to take the shape of its container, on account of its having no limit but being easily delimited and following what touches it, and the fine takes the shape of its container (for its parts are fine and what possesses small parts takes the shape of its container, because whole touches whole and the fine is like that in the highest degree), it is clear that the fine derives from the moist, the coarse from the dry. Again, the viscous derives from the moist (for the viscous is a moist thing that has been affected somehow, as happens for instance with oil), the brittle from the dry; for brittle is what is completely dry, to the point that it has also solidified due to the lack of moisture. Furthermore, the soft derives from the moist; for soft is what yields into itself without changing its position, which is exactly what the moist does. That is why it is not the moist that derives from the soft but rather the soft from the moist. The hard derives from the dry; for hard is what has solidified and what has solidified is dry.

[...]

It is evident, then, that all the other differentiae are reduced to the first four, whereas the latter are not reduced to fewer differences. For neither is the hot what is moist or what is dry, nor is the moist what is hot or what is cold, nor are the cold and the dry [produced] by either one another or by the hot and the moist. As a result, it is necessary that there be these four.

Since the elements are four, and the pairings of four are six, and the contraries are not by nature to be joined with each other (for it is impossible for the same thing to be hot and cold, and again dry and moist), it is clear that the pairings of the elements will be four: hot and dry and hot and moist, and again cold and moist and cold and dry.

And [these pairings] correspond according to argument to the apparent simple bodies, fire, air, water, and earth. For fire is hot and dry, air is hot and moist (for air is a sort of vapor), water is cold and moist, and earth is cold and dry, so that the distribution of differentiae to the primary bodies is reasonable and the number of them is in accordance with argument.

[...]

Since there are four simple bodies, two each are of each of the regions: fire and air of what is borne toward the boundary, earth and water of what is borne toward the center. And earth and fire are both extremes and most unmixed, while water and air are middles and quite mixed. And each of two is contrary to each: fire is contrary to water and air to earth, for these are put together from contrary affections. Nevertheless, strictly, since they are four, each is of one affection: earth of dry rather than cold, water of cold rather than moist, air of moist rather than hot, and fire of hot rather than dry.

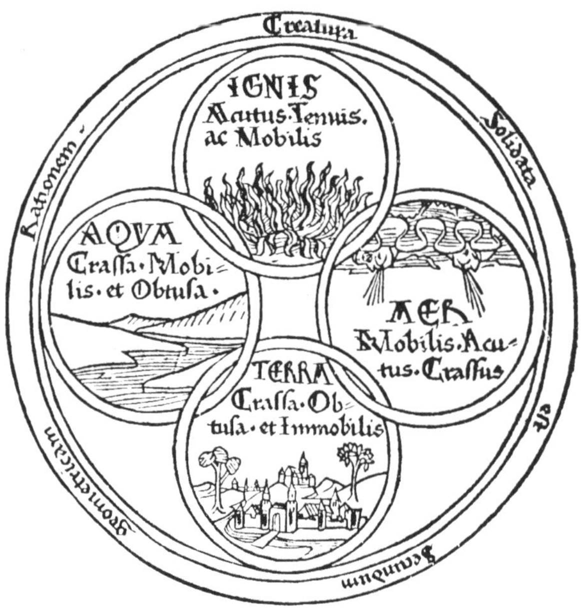

Fig. 2
Empedocle's four elements,
Lucretius, 1472, In *De rerum natura*

BC 139년 무렵 (한 무제(漢武帝) 초), 회남왕 유안(劉安)과 그 문인 집단이 편찬한 종합 철학서이다. 도가 사상(道家思想)을 중심으로 유가(儒家), 법가(法家), 묵가(墨家), 음양가(陰陽家) 등 제자백가의 사상을 통합하였으며, 정치, 윤리, 자연, 천문, 신화 등 다양한 분야를 포괄한다. 제 3편(第三篇) 중 「천문훈(天文訓)」은 고대 중국의 세계관을 통해 우주만물의 탄생 과정을 서술하였다.

유안의 『회남자(淮南子)』 「천문훈(天文訓)」 139BC

Liu An, Celestial Patterns in Huainanzi

홍다혜 옮김

하늘과 땅이 아직 형체를 갖추기 이전, 아득히 펼쳐진 허공이 아른거렸다. 이를 가리켜 '태초의 밝음'이라 한다.

맑고 밝은 빈 공간에서 도[역주36]가 시작되어, 그것은 우주[역주37]를 낳았고, 다시 생명의 근원이 되는 기[역주38]를 만들어냈다.

맑고 가벼운 기운은 위로 떠올라 하늘이 되었고, 무겁고 탁한 기운은 아래로 가라앉아 땅이 되었다.

맑고 미묘한 기운이 모이면 변하기 쉬우며, 무겁고 탁한 기운이 뭉치면 변하기 어렵다.

그러므로 맑은 기운으로 이루어진 하늘이 먼저 완성되고, 탁한 기운으로 이루어진 땅이 그 뒤를 따른다.

하늘과 땅의 정수[역주39]가 응축되어 음과 양[역주40]이 되고, 음양의 정수가 더욱 모여 사계절을 이룬다. 사계절의 정수가 흩어져 만물을 생성한다.

맑고 뜨거운 양기가 모여 불을 낳고, 불의 정수는 해가 된다. 차갑고 무거운 음기가 모여 물을 낳고, 물의 정수는 달이 된다. 해와 달의 정수가 모여 수많은 별들로 펼쳐진다.

하늘은 해, 달, 별과 같은 천체의 기운을 받아들이고, 땅은 흐르는 물, 고이는 물, 그리고 먼지와 같은 물질의 기운을 받아들인다.

옛날에 공공과 전욱[역주41]이 황제의 자리를 두고 다투다가, 공공이 분노하여 부주산을 들이받으니, 하늘의 기둥이 꺾이고, 땅의 끈이 끊어졌다.[역주42]

역주36 도(道)는 근원적 원리로, 모든 존재의 시작점이 된다. 형상이 없고, 인간의 언어나 개념으로 규정할 수도 없는, 시공간을 초월한 힘이다. 유가와 도가 사상에서 하늘의 뜻(天道)과 덕(德), 자연(自然)과 같은 개념과도 상응한다.

역주37 우주(宇宙)는 공간과 시간을 의미한다.

역주38 기(氣)는 '숨결'로 번역될 수 있다. 만물을 살아 움직이게 하는 에너지로, 도교 사상에서는 우주와 인간의 모든 변화, 생성, 소멸이 기의 흐름을 통해 이루어진다고 여긴다. 한의학에서는 기의 흐름이 조화롭게 흐르는 것이 건강에 중요하다고 본다. 본문에 따르면 순차적으로 '태초의 밝음'에서 '도'가 시작되어 '우주'를 형성하고, 그 속에서 '기'가 생성된다.

역주39 정(精), 정수는 가장 순수하고 핵심적인 기운을 의미한다.

역주40 음(陰)은 어두운 기운, 양(陽)은 밝은 기운을 뜻한다.

하늘이 북서쪽으로 기울어지니, 해, 달, 별들이 그쪽으로 움직이고, 땅이 동남쪽으로 움푹 패여, 물과 먼지가 그쪽으로 흘러든다.[역주43]

하늘의 도는 원형이라 말하고, 땅의 도는 방형이라 말한다. 방형은 어둠을 주관하고, 원형은 밝음을 주관한다[역주44].

밝음은 기운을 내뿜는 것이므로, 불은 밖으로 드러나는 모습[역주45]이라 부른다. 어두움은 기운을 머금는 것이므로, 물은 안으로 숨겨진 모습[역주46]이라 부른다.

기운을 내뿜는 것은 밖으로 표출[역주47]하는 것이고, 기운을 머금는 것은 안에서 변화를 일으키는 것이다. 그러므로 양은 표출을, 음은 변화를 뜻한다.

하늘의 치우친 기운이 분노하면 바람이 되고[역주48], 땅이 머금은 기운이 서로 어울리면 이슬이 된다[역주49].

음과 양이 서로 부딪치면, 그 감응이 곧 천둥이 되고, 격렬한 충돌은 번개가 되며, 혼란한 움직임은 안개가 된다.

양의 기운이 우세하면 흩어져 비와 이슬이 되고, 음의 기운이 우세하면 응결되어 서리와 눈이 된다.

깃털을 가진 동물은 하늘을 날아다니는 종류이므로 양에 속하고, 딱딱한 껍질이나 비늘을 가진 동물은 물에 웅크리고 숨어 있는 종류이므로 음에 속한다.

역주41 공공(共工)은 고대 중국 신화에서 물의 신으로, 때때로 반란자나 천명을 거스른 존재로 묘사된다. 전욱(顓頊)은 천지의 주인으로, 질서와 천명을 대표하는 인물이다.

역주42 부주산(不周山)은 하늘의 중심에 위치한 산으로, 하늘은 그것을 축으로 하여 운동한다. 공공이 분노해 부순것은 하늘의 중심축이 기운 것으로 이해할 수 있다.

역주43 부주산이 무너지면서 하늘과 땅이 기울었다. 공공과 전욱의 신화는 해가 서쪽으로 지고 강물이 동쪽으로 흐른다는 자연 현상을 상징적으로 설명한다. 권력 투쟁이 천명(天命)과 결부됨을 암시하기도 한다.

역주44 하늘은 둥근 순환의 원리를 따른다는 것으로, 운동성을 갖는다. 땅은 네모난 경계의 원리를 따른다는 것으로, 고요함과 안정성을 의미함.

역주45 외경(外景), 직역하면 바깥의 경치이다.

역주46 내경(內景), 직역하면 안의 경치이다.

역주47 표출(施), 펼침, 작용 등으로 번역된다.

역주48 치우친 기운(偏氣)은 하늘의 기운이 불균형함을 의미하고, 이를 통해 바람이 발생한다는 것이다. 바람은 하늘의 운동성, 역동성에 대한 비유적 형태이다.

역주49 머금은 기운(含氣)은 땅이 축적한 안쪽 기운을 뜻하며, 이것이 부드럽게 합쳐지면(어울리면) 이슬이 맺힌다. 이슬은 땅의 온화하고 조화로움에 대한 비유적 형태이다.

何寧. 編.『淮南子集釋』, 卷一. 第三篇「天文訓」. 新編諸子集成. Beijing: Zhonghua Book Company, 1998.

Chinese Original

天墬未形，馮馮翼翼，洞洞灟灟，故曰太昭。

道始于虛霩，虛霩生宇宙，宇宙牛氣。氣有涯垠，清陽者薄靡而為天，重濁者凝滯而為地。

清妙之合專易，重濁之凝竭難，故天先成而地後定。

天地之襲精為陰陽，陰陽之專精為四時，四時之散精為萬物。

積陽之熱氣生火，火氣之精者為日；積陰之寒氣為水，水氣之精者為月。日月之淫為精者為星辰。

天受日月星辰，地受水潦塵埃。

昔者,共工與顓頊爭為帝，怒而觸不周之山，天柱折，地維絕。

天傾西北，故口月星辰移焉；地不滿東南，故水潦塵埃歸焉。

天道曰圓，地道曰方。方者主幽，圓者主明。

明者，吐氣者也，是故火曰外景；幽者，含氣者也，是故水曰內景。

吐氣者施，含氣者化，是故陽施陰化。

天之偏氣，怒者為風；地之含氣，和者為露。

陰陽相薄，感而為雷，激而為霆，亂而為霧。

陽氣勝則散而為雨露，陰氣勝則凝而為霜雪。

毛羽者，飛行之類也，故屬於陽；介鱗者，蟄伏之類也，故屬於陰。

English Translation

Extracted from: Liu, An. "Celestial Patterns" in *The Huainanzi: A Guide to the Theory and Practice of Government in Early Han China*. Edited and Translated by John S. Major. New York: Columbia University Press, 2010.

When Heaven and Earth were yet unformed, all was
ascending and flying,
diving and delving.
Thus it was called the Grand Inception.
The Grand Inception produced the Nebulous Void.
The Nebulous Void produced space-time;
space-time produced the original *qi*.
A boundary [divided] the original *qi*.
That which was pure and bright spread out to form Heaven;
that which was heavy and turbid congealed to form Earth.
It is easy for that which is pure and subtle to converge
but difficult for the heavy and turbid to congeal.
Therefore
Heaven was completed first;
Earth was fixed afterward.
The conjoined essences of Heaven and Earth produced yin and yang.
The superessive essences of yin and yang caused the four seasons.
The scattered essences of the four seasons created the myriad things.
The hot *qi* of accumulated yang produced fire; the essence of fiery *qi* became the sun.
The cold *qi* of accumulated yin produced water; the essence of watery *qi* became the moon.

The overflowing *qi* of the essences of the sun and the moon made the stars and planets.

To Heaven belong the sun, moon, stars, and planets;
to Earth belong waters and floods, dust and soil.

In ancient times Gong Gong and Zhuan Xu fought, each seeking to become the thearch. Enraged, they crashed against Mount Buzhou;

> Heaven's pillars broke; the cords of Earth snapped.
>
> Heaven tilted in the northwest, and thus the sun and moon, stars and planets shifted in that direction.
>
> Earth became unfull in the southeast, and thus the watery floods and mounding soils subsided in that direction.
>
> The Way of Heaven is called the Round;
>
> the Way of Earth is called the Square.
>
> The square governs the obscure;
>
> the circular governs the bright.
>
> The bright emits *qi*, and for this reason fire is the external brilliance of the sun.
>
> The obscure sucks in *qi*, and for this reason water is the internal luminosity of the moon.
>
> Emitted *qi* endows; retained *qi* transforms.

Thus yang endows and yin transforms.

> The unbalanced *qi* of Heaven and Earth, becoming perturbed, causes wind;
>
> the harmonious *qi* of Heaven and Earth, becoming calm, causes rain.

When yin and yang rub against each other, their interaction produces thunder.

> Aroused, they produce thunderclaps;
>
> disordered, they produce mist.
>
> When the yang *qi* prevails, it scatters to make rain and dew;
>
> when the yin *qi* prevails, it freezes to make frost and snow.
>
> Hairy and feathered creatures make up the class of flying and walking things and are subject to yang.
>
> Creatures with scales and shells make up the class of creeping and hiding things and are subject to yin.

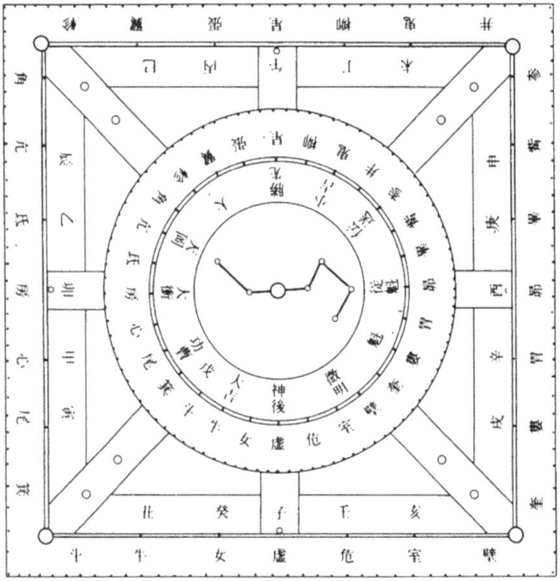

Fig. 3
무위 마조자 삼좌 한묘 출토, 육임식반, in『제작 행위로서의 기술』.
武威磨咀子三座漢墓出土, 六壬式盤, In『制作する行為としての技術』

Fig. 4
Gottfried Wilhelm Leibniz, 1666, in
Dissertatio de Arte Combinatoria

발췌: 오비디우스, "서시", "천지창조" 『변신이야기』, 이종인 옮김, 11-15. 서울: 열린책들, 2018.

오비디우스의 변신이야기
Ovidius, Metamorphoses

8AD
이종인 옮김

서시

나의 마음이 깊이 감동하여
낯선 몸으로 변신한 형체들을 노래하고자 하노라.
오, 신들이시여,
이들을 이렇게 변신시킨 이는 바로 당신들이오니
나에게 영감을 내려 주소서.
그리하여 이 세상의 시작부터 오늘날 우리 시대까지
이어지는 이 연속되는 노래를
내가 끝까지 잘 부를 수 있도록 인도해 주소서.

천지창조

바다, 땅, 모든 것을 덮는 하늘이 생겨나기 전에 자연의 얼굴은 어디에서나 하나였고 사람들은 이를 카오스라 했다. 세상은 질서가 전혀 없는 울퉁불퉁한 덩어리였고, 불활성(不活性)의 거대한 물질이었으며, 조화를 이루지 못한 사물들의 씨앗들이 마구 뒤엉켜 있었다. 때는 티탄[역주50]이 이 세상에 빛을 주기 이전이었고, 새로운 포이베[역주51]가 생겨나 자기 뿔을 잃었다가 다시 회복하기 이전이었으며, 대지가 자기 중력으로 균형을 이루어 공중에 매달리기 이전이었고, 암피트리테[역주52]가 땅들의 기다란 가장자리 주위에 팔을 내뻗기 이전이었다.

비록 대지와 바다와 공기가 있기는 했지만, 대지는 불안정했고 바다는 헤엄칠 수 없는 상태였으며 공기 중에는 빛이 없었다. 각 부분은 제 형태를 유지하지 못했고, 한 부분이 다른 부분들을 방해하는 형국이었다. 하나의 덩어리 내에서 냉기가 열기와, 축축함이 건조함과 싸웠으며 부드러움이 딱딱함과, 무게 없는 것이 무게 있는 것과 충돌했다.[역주53]

역주50 여기는 태양을 가리킨다.
역주51 달의 여신으로, 뿔의 상실과 회복은 달의 기울어지고 차오름을 가리킨다.
역주52 바다의 여신으로서 여기서는 바다를 가리킨다.
역주53 기독교의 천지창조에 따르면 하느님이 무로부터 하늘과 땅을 만들었다. 그러나 오비디우스의 경우 천지창조는 무가 아니라 이미 존재했던 카오스로부터 시작된다. 카오스는 형체 없는 물질들의 뒤범벅이었다. 이것들이 점점 더 정교하게 가다듬어지고 구체적인 형태를 갖추면서 천지가 만들어졌다는 것이다.

신 혹은 고차원적인 자연의 힘이 이러한 충돌을 해결했다. 먼저 하늘에서 땅을 떼어 냈고, 땅에서 바다를 떼어 냈으며, 청명한 하늘에서 안개 낀 공기를 분리했다. 이런 것들을 검은 덩어리에서 떼어 낸 후 별도의 자리에 고정해 조화로운 평화를 이루었다. 무게 없는 불같은 영기(靈氣)는 위로 퍼져 나가 둥그런 하늘의 가장 높은 곳에 자리 잡았다. 가벼움에서 이 영기 다음 위치를 차지하는 것이 공기이다. 이것들보다 무거운 땅은 대규모 원소들을 끌어당겨 자체의 무게로 아래쪽으로 처지게 되었다. 땅은 둥그렇게 덮는 물이 맨 나중 자리를 차지하여 대지 전체를 감쌌다.

신들 중에서 정리와 배열을 담당한 신이 혼돈의 덩어리를 이런 식으로 나누었고, 일단 나눈 다음 각 부분들을 고정해 대지에 울퉁불퉁한 부분이 없도록 했다. 그 후 신은 땅에 집중하여 이를 커다란 구형으로 만들었다. 이어 바다를 펼치고 강한 바람을 보내 바다가 일어서게 했으며 둥그렇게 말린 대지 가장자리를 둘러싸게 했다. 이어 샘물, 거대한 연못과 호수를 만들었고 아래로 흐르는 강물들이 경사진 둑을 따라 흘러내리게 했다. 강물은 다양한 곳으로 흐르면서 땅에 흡수되기도 하고 바다로 가기도 했다. 풍성한 물의 드넓은 해원에 안기면 강물은 강둑 대신에 해안을 두드렸다. 신은 또 들판들은 더 멀리 뻗어 나가고, 계곡은 깊이 가라앉고, 숲은 잎사귀들로 뒤덮이고, 바위 많은 산들은 우뚝 솟아나라고 명령했다.

하늘은 둘로 갈라져서 오른쪽 왼쪽에 각각 두 개의 구역이 있었으며 중간에 이 네 구역보다 더 뜨거운 다섯째 구역이 있었다. 창조하는 신의 배려에 의해, 당초 하늘에 덮여 있던 땅덩어리도 똑같은 개수로 나뉘었다. 대지가 이처럼 다섯 지대로 구분되기는 했지만, 중간에 있는 지대는 더위 때문에 생물이 살 수가 없었다. 맨 바깥에 있는 두 지대는 수북한 눈으로 뒤덮였다. 이 외곽의 두 지대 사이에 창조주 신은 두 지대를 더 두었는데 여기에 온화한 기후를 주어 냉기와 온기가 적절히 뒤섞이게 했다. 이들 지대 위에는 불보다 훨씬 가벼운 공기가 자리 잡았는데, 이는 물이 땅보다 가벼운 것과 마찬가지 이치였다.

바로 이 지대에 신은 안개들에게 모여들라 명령했다. 그러하여 구름이 생겨나고 사람들을 무서움에 떨게 하는 천둥이 생겨났다. 신은 또 바람들을 만들어 이로부터 번개와 천둥이 생겨나게 했다. 창조주는 공기가 바람의 변덕에 일방적으로 휘둘리게 두지 않았다. 설사 아무리 멀리 떨어진 지역에서라도, 바람이 일진광풍을 제멋대로 휘두르면, 세상을 갈가리 찢어

놓을 테고 이를 막을 방도가 없기 때문이다. 바람 형제들의 불화 또한 심각했다. 동풍 에우루스는 동쪽에 있는 아라비아 땅의 나바타이아와 페르시아의 땅, 아침 햇살 아래에 있는 산맥으로 갔다. 서풍 제피루스는 지는 해가 따뜻하게 덮혀 주는 서쪽 해안에 자리 잡았다. 얼어붙은 북부와 스키티아는 성마른 북풍 보레아스가 장악했다. 맞은편에 있는, 늘 안개와 비가 자욱한 땅은 남풍 아우스테루스가 지배했다.

이런 네 가지 바람 위에 창조주 신은 청명하고 무게 없고 대지의 찌꺼기가 전혀 없는 하늘을 배치했다. 창조주 신이 이런 식으로 확실한 경계를 두어 사물들을 모두 구분하고 정리하자, 혼돈의 덩어리 아래에서 오랫동안 감추어져 있던 별들이 끌어올라 하늘로 올라가기 시작했다. 신은 모든 지역에 살아 있는 것들이 존재하게 하려고 별들과 신성한 것들이 하늘을 차지하게 했다. 바다에는 비늘이 반짝거리는 물고기들이 살 수 있게 되었다. 땅은 야생동물을 받아들였고 날아가기 좋은 공중에는 새들이 살게 되었다.

하지만 이들보다 더 거룩한 생물, 높은 정신력을 발휘하여 다른 동물들을 다스릴 수 있는 존재가 필요했다. 그러하여 인간이 생겨났다. 어쩌면 인간은 더 좋은 세상의 근원인 창조주가 신성한 씨앗을 가지고 만든 존재인지 모른다. 어쩌면 새로 생겨난 대지가 하늘에서 떨어질 때 인척인 하늘의 씨앗들을 간직하고 있었는데, 이아페투스의 아들[역주54]이 이 씨앗들에 빗물을 섞어 만물을 지배하는 신들의 형상으로 만들어 낸 것이 인간일지도 모른다. 다른 모든 동물들은 엎드려서 땅을 내려다보지만, 창조주는 인간에게 두 발로 똑바로 서게 하여, 하늘을 쳐다보면서 별들을 향해 고개를 들라고 말했다. 그리하여 울퉁불퉁하고 형체가 없던 대지는 일변하여 지금껏 알지 못했던 인간의 형체를 받아들이게 되었다.

역주54 프로메테우스로서, 전설에 의하면 진흙으로 최초의 남녀를 만들어 천상에서 훔쳐 온 불로 영혼을 불어넣은 자이다.

English Translation

Extracted from: Ovid. "The Primal Chaos", "Separation of the elements", "The earth and sea. The five zones.', "The four winds", "Humankind" in *The Metamorphoses: A Complete English Translation and Mythological Index*, Translated by Kline, A. S. 1–88. England & Wales: Poetry in Translation, 2014.

The Primal Chaos

I want to speak about bodies changed into new forms. You, gods, since you are the ones who alter these, and all other things, inspire my attempt, and spin out a continuous thread of words, from the world's first origins to my own time.

Before there was earth or sea or the sky that covers everything, Nature appeared the same throughout the whole world: what we call chaos: a raw confused mass, nothing but inert matter, badly combined discordant atoms of things, confused in the one place. There was no Titan yet, shining his light on the world, or waxing Phoebe renewing her white horns, or the earth hovering in surrounding air balanced by her own weight, or watery Amphitrite stretching out her arms along the vast shores of the world. Though there was land and sea and air, it was unstable land, unswimmable water, air needing light. Nothing retained its shape, one thing obstructed another, because in the one body, cold fought with heat, moist with dry, soft with hard, and weight with weightless things.

Fig. 5
Hendrik Goltzius, 16C, courtesy of LACMA and the Rijksmuseum.

Separation of the elements

his conflict was ended by a god and a greater order of nature, since he split off the earth from the sky, and the sea from the land, and divided the transparent heavens from the dense air. When he had disentangled the elements, and freed them from the obscure mass, he fixed them in separate spaces in harmonious peace. The weightless fire, that forms the heavens, darted upwards to make its home in the furthest heights. Next came air in lightness and place. Earth, heavier than either of these, drew down the largest elements, and was compressed by its own weight. The surrounding water took up the last space and enclosed the solid world.

The earth and sea

The five zones

When whichever god it was had ordered and divided the mass, and collected it into separate parts, he first gathered the earth into a great ball so that it was uniform on all sides. Then he ordered the seas to spread and rise in waves in the flowing winds and pour around the coasts of the encircled land. He added springs and standing pools and lakes, and contained in shelving banks the widely separated rivers, some of which are swallowed by the earth itself, others of which reach the sea and entering the expanse of open waters beat against coastlines instead of riverbanks. He ordered the plains to extend, the valleys to subside, leaves to hide the trees, stony mountains to rise: and just as the heavens are divided into two zones to the north and two to the south, with a fifth and hotter between them, so the god carefully marked out the enclosed matter with the same number, and described as many regions on the earth. The equatorial zone is too hot to be habitable; the two poles are covered by deep snow; and he placed two regions between and gave them a temperate climate mixing heat and cold.

The four winds

Air overhangs them, heavier than fire by as much as water's weight is lighter than earth. There he ordered the clouds and vapours to exist, and thunder to shake the minds of human beings, and winds that create lightning–bolts and flashes.

The world's maker did not allow these, either, to possess the air indiscriminately; as it is they are scarcely prevented from tearing the world apart, each with its blasts steering a separate course: like the discord between brothers. Eurus, the east wind, drew back to the realms of Aurora, to Nabatea, Persia, and the heights under the morning light: Evening, and the coasts that cool in the setting sun, are close to Zephyrus, the west wind. Chill Boreas, the north wind, seized Scythia and the seven stars of the Plough: while the south wind, Auster, drenches the lands opposite with incessant clouds and rain. Above these he placed the transparent, weightless heavens free of the dross of earth.

Humankind

He had barely separated out everything within fixed limits when the constellations that had been hidden for a long time in dark fog began to blaze out throughout the whole sky. And so that no region might lack its own animate beings, the stars and the forms of gods occupied the floor of heaven, the sea gave a home to the shining fish, earth took the wild animals, and the light air flying things.

As yet there was no animal capable of higher thought that could be ruler of all the rest. Then Humankind was born. Either the creator god, source of a better world, seeded it from the divine, or the newborn earth just drawn from the highest heavens still contained fragments related to the skies, so that Prometheus, blending them with streams of rain, moulded them into an image of the all-controlling gods. While other animals look downwards at the ground, he gave human beings an upturned aspect, commanding them to look towards the skies, and, upright, raise their face to the stars. So the earth, that had been, a moment ago, uncarved and imageless, changed and assumed the unknown shapes of human beings.

발췌: 고타마 싯다르타, "요소의 분석 경" 『맛지마 니까야 4』, 대림스님 옮김, 476 - 502, 김해: 초기불전연구원, 2012.

고타마 싯타르타의 요소의 분석 경
Gautama Siddhārtha, Majjhima-Nikaya

3BC-2AD
대림스님 옮김

세존께서는 다음과 같이 설하셨다.

"비구여,

① 이 사람은 여섯 가지 요소[界]로 이루어졌다.[역주55]
② 이 사람은 여섯 가지 감각접촉의 장소로 이루어졌다.
③ 이 사람은 열여덟 가지 마노[意]의 고찰로 이루어졌다.
④ 이 사람은 네 가지 토대[역주56]를 가지고 있다.

역주55 "'요소[界, dhātu]'는 실제로 존재하는 것이고, '사람(purisa)'은 실제로 존재하는 것이 아니다. 세존께서는 어떤 곳에서는 실제로 존재하는 것을 통해 실제로 존재하는 것을 보이셨고, 어떤 곳에서는 그 반대로, 또 어떤 때는 실제로 존재하지 않는 것을 통해 실제로 존재하지 않는 것을 보이셨다. 여기서는 실제로 존재하는 것을 통해 실제로 존재하지 않는 것을 보이기 위해 이렇게 말씀하셨다. 왜냐하면 '요소'는 실제로 존재하는 것이고, '사람'은 실제로 존재하는 것이 아니라 개념(paññatti)일뿐이다. 사람은 여섯 가지 요소로 이루어졌기 때문이다. 만약 세존께서 '사람'이라는 개념(paññatti)을 사용하지 않고 바로 '요소'라고 말씀하시면 이 선남자가 의심(sandena)할 수 있고 어리둥절할(sammoha) 수 있고 가르침을 받아들일 수 없을지 모르기 때문에 서서히(anupubbena) '사람'이라든지 '중생'이라든지, '인간'이라든지 하는 것은 개념일 뿐이지 궁극적(paramattha)으로 중생이라는 것이 있는 것이 아니기 때문에 오직 요소에만 마음을 두어 세 가지 과들 통찰하게 하기 위해(pativijjhapeti) 이렇게 말씀하셨다."(MA. v.50~51)

역주56 "사람이 여섯 가지 요소와 여섯 가지 감각접촉의 장소와 열여덟 가지 마노의 고찰에서 선회하여 최고의 성취인 아라한과를 얻으려고 할 때 이 네 가지 토대에 굳게 서야만 얻을 수 있기 때문에 '네 가지 토대(catura-adhiṭṭhāna)라고 한다."(MA. v.51) 네 가지 토대는 『디가니까야』 제3권 「합송경」(D33) §11(27)에도 나타나는데, 그것은 통찰지의 토대(paññā-adhiṭṭhāna), 진리의 토대(sacca-adhiṭṭhāna), 버림의 토대(cāga-adhiṭṭhāna), 고요함의 토대(upasama-adhiṭṭhāna)이다.

역주57 여기 요약의 말씀에서는 ⑤ 공상이 일어나지 않음과 ⑥ 통찰지를 소홀히 하지 않음의 순서로 나타나지만 아래 설명에서는 ⑤가 §30이하에서 여섯 번째로 설명되고 ⑥이 §12이하에서 다섯 번째로 먼저 설명된다.

⑤[역주57]여기에 굳게 선 자에게 공상(空想, 허황된 생각)이 일어나지 않으며,[역주58] 공상이 더 이상 일어나지 않을 때 고요한 성자[역주59]라고 한다.
⑥ 이 사람은 통찰지를 소홀히 여겨서는 안 된다.[역주60] 진리를 보호해야 한다.[역주61] 버림을 길러야 한다. 고요함을 닦아야 한다. 비구여, 이것이 여섯 가지 요소의 분석에 대한 요약이다."

"비구여,

'① 이 사람은 여섯 가지 요소[界]로 이루어졌다.'라고 한 것은 무엇을 반연하여 한 말인가? 땅의 요소[地界], 물의 요소[水界], 불의 요소[火界], 바람의 요소[風界], 허공의 요소[空界], 알음알이의 요소[識界]가 있다.[역주62] '비구여, 이 사람은 여섯 가지 요소[界]로 이루어졌다.'라고 한 것은 이것을 두고 한 말이다."

[…]

역주58 '공상이 일어나지 않는다.'는 maññassa vā nappavattanti를 옮긴 것이다. 주석서에서 "공상이나 자만이 일어나지 않는다."(MA. v.51) 라고 설명하고 있다. 복주서는 "자만이 완전히 끊어질 때 끊어지지 않고 고요해지지 않는 오염원은 없다. 그러므로 고요한 성자라 한다."(MAT. ii.398)라는 설명으로 '공상'이라는 뜻보다는 '자만'의 뜻으로 이해하고 있다. "'일어나지 않는다(nappavattanti).'는 것은 여섯 가지 문을 통해 일어난 자만의 흐름은 도에 의해 말라버리기 때문에 완전히 없어지고 완전히 끊어져서 흐르지 않는다. 그러므로 일어나지 않는다고 했다."(MAT. ii.397)

역주59 "'고요한 성자(muni santa)'라고 하셨다. 번뇌 다한 성자는 고요하고 적멸하다고 한다."(MA. v.51)

역주60 "'통찰지를 소홀히 여겨서는 안된다(paññaṃ nappamajjeyya).'는 것은 아라한과의 통찰지를 통찰하기 위해서는 처음부터 사마디와 위빳사나의 통찰지를 소홀히 여겨서는 안 된다는 말씀이다."(MA. v.51~52)

역주61 "'진리를 보호해야 한다(saccaṃ anurakkheyya).'는 것은 궁극적 진리인 열반을 실현하기 위해서는 처음부터 말의 진리(vacī-sacca)를 보호해야 한다는 뜻이다."(MA. v.52) "여기서 '진리를 보호해야 한다.'는 문구는 계를 깨끗이 하는 것(sīla-visodhana)을 말한다. 진리에 섰을 때 받아 지닌 계를 헐지 않고 완성하면서 삼매에 들게 한다. 그러므로 주석서에서 '말의 진리를 보호해야 한다.'라고 했다."(MAT. ii.398)

역주62 여기서처럼 몇몇 초기불전들은 네 가지 근본물질[四大, cataro mahā-bhūta]에다 '허공의 요소와 알음알이의 요소'를 첨가하여 여섯 가지 요소[六大, cha dhātu]를 설하고 있다. 주석서 문헌들에 의하면 여기서 허공의 요소는 물질을 한정하기 때문에 파생된 물질에 속하고 알음알이의 요소는 정신[名, nāma], 즉 모든 마음과 마음부수[心·心所]를 다 포함한다고 설명하고 있다.(SA. ii.214) 실제로 아비담마에서는 허공(ākasa)을 파생된 물질 가운데서도 추상적인 물질의 영역에 포함시키고 있다.

"비구여, 그러면 무엇이 땅의 요소인가? 땅의 요소는 내적인 것과 외적인 것이 있다. 비구여, 그러면 무엇이 내적인 땅의 요소인가? 비구여, 몸 안에 있고 개개인에 속하고 딱딱하고 견고하고 업에서 생긴 것은 무엇이건 이를 일러 내적인 땅의 요소라 한다. 예를 들면 머리털, 몸털, 손발톱, 이, 살갗, 살, 힘줄, 뼈, 골수, 콩팥, 염통, 간, 근막, 지라, 허파, 창자, 장간막, 위 속의 음식, 똥과 그 외에도 몸 안에 있고 개개인에 속하고 딱딱하고 견고하고 업에서 생긴 것은 무엇이건 이를 일러 내적인 땅의 요소라 한다. 내적인 땅의 요소든 외적인 땅의 요소든 그것은 단지 땅의 요소일 뿐이다. 이에 대해 '이것은 내 것이 아니다. 이것은 내가 아니다. 이것은 나의 자아가 아니다.'라고 있는 그대로 바르게 통찰지로 보아야 한다. 이와 같이 이것을 있는 그대로 바르게 통찰지로 보아 땅의 요소를 역겨워하고[厭離] 마음이 땅의 요소에 대한 탐욕을 빛바래게 해야 한다[離慾]."

"비구여, 그러면 무엇이 물의 요소[水界]인가? 물의 요소는 내적인 것과 외적인 것이 있다. 비구여, 그러면 무엇이 내적인 물의 요소인가? 비구여, 몸 안에 있고 개개인에 속하는 물과 액체 상태로 된 것과 업에서 생긴 것은 무엇이건 이를 일러 내적인 물의 요소라 한다. 예를 들면 쓸개즙, 가래, 고름, 피, 땀, 굳기름, 눈물, [피부의]기름기, 침, 콧물, 관절활액, 오줌과 그 외에도 몸 안에 있고 개개인에 속하는 물과 액체 상태로 된 것과 업에서 생긴 것은 무엇이건 이를 일러 내적인 물의 요소라 한다. 내적인 물의 요소든 외적인 물의 요소든 그것은 단지 물의 요소일 뿐이다. 이에 대해 '이것은 내 것이 아니다. 이것은 내가 아니다. 이것은 나의 자아가 아니다.'라고 있는 그대로 바르게 통찰지로 보아야 한다. 이와 같이 이것을 있는 그대로 바르게 통찰지로 보아 물의 요소를 역겨워하고 마음이 물의 요소에 대한 탐욕을 빛바래게 해야 한다."

"비구여, 그러면 무엇이 불의 요소[火界]인가? 불의 요소는 내적인 것과 외적인 것이 있다. 비구여, 그러면 무엇이 내적인 불의 요소인가? 비구여, 몸 안에 있고 개개인에 속하는 불과 뜨거운 것과 업에서 생긴 것은 무엇이건 이를 일러 내적인 불의 요소라 한다. 예를 들면 그것 때문에 따뜻해지고 늙고 타버린다거나 그것 때문에 먹고 마시고 씹고 맛본 것이 완전히 소화된다든지 하는 것이다. 그 외에도 몸 안에 있고 개개인에 속하는 불과 뜨거운 것과 업에서 생긴 것은 무엇이건 이를 일러 내적인 불의 요소라 한다. 내적인 불의 요소든 외적인 불의 요소든 그것은 단지 불의 요소일 뿐이다. 이에 대해 '이것은 내 것이 아니다. 이것은 내가 아니다. 이것은 나의 자아가 아니다.'라고 있는 그대로 바르게 통찰지로 보아야 한다. 이와 같이 이것을 있는 그대로 바르게 통찰지로 보아 불의 요소를 역겨워하고 마음이 불의 요소에 대한 탐욕을 빛바래게 해야 한다."

"비구여, 그러면 무엇이 바람의 요소[風界]인가? 바람의 요소는 내적인 것과 외적인 것이 있다. 비구여, 그러면 무엇이 내적인 바람의 요소인가? 비구여, 몸 안에 있고 개개인에 속하는 바람과 바람 기운과 업에서 생긴 것은 무엇이건 이를 일러 내적인 바람의 요소라 한다. 예를 들면 올라가는 바람, 내려가는 바람, 복부에 있는 바람, 창자에 있는 바람, 온몸에 움직이는 바람, 들숨과 날숨이다. 그 외에도 몸 안에 있고 개개인에 속하는 바람과 바람의 기운과 업에서 생긴 것을 일러 내적인 바람의 요소라 한다. 내적인 바람의 요소든 외적인 바람의 요소든 그것은 단지 바람의 요소일 뿐이다. 이에 대해 '이것은 내 것이 아니다. 이것은 내가 아니다. 이것은 나의 자아가 아니다.'라고 있는 그대로 바르게 통찰지로 보아야 한다. 이와 같이 이것을 있는 그대로 바르게 통찰지로 보아 바람의 요소를 역겨워하고 마음이 바람의 요소에 대한 탐욕을 빛바래게 해야 한다."

"비구여, 그러면 무엇이 허공의 요소[空界]인가? 허공의 요소는 내적인 것과 외적인 것이 있다. 비구여, 그러면 무엇이 내적인 허공의 요소인가? 비구여, 몸 안에 있고 개개인에 속하는 허공과 허공에 속하는 것과 업에서 생긴 것은 무엇이건 이를 일러 내적인 허공의 요소라 한다. 예를 들면 귓구멍, 콧구멍, 입이다. 그리고 먹고 마시고 씹고 맛본 것이 넘어가는 [목구멍과], 먹고 마시고 씹고 맛본 것이 머무는 곳, 먹고 마시고 씹고 맛본 것이 나가는 곳이다. 그 외에도 몸 안에 있고 개개인에 속하는 허공과 허공에 속하는 것과 업에서 생긴 것을 일러 내적인 허공의 요소라 한다. 내적인 허공의 요소든 외적인 허공의 요소든 그것은 단지 허공의 요소일 뿐이다. 이에 대해 '이것은 내 것이 아니다. 이것은 내가 아니다. 이것은 나의 자아가 아니다.'라고 있는 그대로 바르게 통찰지로 보아야 한다. 이와 같이 이것을 있는 그대로 바르게 통찰지로 보아 허공의 요소를 역겨워하고 마음이 허공의 요소에 대한 탐욕을 빛바래게 해야 한다."

"이제[역주63] 청정하고 순수한[역주64] 알음알이만이 남았다.[역주65] 이 알음알이로 무엇을 아는가? 그는 '즐겁다.'라고 안다.[역주66] '괴롭다.'라고 안다. '괴롭지도 즐겁지도 않다.'라고 안다. 비구

역주63 "앞에서는 물질의 명상주제(rūpa-kamma-ṭṭhāna)를 설하셨고, 지금부터는 정신의 명상주제(arūpa-kamma-ṭṭhāna)를 느낌(vedanā)을 통해 일으켜서 보이시기 위해 이 가르침을 시작하셨다."(MA. v.53)

역주64 "'청정하고 순수한(parisuddha pariyodāta)'이라고 하셨다. 오염원이 없기 때문에(nirupakkilesa '청정하고(parisuddha)', 빛나기 때문에(pabhassa) '순수하다(pariyodāta).'"(MA. v.53) "즉 반대되는 법들이 사라졌기 때문에 그의 마음이 청정하다. 그리하여 오염원이 없다고 했고, 오염원들이 제거되었기 때문에 순수하다고 설명했다."(MAT. ii.399)

역주65 "'남았다(avasissati)'는 것은 부처님께서 [요약(uddesa)만 설하셨고 분석(niddesa)은 설하셔야 하기 때문에 - MAT. ii.399] 설명하실 것이 아직 남았고, 선남자가 통찰할 것이 아직 남았다는 뜻이다."(MA. v.53)

역주66 "즐거운 느낌을 느낄 때 즐거운 느낌을 느낀다고 꿰뚫어 안다는 말씀이다."(MA. v.53)

역주67 "조건(paccaya)을 통해 일어남과 사라짐을 보이기 위해 설하셨다."(MA. v.53)

여, 즐거움을 느낄 감각접촉을 반연하여[역주67] 즐거운 느낌이 일어난다. 그는 즐거움을 느끼면서 '나는 즐거운 느낌을 느낀다.'라고 꿰뚫어 안다. '즐거움을 느낄 그 감각접촉의 소멸과 더불어 즐거움을 느낄 감각접촉을 연하여 생긴 즐거운 느낌도 소멸하고 가라앉는다.'라고 안다.

Extracted from: Sujato, Bhikkhu, trans. "The Analysis of the Elements" in *Middle Discourses: A Lucid Translation of the Majjhima Nikāya*. 1st ed. SuttaCentral, 2018. https://suttacentral.net/mn.

English Translation

The Buddha said this:

"'This person has six elements, six fields of contact, eighteen mental preoccupations, and four foundations. Where they stand, the streams of conceiving do not flow. And where the streams of conceiving do not flow, they are called a sage at peace. Do not neglect wisdom; preserve truth; foster generosity; and train only for peace.' This is the summary recital for the analysis of the elements.

'This person has six elements.' That's what I said, but why did I say it? There are these six elements: the elements of earth, water, fire, air, space, and consciousness. 'This person has six elements.' That's what I said, and this is why I said it.

[…]

And what is the earth element? The earth element may be interior or exterior. And what is the interior earth element? Anything internal, pertaining to an individual, that's hard, solid, and appropriated. This includes: head hair, body hair, nails, teeth, skin, flesh, sinews, bones, bone marrow, kidneys, heart, liver, diaphragm, spleen, lungs, intestines, mesentery, undigested food, feces, or anything else internal, pertaining to an individual, that's hard, solid, and appropriated. This is called the interior earth element. The interior earth element and the exterior earth element are just the earth element. This should be truly seen with right understanding like this: 'This is not mine, I am not this, this is not my self.' When you truly see with right understanding, you grow disillusioned with the earth element, detaching the mind from the earth element.

And what is the water element? The water element may be interior or exterior. And what is the interior water element? Anything internal, pertaining to an individual, that's water, watery, and appropriated. This includes: bile, phlegm, pus, blood, sweat, fat, tears, grease, saliva, snot, synovial fluid, urine, or anything else internal, pertaining to an individual, that's water, watery, and appropriated. This is called the interior water element. The interior water element and the exterior water element are just the water element. This should be truly seen with right understanding like this: 'This is not mine, I am not this, this is not my self.' When you truly see with right understanding, you grow disillusioned with the water element, detaching the mind from the water element.

And what is the fire element? The fire element may be interior or exterior. And what is the interior fire element? Anything internal, pertaining to an individual, that's fire, fiery, and appropriated. This includes: that which warms, that which ages, that which heats you up when feverish, that which properly digests food and drink; or anything else internal, pertaining to an individual, that's fire, fiery, and appropriated. This is called the interior fire element. The interior fire element and the exterior fire element are just the fire element. This should be truly seen with right understanding like this: 'This is not mine, I am not this, this is not my self.' When you truly see with right understanding, you grow disillusioned with the fire element, detaching the mind from the fire element.

And what is the air element? The air element may be interior or exterior. And what is the interior air element? Anything internal, pertaining to an individual, that's air, airy, and appropriated. This includes: winds that go up or down, winds in the belly or the bowels, winds that flow through the limbs, in-breaths and out-breaths; or anything else internal, pertaining to an individual, that's air, airy, and appropriated. This is called the interior air element. The interior air element and the exterior air element are just the air element. This should be truly seen with right understanding like this: 'This is not mine, I am not this, this is not my self.' When you truly see with right understanding, you grow disillusioned with the air element, detaching the mind from the air element.

And what is the space element? The space element may be interior or exterior. And what is the interior space element? Anything internal, pertaining to an individual, that's space, spacious, and appropriated. This includes: the ear canals, nostrils, and mouth; and the space for swallowing what is eaten and drunk, the space where it stays, and the space for excreting it from the nether regions; or anything else internal, pertaining to an individual, that's space, spacious, and appropriated. This is called the interior space element. The interior space element and the exterior space element are just the space element. This should be truly seen with right understanding like this: 'This is not mine, I am not this, this is not my self.' When you truly see with right understanding, you grow disillusioned with the space element, detaching the mind from the space element.

What remains is sheer consciousness, pure and bright. And what does that consciousness know? It cognizes 'pleasure' and 'pain' and 'neutral'. Pleasant feeling arises dependent on a contact to be experienced as pleasant. When they feel a pleasant feeling, they know: 'I feel a pleasant feeling.' They know: 'With the cessation of that contact to be experienced as pleasant, the corresponding pleasant feeling ceases and stops.'

Substance before Architecture
건축 이전의 물질

현존하는 가장 오래된 건축 고전, 『건축십서』에서 비트루비우스는 건축 재료를 구성하는 기본 요소들부터 설명한다. 그는 만물이 물, 불, 공기, 흙 등의 원소로 이루어져 있다고 본 고대 자연철학의 사유를 바탕으로, 건축 재료 또한 그러한 원소들의 결합으로 이해하려 했다. 이처럼 비트루비우스는 건축 재료를 다룰 때에도 자연철학을 적용하여 재료의 물성을 논증적으로 밝히고자 했다. 오늘날 우리는 더 이상 그 과학적 전제를 공유하지는 않지만, 이러한 사유는 재료를 단순한 물리적 성능을 넘어, 4원소 세계관의 시선에서 다시 바라보게 하는 상징적 가능성을 열어준다.

Image discription:
Utriusque Cosmi Historia by Robert Fludd, 1617–1619.

홍다혜

30BC

근원 물질에 대한 자연철학적 관점
On the Primordial Substance According to the Physicists

비트루비우스 Vitruvius
홍다혜 옮김

Extracted from: Vitruvius, "The Origin of the Dwelling House", "On the Primordial Substance according to the physicists" in *Vitruvius The Ten Books On Architecture*, 41–42. Translated by Morris Hicky Morgan. Cambridge: Harvard University Press, 1914.

[…] 건축물 구축에 적합한 재료들에 관해서는, 그것들의 자연적인 형성 방식과 그 기본 구성 요소들이 어떠한 비율로 결합되었는지를 살필 것이며, 이를 독자들이 명확히 이해할 수 있도록 분명하게 서술할 것이다. 왜냐하면 어떤 종류의 재료이든, 어떠한 실체든, 심지어 인간이 만들어내거나 상상할 수 있는 그 무엇이든, 그 어떤 것도 기초 입자elementary particles들의 결합 없이는 존재할 수 없기 때문이다. 또한 자연철학자들의 이론에 따라 자연을 참되게 탐구하기 위해서는, 만물의 근원적 원인이 무엇이며, 그것들이 왜, 그리고 어떻게 그러한 방식으로 존재하는지를 정확히 밝혀야만 한다.

무엇보다도, 탈레스Thales는 만물의 근원 물질이 물이라고 보았다. 에페소스의 헤라클레이토스Heraclitus of Ephesus는, 그의 글이 난해하다는 이유로 그리스인들에게 '어두운 자σκοτεινὸς'라 불렸는데, 그는 불이 만물의 근원이라고 여겼다. 데모크리토스Democritus와 그의 후계자 에피쿠로스Epicurus는 만물의 근원이 '원자atoms'라고 보았는데, 이를 우리 저술가들은 '분할될 수 없는 실체들' 혹은 '불가분자indivisibles'라 불렀다. 피타고라스 학파Pythagoreans는 물과 불에 더불어 공기와 흙도 포함시켰다. 그러므로 데모크리토스가 이러한 요소들을 엄밀하게 명명하지 않고, 단지 '분할될 수 없는 실체들'에 대해서만 말했음에도 불구하고,

그 역시 실질적으로는 동일한 원소들을 지칭한 것으로 보인다. 왜냐하면 그것들은 개별적으로 존재할 때 손상되지 않으며, 분해되지도 않고, 부분으로 나뉠 수도 없으며, 영원한 시간 속에서도 무한한 견고함을 유지하기 때문이다.

이와 같이 만물은 이러한 원소들이 상호 결합하여 구성되고 생성된 것으로 보이며, 이들은 자연에 의해 무한한 종류의 사물들에 분배되어 있다. 따라서 나는 이 원소들의 다양한 속성과 실용적 특징은 물론, 그것들이 건축물에 드러내는 성질들에 대해서도 논하는 것이 타당하다고 여겼다. 이는 구축을 하고자 하는 이들이 이러한 특성을 올바로 이해함으로써 실수를 피하고, 자신들의 건축물에 적합한 재료를 선택할 수 있도록 하기 위함이다.

Confronting Materials

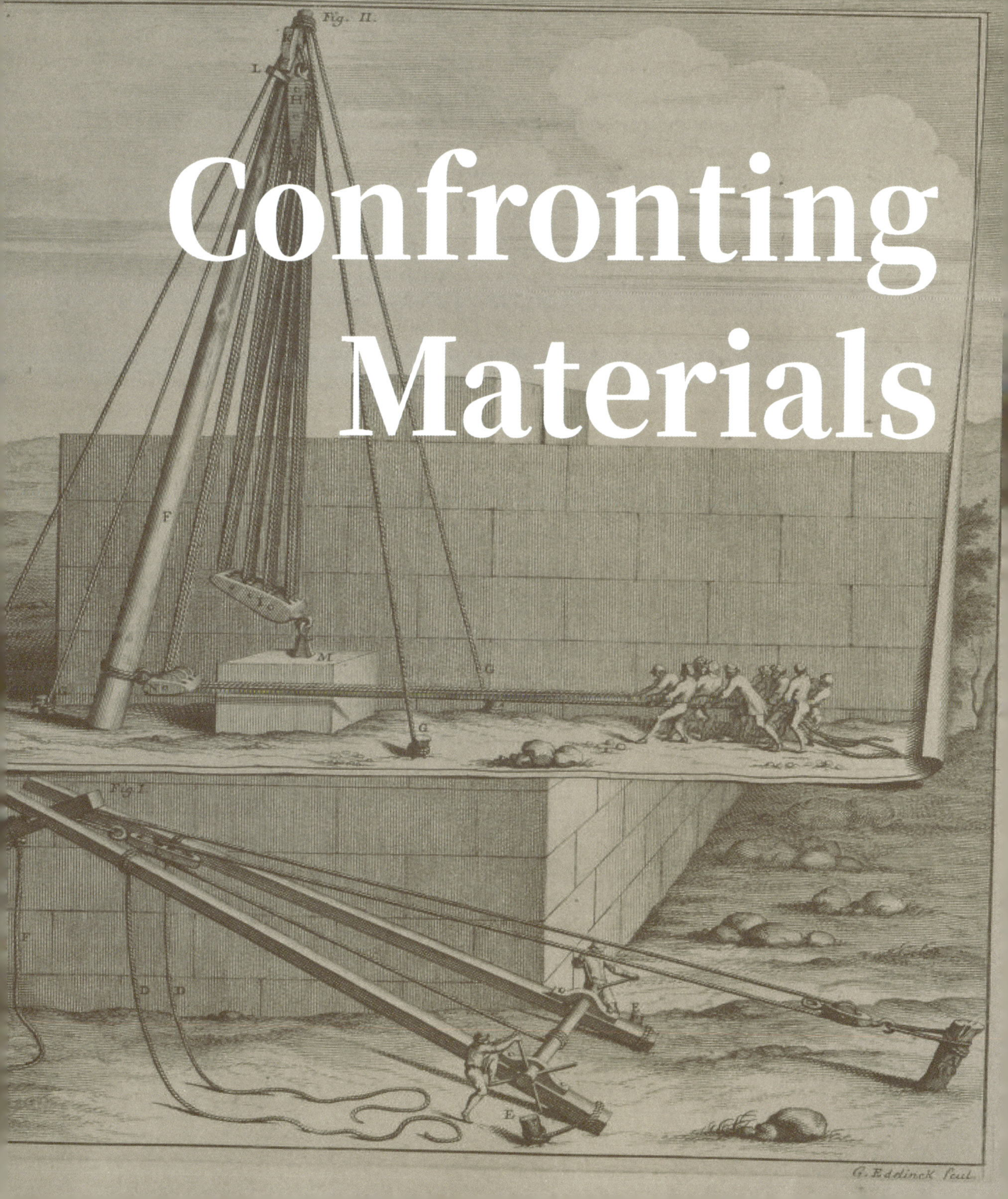

재료를 마주하며

Wood Based Modular System
재분제도

材 凡構屋之制，皆以材為祖，材有八等，度屋之大小，因而用之。各以其材之廣，分為十五分°，以十分為其厚。凡屋宇之高深，名物之短長，曲直舉折之勢，規矩繩墨之宜，皆以所用材之分°，以為制度焉。栔（音"至"）廣六分，厚四分。材上加栔者，謂之足材。

第一等	第二等	第三等	第四等	第五等	第六等	第七等	第八等
廣九寸 厚六寸	廣八寸二分五厘 厚五寸五分	廣七寸五分 厚五寸	廣七寸二分 厚四寸八分	廣六寸六分 厚四寸四分	廣六寸 厚四寸	廣五寸二分五厘 厚三寸五分	廣四寸五分 厚三寸
殿身九間至十一間用之。副階并挾屋材分°，減殿身一等，廊屋減挾屋一等。	殿身五間至七間則用之。	殿身三間至五間或堂七間則用之。	殿三間，廳堂五間則用之。	殿小三間，廳堂三大間則用之；	亭榭或小廳堂用之。	小殿及亭榭等用之。	殿內藻井或小亭榭施鋪作多則用之。

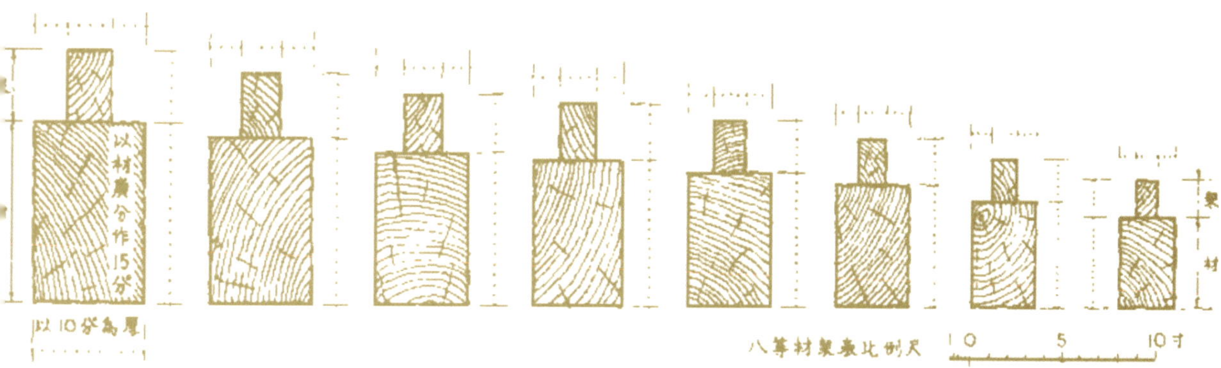

大木作制度圖樣三十二

殿堂等八鋪作副階六鋪作雙槽（斗底槽準此下雙槽同）草架側樣

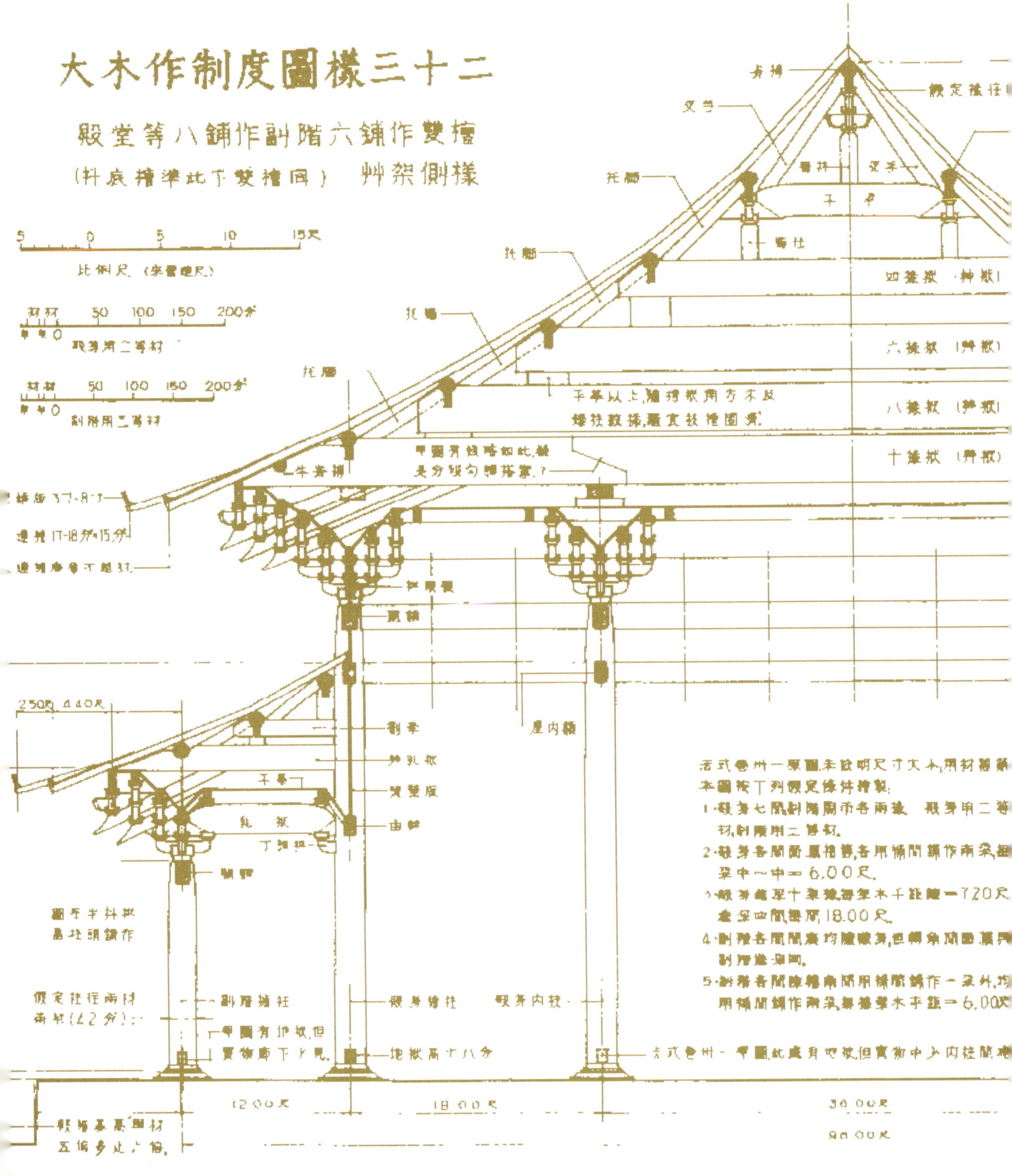

Image credit (first page): 梁思成. 『梁思成全集: 第七卷』. 북경. 중국건축공업출판사. 2001. 378쪽

Image credit(previous page): 梁思成. 『梁思成全集: 第七卷』. 북경. 중국건축공업출판사. 2001. 409쪽

Image credit(last page): 梁思成. 『梁思成全集: 第七卷』. 북경. 중국건축공업출판사. 2001. 378쪽

『영조법식』은 건축현장의 부정부패를 방지하고 공정관리의 효율성을 높이기 위해 북송 숭녕 2년(1103) 황제의 명에 의해 간행된 건축기술규범서적으로 공부(工部) 장작감(將作監) 소감(少監)으로 있던 이계(李誡, ?-1110)에 의해 편찬되었다. 총 8책, 34권, 357편, 3555조항으로 구성된 이 문헌은 용어 해석에서부터 설계, 시공에 이르기까지 건축제도의 총체적인 내용을 담고 있으며 청 옹정(雍正) 12년(1734)에 간행된 『공정주법(工程做法)』와 더불어 중국건축사 연구에 중요한 가치를 지닌다.

특히 건축물의 규모에 따라 부재 단면 기준을 8등급으로 구분하여 제시한 치수체계 '재분제도(材分制度)'는 『영조법식』의 핵심적인 내용으로 매우 합리적이고 표준화된 구축의 논리를 반영한다.

『영조법식』의 ‘영조’는 단순한 건축물의 시공을 뛰어넘어 기획, 설계, 자재 조달, 조직 등 건축 환경 전반을 포함하는 개념으로 그 범주와 영역은 오늘날의 ‘건축’과는 큰 차이가 가지고 있다.

본 원고는『영조법식』의 내용 가운데『아키라우터』4호의 주제인 ‘재료’와 관련된 제1책 대목작제도를 중심으로 제2, 3책의 석재, 목재, 기와, 벽돌 규정을 발췌, 번역하여 소개하고 ‘재분제도(材分制度)’를 고찰한다.

조기일

1103 영조법식의 재료

Material of Yingzao Fashi

이계(李誡) Li Jie

조기일 옮김

한동수 감수

梁思成.『梁思成全集: 第七卷』. 32, 39–40 .북경: 중국건축공업출판사, 2001. 본 원고는 양사성전집 7권에 수록된, 양사성이 주해한 이계의 영조법식을 국문으로 번역한 것임.

《營造法式》, 第一卷 · 總釋(上) · 柱礎 중 일부 발췌 번역.

주초(柱礎): 주초 혹은 주춧돌에 대하여역주1

《淮南子》: 山云蒸，柱礎潤。

『회남사』에는 "산에 끼어 있는 구름이 사라지면 주초에 습기가 밴다."라고 하였다.

《說文》: 櫍 之日切， 柎也；柎，闌足也。楮 章移切，柱砥也。古用木，今以石。

『설문』역주2에는 "질(櫍) [지(之)와 일(日)의 반절로 읽는다]은 부이다; 부(받침대)는 난족(闌足)이다.역주3 지역주4(楮,나무 주초) [장(章)과 이(移)의 반절로 읽는다.]는, 주지(柱砥)와 같으며, 이전에는 나무를 썼고 오늘날에는 돌로 만든다."라고 하였다.

역주1 주초는 구조적 역할을 강조하며, 반면 주추로 읽을 때에는 주춧돌이란 뜻으로, 재료로서의 돌의 의미를 강조한다.

역주2 설문(說文), 곧 설문해자(說文解字)는 고대의 사전과 같은 문헌으로, 한문에 대해 설명하면서 사투리를 피하고 정확한 발음을 제시한다. 여기서 사용된 反切注音(반절 주음)방식이란 고대 중국어의 음가를 표기하기 위해, 두 개의 한자를 조합하여 한자의 발음을 표시하는 것이다.

역주3 "질(櫍)" 이라는 글자는 받침 혹은 나무토막으로 "부(柎)" 와 같은 의미다. 그리고 "부(柎)" 는 "난족(闌足)" 즉 난간 하부 받침 부재를 가리킨다.

역주4 "지(楮)" 라는 글자는 나무 주초를 뜻하고 기둥 아래에 놓이는 "주지(柱砥)", 즉 기초석이다.

《博雅》: 礎、碣 音昔、磌 音真, 又徒年切, 磌也。鑱 音讒 謂之鈹 音披, 鐫 醉全切, 又予兗切 謂之鏨 慙敢切。

『박아』에는 "초(礎), 곧 석(碣)[석(昔)으로 발음한다]. 전(磌)은 [진(真)으로 발음하며, 혹은 도(徒)와 년(年)의 반절로 읽는다.] 이는 질(磌, 주춧돌 주하석)을 뜻이다. 역주5

참(鑱, 뾰족함) [참(讒)으로 발음한다.] 그리고, 피(鈹, 쇠꼬챙이)라 하며, [피(披)로 발음한다.] 전(鐫) [취(醉)와 전(全)의 반절로 읽으며, 혹은 자(子)와 곤(兗)의 반절로 읽는다.] 을 참(鏨, 돌을 새김)이라 한다. [참(慙)과 감(敢)의 반절로 읽는다.]역주6"라고 하였다.

《義訓》: 礎謂之碱 仄六切, 碱謂之磌, 磌謂之碣, 碣謂之磉 音顙, 今謂之石錠, 音頂。

『의훈』에는 "초(礎)역주7를 척(碱)이라 하고, [측(仄)과 육(六)의 반절로 읽는다.] 척(碱)역주8을 질(磌)이라 하고, 질(磌)역주9을 석(碣)이라 하고, 석(碣)역주10을 상(磉)이라 한다. [상(顙)으로 발음한다. 오늘날의 석정(石錠)은 정(頂)으로 발음한다.]"라고 하였다.

[…]

역주5 "초(礎)" 라는 글자는 기둥 아래의 석돈(石墩)을 의미한다. "석(碣)"이라는 글자는 기둥을 지지하는 둥근 돌 기초를 의미한다. "진(磌)"이라는 글자는 기둥 아래의 주초석(柱礎石)을 의미한다. 앞서 언급한 세 가지 글자는 모두 "질(磌)"이라는 글자의 의미와 같다.

역주6 "참(鑱)" 이라는 글자는 조각하는 행위 혹은 조각할 때 사용하던 도구를 의미하고, 또한 "피(鈹)"와 의미가 같다. "전(鐫)이라는 글자는 조각하는 행위를 뜻하고, 또한 "잠(鏨)"이라는 글자의 의미와 같다.

역주7 "초(礎)" 라는 글자는 기둥 아래의 석돈(石墩)을 의미한다. 또한 "척(碱)"과 의미가 같다. 여기서 척[碱]은 두 가지로 발음하는데 [qì]로 읽을 때에는, 계단 혹은 쌓음의 의미를 가지며, [zhú]로 읽을 때에는 기둥 아래의 석돈을 의미한다.

역주8 "척(碱)"이라는 글자는 기둥 아래의 석돈(石墩)을 의미한다. 또한 "질(磌)"과 의미가 같다.

역주9 "질(磌)"이라는 글자는 기둥 아래의 석돈(石墩)을 의미한다. 또한 "석(碣)"과 같은 의미한다.

역주10 "석(碣)"이라는 글자는 기둥을 지지하는 둥근 돌 기둥을 의미한다. 또한 "상(磉)"과 의미가 같다. 오늘날에는 이것을 "석정(石錠)"이라고 부른다.

《營造法式》, 第一卷 · 總釋(上) · 材 중 일부 발췌 번역.

재(材): 목재 혹은 재료에 대하여역주11

《周禮》: 任工以飭材事。

『주례』 에는 "재료역주12를 정비하고 건축 업무를 수행하는 직분으로 장인을 임용한다."라고 하였다.

《呂氏春秋》: 夫大匠之為宮室也, 景小大而知材木矣。

『여씨춘추』 에는 "궁실을 지을 때, 숙련된 장인은 나무의 모양과 크기를 관찰하여 나무의 종류 혹은 필요로 하는 나무의 양을 예측한다."라고 하였다.

《史記》: 山居千章之楸。章, 材也。

『사기』 에는 "산 속에 수 천 장(章)역주13 의 가래나무(楸)가 있다. 장(章)은 재목을 의미한다."라고 하였다.

班固《漢書》: 將作大匠屬官有主章長丞。舊將作大匠主材吏名章曹掾

반고의 『한서』 에는 "장작대장(將作大匠)역주14에 속하는 관료로는 목재의 등급을 담당하는 '주장'과 장승(主章,長丞)'이라는 직책이 있다. 이전에는 장작대장에 소속된 목재를 다루는 관료 이름을 '장조연(章曹掾)'이라고 한다."라고 하였다.

역주11 재(材)는 나무, 즉 목재를 뜻하기도 하면서 건축재료를 뜻하는 표현이기도 하다. 이는 영조법식의 바탕이 되는 '재분제도'(즉 나무의 단면을 기준으로 그 재료가 적용되는 건축물의 등급을 나누고 모든 치수.체계를 결정하는 것)의 적용과도 연관이 있다.

역주12 여기서 "材"의 의미는 목재이고 또한 모든 원자재나 생산과정에서 필요한 물질적 조건을 말한다.예를 들어, 천연 나무를 가공하여 만든 둥근 통나무, 판자, 들보 등의 건축 자재를 통틀어 이르는 말이다.

역주13 장은 고대시기 목재를 존귀하게 여겨 아름답게 표현한 명칭이다.

역주14 장작감의 우두머리 또는 수장을 일컫는 말.

역주15 "귀한 재료는 이미 정교한 기예를 지니고 있으므로, 지나치게 기이한 장식과 표현에 집착하여 재료 본연에서 벗어나는 것에 대해 경계해야 한다"는 의미를 담고 있다.

역주16 나무는 이미 우수한 재료이며, 장식이 없어도 그 내재된 화려함과 아름다움을 자연스럽게 드러낼 수 있기 때문이다.

又《西都赋》：因瓌材而究奇。

또 『서도부』에는 “진귀한 목재를 두고도 기이함을 탐구한다”라고 하였다.[역주15]

弁蘭《許昌宮賦》:材靡隱而不華。

변란의 『허창궁부』에서는 “목재는 감춰지지 않아도 화려함을 잃지 않는다”라고 하였다.[역주16]

《説文》：栔，刻也。栔音至。

『설문』에는 “설(栔)[역주17]은 새긴다는 뜻이며, ‘지(至)’으로 발음한다.”라고 하였다.

《傅子》：構大厦者，先擇匠而後簡材。今或謂之方桁，桁音衡；按構屋之法，其規矩制度，皆以章栔為祖，今語，以人舉止失措者，謂之“失章失栔”蓋此也。

『부자』에서는 “대저택을 짓는 자는 먼저 장인을 선택하고, 그 다음에 재료를 선별한다. 오늘날 건축의 구성 요소를 ‘방항(方桁,수평적인 구조, 예를 들어, 들보)’이라 하며, ‘항(桁)’ 형(衡)으로 발음한다. 집을 짓는 규범과 제도는 모두 ‘장(章)’과 ‘설(栔)’을 근본으로 삼고 있다. 오늘날 사람의 행동이 어지럽고 질서를 잃었을 때 ‘실장실설(失章失栔)’이라 하는 말은 여기서 유래한다”고 하였다.

[…]

역주17 “설(栔)”이라는 글자는 새긴다는 의미이다.

역주18 “와(瓦)”는 오늘날 지붕을 덮는 기와를 의미하지만, 넓은 의미의 토기류 전반, 즉 흙을 구워 만든 모든 기물(器物)의 총칭으로 사용되기도 한다. 중국 고대 문헌에서는 단순한 건축 부재 차원이 넘어서 건축 규범, 공정 체계, 그리고 기술 언어로서의 의미를 갖는다.

역주19 여기서 “와(瓦)”는 일반적인 건축용 기와가 아니라, 고대에 딸이 태어났을 때 장난감이나 상징물로 쓰이던 작은 토기 조각을 의미한다. 한족 사회에서는 아들을 낳는 일을 “농장지희(弄璋之喜)”라 하여, “장(璋)”은 좋은 옥으로 관직에 오를 인물이라는 뜻을 담는다. 반면 딸을 낳는 일은 “농와지희(弄瓦之喜)”라 하며, 이때 “와”는 물레 부속품을 뜻해 남아 선호와 남존여비 인식을 반영한다.

《營造法式》, 第二卷 · 總釋(下) · 瓦 중 일부 발췌 번역.

와(瓦): 기와(瓦)에 대하여[역주18]

《詩》: 乃生女子, 載弄之瓦。

『시경』에는 "딸을 낳으면 와(瓦, 길삼벽돌)를 가지고 놀게 하라.[역주19]"라고 하였다.

《說文》: 瓦, 土器已燒之總名也。瓬, 周家塼埴之工也。瓬, 分兩切。

『설문』에는 "와(瓦)는 구운 토기(土器)의 총체적인 명칭(總名)이다. 방(瓬)은 주가(周家)의 전식공[塼埴工, 틀로 도기(陶器)를 만드는 공인(工人)]이다. 방(瓬)은 분(分)과 양(兩)의 반절이다.[역주20]"라고 하였다.

《古史考》: 昆吾氏作瓦。

『고사고』에는 "곤오씨[昆吾氏,하(夏)니라[역주21] 때의 씨족명(氏族名)]가 기와(瓦)를 만들었다고 하였다."라고 하였다.

《釋名》: 瓦, 踝也。踝, 確堅貌也, 亦言腂也, 在外腂見之也。

『석명』에는 "와(瓦)는 괴(踝)이니 과(踝)는 돌자갈의 굳은 모양(確堅貌)이다. 또한 과(腂)라고 말할 수 있으니 무릎이 바깥으로 돌출된 것과 같다."고 하였다.[역주22]

역주20 "와(瓦)"는 흙을 구워 만든 기물 전체를 가리키는 총칭이다. "방(瓬)"은 주나라 시대에 흙으로 된 토기류를 전문적으로 제작하던 장인을 의미한다. "방(瓬)"이라는 글자 분(分)과 량(兩)의 반절로 읽는다. 현대 발음으로는 "fǎng(방)"에 가까운 발음이다.

역주21 하(夏) 왕조는 중국 역사상 가장 오래된 왕조로 전해지며, 전설에 따르면 "우(禹)" 가 창건한 하 왕조는 대략 기원전 21세기부터 기원전 16세기까지 존속하였고, 14대 17명의 군주가 통치하였다고 전해진다. 주요 활동 지역은 현재의 하남(河南) · 산서(山西) 지방으로, 하 왕조는 중국 고대 국가 체제의 원형이자 문명화된 정치의 출발점으로 평가된다.

역주22 "와(瓦)"라는 글자는 종아리와 발 사이 부위의 양쪽에 튀어나온 부분으로 정강뼈(경골)와 종아리뼈(비골) 하단의 팽배된 부위를 의미한다. 또한 "과(踝)"와 의미가 같다. "과(踝)"는 단단하고 견고한 모습을 가리킨다. 또 어떤 이들은 이것이 "과(腂)"에서 비롯되었다고도 하는데, 이는 밖으로 돌출되어 드러나는 부분을 뜻한다. 기와는 지붕 위에 설치되어 외부에서 뚜렷이 보이기 때문에 "과(腂)"라고 부르는 것과도 의미가 통하다.

역주23 "전(塼)"는 오늘날의 "전(磚)" 즉 벽돌을 의미하고 흙을 구워 만든 벽돌을 뜻하며, 기단, 담장, 바닥 등에 사용되는 주요 조적 재료이다.

《博物志》: 桀作瓦。

『박물지』에는 "걸[桀, 하(夏)나라의 왕]이 와(瓦)를 만들었다."라고 하였다.

전(塼): 벽돌에 대하여역주23

《營造法式》, 第二卷 · 總釋(下) · 塼 중 일부 발췌 번역.

《詩》: 中唐有甓。

『시경』에는 "중당(中唐, 뜰안 길)에 벽(甓)이 있다.역주24"라고 하였다.

《爾雅》: 瓴甋謂之甓。甗, 甎也。今江東呼為瓴甓。

『이아』에는 "'영적(瓴甋)'은 '벽(甓)'이라 한다. '루(甗)' 는 녹전 (甎) 을 의미한다. 지금 강동(江東) 지방에서는 이를 '영벽 (瓴甓)'이라 부른다.역주25"라고 하였다.

《義訓》: 井甓謂之甗, 音洞。塗甓謂之穀, 音哭。大塼謂之甑瓳。

『의훈』에는 "정벽(井甓)역주26을 동(甗)이라 이르고, [동(洞)으로 발음한다.] 도벽(塗甓)역주27을 곡(瑴) 이라 이르며 , [곡(哭)으로 발음한다 .] 대전(大塼)역주28을 반호(甑瓳)라 이른다." 라고 하였다.

[…]

역주24 뜰안 길이 벽돌로 되어있다는 뜻으로, 중당(中唐, 대문에서 당까지 이르는 길)은 벽(甓), 즉 전(塼) 벽돌로 시공하였다.

역주25 "영적(瓴甋)"이라는 단어는 벽돌, 도자기 용기, 병과 비슷한 형태를 의미한다. 또한 "甓(벽)"과 의미가 같다. "루(甗)"라는 글자는 항아리 모양의 도기 또는 병 형태의 토기를 의미한다. 또한 "전(甎)", 벽돌(벽전, 벽과 전을 합친 글자)과 의미가 같다. 지금 강동(江東)지방에서는 이를 "영벽 (瓴甓)"이라고 부른다.

역주26 "정벽(井甓)"이라는 단어는 우물 바닥이나 벽면을 안정시키기 위해 사용한 전통 도기 벽돌을 의미한다. 또한 "동(甗)"과 의미가 같다.

역주27 "도벽(塗甓)"이라는 단어는 벽돌(특히 바닥용 벽돌)의 표면에 진흙이나 회반죽 등을 발라 접착하거나 마감하는 작업을 의미한다. 또한 "곡(瑴)"과 의미가 같다.

역주28 "대전(大塼)"이라는 단어는 네모난 큰 벽돌을 뜻하는 "반호(甑瓳)"와 의미가 같다.

《營造法式》, 第四卷 · 大木作制度 · 材 중 일부 발췌 번역.

대목작제도(大木作制度)–재(材)역주29

材，其名有三：一曰章，二曰材，三曰方桁。
'재(材)'라는 명칭은 세 가지 이름으로 불린다. 첫째는 "장(章)"이라 하고, 둘째는 "재(材)"라 하며, 셋째는 "방형(方桁)"이라고 한다.

凡構屋之制，皆以材為祖；材有八等，度屋之大小，因而用之。
건축 설계와 시공에 관한 모든 제도나 치수 규정은 반드시 재의 등급(材等) 제도를 기준으로 삼아야 한다. 재는 총 "여덟 등급(八等)"으로 나뉘며, 건축물의 규모에 따라 해당하는 재의 등급을 선택하여 사용한다.

[…]

역주29 "대목작제도"는 『영조법식』의 핵심 제도 중 하나로, 건축 재료의 단면 치수를 기준으로 여덟 등급(八等)으로 나누는 "재분제(材等制)"를 중심에 둔다. 따라서 앞에서 언급한 주초, 기와 및 벽돌 등 요소들을 모든 "이재위조(以材為祖)"의 논리에 맞춰서 작동하였다.

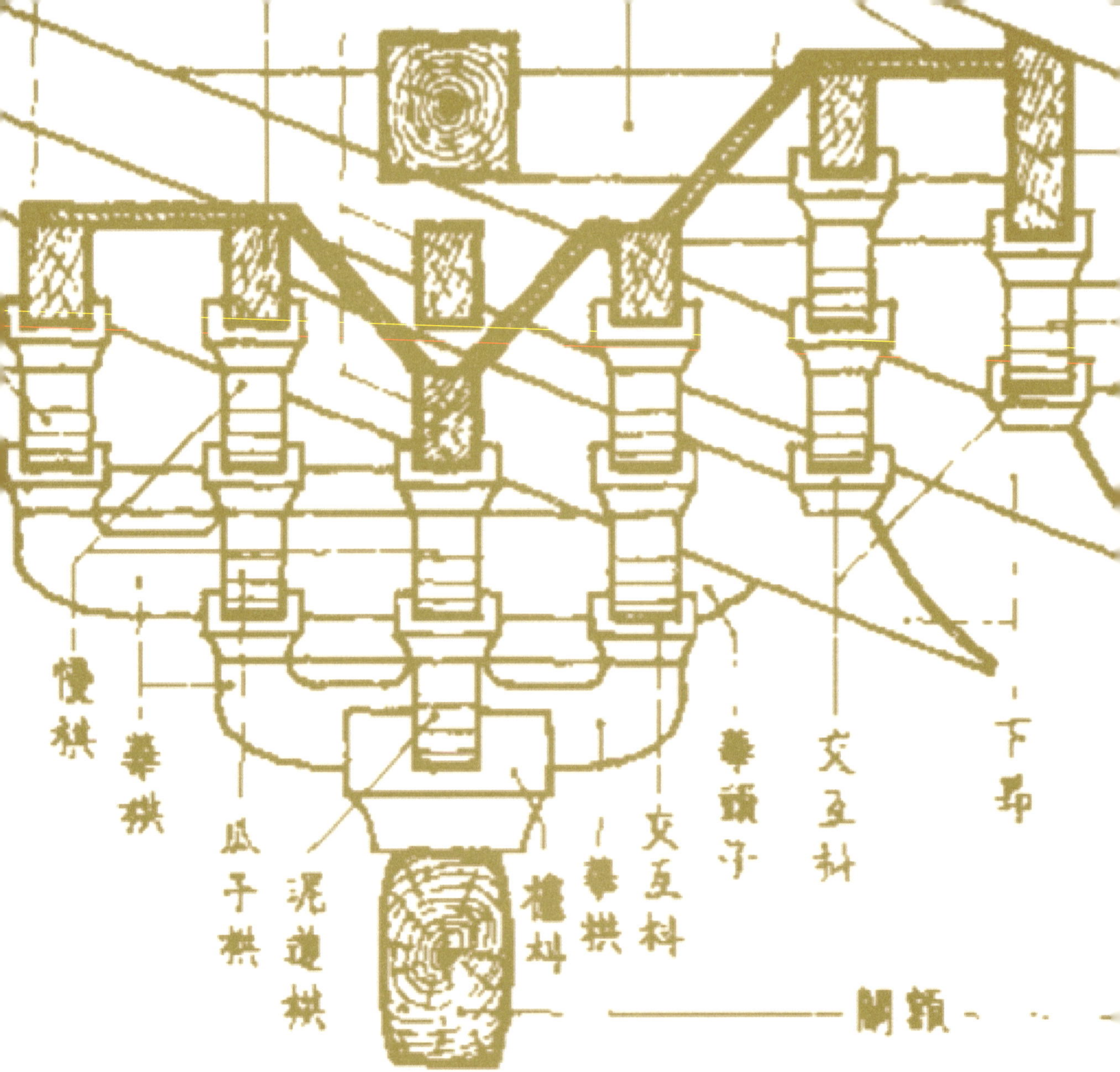
慢栱
華栱
瓜子栱
泥道栱
櫨枓
華栱
交互枓
華頭子
交互枓
下昂
闌額

Thought Before Substance

물질 이전의 생각

레온 바티스타 알베르티(1404 – 1472)는 15세기 초중반 이탈리아 르네상스의 대표적 지식인으로, 건축을 수 · 비례 · 조화의 이성적 질서에 따라 언어화하고자 했다. 그는 브루넬레스키의 원근법이 등장한 이후이자 코페르니쿠스의 지동설이 제시되기 이전의 시기에 활동하였는데, 고전에 기반하면서도 점차 관찰과 추론을 중시하는 흐름 속에 있었다. 그의 저서 『건축론(De Re Aedificatoria)』은 비트루비우스의 이론을 계승하되, 동시대적 맥락에서 건축을 이론화한 유럽 최초의 인쇄된 건축서로 평가된다. 알베르티가 건축 재료를 어떠한 의도와 질서 속에서 다루었는지를 살펴보는 것은, 재료를 다루는 또 다른 관점을 탐색하는 계기가 된다.

홍다혜

1486

리네아멘타와 재료의 선택

Lineaments and Material Selection

레온 바티스타 알베르티 Leon Battista Alberti

서정일 옮김

발췌: 레온 바티스타 알베르티. "서문", "제2권 재료" 『레온 바티스타 알베르티의 건축론 (1,2,3권)』. 서정일 옮김. 43, 49, 137 - 138. 서울: 서울대학교출판문화원, 2018. *알베르티가 이 글을 작성한 것은 1452년으로 알려져 있으나, 르네상스 시대 인쇄술의 발전으로 출판된 것은 1486년이다.

서문

[…]

[…] 나는 건축가를 다음과 같이 정의하겠다. 즉, 그는 확실하고 경탄할 만한 원리와 방법으로써[역주1] 또한 정신과 영혼으로써[역주2] 한정하는 법과 작업[역주3]에 의해 완성하는 법을 체득하여, 무엇이든지 무게의 움직임으로부터, 물체들을 결합하고 뭉침으로써,[역주4] 사람들의 고상한 쓰임새에 아주 잘 부합시킬 줄 아는 사람이다.

[…]

[…] 실로 우리는 건축물[역주5]을 일종의 몸으로, 즉 다른 몸들처럼 리네아멘타와 재료로 이루어진 몸으로 여겼다.[역주6] 앞의 것은 재능으로부터 나왔고 뒤의 것은 자연으로부터 주어졌다.[역주7] 앞의 것에는 마음과 생각이[역주8], 뒤의 것에는 준비와 선택이 적용된다. 하지만 그 어느 것도 그 자체로는 충분하지 않고 숙련된 전문가[역주9]의 손이 리네아멘타에 따라 재료를

역주1 certa admirabilique ratione et via: '확실한'(certa)이란 항상적이고 변함없어서 거듭 적용할 수 있다는 뜻이고, '원리와 방법'(ratio et via)이란 키케로가 그리스어 메토데이아(μεθοδεία)를 번역한 말이다. 원리(ratio)는 셈, 산술적 헤아림을 기본 뜻으로 한다.

맞추어야 한다는 것을 우리는 깨달았다.

[…]

제2권 재료

[…]

마땅히 준비해야 할 재료들은, 석회, 모래, 석재, 목재역주10, 마찬가지로 또한 철, 구리, 납, 유리 따위역주11다. 또한 우선 미숙하지도 않고 경솔하지도 않고 변덕스럽지도 않은 작업자들을, 즉, 그대가 믿고 맡겨서 그대의 지시에 제대로 따르고 성실히 하고 훌륭히 마무리하고 제때에 완성할 작업자들을 고르는 것이 중요하다.

무릇 이것들을 판단함에 있어서, 다른 곳에 가까이 있는 작업으로부터 증거와 추측을 끌어내어역주12, 그것들로써 그대가 해야 할 것을 잘 헤아려 보는 것이 도움될 것이다. […]

또한 우리는 건축물의 작업에 알맞은 것들을 조사하기 위해서, 고대 학자들, 특히 테오프라스토스, 아리스토텔레스, 카토역주13, 바로, 플리니우스, 비트루비우스가 전해 주는 것들을 참조할 것이고—왜냐하면 그것들은 추론의 기교역주14보다는 오랜 관찰을 통해서 얻은 것들이기 때문이다.역주15 우리는 이 문제를 가장 세심하게 관찰한 사람들로부터 구할 것이다. 이어서 우리는 뛰어난 사람들이 많고 다양한 곳에서 남긴 것들을 끌어모은다. 또한 우리의 관례대로, 훌륭한 작업으로부터 또는 숙련된 예술가들의 가르침으로부터 우리가 새겨 둔 것들로서, 어떤 식이든 우리가 말할 것과 관련되어 있으면 그것들을 여기에 더한다.역주16

[…]

역주2 mente animoque.
역주3 opus; 알베르티는 작업이라는 말을 일 또는 과정으로서의 작업과 완성품으로서 작업(작품) 모두에 대해 적용한다. 우리의 번역에서도 그 둘을 구분하지 않고 작업이라는 말로 통일시킨다.
역주4 compactio(결합), coagmentatio(뭉침)
역주5 aedificium.
역주6 알베르티가 건축물을 몸에 비유하는 까닭은 그다음 문장에 곧바로 이어지듯이 건축물이 리네아멘타와 재료로 이루어져 있다고 보기 때문이다. 즉, 건축물은 물질(재료)의 단순한 덩어리가 아니라 몸이며, 이는 리네아멘타에 의해 여러 부분들이 한데 유기적으로 결합되어 있기 때문이다.
역주7 앞의 것은 리네아멘타를, 뒤의 것은 재료를 가리킨다.
역주8 mens(마음), cogitatio(생각).
역주9 artifex.
역주10 materia: 알베르티의 용법에서 재료로서 목재는 자연 상태의 유기체인 나무(arbor)와 대체로 구별된다.
역주11 석회(calx), 모래(harena), 돌(lapis), 목재(materia), 철(ferrum), 구리(aes), 납(plumbum), 유리(vitrum).
역주12 argumenta et coniecturas.
역주13 마르쿠스 포르키우스 카토(Marcus Porcius Cato, 기원전 234년–기원전 149년).
역주14 ingenii artes.
역주15 "사실을 배열하고 해설하는 자연사와, 원인을 규명하는 자연철학의 구분." (Caye et Choay, 106쪽, 각주 33번)
역주16 알베르티는 1권 1장 서두에서도 비슷한 내용을 말한 적이 있다.

Preparation and Selection of Material

재료의 준비와 선택

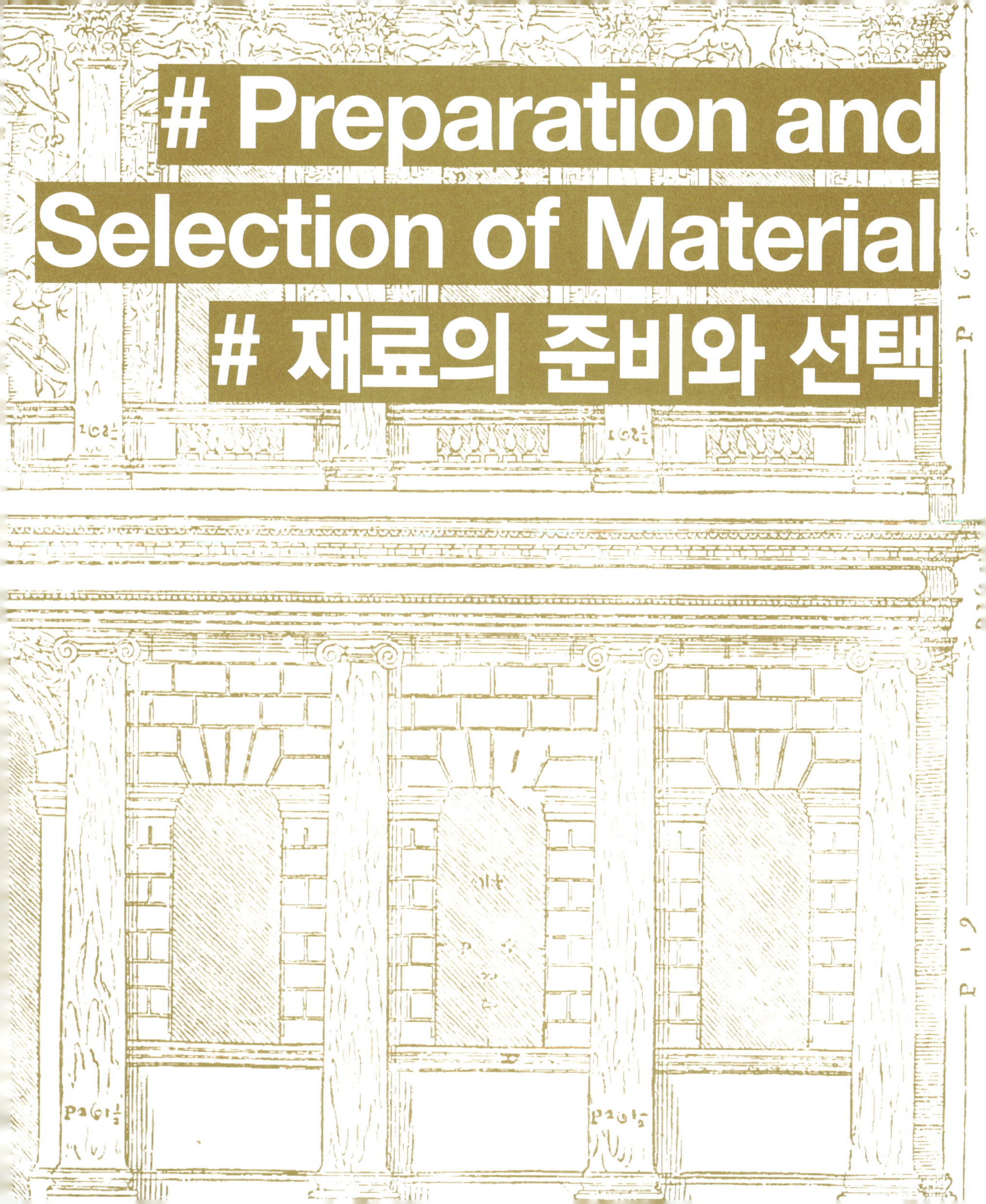

안드레아 팔라디오(1508~1580)의 『건축4서』(1570)는 비트루비우스의 『건축십서』(BC30)를 계승하며 건축의 원리를 체계화한 르네상스의 논고이다. 팔라디오의 저술은 알베르티의 『건축론』(1450) 저술과 약 한 세기 정도 시차가 있는데, 그는 비트루비우스의 세 가지 건축 요소인 견고함, 유용함, 아름다움을 각각 영속성(la perpetuità), 유용성 또는 편리함(l'utile ò commodità), 아름다움(la bellezza)으로 번역하여 정리한다[1].

아키라우터 4호에서는 팔라디오의 『건축4서』에서 다섯 기둥에 대한 상세한 설명 이전에 다뤄지는, 재료에 대한 실천적 태도가 등장하는 서술 일부를 발췌해 소개한다. 이 짧은 도입부에서 팔라디오는 르네상스 건축의 아름다움이 부분과 전체의 조화에 있다고 말하며, 그것이 실용적으로 성취될 수 있는 방법으로 효율적인 재료의 준비, 그리고 재료의 품질에 있음을 짚고 넘어간다.

전태규

1 비트루비우스의 견고함(firmitas)를 알베르티가 내구성(la durata)으로 번역한 것에서 나아가, 팔라디오는 영속성(la perpetuità) 의 표현으로 번역한 것이 흥미롭다. 이는 르네상스 건축가들이 고대 로마를 바라보면서 느끼는, 시대를 초월한 건축에 대한 감상으로 다가온다.

1570

건물을 짓기 전에 고려해야 할 세부 사항들

The Several Particulars that ought to be Considered and Prepared before We Begin to Build

안드레아 팔라디오 Andrea Palladio

전태규 옮김

Extracted from: Palladio, Andrea. "Of the Several particulars that ought to be consider'd and prepar'd before we begin to build" in *The Four Books of Andrea Palladio's Architecture*, 1. Translated by Isaac Ware. London: R. WARE, 1738.

1장. 건물을 짓기 전에 고려하고 준비해야 할 몇 가지 세부 사항들에 대하여

건축이 시작되기 이전에, 짓고자 하는 전체 건물의 평면과 입면의 여러 부분에 대해 세심한 주의를 기울여야 한다: 비트루비우스에 따르면 모든 조직에서 '세 가지'를 고려해야 하는데, 그 세 가지가 없다면 어떤 건축물도 칭송할 가치가 없을 것인데, 그 세 가지는 유용성, 견고함 그리고 아름다움이다. 그러므로 유용하지만 견고하지 않거나, 내구성이 있지만 유용하지 않거나 이 두 가지를 모두 갖추었지만 아름다움이 없는 작품은 완벽하다고 할 수 없다.

건축물은, 각 부분이나 구성 요소가 그에 맞는 위치와 적절한 자리, 그리고 품격과 용도에 걸맞게 놓여 있을 때 편리하다고 평가될 수 있다. 로지아, 홀, 방, 지하실, 저장고 등이 알맞게 배치되어 제자리에 있을 때도 마찬가지이다.

건축물의 견고함, 즉 지속성은 벽이 곧게 세워지고 위로 갈수록 얇아지며 아래는 두껍게, 기초는 튼튼하고 견고하게 시공되는 데 달려 있다. 또한 위쪽 기둥을 아래쪽 기둥 바로 위에 수직으로 세우고, 문과 창의 개구부들을 서로 정확히 정렬하여 배치해야 한다. 이렇게 함으로써 고체(실체)는 고체 위에, 빈 공간은 빈 공간 위에 오도록 하는 것이다.

아름다움은 전체의 형태와 조화로움으로부터 비롯되며, 이는 부분들과의 관계, 각 부분들 간의 상호관계, 그리고 이들이 다시 전체와 맺는 관계에 달려 있다. 그렇게 함으로써 구조는 하나의 총체 혹은 완전한 몸체로 드러나게 되며, 그 안의 모든 요소는 서로 조화를 이루고, 만들고자 하는 대상에 필수적으로 구성되어야 한다.

이러한 여러 세부 사항들을 모형이나 도면을 통해 충분히 검토한 후에는 전체 공사 비용을 정확히 산출하고, 자금을 마련하며, 공사에 가장 중요한 것으로 예상되는 자재들을 미리 준비해 두어야 한다. 그래야만 공사 진행 중 어떤 것이 부족한 상황이나 차질로 인해 완공이 지연되는 일이 없을 것이다. 이러한 방식으로 진행하면, 건축가는 칭찬을 받을 뿐만 아니라, 건축물 전체에도 이로울 것이다. 특히 벽체를 고르게 그리고 신속하게 올릴 수 있다면 더욱 그렇다. 이렇게 공사가 순조롭게 진행되면 건물 전체가 균일하게 자리잡게 되어, 여러 시점에 나뉘어 시공된 건물에서 흔히 발생하는 균열도 피할 수 있다.

그러므로 가능한 한 가장 숙련된 기술자들을 선정하여, 그들의 조언을 받아 보다 신중하게 공사를 진행할 수 있도록 해야 한다. 그런 다음 목재, 석재, 모래, 석회, 금속 등 필요한 자재들을 충분히 확보해야 한다. 나는 이러한 재료 준비에 관하여 매우 유익한 지침들을 제시하고자 한다. [···]

재료의 품질과 우수성 역시 고려해야 하며, 가장 좋은 것을 선택해야 한다. 다른 건축가들의 건물에서 얻은 경험은 무엇이 적합하고 편리한지 결정하는 데 매우 큰 도움이 될 것이다.

비트루비우스, 레온 밥티스타 알베르티, 그리고 다른 훌륭한 저술가들이 재료 선택과 관련하여 매우 유용한 규칙을 제시했지만, 그럼에도 불구하고 나는 이 논고treatise에서 부족한 것이 없는 것처럼 보일 수 있도록 가장 필수적인 것들에 주목하고자 한다.

Palladio, Andrea. *The Four Books of Andrea Palladio's Architecture*, 1. Translated by Isaac Ware. London: R. WARE, 1738.

English Translation

Chapter I. Of the Several particulars that ought to be consider'd and prepar'd before we begin to build

GREAT care ought to be taken, before a building is begun, of the several parts of the plan and elevation of the whole edifice intended to be raised: For three things, according to Vitruvius, ought to be considered in every fabrick, without which no edifice will deserve to be commended; and these are utility or convenience, duration and beauty. That work therefore cannot be called perfect, which should be useful and not durable, or durable and not useful, or having both these should be without beauty.

An edifice may be esteemed commodious, when every part or member stands in its due place and fit situation, neither above or below its dignity and use; or when the loggia's, halls, chambers, cellars and granaries are conveniently disposed, and in their proper places.

The strength, or duration, depends upon the walls being carried directly upright, thicker below than above, and their foundations strong and solid: observing to place the upper columns directly perpendicular over those that are underneath, and the openings of the doors and windows exactly over one another; so that the solid be upon the solid, and the void over the void.

BEAUTY will result from the form and correspondence of the whole, with respect: to the several parts, of the parts with regard to each other, and of these again to the whole ; that the structure may appear an entire and compleat body, wherein each member agrees with the other, and all necessary to compose what you intend to form.

WHEN those several particulars have been duly examined upon the model or draught, then an exact calculation ought to be made of the whole expence, and a timely provision made of the money, and of those materials that shall seem most necessary, to the end that nothing may be wanting, or prevent the compleating of the work. In so doing, the builder will not only be commended; but it will also be of the utmost advantage to the whole structure, if the walls are equally and expeditiously carried up : for being thus dispatch'd, they will settle proportionably, every where alike, and not be subject to those clefts so commonly found in buildings that have been finish'd at divers times.

THEREFORE, having made choice of the most skilful artists that can be had, by whose advice the work may the more judiciously be carried on, you must then provide a sufficient quantity of timber, stone, sand, lime and metals; concerning which provision I intend to lay down some very useful directions. There must also be a sufficient number of joysts, to frame the floors of the halls and chambers; which ought to be disposed and placed in such a manner, that the distance betwixt each joyst may be the width of the joyst and an half when they are framed together. [...]

The same regard is likewise to be had to the quality and goodness of those materials, that the best may be chosen. The experience gained from the buildings of others, will very much help to determine what is fit and expedient to be done.

AND although Vitruvius, Leon Baptista Alberti, and other excellent writers, have laid down very useful rules with respect to the choice of the materials, I shall nevertheless take notice of such as are most essential, that nothing may appear to be wanting in this treatise.

Solidity
견고함의 재료

마크-앙투안 로지에(1713~1769)의 『건축 에세이』(1753)는 원초적 구조 모델인 원시 오두막이 소개된 건축 이론서이다. 후에 구조 합리주의적 건축이론으로 논의되는 로지에의 이론은, 중세의 건축을 바라보면서 클로드 페로의 독립기둥과 데가주망 개념을 인용한다. 또한 그는 코르드무아가 개편한 건축의 3요소[1]에서 '품위있음'을 계승하여 건축이 견고함(solidité), 편리함(commodité), 품위있음(bienséance)의 세 원칙에 따라야 함을 주장한다. 여기서 구조적 합리성과 가장 연관되는 주제인 견고함과 관련하여 재료 선택과 적용, 구조적 기초와 벽체에 대해 상세히 논하며, 건축 재료의 합리적 선택과 사용을 강조한다. 본 원고는 『아키라우터』 4호에서 건축 재료로서의 석재의 의미와 중요성을 다루는 로지에의 「건물의 견고함에 대하여」 일부를 발췌,번역하여 소개한다.

전태규

1 오더, 배치 혹은 배열 그리고 품위있음의 3요소. (De l'Ordonnance, de la Disposition ou Distribution, de la Bienséance) 여기서 품위있음은 상황에 적절함을 뜻하며 영어로는 fit-ness 혹은 decency로 번역된다. 구축의 합리성을 강조한 로지에와는 달리 코르드무아의 논고는 고전건축의 (기둥의) 질서, 오더 자체에 집중하고 있다. Jean-Louis de Cordemoy, *Nouveau traité de toute l'architecture*, ou, L'art de bastir, 1714.

1753 건물의 견고함에 대하여

On the Solidity of Buildings

마크–앙투안 로지에 Marc-Antoine Laugier

전태규 옮김

Extracted from: Laugier, Marc–Antoine. "Considerations upon the art of building", "Upon the Solidity of buildings" in *An Essay on Architecture; in Which Its True Principles Are Explained ... Adorned with a Frontispiece*, 128–143. London: T. Osborne&Shipton, 1755.

건축은 견고함을 갖추되, 편리함을 위해, 그리고 품위있게 이루어져야한다.
이것은 세 가지 독립된 글의 주제가 될 것이다.

건물의 견고함에 대하여

견고함은 건물이 갖춰야 할 첫 번째 덕목이다. 건물의 잦은 재시공은 너무 많은 비용과 불편을 초래하기 때문에 최대한 긴 수명을 보장하는 예방책을 간과할 수 없다. 먼 후손에게 자신의 기술적 자취를 남기고 싶어했던 고대인들은 건물에 일상적 나약함을 극복할 수 있는 강인함을 부여하기 위해 모든 노력을 아끼지 않았다. 오늘날 6~700년 된 건물들은 갈색과 검은색으로 변한 것 외에는 쇠락의 흔적이 전혀 보이지 않는다. 왕정 수립 이전의 시대로 거슬러 올라가는 다른 건물들도 마찬가지인데, 아무도 관리와 수리에 관심을 기울이지 않았다. 그 건물들은 한 번 이상의 파괴와 철거가 시도되었지만 놀랍게도 여전히 건재하며, 우리보다 몇 세기 후에 태어날 사람들도 놀라게 할 준비가 되어 있다. 반면 오늘날의 예술가들은 견고함에 대해 이같은 큰 관심을 갖지 않는다. 그들의 건물이 3세기의 공세를 견딜 수 있을지 의문이다. 심지어 그들은 건축물을 개조하는 데 더 관심이 있어 의도적으로 건물을 오래 유지하지 않는다는 비난을 받기도 한다. 우리는 붕괴 위험이 있는 새 건물들을 자주 접하게 된다. 이것은 건축가의 지능 부족 때문일까, 아니면 그의 거친 관행 때문일까? 둘 중 하나, 때로는 둘 다일 것이다. 가능하면 무능하고 정직하지 못한 일꾼의 속임수에 대중이 속는 것을 막기 위해 이 분야에 대한 규범을 갖추는 것이 필수적이다.

건물의 견고함은 두 가지 요소에 따른다.
재료의 선택과 그의 효율적인 사용이 그 두 요소이다.

돌, 석회, 모래, 목재, 철, 석고, 벽돌, 타일, 슬레이트는 건물 시공에 필수적인 재료이다. 이러한 재료의 선택과 상관없는 것은 없다. 각 재료의 품질이 나쁜지, 보통인지, 좋은지, 우수한지를 아는 것은 건축가의 의무이다. 일반적으로 이는 그리 어렵지 않다. 각 나라에서 최고의 돌, 최고의 목재, 최고의 철 등이 어디에서 오는지 어느 정도 알려져 있다. 시공자의 정직함은 고용주의 선의를 악용하지 않고, 나쁜 것을 좋다고, 보통인 것을 훌륭하다고 속이지 않을 정도여야 한다. 그러한 속임수에 대한 변명으로 고객이 적절한 금액에 동의하지 않았다고 말하는 것은 부도덕하다. 나는 사람들이 금액에 동의하고 심지어 그 이상을 제시했지만 다른 사람들보다 더 많은 사기를 당했던 수많은 사례를 들 수 있다. 게다가 명예보다 돈 버는 데에만 관심이 있는 일꾼들만이 이런 편리한 변명을 할 수 있을 것이다. 나는 건축가에게 더 고귀한 정서를 기대한다. 자신의 예술에 대한 진정한 사랑으로 가득 찬 사람, 다른 어떤 보상보다 자신을 돋보이게 한 영광과 성공의 행복을 더 선호하는 사람이기를 기대한다. 이런 칭찬할 만한 야망을 가진 사람은 속임수와 거짓이 없을 것이다. 어중간하게 일을 하고 싶어하지 않는 그는, 양이든 질이든 간에, 고용주에게 무엇이 최선이고 무엇이 덜 좋은지, 무엇이 필수적이고 무엇이 적절한지를 정확하게 알려줄 것이다. 그는 당장의 약간의 비용 증가를 피하기 위해 결국 더 많은 비용을 초래하게 하는 무분별한 절약에는 단호하게 반대할 것이다.

그는 적합한 품질과 적합한 물량의 재료를 자유롭게 사용할 수 없다면 건축을 맡지 않을 것이다. 계약의 횟수를 줄여야 한다면, 그는 적게 하되 잘하는 것을 선호할 것이다. 자신을 풍요롭게 하려는 욕망이 지배하는 순간 그의 명예는 더럽혀진다. 예술은 도덕만큼이나 이러한 기본적인 것으로 고통받는다. 모든 것이 자본과 사람들을 속이는 것에 달려 있다. 건물을 짓는 동안 수많은 상세 항목들이 수많은 도난의 기회가 될 수 있다. 가상의 물량, 고의로 선택된 불량 자재에 대해 최고가로 청구된 청구서, 이 모든 것이 공개적으로 청구되며 이는 약사의 청구서보다 백 배나 더 나쁘다. 예술이 국가의 파멸이라고 주장하는 감성적인 사람들이 있다. 이 비난은 인류를 속이는 탐욕스러운 예술가들에게만 해당되는 말이다. 이익에 대한 탐욕은 그들로 하여금 온갖 거짓된 기획을 꾸며내게 한다. 그들은 그것을 곧이곧대로 받아들이는 어리석은 이들을 찾아내고, 의뢰인이 그들의 탐욕에 조금이라도 양보하기만 하면, 그들은 하나의 왕국조차 탈진시킬 만큼 착취하는 것을 서슴치 않는다. 나는 이 탈선에 대해 용서받을 수 있으리라 생각한다. 이 말에는 예술가들이 쓰게 느낄 비판이 담겨 있지만, 나는 그것을 악의 없이, 오직 진심 어린 관심에서 비롯되어 했을 뿐이다. 게다가 이 비판은 예술의 대가와는 거리가 먼, 단지 돈을 목적으로 일하는 기술자들에게만 해당하는 것이다. 나는 그들을 진성한 건축가들과 단 한순간도 동일시한 적이 없다.

모든 재료가 같은 품질을 지니는 것은 아니다. 건축가의 목표는 재료들의 성질과 그 차이를 아는 데 있으며, 손으로 만져보고 잠깐 들여다보는 것만으로도 정확한 판단에 도달할 수 있을 만큼 숙련되어, 상인들의 어떤 속임수로부터도 안전할 수 있어야 한다. 같은 품질의 재료가 모든 유형의 작업에 똑같이 좋은 것은 아니다. 이것 역시 건축가가 잘 알고 있어야 하는 문제이다. 그는 각 요소에 적절한 기능을 부여할 수 있기 때문에 심각한 오류를 피할 수 있을 뿐 아니라, 모든 것을 적절하게 활용하는 비결을 알고 있기 때문에 불필요한 지출도 피할 수 있다. 건물에는 좋은 품질이 요구되는 부분이 있는가 하면, 보통 수준으로 충분한 부분도 있고, 최상의 품질이 요구되는 부분도 있다. 다만 나쁜 품질만은 언제나 배제되어야 한다. 그것을 사용할 위험을 감수한 경우에 건축가는 곧 자신의 실수를 깨닫고 자책하게 되지만, 그것은 언제나 너무 늦은 뒤다.

재료의 선택 외에도 재료가 적용되는 방식도 작업의 견고함에 상당한 영향을 미친다. 모든 건물에서는 하중을 받는 부분과 지지하는 부분을 구분해야 한다. 하중이 지지력을 초과하지 않고 그 둘 사이 균형이 맞을 때 건물은 필요한 모든 견고함을 갖출 수 있다. 독립된 벽을 한번 생각해 보자. 위쪽은 아래쪽을 지탱하고 아래쪽은 위쪽을 지탱하기 때문에 자체 하중과 지지력이 동시에 존재한다. 이제 건물 전체를 살펴보자. 이 건물은 궁륭, 천장, 지붕을 받치는 여러 개의 벽으로 구성되어 있다. 궁륭, 천장, 지붕은 건물의 하중이고 벽은 건물을 지지하는 역할을 한다. 계획 건축가는 하중의 힘을 정확하게 예측하여 지지대의 힘을 확실하게 조율해야 한다.

기초 위에 직접 놓이는 거대한 벽의 무게와 같은 일부 하중은 위에서 아래로 누르는 수직 방향으로 작용하므로 하중을 계산하려면 벽의 높이와 너비를 측정하는 것으로 충분하다. 궁륭의 무게와 같은 다른 종류의 하중은 비스듬한 방향, 즉 오른쪽과 왼쪽으로 누르는 방향으로 작용하므로 하중을 추정하려면 궁륭의 곡률을 측정해야 하며, 곡면이 납작할수록 추력이 강해진다. 마지막으로 천장과 지붕은 수직 방향으로 많은 하중을 가하고 비스듬한 방향으로 약간의 추력을 가한다. 이 모든 것을 매우 신중하게 계산해야 한다.

따라서 건물의 견고함은 주로 기초의 강도에 따라 달라진다. 단순한 벽이라도 결코 무너지지 않을 만큼의 필요한 강도를 부여할 줄 아는 사람은, 가장 무거운 하중을 견딜 수 있는 구조도 충분히 만들어낼 수 있다.

벽을 강하고 견고하게 만드는 세 가지 요소는 벽이 놓이는 기초, 두께, 그리고 모든 부분들의 결합과 수직성이다. 모든 기초 중에서 가장 좋은 것은 바위 또는 자연 암반이다. 그러나 이는 사람을 속일 수 있다. 흙을 파다 보면 두께가 충분하지 않은 암반층을 발견하는 경우가 있다. 이는 자연적으로 형성된 궁륭과 같아서, 거대한 벽의 하중에 의해 무너지게 마련이다. 따라서 짓고자 하는 건물이 상당한 규모라면, 표면 암반층의 속이 비어 있지 않은지, 구멍이 있는 경우 그 궁륭과 같은 돔 형태의 암반층, 칼로트calotte가 매우 무거운 하중을 견딜 수 있을 만큼 충분히 견고한지를 확인하기 위해 두께를 면밀히 조사하는 것이 무엇보다 중요하다. 암반이 없는 경우에는 단단한 토양이나 교란되지 않은 자연 지반까지 파내야 한다. 깊은 곳에 물이나 모래가 있는 경우에는 말뚝기초를 사용해야 하는데, 이것은 제대로 시공될 경우 가장 안정적이고 가장 좋은 기초 방식일 것이다.

[…]

기초가 잘 선정되고 준비되었으면, 재료는 다음과 같은 방식으로 놓여져야 한다.

(1) 각 조적층의 수평이 정확하고 수직선이 완벽할 것
(2) 헤더와 스트레처[역주1]를 포함한 석재들이 원래 채석장에서 놓여졌던 방향을 유지할 것
(3) 아래층 석재의 만나는 부분 위에 윗층 석재의 앞면이 겹쳐지도록 할 것
(4) 벽 안쪽에 빈 틈이 없도록 할 것

어떤 지역에서는 노동자들의 게으름 때문에 지하 전체의 기초를 시공하는 데 이상한 방식이 도입되었다. 필요한 길이와 너비만큼 도랑을 판 다음, 그 안을 큰 돌과 많은 모르타르로 아무렇게나 채워 넣는 것이다. 이것은 최악의 시공 방식이다. 이렇게 되는 경우 내부에 큰 빈틈이 생기는 것은 피할 수 없을 뿐더러, 무심코 던져 넣은 돌들이 제멋대로 엉뚱한 방향으로 되어 어떤 것은 좁은 면, 어떤 것은 긴 모서리에 놓이게 된다. 결국 그 위에 가해지는 무거운 하중에 의해 이 돌들은 으스러지고 만다.그 결과로 침하와 균열이 발생하게 된다. 지하에 묻히게 될 조적은 눈에 보이는 부분만큼 정밀하게 시공할 필요가 없다는 말은 사실이 아니다. 좋은 기초를 만들기 위해서는 아쉴라르(정형 석재), 또는 적어도 일정한 크기의 큰 돌들을 사용해야 한다. 모든 작업은 수평자, 자, 수직추의 도움을 받아 이루어져야 한다. 모르타르를 과도하게 사용하는 것은 피해야 한다. 모르타르가 석재들을 결합하고 그 사이의 매우 좁은 틈을 메우는 용도 외의 목적으로 사용될 경우, 그것은 보기 흉하게 될 수밖에 없다. 좋은 벽이 되기 위해서는 전체적으로 고르게 견고해야 한다. 그러나 석재 사이에 모르타르가 넓게 퍼져 있을 경우에는 그렇지 않다. 최상의 시공 방법에 대한 규칙은 클로드 페로의 비트루비우스 역서[역주2]에서 찾을 수 있다. 만약 실물 모델이 필요하다면, 파리 천문대Paris Observatoire와 루브르의 신관 건물이 훌륭한 예시가 된다.

역주1 조적을 위한 석재가 짧은 면이 벽의 바깥면을 향하면 헤더, 긴 면이 벽의 바깥면을 향하면 스트레처로 일컫는다.

역주2 Perrault Claude, *Les dix livres d'architecture de vitruve, corrigez et traduits nouvellement en françoys, avec des notre & des figures*, Paris 1673.

Structural Rationalism
구조 합리주의

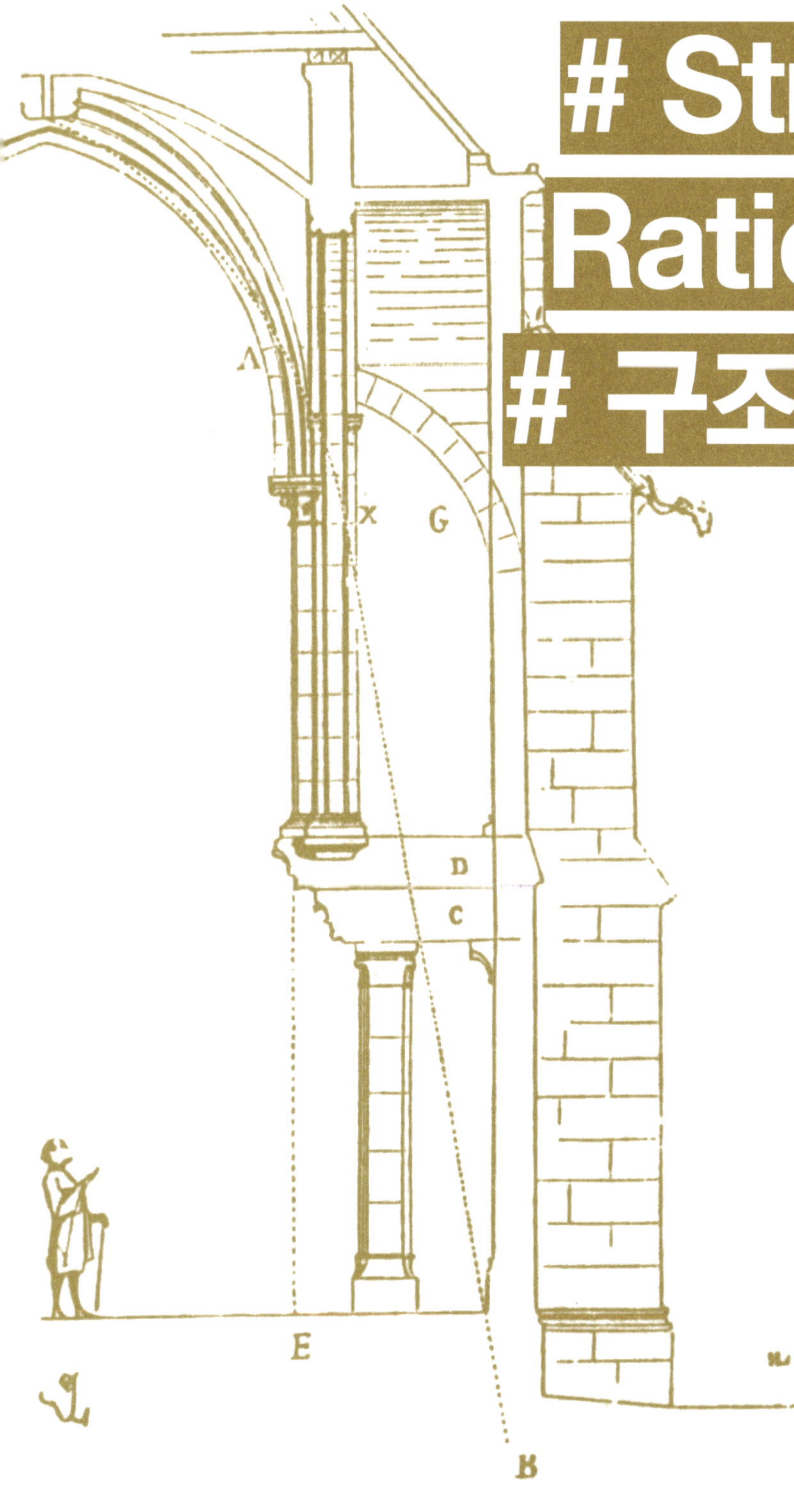

외젠 비올레-르-뒤크(1814-1879)는 19세기 프랑스의 건축가이자 이론가로, 고딕 건축의 구조적 원리와 재료의 사용 방식에 주목하며 보자르식 고전주의 전통에서 의도적으로 벗어나려 했다. 그는 전국의 중세 건축물을 직접 답사하고 관찰, 실측, 스케치를 거듭하며 자신만의 방식으로 건축을 체득해 나갔다. 비올레-르-뒤크에게 재료는 변화하는 시대적 조건들에 따라 새롭게 사용되어야 하는 대상이었고, 그 재료에 부합하는 구축 방식이 곧 예술적 표현이었다. 시간이 흐르며 새로운 기술과 재료가 등장하는 오늘, 그의 사유는 현재 우리가 어떤 재료를 사용할 수 있는지, 또 어디에서 더 자유롭게 구축할 수 있는지를 끊임없이 성찰하게 한다. 이는 곧 건축이 단순한 구축을 넘어 시대적 맥락—기술, 운송수단, 자원, 경제 등—을 총체적으로 담아내는 예술임을 일깨운다.

홍다혜

1854-72

진실성, 구조, 그리고 구축예술

On the Art of Construction

외젠 비올레-르-뒤크 Eugène Viollet-le-Duc

홍다혜 옮김

Extracted from: Viollet-le-Duc, Eugène-Emmanuel. "Construction" in *The Foundations of Architecture: Selections from the Dictionnaire Raisonné*, 105–106, 116. New York: G. Braziller, 1990.

구축에 대하여: 『11세기~16세기 프랑스 건축에 관한 합리적 사전』 중

구축은 하나의 과학이며 동시에 예술이다. 이것이 예술이라고 말하는 것은, 건축가builder는 단순히 지식과 경험만으로는 부족하며, 구축에 대한 일종의 '감각feel'을 갖춰야 하기 때문이다. 실제로, 건축가는 만들어지는 것이 아니라, 타고나는 존재이다. 구축에 관한 기술적 지식과 과학은 단순히 외부에서 주입되는 것이 아니라, 실용적 사용을 위해 원재료에 견고한 형태를 부여하려는 사람들의 머릿속에 이미 존재하는 자질을 바탕으로 해서만 성립될 수 있다. 이러한 점은 개인뿐 아니라 민족 전체에게도 해당된다. 어떤 사람들은 태어날 때부터 건축가로서의 자질을 지니고 있는 반면, 어떤 이들은 어떤 환경에서도 결코 건축가가 될 수 없다. 문명의 진보는 인간의 선천적인 구축 능력에 거의 영향을 미치지 못한다. 건축과 구축은 함께 배워지고 함께 실천되어야 한다. 구축은 수단이며, 건축은 그 결과물이다. 하지만 구축이 아닌 건축이 존재하듯, 건축이라 보기 어려운 구축도 존재한다. 일부 동물들 역시 구축 행위를 한다. 예컨대 세포를 만들거나, 둥지를 틀거나, 흙더미, 터널, 오두막 형태의 구조물을 만들거나, 혹은 거미줄을 치는 등의 행위가 그것이다. 이 모든 것은 분명히 구축이지만, 이것들이 건축이라고 말할 수는 없다.

건축가에게 있어 구축이란, 재료의 고유한 성질이나 본질에 따라 그것을 활용하는 행위이다. 이는 어떤 필요를 가장 단순하고 견고한 방식으로 충족시키고, 구축된 대상에 지속성의 인상appearance of duration을 부여하며, 그리고 그것에 인간의 감각 · 이성 · 본능과 조화를 이루는 비례를 마련하는 것을 의미한다. 따라서 건축가는 자신이 다루는 재료의 성질, 그 재료를 사용할 수 있는 수단, 충족시켜야 할 인간의 필요, 그리고 자신이 속한 문명의 특성에 따라 구축 방식methods을 달리해야 한다.

[…]

건축물은 결코 "광신적"이거나 "억압적"이거나 "전제적"일 수 없다. 이러한 표현은 단지 돌, 목재, 철재로 이루어진 하나의 통합된 구조체에는 적용될 수 없는 표현이다. 건축물은 그저 잘 숙고된 좋은 건축물이거나, 어떠한 합리적 적당성도 없이 설계된 나쁜 건축물일 뿐이다.

재료에 대하여: 『건축에 관한 담화』 중 제10강

Extracted from: Viollet-le-Duc, Eugène-Emmanuel. "Lecture X" in *Lectures on Architecture*, vol. 1, 450–451, 462– 463. London: Sampson Low, Marston, Searle and Rivington, 1877.

[…]

우리가 과거의 예술을 연구할 때, 참과 거짓을 가려내고 전통 속에서 근원적인 원리principle를 찾아낼 수 있을 만큼 깊이 있는 이해와 비판적 안목을 갖추고 접근한다면, 우리는 먼저 시대적 변화를 거치며 그 예술에 가해진 다양한 외부 영향으로부터 그것을 분리해낼 수 있을 것이다. 이어서, 불변의 원리들과 가장 잘 어울리는 표현들을 발견할 수 있을 것이며, 이러한 표현들—혹은 '형식/형태form'이라 불러도 좋다면—을 진리truth에 가장 가까운 것으로 간주하게 될 것이다. 우리는 그것들을 하나의 유형types으로 인식하게 될 것이다. 만약 우리가 고고학적 연구에서 한 걸음 더 나아가, 그 연구가 제공하는 내용을 실천적 목적에 직접 적용하고자 한다면, 이러한 사전적인 정리 과정은 필수적이다. 이 과정은 이론적 탐구에 머무는 연구와 실제로 실현 가능한 연구를 구별하는 데 도움을 준다.

예를 들어, 오늘날까지 남아 있는 소아시아의 고대 건축물들 대부분이 목구조에서 비롯된 형식form을 석재로 모방하고 있음을 확인할 수 있다. 이러한 기념물들은 일정한 전통을 담고 있어 흥미로운 연구 대상이 될 수는 있지만, 그 결과를 실질적으로 건축에 직접 활용하기는 어렵다. 나는 목재가 풍부한 지역에서 온 사람들이, 목재가 거의 없는 새로운 환경으로 이주한 이후에도 자신들의 초기 예술 전통을 고스란히 유지하고자 했음을 확인한다. 그러나 이러한 전통이 이어져 존재한다는 점을 인정하면서도, 그 전통이 건축 예술architectural art의 가장 기본적인 원리와는 충돌한다는 사실 또한 분명하다. 마찬가지로, 내가 테베Thebes의 건축물들을 살펴보면, 채택된 형식과 구축 방식 사이에서 매우 이질적인 모순이 존재함을 발견하게 된다. 사람들은 석재를 사용하고, 그것도 엄청난 물리적 수단을 동원해가며, 갈대와 진흙으로 만든 오두막을 모방한 건축을 시도하고 있었던 것이다. 이러한 방식은 매우 특이하며, 실로 놀라운 결과들을 만들어냈고, 어쩌면 매우 아름답다고 말할 수도 있다. 그러나 나는 그 안에서 오늘날 우리 문명에 적용 가능한 어떤 실질적인 시사점도 찾을 수 없다. 우리가 서구 문명의 선구자들이 거주했던 지역에 이르렀을 때에야 비로소, 형식을 건축의 원리와 조화롭게 결합할 줄 아는 민족들을 만나게 된다. 그리스인들은 건축 예술 속에 '탐구'와 '논리', '이성'의 정신을 처음으로 도입한 이들이며, 그 정신은 전통보다 우위에 놓이는 것이다. 그리스의 건축과 인도의 건축 사이에는, 마치 플라톤과 붓다 사이를 가르는 간극만큼이나 커다란 차이가 존재한다. 하지만 나는 붓다를 배제하고 플라톤을 존경하면서도—정확히 말하자면, 플라톤을 존경하기 때문에—19세기 중엽의 지금, 그가 살던 시대에 지어진 건축을 그대로 다시 세우려 하지는 않는다. 그리스인들은 형식보다 원리를 상위에 두었으며, 심지어 형식마저도 원리에 종속시킴으로써 우리에게 건축의 올바른 길을 제시하였다. 우리가 아테네의 아크로폴리스 유적이 페리클레스Pericles 시대의 아테네 문명을 얼마나 생생하게 표현하고 있는지를 보며 거기에 깊이 매료될수록, 우리는 오히려 그 유적의 형식을 그대로 모방하려는 유혹에서 점점 멀어지게 된다. 왜냐하면 오늘날 우리의 사회적 조건과 공적·사적 생활양식이 소크라테스의 동시대인들과는 본질적으로 다르기 때문이다.

그러므로 우리는 과거 예술을 연구할 때, 단지 전통을 반영하는 데 그치거나, 아무런 비판적 고민 없이 수용된 형식과, 특정한 사회적 조건 및 요구로부터 직접적으로 도출된 형식을 명확히 구분해야 한다. 실질적인 가치는 후자의 형식을 연구할 때에만 도출되며, 그 가치란 해당 형식을 그대로 모방하는 데서 나오는 것이 아니라, 그 형식 속에 구현된 원리가 어떻게 적용되었는지를 파악하는 데서 얻어진다.

[…]

[…] 그렇다면 건축물에 사용될 재료를 안다는 것은 무엇을 의미하는가? 그것은 단지 어떤 석재가 서리에 견딜 수 있는지를 아는 것인가? 또는 특정한 하중을 견디는지를 아는 것인가? 혹은 연철wrought-iron은 높은 인장력을 견디는 반면, 주철cast-iron은 휘지 않고 단단하다는 사실을 아는 것인가? 물론 이러한 지식도 포함된다. 하지만 그것만으로는 충분하지 않다. **재료에 대한 진정한 이해란, 특정한 조건 아래에서 그 재료들을 사용할 때 어떤 시각적 효과와 건축적 인상을 만들어내는지를 아는 것이다.** 예를 들어, 수직으로 세운 석재a stone placed on end나 단일 기둥 형식monostyle은, 수평적으로 층층이 쌓아 올린 조적 구조erection in courses와는 눈에 비치는 감각과 의미가 근본적으로 다르다. […] 이음매가 있는 인방jointed lintel은, 하나의 통석으로 만든 인방monolithic lintel이 주는 견고하고 힘있는 인상과는 분명히 다르다. […] **재료에 그 목적에 맞는 기능과 역할을 부여하고, 그 기능과 역할을 가장 정확하게 표현해 줄 수 있는 형식을 부여하는 것**—이것이야말로 설계에서 가장 중요한 과제 가운데 하나다. 우리는 가장 단순한 구조물에도 독자적인 양식과 분명한 개성을 부여할 수 있다. 단, 그 재료를 그 목적에 맞게 정확히 사용할 줄 안다면 말이다. 그렇게 될 때, 벽면에 끼워진 단순한 석재 띠 하나조차도 하나의 예술적 표현이 될 수 있다. […]

제11강

[…]

[…] 그러므로 우리는 다음과 같은 두 가지 점을 확고한 전제로 삼을 수 있다. 첫째, 우리는 과거에는 존재하지 않았던 재료와 기계 장비를 활용할 수 있게 되었다는 점이다. 둘째, 우리의 요구는 고전기, 심지어 중세보다 훨씬 더 다양할 뿐 아니라 —특히 주목해야 할 점으로— 사회적 · 기술적 · 공간적 측면에서 한층 더 포괄적이고 복합적이라는 점이다. 또한 오늘날 우리가 사용할 수 있는 재료는 과거보다 훨씬 풍부하고, 그것을 운반하거나 가공하는 수단 역시 훨씬 더 효율적이므로, 우리는 이러한 자원과 기술적 조건들을 반드시 고려해야 한다. 그리고 우리의 요구가 과거와 본질적으로 다르거나 더욱 복잡한 만큼, 이러한 새로운 조건에 능동적으로 대응해야 한다. 여기에 더해, 오늘날에는 과거보다 더욱 절실해진 경제성의 요구까지도 예술의 기본 원칙들과 함께 고려한다면, 우리는 보다 확실한 기반 위에서 건축적 진보를 도모할 수 있을 것이다.

[…]

[…] 나는 이러한 조건들을 엄격히 준수하는 것이 예술적 표현에 반하는 것이 아니라고 믿을 뿐만 아니라, 오직 이러한 준수를 통해서만 진정한 예술적 표현이 가능하다고 확신한다.

Extracted from: Viollet-le-Duc, Eugène-Emmanuel. "Lecture XI" in *Lectures on Architecture*, vol. 2, 13–14. Boston: James R. Osgood and Company, 1881.

Wie entsteht Form aus Material?

형태는 어떻게 재료로부터 비롯되는가?

고트프리트 젬퍼(1803~1879)는 이 글에서 단순히 재료나 기술을 분류하려는 것이 아니라, 각 기술이 어떻게 고유한 형태[1]를 낳고 그것이 어떤 형식[2]을 이루며, 나아가 특정한 양식[3]을 구성하는지를 탐색한다. 그는 기술/예술을 텍스타일, 세라믹, 텍토닉, 스테레오토미(Stereotomy: 석재절단기술)의 네 범주로 나누고, 각각이 다루는 재료와 형태의 원형을 바탕으로 형식을 형성해온 과정을 추적한다. 젬퍼는 양식을 기술적 토대 위에 발생한 역사적 표현의 질서로 재정의하며, 다음과 같은 질문을 던진다: 형태는 어떻게 재료로부터 비롯되는가?

김윤수

1 형태(shape): 사람들이 어떤 기술로 만든 겉모양, 생김새 (예: 천을 짜 나온 천 조각, 흙을 빚어 만든 항아리)
2 형식(form): 비슷한 재료와 기술로 만들어내는 일정한 제작방식. 모양이나 형태가 아니라, 어떻게 만드는가의 방식. (예: 가로, 세로 방향으로 직조하는 형식, 목재를 세워 지붕을 올리는 트러스 구조 형식)
3 양식(style): 여러 형식들이 모여서 문화, 시대가 반영된 표현 방식 (예: 고딕 양식, 르네상스 양식)

1860

기술적 예술의 분류

Klassifikation der technischen Künste

고트프리트 젬퍼 Gottfried Semper

김윤수 옮김

Extracted from: Semper, Gottfried. "Zweites Hauptstück: Klassifikation der technischen Künste." in *Der Stil in den technischen und tektonischen Künsten; oder, Praktische Ästhetik*, vol. 1, 9–12. Frankfurt am Main: Verlag für Kunst & Wissenschaft, 1860.

원자재의 네 가지 범주

기술적 목적에 따라 원자재는 네 가지 주요 범주로 분류된다. 각 범주의 속성은 다음과 같다.

1. 유연하고 질기며, 찢김에 강하고 절대적인 강도를 지님
2. 부드럽고 잘 변하며(가소성), 경화될 수 있고 쉽게 변형되며, 경화 후 형태를 유지함
3. 막대 형태로 탄성이 있고, 길이에 따라 수직으로 작용하는 힘에 저항하는 상대적 강도를 지님
4. 강하고 밀도가 높으며 압축과 파쇄에 대한 저항성이 커서 상당한 반응적 강도를 지님. 따라서 이러한 재료는 덩어리의 일부를 깎아내거나, 힘을 잘 견디도록 설계된 구조 속에 일정한 형태의 부재를 끼워 넣는 방식으로 원하는 형태로 가공하기에 적합함

이 네 가지 재료 범주를 바탕으로, 원자재를 목적에 맞게 가공하기 위해 필요한 노력이나 기술적 방식의 정도에 따라 네 가지 주요 기술/예술적 활동을 구분할 수 있을 것이다.

이에 따라 이들은 다음과 같은 범주로 나뉜다.

1. **텍스타일**[역주1]
2. **세라믹**[역주2]
3. **텍토닉**[역주3]
4. **스테레오토미**[역주4]

이후 논의를 위해 각 분류는 넓은 의미로 이해되어야 하며, 이로 인해 다양한 상호관계가 만들어지고, 이는 앞으로 구체적으로 밝혀지고 다뤄질 것이다. 앞서 언급한 각 기술/예술적 분류는 고유한 형태 영역을 가지며, 그 형태를 만들어내는 것이 해당 기술의 가장 자연스럽고 오래된 과업이다. 또한 각 기술은 '원형적 재료'라 부를 수 있는 특정 재료를 가지며, 이는 해당 기술의 고유한 형태를 생산하는 데 가장 적합한 수단이다. 이후 이러한 형식들은 다른 재료로도 만들어졌고, 반대로 원래의 재료들은 전혀 다른 예술 분야에 속하는 형식을 만드는 데 사용되기도 했다. 따라서 이러한 형태들은 그 형식적인, 재료적인 특성에 따라 양식적으로 어느 한 기술 범주에 속하게 된다.

따라서 **세라믹**은 일반적으로 점토 용기에 국한되지 않으며, 모든 종류의 용기뿐만 아니라 유리, 돌, 금속으로 된 용기와도 등과 관련된다. 나무로 만든 것들 또한 양식적 관점에서 이 범주에 포함될 수 있으며, 예를 들어 나무통, 나무 양동이 등이 이에 해당한다. 심지어 바구니와 같은 일부 직조물도 이러한 의미에서 **세라믹**과 양식적으로 연관된다.

반대로, 재료의 관점에서 볼 때 분명히 **세라믹**에 속하는 오브제들도 있다. 그것들은 부드러운 덩어리 상태에서 형태를 만든 후, 단단하게 굳히고 고정시킨 것이기 때문이다. 그러나 이들은 형식적으로는 전혀 다른 영역에 속하므로, **세라믹**과의 관계는 어디까지나 부차적인 것으로 보아야 한다. 이러한 오브젝트에는 벽돌, 기와, 테라코타, 유약 타일 등이 포함된다. 이들은 벽면 마감이나 바닥 타일로 사용된다. 상감작업inlay work[역주5]에 쓰이는 유리 큐브와 색토 말뚝, 기타 **세라믹** 제품도 마찬가지다. 양식적 측면에서 이들은 **스테레오토미**나 **텍스타일** 영역에 더 적합할 수도 있다. 왜냐하면 그것들은 석조 구조물과 관련된 상감작업이나 벽면 마감과 관련되어 사용되기 때문이다.

역주1 텍스타일(textiles): 직물기술, 직조기술, 섬유기술; 실이나 섬유를 엮어 표면을 구성하고 경계를 형성하는 기술

역주2 세라믹(ceramics): 도자기술, 토기술, 도예기술; 형태를 만들고 굳히는 성형 · 소성의 기술

역주3 텍토닉(tectonics; carpentry): 목공기술, 목구조기술, 조립식 구조기술

역주4 스테레오토미(stereotomy; masony): 조적술, 석공기술, 입방체 가공술; 돌을 정밀히 절단하고 맞추는 기술

역주5 상감작업(inlay work): 가구 · 바닥 등의 표면에 나무 · 금속 등으로 무늬를 새겨 넣는 작업

이와 마찬가지로 **텍스타일** 역시 단순한 직물 이상의 범위를 아우른다.

텍토닉 또한 광범위한 분야이다. 목재 트러스와 이를 지지하는 기둥뿐만 아니라, 다수의 가구들과 석조 구조물의 일부 요소, 그리고 특정 금속 구조물 역시 이 영역에 속한다.

스테레오토미는 벽돌공과 채석업자뿐만 아니라 모자이크 장인, 목각 및 상아 조각가, 금속세공사들의 기술도 포함한다. 심지어 보석세공사들조차 이 기술에서 일부 양식적 원칙을 차용한다.

이 공정들에 내재된 관계들은 매우 중요하며, 서로 다른 네 가지 예술 활동이 맞물리는 방식을 보여준다. 따라서 **텍스타일**은 위에서 언급한 벽면과 바닥 마감 작업에서 **세라믹**과 결합되기도 하고, 목재 패널링에서는 **텍토닉**과 결합된다. **피복 원리**와 **텍토닉**이 결합된 더욱 중요한 양식적인 조합들이 이후 다뤄질 것이다(튜블러 구조, 격자 구조). 튜블러 구조에서는 **텍스타일**이 재료를 제공하고 **텍토닉**이 형태를 부여한다. 반면 격자 구조에서는 **텍토닉**이 재료를 제공하고 **텍스타일**이 형태를 부여한다.

금세공사의 작업 또한 양식적 복합체이며 (아래에서 다룰 여러 사례와 더불어) 고대 석조 건축에서도 **스테레오토미**가 **텍토닉**과 **피복 원리**과 결합되어 나타난다.

금속은 위에서 언급한 원자재들의 모든 속성을 결합하는 유일한 재료이다. 금속은 열을 가하면 유연해지고, 다시 단단하게 경화될 수도 있으며. 연성과 강인성을 지니고 있어 쉽게 찢어지지 않는 높은 인장 저항력을 가진다. 또한 매우 탄성적이고 상대적 강도를 지니고(과도한 탄성과 가단성으로 인해 이 점이 가장 약한 속성이 되기도 한다), 그래서 막대형 구조물에는 매우 유용하다. 마지막으로 금속은 밀집되고 균질한 응집 상태로 되어 있어 압축과 파쇄에 대한 저항력이 있을 정도로 단단하다. 이러한 속성 덕분에 금속은 매스의 일부를 제거하거나 고정된 시스템과 결합하는 방식으로, 의도된 모든 형태로 가공하기에 다른 어떤 재료보다도 적합하다. 이러한 다재다능함으로 인해 금속 기술은 네 가지 기술 범주를 모두 아우를 수 있다. **메탈러지**[역주6]는 다른 어떤 재료에서도 사용되지 않는 수많은 분야를 넘나드는 기술적 과정을 포함한다. 예를 들어, 금속의 유연성은 양각陽刻, embossing이라는 중요

역주6 야금술(冶金術, Metallurgy): 젬퍼식 4분류에 덧붙여지는, 다섯 번째 분야로 젬퍼의 책 『스타일』에서 후반부 챕터 등장하는 표현

한 공정을 가능하게 한다. 단조鍛造, forging[역주7]은 또 다른데, 이는 유연한 덩어리로서 금속을 다루는 것과 밀집된 덩어리로서 **스테레오토미**식으로 다루는 것 사이의 전환 과정이다. 기타 공정으로는 압인壓印, stamp 작업, 화폐주조 작업, 납땜, 용접, 리벳 결합 등이 있으며, 이들 모두 고유한 양식적 특징을 지닌다. 법랑琺瑯, enamel, 흑금黑金, niello, 도금鍍金, plate 등 복합 공정도 존재한다. 이 모든 공정은 독립적으로 다뤄져야 하며, 이는 특히 순수 예술과 건축에 매우 큰 영향을 미친다.

금속 기술은 예술에서 매우 중요한 위치를 차지하며, 또한 금속 가공의 여러 공정을 앞서 언급한 네 가지 범주에 정확히 포함시키기 어려우므로, 금속 기술은 별도의 장에서 다루어진다.

역주7 단조: 금속을 두들기거나 눌러서 필요한 형체로 만드는 일

Materialehrlichkeit
재료의 진정성

아돌프 로스(1870~1933)의 1898년 에세이 「건설자재」는 재료의 가치는 희소성이나 가격이 아니라, 이를 다루는 인간의 노동과 예술성, 즉 노동의 질과 창조적 사고에 달려 있음을 강조한다. 로스는 값비싼 재료를 숭배하거나 이를 모방하는 관행이 장인정신을 타락시키고 건축의 본질을 왜곡한다고 비판하며, 재료의 진정성과 정직한 사용을 옹호한다. 과거에는 주변에서 쉽게 구할 수 있는 재료로도 훌륭한 건축이 가능했음을 예로 들고, 영국의 사례를 들어 재료의 본래 성질을 숨기지 않는 태도를 높이 평가한다. 이러한 관점은 그의 건축의 기본 원리인 '피복(Bekleidung) 원칙'로 이어진다.

Image credit (previous page): Adolf Loos, Ehrengrab, Zentralfriedhof Wien, 1931 (design).

김윤수

1898

건설자재
Die Baumaterialien

아돌프 로스 Adolf Loos

김윤수 옮김

Extracted from: Loos, Adolf. "Die Baumaterialien." in *Warum Architektur keine Kunst ist*, 34–41. Wien: metroverlag, 1898.

역주1 독일어로 직역하면 '짓는 예술가'. 보통의 건축사(Architekt, architect)가 기술과 실무를 수반하는 직업 개념이라면, Baukünstler는 그중에서도 건축의 예술성과 창조성을 특히 강조할 때 쓰는 말이다. 마찬가지로 독일어권에서 건축예술(Baukunst)은, 기술과 직능 중심의 건축(Architektur)과 달리, 건축을 예술적, 문화적 창조 행위로 보는 관점을 담는 말이다. 19~20세기 초, 독일 건축가 고트프리트 젬퍼(Gottfried Semper), 아돌프 로스(Adolf Loos), 미스 반 데어 로에(Mies van der Rohe) 등은 건축의 본질을 시대정신과 미학적 질서의 구현으로 이해하며 Baukunst라는 표현을 즐겨 사용했다.

돌 1kg과 금 1kg 중 무엇이 더 가치 있을까? 이 질문은 상인들에게는 분명 바보같은 질문일 것이다. 하지만 위대한 예술가는 **"나에게는 모든 재료가 똑같이 가치있다"**고 대답할 것이다.

밀로의 비너스는 자갈로 만들어졌든, 금으로 만들어졌든 똑같이 가치 있다. 라파엘로가 시스틴의 마돈나를 그릴 때 물감에 몇 파운드의 금을 섞는다고 해도, 그 작품이 더 비싸지는 것은 아니다. 금으로 된 비너스를 필요할 때 녹이거나 시스틴 마돈나의 그림을 긁어내야 한다고 생각하는 상인은 분명 다르게 생각할 것이지만...

그러나 예술가에게는 단 하나의 열망이 있다: 그것은 자신의 작업이 원재료의 가치에 좌우되지 않도록 재료를 다루는 것이다. 하지만 우리의 **건축예술가Baukünstler**[역주1]들은 이러한 열망을 알지 못한다. 그들에게는 모르타르보다 화강암으로 만든 1m²의 벽면이 더 가치 있는 것이다.

그럼에도 불구하고, 화강암은 그 자체만으로는 아무런 가치가 없다. 화강암은 그냥 들판에 널려 있고, 누구든지 가져갈 수도 있다. 혹은 산 전체, 혹은 산맥 전체를 이루기도 하는데,

우리는 그저 그것을 삽으로 파내어 구하면 된다. 사람들은 화강암으로 도로를 깔고, 도시의 거리를 포장한다. 그것은 우리가 알고 있는 가장 흔한 돌이자, 가장 일반적인 재료 중 하나다. 그런데도 누군가는 그것을 가장 귀한 건축 자재라고 여긴단 말인가?

이 사람들은 '재료Material'라고 말하지만, 이는 사실 '노동Arbeit'을 뜻한다. 그것은 인간의 노동력, 숙련된 기술, 그리고 예술을 말하는 것이다. 화강암을 산에서 떼어내려면 막대한 노동이 필요하고, 그것을 적합한 자리에 옮기는 데에도 노동이 필요하다. 그리고 그 돌에 적절한 형태를 부여하고, 연마하고 광을 내어 매끈하고 보기 좋은 외형으로 만드는 데어도 수많은 손길이 들어간다. 그리고 반질반질하게 다듬어진 화강암 벽 앞에 섰을 때, 우리의 마음 속 깊은 곳에서 경외심 어린 전율이 떨릴 것이다. **그 전율이 과연 '재료' 때문일까? 아니다. 그것은 바로 '인간의 노동' 앞에서 느끼는 감동이다.**

그렇다면 화강암이 모르타르보다 더 가치 있는 것일까? 그것까지는 아직 말할 수 없다. 왜냐하면 미켈란젤로의 손으로 만든 회반죽 장식이 있는 벽 앞에서는, 아무리 잘 연마된 화강암 벽도 빛을 잃을 것이다. **사물의 가치를 결정하는 것은 단지 노동의 양뿐만 아니라, 그 질이기도 하다.**

우리는 노동의 양을 중시하는 시대에 살고 있다. 왜냐하면 노동의 양은 쉽게 통제할 수 있고, 누구나 즉시 알아볼 수 있으며, 숙련된 안목이나 특별한 지식 없이도 파악할 수 있기 때문이다. 여기에는 착오가 없다. 얼마간의 일용직 노동자들이 얼마간의 시간 동안 얼마간의 보수를 받고 작업했다는 것을 누구나 계산할 수 있다. 그리고 사람들은 자신을 둘러싼 사물들의 가치를 쉽게 이해할 수 있도록 하려 한다. 그렇지 않으면 그 사물들은 그 존재 이유를 잃게 된다. 그 결과, 더 오랜 노동시간을 요구하는 재료들이 더 높이 평가받게 되는 것이다.

항상 그런 것은 아니었다. 예전에는 가장 쉽게 구할 수 있는 재료로 건축을 지었다. 어떤 지역에서는 벽돌로, 또 어떤 지역에서는 석제로, 또 다른 지역에서는 벽을 모르타르로 덮어서 마감했다. 그런 식으로 건축한 사람들은 석재 건축가들에 비해 자신들이 열등하다고 느꼈을까? 그렇다면 왜 그럴까? 이에 대한 생각은 아무도 하지 않았다. 근처에 석재 채석장이 있었다면, 당연히 석재로 건축했을 것이다. 그러나 멀리서 석재를 가져오는 것은 예술의 문제라기보다는 경제적인 문제로 여겨졌다. 그리고 그 시절에는 오늘날보다 예술과 노동의 질이 더 중요한 가치로 여겨졌다.

이러한 시대는 건축Baukunst의 영역에서도 자부심 강한 강인한 창조적 인물들을 탄생시켰다. 피셔 폰 에를라흐Fischer von Erlach는 자신을 표현할 때 화강암 따위는 필요하지 않았다. 그는 진흙과 석회, 모래만으로도, 다루기 힘든 재료로 만든 훌륭한 건축물만큼이나 우리를 강하게 감동시키는 작품들을 창조해냈다. 그의 정신과 예술성은 가장 보잘것없는 재료도 지배했다. 그는 천한 민지에 예술의 고귀함을 부여할 수 있는 사람이었으며, 재료의 세계에서 진정한 군주였다.

그러나 오늘날 지배하는 것은 예술가가 아니라 일용 노동자이며, 창조적 사상이 아니라 노동 시간이다. 그리고 이제 일용직 노동자의 손에서조차 지배권이 점점 사라지고 있다. 왜냐하면 양적인 노동력을 더 빠르고, 더 저렴하게 제공할 수 있는 존재가 등장했기 때문이다: 그것은 바로 기계다.

그러니 노동시간이란, 그것이 기계에 의해 수행되든 저임금 노동자에 의해 수행되든, 결국 비용이 든다. 그런데 그 비용조차 감당할 수 없다면? 그러면 사람들은 노동하는 척만 할 것이고, 진짜 재료처럼 모방하기 시작할 것이다.

노동의 양에 대한 경외심은 장인 직종이 가진 가장 무서운 적이다. 그것은 모방을 불러오기 때문이다. 그리고 이러한 모방은 우리 장인업계의 큰 부분을 타락시켰다. 모든 자긍심과 장인 정신이 그들로부터 사라졌다. **"인쇄공, 당신은 무엇을 할 수 있나요?" "나는 사람들이 석판화로 착각할 만큼 인쇄할 수 있어요." "석판화가, 당신은요?" "나는 마치 인쇄한 것처럼 석판화를 만들 수 있어요." "목수, 당신은?" "나는 마치 석고장식가가 만든 것처럼 멋진 장식을 조각할 수 있어요." "석고장식가, 당신은?" "나는 처마 장식과 장식을 아주 정교하게 흉내 내며, 누구나 진짜라고 믿을 정도로 머리카락 굵기의 이음새도 만들 수 있어요. 그것은 최고의 석공 작업처럼 보여요." "나도 할 수 있어!"**라고 양철공이 자랑스럽게 외친다. **"내 장식을 칠하고 표면에 모래를 입혀 석재처럼 보이게 하면, 그것이 양철이라는 생각은 누구도 하지 못할 거예요."** 이걸 자랑이라고 말하다니… 참으로 슬픈 일이다!

우리 장인업계 전반에는 자기 비하의 정신이 퍼져 있다. 이 직종이 잘 나가지 못한다고 놀랄 필요는 없다. 그런 태도를 가진 사람들은 잘 돼서는 안 되는 것이다. 목수여, 일어나라! 네가 목수라는 사실에 자부심을 가져라! 석고장식가도 장식을 만든다. 그들을 질투하지 말고, 부러워하지도 말고 당당히 지나쳐라. 그리고 너, 석고장식가여, 석공이 너와 무슨 상관이냐? 석공은 이음매를 만든다. 안타깝게도 작은 돌이 큰 돌보다 비용이 적게 들기 때문에 그렇게 해야만 한다. 너의 작업이 기둥, 장식, 벽을 자르는 자잘한 이음매를 드러내지 않는다는 사실에 자부심을 가져라. 너의 직업에 자부심을 가져라. 석공이 아니라는 사실에 기뻐하라!

하지만 나는 결국 허공에 대고 말하고 있는 셈이다. 대중은 자부심 있는 장인을 원하지 않는다. 누군가가 더 잘 모방할수록, 오히려 그는 대중으로부터 더 많은 지지를 받는다. 값비싼 재료에 대한 경외심—그것은 지금 우리 민족이 '신흥 부유층'의 단계에 머물러 있다는 가장 확실한 증거다. 그리고 대중은 그 경외심에서 벗어나려 하지 않는다. 신흥 부유층은 다이아몬드를 장식하지 못하는 것을 부끄러워하고, 모피를 걸치지 못하는 것을 부끄러워하고, 돌로 된 궁전에 살지 못하는 것 또한 부끄러워한다. 왜냐하면 그들은 다이아몬드, 모피, 석재 외장재가 매우 비싸다는 사실을 알게 되었기 때문이다. 다이아몬드나 모피, 석재 외장이 없어도 고귀함에는 아무런 영향이 없다는 사실을 그들은 모른다. 그래서 그들은 돈이 부족하자 대체재에 손을 뻗는다. 이는 한심한 짓이다. 왜냐하면 그들이 속이려는 사람들, 실제로 다이아몬드와 모피, 석재 외장재로 자신을 둘러싸는 것이 가능한 이들은 그런 시도에 결코 속지 않기 때문이다. 그들은 오히려 그런 노력을 우습게 여긴다. 그리고 아래 계층에게도 그런 노력은 쓸모없다, 자신의 우월함을 진정으로 자각하고 있다면 말이다.

지난 수십 년 동안 모방은 건축계 전반을 지배해왔다. 벽지는 종이로 만들어졌지만, 결코 종이라는 사실을 드러내선 안 되었다. 그래서 그 위에는 비단 다마스크, 고블랭 태피스트리, 또는 카펫 무늬 같은 고급 직물의 장식을 갖추어야 했다. 문과 창은 무른 나무로 만들어졌지만, 단단한 목재가 더 비싸기 때문에 그러한 것처럼 보이게 칠해져야 했다. 철제는 청동이나 구리 도장을 통해 그 금속들을 흉내 내야 했다. 그러나 이 세기의 성과 중 하나인 시멘트 캐스팅 앞에서는 사람들은 전혀 어찌할 바를 몰랐다. 이 재료는 본래는 훌륭한 재료임에도 불구하고, 그것을 활용할 때 사람들은 단 하나의 생각 밖에 하지 않았다. 새로운 재료를 대할 때마다 먼저 떠올리는 바로 그 생각: **"이걸로 무엇을 흉내 낼 수 있을까?"** 결국 사람들은 시멘트 캐스팅을 석재의 대체물로 사용했다. 그리고 시멘트가 워낙 값싸기 때문에, 사람들은 신흥 부유층 특유의 방식으로 극단적으로 그것을 낭비했다. '진성한 시멘트 전염병'이 그 시대를 휩쓸었다. **"아, 친애하는 건축가 선생, 파사드에 5굴덴어치만 더 얹을 수 없을까요?"** 이렇게 허영심 가득한 건축주가 부탁하면, 건축가는 그가 요구한 만큼의 '굴덴 예술(돈으로 치장한 예술)'을 외벽에 덧붙였고, 때로는 그 이상까지도 덧대었다.

오늘날 시멘트 캐스팅은 석고 장식 작업을 흉내 내는 데 사용된다. 우리의 비엔나 상황을 단적으로 보여주는 일화는 다음과 같다. 재료의 왜곡과 모방에 강력히 반대 입장을 취한 한 사람이 '물질주의자Materialist'[역주2]라는 낙인을 찍히며 묵살당한 것이다. 이 궤변을 잘 들여다보라: 바로 그 재료에

역주2 여기서 로스가 쓴 '물질주의자(Materialist)'는 (마르크스 등의) 철학에서 쓰는 '유물론자'의 일반적 의미가 아니다. 비엔나 건축계에서 원재료의 진정성과 정직한 사용을 옹호하는 태도 지닌 사람들이 '물질'에 집착하는 협소한 사람으로 비난받았다. 이러한 비난을 한 사람들은 정작 재료에 과도한 가치를 부여하고, 그것을 비윤리적으로 모방하는 것을 서슴지 않았다는 것이 아이러니한 상황이었던 것이다.

과도한 가치를 부여한 나머지, 그로 인해 어떤 비도덕적인 행위도 서슴지 않고, 심지어 대체재까지 끌어다 쓰는 사람들이 바로 그들이다.

영국인들은 자신들의의 벽지를 우리에게 가져왔다. 집 전체를 가져올 수는 없었지만, 그들의 벽지만 봐도 영국인이 무엇을 추구하는지 알 수 있다. 그 벽지들은 종이로 만들어졌다는 사실을 숨기려 하지 않는다. 왜 그래야 하는가? 물론 더 비싼 벽 마감재도 있다. 그러나 영국인은 신흥 부유층이 아니다. 그의 집에서는 절대 **"돈이 부족했구나"**라는 생각이 들지 않는다. 그의 옷감 역시 양모로 되어 있으며, 그것이 양모라는 사실을 정직하게 드러낸다. 만약 옷의 유행이 비엔나 사람들에게 맡겨졌다면, 우리(비엔나 사람)는 양모를 벨벳이나 아틀라스처럼 보이게 직조하려 했을 것이다. 영국의 옷감, 즉 우리가 입는 옷감은 결코 비엔나 사람들 특유의 말인 **"나도 그러고 싶은데, 못 하겠어"**라는 태도를 보여주지 않는다. 비록 단지 양모로만 만들어졌을지라도 말이다.

이제 우리는 건축에서 가장 핵심적인 주제에 이르렀다. 그것은 모든 건축가가 반드시 익혀야 할 기조, 즉 **'피복**Bekleidung**의 원칙'**에 관한 것이다. 이 원칙에 대한 해설은 다음 장에서 다루도록 하겠다.

Adolf Loos
11. Februar
1921

Bauart
„Haus mit einer Mauer“

Fig. 1

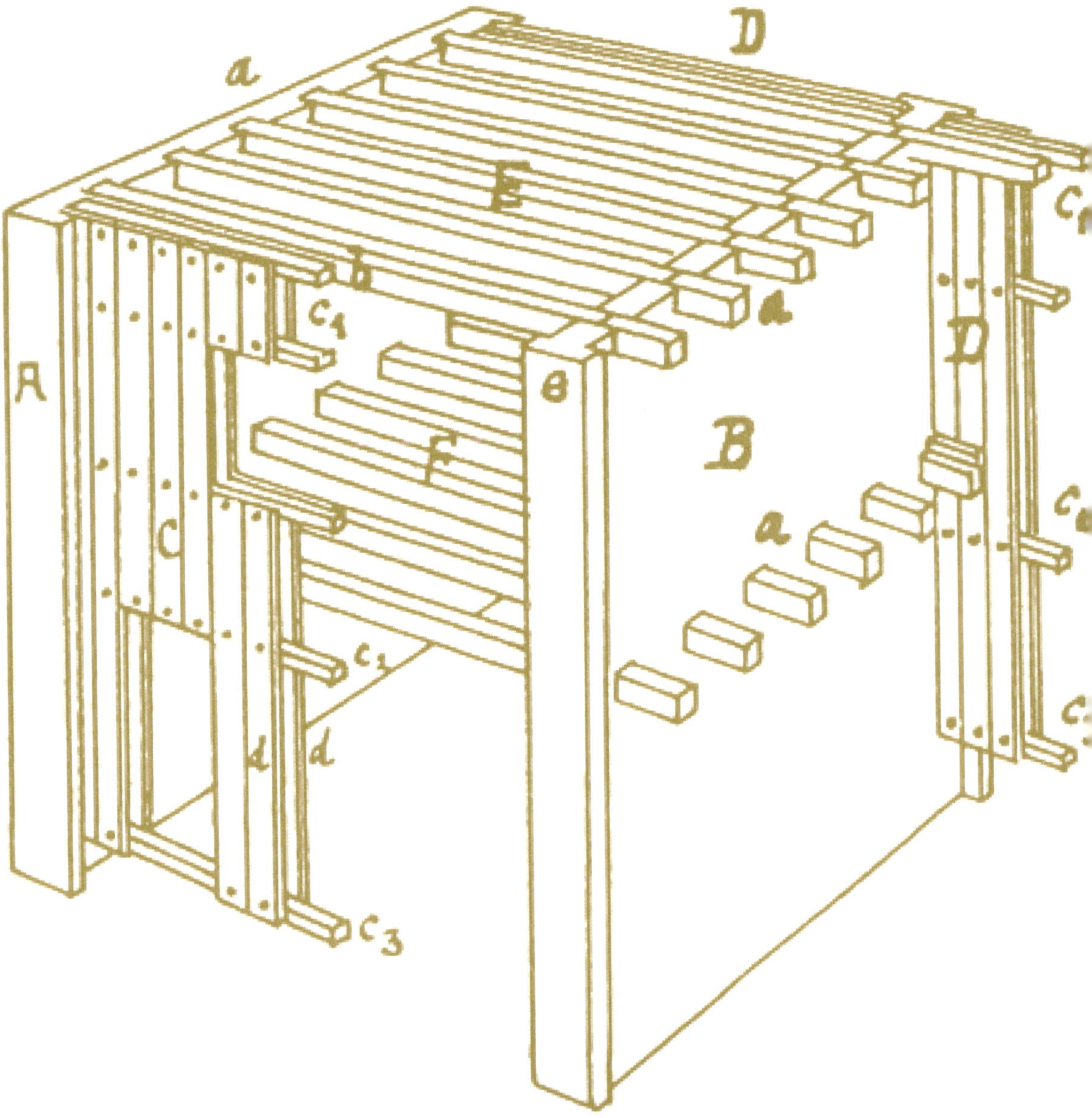

Sensing Material
재료를 감각하기

라슬로 모홀리-나기(1895~1946)의 『재료에서 건축으로』(1929)는 바우하우스 교육에서 재료 감각 훈련이 지닌 의미를 보여준다. 바우하우스는 학습자가 눈을 가린 채 다양한 재료를 손으로 만져 구분하거나 촉각판을 제작하는 훈련을 통해, 재료를 단순한 기술적 수단이 아닌 감각과 표현의 매개로 경험하게 했다. 모홀리-나기는 재료의 구조(structure), 질감(texture), 힘결(facture), 집적(accumulation)이라는 개념을 제시하며, 각각의 물성이 지닌 특성을 교육적 탐구의 대상으로 확장했다.

이러한 실험은 예술과 과학, 기술을 넘나들며 재료 탐구가 건축적 창작의 원천이 될 수 있음을 드러낸다. 특히 모홀리 나기가 관찰한 재료의 특성은 다양한 사진 이미지로 예시되는데, 흥미롭게도 추상적이기보다 즉물적인 태도로 건축의 재료를 대하고 있음을 알 수 있다.

전태규

1929

재료에서 건축으로

from material to architecture

라슬로 모홀리-나기 László Moholy-Nagy

권해찬 옮김

Extracted from: Moholy-Nagy, László. "II. das material" *in Von Material zu Architektur*, 20-21, 24, 31, 48, 59-60. Bauhausbücher, München: Langen, 1929.

Fig. 1
오티 베어거(Otti Berger), 실로 만든 촉각판, 바우하우스 2학기, 1928.
Fig. 2
힌리히 브레덴디크(hinrich bredendieck), 도표로 표현된 촉각판, 바우하우스 2학기, 1927.

촉각 훈련

바우하우스 참여자는 최초 훈련에서 주로 촉각 기관(동시에 압력, 통증, 온도, 진동 등의 감각을 느끼는 기관)[1]을 통해 재료를 다루었다. 그는 가능한 한 다양한 감각을 인식하기 위해 최대한 많은 종류의 재료를 수집한다. 그는 이렇게 모은 재료들을 조합하여 '촉각판touch boards'을 만든다. 이 보드에는 서로 유사하거나 부분적으로 대조되는 촉각 감각들이 담긴다. [Fig. 1, 2] 짧거나 긴 훈련을 거치고 나면, 그는 이러한 요소들을 미리 구상한 감각적 표현에 맞게 조합할 수 있게 된다.

이러한 연습은 과학적인 특성이나 실용적 디자인의 의도와는 관련이 없다. 그러나 경험적 태도가, 실제적인 적용을 포함해 다양한 해석의 가능성을 열어준다는 것을 경험을 통해 알 수 있다. 이는 재료의 영역, 그리고 기술과 예술의 영역에서 폭넓은 결과를 낳을 수 있는 비옥한 토대가 된다.

[…]

이러한 과제의 도입은 공동으로 이루어졌다. 이와 관련한 강의 중, 한 학생은 눈을 가린 상태에서 오직 촉감만으로 자신에게 건네진 재료들(천, 금속, 남은 빵, 가죽, 종이, 자기, 스펀지 등)을 판별해야 했다.

사례

촉감 실험은 외부 자극이나 자발적인 자극을 통해 이루어진다.

예시:

1) 동시에 만질 수 있고 한쪽 특성에서 반대 특성으로 이어지는 2열 촉각판: 단단함에서 부드러움, 매끄러움에서 거침, 건조함에서 습함으로 이어지는 구성 [Fig. 3]
2) 상반되는 촉감을 나란히 배치하고 리듬감 있게 구성한 2열 촉각판(터치 테이프)
3) 네 줄로 구성된 촉각판, 자유로운 배치
4) 자유 구성 판 [Fig. 4]
5) 진동과 압력을 위한 판 [Fig. 5]

표현의 욕구에서 비롯된 촉감들의 조합은 새로운 표현적 가치를 만들어낸다. 이는 색채나 음조가 단순히 개별적인 효과로 존재하는 것이 아니라, 의식적이거나 무의식적인 목적성을 가지고 서로 관계를 맺을 때와 같다. 이들은 하나의 의미 있는 '무언가'로 전환되며, 새로운 삶의 인식을 불러일으키는 힘을 지닌 유기체로 거듭난다.

미래주의futurism의 지도자 마리네티Filippo T. Marinetti는 1921년에 감촉주의tactilism에 관한 선언문을 발표했다. 그는 촉각을 기반으로 한 새로운 예술 장르의 탄생을 열정적으로 주장했다. 이를 위해 그는 촉각 테이프, 카펫, 침대, 방, 극장 등과 같은 매체들을 제안했다.[2]

바우하우스에서 촉감에 대한 탐구는 새로운 형태의 예술을 가르치기 위한 목적이 아니라, 감각과 표현에 대한 욕구를 일깨우고 풍요롭게 하기 위한 것이었다. 물론 이러한 몰입과 열정을 통해 예술 작품이 탄생할 가능성이 배제되는 것은 아니다.[3]

재료의 경험

재료에 대한 집중적인 탐구는 감정에 대한 확신을 더욱 굳건하게 만든다. 비록 재료의 물리적 분석은 현대 과학의 몫이라 하더라도, 인식의 측면에서도 많은 것이 밝혀진다. 오늘날에는 결정화학, 금속조직학 등의 다양한 학문 분야가 존재하며, 아직 발전 중임에도 불구하고 재료 연구에서 이미 실용적 성과를 다수 거두고 있다.

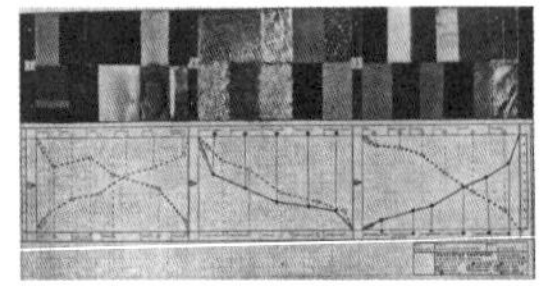

Fig. 3
W.치어라트(W. Zierath), 2열 촉각판과 도표, 바우하우스 2학기, 1927.
Fig. 4
게르다 마르크스(Gerda Marx), 풍부하게 구조화된 촉감들을 포함하는 종이로 제작된 촉각판, 바우하우스 2학기, 1928
Fig. 5
구스타프 하센플루크(Gustav Hassenpflug), 진동과 압력을 느낄수 있는 구조물. 스프링 구조체와 다양한 재료들의 조각들로 구성됨. 아래는 그것을 시각 도표로 표현한 것.

Fig. 6
금속 구조, 구리판 조직
Fig. 7
구조, 소금 퇴적층, 스페인
Fig. 8
목재 구조

용어

다양한 재료 구조를 설명하는 용어들은 아직 충분히 정밀하게 정립되어 있지 않다. 일반적으로 사용되는 네 가지의 하위 용이는 다음과 같다:

- 구조structure
- 질감texture
- 힘결facture[역주1]
- 진적accumulation(더미heap)

하지만 이러한 용어들은 언어 사용에서 종종 서로 혼동되며, 때로는 거의 동일한 의미로 정의되기도 한다. 그럼에도 불구하고, 이들 각각의 특징적 차이를 구분하는 것은 유익하다.

구조

재료 구성의 변하지 않는 형태를 '구조'라고 한다. 모든 재료는 고유한 구조를 가지고 있다. 금속의 결정 구조, 종이의 섬유 구조 등을 예로 들 수 있다. [Fig. 6–8]

질감

유기적으로 형성된 바깥을 감싸는 모든 구조의 표면을 '질감'(표피, 유기적인)이라고 한다. [Fig. 9, 10]

힘결

'힘결'이란 재료가 가공되는 과정에서 나타나는 방식과 표현, 즉 감각적으로 인지 가능한 흔적(자국)을 의미한다. 이는 재료가 가공될 때마다 나타나는 것으로, 외부적으로 변형된 재료의 표면(표피, 인공적인)을 말한다. 이러한 외부 작용은 자연적 요인에 의한 것일 수도 있고, 기계 등에 의한 기계적 요인일 수도 있다.

물성은 하나의 물체 위에서 다양한 형태로 나타날 수 있다.

금속 표면에서의 예시:
- 무늬(망치 자국 등),
- 완전한 매끄러움(압축과 연마),
- 광학적 현상(거울 효과, 반사, 색 굴절),
- 재료의 특성과 가공 강도에 따른 다양한 흔적들 [Fig. 11–14]

[…]

사실, '힘결'은 재료의 구성이나 구조의 유기적 조건에서 비롯되지 않은 영향의 흔적을 의미하기 때문에, 낫질의 흔적이나 쌓여 있는 볏짚도 '힘결'로 분류해야 한다.

집적

네 번째 재료 조건은 일정하고 리듬감 있는 배열 혹은 불규칙한 배열의 '집적'의 상태이

역주1 외부 힘이 재료 표면에 남긴 흔적을 뜻하는 facture에 대한 번역어. 도서출판과학기술이 펴낸 1998년 출판본에서는 '표면처리' 로 번역하였으나, 외부적 힘의 흔적의 표현을 보다 직접적으로 표현하기 위해 힘의 결, 즉 '힘결'로 번역하였다.

다. 이는 명확하게 정의하기 어려운 경우가 많다. 집적은 일반적으로 쉽게 수정이 가능하다. 유기적 연결성이 드러나는 경우는 드물며, 전체적으로 보았을 때 '합성synthesis' 이라기보다는 단순한 '덧붙임addition'에 가깝다. 집적은 "힘결"과도 자주 연관되므로, 이러한 개념 체계를 단순화하기 위해 집적(더미)을 물성의 한 양태로 간주해도 무방하다. [Fig. 15–17]

'구조, 질감, 힘결' 등의 개념에 대한 위의 정의들이 이 용어들을 완전히 규정했다고 말할 수는 없다. 그러나 이 개념은 그동안 전혀 정립되어 있지 않았기에, 교육적인 목적을 위해서 이러한 시도는 필요했다.

교육적인 목적의 힘결 연습

1. 바늘, 플라이어, 체 등 자유롭게 선택한 도구를 사용하여, 찌르기, 누르기, 문지르기, 갈기, 뚫기 등의 다양한 작업 방식으로 종이의 힘결을 제작. [Fig. 18]
2. 바늘 혹은 칼, 플라이어 등의 도구 중 하나만을 사용하거나, 주름 잡기 등의 단일 기법을 통해 종이에 힘결을 제작.
3. 다양한 종류의 직물에 페인트를 이용하여 힘결들을 제작.
4. 붓, 스프레이 건 등 여러 도구를 사용해 종이 위에 물성을 표현. 캔버스에도 동일한 방식을 적용.
5. 페인트와 붓을 이용해 다양한 재료 위에 힘결을 제작.
6. 흑연, 모래, 목섬유, 톱밥, 나무 조각 등을 접착제 위에 뿌려 만드는 임의적인 힘결을 제작.
7. 양모, 금속, 나무 등 다양한 작업장에서 사용하는 재료들을 활용하여 힘결을 제작. [Fig. 19]
8. 사실적인 착시 효과에서부터 완전한 추상에 이르기까지 구조, 질감, 힘결의 특성을 시각적으로 번역하여 표현. (드로잉, 회화, 사진 등).

이어서:

9. 실용적 활용. (장난감 등) 체험을 통한 감각들이 정밀한 시각적 방식으로 전환되어, 완전히 새로운 방식으로 현실에 더욱 가깝게 다가간다.

실천

구조, 질감, 힘결의 관계를 파악하려 할 때, 이들이 서로 겹치거나 얽혀 있는 경우에 종종 어려움이 발생한다.

구조와 질감은 일반적으로 작업에 사용되는 도구를 결정하지만, 힘결은 도구 자체

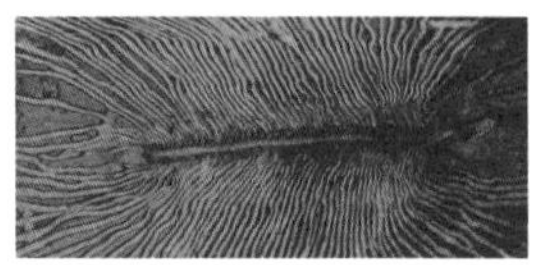

Fig. 9
질감, 미네소타주의 130세 미국인
Fig. 10
질감, 곰팡이가 핀 사과
Fig. 11
힘결, 느릅나무 껍질, 느릅나무좀벌레에 의해 구멍난 모습
Fig. 12
힘결, '인쇄공 딱정벌레'가 먹고 난 가문비나무

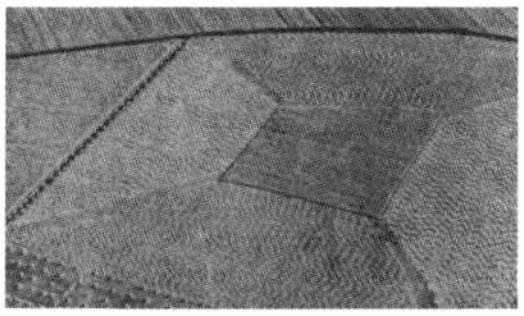

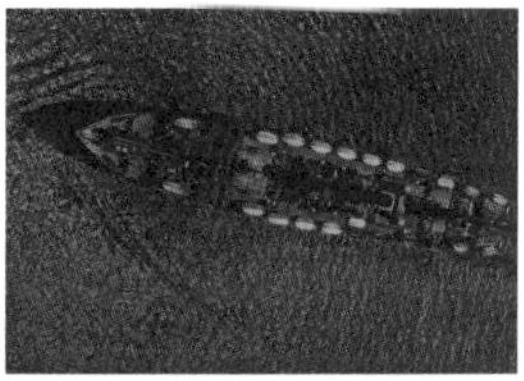

Fig. 13
힘결, 경작된 호밀밭, 항공 사진
Fig. 14
물의 힘결, 선박 "호주의 여왕", 바람과 선박에 의한 움직임의 상호작용
Fig. 15
집적 (혹은 힘결), 기계실 먼지 필터
Fig. 16
집적, 물 위의 석유 웅덩이
Fig. 17
집적 (혹은 힘결)

나 외부에서 가해지는 힘에 의해 결정된다.

재료의 상태에 대한 관찰은 평가가 아니다. 이러한 요소들의 표현력은 그것들이 충분히 활용될 때 비로소 형성된다. 이는 임의적인 조합과는 다른, 유기적인 발전의 특징 중 하나이다. 표현력 그 자체만으로도 하나의 작업이 최적의 형태에 도달하게 된다.

창조적 활동의 방법으로서의 생명공학

자연과학자 라울 프랑세Raoul Francé는 이 문제를 집중적으로 연구하고 있다. 그는 자신의 연구 방법과 그 결과물을 "생명공학biotechnology"이라고 부른다. 그의 사상의 핵심은 다음과 같다:

"모든 과정은 반드시 그것과 상응하는 기술적 형태를 갖는다. 기술적 형태는 언제나 하나의 '기능적 형태'로, 특정한 과정 속에서 발생한다. 그것은 항상 '최단 경로의 법칙'을 따른다. 냉각은 오직 냉각면에서만, 압력은 압력점에서만, 인장은 인장선에서만 작용한다. 움직임은 움직임의 형태를 만들어내며, 모든 에너지는 고유의 에너지 형태를 만든다.

기술의 형태 중 자연의 형태에서 유래되지 않은 것은 없다. 최소 저항과 성능의 경제성이라는 법칙은 언제나 같은 작용이 같은 형태로 귀결하도록 한다. 인간은 지금까지와는 전혀 다른 방식으로 자연의 힘을 통제할 수 있다. 생명체가 스스로의 활동 속에서 적용해온 원리를 인간이 그대로 적용하기만 한다면, 그의 자본과 능력, 재능은 수세기 동안 일할 수 있는 기회를 얻게 될 것이다. 모든 덤불, 모든 나무는 인간에게 가르침을 주고, 조언을 하며, 수많은 발명과 장치, 기술적 설비들을 보여준다."

인류의 문화사의 초기부터, 기능적인 측면에서 자연의 원형을 바탕으로한 작업들을 찾아볼 수 있다. (이는 단순히 자연의 형태를 장식적으로 차용한 것과는 구분되어야 한다.) 갈릴레오 역시 오래전부터 자연을 구조적 모델로 삼는 기술 설계의 가능성에 대해 주장해왔다.

물론, 사람들이 자신의 과업에 몰입하는 과정에서 재료(매체) + 도구(기계) + 기능이 갖는 고유의 법칙을 감각적으로 느끼고 인식하여, 자연의 모델을 학습하지 않고도 올바른 구조물을 만들어낸 경우도 많다. 그리고 그러한 구조물이 자연의 구조물과 유사하다는 것이 뒤늦게 밝혀지기도 했다. 이런 일치는 우연한 표본으로서 가치는 있지만, 유기적으로 작동하는 모든 작업물이 반드시 자연과의 유사성을 가져할 것을 요구하는 것은 적절하지 않다.

1 열두 달이나 사계절의 설정처럼, 우리의 감각을 다섯 가지로 구분하는 것 역시 어느 정도 자의적인 것이다. 사람들은 흔히 '여섯 번째 감각'에 대해 이야기하곤 하는데, 이는 일부 원주민들이 지닌 특별한 감각으로도 알려져 있다. 우리에게 익숙한 방향 감각도 그 일종이다. 프로베니우스(Frobenius)의 연구에 따르면, 시간 감각 또한 별개의 감각으로 존재하는 듯하다.
여러 감각들 중에서도, 아마 촉각이 가장 많은 개별 감각들로 세분화될 수 있는 감각일 것이다. 우리가 일반적으로 '촉각'이라고 부르는 것은 사실 압각, 온각, 진동감 등 여러 감각이 뒤섞인 것이다.
나무 막대 위에 다양한 물체를 떨어뜨려 생기는 진동을 시험하면, 칼, 유리관, 바늘, 나무 조각, 고무 풍선 등이 만들어내는 각각의 진동을 쉽게 구분할 수 있다. 이 과정에서 그는 '깊다', '높다', '가볍다', '섬세하다', '두껍다', '뾰족하다', '탄력이 있다'와 같은 질적인 판단에 도달하게 된다. 이러한 느낌은 청각과 매우 유사하여, 마치 손가락으로 소리를 듣는 듯한 경험을 할 수 있다. (일간 신문에서 발췌)

2 감촉주의(Tactilisme) 선언문, 밀라노 출판사, 코르소 베네치아 61번지.

3 겉보기에 역설처럼 보일 수 있지만, 실제 경험은 이것이 사실임을 보여준다. 직접적인 촉각 경험과 더불어, 사진—즉, 시각적인 과정—의 등장이 촉각 문화의 발전을 촉진했다. 재료(촉각) 감각을 다큐멘터리처럼 정밀하게 담은 사진들과, 이전에는 거의 인식되지 않았던 그것들의 확대된 형상는 장인들뿐만 아니라 대부분의 사람들로 하여금 자신의 촉감을 시험해보고 싶게 만든다.

4 오늘날의 과학자들은 축적된 연구 성과와 실용적 응용을 바탕으로 재료를 변화시키고 정밀하게 조정할 수 있다. 강도, 내식성, 내열성, 전도성 등의 필요한 요구 조건에 맞는 재료를 직접 제작할 수도 있다. 오늘날 우리는 완벽하고 매끄러우면서도 다양한 표면, 그리고 이전에는 공상으로 여겨졌던 아이디어들의 실현을 가능하게 하는 인공 재료의 놀라운 특성들에 매료되고 있다. 그러나 인공 재료를 사용할 때는 각별한 주의가 필요하다. 아직까지는 인공 재료가 생물학적/위생학적 이점을 고려하지 않은 채 제작되는 경우가 적지 않기 때문이다. 시험 결과나 권장 사항, 그리고 과장된 광고는 신중하게 받아들여야 하며, 많은 경우 생산은 실제 필요에 기반하기보다는 단기적인 수익성만을 고려해 이루어지고 있다.

5 라울 H. 프랑세(Raoul H. Francé):『발명가로서의 식물(Die Pflanze als Erfinder)』, 코스모스(Kosmos), 프랑크 출판사, 슈투트가르트, 1920.

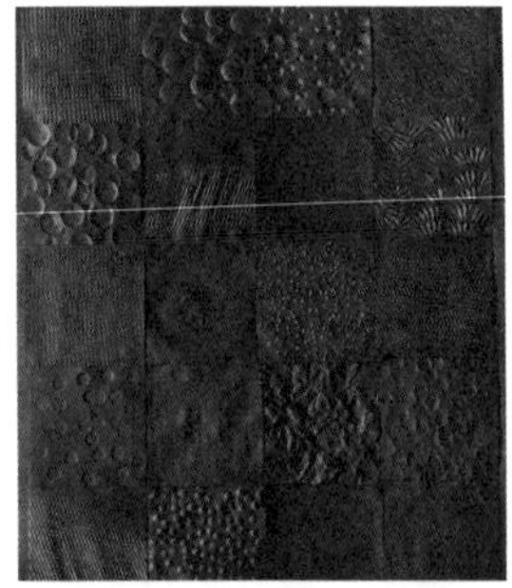

Fig. 18
게르다 마르크스(Gerda Marx), 종이—물성 탐구 (하나의 재료, 다양한 도구), 바우하우스 2학기, 1927.
Fig. 19
클라운(Klawun), 다양한 목재에 대한 연구, 여기에서는 구조 · 질감 · 물성의 3가지 상태가 합쳐져 있다, 바우하우스 1학기, 1924.

Framework, Reinforced Concrete
구조체, 철근 콘크리트

오귀스트 페레(1874~1954)의 「건축」은 1935년, 『건축이론에 대한 공헌』은 1952년에 집필되었다. 페레는 "건축가는 자신의 건축 프로그램이 요구하는 바와 자신이 직면한 제약들을 충족시켜야 할 것이다. 그는 과학이 제공하는 모든 재료들을 사용할 것이며, 그것들을 영속적인 조건에 맞게 조율할 것이다. 이러한 조율은 그의 작품을 오래 지속되게 만들 것이며, 그것을 과거와 다시 연결시켜 줄 것이다."라고 말하며, 자연이 부여하는 '영속적 조건'과 인간이 부여하는 '일시적 조건' 사이의 조율을 중요하게 서술한다.

성지환

1935, 1952

건축, 그리고 건축이론에 대한 공헌
Architecture, Contribution to a Theory of Architecture

오귀스트 페레 August Perret
성지환 옮김

Extracted from: Perret, Auguste. "L'Architecture" in *Revue d'Art et d'Esthétique*, vol. 1, 41–50. Paris: Collection "Esthétique & Science de L'Art, (Juin 1935)

건축, 1935

언어의 아름다움에 대한 글에서 페넬롱Fénelon은 말했다. "건물은 장식만을 목적으로 의도된 어떤 요소도 포함해서는 안된다. 그러나 만약 우리의 목적이 비례의 아름다움이라면, 우리는 그 건물을 지지하는 데 필요한 모든 요소들을 장식적으로 만들어야 한다." 그리고 레미 드 구르몽Remy de Gourmont은 이 문장을 자신의 저서 『스타일의 문제』에서 인용한다. "페넬롱은 단 서른 개의 단어로 건축 이론 전체, 어쩌면 예술 일반의 이론까지도 제시했다."

건축가란 무엇인가? 구축으로 말하고 생각하는 시인이다. 내가 그것으로 말하고자 하는 것은, 구축은 건축가에게 있어서 모국어와 같아야 한다는 것이다.

건물을 구축하는 것! 모든 예술적 표현의 형태들 가운데, 물질적 조건들에 의해 가장 제약받는 것이다. 그러나 이 조건들은 두 종류가 있는데, 하나는 자연에 의해 주어진 영속적인 것이고, 다른 하나는 오직 인간으로부터 비롯된 일시적인 것이다.

안정성의 법칙들, 사용되는 재료의 본성, 태양, 비, 바람, 먼지, 온도 변화와 같은 기상 변화들, 시각적 외곡 현상들, 그리고 특정한 형태들이 지니는 보편적이고 변하지 않는 것의 의미는 영속적 조건들이다.

목적, 기능, 사용, 규칙과 법규, 그리고 유행은 일시적 조건들이다.

건축물이 인간적이고 일시적인 조건들보다는 자연적이고 영속적인 조건들에 의해 더 많이 지배될수록, 그 건축물은 시대에 덜 뒤처지게 된다. 그래서 파리 의과대학Ecole de Medecine을 설계한 건축가인 지냉Léon Ginain은, 뮈제 갈리에라Musée Galliéra의 설계를 의뢰받았을 때 이렇게 말했다. "마침내, 나는 아무 쓸모 없는 무언가를 지을 수 있겠군." 그의 말은 무엇보다도, 일시적 조건들로부터 벗어나 오직 자연적이고 영속적 조건들만을 따르게 되었다는 데 대한 그의 기쁨의 표현이었다.

지냉과 페넬롱 중 누구를 우리의 모범으로 삼아야 할까? 두 조건 중 어느 것을 더 중시해야 할까? 이는 오래되고 진지한 문제로, 스타일과 기술, 정신과 물질 사이의 관계를 포함한다. 지드Gide가 말했듯이 "증언하기 위해 정신은 물질 없이는 존재할 수 없다" 그리고 이 문제의 추상적 사고에 빠지지 않고, 나 자신의 실질적 경험의 일부를 보태고자 할 뿐이다.

우리가 앞서 말했듯이, 건축은 하나의 언어이다. 시대를 통틀어, 건축가들은 건축 시스템들을 건축물을 좌우하는 영속적 조건들과 일시적 조건들 둘 다를 충족시키기 위한 수단으로 사용해왔다. 이러한 조건들과 시스템들에 대한 철저한 지식은 건축가의 상상력을 북돋운다. 마치 언어와 시의 엄격한 요구가 시인에게 영감을 주듯이 말이다.

그러나 너무 자주, 그리고 오랫동안, 건축가들은 죽은 언어를 말해왔다. 그 언어는 대중이 이해하지 못하고, 관심도 가지지 않는 언어이다. 르네상스 이후로 더욱 뚜렷하게, 건축가들은 더 이상 새로운 기술을 발견하지 못했고, 구축보다 형태, 효과, 장식에 집중해 왔다. 그리고 건축은 아카데미들의 배타적인 영역이 되어버렸다. 이러한 학교들은 건축을 난해한 공식들에 따라 얼어붙게 만들었다. 예를 들어, 왜 실내문의 위에 지붕의 모조품인 페디먼트를 얹는가? 이것은 수많은 예시 중 하나에 불과하다. 그러나 이제 과학은 새로운 건축 시스템들과 새로운 재료들을 도입했으며, 살아 있는 건축 언어가 개발되고 있다. 그리고 대중은 그것에 관심을 보이며, 주목하고 받아들인다. 이 모든 것은 효과적인 작업이 이루어지기 위해 필수적이다.

우리는 최초의 건축 시스템이 수평 보를 사용했다는 것을 알고 있다. 이 구조는 두 개의 바위나 두 개의 다른 통나무 위에 하나의 통나무를 얹는 것으로 시작되었고, 그 다음에는 두 개의 석주 위에 나무 보를 얹는 방식이 되었으며, 마지막에는 석재나 대리석 기둥 위에 들보나 석재 또는 대리석 판을 얹는 구조가 되었다.

이러한 방식으로 고대 신전들이 지어졌고, 그 예들은 다양한 상태로 지중해 전역(이집트, 그리스, 이탈리아, 프랑스) 에 남아 있다.

가장 유명하고 가장 완전한 예는 아테네의 파르테논이다. 그곳에서는 건축가에게 부과된 영속적 조건들과 일시적 조건들이 모두 가장 섬세하고 완전하게 충족되었으며, 건축물이 종교적 목적을 가졌기에 이 두 범주는 완전히 통합되었다. 그리고 자연적이고 영속적인 조건들 – 즉 안정성, 외부 요소들로부터의 보호, 시각적 효과의 보정 – 을 따름으로써, 이 구조물은 형태와 아름다움을 얻게 된 것이다. 모든 요소는 가장 명확한 지성, 가장 섬세한 통찰, 가장 명료한 이성에 의해 관찰하고, 발견되고, 충족시킨 그 영속적 조건들에 따르고 있다.

이처럼, 슬래브, 보 시스템은 초기 건축의 기원이었으며, 그 모든 구조적 가능성을 활용하였다.

단 하나의 발명이 모든 것을 바꾸었다: 그것은 바로 궁륭vault의 발명이었다. 이 발명은 비잔틴인들에 의해 하기야 소피아에서 극한까지 발전되었다. 궁륭은 건축의 혁신을 일으켰고, 우리에게 고딕 양식과 더불어 동양, 페르시안, 아랍 건축을 가져다 주었으며, 그것은 전 세계의 대부분 지역에 널리 퍼지게 되었다.

동방에서는, 모든 위대한 모스크들이 하기야 소피아의 자매들이며, 모두 동일한 방법으로 지어졌다.

서방에서는, 로마네스크 양식이 고딕 양식으로 이어지며, 궁륭의 발명에서 비롯된 건축물들로 유럽 전역을 뒤덮었다. 하지만 이 건물들은 주로 석재를 포함한 다른 재료들로 지어졌으며, 이 과정은 프랑스에서 더욱 진전되어 리브 볼트ribbed vault와 플라잉 버트레스flying buttress의 도입으로 확장되었다. 이러한 방식 덕분에 하중을 집중시킬 수 있었고, 전체 구조를 더 가볍게 만들 수 있었다. 또한 북부 지방의 기후에 필요한 넓은 베이를 건설하는 것이 가능해졌고, 스테인드글라스라는 기적을 창조할 수 있었다.

생-드니 대성당Cathédrale royale de Saint-Denis과 샤르트르 대성당Cathédrale de Chartres은 이 건축 양식의 가장 뛰어난 사례들 가운데 속하며, 파리의 생트 샤펠Sainte-Chapelle은 (근대적 첨탑이나 내부 회화 같은 사후적 추가 요소들을 제외한다면) 어쩌면 이 양식의 '파르테논'이라 할 수 있을 것이다.

그 모든 건축물들은 우리나라의 재료와 기후 속에서 발견되는 영속적인 조건들에 부합한다.

이 건축 시스템은 13세기 말까지 계속 발전하였고, 15세기 말에 이르러 가능한 모든 변형들이 시도되었다. 그러나 사람들의 상상력이 고갈되고 변화와 새로운 것을 갈망하게 되었을 때, 그들은 고대로 되돌아갔다– 그것이 바로 르네상스라고 불리는 것이었다. 내 생각에, 이 과거를 향한 움직임은 '부흥'이 아니라 '퇴보'였으며, 감히 말하건대 13세기 말 이후에도 뛰어난 인물들이 발 드 그라스Val-de-Grace, 앵발리드 돔the dome of the Invalides, 베르사유 궁전palace of Versailles 같은 걸작들을 만들어내기는 했지만, 이것들은 위대한 예술가들에 의해 만들어진 장대한 장식적 무대 장치들일 뿐이며, 그 구조가 외형을 결정하지는 않는다. 파르테논, 아야 소피아Hagia Sophia, 샤르트르 대성당의 경우처럼 말이다.

베르사유 궁전은 조악하게 지어졌다. 거울의 방 상부의 궁륭은 얇은 잡석층으로 만들어졌으며, 열등한 구조체에 부착되어 있다. 그리고 시간이 흐르면서, 이 궁전이 남기게 될 것은 폐허가 아니라, 이름 없는 잔해 더미일 것이다. 이것은 건축이 아니다. 건축이란 아름다운 폐허를 남기는 것이다.

건축에 근본적인 변화를 가져온 것은, 오직 철의 제조 기술에서의 진보뿐이었다. 그리고 이로 인해 건축에도 영향를 미쳤다.

철은 1783년, 프랑스 극장의 건축가 빅토르 루이Victor Louis에 의해 처음으로 대규모로 사용되었으며, 그의 대담함과 기발함은 지금까지도 그 누구에 의해서도 능가된 적이 없다. 재 이후 1900년에 재건된 현재 극장의 철제 지붕 구조는, 루이가 설계한 구조보다 아마도 백 배는 더 무겁다.

그 뒤를 이어 일련의 철 구조 건물들이 등장했는데, 그중에서도 비견할 수 없는 건인 국립도서관Bibliothèque Nationale의 대열람실, 레 알Les Halles 중앙 시장, 1889년 만국박람회에서의 기계관, 자유예술관 및 미술관, 그리고 다양한 철교들이 모두 뛰어난 건축 작품들이었다. 하지만 철은 취약하다. 끊임없는 유지 관리가 필요하고, 비용이 많이 든다. 만약 인류가 지구상에서 갑자기 사라진다면, 철과 강철로 지어진 건물들 역시 곧 그 뒤를 따를 것이다. 조금이라도 유지 관리가 소홀해지면 쉽게 부식되기 시작하며, 때문에, 오래도록 지속될 무언가를 짓고자 하는 이들은 이 방식의 건축을 사용하는 데에 다소 꺼려하게 되었다.

1889년 박람회에서 노출된 철 구조의 승리 이후, 1900년 박람회에서는 완전히 새로운 경향이 드러났다.

거의 모든 구조용 철제 골조들이 '스터프staff[역주1]'으로 덮였고, 이로 인해 철제 '궁전'들은 마치 석조나 벽돌로 지어진 건물처럼 보이게 되었다. 그러나 바로 그 순간부터, 건축가들은 새로운, 강력하고 지속 가능한 건축 방식인 철근 콘크리트를 사용할 수 있

역주1 석고와 섬유로 만든 주형 장식 몰딩

게 되었다.

철근 콘크리트는 1849년 프랑스에서 발명된 이후로 계속해서 사용되어 왔으며, 1900년까지의 기간 동안 이미 매우 정교한 수학 공식을 바탕으로 그 효과를 입증해 보였다. 1876년 드 마자스De Mazas를 시작으로, 테데스코Tedesco, 르포르Lefort, 하렐 드 라 노에Harel de la Noë, 라뷔Rabut, 콩시데르Considère, 메나제Ménager와 같은 인물들이 계산법을 발전시켰고, 이는 마침내 1906년 10월 20일자 정부 회람에 반영되었다. 이 회람은 오늘날까지도 유효하며, 프랑스를 비롯한 세계 곳곳에서 철근 콘크리트 건축이 대대적으로 확산되는 출발점이 되었다.

여전히 변함없는 인기를 누리고 있는 이 방식에 대해, 여기서 아주 간단한 설명을 덧붙이는 것이 적절해 보인다.

콘크리트는 자갈이 섞인 골재에 모래를 혼합하고, 석회나 시멘트를 결합재로 사용하여 응고시킨 것이다. 이러한 건축 방식은 고대까지 거슬러 올라가며, 당시에는 단순히 석회가 결합제로 사용되었고, 여기에 미세한 화산재인 포졸라나pozzolana가 첨가되었다. 이렇게 만들어진 구조물들 중 다수는 오늘날까지도 남아 있다.

결합재는 근대에 들어 크게 개선되었으며, 진정한 의미의 시멘트는 1820년에 이르러 등장했다고 말할 수 있다. 그것은 그르노블의 루이 비카Louis Vicat에 의해 발명되었는데, 그는 석회석에 점토를 소성하여 이를 만들어냈다.

시멘트는 알루미노규산염과 석회를 포함하고 있다. 철근 콘크리트는 시멘트 없이는 존재할 수 없었을 것이다. 왜냐하면 철근이라는 위대한 현대의 발명품으로 보강될 수 있는 것은 오직 시멘트 콘크리트뿐이기 때문이다.

콘크리트에 철이나 강철을 도입하면, 그것은 유연해진다. 이러한 금속 보강재 없이 콘크리트는 압축만을 견딜 수 있다. 즉, 비보강 콘크리트는 기둥에만 사용할 수 있지만, 철근 콘크리트는 기둥 사이의 간격을 가로지르는 보로 사용할 수 있다. 다시 말해, 강철은 콘크리트 속에서 일종의 근육이나 힘줄처럼 작용하는 것이다.

시멘트는 철과 반응하여 철을 포함한 규산염을 형성함으로써 철을 영구적으로 보존해주며, 또한 철근을 감싸는 시멘트가 수축하고, 콘크리트와 철의 열팽창 계수가 동일하기 때문에 철근 콘크리트가 구축 가능한 것이 되었다. 따라서 이 방식의 최초의 시도는 시멘트가 개발된 이후에야 이루어졌으며, 프랑스에서 조세프 모니에Joseph Monier가 1865년에 최초의 특허를 출원했다. 그의 발명은 1900년까지 별다른 주목을 받지 못했으며, 1906년 프랑스 정부의 회람문이 발행되면서 비로소 본격적인 확산이 시작되었고, 이 회람문은 오늘날까지도 철근 콘크리트의 사용을 규정하고 있다. 현재 철근 콘크리트는 전 세계에서 볼 수 있지만, 최근 몇몇 심각한 사고들이 있었다. 이는 오늘날 누구나 이 방식으로 건축할 줄 안다고 여기기 때문이며, 심지어 실제로는 그렇지 않은 사람들까지도 그렇게 생각하기 때문이다. 그러나 주목할 점은, 사고는 항상 시공 중에만 발생한다는 것이다. 한 번 완공된 철근 콘크리트 건물이 붕괴한 사례는 없다. 심지어 잘못 지어졌더라도 마찬가지이다.

철근 콘크리트는 틀을 활용하여 만들어진다. 지금까지 이러한 틀은 목재로 제작되었으며, 이를 거푸집formwork이라고 부른다. 사전에 조립된 철근 보강재 또는 철근망은 이 거푸집 안에 배치되며, 그 주변에 콘크리트를 부어 넣음으로써 일체화된다.

콘크리트가 질척한 상태를 잃고, 단단해지기 시작하는 중요한 순간이 있다. 이 단계는 며칠간 지속되며, 만약 거푸집이 충분히 견고하지 않거나 제대로 지지되지 않은 경우 사고가 발생할 수 있다.

작업이 완료되면 서로 다른 요소들이 결합되고 철근들은 서로 교차하면서 마치 하나의 연속적인 구조처럼 되며 전체는 하나의 단일체를 이룬다. 철근 콘크리트에 목재 거푸집을 사용하는 것은, 그 외관이 거대한 규모의 목공예처럼 보이게 하며, 고대 건축이 목조 건축을 모방했던 것처럼, 철근 콘크리트는 실제로 목재를 사용한다는 점에서 고대 건축과 유사하다. 목재에 의해 강요되는 직선의 반복적인 사용은 확실한 계보적 유사성을 만들어낸다. 물론 아치형의 거푸집을 사용할 수도 있지만, 그것은 비용이 많이 든다. 그리고 결국, 스타일을 결정짓는 것은 재료의 경제적 사용이 아닌가?

이 건축 방식은 매우 견고하기 때문에, 결코 거대할 필요가 없다. 건물을 지탱하는 데에는 몇 개의 기둥만으로 충분하며, 그 기둥들 사이의 간격은 매우 다양한 재료들로 채워질 수 있다.

철근 콘크리트의 초기 시절은 그 어려움과 경험 부족으로 인한 사고들 때문에 이 방식은 오랫동안 의심받았다. 1900년 만국박람회에서, 본 전시장과 한 민간 전시물을 연결하던 인도교가 붕괴한 사건은 오랫동안 우리에게 불리하게 작용했다. 그 인도교는 쉬프랭Suffren 거리를 가로질렀고, 임시 지지대들이 교통을 방해했다. 도로를 조속히 개방하라는 압박 속에 시공업자들은 지지대를 너무 일찍 철거했고, 결국 다리는 붕괴되었으며, 여러 명이 사망하는 사고가 발생했다. 그 사고의 여파가 사라지기까지는 수년이 걸렸다.

정확히 30년 전인 1903년에, 우리는 프랭클랭 가에 우리의 집을 지었다. 이 집은 철근 콘크리트의 뼈대를 드러내는 방식, 즉 오늘날에도 여전히 사용되는 구조를 드러내는 콘크리트로 지어진 최초의 주택이었다. 당시 우리는 철을 보호하기 위해 외피가 필요하다고 생각했고, 당시 가장 적합하다고 여겼던 유약 처리된 타일로 그것을 덮었다. 그러나 우리는 구조를 강조하기 위해, 그 외피가 기둥에 적용된 것인지, 충진재에 적용된 것인지를 구분하여 다르게 처리하는 데에 세심한 주의를 기울였다.

1906년, 우리는 퐁티외 거리rue de Ponthieu에 주차장을 지었다. 정부 회람문이 막 발표된 직후였고, 그것은 우리에게 하나의 격려가 되었지만, 차량과 이동식 크레인의 하중을 견뎌야 하는 바닥에 이 시스템(철근 콘크리트)을 사용하는 것을 승인받는 데에는 여전히 어려움이 있었다.

샹젤리제 극장의 공사는 1911년에 시작되어, 1913년에 완공되었다. 그 이듬해, 전쟁이 발발하면서 철근 콘크리트는 커다란 기회를 맞이하게 되었다.

[…]

요컨대 건축가는 자신의 건축 프로그램이 요구하는 바와 자신이 직면한 제약들을 충족시켜야 할 것이다. 그는 과학이 제공하는 모든 재료들을 사용할 것이며, 그것들을 영속적 조건에 맞게 조율할 것이다. 이러한 조율은 그의 작품을 오래 지속되게 만들 것이며, 그것을 과거와 다시 연결할 것이다.

그는 지나치게 새로움에 집착해서는 안 된다. 앙드레 지드André Gide가 말했듯이, '처음에 가장 현대적으로 보였던 것이야말로 곧 가장 낡아 보이게 될 것이다. 모든 자기만족과 모든 꾸밈은 시간에게 제 역할을 하도록 부추기는 것과 같다.'

이제는 우리 마음에 들지 않는다고 해서 건물을 철거해야 한다고 말해서는 안 된다. 그것은 과시의 시대age of inflation에 속한 오류다. 그와는 반대로, 건물은 오래 지속되어야 하며, 그 자체로 삶을 연장시키는 과거를 만들어내야 한다. 옛 나라들이 지닌 매력은 그들의 고대 기념비에 있다. 국가를 과거로 회귀시키는 것은 오직 그 기념비들 뿐이며, 자연은 영원히 젊다.

덧붙이자면, 현대 건축 프로그램의 제약을 배신하지 않으면서도, 또한 근대적 재료의 사용을 외면하지 않으면서도, 마치 '언제나 존재해왔던 것처럼' 보이는 작품(다시 말해, 한마디로 '평범한' 작품)을 창조하는 건축가는 스스로 만족감을 느낄 자격이 있다. 왜냐하면 예술의 목적은 우리를 놀라게 하거나 움직이게 하는 데 있지 않기 때문이다. 놀람과 흥분은 일시적인 충격과도 같이, 우발적이고 하찮은 감정이다. 예술의 진정한 목적은, 우리를 변증법적으로 하나의 기쁨에서 다음 기쁨으로 이끌며, 단순한 감탄을 넘어 순수한 기쁨에 이르게 하는 것이다!

건축이론에 대한 공헌, 1952

Extracted from: Perret, Auguste. *Contribution à une théorie de l'architecture. With Cercle d'Études Architecturales*, Paris: Wahl, 1952.

[…]

건축은, 모든 예술의 표현 중에서도, 재료의 조건에 가장 많은 영향을 받는다. 영속적인Permanent 것은 자연이 부여하는 조건이고, 일시적인transitory 것은 인간이 부여한 조건이다. 기후와 그 혹독함, 재료와 그들의 특성, 안정성과 그 법칙, 시지각과 그 왜곡, 선과 형태의 영원하고 보편적인 의미는 영속적인 조건을 강요한다. 기능, 사용법, 규칙, 양식은 일시적인 조건을 강요할 뿐이다.

> "동사조차도 어떤 재료에 붙어 있으니... 그것을 불경한 용도로 사용해서는 안된다!"
> – 제라르 드 네르발Gérard de Nerval

건축가는 구축을 통해 영속적 조건과 일시적 조건을 모두 충족시킨다.

[…]

건축물은 영속적 조건들에 의해 부여된 형식과 요소를 갖춘 하나의 구조체framework로써, 그러한 조건들은 건축을 자연에 종속시키고, 과거에 연결하며, 지속성을 부여한다. 처음에는 나무로 만든 골조 외에 건축은 없었다. 불을 피하기 위해 돌로 구축했다. 그리고 목재 골조의 권위로 인하여 목재 못의 머리 부분까지의 모든 특성을 재현하려 한다. 이 순간부터 고전이라 불리는 건축은 장식에 지나지 않는다. 한편 프랑스 땅에는 로마네스크 양식에 이어 고딕 양식이 등장했고, 성형된 리브moulded ribs와 첨두 아치pointed arch로 구성된 진정한 석조 골조가 유럽을 뒤덮었다. 마침내 프랑스에서 탄생한 철근 콘크리트 골조는 진정한 건축으로 세계를 덮을 준비를 마쳤다. 오늘날의 대형 건물들은 강철이나 철근 콘크리트로 된 골조, 즉 구조체를 수반한다. 건물에게 골조frame란, 마치 동물의 뼈대와도 같은 것이다. 동물의 골격이 리드미컬하고 균형 잡히고 대칭적이며 가장 다양하고 다양하게 위치한 기관을 포함하고 지지하는 것처럼, 건물의 구조체는 구성적이고 리드미컬하며 균형 잡히고 대칭적이어야 한다. 구조체는 기능과 의도에 따라 요구되며, 가장 다양한, 그리고 가장 다양한 위치의 구성 요소와 서비스들을 수용할 수 있어야 한다.

The Age of Tradition - Construction and Cladding

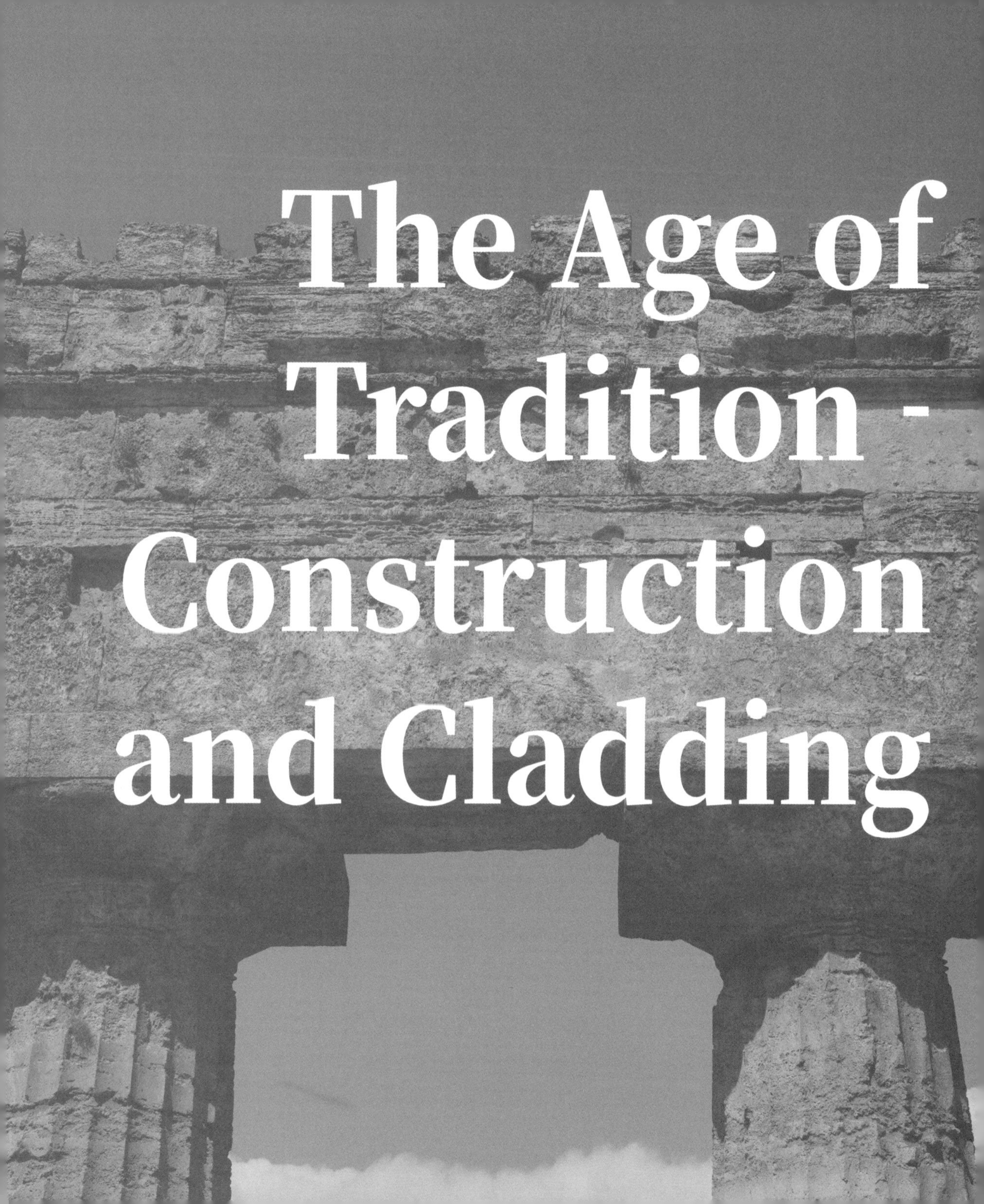

전통시대 –
축조와 피복

Water, Fire, Earth, Air and Materials

물, 불, 흙, 공기와 재료

비트루비우스의 『건축십서』 제2권은 주요 건축 재료의 물리적 특성을 4원소설(물, 불, 흙, 공기)에 기반해 해석하며, 원소비율에 따른 재료의 성질이 건축에 적용될 때의 그 성능과 연관됨을 체계적으로 서술한다. 또한 벽돌, 모래, 석회, 포촐라나, 석재, 목재의 특성과 재료가 적용되는 방식을 설명하는 동시에, 원산지와 채취 시기, 가공 방법, 시공 방식을 포함한 구체적인 실무 지침을 제시하고 있다는 점은 주목할 만하다. 이는 비트루비우스가 『건축십서』의 8장에서 '벽체 축조 방식'을 다루어 시공절차와 방법을 독립적으로 설명하고, 9장의 일반 목재에 이어 10장에서 전나무를 분리하여 다룬다는 점을 통해 알 수 있다. 이러한 접근은 고대 로마 건축에서 재료와 시공기술이 어떤 관계를 가지고 있었는지 살펴볼 수 있는 단서를 제공한다.

이정석

30BC

비트루비우스의 재료: 벽돌, 모래, 석회, 포촐라나, 석재, 목재
Vitruvian Materials: On Brick, Sand, Lime, Pozzolana, Stone, Timber.

비트루비우스 Marcus Vitruvius Pollio
이정석 옮김

Extracted from: Vitruvius. "Brick", "Sand", "Lime", " Pozzolana", "Stone", "Methods of Building Walls", "Timber", "Highland and Lowland Fir" in *Vitruvius The Ten Books On Architecture*, 42–65. Translated by Morris Hicky Morgan. Cambridge: Harvard University Press, 1914.

제3장. 벽돌

1. 먼저 벽돌에 관하여, 그것들이 어떤 종류의 점토로 만들어져야 하는지 설명하고자 한다. 벽돌은 모래가 많거나 사갈이 섞인pebbly 점토, 혹은 고운 자갈이 포함된fine gravel 점토로 만들어서는 안 된다. 이러한 재료로 만든 벽돌은 첫째로 무겁고, 둘째로 벽에 쌓였을 때 빗물에 씻기면 쉽게 부스러지고 갈라지며, 재료의 거친 성질로 인해 내부의 짚이 서로 엉기지 못하기 때문이다. 대신, 벽돌은 희고 석회질이 포함된 점토나 붉은 점토, 혹은 입자가 거친 자갈 섞인coarse grained gravelly 점토로 만들어야 한다. 이러한 재료들은 매끄럽기 때문에 내구성이 뛰어나며, 작업하기에도 무겁지 않고 쌓기에도 용이하다.

[…]

제4장. 모래

1. 석조 벽을 쌓을 때 가장 먼저 고려해야 할 것은 사용되는 모래가 모르타르와 잘 섞일 수 있는지, 불순물이 섞여 있지 않은지 확인하는 것이다. 모래pitsand의 종류에는 검은색, 회색, 붉은색, 그리고 암적색carbuncular 등이 있다. 이 중에서서 가장 좋은 것은 손으로 문질렀을 때 바스락거리는 소리가 나는 것이며, 불순물이 많이 섞인 모래는 충분히 날카롭지 않다. 또 다른 방법으로는 모래를 흰 천 위에 뿌린 뒤 털어보았을 때, 천이 더럽혀지지 않고 이물질이 남지 않는다면, 그 모래는 적합한 것이다.

[…]

3. […] 그것[모래]이 채취된 뒤 오랫동안 사용되지 않고 방치되면, 햇볕이나 달빛, 또는 서리에 노출되어 부서져 흙처럼 변한다. 따라서 이렇게 된 모래를 석조에 섞으면 잔돌rubble을 결합시키는 힘이 없어지고, 그 결과 잔돌이 가라앉으며 벽이 더 이상 하중을 지탱하지 못해 무너져 내리게 된다.

제5장. 석회

1. 모래와 그 원천에 대해 다루었으니, 다음으로는 석회에 대해 살펴보아야 한다. 석회는 부드러운 돌이든 단단한 돌이든 상관없이, 반드시 흰색의 돌을 태워서 만들어야 한다. 입자가 치밀한 단단한 돌로 만든 석회는 구조적인 부분에 적합하다. […]

2. 석회가 물과 모래와 결합할 때 단단한 구조를 형성하는 이유는 다음과 같다. 암석은 다른 모든 물질과 마찬가지로 네 가지 원소four elements[역주1]로 이루어져 있다. 공기의 비율이 높은 암석은 부드럽고, 물이 많이 포함된 것은 수분으로 인해 질기다. 흙의 비율이 높은 암석은 단단하고, 불의 비율이 높은 암석은 더 쉽게 부서진다. 따라서 석회를 굽지 않고 단순히 잘게 부수어 모래와 섞어 공사에 사용하면, 그 덩어리는 굳지 않고 결합력도 가지지 못한다.

역주1 공기, 물, 흙, 불의 네가지 원소로, 아리스토텔레스의 4원소설을 기반으로 한 철학을 인용하는 것이다.

Fig. 1, 2, 3
로마 캄파냐(Campagna)의 트래버틴(Travertine) 채석장

그러나 암석을 먼저 가마에 넣어 굽게 되면, 불의 강한 열에 노출되어 원래의 단단한 성질을 잃게 되고, 그 강도가 소진되고 사라지면서 내부의 기공이 열리고 비게 된다. 즉, 돌 속에 포함된 수분과 공기가 불에 의해 제거되어 방출되고, 일정량의 열기만이 남게 되는데, 이때 암석을 물에 담그면, 물이 불의 영향을 받기 전에 수분이 열린 기공으로 스며든다. 그러면 암석이 점점 뜨거워지다가, 결국 식은 후에는 남아 있던 열기가 석회 내부에서 배출된다.

[…]

제6장. 포촐라나

1. 자연적인 원인으로 인해 놀라운 효과를 발휘하는 일종의 가루도 있다. 이 물질은 바이아이Baiae 주변 지역과 베수비오산Mt. Vesuvius 주변 도시들이 속한 지역에서 발견된다. 이 물질을 석회와 잔돌과 섞으면 일반 건축물에도 강도를 더해줄 뿐만 아니라, 그것으로 교각piers을 축조하더라도 물속에서 단단히 굳는다. 그 이유는 이 지역의 산비탈 토양이 뜨겁고 온천이 풍부하기 때문으로 보인다. 만약 이 산들 아래에 유황, 명반明礬alum, 아스팔트가 타고 있는 거대한 불덩이가 없다면 이런 현상은 일어나지 않을 것이다. 따라서 그 깊은 곳에서 올라오는 불과 불꽃의 열기가 갈라진 틈을 통해 솟아올라 이곳의 토양을 가볍게 만들고, 그곳에서 발견되는 응회암은 다공성이며 수분이 없다. 그러므로 불의 힘에 의해 형성된 이 세 물질이 섞이면, 물이 빠르게 스며들어 서로 결합하고, 수분이 재빨리 이를 굳혀, 파도나 물의 힘으로도 녹지 않는 덩어리로 경화된다.

[…]

4. 따라서 서로 다른 성질을 가진 물질들이 불의 작용을 받아 동일한 상태로 환원된 뒤, 이들이 따뜻하고 건조한 상태에서 갑자기 물에 흠뻑 젖으면, 그 안에 잠재되어 있던 열이 끓어오르듯 반응하여 이를 단단히 결합시키고 빠르게 하나의 견고한 덩어리의 성질을 갖게 한다. […]

제7장. 석재

1. 이제 석회와 모래, 그리고 그들의 종류와 우수성에 대해 살펴보았다. 다음으로는 건축에 사용되는 치수 석재dimension stone와 잔돌을 채취하고 운반해 오는 채석장에 대해 살펴보아야 한다. 채석장에서 발견되는 석재는 서로 다른 성질을 가지고 있다. [⋯]

2. (이러한) 부드러운 종류의 석재들은 채석장에서 가져오자마자 쉽게 가공할 수 있다는 장점이 있다. 지붕으로 덮인 환경에서는 충분히 제 역할을 하지만, 노출되고 개방된 곳에서는 서리와 냉기로 인해 쉽게 부서지고 산산조각난다. 해안에서도 소금기가 석재를 부식시키고 녹이며, 큰 열도 견디지 못한다. 반면, 트래버틴travertine과 그와 유사한 종류의 석재는 무거운 하중이나 날씨의 영향을 받아도 손상되지 않는다. 다만 불에 노출되는 것은 견디지 못하고 즉시 갈라지고 조각난다. 이는 그 자연적 구성에 물과 흙 성분이 적고, 공기와 불의 성분이 많기 때문이다. 그러므로 이 석재에는 흙과 물의 원소가 부족할 뿐 아니라, 불이 열의 작용과 힘으로 그 안의 공기를 몰아내고 가장 깊은 부분까지 침투하여 갈라진 틈의 빈 공간을 차지하게 되면, 강렬한 빛으로 달아오르고, 그 석재는 불의 입자 자체와 마찬가지로 격렬하게 타오르게 된다.

3. [⋯] 이 석재[역주2]는 셀 수 없이 많은 장점을 가지고 있다. 서리의 계절에도, 불에 노출되어도 손상되지 않고, 그 자연적 구성에 공기와 불은 적고 수분은 적당하며 흙의 성분이 많기 때문에 견고함을 유지하며 오랜 세월 지속된다. 그 결과, 그 조직이 치밀하고 단단하여, 날씨의 변화나 불의 강한 힘으로도 손상될 수 없다.

[⋯]

제8장. 벽체 축조 방식

1. 벽에는 두 가지 양식이 있다. 현재 모든 사람이 사용하는 오푸스 레티쿨라툼opus reticulatum과, 고대의 양식으로 불리는 오푸스 인케르툼opus incertum[역주3]이 그것이다. [⋯]

Fig. 4
오푸스 인케르툼(opus incertum)의 사례, 티볼리의 원형 신전

역주2 이 석재는 타르퀴니이(Tarquinii) 지역의 아니키아(Anician) 채석장에서 채취된 돌을 의미한다.

역주3 오푸스(opus)는 기술작업의 의미로, 오푸스 인케르툼(opus incertum)은 '불규칙 쌓기'로 불규칙한 방식으로 돌을 쌓아 벽을 만드는 방식을, 오푸스 레티쿨라툼(opus reticulatum)은 '그물 쌓기'로 다이아몬드 모양으로 벽돌을 쌓아 벽을 만드는 방식을 말한다.

역주4 파보니우스(Favonius)는 고대 로마에서 서풍을 의미하며, 식물의 성장을 돕는 초봄에 부는 따뜻한 바람을 말한다.

Fig. 5
티볼리 하드리아누스 빌라 목욕탕에서 찾을 수 있는 오푸스 레티쿨라툼(opus reticulatum)
Fig. 6 티볼리 하드리아누스 빌라의 스토아 포이킬레(stoa poecile) 출입구에서 발견된 오푸스 레티쿨라툼(opus reticulatum) 사례

2. 두 양식 모두 가능한 작은 석재를 사용하여 시공해야 한다. 그래야 석회와 모래로 만든 모르타르가 충분히 스며들어 벽이 더 오래 결속력을 유지할 수 있기 때문이다. 사용되는 석재가 부드럽고 다공성이기 때문에, 모르타르의 수분을 빨아들여 건조시키기 쉽다. 그러나 석회와 모래가 충분히 공급되면, 벽 내부의 수분이 더 오래 유지되어 쉽게 약해지지 않으며, 이들이 벽을 결속시켜 줄 수 있다. 하지만 다공성 잡석이 모르타르의 수분을 모두 흡수하여 석회와 모래가 분리되면, 잡석은 더 이상 그것들과 결합할 수 없게 되고, 결국 벽은 시간이 지나면서 붕괴된다.

[…]

제9장. 목재

1. 목재는 초가을 파보니우스Favonius[역주4] 바람이 불기 시작하는 시기 사이에 벌목해야 한다. 봄이되면 모든 나무는 생장을 준비하며, 해마다 돌아오는 잎과 열매를 만들어내기 위해 고유한 활력을 쏟기 때문이다. 이 계절의 요구로 인해 나무는 속이 비고 부풀게 되며, 이로 인해 조직이 느슨해지므로 강도가 약하고 쉽게 부서진다. 이는 임산부와 유사하다. 임산부는 출산 전까지 완전히 건강한 상태로 간주되지 않으며, 따라서 노예 시장에서 임신한 여성이 매매될 때 완전히 건강하다고 보장되지 않는다. 왜냐하면 태아는 성장하면서 어머니가 섭취한 음식의 가장 좋은 성분을 흡수하기 때문에, 분만이 가까워져 태아가 강해질수록 어머니의 몸은 덜 조밀해지고 약해지기 때문이다. 그러나 아이를 출산하고 나면, 이전까지 다른 생명체의 성장에 쓰였던 영양분이 이제는 어머니의 몸에 다시 공급될 수 있고, 내부의 통로가 비어 열리게 되며, 신체가 다시 영양분을 흡수함으로써 다시 조밀해지고 본래의 건강한 상태로 회복되는 것이다.

2. 같은 원리에 따라, 가을에 열매가 익으면서 나뭇잎이 시들기 시작하고, 나무는 뿌리를 통해 땅에서 수액을 끌어올려 스스로를 회복하며 원래의 단단한 조직을 되찾게 된다. 하지만 겨울의 강한 공기가 그 기간 동안 나무를 압축하고 응축시킨다. 따라서 앞서 언급한 원칙과 시기에 따라 벌목한다면, 적절한 시기에 벌채하게 되는 것이다.

[⋯]

제10장. 고지대와 저지대의 전나무[역주5]

1. 아펜니노 산맥Apennines의 첫 번째 능선은 알프스Alps와 토스카나Tuscany의 가장 먼 경계 사이, 토스카나 해Tuscan Sea에서 시작된다. 이 산맥은 곡선을 그리며 휘어지다가, 중간 지점에서 아드리아 해Adriatic 해안을 거의 스치듯 지나며, 반대편 해안의 해협까지 이어져 전체적인 원형을 완성한다. 따라서 이 곡선의 한쪽 면은 토스카나와 캄파니아Campania 지역을 향해 기울어져 있으며, 하루 종일 햇빛을 강하게 받아 따뜻한 환경을 유지한다. 반면, 반대쪽 면은 상부 해Upper Sea를 향해 기울어져 있고 북쪽을 바라보고 있어, 항상 그늘지고 어두운 상태에 놓여 있다. 이로 인해 그쪽 면에서 자라는 나무들은 풍부한 수분을 머금고 자라며, 나무 자체가 매우 크게 성장할 뿐 아니라, 그 조직 또한 다량의 수분을 포함하여 팽창하고 부풀게 된다. 그러나 이 나무들이 벌목되어 가공된 후 생명력을 잃으면, 그 조직은 여전히 경직된 상태를 유지하지만, 건조되는 과정에서 내부가 비어버리고 다공성이 되어 쉽게 부서지는 취약한 상태가 되며 결국 건축 자재로 사용할 경우 오래 가지 못한다.

2. 그러나 해가 드는 방향을 향해 있는 곳에서 자라는 나무들은 다공성 섬유조직이 아니기에, 건조함에 의해 수분이 빠져나가 단단하며, 이는 태양이 나무는 물론 땅에서도 수분을 흡수하고 끌어내기 때문이다. 이러한 나무들은 수분으로 인해 다공성이 되지 않으므로, 목재로 다듬었을 때 내구성 면에서 매우 유용하다. 따라서 햇볕이 잘 드는 지역에서 자란 저지대 전나무lowland fir가, 그늘진 지역에서 들여온 고지대 전나무highland fir보다 더 우수하다.

3. 나는 이제 건축에 필요한 재료들, 그 재료들의 자연적 구성 속 포함하고 있는 원소들의 비율, 그리고 각 재료의 장점과 단점에 대해 충분히 검토하고 다루었다. 이는 건축에 종사하는 사람들이 이들 재료에 대해 모르지 않도록 하기 위함이다. 따라서 이 논고에서 제시된 지침을 따를 수 있는 사람들은 사전에 충분히 숙지할 수 있게 되며, 다양한 재료들 중 자신의 작업에 적합한 것을 선택할 수 있을 것이다. [⋯]

역주5 비트루비우스가 전나무(Fir)를 목재(Timber)와 구분하여 별도 장에서 다룬 것은, 재료로써 전나무의 우수한 성질을 가지고 있기도 하지만, 생육 환경에 따른 품질 차이가 명확하기 때문에 이를 구별하기 위함으로 보인다.

Accumulation of Observation

관찰의 축적과 건축 재료

알베르티는 『건축론』에서 고대 문헌에 축적된 관찰 기록과 장인의 실제 경험을 함께 참조해 재료를 설명한다. 그는 자연철학자들이 4원소설에 따라 재료를 해석하려 한 설명 방식은 의도적으로 줄이고, 외부로 드러나는 재료의 물성과 그것을 다루는 실질적 방법에 집중한다. 특히 벽돌처럼 인간의 손을 거친 재료를 높이 평가하는 태도는 인쇄술 등의 기술 혁신이 이루어지고, 인간 중심의 가치가 부각되던 15세기 초반의 감수성과도 맞닿아 있다.

홍다혜

1486

알베르티의 재료: 목재, 석재, 벽돌, 석회, 석고, 모래

Albertian Materials: On Timber, Stone, Brick, Lime, and Sand

레온 바티스타 알베르티 Leon Battista Alberti

서정일 해제 및 옮김

안드레아 팔라디오(1508–1580)는 자신의 저서 『건축4서』(I quattro libri dell'architettura, 1570)를 건축재료에 대한 개괄로 시작한다. 즉 1서 1장은 건축을 시작하기 전에 고려하고 준비해야 할 사항을 다루고, 이어서 2장 나무, 3장 돌, 4장 모래, 5장 석회, 6장 금속에 대해 순서대로 서술한다. 건축재료에 대해 쓴 그 내용의 출처를 팔라디오가 명시하진 않았지만 그 상당부분은 알베르티의 『건축론』 제2권 「재료materia」의 내용을 참조했다(금속에 대한 대목은 알베르티에게는 없던, 팔라디오가 고유하게 추가한 내용이다). 이로써 우리가 상기할 점은, 재료에 대한 팔라디오의 설명이 매우 간소하고 실용적이고 매뉴얼 같은 데 비해서 알베르티가 『건축론』 제2권에서 재료에 대해 썼을 때는 그 주제를 온전하고 깊이 있게 다루었다는 점이다. 이런 점에서 다시 물어볼 점은, 종종 주장되고 해석되듯이 과연 알베르티와 당대의 건축은 재료를 형태에 종속시키려는 강한 동기들로 추동되었다고 할 만한 지, 또는 건축의 형상 내지 목적을 재료와 시공보다 우선시한 경향이었다고 할 수 있는지 하는 것이다.

이런 점에서야말로 알베르티 『건축론』 제2권은 다시 읽어 볼 의의가 생긴다. 그러지 않고서야 그 낱낱의 내용들은 오늘날의 일반적인 건축건설직무의 관점에서 볼 때 그리 유용하게 가져올 만한 내용이 적고 심지어 낡고 잘못된 사실들로 치부되기 십상이다(아래는 장의 구분과 제목으로서 1486년 라틴어 초판본에는 없고 1541년 라틴어 판본 이후에 추가된 것이다).

제1장 건축물을 함부로 짓지 말 것. 작업의 질과 양을 우선 따질 것. 그로부터 신중히 검토하고 알맞은 조언을 받아 건축물 전체와 각 부분들의 비례와 척도를 도면과 그림 뿐 아니라 목조나 다른 재료로 만든 모형을 써서 자세히 검토함으로써 건축물이 완공되었을 때 후회하지 않게 할 것

제2장 능력을 뛰어넘지도 자연에 맞서지도 말라는 것. 무엇이 알맞고 어떤 장소에 수행해야 할지

제3장 건축물 전체를 모형의 각 부분을 통해 신중히 검토하고 자문 받고, 짓기 전에 비용을 산정하고 작업의 수행에 필요한 것들을 준비할 것

제4장 무엇을 준비하고 어떤 장인들을 고르고 어느 때에 벌목할지

제5장 벌목한 목재의 보관과 칠. 목재의 훼손에 대비한 처방. 알맞은 위치

제6장 건축작업에 좋은 목재. 그것들의 본성, 쓰임새, 활용성, 또한 건축의 어떤 부분에 가장 알맞은지

제7장 목재에 대한 새로운 종합

제8장 일반적으로 석재에 대한 것. 언제 채석해서 언제 작업하는지, 어떤 것이 더 무르고 더 단단하고 더 좋고 더 오래가는지

제9장 돌에 대해 옛사람들이 남겨 준 기억할 만한 것들

제10장　벽돌의 출처, 언제 어떻게 만드는지, 어떤 종류가 있는지. 삼각벽돌의 활용성. 도기작업

제11장　석회와 석고의 공통점과 차이, 그 본성, 쓰임새, 겉모습, 기억할 만한 다른 것들

제12장　세 가지 모래. 다양한 장소의 다양한 건축재료

제13장　때를 보는 것이 건축물을 시작할 때 쓸모 있는지, 어떤 때가 최선인지, 시작할 때 어떤 기도와 조점鳥占을 따르는지

알베르티는『건축론』저작 전체를 구성하면서 건축물을 형태(리네아멘타), 재료, 수단(작업 내지 시공), 목적(건축물의 유형)의 관점에서 개괄했고, 1, 2, 3, 4권이 각각에 해당된다. 이는 사물을 설명하는 아리스토텔레스 학문전통에 직결되는 것이 분명하고, 그렇다면 알베르티에게 건축의 재료는 건축물과 건축(건축술)에 대한 설명에서 부차적이거나 불필요한 것이라기보다 필수불가결하고도 고유한 역할을 지닌다. 또한 알베르티가 건축에서의 형태와 재료 간의 관계를 진정 어떻게 설정했는지도 새삼스러운 물음이 되는데, 이 물음에 대해 답하기란 아리스토텔레스의 사상에서 형태와 재료 간의 관계가 어떻게 설정되었는가 하는 철학적 논란과도 관련되어 결코 간단하지는 않다.

하지만 분명한 것은 알베르티가 건축물을 "일종의 몸" 즉 "형태(리네아멘타)와 재료로 이루어진 몸"으로 여겼고 이는 아리스토텔레스적 사고에 충실하다는 점이다(아래 인용문 B를 볼 것). 형태는 제1권에 개괄했듯이 터, 자리(평면), 구획, 벽, 개구부, 지붕의 여섯 가지로 설명되는데, 결국은 이 여섯 가지 전체의 체계적 조합으로서 물질을 하나의 몸으로 결합시키는 것이다. 알베르티가 제3권 작업(시공)에서 건축물의 여러 요소들을 설명할 때 관습적인 명칭을 넘어서서 유기체에 대한 은유를 상당히 즐겨 구사하는 점에서 알 수 있듯이, 건축물이라는 몸은 인간에게서 형태와 재료(살, 뼈, 근육, 피 등)이 서로 긴밀히 얽혀 있어 완전히 분리할 수 없듯이 때로는 때론 형태와 재료를 따로 분리해 내기 어려운 것이기도 하다.

그렇다면 이 결합은 어떻게 이루어지는가? 다음의 인용문에서 보듯이, "(건축가)는 확실하고 경탄할 만한 원리와 방법으로써 또한 정신과 영혼으로써 **한정하는 법**과 **작업에 의해 완성하는 법**을 체득하여, 무엇이든지 무게의 움직임으로부터, 물체들을 **결합하고 뭉침**으로써, 사람들의 고상한 쓰임새에 아주 잘 부합시킬 줄 안다." 즉 물체(재료)는 설계(한정하기)와 시공(작업으로써 완성하기)의 대상이다. 재료는 결합되고 뭉쳐진다.

주목할 만하게도, 알베르티에게 건축물이라는 그 몸의 "형태는 재능으로부터" 왔고, "재료는 자연으로부터" 왔다. 재료는 인간 재능이 아닌 자연으로부터 오는 것이기에, "마음과 생각"을 적용할 것이 아니라 그것과 다른 태도이자 지혜인 "준비와 선택"이라는 건축술(테크네)을 적용해야 한다. "준비"와 "선택"은 중요한 건축의 핵심적인 지식이자 기술이었던 것이다. 또한 당시의 필수재료인 석회, 모래, 석재, 목재, 철, 구리, 납, 유리 따위를 잘 준비하고 선택하는 과제는 추론보다는 관찰에 의한 지식에 의해 해결되는 것으로서 기억하고 숙달해야 할 성격의 것들이다. 결국 어떤 점에서 건축물이라는 몸(사물)은 인간 재능과 자연이 만나는 장소다. 달리 말해 건축물과 건축은 온전히 인간적 재능의 산물이거나 인공물이 아니며, 그것은 자연적 인위이자 인위적 자연인 것이다.

다시 2권의 앞대목(2장)으로 돌아가 보자. 알베르티는 "능력을 뛰어넘지도 자연에 맞서지도 말 것"과 "무엇이 알맞고 어떤 장소에 수행해야 할지를" 강하게 주장하고 있다. 건축의 몸이 적어도 그 절반은 자연으로부터 오는 것이라면 (자연으로부터 온 것 그 자체가 또한 자연이라고 주장할 수는 없을지라도), 건축은 자연적 법칙과 숙명에 따라야 한다. 이는 당대와 고대의 지극히 인위적인, 그래서 어리석은 건축적 접근들에 대한 알베르티의 선명한 비판이다. 건축의 일부인 자연성을 재확인하는 것은 알베르티의 관점에서는 건축술을 구성하는 중요한 기반이다. 이를 우리는 그와 그의 시대의 텍스트뿐 아니라 건축작품에서도 다시금 읽어 낼 필요가 있다.

2025. 9. 서정일

제2권 재료

[…] 자연을 따라서 사람들이 짓는 일에 대해서는 맨 먼저 사용한 것부터 시작하는 것이 가장 알맞다고 생각한다. 그것은 베어서 쓸 수 있는 나무들과 숲들의 목재들인데, 비록 작가들 간에 의견이 서로 다름을 내가 알지만 말이다. […]

[…]

목재에 대해서

테오프라토스는 목재를 3년 미만으로 숙성시켜서는 특히 목판과 문짝으로 쓰기에는 충분하지 못하다고 여긴 듯하다.[역주1] 사람들은 다음의 나무들이 건축물을 짓는 데 가장 편의성이 크다고 여긴다. 즉, 터키 오크, 참나무, 로부르, 칠엽수, 사시나무.[역주2] […] 하지만 무릇 이것[나무]들의 본성은 다양하고 그만큼 다양한 용도에 알맞다. 즉, 어떤 것들은 하늘 아래 노출되었을 때 두드러지고, 어떤 것들은 그늘에서 알맞다. 어떤 것들은 공기 중에 밝게 빛나고, 어떤 것들은 물속에서 더 단단해지고, 또 다른 것들은 묻혔을 때 오래간다.[역주3] 이 까닭에 어떤 것은 박판, 널판, 조각상, 내장용의 작업에, 어떤 것은 장선과 보에, 또 어떤 것은 하늘 밑에 드러난 포장이나 지붕을 만드는 데에 더 튼튼한 것으로 보여진다.

[…]

[…] 열매 맺지 않는 나무들이 열매 맺는 것들보다 더 튼튼하다는 점,[역주4] 또한 손과 쇠연장을 써서 재배하지 않은 야생나무들이 재배한 것들보다 더 단단하다는 데[역주5] 무릇 작가들의 의견이 같다. […]

사람들은 덧붙이기를, 산이나 숲으로 보호되지 않은 노출된 곳에서 거센 바람과 비바람이 몰아치는 것을 받는 것들이 더 강하고 땅딸막하되, 그것들은 골짜기에서 또한 바람으로부터 보호된 곳에서 자라는 것들보다 키가 너 삭고 마디가 많다고 한다.[역주6] 또한 습하고 그늘진 곳에서 일어난 나무들이 해가 늘고 메마른 곳에서 자란 것들보다 더 무르다고 여겨지고, 또한 북풍을 향한 곳에서 생겨난 것들이 북풍으로부터 떨어져 남풍을 향해 있는 것들보다 더 알맞다고 여겨진다.[역주7] 그 본성과 다른 곳에서 생겨난 것들은 버티는 수밖에 없다. 정남쪽을 보고 자라는 것들은 매우 단단한 것이지만, 심재[역주8]가 뒤틀려 있을 것이고 작업에 쓰기에 균질하지 않을 것이다.[역주9] 게다가 본성상 메마르고 느리게 자라는 것들이 무르고 열매 많은 것보다 더 단단하다. 본성상 앞의 것은 여성적이고, 뒤의 것은 남성적이라고

역주 1 테오프라스토스, 『식물연구』, V, 3, 5
역주2 터키 오크(cerrus), 참나무(quercus), 로부르(robur), 칠엽수(esculus), 사시나무(populus). […]
역주3 플리니우스,『자연사』, XVI, 218.
역주4 플리니우스,『자연사』, XVI, 211.
역주5 테오프라스토스,『식물연구』, V, 3, 7.

바로는 여겼고,[역주10]또한 흰색의 목재가 색이 있는 것보다 덜 치밀하고 더 다루기 쉽다고 여겼다. 또한 무릇 무거운 목재가 가벼운 것보다 더 치밀하고 단단하고, 더 가벼울수록 더 무르고, 마디가 더 많을수록 더 치밀하다. 자연적으로 아주 오래 사는 것은 벌목된 뒤에도 자연적으로 아주 느리게 썩는다. 목재는 심재가 적을수록 본성상 더 튼튼하고 더 단단하다. 심재에 가까운 부분들이 정녕 다른 부분들보다 더 단단하고 치밀하다. 하지만 거죽에 가까운 부분들은 조직이 더 질기다. 왜냐하면 나무에서 맨 바깥 거죽은 동물의 가죽[역주11]에 해당하고, 껍질 있는 것은 살에 해당하고, 심재 주변의 것은 뼈에 해당하기 때문이다. 아리스토텔레스는 식물의 마디가 동물의 힘줄과 비슷하다고 여겼다.[역주12] […]

석재에 대해서

벽을 만들 돌도 또한 준비해야 한다. 그것은 두 가지이다. 즉, 하나는 석재들의[역주13] 조합과 연결에[역주14], 다른 하나는 구조에 알맞은 것이다. 뒤의 것, 즉 구조에 쓰는 것을 먼저 말하겠다.[역주15] […]

[…] 가장 엄격한 철학자들[역주16]이 아마도 요청하는 것보다는 경험과 기술에 있어서 뛰어난 장인들이 건축[역주17]에 대해서 이야기하듯이 더 자유롭고 편안하게 말하겠다.

"돌을 여름에 캐서 바깥에 두고 두 해가 되기까지 작업에 쓰지 마라"고 카토는 말한다.[역주18] "여름에"라는 것은, 바람, 서리, 비, 그 밖의 세월에 낯설게 노출되는 것에 돌을 차츰 적응시키기 위해서다. 사실, 채석장에서 갓 캐어 내어 태생의 축축한 습기를 품은 돌이 갑자기 바람과 급격한 서리에 갑자기 노출되면 갈라지고 부서진다. "바깥에"라는 것은 각각의 돌이 영구한 시간과 맞서는 훗날의 싸움에 전주곡처럼 겨루기에 앞서서 먼저, 거스르는 것들에 맞서는 튼튼함과 불변함을 검증하기 위해서다. "두 해가 되기 전까지" 사용하지 말라는 것은, 본성상 약한 돌들이라서 작업에 결함을 낳을 돌들을 그대가 분간해 내어서 더 단단한 돌들로부터 구분시킬 수 있게 하기 위해서다.

왜냐하면 어떤 종류이든지 돌들은 서로간에 다양성이 뚜렷이 발견되기 때문인데,[역주19] 즉, 어떤 것들은 공기에 드러났을 때 단단하고, 어떤 것들은 서리에 덮였을 때 색이 바래고 깨진다. 진정 장소의 다양함과 본성에 따라 이것들이 어떤 종류의 것인가는 쓰임새와 경험으로부터 가장 잘 드러나니, 이는 철학자들의 글과 회고록으로부터보다는 오래된 건축물들로부터 각 돌의 힘과 특질을 충분히 말할 수 있을 정도이다. 어쨌든 돌의 온갖 종류에 대해서 요약하면 다음과 같이 정리해도 좋을 것이다.

흰색 돌이 어두운 색 돌보다 다루기 더 쉽

역주6 세네카, 『신의 섭리에 대하여』, IV, 16.
역주7 플리니우스, 『자연사』, XVI, 196.
역주8 medula.
역주9 테오프라스토스, 『식물연구』, V, 1, 12.
역주10 바로, 『농사3서』, I, 41, 4.
역주11 cutis.
역주12 아리스토텔레스, 『식물에 대하여』, I, 3 및 I, 9, 1; 특히 플리니우스, 『자연사』, XVI, 181. "알베르티의 구조적, 유기적인 이중적 접근은 그로 하여금 동물계, 식물계, 광물계의 기본적 상응을 서정하게 한다. 재료의 유기적 개념에 대해서는 이 책 2권 9장을 볼 것."(Caye et Choay, 117쪽, 각주 121번)
역주13 cementis
역주14 alius, qui cementis coaptandis devinciendisuque; 시멘트를 섞어서 골조로 쓰는 용도를 가리킨다.
역주15 비트루비우스, 『건축십서』, II, 7, 1.
역주16 광물학에 대해 쓴 아리스토텔레스, 테오프라스토스, 아비시나, 알베르투스 마그누스 등을 가리킨다.
역주17 aedificatoria.
역주18 카토가 아니라 비트루비우스(『건축십서』, II, 7, 5)와 플리니우스(『자연사』, XXXVI, 170)의 말이다.
역주19 "나무에 대해서처럼, 돌의 특성을 결정하는 데에 자연과학적 구분은 충분하지 않다. 그는 여기서 땅과 기후조건을 고려하는데, 그 까닭은 돌에 대한 인식이 엄격한 철학자들이 주장하는 과학보다는 자연의 역사에 더 의존하기 때문이다."(Caye et Choay, 119쪽, 각주 132번)

다. 투명한 돌이 불투명한 돌보다 더 무르다. 모래에 더 닮아 있을수록 그 돌은 다루기가 더 어려울 것이다. 반짝이는 모래가 흩뿌려져 있으면 돌이 우둘투둘하고, 금가루가 나 있으면 끄떡없다. 검정자국이 이를테면 얼룩덜룩하면 그 돌은 다룰 수 없다. 또한 반점이 흩어져 있는 돌은 동근 반점이 있는 돌보다 더 단단할 것이다. 또한 반점들이 작을수록 그 돌은 무게를 더 잘 견딜 것이다. 또한 그 색이 순수하고 맑을수록 그 돌은 더 오래갈 것이다. 또한 돌에 결이 적다면 그 돌은 더 온전할 것이다. 또한 결의 색이 돌의 색에 일치할수록, 그 돌은 더 균질할 것이다. 결이 더 가늘수록 돌이 더 제멋대로일 것이다. 그것이 비틀려 있고 구불구불할수록 더 까다로울 것이다. 마디가 더 많을수록 그 돌은 더 거칠 것이다. 가장 쪼개지기 쉬운 결은 그 중간에 있는 붉은색 또는 부식된 황토색의 줄이 지나는 것이다. 바로 그 다음은 열고 색 바랜 풀 색깔이 곳곳에 있는 것들일 것이다. 모든 것들 가운데 가장 곤혹스러운 것은 얼음의 푸르스름함을 닮은 것들이다. 많은 결들이 있다는 것은 그것이 쪼개지기 쉽고 항상성이 없음을 가리킨다. 또한 결들이 곧을수록 덜 믿을 만하다.

[…]

벽돌에 대해서

돌을 돌 자리에 옛사람들은 벽돌[역주20]을 아주 즐겨 썼다. 처음에는 다른 재료가 없어서 사람들이 필요성에 이끌려 벽돌로 건축물을 지었다고 나는 믿는다. 이런 종류의 구조가 얼마나 작업하기 쉽고, 얼마나 쓰임새에 편리하고, 적절한 매력이 있고, 오래가고 튼튼한지에 주목받게 되자, 다른 건축물들, 왕궁조차도 벽돌로 지어지게 되었다. 이윽고 우연 때문이든지 세심한 연구 덕분이든지, 벽돌이 불에 의해 강해지고 치밀해짐을 사람들이 알게 되자, 그들은 두루 모든 작업을 구운 벽돌[역주21]로써 올리기를 고집하게 되었다. 또한 아주 오래된 구조들로부터 마음에 새겨 두고 이로부터 내가 단적으로 말하건대, 그대가 하려는 모든 건축의 쓰임새에, 말린 벽돌이든지 구운 벽돌이든지 세심하게 모양을 떠서 구운 벽돌보다 더 알맞은 재료는 찾아볼 수 없을 것이다. […]

[…]

우리가 경험을 통해서 배운 것은, 빵 만들 때처럼 우선 점토를 부풀린 뒤 거듭거듭 반죽해서 아주 부드럽게 하고 아주 작은 돌들도 모조리 제거하면, 똑같은 흙으로써 훨씬 더 튼튼한 벽돌이 만들어진다는 것이다. 구울 것들은 강한 불에서 규석처럼 될 정도로 단단해진다. 또한 벽돌은 구울 때 불의 작용에 의해서건 말릴 때 공기에 의해서건 빵과 똑같은 식으로 딱딱한 껍질[역주22]이 생

역주20 later.
역주21 testaceus.
역주22 crusta; 딱딱한 껍질을 가리킨다.

긴다. 따라서 벽돌을 얇게 만드는 것이 도움될 것인데, 그리하면 껍질이 더 많이 생기고 덜 부스러지기 때문이다. 또한 이 점에서, 벽돌을 굽고 광을 내면 날씨에 잘 견딘다는 것이 입증될 것이다. 처음에 광을 내면 노후하지 않는다는 것은 온갖 종류의 돌에서 똑같을 것이다.

[…]

석회와 석고에 대해서

[…] 옛 건축가들이 특히 칭송하는 석회는 아주 단단하고 치밀하고, 특히 흰 돌로부터 나오는 것이다.[역주23] 왜냐하면 이것이 여러가지 쓰임새에 부적합하지 않을 뿐 아니라 특히나 볼트를 아주 튼튼하게 하기에 알맞다고 그들은 가르쳐 주기 때문이다. 그들은 그 다음으로 가볍지도 부스러지지도 않되 속이 빈 돌로 만든 석회를 인정한다.[역주24] 왜냐하면 그들은 이것이 바르는 작업에 무엇보다 좋고 다른 것보다 더 유연하고 작업을 더 멋지게 해 준다고 평가하기 때문이다. 우리는 갈리아에서 건축가들이 오로지 강바닥에서 모은 짙고 둥글고 딱딱한 돌들만으로써, 규석이라고 여길 만한 석회를 만드는 것을 보았는데, 이것은 석조작업과 벽돌조작업에서 세월에도 단단하고 불변한다는 것을 입증했다.

[…]

[…] 석회의 한 종류로 석고[역주25]가 있다.[역주26] 돌을 구워서 그것을 만드는데, 키프로스와 테베에서는 땅 위에서 햇볕에 구워진 석고를 캐낸다고도 한다.[역주27] 하지만 대개 석고로 만드는 돌은 석회로 만드는 돌과 달라서 아주 부드럽고 부서지기 쉽다. […] 무릇 석고는 나무메로 쳐서 빻아서 가루로 만들고, 건조한 곳에 쌓아서 보관하고, 꺼내고 나면 물을 재빨리 끼얹어서 작업에 곧바로 써야 한다는 것을 내가 빠뜨리지 않겠다.

석회는 정반대다. 왜냐하면 빻을 필요가 없고, 덩어리 상태일 때 물을 끼얹어야 하기 때문인데, 특히 바르는 작업을 하기 한참 전에 많은 물로 축여야 하는데, 그래야만 혹시 불에 구워지지 않은 덩이리들도, 오래 축여져서 녹고 물렁해진다. 즉, 충분히 부드러워지고 적셔지지 않은 새것을 쓰면, 그 안에 덜 구워진 작은 알갱이들이 숨어 있게 되어서 이것들이 날이 갈수록 썩고 이내 뾰루지들이 부풀어 올라서 그것들 때문에 마감을 망치게 된다. 덧붙일 말은, 석회를 한 번에 이를테면 넘치게 끼얹지 말고, 그 대신 차츰 물을 여러 번 뿌려서 결국 골고루 적셔야 한다는 것이다. 그런 뒤에 축축하고 그늘진 곳에서 다른 것과 조금도 섞이지 않게 가벼운 모래층으로만 덮어 두어야 하고, 그래서 시간이 지나서 더 물렁물렁한 반죽으로 발효되게 해야 한다. 이런 식의 긴 발효작용이

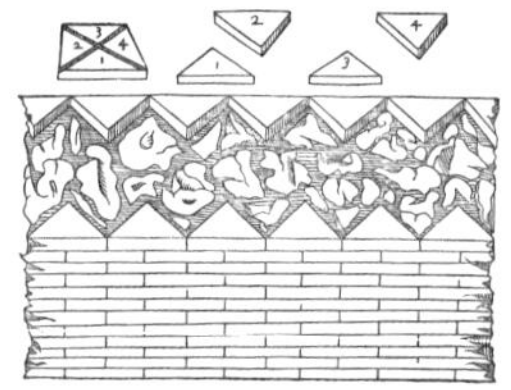
Brick wall construction: opus quadratum.

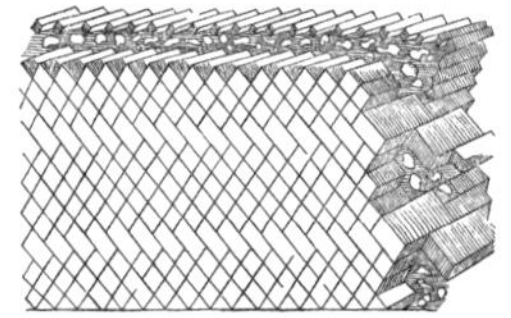
Brick wall construction: opus reticulatum.

역주23 비트루비우스 『건축십서』, II, 5, 1.
역주24 같은 곳.
역주25 gipsum.
역주26 테오프라스토스, 『돌에 대하여』, IX, 62, 64–69.
역주27 알베르티는 석고에 대한 정보를 플리니우스로부터 많이 취했다. 『자연사』, XXXVI, 160, 182–183을 볼 것.

석회의 장점을 많이 키워 준다는 것을 사람들은 실로 알고 있다. […]

[…]

세 가지 모래에 대해서

모래의 세 종류는 구덩이, 강, 바다 모래이다. 가장 좋은 모래는 구덩이에서 나오는 모래다. 또한 그것은 검은 모래, 흰 모래, 붉은 모래, 적갈색 모래, 자갈질 모래로 다시 나뉜다. 모래가 무엇으로 이루어져 있는지 묻는다면, 더 큰 돌로부터 부서진 작은 조각들로 이루어져 있다고 대답하겠다. […]

[…]

여러 가지 모래들은 서로 많이 다르다. 바닷모래는 말리기 어렵다. 소금기가 그것을 쓰기 어렵게 만든다. 그래서 그것은 늘 습기를 빨아들여 녹기 쉽다. 따라서 무게를 떠받기에 알맞지 않고 믿을 만하지 않다. 강모래는 구덩이 모래보다 축축하고 그래서 성형하기 쉽고 벽바름에 더 알맞다.[역주28] 구덩이 모래는 부피가 더 크고 훨씬 더 많이 서로 붙어 있다. 비록 균일이 가기는 쉽지만 벽을 바르는 것보다 볼트에 더 알맞다.[역주29]

하지만 모든 종류의 모래 가운데에서 가장 좋은 것은 손에 비비거나 으깰 때 바삭바삭 소리가 나는 것이다. 또한 깨끗한 천에 모아 놓았을 때 자국도 흙도 남기지 않는 것이다.[역주30] […]

우리는 목재, 돌, 석회에 대해서 선조들이 남긴 가르침들을 다루었다. 하지만 일을 수행함에 있어서 알맞고 쉽게 얻을 수 있는 것이 우리가 발견하도록 아무데서나 주어지지는 않는다. 아시아에 장대한 건축물들과 조상들이 늘 많은 까닭은 대리석이 많아서였다고 키케로가 말했지만 대리석을 아무데서나 구할 수는 없는 노릇이다. 어떤 곳에는 돌이 전혀 없고, 있다고 한들 모든 쓰임새에 알맞지도 않다.[역주31] 구덩이 모래는 남면한 이탈리아 전역에서 찾아볼 수 있지만 아펜니노 산맥 위쪽으로는 아무것도 찾아볼 수 없다.[역주32] 플리니우스에 따르면 바빌로니아 사람들은 역청을, 카르타고 사람들은 진흙을 썼다.[역주33] 또 어떤 곳에서는 사람들이 돌이 없어서 욋가지에 질을 해서 지었다. 헤로도토스에 따르면, 부디니[역주34] 사람들[역주35]은 사적인 건축물이건 공적인 건축물이건 나무로만 만들었고, 성벽에서부터 신상神像에 이르기까지 모든 것을 나무로 만들었다고 한다.[역주36] 한편 멜라에 따르면 네우로리 사람들[역주37]은 나무가 전혀 없어서 뼈를 가지고 불을 지펴야 했다.[역주38] 이집트에서는 가축 똥으로 화로를 지폈다. 그래서 사람들은 필요성과 활용 가능한 재료에 따라 집을 다양하게 지을 수밖에 없다. 이집트에서는 어떤 왕궁들은 갈대로 짓고, 인도에서는 어떤 것들은 고래늑골로 짓는다.[역주39] 디오도로스에 따르면, 사르디니아의 데

역주28 모래를 써서 벽을 바르는 것에 대해서는 6권 9장을 볼 것.
역주29 비트루비우스, 『건축십서』, II, 4, 3.
역주30 비트루비우스, 『건축십서』, II, 4, 1.
역주31 알베르티는 만투아(Mantua)에 건축물을 지었을 때, 그는 그 지방에서 돌이 나지 않는다는 문제에 부딪혔고 그래서 벽돌로 건축물을 지었다.
역주32 같은 책, II, 6, 5. 또한 플리니우스, 『자연사』, XXXVI, 175를 볼 것.
역주33 플리니우스, 같은 책, XXXV, 169.
역주34 Budini.
역주35 사르마치아(Sarmatia) 사람들.
역주36 헤로도토스, 『역사』, IV, 108, 1–2.
역주37 Neuri.
역주38 폼포니우스 멜라, 『지지학에 대하여』, II, 1 15.
역주39 디오도로스 시켈로스, 『세계사』, III, 4, 2 ; 또한 스트라본, XV, 2, 2와 아리아노스, 『인도학』, XXX, 8, 9를 볼 것.

달리아[역주40]에서는 사람들이 땅속에 집을 짓고 산다고 한다.[역주41] 아라비아에 있는 카라이[역주42]라는 도시에서는 사람들이 집과 벽을 소금 블록으로 짓는다. 이에 대해서는 따로 다루겠다.[역주43]

우리가 앞에서 말했듯이, 모든 곳에 똑같이 돌, 모래, 그 밖의 것이 많이 나지는 않고, 그 대신 다양한 양이 다양한 곳에 또한 자연과 사물들의 원리와 방식에 따라 나온다. 그래서 많이 나는 것들을 써야 한다. 또한, 이것들 자체에 있어서 우선, 더 쉽고 더 알맞은 것을 고르고 준비하도록, 그다음으로 짓는 일에 더 알맞은 것을 써서 각각의 장소에 올바로 배분하도록 주의를 기울여야 한다.

서정일은 서울대학교 건축학과를 졸업하고 동대학원에서 건축학 석사 및 박사 학위를 받았다. 미국 펜실베이니아 대학교와 뉴욕 대학교 방문학자를 역임했으며, 서울대학교 인문학연구원 HK연구교수로 건축과 인문학의 학제 연구를 수행하면서 건축고전텍스트 연구, 도시문명사 연구 및 건축비평에 몰두했다. 저역서로 『소통의 도시: 루이스 칸과 미국현대도시건축』, 『문화도시 서울 어떻게 만들 것인가』, 『뉴욕 런던 서울의 도시재생 이야기』, 『중국 개항도시를 걷다: 소통과 충돌의 공간 광주에서 상해까지』, 『그림일기: 정기용의 건축 드로잉』, 『사상가들 도시와 문명을 말하다』, 『루이스 멈퍼드 건축비평선』, 『동서양의 접점: 이스탄불과 아나톨리아』, 『이중재현시대의 건축』, 『레온 바티스타 알베르티의 건축론』(전 3권) 등이 있다.

역주40 Dedalia.
역주41 디오도로스 시켈로스, 『세계사』, IV, 30, 5.
역주42 Carrae.
역주43 3권 11장에서 다룬다.

Learning from Ancient's Material

고대인의 재료로부터 배우기

팔라디오가 『건축4서』를 집필하는 데에 있어 고대 로마는 중요한 인용과 배움의 대상이었다. 이는 그가 텍스트 곳곳에서 고대인들[1] 이라는 표현을 사용하여 그들의 생각 및 수법을 인용하고 그로부터 배우려고 하는 태도를 드러낸 것에서 알 수 있다. 그의 저작에 직접적으로 영향을 미친 비트루비우스와 같은 고대인들이 활동을 하던 시대가 팔라디오의 시대로부터 대략 1600년 전이라는 점을 상기했을 때, 그의 태도는 건축에 긴 세월이 흘러도 쉽게 변하지 않는, 그리하여 고대와 현대가 함께 공유할 수 있는 어떤 원리가 있음을 짐작케 한다. 팔라디오에 따르면, 그 중 하나가 바로 건축의 재료를 다루는 원리이다. 그는 1권의 초반에 목재, 석재, 모래, 석회, 모르타르, 금속 각각을 건축가가 어떻게 채취 및 가공하고 시공해야 하는지를 논하는데, 이때도 고대인들의 수법은 여전히 이상적인 규범으로서 제시된다.

이찬우

1 이탈리아어 원문에서는 antich가 영문 번역에서는 antients가 사용됐다.

1570 팔라디오의 재료: 목재, 석재, 모래, 석회, 모르타르, 금속
Palladian Materials: Of Timber, Stones, Sand, Lime, Mortar, Metals

안드레아 팔라디오 Andrea Palladio
이찬우 옮김

Extracted from: Palladio, Andrea. "Of Timber", "Of Stones", "Of Sand", "Of Lime, and of the method of working it into mortar.", "Of Metals" in *The Four Books of Andrea Palladio's Architecture*, 1–6. Translated by Isaac Ware. London: R. WARE, 1738.

제2장. 목재에 대하여

비트루비우스는 건축십서 2권의 아홉 번째 장에서 나무는 가을이나 겨울철, 달이 기울 때 벌목해야 한다고 말하는데, 그때 나무가 봄과 여름에 잎과 열매 사이에 흩어져 있던 활력과 견고함을 회복할 수 있기 때문이다. 그 즈음에 나무는 벌레를 발생케 하고 나무를 썩게 하는 수분으로부터 자유로워질 것이며, 결국 그 수분은 소비되어 말라 버릴 것이다. 또한 나무는 속살의 중간까지 자르고 완전히 마를 때까지 그대로 두어야 부패의 원인이 되는 수분이 점차적으로 증발할 수 있다.

나무가 쓰러졌을 때는 그것을 남쪽의 태양, 강풍, 비를 피할 수 있는 적절한 장소에 눕혀야 한다. 특히 자연적으로 자란 것은 완전히 말려서 진흙으로 덮어 갈라지는 것을 방지해야 한다. 나무는 이슬이 맺힌 채로 뽑지 말고 오후에 뽑아야 더 좋다. 젖어 축축하거나 매우 건조할 때는 작업을 해선 안 되는데, 나무가 썩기 쉬워질 것이고 서투른 작업이 될 것이기 때문이다. 3년이 안 된 어떤 나무도 바닥, 창문, 및 문을 위한 판자로 사용할 수 있을 만큼 충분히 건조되지 않을 것이다.

그러므로 건축을 하려는 사람들은 목재의 성질에 대해 잘 알고 있는 사람들로부터 정보를 얻어서 이러한 용도에 어떤 목재가 적합하고 어떤 목재가 적합하지 않은지 알 수 있어야 한다.

제3장. 석재에 대하여

돌은 자연에서 비롯한 것이나 인공적으로 만들어진 것이다. 전자는 채석장에서 채취되어 석회를 만들거나 벽을 쌓는 데 사용된다(자세한 내용은 이후에 설명). 일반적으로 벽을 만드는 데 사용되는 돌은 대리석과 생석이라고도 하는 단단한 돌 또는 무르고 부드러운 돌이다.

대리석과 생석은 채석장에서 꺼내자마자 가공해야 한다. 그러면 공기에 노출된 채로 얼마의 시간이 지났을 때보다 훨씬 더 쉽게 가공할 수 있다. 그러나 더 부드러운 종류의 석재는 여름에 채석하여 사용하기 전 2년 동안 적절한 보호 장소에 두어야 강풍, 비, 서리로부터 보호되며 점차적으로 단단해질 것이고 (특히 돌의 성질이 잘 알려지지 않았거나 이전에 개방 된 적이없는 곳에서 파낸 경우) 그로 인해 혹독한 날씨에도 훨씬 더 잘 견딜 수 있게 될 것이다. [···]

인공적으로 만든 돌은 그 모양 때문에 일반적으로 쿼드렐리quadrelli또는 벽돌이라고 불린다. 이것들은 가을에 파내어 겨울에 반죽된, 백악질의 희고 부드러운 흙으로 만들어야 한다. 이는 다가올 봄에 그것을 벽돌로 만드는 것이 더 편리할 수 있기 때문인데, 이 때 기름기나 모래가 지나치게 많은 흙은 항상 피해야 한다. 그러나 부득이하게 겨울이나 여름에 만들어야 하는 경우에는, 앞선 계절에는 마른 모래로, 뒤이은 계절에는 짚으로 세심히 덮어야 한다. 벽돌을 만들고 나면 그것을 건조하는 데 오랜 시간이 걸리기 때문에, 바깥쪽과 안쪽이 똑같이 건조되거나 굳을 수 있는 적절한 장소가 좋은 보호 장소가 되며, 이 과정은 2년 이내에는 완성될 수가 없다.

그리고 벽돌은 건물의 질과 용도에 따라 크기를 다르게 만드는데, 고대인들은 공공건물이나 큰 건물에는 작은 개인 건물보다 벽돌을 크게 만들었으므로, 큰 것일수록 여기저기에 구멍을 뚫어 건조와 연소가 잘 되도록 해야 한다.

제4장. 모래에 대하여

일반적으로 발견되는 모래에는 세 가지 종류가 있는데, 각각 구덩이 모래pit sand, 강모래, 바다 모래다. 가장 좋은 모래는 구덩이 모래로 그것은 검은색, 흰색, 붉은색 또는 잿빛을 띠며, 마지막의 경우는 토스카나Tuscany의 산간지역에서 땅 속에 묻은 채로 태워 재로 만든 뒤 꺼낸 흙의 한 종류다.

[…]

구덩이 모래는 가장 기름지며 그런 이유로 가장 끈끈한 시멘트를 만들어 내고 그렇기에 벽과 긴 궁륭에 사용되지만 균열이 생기기 쉽다.

강 모래는 벽을 덮고 거칠게 만드는 데 매우 적합하고, 바다 모래는 곧 젖었다가 곧 마르고 염분으로 인해 약해지므로 상당한 무게를 지탱하기에는 매우 부적합하다.

만졌을 때 바삭바삭한 느낌이 들고 흰 옷 위에 놓아도 얼룩이 지거나 흙이 남지 않는 모든 종류의 모래는 좋은 모래로 볼 수 있다. 하지만 물과 섞이면 탁해지고 더러워지는 모래는 나쁜 모래인데, 비바람에 오래 노출된 모래는 흙과 오염된 습기를 많이 함유하여 관목과 야생 무화과나무를 생산하는 네에는 적합할지 몰라도, 건물을 짓는 데에는 매우 적절하지 않다.

제5장. 석회와 그것을 모르타르로 만드는 방법에 대하여

석회 원석은 언덕에서 파내거나 강에서 채취한다. 언덕에서 채취된 모든 돌은 건조하고 부서지기 쉬우며 습기가 없고, 불에 타서 돌의 양을 줄이는 어떤 물질과도 섞이지 않은 것이 좋다. 따라서 가장 좋은 석회는 가장단단하고 고형의 흰색 돌로 만들어진 것이며, 태웠을 때 원료로 사용된 돌보다 3분의 1가벼워지는 것이다.

또한 스펀지 성질의 돌로 만든 석회도 있는데, 그것은 벽을 덮고 거친석고마감rough-casting 을 하는 데에 매우 좋으며, 마찬가지로 파도바Padua의 언덕에서 채취한 비늘 모양의 거친 돌은 비바람에 가장 많이 노출되거나 물속에 서 있는 건물에 훌륭한 석회가 되는데, 이는 이 석회가 즉각적으로 굳고 단단해지며 매우 굴곡지기 때문이다.

땅에서 캐낸 모든 돌은 채집한 돌보다 석회를 만드는 데 훨씬 좋으며, 마른 구덩이보다 그늘진 축축한 구덩이에서 채취하는 것이 좋다. 흰색이 갈색보다 더 좋은데, 이는 가장 쉽게 작업할 수 있기 때문이다. 강과 급류에서 발견되는 자갈은 석회를 만들기에 탁월하며 매우 하얗고 깔끔한 작업을 할 수 있으므로 주로 벽의 거친석고마감에 사용된다. 언덕이나 강에서 파낸 모든 돌은 그것을 태우는 불의 세기에 비례하여 더 빨리 타거나 꽃피우게 되지만[역주1] 일반적으로 60시간 안에 소성된다. 소성할 때, 돌은 물에 적셔 느슨하게 하고, 물을 한꺼번에 붓지 말고 여러 번 나누어 부어 잘 다듬어지기 전에는 타지 않게 해야 하며, 그 후에 습한 그늘진 곳에 눕혀서 모래로만 가볍게 덮고 아무것도 섞이지 않게 주의해야 하며, 사용할 때는, 파도바의 돌과 같은 비늘 모양의 돌로 만든 것을 제외하고는, 모래와 함께 다듬을수록 잘 굳는데, 이는 타거나 소모되는 것을

역주1 열에 의해 표면에 꽃 무늬가 발생하는 현상에 대한 묘사이다.

막기 위해서 그것이 느슨해지자마자 바로 사용되어야 하기 때문이고, 그렇게 하지 않으면 쓸모가 없어질 것이다.

모르타르를 만들려면 석회와 모래를 구덩이 모래 3:석회 1, 바다 또는 강 모래 2:석회 1의 비율로 섞어야 한다.

제6장. 금속에 대하여

건물에 일반적으로 사용되는 금속은 철, 납, 구리이다. 철은 못, 경첩, 손잡이, 문, 고정용 볼트 등을 만드는 데 사용된다.

순수한 철은 어디에도 없으며, 땅에서 꺼내어 사용하려면 먼저 녹인 다음 불로 그 불순물을 제거해야 한다. 그러면 쉽게 붉게 달구어지고 충분히 부드러워져서 망치질할 수 있지만, 그것을 위해 만든 용광로에 넣지 않는 한 다시 쉽게 녹일 수 없으며, 붉게 달구어졌을 때 잘 망치질하지 않으면 타서 소모될 것이다.

만약 철을 막대 형태로 만들었을 때 맥이 끊어지지 않고 곧게 뻗어 있으며 막대의 끝이 깨끗하고 불순물이 없는 것으로 보인다면 그 철이 좋다는 의미인데, 그러한 맥은 쇠에 덩어리와 흠이 없음을 보여줄 것이고, 그 끝을 보면 가운데 부분의 우수함을 알 수 있으며, 네모난 판이나 다른 모양으로 만들었을 때 그 옆면이 곧고 고르면, 모든 부분이 똑같이 망치질된 것으로, 모든 부분이 똑같이 좋다는 결론을 내릴 수 있을 것이다.

웅장한 궁전, 교회, 탑 및 기타 공공 건물은 일반적으로 납으로 덮여 있다. 물을 운반하는 파이프와 배수로 역시 납으로 만들어져 있다. 마찬가지로 납은 문과 창틀의 문설주의 경첩과 철물을 고정하는 역할도 한다. [···]

납은 다른 혼합물 없이 큰 덩어리째 땅에서 나오거나 작고 빛나는 검은 색 덩어리로 나오며, 때로는 작은 조각으로 바위, 대리석 및 돌에 박혀 발견된다. 다른 모든 종류는 불에 매우 쉽게 녹는데, 그 이유는 붉게 달구어지기 전에 불의 열에 의해 액화되기 때문이다. 만약 그것을 아주 뜨거운 용광로에 넣는다면, 물질을 보존치 못하고 일산화납과 찌꺼기로 전환시킬 것이다. [···]

공공건물은 때로 구리로 덮여지기도 하는데, 고대인들은 또한 못과 꺾쇠를 만들어 아래쪽의 돌과 위쪽의 돌에 고정시켜 서로 결합하고 묶어 제자리에서 밀려나지 않게했다. 그리고 이 못과 꺾쇠를 사용하는 것은 수많은 돌 조각 없이는 만들 수 없는 건물을 서로 결합하고 고정시켜 하나의 전체로 보이게 하는데, 이때 그 건물은 통풍이 잘 되는 이유로 훨씬 단단하고 내구성이 있다.

이러한 못과 꺾쇠는 철로도 만들어지지만, 고대인들은 주로 구리로 만들었는데 그 이유는 구리가 녹에 덜 취약하고 결과적으로 더 오래 유지될 것이기 때문이다. [···]

구리는 철처럼 불에 달궈지면 붉게 달아오르며 액화되어 주조될 수 있다. 만약 그것을 극도로 뜨거운 표면에 던진다면 화염을 견디지 못하고 완전히 소모될 것이다. 그것은 단단하지만 망치로 두드려도 견딜 수 있으며 매우 얇은 판으로 가공할 수도 있다. 그것을 보존하는 가장 좋은 방법은 타르에 담그는 것이며, 철처럼 녹슬지는 않지만 특히 자극적인 독한 술에 닿으면 베르디그라제verdigrase라는 독특한 녹이 생긴다.

주석, 납, 황동(마지막의 경우는 아연이 첨가된 구리)과 혼합된 구리는 청동 또는 종 금속을 만들어 내는데, 이것들은 흔히 건축가들이 주초, 주신, 주두, 동상과 그런 모양을 한 장식물ornament들을 만드는 데에 사용된다. [···]

오늘날의 로마에는 4개의 고대 신전의 대문이 남아있는데, 과거에 판테온pantheon이라 불린 로툰다the Rotunda, 과거에 사투르누스Saturn의 신전이라 불린 성 아드리아노St. Adriano의 신전, 과거에 카스토르Castor와 폴룩스Pollux 또는 로물루스Romulus와 레무스Remus의 신전이라 불린 성 코스모St. Cosmo와 성 도미아노St.Domiano의 신전 그리고 마지막으로 누멘타 가via Numenta 위에 유칼립투스로 만들어졌으나 지금은 사라진, 과거의 성 아그나스St. Agnas의 신전이라 불린 성 아그네스St. Agness의 신전의 대문이 그것이다.

이 중 가장 아름다운 것은 산타 마리아 로툰다Santa Maria Rotunda의 것으로, 고대인들은 자연스러운 금의 색체가 두드러진 코린트식Corinthian 금속을 예술로 모방하려고 노력했다: 우리가 읽은 바에 따르면, 현재 코란토Coranto라고 불리는 그런 식이 고린트Corinth가 불에 타 파괴되었을 때, 금, 은, 구리가 녹아 하나의 덩어리로 합쳐졌고, 이것이 단련되고 혼합되어 나중에 코린트식Corinthian이라고 불리는 황동의 세 종류를 구성했다. 첫 번째는 은이 우세하여 흰색과 광택을 유지했고, 두 번째는 금이 더 많이 들어가서 대부분 황색을 유지했으며, 세 번째는 세 가지 금속이 비슷한 정도로 섞인 것이었다. 이후에 여러 장인들이 이 모든 것을 모방해 오고 있다.

우리가 건축을 시작하기 전에 반드시 고려하고 준비해야 할 몇 가지 세부 사항과 재료에 대해 충분히 설명했으니, 다음으로는 기초에 대해 말하는 것이 적절할 것인데, 이는 전체 작업이 그것으로부터 시작되어야 하기 때문이다.

Megalithic Roman Concrete
거석 건축, 진흙 건축, 석재 벽돌, 로만콘크리트

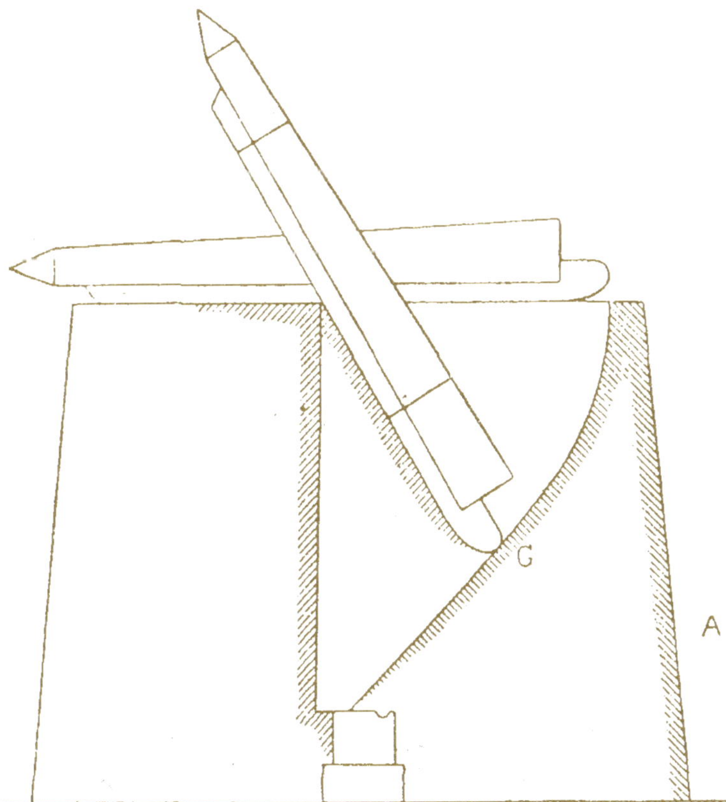

슈와지(1841~1909)의 『건축의 역사』는 19세기 후반 건축학계에 커다란 변혁을 가져온 저작으로, 당시 지배적이었던 건축 서술 방식을 기술적 · 구조적 관점으로 전환한 혁신적 연구였다. 기존 건축사는 주로 미술사적 접근, 형태적 접근에 치중했던 반면, 슈와지는 건축을 '구축 예술'로 정의하며 건축의 본질을 구성하는 재료, 기술, 공법에 주목했다. 본 글은 선사시대의 거석 건축, 이집트 건축의 오벨리스크 거석, 메소포타미아 건축의 진흙, 그리스 건축의 석재, 로마 건축의 고대 콘크리트 등 가장 기초적이고 근원적인 재료에 대한 슈와지의 설명을 발췌해 엮었다.

남성택

1899

고대의 축조방식: 거석 건축부터 로마 콘크리트까지
Ancient Constructions of Masonry and Solidification Methods

오귀스트 슈와지 Auguste Choisy
남성택 옮김

Extrated from: Choisy, Auguste. "I. Les âges préhistoriques", "II. Égypte", "III. Chaldée, Assyrie", "IV. Perse", "XI. Architecture Grecque", "XII. Architecture Romaine" in *Histoire de l'Architecture–Tome 1*, 3–6, 15–16, 26–27, 35–38, 85–88, 119–121, 121–122, 268–276, 512–523. Paris: Gauthier–Villars, 1899.

제1장. 선사시대.

[…]

b. — 석재.

아직까지 석재는 다루기에 더 어려웠다. 쪼개어 만든 석기는 충격에 쉽사리 부서졌다. 청동bronze조차 바위에 상처내기 힘들었다. 청동으로 석재를 다룰 때에는 자르는 것보다, 그나마 가능한 작업 방식인 두드려 "충격을 가하는" 것이 용이했다. 석재 건축architecture de pierre은 철기 시대에 이르러서야 가능했기에 그 등장은 더 늦어질 수 밖에 없었다.

초기 석재 건축은 거석주의mégalithisme라는 특징적 양상을 보여준다. 건축은 거대한 바위 덩어리들에 의해 형성된다. 곳곳에서, 구축된construites 바위 덩어리들의 방식이 아니라 그냥 옮겨진remuées 바위 덩어리들의 건축이 먼저 존재했다. 이 역시 도구의 발전 양상에 따른 결과임을 직감할 수 있다.

선사 시대의 거석주의. — 지금 우리 시대는, 다루기에 용이한 작은 크기의 규칙적인 형태로 바위를 잘라 가공하는 작업은 간단한 일이다. 반면 선사 시대의 인간들에게는, 거대한 돌덩어리를 전혀 가공하지 않은 채로 사용하는 것이 더 간단한 일이었다. 그들은 채석장에서 쐐기coins를 사용해 바위 덩어리를 쪼갠 후 지렛대leviers를 이용해 운반했다. 이 방식보다 더 편리한 방식은 없었다. [Fig. 1]이 그 디테일을 설명하고 있다.

바위 덩어리를 들어올리고 싶은가? 양 끝에 일련의 지렛대들을 설치해 이용하는 것만으로 충분하다 [Fig. 1의 크로키 M].

지렛대들을 눌러 올리는 순간 [Fig. 1의 크로키 N], 받침돌을 끼운다 [Fig. 1의 크로키 N′].

그 다음 [Fig. 1의 크로키 M']이 보여주는 것처럼, 흙쌓기를 통해 지렛대의 지지점을 높인다.

이후 이 과정을 반복한다.

이 방법을 따라서 의도한 대로 바위를 세울 수 있었던 것이다.

바위 덩어리를 원하는 대로 옮기고 싶은가? [Fig. 2의 A] 처럼 바위를 받치는 흙무더미에 약간의 경사를 만들어주면 된다. 그리고 그 표면 위에 진흙을 발라 매끄럽게 만든다. 그 후 바위를 가만히 놔두는 것만으로 충분하다. 바닥 기울기가 적당히 미끄러지도록 조정되어 있다면, 바위 덩어리는 진수대 위의 선박처럼 자신의 하중에 의해 스스로 미끄러져갈 것이다.

바위가 마지막 하강 지점에 이르게 될 때, 다시 작업을 재개한다 [Fig. 2의 크로키 B와 C]. 이 과정이 계속 이어진다. 심지어 이 기술은, 바위가 자연 대지의 경사를 거슬러 올라갈 수 있도록 하는 기술 [Fig. 2의 변이형 R]이라는 것도 주목할 필요가 있다.

오벨리스크obélisque의 방식처럼 바위를 똑바로 세우는 것은 어떻게 해야 할까? [Fig. 3]이 그 답을 보여준다.

바위 아래에, 나무 줄기로 된 회전축pivot A 와 매끄러운 진흙을 바른 경사면을 만든다. 그리고 바위를 떠받치고 있던 흙 더미를 조금씩 덜어내어 높이를 낮춘다. 바위는 오로지 자기 무게에 의해 기울어지며 조금씩 세워진다. 이 작업에서는 어떠한 기계적 장치나 밧줄도 필요하지 않다. 몹시 느린 속도로 진행되는 작업이지만, **원시인들에게 시간은 중요한 개념이 아니었을 것이다. 다만 이는 엄청난 노동을 필요로 하는 일이었다. 이처럼 물질적 쓸모는 전혀 없는 기념비들의 존재는, 엄청나게 권위적인 조직체가 있었던 사회임을 증명한다. 도구의 부족함을 작업량으로 보완하는 거석주의는, 절대적으로 강력한 하나의 의지를 위해 원시적인 노동력을 동원해 실현하는 건축이다. 거석주의는 도구 부족의 산물인 동시에 당시에 태동한 사회적 체제를 반증한다.**

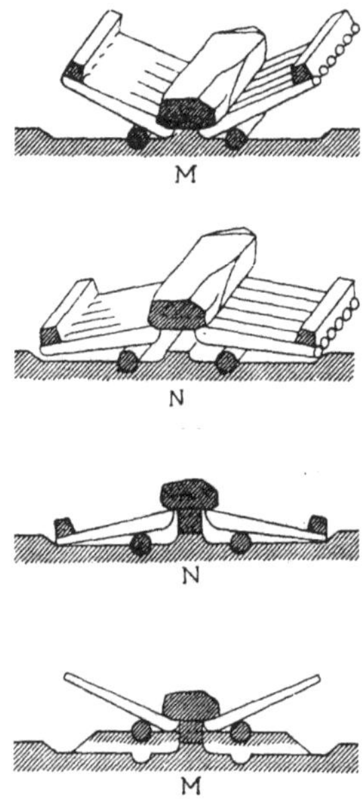

Fig. 1
거석 건축

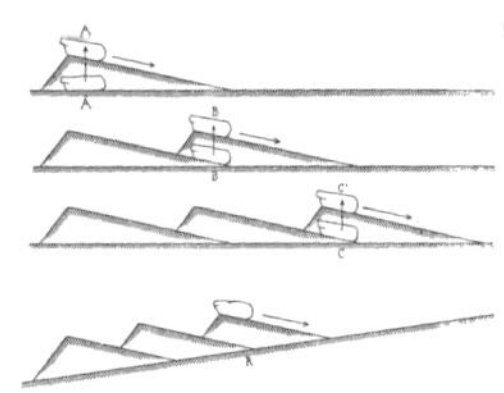
Fig. 2
거석 건축

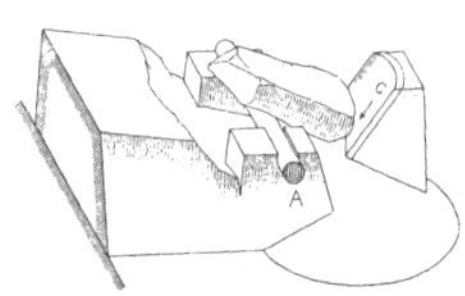

Fig. 3
거석 건축

굴착한 바위pierre excavée. — 바위를 사용하는 또 다른 방식은 굴착하는 것이다. 단단한 금속 도구를 갖게 되면서 인간은 바위 절벽에 구멍을 파서 공간을 만들 수 있게 된다. **재질이 연하고 적층된 바위의 경우 천장 쪽 바위 층이 무너질 위험이 있었다. 이러한 위험을 방지하기에 가장 알맞은 모양새는 바로 [상부가 뾰족한] 초반원형 윤곽** profil surhaussé**이었다.** 따라서 많은 인공적으로 조성된 동굴에서 두드러진 형상은, 다소 규칙성을 띤 오지브 형태의 단면section en ogive이었다.

제 2장. 이집트.

[…]

칼데아와 더불어 건축을 태동시켰다는 영예가 부여되는 이집트는, 칼데아와 마찬가지로 건축용 목재가 부족한 지역이었다. 줄기가 견고하지 않은 종려나무palmier, 빈약한 나무인 뽕잎 무화과나무sycomores, 그리고 갈대roseaux가 자랄 뿐, 아프리카 사막의 오아시스에서처럼 단단한 재질의 목재는 거의 없는 곳이었다. **이집트에서 흔한 구축 자재는 나일 강**Nil **주변의 진흙이었다.** 기념비를 구축하기 위해 이집트는 계곡 절벽을 따라 늘어서 있던 사암grès 및 석회암calcaire 채석장의 거대한 암반에서 바위 덩어리들을 잘라 사용했다. 화강암은 폭포 지역에서 채굴할 수 있었다.

이집트 건축은 진흙 재료의 건축과 거석[건축] 예술을 동시에 발전시켰다. 모든 주거와 방어용 건축은 진흙 건축l'architecture d'argile에 속해 있었고, 종교의식 및 분묘 기념비들은 거석 예술l'art mégalithique에 속해 있었다.

공법적 측면에서 이집트 [건축] 예술은 단순성simplicité 그 자체였다. 진흙으로 짓는 작업은 홍예틀cintres이나 비계échafaudages를 복잡하게 설치하지 않더라도 가능하다. 석재의 경우는 거대한 석판늘dalles로 이루어진 천장을 받치는 수직 지지대supports verticaux(벽체 또는 지주piliers)의 형태로 사용된다. 신전은 고인돌의 방식으로 형성된다. 구조에서 특별히 추구되는 것도 없고, 형태에 있어서도 억제된 것도 없었다. 주변 풍경처럼, 수평적 선이 건축에 부여된 오르도낭스/질서조성ordonnances 방식을 지배한다. 간결하면서도 희귀한 분할divisions을 통해, 비워진 부분vides을 바탕으로 채워진 부분pleins의 우월함이 부각된다. **모든 것이 안정성**stabilité**과 지속성**durée**의 감성을 일깨우고 있다.** 가장 단순한 요소들을 이용해 장엄함grandeur의 불가항력적 인상을 실현하는데 있어 그 어떤 건축도 이집트 건축과 견줄 수 없다.

[…]

석재 다루기

[…]

오벨리스크 사례. — 오벨리스크의 경우를 살펴보자. 채석장부터 시작해 완전히 세워져 실현될 때까지 석재의 운송과정을 뒤쫓아 보자.

채굴extraction은 (아스완Assouan 채석장이 그 증거를 제시한다) 화강암 암반에 가늘고 길게 홈을 파고 그 속에 청동 쐐기를 박아 넣어 진행된다.

절단가공taille은 방향줄/지시선cordeau directeur을 이용한다. 그리고 여기서도 이 줄은 휘어지는 형상의 흔적을 남긴다. 룩소르 오벨리스크들obélisques de Luxor은 (둘 다) 각각 스케치 A에 표시된 방향으로 구부러진 면을 갖고 있다. 다시 말해 방향줄이 휘어졌다는 뜻이다.

운송 수단에 대해서 플리니우스는 흥미로운 정보를 알려준다. 나일 강의 범람을 이용해 두 척의 배 사이에 오벨리스크를 들어올려 매단다 [Fig. 4 B]. 그리고 채석장에서 그것을 빼낼 수 있도록 한 것이다. 수상 운송 중 물에 잠긴 돌덩어리는 1/3 이상의 무게가 줄어든다. 육지에서의 오벨리스크 운반보다 더 간단한 것은 없다. 앞서 선사 시대의 바위 덩어리들과 관련해 묘사했던 단계적 이동 방식을 다시 읽어보는 것으로 족하다.

줄지어 늘어서며 균형을 잡고 있는 지렛대들leviers을 사용하여 오벨리스크를 세워 올린다 [Fig. 의 R].

도로면을 AB와 같이 건설한다 [Fig. 5]. 표면은 나일 강의 매끄러운 점토질의 비스듬한 표면을 따라 미끄러질 것이다.

바닥의 경사를 적당히 조절하며 의도한 대로 오벨리스크를 미끄러지게 하면서 A에서 B로 이동시킨다.

오벨리스크를 다시 들어올린다. 그리고 다시 미끄러지게 만든다. 계속 이를 반복한다.

드디어 오벨리스크가 예정된 장소에 도착한다. 운반할 때의 경우처럼, 세우기 dressage 역시 [선사시대] 선돌을 세우기 위해 발명했던 수단을 이용하여 실현할 것이다. 실행 작업opérations은 [Fig. 6]에 나타나 있으며 다음처럼 요약된다.

균형 잡힌 지렛대들을 사용해 오벨리스크 덩어리를 점진적으로 일으킨다.

그 밑에 미끄럼면 G를 성토하며 설치한다.

흙더미의 침식affouillement을 이용해 오벨리스크를 세운다.

움직임이 끝나는 순간이 [Fig. 6 스케치 B와 C] 바로 섬세한 작업이 필요한 유일한 순간이다. 꽉 잡고 있는 밧줄을 이용해 오벨리스크가 수직 위치로 자리잡은 순간 정지시킨다. 그리고 룩소르의 두 받침대piédestaux에 존재하고 있는 길게 파인 홈 R 덕분에 최종 작업이 다소 분명해진다.

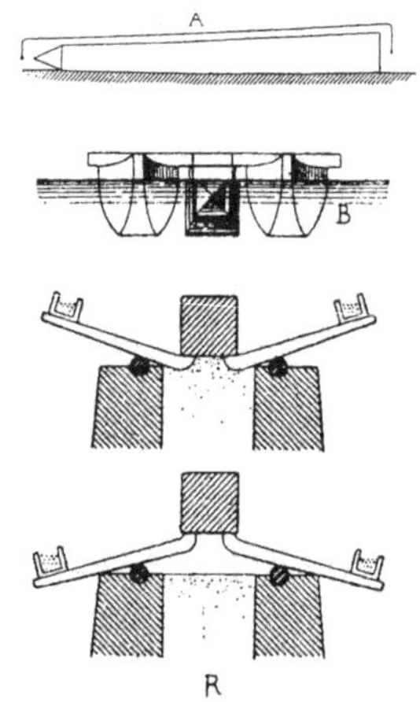

Fig. 4
이집트 오벨리스크

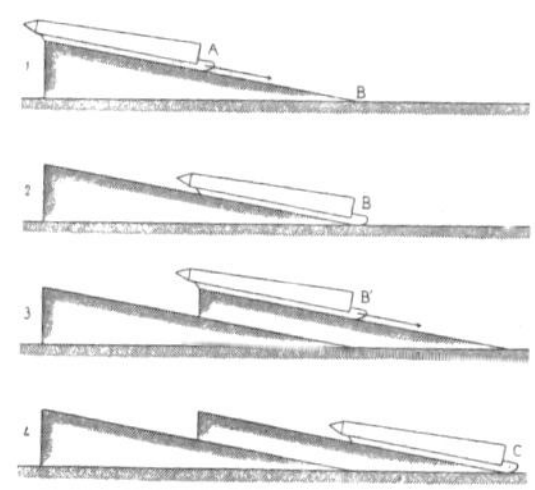
Fig. 5
이집트 오벨리스크

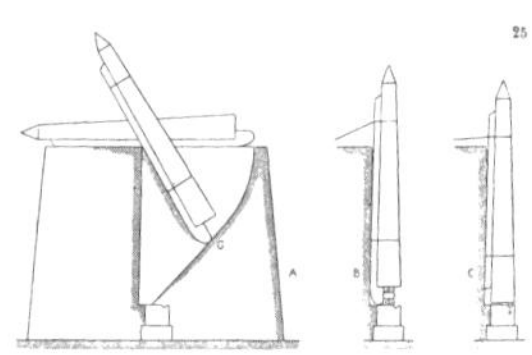
Fig. 6
이집트 오벨리스크

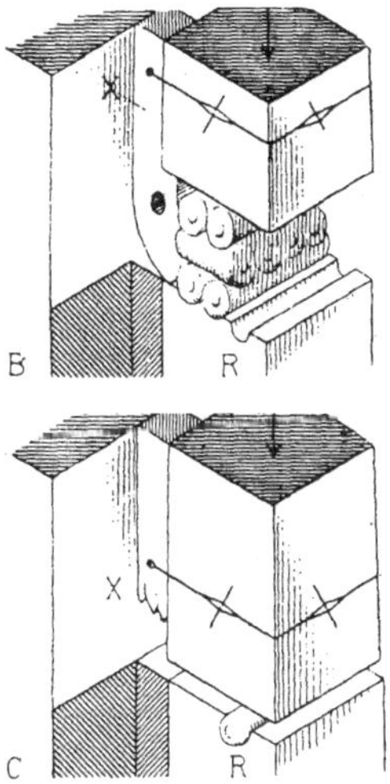

Fig. 7
이집트 오벨리스크

그 과정을 살펴보자 [Fig. 7].

모래주머니를 고정시킨다Calage [Fig. 7 B], — 그리고 운반장치의 앞부분을 잘라낸다Recepage, — 마지막으로 모래주머니를 비워 빼낸다Vidange.

어려운 작업은 바로 오벨리스크와 받침대 사이에 있던 주머니 천을 제거하는 것이었다. 여기에도 길게 파여진 홈 R이 있다. 오벨리스크를 하강시키는 마지막 순간, 무게를 받치고 있던 작은 모래주머니들을 홈 속에 넣어 빼낼 수 있다. 이 작은 주머니들을 차례로 개봉하며 홈 속에 내용물과 주머니 껍질을 남기는 것이다.

원시 건축들architectures primitives**의 모든 실행 작업에서 이와 같은 단순성이 발견된다. 원시 건축들은 노동력을 요구한다. 그리에노 이집트의 전제주의 체제 하에서는 이는 전혀 부족함이 없다. 원시 건축들은 시간을 요구한다. 이 역시 동방에서는 아무 문제가 없다. 원시 건축들은 동방의 나라, 동방의 시대로부터 온 것이다.**

[…]

제 3장. 칼데아, 아시리아.

나일 강 계곡처럼 비옥했던 티그리스 Tigre **강과 유프라테스**Euphrate **강의 평원은 나일 강 계곡에서처럼 문명의 요람 역할을 한 것으로 보인다. 이 축복받은 지역에서는 사람은 풍부한 초목 덕분에 편안한 삶을 영위했을 뿐만 아니라 점토성 대지 덕분에 최소한의 도구를 지니기 전부터 안식처**abri**를 구축할 수 있었다. 도구를 소유하기에 앞서 인간은 최소한 건축의 기초**rudiment**를 지닐 수 있었다. 바로 이런 지역들에서 구축 예술** art de bâtir**이 탄생했음은 분명하다. 인류 초기 시대에 구축 예술은 그러한 곳에서 발전했다. 구축 예술의 가장 오래된 발원지 중 하나는 유프라테스 강 하류 지역인 칼데아** Chaldée**였던 것으로 보인다. 예술은 칼데아로부터 아시리아**Assyrie**를 향해 조금씩 거슬러 올라갔다. 페르시아만에서부터 티그리스 강의 수원에 이르기까지, 지역 간에 뉘앙스의 차이만 살짝 있을 뿐인 하나의 건축이 지배하게 된다.** 그리고 이 뉘앙스의 차이 자체는 지역적 관습 정도로 간단히 설명될 정도였다. 아시리아에서는 약간의 목재와 채석장이 있었으나 칼데아에서는 석재도 목재도 없었다. 진흙argile은 바빌로니아인들에게 매우 귀중한 재료였다. 그것으로 완전히 석재를 대체해야 할 필요가 있었다. 그래서 진흙을 구워 석재의 품질과 가까운 수준으로 발전시켰다. 땔감 부족으로 인해 제조하기 어려움에도 불구하고 구운 벽돌briques cuites은 바빌론 건축architecture de Babylone에서 큰 자리를 차지했다. 이것은 7세기 느부갓네살Nabuchodonosor(비르스-님루드Birs-Nimroud 등)의 건축에 사용된 주요 재료였다. 헤로도토스Hérodote의 기록은 부두, 성벽이 적어도 부분적으로나마 이 인공 재료의 도움으로 지어졌음을 입증한다. 창세기는 역사 속의 가장 오래된 탑을 바빌론 대지 위에 있었던 것으로 기록하며, 형식적으로 그 탑을 불에 의해 경화된 진흙 구축물처럼 묘사한다.

[…]

제 4장. 페르시아.

[…]

페르시아는 바위 장벽 위에 층층이 놓인 일련의 점토질 고원들처럼 드러난다. 산림 식물은 전혀 없고, 평야의 점토재 그리고 절벽의 석재 이외의 다른 재료도 없다. 아시리아와 마찬가지로 이 곳은 진흙이 다룰 수 있는 재료로서 진흙이 부각된다. 아시리아처럼 여기서도 혹독한 기후로부터 스스로를 보호해야 한다. 필요한 사항으로는 모든 아시아 군주제들에서 나타나는 그것인데, 바로 위엄을 통해 왕실의 웅장함을 드러내는 기념비들이었다. 아시리아의 경우와 같이 강력한 철권정치autorité de fer 아래 지배받았던 노동력이 아리안 종족 특유의 타고난 아름다움의 우수성을 드러내면서, 셈족의 특성으로 볼 수 있는 거대함의 독점적 감각과 큰 차이를 보이게 된다. 아시리아의 건축이 페르시아에 적응될 수 있겠으나, 그러한 적용을 위해 더 많은 연구를 다하고 더 높은 수준의 형태적 품격과 우아함을 갖추어야만 이란 지역sol iranien의 새로운 환경에 순화될 수 있었다.

공법 측면에서 아시리아의 유산legs은 진흙벽, 원통형 궁륭voûte en berceau 및 쿠폴라coupole로 요약된다. 쿠폴라는 [굽지 않은] 생진흙 벽돌briques crues로 실현될 수 있는 단순한 조성방식과 좁은 치수로 제한된다. 여전히 제한적이나 체계적으로 구운 벽돌brique cuite을 사용한 덕분에, 그리고 무엇보다도 석회 모르타르mortier de chaux를 사용한 덕분에, 페르시아인들은 넓은 개구부를 지닌 쿠폴라를 지을 수 있었고, 또 직사각형 평면과 쿠폴라를 연결해야 하는 난관 앞에서 전혀 포기하지 않았다.

특히 페르시아인들의 건축이 만들어낸 독창성은 바로 그들이 발전시킨 테라스 방식 구축construction par terrasses에서 발견될 수 있다.

그러므로 우리는 페르시아 예술의 역사 속에서 두 가지 동시적 건축들을 발견할 것이다. 하나는 진흙 건축architecture d'argile으로, 공법상 지혜롭고 적용은 지능적이며 모든 형편을 고려할 때 조화를 이룬다. 다른 하나는 모든 장애를 뛰어넘어 발전시킨 목구조 건축architecture de charpente이다.

왕실의 환상으로부터 탄생한 목구조 건축은 아케메네스 제국achéménide의 권력과 함께 형성되었으며 기원전 6세기부터 기원전

4세기까지 지배적이었고 왕조의 붕괴로 함께 사라졌다. 다른 하나[진흙 건축]는 기후 및 풍속과 관련이 있었으며, 앞선 인조적 건축의 뒤를 이어 사산sassanide 왕조 아래 기원후 3세기부터 6세기 동안 번성했다. 그 원칙들은 비잔틴 제국Empire byzantin에 전파되었으며 또 근대 페르시아 예술을 통해 우리 시대에까지 존속된다.

잡석 구축 및 벽돌 구축. — 대리석 열주와 삼나무 천장을 지닌 호화로운 방에서조차 벽체의 일반적 소재는 진흙이었다. 보통 진흙을 측면 1피트, 두께 1/4피트(대략 0.33m와 0.08m)의 빵 모양으로 만들었으며, 아시리아처럼 걸쭉한 반죽pâteux 상태가 아니라 이집트와 같이 건조시킨 포석/타일carreaux 상태로 쌓았다. 그리고 모르타르 대신 물을 탄 진흙을 사용했다.

구운 벽돌은 특별히 예외적인 견고함을 요구하는 구축물을 위해 사용되었다. 사산 왕조 시대 이전에는 궁륭 천장을 제외하고 구운 벽돌이 거의 사용되지 않았다.

구운 벽돌을 제작하기 위한 불의 땔감은, 만일 전통들에 따라 판단해 본다면, 서양식으로 숯을 굽는 장작더미cuisson en meules 기법을 위한 석탄houille처럼, 진흙층 사이에 켜마다 흩뿌려 깔아놓은 건초였다.

구운 벽돌은 우수한 석회 모르타르 속에 적신 후에 사용되었다. 이 점에서 페르시아인들은 바빌론의 전통을 뒤따랐다. 한편 정말 그들에게 속한 공법으로 보이는 것이 있는데, 바로 석회 모르타르를 이용한 잡석 채움 조적조maçonneries 공법이었다. 피루자바드Firouz-Abad와 사르베스탄Sarvistan의 폐허들은 이러한 구축 방식의 가장 오랜 적용 사례를 보여준다.

견고한 결착을 위해 페르시아인들은 종종 연결 보강재chaînages 역할을 하는 두꺼운 널판지들을 조적체 속에 매립했다. 이집트와 칼데아의 건축만큼 오래된 이 관행은 사산 왕조의 시대, 즉 서기 1세기에 이르러 페르시아에서 일반화된다. 진정한 사산 왕조 시대 건축물들은 연결 보강재에 의한 구멍들이 많이 뚫려 있었다 (크테시폰 아치arc de Ctésiphon). 고대 페르시아 예술의 것으로 추정할 수 있는 건축물들에서 이는 전혀 발견되지 않는다. 피루자바드, 사르베스탄, 페라흐바드Ferachbad에서는 어떤 흔적도 없다. 연결 보강재로 사용된 목재들은 벽 조적체 내부에서 빠르게 썩어 없어졌다. 한편 페르시아에서는 목재 자체가 희귀하기도 했다. 이 두 가지 이유 때문에 전성기의 건설자들도 그 사용을 피했다. 연결 보강재의 유무는 시기의 문제에 있어 중요한 가치를 지닌 단서가 될 수 있다.

[…]

11장. 그리스 건축.

[…]

석재 구축.

[…]

운송. — 석재를 운송하기 위해서 바다민족인 그리스인들은 선박용 기계류machinerie navale의 모든 자원들을 사용했다. 즉, 도르레palans, 권양기treuils 등과 같은 현대적 기계 장치들을 이용한 것이다.

이러한 해양 선구 장치들apparaux은 비트루비우스의 책 뿐만 아니라 4세기 경의 개론서들에서도 전혀 새로운 것으로 기술되지는 않는다.

[Fig. 8]과 [Fig. 9]은 기중기 수단들moyens de levage을 요약한다.

장부가 달린 원기둥 드럼들은 "[선적용] 밧줄élingues" [Fig. 8의 B]에 의해 들어올려진다.

벽체용 석재의 경우, 아래 부분이 점점 넓어지는 장붓구멍mortaise 속에 끼워서 고정시키는 철재 쐐기coin en fer인 "집게louve"[Fig. 8의 C]를 최대한 이용한다.

석재가 부서지기 쉬운 경우는 (시칠리아의 석회암calcaires 대부분이 그러한데) 밧줄 A만으로도 충분하다. 혹은 더 나은 방법으로 표면에 U자형 홈rainures을 파고 그 속에 줄을 넣어 들어올린다. [Fig. 9]은 이 공법이 아그리젠토 대신전grand temple d'Agrigente의 트리글리프triglyphes와 주두chapiteaux에 적용된 모습을 재현한다.

이음매 조임. — 들어올리는 집게나 U자형 홈의 장점은 바로 단숨에 이음석pierre à joint을 도입할 수 있다는 점이다.

단순히 밧줄을 사용할 때는 줄cordes을 빼내기 위해 원래 놓기로 의도한 위치 옆에 임시로 석재를 놔둘 필요가 있다. 그리고 곧이어 이음매 쪽으로 좁혀야 한다.

아그리젠토의 소위 헤라클레스Herculé 신전[56]에서는 이렇게 조작manœuvre하기 위해 마련된 파여진 홈들encochest가 있었는데 [Fig. 10], 그 구멍 속에 철재 지렛대levier en fer나 "집게" 끝 부분을 걸어서 별다른 어려움 없이 석재를 옮길 수 있도록 했다.

세게스타 신전temple de Ségeste(B)에서는 석재 매스에 만들어진 장부를 통해 지렛대를 이용하며 최종 위치까지 그 석재를 조금씩 움직여 나갈 수 있었다. 그리스 전통에 따라 실현된 어느 로마 기념비에서는 C자 단면 모양의 파낸 홈을 발견할 수 있다. 이는 꺾인 형태의 지렛대levier coudé를 사용해 반복적으로 밀어 서로 좁힐 수 있도록 의도한 것이 분명하다.

벽면 다듬기. — 조적재가 자리잡는 순간에 외장면parement을 형성할 표면은 아직 초벌 상태로 남겨져 있다. 메토프métopes나 프리

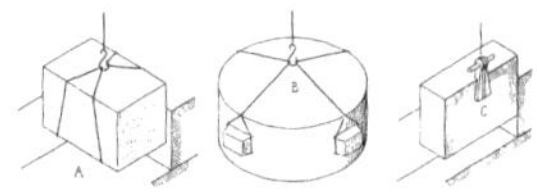

Fig. 8
그리스 건축

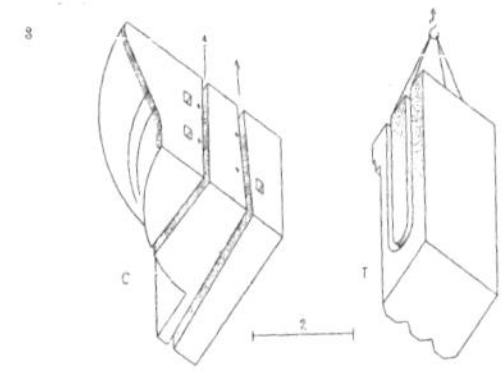

Fig. 9
그리스 건축

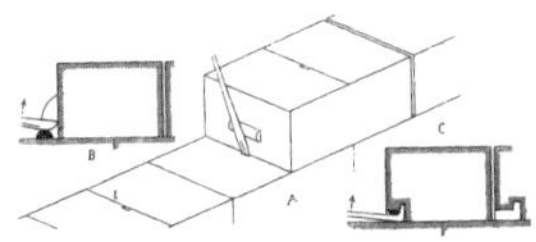

Fig. 10
그리스 건축

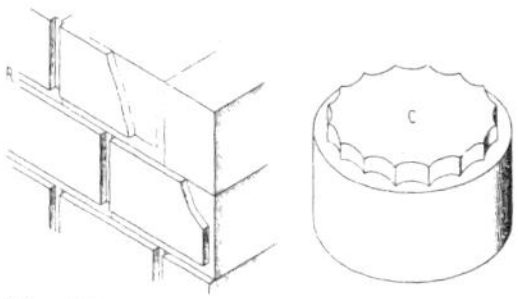

Fig. 11
그리스 건축

즈frises의 저부조만 미리 조각되어 있다. 이것들은 조적체와 별도의 요소로서 그 속에 끼워진다.

건축물 몸체를 형성하는 석재의 경우, 외장면 처리는 작업 현장에서sur tas 진행된다. 하지만 이러한 치졸 작업을 위해서는 공사 현장의 작업자를 안내하는 기준이 될 시초/실마리amorces directrices가 미리 준비되도록 신경써야 한다. [Fig. 11]

벽체 판pan에 관해 가정해보자. 각 석재 R은 최소한 하부 모서리에 끌로 파낸 이음선refend을 지닌다. 석재를 쌓을 때 이음선들이 조심스럽게 정렬된다. 그리고 외장면 다듬기는, 그림이 보여주듯이, 끌로 파낸 이음선과 이음선 사이의 표면에서 이루어진다.

원기둥[Fig. 11의 C]의 경우, 세로줄홈cannelures의 끝부분이 현장에서 재단한 시초에 의해 표시된 반면, 아직 벌거벗은 상태인 조적면의 표면은 큰 어려움 없이 도안을 실현할 수 있도록 허락한다. 이러한 종류의 시초가 상부에 호응하고, 다른 시초는 각 세로줄홈 하부에 호응한다. 그리고 현장에서 벽면을 긁어내는 일ravalement은 단순히 서로 연결raccord시키는 작업 정도로 축소된다.

[…]

12장. 로마 건축.

[…]

공법procédés은 물질적 응력force의 척도mesure 없이 조성하고 구현하는 법을 알고 있는 조직자적 천재성génie organisateur을 증거한다. 로마인들에게 구축의 예술art de construire은 정복 활동을 통해 손에 넣은 무한한 응력을 사용하는 예술/기술이었다. 그들의 방법은 간단히 표현될 수 있는 정신을 지니는데, 바로 손만 사용해 구현할 수 있는 공법이었다. 건축물의 몸체는 자갈들cailloux과 모르타르mortier로 이루어진 덩어리, 구축에 의한 단일석monolithe, 일종의 인공적 바위rocher artificiel로 요약된다.

[…]

II. — 응고에 의한 석조.

[…]

통상적인 구축들은 작은 잡석moellons이나 벽돌로 만들어진다.

석회chaux와 모래로 만든 모르타르는 먼 고대문명부터 페르시아인들Perses과 카르타고인들Carthaginois이 알고 있던 기술이었고 로마인들을 통해 유럽에 도입되었다.

로마식 모르타르의 제조 공법은 우리와 다를까?

이러한 추측은 로마식 모르타르의 극단적인 견고함 때문에 생겨난 것이지만, 이 가설을 뒷받침하는 결정적 이유는 제시되지 않았다. 로마식 모르타르는 평범한 수준 이상이었다. 로마에서 그 일관성은 화산 모래나 화산회/포졸란pouzzolanes의 사용에 의해 설명된다. 대부분의 경우 단순히 오래된 경화durcissement séculaire의 결과로 보인다.

석회 모르타르mortier de chaux를 괴석과 결합하는 방식은 최소한 공화국 시대까지 거슬러 올라간다. 포추올리Pouzzoles의 고대 비문에는 석회 모르타르 줄눈의 조적조maçonnerie à bain de mortier de chaux가 언급되어 있다. 비트루비우스 시대에는 가공하지 않았거나 절단가공한 괴석들을 쌓은 조적조maçonnerie가 보통 사용되었다. 하지만 벽돌의 사용은 제국 시대에 들어서 일반화되었다.

비트루비우스 시대, 다시 말해 아우구스투스Auguste 시대까지의 로마인들은 아주 예외적인 경우에만 구운 벽돌briques cuites을 사용했다. 비트루비우스의 글 속에서 "라테르lateres"라는 단어는 건조시킨 흙 사각타일carreaux을 의미했다.

아시아와 비로소 접촉하게 되면서 로마인들은 불로 구워 단단해진 진흙argile, 엄밀한 의미의 벽돌 구축에서 얻을 수 있는 모든 이점을 이해한 듯 했다.

구운 벽돌의 도입은 로마 [건축] 예술의 특징이 될 궁륭 구축 기법의 확대와 정확히 일치한다. 아우구스투스는 진흙의 로마Rome d'argile를 발견했고 이후 대리석의 로마Rome de marbre를 후대에 남기게 되었다고 자랑했다. 사실 그가 벽돌의 로마Rome de brique를 남겼다고 말했더라면, 물론 그의 통치가 이룬 진보가 덜 근사해 보일지라도, 더 적확한 방식의 표현이었을 것이다. 이처럼 가볍고 저항력을 지닌 소재를 사용했기 때문에, 공간 속에 자갈cailloux과 모르타르를 이용한 콘크리트화/응고화concrétions된 재료로 주조할 수 있었으며, 견고한 골조ossature를 만들어낼 수 있었다.

본질적으로 제국 시대의 로마 궁륭은 건설 과정에서 벽돌 구조골격squelette에 의해 가두어진 자갈과 모르타르가 응집agglomération되며 형성된다. 궁륭을 지지하는 벽체도 궁륭 자체와 마찬가지로 자갈과 모르타르로 이루어진 응고체concrétion이다. 궁륭은 벽체와 한 몸을 이룬다. 둘 전체는 소위 하나의 단일석일 뿐이다.

벽체.

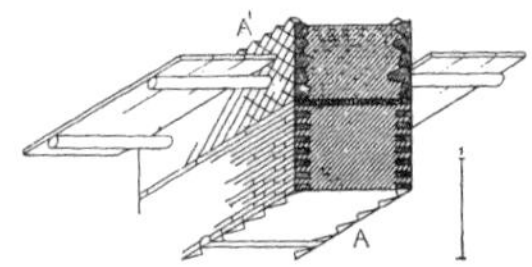

Fig. 11
로마 콘크리트 건축

[Fig. 11]은 로마 구축물들의 거대 벽체들이 건설되는 방식을 설명한다.

석공들maçons이, 벽돌이나 소재료들 [Fig. 11의 A]로 만든 두 외장면parements 사이에 자갈들과 모르타르를 켜켜이 쌓아

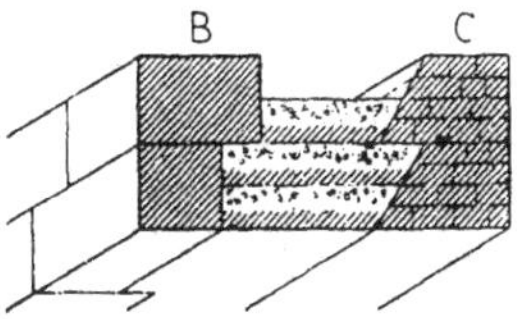

Fig. 12
로마 콘크리트 건축

올렸다. 그리고 원목 가로대traverses 위에 얹은 이동식 바닥판을 가설 발판으로 사용했다.

이 잡석 채움 공법blocage은 최대 폭이 0.6m인 벽돌 수평석arases에 의해 연결된다. 그리고 가설용 가로대들은 외장면의 꽃장식처럼 가지런히 잘라서 벽체 속에 이음석parpaings처럼 남게 된다.

로마인들은 벽 몸체로부터 외장면을 분리시키는 경향이 생기는 불균등한 쌓기/침전tassements를 방지하기 위해 가능하다면 외장면 조적조가 채움부 조적조와 동등한 비율의 모르타르를 지니도록 보장했다. 때로는 삼각형 벽돌을 외장면에 사용했는데 정사각형 벽돌보다 더 저렴하고 더 효과적인 연결을 이끌어냈다. 또 때로는 측면이 약 십여 센티미터의 괴석들을 층높이를 표시하는 조적켜assises로 쌓거나 또는 비트루비우스는 비난했던 그 관행을 따라 45° 경사로 기울어진 조적켜로 쌓는 공법으로 만족했다.

장벽 몸체 속에서 자갈들은 모르타르와 미리 혼합되지 않았다.

다시 말해서 로마 조적조maçonnerie romaine는 [엄밀한 의미의] 콘크리트béton가 아니었다. 그것은 거의 일반 콘크리트의 형성 방식과 견고성을 어느 정도 지니고 있었으나, 실현되는 방식은 절대적으로 구분되었다.

로마 조적조는 임시적인 거푸집 상자encaissements 속에서 만들어질 수 없다. 그것은 압축력에 의해 응집되어야 하는데, 그것을 담는 외장면 자체가 쌓아 다질때의 충격으로 인한 벌어짐 작용에 견딜만큼 충분한 안정성을 지녀야 한다. [Fig. 12]는 다음과 같은 두 가지 주요 상황을 나타낸다.

1° 외장면이 석재인 경우 [Fig. 12의 B],

2° 외장면이 층층히 쌓은 낮은 벽체들murettes로 만들어질 때이다 [Fig. 12의 디테일 C].

이 두 경우에 채움부는 실제 성토벽처럼 구현된다. 두꺼운 모르타르 층과 세게 두드려 모르타르가 침투한 자갈 층이 번갈아가며 구성된 성토벽처럼 말이다. 두 경우 모두의 주요 개념은, 소석 궁륭의 홍예틀 공법과 관련해 이미 언급했던 것(516쪽)처럼, 무엇보다 임시용 작업을 위해서는 최소한의 비용을 들이는 것이 목표였다. 이 현명한 경제성는 콘크리트/응고 방식 궁륭voûtes concrètes에서 재등장할 것이며, 모든 조성 방식에서 지배적이었다.

Craft Materials, Modern Materials
수공예 재료, 근대 재료

프랭크 로이드 라이트(1867~1959)의 「In the Cause of Architecture」는 1928년 『The Architectural Record』에 연재되었으며, 「In the Cause of Architecture : 1. The Logic of the Plan」을 시작으로 총 9번 연재된 에세이 시리즈이다. 이 중 건축 재료에 관한 내용인 「3. The Meaning of Materials - Stone」부터 「8. The Meaning of Materials - Sheet Metal and a Modern Instance」까지의 내용을 발췌하여 수록하였다. 수록된 글은 '석재', '목재', '가마', '유리', '콘크리트' 그리고 '판금과 근대 사례'까지 총 6개의 파트로 구성되어 있다. 번역 과정에서는 원문의 문체와 은유를 최대한 살리고자 하였으며, 개념적으로 모호한 표현의 경우에는 의미 전달을 우선하여 의역하였다.

성지환

1928

건축을 옹호하며: 재료의 의미

In the Cause of Architecture: The Meaning of Materials

프랭크 로이드 라이트 Frank Lloyd Wright

성지환 옮김

Extracted from: Wright, Frank Lloyd. "In the Cause of Architecture: The Meaning of Materials." *Architectural Record*, vol. 63–64 (1928), Parts 3–8:—3. "Stone." April 1928, 63(4), 350–356; —4. "Wood." May 1928, 63(5), 481–488; —5. "The Kiln." June 1928, 63(6), 555–562; —6. "Glass." July 1928, 64(1), 10–16; —7. "Concrete." August 1928, 64(2), 99–104; —8. "Sheet Metal and a Modern Instance." September 1928, 64(3), 334–342.

재료의 의미: 석재

[…] 돌 채석장의 바위 층은 내게 이야기이자, 그리움이다. 지층들에는 어떤 암시가 있고, 그 모습 안에는 개성이 있다. 나는 그것을 있는 그대로 느끼며 앉아 있는 것을 좋아한다. 만약 나에게 위대한 기념비적 건축을 지을 기회가 주어진다면, 그것을 깊이 숙고하기 위해 나는 애리조나의 그랜드 캐니언으로 갈 것이라고 생각해왔다. […]

돌의 이야기

돌은 건축 재료로서, 인간의 손길에 의해 다뤄지기 시작할 때 (즉, 석조 기술) 형태를 지닌 블록이 된다. 이 블록은 반드시 직각과 수평을 정확히 맞추어야 하며, 그래야 하나의 블록이 다른 블록 위에 안전하게 놓일 수 있고, 더 무거운 하중의 석재를 더 높은 곳까지 쌓아 올릴 수 있다. 우리는 이러한 방식으로 만들어진 덩어리들을 조적masonry이라 부른다.

벽 속의 돌은 자연 그대로의 면을 드러내기도 하고, 다듬는 데 사용된 도구의 자국을 특징적으로 드러내기도 하며, 때때로 완전히 평평하고 매끄럽게 처리되기도 한다. 가끔 때로는 정밀하게 연마되거나 광택을 내어지기도 한다.

벽은 석공이 그의 도구를 사용하여 만든 표면의 성격을 그대로 가진다. 벽의 표면이 지니는 성격은 사용된 돌의 종류, 석공의 종류, 건축가의 종류에 따라 달라진다. 어쩌면 건물의 종류에 따라 달라질 수도 있다.

그러나 무엇보다도, 그것이 훌륭한 석조 작업이라면, 결국 결정적인 것은 돌 그 자체의 본성이다.

[…]

인간은 기계를 사용하여 대리석 블록을 절단하고, 그것을 얇은 판으로 만들어, 모서리와 모서리를 맞붙여 펼쳐두며 벽면을 덮는 데 사용하면서, 그것의 고유한 무늬와 색채를 드러내고 강조해왔다. 그는 그것을 평평하게 하여 수직으로 쌓아 올릴 때에도, 자신의 도구가 남기는 질감을 살려 그것 자체의 존재감으로서 드러내왔다.

그는 채석장의 지층을 그대로 본따, 자연스러운 단면을 외부로 드러내며 지층의 모습 그대로 벽에 쌓을 때 그것을 해냈다. 또한 그는 돌을 모자이크로 만들고, 그것을 단순한 색채와 무늬로 배열하여 전체 건물을 돌로 짠 직물stone brocade처럼 만들었다. 그리고 그는, 기계가 지금처럼 단단하고 빛나는 화강암을 잘 재현할 수 있게 되었을 때, 이에 영감을 받아, 단순하고 단단한 덩어리로, 마침내 고결한 윤곽의 최종 형태를 만들어낸다. 그는 수평 띠나 풍부한 매스의 형태로, 석재의 성질과 조화를 이루는, 넓은 매스를 조율하는 번갈아 대비되는 재료들을 도입할 수도 있다.

그의 설계에서 돌이 그 자체의 재료적 언어를 말하게 허락할 때, 그는 기계를 예술가의 도구로서 정당화한 것이다. 그리고 그의 작업이 지닌 고결함은, 그 재료가 유기적 생명형태를 모방하던 것의 상실을 충분히 보상해줄 것이다. 그러한 모방은 건축이라 불리던 것이었다.

[…]

그가 현미경을 들어 자연 속에서 작동하고 있는 형성의 원리가 어떻게 돌 속에서 작용하는지를 보게 하라. 그 원리는 기하학이며, 재료 안에서 끊임없이 작동하며, 그에게 영감을 줄 수 있는 경이로운 아름다움을 만들어낸다. 돌의 입자 속에서 지구의 문법을 읽어라! 돌은 지구가 그것을 본떠 형성된 틀이며, 그 돌이 채취되는 어느 곳이든, 건축가는 거기서 배울 수 있다.

그가 광활한 서부의 사막을 가로지르는 여정을 갈 때, 빛나는 모래 바닥 위에서 단순성과 장엄함 속에 솟아오르는 자신의 건축을 보게 될 것이다. 그곳은 유기적 생명이 아직도 생존을 위해 투쟁하는 곳이다. 고대 이집트인들이 그러했듯, 그들이 알고 배웠던 이들로부터 전해받은 것처럼 그 건축들을 바라보라. […]

Fig. 1
로비와 객실 동 사이 통로 위에 위치한 절단된 용암 가장자리의 캔틸레버 슬래브 (제국 호텔, 도쿄, 프랭크 로이드 라이트)

Fig. 2
칠하지 않은 목재 벽 — "나무 그대로 두었을 때"
Fig. 3
페인트 갑옷 속에 갇힌 나무'

재료의 의미: 목재

나무는 모든 재료 중 인간과 가장 친밀한 것이다. 인간은 나무와 교감하는 것을 사랑하며, 손으로 느끼는 것을 좋아하고, 그 촉각과 시각에 감응한다. 나무는 인간에게 보편적으로 아름다운 재료이다.

[…]

나무 덕분에 우리에게 목수가 있다. 목수는 나무를 애정 어린 방식으로 사랑했지만, 그보다 더 강한 힘과 결의로 그의 도구를 사랑했다. 그는 도구를 더 사랑했다. 좋은 나무는 설계자가 전혀 의도하지 않았던 일조차도 해내려는 성질을 지닌다. (그것이 나무의 사랑스러운 특성이다.)

그러나 나무는 쉽게 목수의 임시직 기지 속 인간의 독창성에 의해 희생된다. 결국 나무는 인간 자신에게조차 가해진 것보다 더 많은 수모를 인간에게서 당해왔다.

나무는 우리 범주의 어떤 재료보다도 훨씬 더 많은 고통을 겪었다. 나무의 값이 저렴해지고, 새로운 나라에서 흔해질 때면 늘 그래왔듯이 곧 업신여겨지게 된다. 인간은 새로움을 향한 갈망 속에서 나무를 다른 무언가로 바꾸려 한다. 그리고 만약 어떤 목수-예술가가 그것을 해내는 데 성공한다면 사람들은 그를 '예술가-목수'라 불러야 한다고 생각할지도 모른다.

새로움을 찾아 헤매는 가운데, 목수의 손에 의해 나무는 이어 붙여지고, 접착되고, 받쳐지고, 나사로 조여지고, 상자로 만들어지고, 못질되고, 돌려지고, 비틀어지고, 장식톱으로 잘리고, 구슬처럼 새겨지고, 홈이 파이고, 장식용 프릴로 치장되고, 화려한 곡선으로 굴곡지는 목수의 잔치에서, 심지어 그 자신조차 만족시킬 만큼 온갖 처리가 가해졌다.

[…]

그래도 우리는 최소한 재료 본연의 고귀함만큼은 지켜낼 수 있을지 모른다. 우리는, 적어도 천장 위에는, 꾸밈 없는 과학적 예술로서의 단순한 목조 구조를 가질 수 있다. 그 나무는 그저 나무답게 그대로 두거나, 손수 채색하거나 조각하여 장식되어도 좋다.

[…]

우리의 나라가 오래될수록 목재는 점점 더 귀중해진다. 기계를 든 인간으로부터 목재가 파괴되는 것을 막기 위해서는, 기계를 단지 그 본래의 성질을 해방시키기 위해서만 내가 제시한 단순한 방식으로 사용해야 한다. 그러면, 인간을 만족시킬 수 있다.

앞서 말한 성격을 띠고 있을 경우, 그러한 용도의 재료는 나무를 자르는 데에도, 그 절단을 실제 작업에 적용하는 데에도 재료가 전혀 낭비되지 않는다.

기계는, 그 우수한 기계 방식으로, 좋은 나뭇대 하나에서 만들어 낼 수 있는 다양한 표면들을 쉽게 나누고, 세분화하고, 연마하고, 광을 낼 수 있다.

하지만 목재는, 예컨대 바이올린을 만들기 위해 정성껏 손으로 다듬는 방식대로는, 기계로는 가공될 수 없다. 생명 없는 모조품을 제외하고는 말이다.

그러나 목재의 아름다운 특성들은, 기계가 건축가의 손에 의해 다뤄질 때 해방될 수도 있다.

건축가의 상상력은 그 아름다움에 걸맞은 방식으로 진실되게 다루어야 한다. 그의 조형적plastic 표현은 목재의 생명을 되살릴 뿐만 아니라, 오래 전에 목재를 영감의 원천으로 삼았던, 잃어버린 인간의 정신을 또한 되살려낼 것이다.

재료의 의미: 가마

[…] 한눈에 보더라도 가마oven는 최소한 문명의 역사만큼 오래된 것으로 여겨진다. 그 정도면 우리에게는 대단히 오래된 것이다.

우리의 관심은 고고학적인 것이 아니라 건축적인 것이며, 그것은 유용하면서 동시에 아름다운 어떤 것을 만들고자 하는 사람의 손에 놓여진, 유난히 유연한 점토 한 덩이에서 시작된다. 그것은 그것을 충분히 단단하게 구워 실용적으로 만들 수 있다는 것을 그가 알게 되는 순간부터 시작된다.

그리하여 다양한 점토를 실험적으로 찾아내는 과정 속에서 급속히 성장하기 시작한다. 광물을 가는 작업은 융제를 위한 반죽을 만들기 위함이고, 그것을 그릇에 부어 덮는것은 그릇을 물이 스며들지 않고 아름답게 만들기 위해서이다. 그리고 그 뒤를 이어 수많은 토기 화학 실험들이 뒤따랐다.

[…]

우리가 알고 있는 모든 재료들은 한번쯤은 변화의 상태에 놓이는 것으로 보인다. 불은 땅 속 모든 재료들의 아버지 창조자이다. 빛은 땅 위 하늘로 솟아오르는 모든 것의 어머니 창조자이다. 불로 되돌아가는 것은, 인간의 기능과 아름다움을 위해 인간의 창조적 능력에 의해 불로 만들어진 또 하나의 창조물이다.

건축 재료로서의 어떤 영속적인 것도, 모두 불을 거쳐 인간의 손에 들어오게 된다. 인간은 서서히, 그의 지구가 형성될 때 작동했던 그 열을 '온도의 단계degrees'로 다가가는 법을 배워 왔고, 자신이 만든 것을 다시금 자비로운 불의 힘에 맡길 수 있는 용기를 갖게 되었다.

인간은 많은 것을 안다. 그러나 불은 더 많은 것을 알고 있으며, 끊임없이 그를 놀라게 한다. 그는 이 모든 것을 다 소진하는 일은 결코 없을 것이며, 그럴 필요도 없다.

그는 벽돌을 가지고 있다. 그는 기와를 가지고 있다. 그는 항아리와 사발을 가지고 있다. 그는 꽃병을 가지고 있다. 그는 그 이

Fig. 4
벽돌 덩어리들 (라킨 빌딩, 뉴욕주 버펄로, 프랭크 로이드 라이트)

미지를 가지고 있다. 그는, 자신이 아는 한 영원히, 자연의 색으로 모두를 채색할 수 있으며, 그가 가진 감수성의 일부 혹은 전부에 따라 각기 다른 가치를 부여할 수 있다.

이는 모두 그가 주변 자연의 작품 속에서 사랑하게 된 성질들로부터 배운 것이다.

우리는 지금까지 '자연적인' 재료들에 대해 말해왔다. 여기서 말하는 자연 재료란 곧 흙 그 자체이다.

하지만 도자기Ceramics로 알려진 이 재료를 만들어내기 위해서는, 불과 함께 장인의 요소가 개입되었다. 그러므로 그 산물은 인간 스스로 빚은 것이기에, 인간의 욕망에 더 가까운 것이어야 한다.

[…]

건축 재료로서 도자기에 대한 현대의 기여는 '테라코타Terra Cotta'이다. 이 중요한 재료에 붙은 이름치고는 초라한 이름이지만, 실제로 그렇게 불린다. 나는 '토기Earthen-ware'라는 말이 불충분하거나 구체성이 부족해 보였던 것 같다고 생각한다. 그리고 이것은 창의적인 예술가가 선택할 수 있는 모든 재료 가운데 가장 큰 기회를 지닌 것이다. 그것은 물론, 모든 색이나 유약으로 구워낼 수 있는 흙으로, 전체 건물을 만드는 데 사용된다. 즉, 토기로 된 건물! 거대한 토기다.

[…]

테라코타는 오직 인간의 상상력이 담겨질 때에만 살아 있다. 그것은 형태를 만드는 사람modeler을 위한 재료다.

[…]

벽돌은 우리 유소니아 사람들이 가장 잘 알고 있으며, 가장 사랑하는 재료이다. 우리는 아마도 벽돌 제조를 인류 역사상 유례없는 완벽의 정점까지 도달했다. 그리고 우리는 그것을 전반적으로 꽤 잘 사용하고 있다. 질감, 색채, 형태에 있어서 그 범위가 무궁무진할 뿐 아니라, 그 재료 자체도 품질 면에서 경탄할 만하다.

테라코타와 함께, 유약처리되어 구워낸 속이 빈 벽돌과 타일들 역시 아마 우리가 사는 기후에서 가장 유용한 건축 재료 중 하나일 것이다. 유소니안의 타일과 모자이크는 고대는 물론이고, 현대 재료의 품질에도 미치지 못한다. 그러나 더욱 널리 사용될 수 있을 만큼 충분히 좋은 재료는 존재한다. 그것은 필연적으로 더 나아질 것이며, 우리 시대는 그러한 발전을 필요로 한다.

모자이크는 석재, 유리, 도기 중 하나로 이루어진 진정으로 건축적인 매체이다. 기계 시대인 오늘날에도 유용하고, 그 본성을 해치지 않으면서 조형적 처리에도 적합하다. 나는 이것으로 피복된 건물 전체를 보고 싶다.

재료의 의미: 유리

고대 건축과 현대 건축 사이에서 있는 궁극적으로 가장 큰 차이는, 현대의 기계로 만든 유리 때문일 것이다. 유리는 어떤 넓은 실용적 의미에서 보아도 새로운 것이다.

한때 양과 크기에서 제한적인 귀중한 물질이었던 유리와 그 제조기술은 어떠한 두께, 품질, 크기에서도 완벽한 투명성을 구현할 수 있도록 발전하게 되었다. 유리는 매우 저렴하고 매력적인 재료가 되었고, 현대의 세계는 유리와 철골 구조를 향하고 있다.

만약 고대인들이 오늘날 우리가 유리를 통해 편의를 누리는 것처럼 실내 공간을 손쉽게 둘러쌀 수 있었더라면, 건축의 역사는 아마 근본적으로 달라졌을 것이다.

그럼에도 불구하고 이 재료가, 상점 주인이 요구하고 설치하는 진열창 이상의 방식으로 우리의 건축 감각을 거의 변화시키지 못했다는 것은 놀라운 일이다.

그 쇼윈도가 초기에 건축가들을 얼마나 괴롭혔던가! 그리고 여전히 고전주의자들을 조롱하고 있다! 아마도 그것은 다른 어떠한 단일 요소보다도 고전주의자를 우스꽝스럽게 보이게 했을 것이다.

가시성에 대한 요구는 벽과 기둥마저 어떤 대가를 치르더라도 제거해야 할 방해물로 여긴다. 건축은 1층을 포기했지만, 유리 위로 대담하게 2층부터 시작했고, 주저함도 변화도 없었다. 건물은 마치 공중에 떠 있는 듯했다. 그것은 유리가 해낸 일이었다.

유리판은 거의 모든 상업 건물에서 기본적인 벽과 기둥을 대체해왔다. 그리고 유리는 고전주의의 저주이며, 판금과 강철의 정교한 구축을 할 수 있는 기회로서 아직 많이 탐구되지 않은 매혹적인 재료이다.

유리는 시대를 거치면서 훨씬 더 투명하고 저렴해졌지만, 건축적으로 요구받는 일이라곤 대부분 불투명 유리가 가렸던 동일한 개구부를 충분한 시야를 갖춘 상태로 채우는 것이다. 단, 상인의 요구에 의해 사용되는 경우는 예외다. 상점! 그곳에서야말로 유리가 마침내 자기 자리를 찾은 곳이다.

우리는 아직 유리에 합당한 건축을 인정하지 않았나. 존재하지만, 우리가 그것을 통해 바라볼 때는 보이지 않는 이 마법 같은 재료는 무엇인가?

유리를 반사를 머금고 맑은 빛을 되비추는 광휘로서도 바라볼 수 있다. 하지만 오늘날의 유리는, 그것이 완전히 투시될 수 있으면서도 동시에 공기의 흐름을 막는 불투과성 장벽이기에 지금과 같은 모습이 된 것이다. 물론 그 깨지기 쉬운 성질이 감안된다면 말이다.

[…]

건축가가 자신의 건축 형태를 조형할 때, 그림자는 그의 붓질이었다. 이제 그가 확산된 빛, 굴절된 빛, 반사된 빛으로 작업하게

Fig. 5
중앙 채광창과 천창으로 채광된 주택 (소우든 주택, 캘리포니아주 할리우드, 프랭크 로이드 라이트)

Fig. 6
캘리포니아 할리우드의 주택 창문 (프랭크 로이드 라이트)

Fig. 7
대형 블록 단위로 주조된 콘크리트의 사용 (이네스 하우스 식당의 창, 로스앤젤레스, 프랭크 로이드 라이트)

두어라. 그림자는 제쳐두고 빛 자체를 위한 빛을 사용하라.

[…]

내 건물의 개구부에 있는 유리는 재료의 범주 안에서 보석이 하는 역할을 한다. 유리창 속에 패턴을 도입할 때, 건축이 제공할 수 있는 어떤 다른 재료보다도 더 저렴하면서도 아름답고 효과적으로 구현된다. 금속 분할선은 어떤 패턴이든 담아낼 수 있는 금속 스크린이 되며 무겁거나 가볍거나, 금이나 은으로 도금될 수도 있다.

유리는 어떠한 감정적 의미의 보조적이고 규칙적인 강조가 되거나, 혹은 그 반대로도 작동할 수 있다. 그 패턴은 실내의 스케일을 고려하여, 유리 패턴의 모티프에 의해 주어지거나 보존된 장식 계획에 따라 계획될 수 있다. […]

재료의 의미: 콘크리트

"흙"이 너무 "썩기" 전에 적절한 비율로 시멘트화되어 틀이나 상자에 다져 넣고, 철근으로 보강한다면, 건물은 이 "땅" 위에서 곧바로 자라날 수 있을 것이다.

시멘트는 이곳이든 다른 곳이든 우리의 새로운 세계의 물리적 구조를 위한 은밀한 지속력일지 모른다. 그리고 강철은 이 귀중한 고대의 매체인 시멘트에 새로운 생명과 새로운 목적, 그리고 가능성을 부여했다. 콘크리트와 강철의 팽창 및 수축 계수가 같다는 사실이 발견되었을 때, 건축가에게는 새로운 세계가 열렸다.

[…]

콘크리트를 하나의 복합체로 다룬 문헌은 이제 도서관을 가득 채웠다. 그 물리적 특성은 상당히 잘 연구되고 있다. 미학적으로, 콘크리트에는 노래도, 이야기도 없다.

그리고 이 혼합체 안에서 고차원적인 미학적 속성을 찾기는 쉽지 않다. 왜냐하면 그것은 그 자체로 혼합물이며, 집합체이고, 복합물이기 때문이다. 또한 그것을 결합시키는 매체인 시멘트는 그 자체로 아무런 개성도 없다. 최종 결과는 보통 기껏해야 인공석이며, 최악의 경우는 굳어버린 모래 더미일 뿐이다.

콘크리트보다는 '혼합물conglomerate'이라는 이름이 더 낫다. 왜냐하면 '콘크리트'는 고귀한 단어인데, 이 물질은 그 이름에 부응하지 못하기 때문이다. 콘크리트는 그 자체로는 낮은 품질의 혼합물이다.

만약 이 물질이 형태, 질감, 색을 가지려면, 각각을 인간의 상상력에 의해 인위적으로 부여해야 한다. 그러므로 그것은 다른 것을 모방하기 위해 사용되는 무감각하고 거친 재료 중 하나가 된다.

'콘크리트'라고 불리는 이것은, 말뿐인 건축가나 실내 장식 파괴자의 손에 의해 '예술적'인 것에 굴복해야 하며, 결과적으로 이처럼 순종적이고 유용한 가치를 지닌 물질임에도 불구하고 스스로의 생명을 갖는 일은 거의 없다.

[…]

확실히, 이곳에는 창의적인 마음을 가진 자에게 유혹이 있다. 이토록 정직한 재료를 타락에서 구해내고자 하는 유혹. 왜냐하면 '콘크리트'라는 이름의 이 혼합물 속에서 우리는 하나의 가소적인 재료를 발견하지만, 그것이 유연한 형태를 취할 수 있도록 해주는 표현 매체는 아직 발견되지 않았기 때문이다.

지금의 사용 방식으로 보자면, 그것은 마치 수지, 주철, 석고처럼 틀에 부어지고 그 형태에 종속된 재료에 불과하다. 따라서 콘크리트의 형태란 그것의 본래 성질로부터 비롯된 것이 아니라 주조 과정의 산물에 관한 것이다. 따라서 태생적으로,외부의 악영향에 휘둘리게 되어, 과연 무엇이 '콘크리트'형태인지 아닌지를 말하기는 어렵다.

그러나 이 재료에 관해 몇 가지 명백한 사실들이 있다. 첫째, 그것은 덩어리 재료이다. 둘째, 표면에 인상을 남기기 쉬운 재료이다. 셋째, 일정한 폭넓은 크기 안에서 연속적이고 단일체로 존재할 수 있는 재료이다. 넷째, 화학적 변형이나 착색 또는 방수처리가 가능하며, 내부에 염색하거나 질감을 부여할 수 있다. 다섯째, 신선할 때는 다루기 쉬우나, 아직 굳지 않았을 때는 부서지기 쉽고, 굳고 나면 완고해지며, 항상 인장강도가 부족하다.

그렇다면 콘크리트의 미학이란 과연 무엇인가? 돌인가? 그렇기도 하고, 아니기도 하다. 석고인가? 그렇기도 하고, 아니기도 하다. 벽돌이나 타일인가? 그렇기도 하고, 아니기도 하다. 주철인가? 그렇기도 하고, 아니기도 하다.

불쌍한 콘크리트여! 여전히 인간의 손에서 자신만의 본질을 찾아 헤매고 있다. 이 맥락에서 '콘크리트'라는 단어는 보통 혼합체를 의미하며, 그런 의미에서 보면 콘크리트는 잡종이자 하찮은 존재이며, 재료의 계급에서 순종적인 하인 그 이상도 이하도 아닌 운명이다.

[…]

돌과 콘크리트의 주요한 차이는 결합 매체에 있다. 돌의 경우에는 그 결합 매체는 돌 자체이며, 이는 화학적 친화력을 기반으로 한다. 반면 콘크리트의 경우, 결합 매체는 외부 물질로서 골재를 결합시키는 것이다. 콘크리트에는 기계적 친화력 이외의 친화력은 없다. 이 차이만 없다면, 콘크리트는 사실상 진정한 천연석일 것이다. 그리고 이 차이를 인정한다면, 콘크리트는 그 어떤 것보다도 인공석에 더 가깝다. 혼합물이 유동상태에 있을 때, 장인이 그 본성에 따라 개입하여 원하는 어떠한 형태일지라도 부여

Fig. 8
내부 벽체에 단색 블록과 문양 블록 사용(라 미니아투라, 캘리포니아주 패서디나, 프랭크 로이드 라이트)

할 수 있기 때문이다.

그렇다, 콘크리트는 대부분 인공석이 된다. 그러나 석재와 콘크리트 사이의 본질적인 차이는 여전히 고려되지 않고 있다. 그리고 그 본질적인 차이는 자연석에는 전혀 없는, 콘크리트 재료 자체의 가소성plasticity에 있다. 나는 이 콘크리트의 가소성에 그 미적 가치가 있다고 말하고 싶다. [···]

재료의 의미: 판금과 근대 사례

기계는 어떤 재료든 집어넣으면 그것을 굴리고, 자르고, 찍어내고, 접는 데에 있어 최고의 성능을 발휘한다. 기계적 동작은, 코클리스 엔진Corliss engine의 타이머나 라이노타입linotype과 같은 복잡한 장치로 구축되지 않는 한, 작동 범위가 제한적이다. 가장 단순한 동작은 회전이며, 그 다음은 압착이나 망치질이고, 들어올리기와 밀어내기와 동작은 동시적으로 혹은 개별적으로 이루어진다. 이러한 동작들 안에 우리는 '야수Brute'의 힘을 꽤나 담고 있다.

하지만 이 힘들의 결합과 분할은 무한하여, 결국 작동하는 두뇌와 매우 유사한 것, 즉 로봇 자체에 이르게 되며, 이는 적절한 극적인 개념이다. 인간의 의지가 이러한 야만적인 힘에 더해질 때, 그 결과는 실로 두려운 것이 될 수 있다. 영혼 없는 인간의 의지가 이 힘들을 인간의 극한까지 몰아갈 수 있으며, 마침내 인간성이 궁극적인 멸망에 이르게 될지도 모른다.

우리가 알다시피, 상업은 영혼이 없다. 상업적 이익이 통제 없이 그들 스스로에게 맡겨진다면, 그들은 자신들의 사회적 삶을 착취함으로써 곧 스스로의 파멸을 자초하게 될 것이다. 그들은 곧 재생산을 멈추게 될 것이다. 그들이 재생산하지 못하는 이유는 상업의 구성 요소가 기계의 그것과 같기 때문이며, 생명을 불어넣는 데 필요한 신성한 불꽃이 결여되어 있다. 이윤의 마진은 잔여물로 쌓여 무기력하고, 무능하며, 무력할 뿐이다. 기계 그 자체가 우리의 현대 세계의 물리적 실체 속에서 이런 이윤의 마진을 대표한다. 즉, 무능하고, 무기력하고, 무력한 이윤이다.

이 글들에서 제기된 질문, 그리고 모든 글에서 계속해서 따라붙는 끈질긴 질문인 "삶의 해석자인 건축가는, 이 문제에 대해 무엇을 할 것인가"는 여기서도 다시금 집요하게 제기된다.

왜냐하면 판금sheet metal이란 재료에는, 건축가가 저렴하다는 이유로 어쩔 수 없이 사용하면서도 경멸하는 어떤 것에 생명을 불어넣을 수 있는 기회가 있기 때문이다. 건축가는 이를 품질이 떨어지는 재료로 취급했다. 건축 업계 전반에서는 납, 아연, 주석, 철, 구리 등으로 만든 처마 장식,배수 홈통,

배수 파이프, 물막이 지붕 등을 어디에서나 볼 수 있다. 이러한 재료들로 만든 다른 재료의 모조품도 도처에 널려 있다. 그러나 판금이 그 자체만으로 훌륭한 재료로 사용된 경우는 도대체 어디에서 볼 수 있는가? 물론 가끔 있다. 그러나 왜 '어디에나'는 아닌 것인가?

기계가 가져온 현대 재료의 경제 속에서 판금은 '최고의 것' 중 하나다. 건축 업계를 제쳐두더라도, 우리는 이제 주방용품, 가구, 자동차, 풀먼 열차Pullman coaches까지 거의 모든 것을 판금으로 만든다. 그리고 지붕 방수덮개나 마감재, 지붕재로 사용되며, 판금은 지금 이 순간에도 미국의 거의 모든 시민들을 그들의 집 안에서 비로부터 보호하고 있다.

구리는 이 분야의 왕이다. 그리고 구리에 대해 적용되는 사실은, 각각의 경우에 일정한 특성이나 성질이 각기 추가되거나 빠지는 정도의 차이는 있더라도, 다른 금속들에도 어느 정도 해당된다.

이 판금 부족sheet metal tribe의 배후에는 어떤 경우에서든 특정 판금 부분을 보강하는 데 쓰이는 가벼운 압연강 철골rolled steel section이 있다. 모든 '펼쳐지는' 재료는 보강을 필요로 한다. 금속 판도 콘크리트 슬래브만큼이나 보강이 필요하다.

건축 업계에서는 건축가가 전혀 관여하지 않았거나 배제된 건물들에서, 가장 저급하고 모욕적인 방식으로 이러한 금속 재료에 의존해 왔다. 판금은 미국의 부실공사 업자jerry-builder들에게 있어 최고의 임시방편 재료다.

[…]

판금 산업에 사용되는 기계는 마치 영리한 아이가 종이를 다루듯 쉽게 금속판을 오므리고, 접고, 다듬고, 찍어낸다. 완성된 제품은 표면 처리로 색을 입히거나, 유색 유약 도포나 도금처럼 다른 내구성 있는 물질로 유약 처리할 수도 있고, 마감된 제품 전체를 아연 도금하여 담그고 전체를 코팅할 수도 있다.

하지만 아름답고 영구적인 재료로서 건축에 들어온 유일한 판금 재료는 구리뿐이다. 구리의 녹청verdigris은 돌이나 벽돌, 나무와 어우러질 때 늘 뛰어난 아름다움을 자아낸다. 건축가가 활용할 수 있는 재료 중 구리는 가장 영속적인 재료에 가깝다.

그러나 이제는 모든 금속이 저렴하게 가공되고 압연되어 판재로 만들어질 수 있으므로, 다양한 금속을 조합하는 것도 다른 재료를 조합하는 것처럼 가능해졌고, 앞으로 그렇게 될 것이다. […]

The Intrinsic Qualities of Raw Material

재료 자체가 지닌 본질적 특성

아담 카루소는 페르낭 푸이옹(1912~1986)의 저서 『수도원의 돌(Les pierres sauvages)』과 그의 주거 단지 작업을 중심으로, 건축이 추상적 이론이나 모더니즘의 규범이 아닌 재료와 장소, 사회적 맥락에 뿌리를 두어야 한다는 입장을 조명한다. 푸이옹은 다루기 힘든 거친 석재를 직관적으로 구축하며 프로그램 · 기술 · 재료의 복합성을 종합하는 과정을 보여주었는데, 이는 르 코르뷔지에가 수도원을 여객선, 파르테논과 병치하여 추상적 상징으로 이해한 것과 달리, '땅의 것'에 기반한 현실적 건축으로 드러난 것이었다. 파리 외곽의 팡탱 주거단지에서는 조립식 석조의 물질성과 규율을 통해 도시적 맥락과 관계하지 않는 독자적 질서를 구축하였다. 이는 모더니즘의 보편적 규범에 맞서 구체적 현실(사회적 조건, 도시 맥락, 지형과 재료, 경제적 제약 등)과 재료의 본질을 우선시하는 실천으로 해석된다. 결국 푸이옹의 건축은 역사적 연속성과 개인적 경험, 그리고 원초적 물질성에 대한 집요한 탐구를 통해 동시대적이면서도 재료와 건축 행위에서 비롯된 물질적 · 역사적 · 존재론적 질서를 지향한다.

김윤수

Image credit (previous page):
© Hélène Binet

2021

푸이옹의 돌: 르 토로네 수도원에서 파리 외곽으로

The Stones of Pouillon, from the Abbey of Le Thoronet to the Paris Banlieue

아담 카루소 Adam Caruso

김윤수 옮김

Extraced from: Caruso, Adam. "The Stones of Pouillon, from the Abbey of Le Thoronet to the Paris Banlieue." in *The Stones of Fernand Pouillon*, edited by Adam Caruso, 10–23. Zurich: gta Verlag, 2021.

> "인간은 태초에 창조주로부터 불에 대한 애착심을 부여받았지. 겉보기에는 동물과 인간을 구분 짓는 유일한 차이는 바로 그것이었다네. 그 후 지혜 때문이었든 어리석음 때문이었든 간에, 인간은 사냥하고, 농사짓고, 가축을 기르고, 직조하고, 말하고, 싸우고, 요리하고, 짓게 되었지. 나는 본능적인 모든 것을 '땅의 것'이라 부른다네. 그리고 건물이 불보다 나중에 생겨났다고 해도, '구축 행위'는 여전히 본능의 연장선이지. 말벌이 약탈적으로, 벌이 성실하게 자기 둥지를 구축하듯, 우리도 우리의 벽난로와 도시와 공동체를 짓는 것이지."
>
> 『수도원의 돌』, 페르낭 푸이옹, p. 69

7월 17일, 르 토로네Le Thoronet의 시토회 수도원의 공사를 맡은 장인장과 석공들은 중요한 고비를 맞았다. 채석장에서 준비한 견본과 샘플을 바탕으로, 수도원의 건설에 사용될 마감 방식과 석재 쌓기 기법에 대한 중요한 결정을 내려야 했던 것이다. 이 결정은 이미 미뤄진 상태였고, 특히장인장이 선택한 거친 지역 석재로 인해 더더욱 예민한 문제로 부각되었다. 이 석재는 땅에서 채취하기 어려울 뿐만 아니라, 전통적인 고운 결의 석재처럼 매끄럽게 다듬을 수도 없었다. 이 거친 석재의 사용은 처음부터 장인장과 그 석공들 사이에 마찰을 불러일으켰다. 석공들은 자신들의 자신의 솜씨를 무색하게 만드는 이 돌에 불만을 품었다. 장인장은 속으로는 이미 결정을 내렸으나, 이를 남들에게 설명하기 어려워 불안해하고 있었다. 그는 석공들과의 더 큰 마찰을 피하고자 결정을 미루고자 했으며, 아직은 자신의 권위를 내세워 그들의 반대 의견을 무릅쓸 준비가 되어 있지 않았다.

수도원 내부의 석재 마감면을 쌓는 방식에 대해서는 큰 이견이 없었다. 거칠게 다듬어진 석재를 2mm 간격으로 정교하게 맞춰 쌓는 것이 쉬운 일은 아니었지만, 수도원의 내부는 품격과 섬세함을 지녀야 한다는 생각에 모두 동의했다. 각 공간의 기능에 따라 마감이 달라져야 하고, 가장 좋은 석재는 교회 내부에 쓰여야 했다. 비, 서리, 또는 강렬한 프로방스 햇볕으로부터 보호되는 내부에서는, 섬세한 석회 모르타르 이음이 석재만큼 단단하고 오래 지속될 것이라 장인장은 확신했다. 그러나 외벽에서는 사정이 달랐다. 장인장은 외벽 마감을 건식 조인트dry joints 방식으로 시공하기 위해 목업mock-up을 준비하라고 요청했다. 이 기법은 고대의 웅장한 석조 건축에서, 정교한 석재와 거의 잊힌 기술로 구현되던 방식이다. 그래서 숲속 계곡에 숨겨진 이 작은 수도원에 적용하기에는 다소 과장되고 부자연스럽게 느껴졌다. 게다가 장인장이 고집한 거칠게 다듬은 지역 석재로는 거의 불가능한 일처럼 보였다. 그는 건식 조인트 방식이 기술적으로 설득력이 약하다는 것을 알았지만, 직관에 따른 결정이었으며, 이 거친 재료와 구조적 조립 사이에 조화를 이루어낼 수 있다는 깊은 확신에서 나온 선택이었다.

> "이 쌓기의 방식, 나의 방식은 본래 절제된 벽에 풍요로움의 감각을 더할 것이다. 이는 모든 벽마다 다양한 형태의 그물망 혹은 어두운 실로 엮은 성긴 레이스처럼 무늬를 짜 넣을 것이다."
>
> 『수도원의 돌』, 페르낭 푸이옹, p. 67

『수도원의 돌』역주1은 매우 아름답게 쓰인 책이다. 르 토로네 시토회 수도원의 건축 과정을 허구적이면서도 지극히 개인적으로 서술한 이 책은, 페르낭 푸이옹이 건축에 대해 남긴 주요한 선언이다. 역사적 연속성과 개인적 경험이 동시대 건축의 핵심 자질이 되어야 한다는 그의 주장은 20세기 건축가들이 남긴 문헌 가운데에서도 이례적이다. **푸이옹은 오직 과거로부터 비롯된 것들, 그리고 건축가가 유럽 문화의 '돌'과 직접적이고 육체적으로 맺는 관계만이 오늘날 건축의 정당한 기반이 될 수 있다고 주장한다.** 르 토로네는 르 코르뷔지에가 가장 좋아하던 레퍼런스였다. 그에게 이 수도원은 새로운 형태의 집단 주거에 대한 가능성을 상징했다. 또한 그는 이를 대형 여객선과 파르테논과 마찬가지로, 고도로 발전한 공학

역주1 『수도원의 돌(Les Pierres Sauvages)』(1964)은 프랑스 건축가 페르낭 푸이용(Fernand Pouillon)이 집필한 건축 소설로, 12세기 실바캉 수도원의 건축 과정을 수도원장의 일기 형식으로 재구성한 작품이다. 석재와 목재 등 재료의 성질, 장인들의 노동, 신앙과 건축 행위가 교차하는 과정을 생생하게 묘사하며, 건축사의 사실성과 문학적 상상력을 결합한 드문 예로 평가된다. 푸이용은 소설 속에서 과거를 서사화했을 뿐 아니라, 실제로 알제리와 프랑스에서 대규모 주거단지와 유적지 보존 및 리모델링 프로젝트를 수행하며, 건축을 삶과 역사 속에서 재생하는 행위로 실천하였다.

기술과 완전한 비례를 구현한 추상적 상징과 나란히 두었다. 이러한 요소들이 모여, 그의 담대한 새로운 현대 건축의 원료가 되었다.

푸이옹은 이처럼 추상적인 개념을 결코 허용하지 않았다. 그리고 그가 파리의 위대한 역사적 건축군들보다 더 사랑한 이 프로방스의 건축물이 단순한 비례 분석에 저항한다는 것은 의미심장하다. 르 도로네는 로마네스크와 고딕의 경계 시기에 건축되었으며, 하나의 건축 언어로 완성된 건물도 아니다. 프랑스 건축가로서는 드물게, 푸이옹은 어떠한 정형화된 규범을 참조하지 않는다. 수도원의 복잡한 프로그램과 특유의 건설기법 사이의 관계를 설명하는 과학적 이론은 푸이옹에게서 찾아볼 수 없다. 오히려, 이 건물의 형태는 보다 유추적인[역주2] 방식으로 형성된 것이며, 유럽 전체의 건설문화가 장인장의 개인적 경험을 통해 재구성되고, 이를 통해 프로그램과 기술이 심오하고 복합적인 전체로 결합된다. 이처럼 이 작은 수도원은 숲으로 둘러싸인 아늑한 계곡 지형 안으로 자연현상처럼 스며든다. 이는 건축이 지닌 커다란 복잡성에 대해 매우 구체적이며 직관적인 반응이며, 재료적, 프로그램적, 조직적 요소들의 조화가 하나의 뚜렷하고 물리적인 예술작품으로 응집되는 과정이다 — 말 그대로, 땅으로부터의[역주3] 것인 것이다.

르 코르뷔지에와 대부분의 모더니즘 옹호자들과는 달리, 푸이옹은 건축가의 과제를 피상적인 이론이나 추상으로 단순화하려 하지 않는다. 오히려 그는 건축 프로젝트의 다양성과 실용성을 수용하고, 나아가 그것을 높이 평가하는데, 이는 풍부하고 실질적이며 지속 가능한 건축의 기반은 오직 구체적인 현실뿐이라는 그의 확신을 보여준다. 이러한 복잡성은 특정 장소의 지형, 지질, 물질문화에 대한 깊이 있는 이해에서 시작된다. 소설 속의 장인장은 단지 어떤 돌이나 목재, 타일을 외딴 건축 현장으로 가져올 수 있는지만 고민하지 않는다. 그가 쏟는 주요한 에너지, 그리고 오랜 시간에 걸쳐 축적된 지식의 결실은 바로 이 재료들이 프로젝트의 형태 전개에 어떤 영향을 미칠지를 숙고하는 것이다.

이 복잡성에 대한 수용은 사회적 차원으로도 확장된다. 수도원의 프로그램이 가진 기능적·정서적 서사는 역동적이고 표현하기 어렵지만, 이러한 것들이 건축물의 물리적 실체를 통해 지속되고 강화되리라는 강한 기대가 존재한다. 설계과정을 관리하는 것은 항상 여러 조건에 달려있다. 모든 건축 작업을 훈련받은 평신도 수사들이 포함된 노동자의 역량에 좌

역주2 "유추적인(analogous)"이라는 말은 추상적 이론이나 규범에 근거하지 않고, 서로 다른 사례나 경험을 비유·비교하여 형태, 유형 그리고 그 의미를 도출하는 방식을 가리킨다. 알도 로시(Aldo Rossi)가 『도시의 건축』(1966)에서 '유추(analogia)' 개념을 통해 역사적 유형을 비교하고 반복하는 방법론을 제시한 이래, 건축 담론에서 이론적 개념으로 자리 잡았다.

역주3 푸이옹이 사용하는 "땅의 것(something of the earth)"이라는 표현은 건축이 추상적 이념이나 형식적 규범이 아니라, 불·사냥·농사·짓기 같은 본능적 행위와 마찬가지로 **삶의 본능과 물질적 현실에 뿌리를 두고 있음**을 강조한다. 이는 건축을 "현실에 발 딛고 있는 것"으로 이해하는 푸이옹의 태도를 드러낸다.

우되고, 또 이용 가능한 재료와 운송 수단 같은 구체적인 제약에도 의존한다. 그러나 이러한 제약들은 건축의 궁극적인 목적, 즉 신을 향한 찬미를 제약할 수 없다. 장인장은 이 과정을 확고한 태도로 이끌되, 부하들을 동기부여하고 그들의 역량을 끌어올리기 위해, 권위를 노골적으로 내세우길 꺼려한다. 그는 토론과 교육을 선호하며, 노동자들이 완전히 몰입한 헌신이 최종 결과물의 물성과 정신에 드러날 것이라고 믿는다. 아름다움에 대한 이론이나 전통적 규범이 부재한 상황에서, 그리고 이상화된 역사적 권위에 회의적인 태도를 지닌 장인장은 용도와 물질, 장소와 감정이 얽힌 유동적인 별자리를 헤쳐 나가기 위해 자신의 개인적 경험과 감수성에 의존한다. 그의 직관은 세심한 관찰과 연구로부터 비롯되며, 푸이옹이 건축가의 근본적인 임무로 제안한 종합synthesis에 이르는 과정이다.

파리 변두리를 채우는 다양하고 조밀하게 얽힌 익명의 건축물들 사이에 묻혀있는 푸이옹의 팡탱 주택단지housing estate of Pantin는 주변과 거의 구분되지 않는다. 하나의 독립적인 건물이 기존의 5–6층짜리 건물들 위로 10층까지 우뚝 솟아 있으며, 그 입면은 마치 채석장에 거칠게 쌓인 돌덩이처럼 중력에 맞서는 듯한 물성을 강하게 드러낸다. 석고 마감과 패널로 된 건물들이 즐비한 이 환경 속에서, 이 거친 건축의 물리적 존재감과 가공되지 않은 사실성은 충격적이다. 기존 거리 입면을 송결짓고 지역 지하철역을 향해 신호를 보내는 작은 탑을 제외하면, 이 주거단지는 어떠한 형태적 상징도 보여주지 않으며 주변 도시와 교감하지 않는다. 5–7층 높이의 긴 건물들이 북남 방향으로 유기적으로 연결되어 하나의 굴곡진 선형을 이룬다. 이는 이웃 건물들의 방화벽을 완성하지도 않고, 기존 입면의 선을 연장하지도 않는다. 1950년대 이 단지가 지어진 이후 급증한 주차공간은 외부에 배치되어 있고, 건물의 입면은 의도적으로 내부를 향하고 있으며, 오직 자기 자신과 내부의 수도원 같은 고요한 풍경만을 참조할 뿐이다.

그러나 수도원에서는 회랑, 식당, 기숙사에서 이뤄지는 내부의 삶이 석조 입면의 육중함을 완화하고, 정원의 활용과 분위기에 영향을 미친다. 반면 이 주거단지에는 다양한 프로그램이 없다. 모든 층은 동일하며, 1층은 여섯 계단 높이로 정원 위에 세워졌지만, 그 아파트들은 조경된 안뜰과 별다른 공간적 관계를 갖진 않는다. 단순한 아파트 평면과 입면은 엄격한 그리드 안에 구성되어 있으며, 표준화된 수직 창호의 일관된 사용은 다양한 유닛 크기의 수용을 가능하게 하지만 외관상 아무런 차이가 나타나지 않는다.

창의 크기와 배열은 조지아 시대 런던의 그것만큼이나 일관되어 있다. 각 창은 돌 네 단 높이이며, 여기에 인방 구역을 표시하는 돌이 한 단 더 놓인다. 얕은 스트링 코스는 입면에 미묘한 리듬을 부여하는 동시에 창 윗부분 내부에 바닥 구조의 두께를 감싸기 위한 작은 돌출부를 형성한다. 모든 것은 같은 석재, 즉 프로방스 지방의 석회암인 피에르 드 퐁트비에유[역주4]로 만들어졌으며, 큼직하고 대강 다듬어진 정육면체 블록 형태로 현장에 운반되었다. 이 석재들은 오늘날 대형 프리캐스트 콘크리트 부재가 설치되듯, 곧바로 크레인을 이용해 운송 차량에서 건물 위로 올려졌다. 평평한 애슐러 벽면은 더 붉고 무늬가 뚜렷한 석회암을 덧대어 약간 더 섬세한 표정을 갖게 된다. 이러한 돌들은 장식적인 충전 패널을 암시하며, 육중한 석재 기둥을 평평한 필라스터처럼 보이게 만든다. 다락층은 때로는 한 층, 때로는 여러 층으로 이루어져 있으며, 4층 석조 구조물 위에 독립적인 건물처럼 얹혀 있다. 이 구조물들은 거의 전면 유리로 구성되어 있으며, 섬세한 석조 멀리언에 의해 보다 더 긴장감 있는 수직 리듬이 부여된다. 이러한 입면 유형의 변하는 내부 평면과는 무관하게 이루어진다. 그 목적은 분위기를 조성하는 데 있으며, 길고 반복적인 석재 입면에 미묘한 변화를 가져온다.

얇은 프레임의 단층 유리로 구성된 목재 창은 전후 프랑스 주택에서 표준 제품이었으며, 여전히 사각형의 형태를 유지하고 있으며, 에스파뇰레트[역주5] 방식의 개폐 장치는 여전히 창을 닫힌 상태나 완전히 열린 상태로 고정할 수 있다. 이러한 창과, 매우 얇지만 여전히 기능적인 측면 부착형 천공perforated 셔터는 현재 하얀색 플라스틱 이중창과 그와 맞춰진 롤러 셔터로 대체되고 있으며, 이는 각 창의 상부에 큼직한 박스 안에 설치되고 있다.

이 장소는 기능주의적 형식주의나 어떠한 진보적 사회 이념과도 관련이 없다. 그 야망과 성취는 매우 직접적인 형태의 건축 방식을 통해 도시에서의 삶에 적합한 강렬한 분위기를 만들어내는 데 있다.

이는 냉혹한 물질주의적인 기반 위에서 기획된 분양형 주택으로, 2억 프랑으로 200세대를 공급한다는 구체적인 경제적 목표를 달성하기 위해 철저하게 통제된 합리적 관리 절차와 건축 기술이 동원된다. 18세기와 19세기 영국의 건축 역시 유사한 방식으로 최적화되었다. 벽돌은 가능한 한 많이 사용되었고, 도시의 미관상 소성 점토의 표면이 지나치게 노골적이고 조악하다고 여겨지는 경우에만 외장 미장stucco으로 마감되었다. 벽돌은 국영 운하망을 통

역주4 피에르 드 퐁트비에유(pierre de Fontvieille): 프랑스 남부 아를(Arles) 인근 퐁트비에유(Fontvieille) 지역에서 채취되는 석회암. 로마 시대 건축부터 현대 건축까지 사용되어 왔으며, 밝은 색조와 균질한 질감이 특징이다. 푸이옹은 이를 크게 다듬지 않은 정육면체 블록 형태로 활용하여 물질적 사실성을 강조했다.

역주5 에스파뇰레트(espagnolette): 프랑스에서 유래한 창문 개폐 장치. 창틀에 부착된 금속 막대를 회전시키면 상·하단의 걸쇠가 동시에 움직여 창을 닫힌 상태나 완전히 열린 상태로 고정할 수 있다. 주로 유럽 전통 목재창에서 사용된다.

해 운송되었으며, 이는 수많은 시골 벽돌공장에서 도시 건설 현장으로 가장 효율적으로 연결되는 수단이었다. 이 공급망은 벽돌의 품질과 외관의 일관성을 보장하지 못했으며, 산업 도시의 그을음으로 금새 덮이게 될 거리 입면에만 제한적으로 선별된 벽돌이 적용되었다. 일정한 크기와 형태의 새시 창이 실내 환경을 감당할 수 있을 정도의 두께로 지어진 벽에 설치되었다. 동일한 출입구들은 제한된 종류의 주조 코아드 석재[역주6] 장식으로 약간의 변화를 부여받았다. 그 결과로 나타난 주택들은 당시에는 반드시 우아하고 강한 도시적 존재감으로 널리 인정받지는 않았지만, 조지아 시대 런던의 주요 거리와 광장은 세련된 주민들의 덕분에 파리의 보주 광장the Place des Vosges이나 로버트 아담Robert Adam의 작품 같은 야심찬 도시 건축의 지역적 사례와 견줄 만한 수준이 되었다.

푸이옹은 재정적, 정치적, 건축적 야망이 있는 사람이다. 그가 1948년부터 1963년 사이에 지은 주택들은 하나의 거대한 프로젝트로, 대량 주택 생산을 위한 새로운 민간 모델이자, 당대 모더니즘의 패권에 대한 비판적 도전이었다. 조지아 시대의 주택이 증가하는 도시 중산층을 만족시키기 위해 당시 표준적인 건축 구축술과 적절한 형식적 품위를 통합하려는 성공적인 시도였다면, 푸이옹의 시도는 '사회주택'이라는 낙인으로부터 대량 주택의 효율성과 규모를 되찾고, 전후 도시를 부르주아 시민들에게 걸맞는 모습으로 도시를 재건하려는 영웅적인 노력이었다.

이 시기의 그의 직업적 활동 강도는, 그가 자신이 해낸 일에 대해 성찰하지 않았다는 사실만으로도 이례적이다. 르 토로네를 짓는 데 몰두한 푸이옹의 중세 장인은 설계의 사회적 맥락과 시공의 물질적 사실 모두에 즉흥적으로 대응할 수 있는 공감력을 지니며, 명확하게 상상된 결말과 연결된 지속적인 피드백 루프를 형성한다. 반면 푸이옹은 재정적, 조직적, 시공적 과정을 작동시켰고, 그것들은 어떤 제약도 없이 필연적인 결말에 이르도록 허용되었다. 알제Algiers, 불로뉴Boulogne, 뮈동Meudon에서의 일부 프로젝트는 규모가 너무 커서, 건축가의 최선의 노력에도 불구하고 모더니즘 프로젝트의 상투적인 특징을 피하지 못한다. 특히 두드러지는 것은 강하게 드러난 콘크리트 프레임과 주변 도시의 삶 및 조직으로부터의 단절이다. 이러한 거대 프로젝트들에서 푸이옹은 종종 석조 건축을 포기하고, 구조와 채움으로 형성된 보다 전형적인 입면을 사용해야 했다. 과장된 규모로 인해 고전적인 파리적 앙상블의 퀄리티를 구현할 수 없었고, 그것들은 통일된 도시조직으로 인식될 수 없었다. 거리와 광장의 유형

역주6 코아드 석재(Coade stone): 18세기 후반 ~ 19세기 초 영국에서 사용된 인공 석재 제품의 이름

학이 부재한 상태에서 남는 것은 블록, 슬래브, 그리고 그 사이의 거대한 공간들의 끝없는 반복이다. 낮은 타워에서 본격적인 모더니스트 슬래브로의 전환과 함께, 프리패브 석재 블록의 체계는 사라졌고, 벽 구성의 문법과 도시 이미지 사이의 정교하고 통합된 균형은 상실되었다. 이러한 초대형 프로젝트들에서는 엄격함이 결국 무자비한 강박으로 전락하고 만다.

마르세유의 리 투레트, 파리의 팡뱅과 몽루주: 이들 프로젝트에서 푸이옹은 조립식 석조 구조의 문법을 발전시켜 낮은 10층 타워들과 길고 폐쇄적인 도시 블록의 레퍼토리로 확장한다. 이 거대한 군집들은 도시의 전통적 건축과 물질적 기반을 공유하지만, 도시의 형태학에는 부합하지 않으며, 조직이나 방향성과 같은 문제에서 동떨어져 있어 도시와의 관계는 피상적인 수준에 머무른다. 알도 로시가 도시 유형을 과학적이면서도 감성적으로 풍부하게 해석한 것과는 달리, 푸이옹은 자신이 사랑하는 엑스[역주7] 도시와 르 토로네 수도원의 특성을 담아내고자 하면서도, 그의 석조 건축을 보다 난해하고 보편적인 형식으로 조직한다. **석고나 석재 마감 없이 노출된 벽돌 표면은, 조지안 건축 중에서도 특히 평범한 건물들에서는 낯설고 충격적이었듯, 푸이옹의 돌 역시 거칠며 건축적인 것 외에는 읽히지 않는다.** 푸이옹이 최고의 야망을 지닌 건축가라는 점은 그가 자신의 작업을 시토회 수도원들과 웅대한 도시 앙상블과 끊임없이 직접 비교하는 방식에서도 명확히 드러난다. 또한 그의 핵심에는 아르 브뤼[역주8]나 1960년대 후반 환경 예술[역주9]에서 볼 수 있는, 원초적이고 거의 형식 이전의 물질의 물리적 존재와 함께 작업하려는 욕망이 지리하고 있다. **그의 작업은 구성의 선험적 방식보다 재료 자체가 지닌 본질적 특성을 의도적으로 높이며, 이는 역사적 서사보다 '지금 여기'를 우선시하는 방식이다. 푸이옹의 건축에는, 단순히 조직된 재료의 아우라와 신체와 환경 사이의 관계가 실존적 힘을 지닌다는 믿음이 있으며, 이는 현대적이면서 동시에 고대적인 질서로 드러난다.**

역주7 엑스(Aix): 엑상프로방스(Aix-en-Provence)

역주8 아르 브뤼(l'art brut): 프랑스 미술평론가 장 뒤뷔페(Jean Dubuffet)가 1940년대에 제창한 개념으로, 제도권 미술교육을 받지 않은 아웃사이더의 원초적이고 즉흥적인 창작을 가리킨다. "가공되지 않은(raw)" 표현이라는 점에서 제도적 양식과 대비되며, 푸이옹에게는 형식 이전의 물질적 힘을 지향하는 태도를 설명하는 참조 개념으로 인용된다.

역주9 환경 예술(the environmental art): 1960년대 후반 미술에서 나타난 흐름으로, 자연과 장소 전체를 작품의 매체로 삼는 경향을 가리킨다. 흔히 '랜드 아트(Land Art)'라고도 불리며, 로버트 스미슨(Robert Smithson)이나 마이클 하이저(Michael Heizer)의 랜드 아트가 대표적 사례이며, 작품은 특정 환경 속에서만 의미를 갖는다. 푸이옹은 이러한 예술처럼 건축을 재료의 물리적 힘과 장소의 맥락 속에서 이해하려 했다.

아담 카루소(Adam Caruso)는 1990년 피터 세인트 존(Peter St John)과 카루소 세인트 존 건축사사무소(Caruso St John Architects)를 공동 설립했고, 현재 런던과 취리히 사무소를 총괄한다. 문화재건축, 공공 · 상업 프로젝트에 폭넓게 참여해 왔으며, 『The Feeling of Things』 등 여러 저서를 집필 · 공편했다. 그의 작업은 재료의 물성과 역사적 맥락을 존중하며, 현대 건축 속에서 전통과 장소성을 새롭게 해석하는 태도로 잘 알려져 있다. 2011년부터 취리히 연방공과대학 건축학과 교수로 재직 중이며, 이전에는 노스런던대학교, 배스대학교, 멘드리시오 건축아카데미, 런던정경대학 도시프로그램에서 가르쳤다. 2019년 파트너십으로 건축 부문 로열 아카데미션(RA)으로 선출되었고, RIBA와 여러 유럽 건축 단체의 회원이다.

English Original

"You know, Bernard, in the beginning the Creator gave men a liking for fire – originally the only difference between us and the animals, I mean outwardly. Then wisdom, or folly, led us to hunt, till, breed animals, weave, speak, fight, cook and build. Everything that is instinct I call 'of the earth'; and although building comes after fire, construction is still connected with the instinct. As the piratical wasp or the virtuous bee constructs its cells, so we build our hearths, our cities, our communities."

The Stones of the Abbey, Fernand Pouillon, p. 69

On the seventeenth day of July, the construction of the Cistercian Abbey of Le Thoronet had reached a critical moment for the master builder and his masons. On the basis of mock-ups and samples that had been prepared in the quarry, important decisions would have to be made as to the surface finish and laying techniques that would be used in the construction of the abbey. These decisions had already been delayed and were made all the more acute by the master builder's choice of a local stone, a rough material that was difficult to extract from the ground and could not be given a smooth surface finish, as would have been the case with a more conventional, finely structured stone. Using this stone had been, from the start, a cause of friction between the master builder and his subordinates, who felt aggrieved by the stone's stubborn resistance to their proud skill as masons. The master builder was anxious because he had already privately made his choice, one that would be hard to explain to the others. He feared that the decision would have to be put off, as he wished to avoid further conflict with his masons, and had not yet reached the point where he would invoke his authority to overrule their scepticism.

The technique for laying the interior stone facings was not controversial. Although regulating this roughly-hewn material into a structure of two-millimetre joints was no easy matter, all could readily subscribe to the idea that the interiors of the abbey should have a dignity and fineness, that the finish of the work should be varied according to the functions of the abbey's rooms, and that the best stones should be kept for the church interior. Protected from the rain, from the effects of frost and the strong Provençal sun, the master builder was confident that the fine lime mortar joints would become as hard and as durable as the stone. This would not be the case for the exterior stone facings, so the master builder had requested that a mock-up be prepared with dry joints. This technique, used in the monuments of antiquity, grand structures made in fine stone using almost forgotten skills, seemed perverse when applied to the little abbey hidden in its wooded valley site, and almost impossible in the crude local stone that the master builder insisted should be roughly dressed. He knew that the technical argument for using dry joints was weak and that his decision was based on his intuition, a deeply felt conviction that dry jointing would effect a synthesis between the rough material and its tectonic assembly.

"This method of laying, my method, will give a touch of richness to what is otherwise austere: it will weave a design on every wall, a net of variously shaped mesh or an open lacework of dark threads."

The Stones of the Abbey, Fernand Pouillon, p. 67

The Stones of the Abbey is a beautifully written book. A fictionalised and very personal account of the building of the Cistercian abbey of Le Thoronet, it is Fernand Pouillon's major statement about architecture. Its insistence that historical continuity and personal experience should be core qualities for a contemporary architecture is unusual within the twentieth-century canon of writing by architects. Pouillon's contention is that only what came before, and only the architect's direct, corporeal engagement with the stones of European culture, could provide a valid foundation for contemporary architecture. Le Thoronet was also a favourite reference of Le Corbusier, but for him it was a symbol for the promise of new kinds of collective dwelling, a symbol that he somehow reconciles alongside the ocean liner and the Parthenon, equally abstracted symbols of advanced engineering technology and proportional perfection, his ingredients for a brave new modern architecture.

Pouillon never allows himself such abstractions, and it is significant that the Provençal building he loves, even more than the grand historic ensembles of Paris, is an architecture resistant to simple proportional analysis. Built at the cusp between the Romanesque and the Gothic, Le Thoronet is not even made with a single language of architecture. Atypically for a French architect, Pouillon does not invoke any canon of architecture, there is no scientific discourse to explain the relationship between the monastery's complex programme and its specific construction techniques. Rather, the building's form is arrived at by more analogous means, where the whole of a European construction culture is filtered through the personal experience of the master builder, a process which binds programme and technique into a profound and complex whole. This is how the little abbey insinuates itself like a natural phenomenon into its intimate and wooded valley site. It is a very specific and intuitive response to the great complexity of the architectural task, where the reconciliation of material, programmatic and organisational matters are brought together into a palpable and wholly physical work of art — something of the earth.

Unlike Le Corbusier and most other apologists of modernism, Pouillon never tries to simplify the complexity of the architect's task with facile theory and abstraction. Instead he accepts, even celebrates, the diversity and pragmatism of the architectural project as evidence that only concrete reality can be the basis for a rich, substantial and lasting architecture. This complexity begins with a considered understanding of the topography, geology and material culture of the specific site. The master builder of the book is not only concerned with which stones, timber and tiles can be brought to the remote site. The main focus of his energy, the outcome of his slowly and deeply acquired knowledge, is a consideration of the consequent effect that these materials will have on the formal development of the project.

This embrace of complexity extends to social matters as well. The functional and emotional narrative of the abbey's programme is dynamic and difficult to articulate, and yet there is a strong expectation that these will be sustained and reinforced by the physical body of the building. The management of the design's progress is always conditional, dependent on the skill of the workforce, which includes a large complement of lay brothers who are trained in the full range of construction tasks, dependent also on available materials and transport, tangible limitations that cannot constrain the construction's ultimate objective, the celebration of God. The master builder leads the process with a firm hand, but in order to motivate his subordinates and to build up their capacity, he is reluctant to assert his authority baldly, preferring discussion and instruction in the belief that the fully engaged commitment of his workforce will be evident in the fabric and in the spirit of the final work. In the absence of theories or canons of beauty, and suspicious of the idealised authority of history, the master builder relies on his own personal experience and sensibility to negotiate the shifting constellations of use and matter, site and emotion. His intuition comes from careful observation and study to effect a synthesis that Pouillon suggests is the architect's primary task.

Enmeshed within the diverse, densely organised and anonymous constructions that inhabit the Parisian periphery, Pouillon's housing estate of Pantin is barely distinguishable from its surroundings. A solitary figure rises ten storeys above the typical five and six, its facades emphatically express their resistance to gravity like roughly cut stones stacked in the quarry. The physical presence and raw facts of construction are shocking in this place that is otherwise dominated by stucco and claddings. With the exception of the small tower, which terminates an existing street facade and signals towards the local metro station, the estate resists figural signs and does not engage with the surrounding city. Its long five- and seven-storey blocks are attached to form a continuous meander. This follows a north-south orientation, neither completing the firewalls of its neighbours nor extending the existing lines of facades. Parking, which has proliferated since the estate's construction in the 1950s, is pushed to the exterior, so that the facades of the estate are directed inwards with deliberate intent, referring only to themselves and to the monastic stillness of the internal landscape.

Unlike a monastery, however, where the interior life of the cloister, the refectory and the dormitory moderate heavy masonry facades and inform the use and the atmosphere of the gardens, this residential estate has no programmatic diversity to express. Every floor level is the same. The ground floor is raised by six steps above the garden, and the ground floor apartments enjoy no special relationship to the landscaped inner courts. The simple apartment plans and the elevations are organised within a strict grid, and the consistent use of standardised, vertical windows enables a mix of unit sizes to be accommodated without any external expression.

Window openings are as consistent as those of Georgian London. Each is four stones high, with an additional stone marking the zone of the lintels. A shallower string course lends a subtle rhythm to the facade and at the same time forms a small interior downstand at the head of the window, which accommodates the thickness of the floor construction. Everything is of the same stone, pierre de Fontvieille, a limestone from Provence that was delivered to the site in large, roughly finished cubic blocks. These were lifted from their transport by crane directly onto the building, in the same way that large precast concrete elements are installed today. Plain ashlar wall surfaces are made slightly more articulate with a redder and more figured limestone. These are used to suggest subtly decorative infill panels, which transform the massive stone piers into flat pilasters. Attics, sometimes a single storey, sometimes several, appear as autonomous buildings surmounting the four-storey stone volume. These structures are almost fully glazed, with a more nervous vertical rhythm defined by fine masonry mullions. These shifts in elevation type are independent from the interior layouts. Their purpose is atmospheric, bringing subtle variation to the long, repetitive, stone facades.

Thinly-framed, single-glazed timber windows, a standard product of French post-war housing, remain square and true, and the espagnolette mechanisms are still capable of fixing the casements in their closed and fully open positions. These, along with extremely thin but still functional side-hung perforated shutters, are being replaced by white plastic double-glazed windows and matching roller shutters, which are housed in bulky boxes at the head of each window.

This place shares nothing with modernist ideas of a functionalist formalism, or with any progressive social ideology. Its ambition and its achievement is the use of very direct forms of construction to make a strong atmosphere that is conducive to living in the city.

This is speculative housing conceived on a brutally materialist basis where tightly controlled, rational managerial processes and construction techniques are deployed to meet specific economic results: two hundred dwellings for two hundred million francs. Eighteenth- and nineteenth-century English construction was similarly optimised. Brick was used wherever possible, sheathed with stucco only where urban propriety insisted that the surface of fired clay was too naked and too rude a material to remain exposed. Bricks were delivered via the national canal network, which was the most expedient route from the myriad rural brickworks to the construction sites of the city. This supply chain could not guarantee consistency in the quality and appearance of the bricks, and selection was employed only for street facades whose surface would soon be rendered consistent by the plentiful dark soot in the industrial urban air. Sash windows of a consistent size and type were installed into walls that were built only thick enough to provide acceptable interior conditions. Identical entrance ways were given variation and elaboration with a narrow selection of cast, Coade stone ornaments. The result was builder's housing whose elegant and powerful urban presence was not necessarily appreciated at the time of its construction. Nonetheless, the grander streets and squares of Georgian London, supported by their stylish inhabitants, did approximate Parisian models like the Place des Vosges and more local examples of an ambitious urban architecture like the work of Robert Adam.

Pouillon did not lack financial, political or architectural ambition. The housing he built between 1948 and 1963 constitutes a single, vast project that was in equal parts a new private-sector model for the production of mass housing, and a polemic against the hegemony of modernism of that time. While Georgian housing was a successful attempt to merge normative construction techniques with an adequate degree of formal decorum to satisfy the burgeoning urban middle classes, Pouillon's was a heroic effort to wrest the efficiency and scale of mass housing from the spectre of 'social housing', and to rebuild a post-war city fit for its bourgeois inhabitants.

The intensity of his professional activity during this period is unusual, if only as a condition for the architect's lack of reflection about what he had done. While Pouillon's medieval master builder, occupied with the making of Le Thoronet, possesses a sympathy that enables him to effect an improvisation with both the social circumstances of the design and the material fact of its construction, a continuous feedback loop with a strongly imagined endgame, Pouillon sets into motion financial, organisational and constructional processes that are allowed to run untrammelled to their inevitable conclusion. Some projects, such as those in Algiers and the final Parisian projects in Boulogne and Meudon, are so large that despite the architect's best efforts they fail to escape some common tropes of the modernist project. Especially evident are the powerfully expressed concrete frame and a dislocation from the surrounding city life and fabric. In these enormous projects Pouillon was often forced to abandon his stone architecture for more typical facades formed of structure and infill. Their exaggerated size and scale made achieving the qualities of the classic Parisian ensemble impossible, and they cannot be perceived as coherent urban constellations. In the absence of a typology of streets and squares, what remains is an incomprehensible repetition of blocks, slabs and the vast spaces in between. With the shift from squat towers to fully-fledged modernist slabs, the discipline of the prefabricated stone block was abandoned, and the careful and cohesive balance between wall syntax and urban image was lost. In these very large projects rigour unfortunately descends into relentlessness.

La Tourette in Marseilles, Pantin and Montrouge in Paris: in these projects Pouillon develops his syntax of a prefabricated stone construction into a repertoire of squat ten-storey towers and long, closed urban blocks. These large constellations share a material basis with the conventional architecture of the city, yet they do not conform to its morphology, remaining aloof to matters of grain and orientation so that their relationship to the city remains general. Unlike Aldo Rossi's rich exposition of urban types, an appreciation which is both scientific and sentimental, Pouillon, while intent on capturing the qualities of his beloved city of Aix and the Abbey of Le Thoronet, organises his stone construction into something more inscrutable and generic. The unclothed surface of brick, unencumbered with stucco and stone facings, was shocking at the more ordinary end of Georgian building. Pouillon's stones are similarly rude, they can be read as construction and nothing else. That Pouillon is an architect of the highest ambitions is made explicit through the persistent and direct comparisons he makes between his own work and Cistercian monasteries and grand urban ensembles. There is also, at his core, a desire to make work with the elemental, almost preformal physical presence that can be found in l'art brut and in the environmental art of the late 1960s. This work deliberately elevates the intrinsic qualities of raw material over a priori methods of composition, which serves to privilege the here and now over the narratives of history. In Pouillon's work there is also the conviction that the aura of simply organised material and the relation between the body and its environment have an existential power, an order that is both contemporary and archaic.

Incrustation
외피형성

고트프리트 젬퍼는 건축과 예술의 양식적 기원을 직물(Textiles)에서 찾으며, 인류가 최초로 사용한 끈 · 띠 · 직조 · 피복 행위가 단순한 보호 수단을 넘어 공간을 구획하고 가시화하는 근본 원리였다고 주장한다. 그는 '피복(Bekleidung)'과 '외피 형성(Incrustation)'을 단순한 장식 차원을 넘는 구조적 · 상징적 원리로 규정하고, 어원학적인 사례(Wand–Gewand)와 문화사적 사례(문신, 염색, 인화, 축제 장치, 직물벽 등)를 근거로 이를 입증한다. 이러한 전통은 그리스 예술에서 고도로 정신화되어 구조와 장식이 분리 불가능한 통합으로 승화되었으며, 기념비적 건축 역시 임시 가설 구조물과 직물 피복의 원리에서 비롯되었다. 젬퍼는 "제품은 재료와 시각적으로 일관되어야 한다"는 테제를 통해 재료의 성질과 기술 과정이 양식[1]을 산출하는 토대임을 강조하며, 직물을 단순한 재료가 아니라 건축과 예술 전반을 규정하는 원초적 매개로 제시한다. 따라서 그의 논의는 오늘날 양식론과 설계 담론에도 여전히 중요한 함의를 지니며, 예술과 건축의 기원적 관계를 새롭게 조망하게 한다.

김윤수

1 양식(style): 오늘날 '스타일'이 개인적 개성이나 패션을 연상시키는 것과 달리, 젬퍼가 말하는 '양식'은 특정 시대와 문화가 공유하는 예술적 · 건축적 표현 원리의 총체를 의미한다. '양식'은 즉, 재료와 기술의 사용 방식, 그리고 그것이 사회 · 문화 속에서 형식으로 굳어지는 과정 전체를 가리키는 개념이라 볼 수 있다.

1860

직물

Textiles

고트프리트 젬퍼 Gottfried Semper

김윤수 옮김

Extracted from: Semper, Gottfried. "Drittes Hauptstück: Textile Kunst," in *Der Stil in den technischen und tektonischen Künsten; oder, Praktische Ästhetik: Ein Handbuch für Techniker, Künstler und Kunstfreunde*, vol. 1. Frankfurt am Main: Verlag für Kunst & Wissenschaft, 1860, 13 – 90. The following texts are excerpted from, sections §25, §26, §58, §61, §62, and §63

원재료에 관하여: 일반적 사항

§25 제품은 그 재료와 시각적으로 일관되어야 한다

초기 인류는 방어와 보호의 필요성으로 해 자연에서 얻은 끈, 띠, 감싸는 표면들을 사용하게 되었다. 처음 사용된 재료들은 마치 자연의 작업장에서 직접 나온 것처럼, 이미 사용될 준비가 된 상태로 주어졌다. 산업이 발전하면서 사람들은 이러한 자연산물에 특정한 성질과 형태를 부여하는 기술을 익히게 되었고, 이것들을 결합하여 본래 의도된 목적에 더 적합하게 만들 수 있게 되었다. 이러한 경향은 곧 무언가를 꾸미고자 하는 자연스러운 본능과 맞물리게 되었다. 사실, 논의되고 있는 이 분야의 발명에서 최초의 원동력이 된 본능이 과연 어느 것이었는지는 아직 확실히 규명되지 않았다.

이 초기 산업 제품들의 가장 중요한 특징은, **그 형태와 색채가 원재료의 특성에 철저히 부합하고 있었다는 점이다** — 이는 전적으로 이해할 수 있는 것이다. 그러나 우리가 주목해야 할 중요한 사실은, 최초의 발명가들을 이끌었던 이러한 감수성이, 고도로 문명화된 시대의 복잡한 요구를 충족시키기 위해 산업이 점점 더 인위적인 방식을 찾아내게 되면서, 점점 더 문제가 되고 불확실해지기 시작했다는 것이다. **작품의 양식적 일치를 위한 근본적인 기술적 원칙은 바로 이 특성에 기반한다: 즉, 그것이 원재료의 자연적이고 논리적인 결과로서 존재하고 그렇게 보여야 한다는 것이다.**

양식적 정확성은 먼저 다루려는 원재료의 자연적 속성에 의존한다. 이러한 성질들은 기술적 작업을 하려는 사람이나, 제작자를 위해 지침 · 설명서 · 도면 등을 준비해야 하는 사람이라면 누구나 철저히 알고 있어야 한다. 최근에는 제작자의 손이 충분한 능력과 여유를 지녀 발명가의 역할까지 하는 경우는 드물거나 거의 없다. 특히 그러한 발명이 경험적 과학과 수학의 영역을 넘어 예술적이고 형식적인 개념의 일부에까지 이르러야 할 때는 더욱 그렇다. 불행히도, 이러한 상황은 관료주의, 공장주의 이윤 추구, 기계에 대한 종속, 노동자들의 프롤레타리아적 예속이 결합되어 노동자들의 예술적 감수성을 무디게 만든 바로 그 시기에 나타났다.

동시에, 이러한 상황을 보완할 수 있는 위치에 있는 사람들조차도 산업을 예술적으로 고양시키고 발전시킬 수 있는 긍정적인 영향을 기대만큼 발휘하지 못하고 있다. 이는 그들이 각 산업에서 사용되는 원재료와 기술적 절차를 충분히 숙지하고 있지 않기 때문이다. 또한 그들은 자신의 "기발한" 구성이 원자재의 특성과 관련 기술에 기반해야 한다고 생각하지도 않는다. 마지막으로, 산업 생산의 요소들이 제대로 다루어진다면 마땅히 따라야 할 양식적 원칙들이 무엇인지조차 그들은 알지 못한다.[1]

예술의 영역에 조금이라도 속하거나, 혹은 부분적으로 연관된 모든 산업 분야에 있어, 실무적이고 고도로 전문화된 조형 이론이—예술에 깊이 통달한 사람에 의해 쓰인 이론이—얼마나 절실히 필요한가! 이미 언급했듯이, 이 책의 목적은 각 예술에 대한 전문가의 통찰력을 제공하는 것이 아니다. 오히려, 방대한 자료들을 다루는 데 있어(그렇지 않으면 거의 감당할 수 없을 정도로 방대한), 건축과 가깝고도 먼 관계가 핵심적인 기준으로 작용하게 될 것이다.

§26 우리 자신의 피부: 가장 자연스러운 외피

의심할 여지 없이, 여기서 가장 먼저 고려되어야 할 자연산물은 바로 우리 자신의 가죽, 즉 인간의 피부다. 피부를 채색하고 문신을 새기는 놀라운 문화사적 현상 또한 양식의 역사에 있어 매우 흥미로운 주제다. 사람들이 부분적으로 혹은 완전히 벌거벗은

1 이와 관련하여 고트프리트 젬퍼의 저서 『과학, 산업, 그리고 예술 Wissenschaft, Industrie und Kunst』(Brunswick: Vieweg, 1852)를 보라; 그리고 R. A. 다이스(R. A. Dyce)의 『외국 디자인 학교에 관한 보고서 Report on Foreign Schools of Design』(1839), 런던 말버러 하우스(Marlborough House, London)에 있는 박물관의 부록 B, 『본부 박물관의 장식 예술품 목록(Catalogue of the Articles of Ornamental Art in the Museum of the Department)』에서 발췌

2 이러한 풍습은 아주 오랜 세월 동안, 심지어 온대나 한대에 사는 고도로 문명화된 사회에서도 계속 이어져 왔다.

채로 피부표면에 페인팅하거나 새겨 넣는, 선과 소용돌이 무늬[2]와 같은 장식이 과연 인류가 만들어낸 가장 최초의 장식 예술인지에 대해서는, 사실 우리는 확실히 알지 못한다. 여기에서도 역시, 흔히 원시적이라고 여겨지는 것들에서 자주 그렇듯이, 우리는 어쩌면 오히려 더 발전된 과거 문명의 흔적을 마주하고 있는 것일지도 모른다.

이러한 의문점을 고려할 때, 문신tattooing은 이 장의 문화사적 범주 하에 있는 의복clothing에 대한 항목에서 별도의 단락으로 다루어져야 할 것이다. 여기에서는 이른바 야만인이라 불리는 민족 대부분이 자신들의 피부색에 가장 적합한 색을 찾아 피부에 채색한다는 사실만을 지적해 두면 충분하다. 이들 중 다수는 피부 아래 근육의 위치와 기능에 대해 정확히 알고 있어서, 그 근육과 움직임을 피부 표면에 선의 체계를 통해 회화적으로, 혹은 보다 생생하게 표현한다. 이것은 구조적이고 상징적인 의미에서 장식을 이해하고 파악하고 있음을 보여주는 매우 주목할 만한 현상이다.

그렇다면 이러한 '장식 개념'이 가장 원초적인 것이라고 결론을 내릴 수 있을까? 아니면 이것이 그러한 장식이 행해지는 사회의 부차적 문화 상태를 반영하는 것으로 보아야 할까?[3] 이 사람들의 피부는, 서로 얽히고설킨 소용돌이와 나선형의, 직선들과 교차되기도 하는 선들로 채색되거나 새겨져 장식되어 있다. 결국 이러한 선들은, 직물의 표면을 구성하는 기본적인 선형 요소인 '실thread'을 자연스럽게 연상시킨다.

[…]

§58 염색, 인화[역주1], 기타

가죽을 무두질하고 염색하는 일은 필요로부터가 아니라 순수한 기쁨으로부터 비롯된 놀라운 발명들의 범주에 속한다. 이들은 가장 초기의 발명 중 하나이기도 한데, 인류는 본능적인 즐거움에 의해 이 작업에 영감을 받았던 것으로 보인다. **색채에 대한 기쁨은 형태에 대한 기쁨보다 앞섰다.** 심지어 가장 원초적인 곤충조차도 햇살과 불꽃, 그리고 빛의 자식이라 할 수 있는 들꽃의 반짝임에서 기쁨을 느낀다. 가장 단순한 염료, 즉 가장 손쉽게 구할 수 있는 염료는 식물 수액이다. 원시인은 색으로 입힌 외피를 본 적은 없지만, 형태와 분리될 수 없는 색이 자연스럽게 그것에 스며든 것을 어디에서나 보았다. **염색은 코팅이나 채색보다 더 자연스럽고 쉬우므로 더 원초적이다.** 이러한 관점은 양식 이론에 있어서 큰 중요성을 지니며, 나는 고대 미술의 **다채색**polychromy 개념을 전개하면서 이 주제에 대해서 앞으로도 자주 다룰 것이다.

4 참조: 구스타프 클렘(Gustav Klemn)의 『인류 문화사(Kulturgeschichte der Menschheit)』(1843–52)—남태평양 섬 주민들에 관한 부분과 본문 여러 곳에 언급됨

역주1 인화(印花, Printing). 여기서의 "printing"은 현대적 의미의 인쇄나 출력이 아니라, 원시적 장식 기법인 '직물 · 가죽 등에 무늬를 찍어내는 방식(block printing, textile printing 등)'을 가리킨다.

[…]

§61 일반적 고찰

[…] 앞서 여러 차례 언급되었듯이, 건축에서 사용된 대부분의 장식적 상징들은 직물 예술에서 유래하거나 그것을 기원으로 한다. 이러한 사실은 곧 이어질 논의를 이해하기 위한 준비가 된다. 그 논의란, 직물과 그것의 원초적인 피복 및 결속 요소들이 양식과 예술의 (그 중에서도 특히 건축의) 양식적이고 형식적인 본성에 끼친 깊고도 보편적인 영향에 대한 것이다. 예술 이론의 수많은 수수께끼를 푸는 열쇠를 지니고 있으며, 예술사에서 마주치는 대부분의 형식적 · 양식적 모순과 상반된 경향들의 핵심에 있음에도 불구하고, 여태껏 예술 관련 문헌에서 이 주제를 그 중요성에 걸맞게 다루려는 진지한 시도가 다루어지지 않은 것은 놀라운 일이다. 그러나 이 문제는 최근의 발견과 조사 이전까지는 풀릴 수 없었던 것이기도 하다. 여기에는 (앙투안-크리소스토므) 카트르메르 드 캥시Quatremère de Quincy가 제안한 고대 건축 및 조각에 대한 최근의 **다채색**polychromy 개념이 포함되며, 이는 학자들과 예술가들 사이에서 거의 끊이지 않는 수년간의 논쟁을 촉발하였다. 이 이론에 따르면 고대의 작품들은 더 이상 '벌거벗은 것(재료 본연의 색만을 드러내는 것)이 아니라, 색이라는 외피를 입은, '**피복된**dressed' 형태로 이해되어야 한다. […]

그리스인의 창조정 천재성은, 고대로부터 온 것이지만 여전히 그들에게 신성하게 여겨지는 예술 유형과 모티브, 그를 대체하는 새로운 형식을 단순히 만드는 것이라기 보다는, 그것을 넘어서는 보다 더 고귀한 과업, 더 높은 목표를 지니고 있었다.

그들의 과업은 달랐다. 즉, 이미 물질적으로 고정된 이러한 예술 유형types과 모티브motives는 그 다음 단계인 현실 세계의 표현과 아이디어 속에서 포착하는 것이었다. 즉, 그들은 이러한 유형과 모티브는 '더 높은 차원'에서 '형식의 상징체계symbolism of form'로 간주하고, 야만인들의 작업들에서는 서로 배제되고 충돌하던 대립 요소들과 원리들을 가장 자유로운 방식으로, 그리고 가장 아름답고 풍부한 조화 속에서 결합시키려 했던 것이다. 그렇다면 우리는 이 '더 높은 차원'의 의미를 어떻게 이해할 수 있을까? 헬레닉Hellenic 형식이란 여러 부차적인 요소들이 복합적으로 결합된 것인데, 그 형식이 처음 생겨난 자연스럽고 현실적인 의미를 이해하려면, 우리는 그에 앞서 전통적이고, 자연적인 구성 요소들을 알고 있어야 한다. 이러한 선행지식 없이 과연 우리는 그러한 본래의 의미를 이해할 수 있을까? 이 질문은, 그리스인들이 형식에 부여했던 더 높은, 하지만 파생적인 의미로 넘어가기 전에 반드시 먼저 다루어져야 한다. 헬레닉 예술의 이 고대의, 전통적인 형식 요소들 중에서, '피복Bekleidung, dressing'과 '외피형성 incrustation'의 원리는 가장 중요할 것이다.

이 원리는 선(先)헬레닉 예술을 지배했으며, 그리스 양식의 일부로 편입되면서도 결코 약화되거나 소멸되지 않았으며, 오히려 고도로 정신화된 형태로 지속되어 오직 아름다움과 형식으로 기능하게 되었다. 그것은 구조-기술적structural-technical이라기보다 구조-상징적인structural-symbolic 의미에서 직동하였으며, 본 장에서는 바로 이 '피복과 외피형성'의 원리를 순수예술의 한 요소로서 다룰 것이다.

프랑스의 가장 위대한 고대 예술사학사이사 감성가인 카트르메르 드 캥시 Quatremère de Quincy는 『올림피아의 주피터 Le Jupiter olympien』에서 고대 예술 전체를 이해함에 있어 결정적으로 중요한 문제에 대해 거의 정답에 가까운 깊이 있는 통찰을 보여주었다. 그는 실제로 어느 정도 해답을 제시하긴 했지만, 그것은 그가 다루던 주제인 헬레닉 조각예술에 대해 일반적이거나 근본적인 수준에 이르진 못했다. 만일 이 책의 저명한 저자가, 그리스 문화의 절정기 동안 선호되던 **다채색** 조각[6], 상아와 금을 결합한 크리세레판틴chryselephantine 조각, 그리고 거대한 조각들이, 조각뿐 아니라 건축까지 영향을 미치며 단순한 장식을 넘어 그 본질적인 구성까지 규정했던 고대의 보편적인 원리—즉 **'외피형성'**의 원리—와 밀접하게 연결되어 있음을 입증했더라면, 그리고 더 나아가 나무, 금속, 테라코타, 석재, 회반죽 등 다양한 외피형성을 위한 재료 중에서도 색칠된 상아가 오래전부터 동일한 목적으로 사용되었음을, 그리고 더 나아가 크리세레판틴 조각이 바로 이 상아 재료를 대형 조각에 적용한 것임으로 보여주었더라면, 그는 자신의 뛰어난 저작에서 제시한 것보다 훨씬 더 중요하고 일반적인 결론에 도달했을 것이나. 그러나 그는 그와 반대로 접근했다. 그는 상아 혹은 상아와 같이 큰 조각으로 사용 가능하지 않았던 재료로부터 거대한 조각상을 만들고자 하는 열망이 자연스럽게 특정한 기법을 낳았으며, 그 기술technique을 표현하는 것과 그 부활이 자신의 작업의 주된 목적이라고 입증하는 데 집중하였다.

[…]

이러한 '외피형성'의 전통은 실제로 헬레니즘 예술 전반에 걸쳐 있으며, 무엇보다 건축의 본질 자체를 지배하는 원리로 작용한다. 이는 단순히 조각이나 회화로 표면을 장식하는 장식 방식에 편협하게 국한되지 않고, 예술 형식 전반을 본질적으로 규정한다. 그리스 건축에서는 예술 형식과 장식이 표면 피복의 원리와 너무도 깊고 밀접하게 연결되어 있어, 둘을 따로 떼어 생각할 수 없다. 이 부분에서도 그리스 건축은 이른바 야만적 건축과는 확실히 달랐다. 야만적 건축에서는 구조와 장식이라는 동일한 요소들이, 그 발전 수준이 높아할수록, **비유기적으로**inorganically, 심지어 거의 **기계적으로**mechanically, 그리고 무엇보다도 물질적이고 노골적인 방식으로 드러났다. 난 이 양식 이론의 중요한 명제를 단순히 고고학적으로 흥미로운 지점으로 보지 않는다. 건축에서의 예술 통합synthesis of the arts에 대한 장에서 이 주제를 보다 더 깊게 논의할 것이다. 하지만 이 개념은 건축에만 국한되지 않고 모든 예술에 일반적으로 적용될 수 있으므로, 그것이 이끄는 중요한 고찰들은 이곳에서도 생략되어서는 안 된다. 특히 그 기반이 되는 기술적 과정, 즉 '**피복**dressing'과 직접적으로 연결되어 있으므로 이곳에서도 논의되는 것이 논리적이고 자연스럽다.

[…]

§62 구축과 독립적이며 공간 개념에 기반한 건축의 가장 오래된 형식 원리; 예술에서의 현실 감싸기Masking

(위에서 논의한 피부를 칠하는 행위를 제외하면) 인간의 벌거벗은 몸을 '피복하는 기술'은 인간이 머무는 마을이나 공간을 감싸는 것보다 이후에 발명된 것으로 보인다.

가장 원시적인 상태의 일부 부족들은 의복이라는 개념조차 알지 못하지만, 그들은 동물 가죽을 사용하고, 그들의 거처를 꾸미고 보호하기 위해 실잣기, 엮기, 짜기 등 나름 발전된 기술을 가졌다.

이러한 문화사적 현상은 기후 조건이나 그 밖의 여러 환경적 요인으로 충분히 설명될 수 있을지도 모른다. 이것만으로 보편적이고 정형화된 문명의 발전 경로를 이끌어낼 수 있다고 확신할 순 없지만, 한 가지는 분명하다. 건축의 시작이 직물의 시작과 일치한다는 사실은 분명하다.

"벽은 공간이 둘러싸여 있다는 사실을 형식적으로 보여주고, 가시적으로 만들어주는 건축 요소로, 구조적 기능이나 장식 같은 부차적인 개념에 의존하지 않고 오직 공간의 경계를 절대적으로 드러내는 역할을 한다."

우리는 '울타리', 즉 얽히고 묶인 나뭇가지와 막대기로 만든 울타리를 인간이 발명한 가장 원초적인 칸막이이자, 인간이 고안한 최초의 수직적 공간 경계로 볼 수 있을 것이다. 그리고 이 경계를 완성하는 데 필요한 기술은, 말하자면 자연이 인간의 손에 쥐어준 것이었다.

이러한 가지 엮기에서 주거의 용도로 섬유bast를 꼬는 기술로의 전환은 자연스럽게 이뤄졌다. 그다음 풀 줄기나 식물 섬유로 하는 직조가 발명되었고, 이후에는 식물성 또는 동물성 재료로 만든 실로 직조하기 시작했다. 줄기들에 자연적으로 나타나는 다양한 색상은 곧 그것들을 교차 배열하여 사용하는 방식으로 이어졌고, 그 결과 패턴이 생겨나게 되었다. 이러한 자연 재료는 곧 인공 염색과 직조법의 발전으로 보완되어 벽마감, 바닥덮개, 천장 마감 등의 다채로운 양탄자가 만들어졌다.

이러한 발명의 점진적인 발전이 실제로 이 순서를 따랐는지는 그리 중요하지 않다. **분명한 것은 울타리에서부터 "집(home)", 즉 내부의 삶을 외부의 삶으로부터 분리하기 위한 공간 아이디어의 형식적 구성으로서 원시적 직조가 시작되었다는 사실이다.** 이는 돌이나 여타 재료로 만든 단순 벽보다 앞선 것이었다.

이 공간 경계를 고정하고 안정적으로 만들고 지탱하는 데 사용된 지지대는 공간의 구획이나 공간 그 자체와는 직접적인 관련이 없다. 그것들은 본래의 건축 개념과는 다른 것이었으며, 처음부터 형식을 결정짓는 요소가 아니었다.

이와 마찬가지로, 생벽돌이나 돌 또는 기타 공간 개념과 본질적으로 무관한 재료로 쌓은 벽들도 그 본질이나 용도 면에서 공간 개념과 직접적인 관련이 없다. 이러한 벽들은 요새와 방어, 견고한 외피구조 확보, 특히 그 외피구조 지지, 그리고 저장물이나 기타 하중의 적재 등 다양한 용도로 사용되었다. 요컨대, 이들은 '공간을 둘러싼다'는 본래의 개념과는 무관한 목적을 위해 쓰였던 것이다.

이 모든 과정에서 매우 중요한 점은, 이러한 부차적인 동기가 나타나지 않는 곳에서도, 즉 특히 따뜻한 남쪽 지방에서 직물 재료가 거의 어디서든 여전히 공간을 구획하는 표면이라는 원초적인 용도로 사용되고 있다는 것이다. 견고한 벽이 필요한 경우에도, 그것은 진정한 공간 개념을 표현하는 수단으로서 다소 정교하게 직조되거나 엮인 직물 벽을 떠받치는 내부의 보이지 않는 구조물일 뿐인 것이다.

여기서도 흥미로운 사례 하나를 볼 수 있다. 구어(口語)가 형식 언어의 원시적 표현 속에 담긴 상징들을 명확히 해줌으로써, 예술의 초기 역사를 이해하는 데 큰 도움을 준다는 것이다. 이렇게 언어는 우리의 해석이 타당하다는 점도 함께 뒷받침해준다. 모든 게르만어에서 Wand [벽]라는 단어는 Gewand [의복]와 같은 어원, 같은 기본적인 의미를 가지며, 시각적으로 보이는 공간의 경계를의 고대 기원과 유형을 직접적으로 암시한다.

이와 유사하게, Decke [덮개 혹은 천장], Bekleidung [의복 혹은 피복], Schranke [장애물 혹은 문], Zaun [울타리], Saum [원단 혹은 토막] 등 많은 기술 용어들 역시, 나중에 건축에 도입된 상징적 표현이 아니라, 이러한 건축 요소들의 직물적 기원을 명확히 암시하는 표현들이다.

위에서 논한 모든 내용은 건축architecture이란 것이 세상에 등장하기 이전에 나온 개념들이다. 이에 대한 실질적인 의미가 있을지 없을지에 대해서 예술계가 관심을 가질지는 잘 모르겠다. 이제 중요한 질문은 다음과 같다. 그 수수께끼같은 변화 이후에 무엇이 피복의 원리가 되었는가? 즉, 본래는 단지 물질적이고 구조적이며 기술적인 개념에 불과했던 '주거'가 하나의 기념비적인 형태로 변화하고, 그로부터 진정한 건축이 등장한 그 이후에 말이다.

여기서 기념비적 건축의 기원에 대해 논할 수는 없지만, 잠시 후 언급할 고대 기념비 예술의 역사적 사례들은 그 이해를 도울 것이다. 지금은 단지 다음을 지적하는 데 그치겠다. 기념비적 건축이 시작된 외적 동기는 언제나, 그리고 여전히, 종교적이거나 중대한 사건이나 국가차원에서의 행위를 기념하고 불멸화하려는 욕망이었다.

기존의 고귀한 문화과 사치를 전제로 하는 기념비 예술을 최초로 창안한 사람들은, 그것와 유사한 축제 행사에서 영감을 받았을 것이라 가정해도 무방하다.

축제 장치는 임시 가설 구조물로, 축제를 기념하고, 미화하고, 장식하며, 상징화하기 위해 태피스트리, 화환, 띠, 전리품 등으로 장식된다. 이것이 바로 영구적 기념비의 모티브이며. 이 기념물은 장엄한 행위나 사건을 미래 세대에게 목적을 지니고 있다.

이집트 신전은 임시로 꾸려진 순례자 시장에서 유래했다. 아직 고정된 신전이 없는 지역에서, 어떤 지방 신이 기적을 일으키는 존재로 여겨지며 갑작스럽게 많은 이집트 농민들을 축제로 끌어모았을 때, 사람들은 기둥과 천막덮개로 급히 임시 구조물을 지었다. 이런 임시적 축제 시설이 바로 후에 영구적인 신전 건축으로 이어지는 동기가 되었던 것이다.

대영박물관에 전시된 두 개의 유명한 리키아 무덤도 이러한 양상을 보여준다. 그것들은 나무 구조물을 돌로 옮겨 놓은 것처럼 보이며, 그 들보 사이사이에는 채색된 부조 패널이 장식되어 있고, 그 위에는 돌로 만든 관 형태의 조각과 뾰족 아치형 지붕, 장식된 마루판 등이 얹혀 있다. 이 리키아 양식의 모조품들은 내게는 정교하게 목재로 조립되고 화려한 양탄자로 장식된 장례용 장작더미로 보인다. 로마인들도 유사한 관행을 가졌다. 가장 위에는 금도금된 캡슐로 덮인 들것이 있고, 이는 장례의식을 기념비적으로 재구성한 것이다.

또 다른 강렬한 예는 솔로몬의 성전에 구약의 언약을 구현한 것이다. 이는 상상이든 현실이든 간에, 장막Tabernacle의 형식과 의미에 유래한 것으로 보이며, 이 주제는 뒤에서 다시 다룰 것이다.

마찬가지로, 극장의 매우 독특한 양식도 무대에서 유래했다. 무대는 판자로 만들어졌지만, 화려하게 장식되고 피복되어 있었다.

이러한 사례들은 모두 외피장식과 구조체 피복의 원리를 보여주며, 이 원리는 즉흥적인 축제 건물에서 필수적이고, 언제 어디서든 그 본질을 함축한다.

따라서 나는 구조체를 가리는 이러한 원칙과, 그 구조의 요소들 사이에 펼쳐진 천막과 양탄자들을 기념비적으로 처리하는 방식이 (이러한 장식의 기원인 그 구조체에서 비롯된 것과 마찬가지로) 초기 기념비적 건축에서도 자연스럽게 나타났을 것이라고 생각한다.

§63 기념비적 목적을 위한 재료의 조형적 사용

앞서 말한 모든 내용을 종합할 때, 인류의 역사 이래로 공간을 감싸는 데 주로 사용된 기술이 건축 양식의 발전에 결정적이고 지속적인 영향을 미쳤다는 점에는 더 이상 의심의 여지가 없다. 더욱이 이 기술은, 원시사회의 환경이 유지되거나 다시 나타나는 곳에서는 여전히 비슷한 목적을 위해 응용되고 있다. 이는 이것은 건축 이전 단계의 벽 마감 기법으로, 오늘날 우리가 사용하는 건축 용어도 대부분 여기에서 비롯되었다. 말하자면, 이것은 아주 원초적인 기술이라고 할 수 있으며, 이어지는 관련 역사적 증거에 대한 검토를 통해 이를 좀 더 자세히 살펴볼 수 있을 것이다.

이보다 덜 중요하지는 않지만 훨씬 더 어려운 문제는, 어떤 재료 표현 방식이 먼저였고, 어떤 것이 나중이었으며, 건축 자체(더 나아가 순수예술 전반)가 조형적 표현을 위해 재료를 활용하는 데 있어 어떤 과정을 거쳐 변화해왔는지를 파악하는 일이다. 지금은 그 방식이 아니라, 오직 재료 자체에 대해서만 논하고자 한다.

이 주제가 양식의 역사에 있어서 얼마나 중요한지를 이해하는 것은 어렵지 않다. 각각의 재료마다 그것에 내재된 특정한 예술표현 방식이 있는데, 그 방식은 재료마다 다를 것이고, 각각의 고유의 처리 방식과 기술이 있을 것이다. 예술적 모티프가 어떤 재료적 방식으로 다루어지면, 그 원형적 유형은 변화될 것이다. 말하자면 그 특유의 색채를 얻게 될 것이다.

[…]

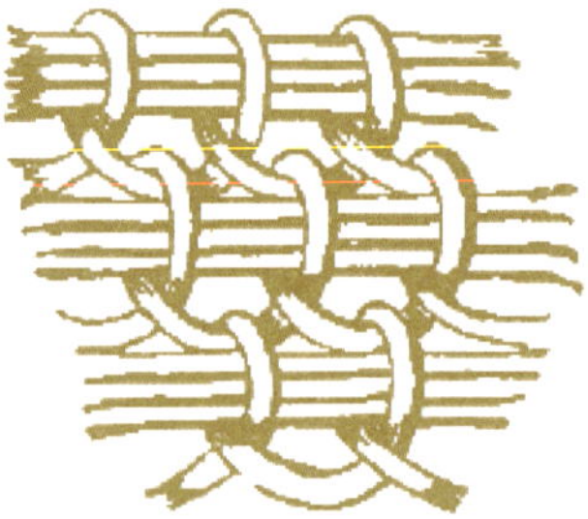

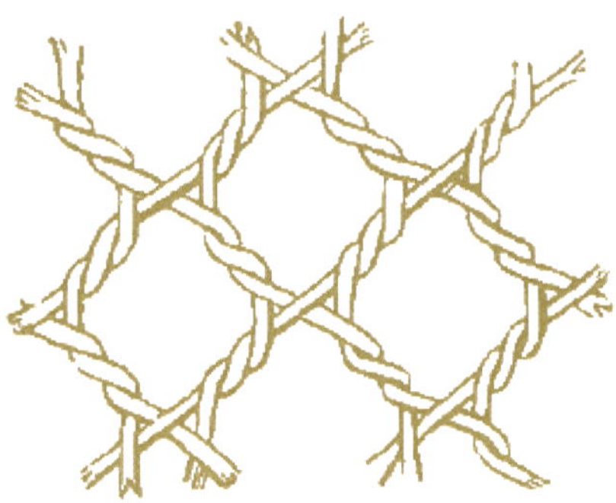

Die Ethik der Bekleidung

피복의 윤리

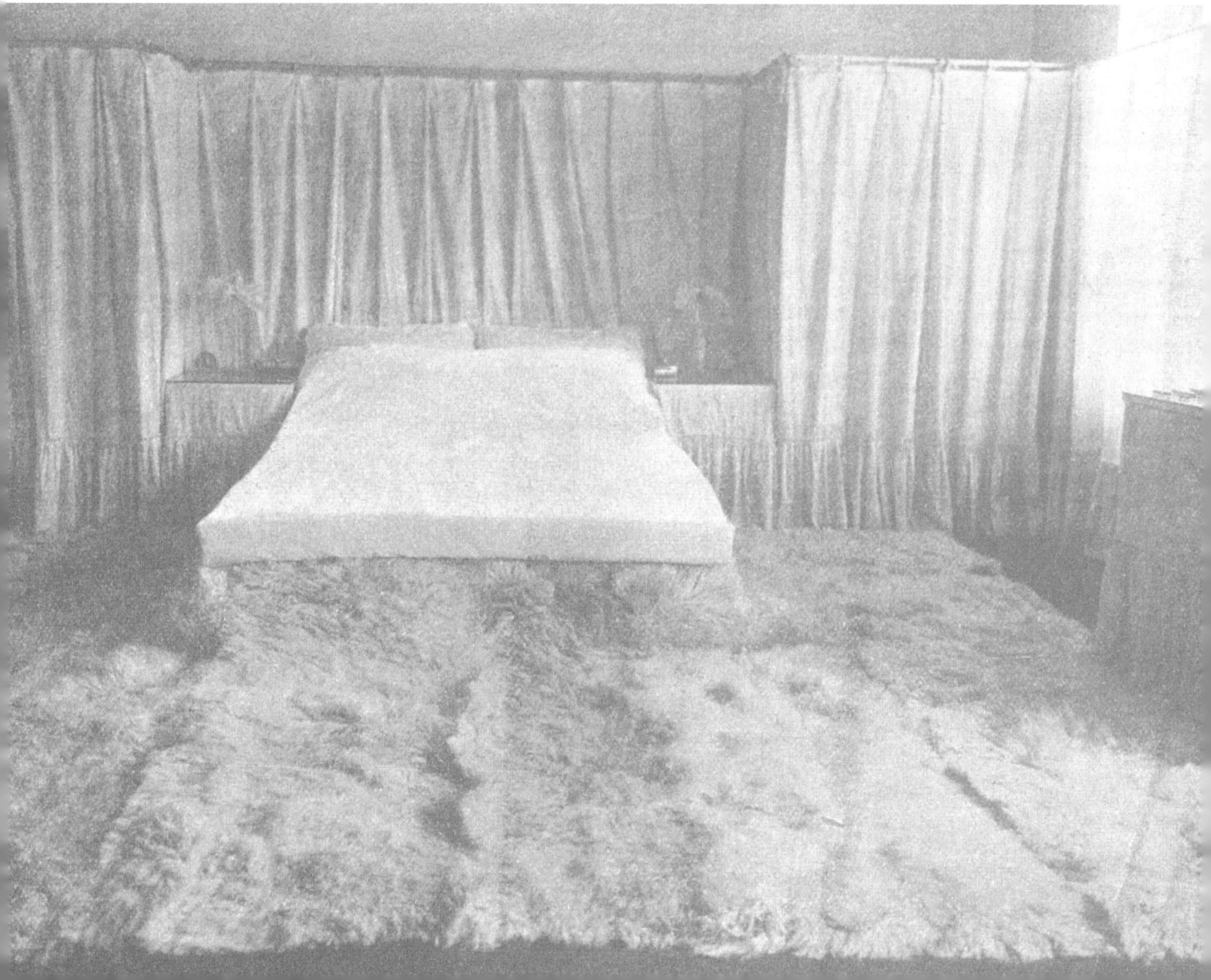

아돌프 로스의 「피복의 원칙」(1898)은 건축의 기원을 '피복(Bekleidung)'에서 찾으며, 재료의 성질과 고유한 형태 언어를 존중해야 한다고 주장한다. 그는 피복이 구조보다 선행하며, 형태는 재료의 사용성과 제작 방식에서 비롯된다고 본다. 이에 따라 재료마다 고유한 형태 언어가 있어 타 재료를 모방해서는 안 되며, 피복하는 재료와 피복되는 재료가 서로 혼동되지 않아야 한다는 '원칙'을 제시한다. 로스는 모방과 대체재의 유행이 장인정신과 건축의 순수성을 훼손하고, 특히 링슈트라세 시대에 건축가들이 대중 취향에 맞추어 예술을 타락시킨 사례로 드러난다고 비판한다. 영국처럼 재료 본연을 숨기지 않는 태도를 긍정하며, 진정한 예술은 위조와 거짓이 아닌 정직한 재료 사용에서 비롯된다고 강조한다.

김윤수

Image credit (previous page): Adolf Loos, Schlafzimmer für seine erste Frau Lina Loos, Wien 1, Bösendorferstraße 3, 1903. ©aus: Kunst, Monatszeitschrift für Kunst und alles Andere, 1903.

1898

피복의 원칙

Das Prinzip der Bekleidung

아돌프 로스 Adolf Loos

김윤수 옮김

Extracted from: Loos, Adolf, "Das Prinzip der Bekleidung," in *Warum Architektur keine Kunst ist*, 88–97. Wien: metroverlag, 2007

모든 재료가 예술가에게는 똑같이 귀중할 수 있을지라도, 그것들이 모든 목적에 똑같이 적합한 것은 아니다. 구조적 강도나 가공성과 같은 요인은 건축물의 본래 목적과 반드시 일치하지 않는 재료들을 요구하기도 한다. 이때 건축가의 임무는 따뜻하고 안락한 공간을 만드는 것이다. 카펫은 따뜻하고 안락하다. 그래서 건축가는 바닥에 카펫 하나를 펼치고 네 개의 카펫을 펼쳐 네 면의 벽을 만들기로 한다. 하지만 카펫으로는 집을 지을 순 없다. 바닥 카펫이든 벽면을 감싸는 카펫이든 그것들을 제대로 고정시키기 위해서 구조체가 필요하다. 이러한 골조를 고안해내는 것이 건축가의 부차적인 임무다.

이것이야말로 건축예술이 따라야 할 올바르고 논리적인 길이다. 인류 역시 이 순서로 건축하는 법을 배워왔다. 처음에는 **피복**이었다. 인간은 험한 날씨로부터의 보호, 그리고 잠자는 동안의 안전과 따뜻함을 원했다. 그래서 인간은 몸을 덮고자(피복하고자) 했다. **이 피복이야말로 가장 오래된 건축적 디테일이다.** 본래 그것은 동물 가죽이나 직물 예술의 산물이었다. 이 의미는 오늘날에도 독일어에서 여전히 남아 있다. 가족 전체를 충분히 보호하려면, 이 피복은 어딘가에 고정되어야 했다. 곧이어 측면 보호를 위한 벽이 더해졌고…. 이러한 순서로 건축적 아이디어는 인류 전체에서도, 개인 각자의 차원에서도 발전해왔다.

이와는 다른 방식으로 작업하는 건축가들도 있다. 그들은 공간이 아니라 벽체를 먼저 상상하는데, 이때 벽체가 남긴 여백이 자연스럽게 공간이 되는 것이다. 이후, 그 공간에 적절하다고 여겨지는 피복 방식이 사후적으로 선택된다. 이것은 경험적 방식의 예술이다. 그러나 예술가로서의 건축가는 먼저 자신이 일으키고자 하는 효과를 느끼고, 이후 정신의 눈으로 자신이 창조하고자 하는 공간을 본다. 감옥에서처럼 공포나 전율, 교회에서의 신에 대한 두려움, 정부청사에서의 국가 권력에 대한 경외감, 묘소에서의 경건함, 집에서의 가정의 편안함, 주점에서의 즐거움 등, 이런 감정적 효과는 결국 재료와 형태가 불러일으키는 것이다.

모든 재료는 고유한 형태 언어를 가지고 있으며, 어떤 재료도 다른 재료의 형태를 자기 것이라고 주장할 수 없다. 왜냐하면 형태는 각 재료의 사용성과 제조 방식에서 비롯된 것이며, 그 재료와 함께, 그리고 그 재료를 통해 생겨난 것이기 때문이다. 어떤 재료도 자기 고유의 형태 영역에 대한 침범을 허용하지 않는다. 그럼에도 불구하고 이를 시도하는 자는 세상으로부터 '위조자'라는 낙인을 피할 수 없다. 그러나 예술은 위조나 거짓과는 아무런 관련이 없다. 예술의 길은 비록 가시로 가득하더라도, 그 본질은 순수한 것이다.

슈테판탑을 시멘트를 부어서 어딘가에 건설하는 것은 가능할지도 모르겠지만, 그렇게 하면 그것은 더 이상 예술작품은 아니다. 슈테판탑에 적용되는 것은 팔라초 피티Palazzo Pitti에도 적용되고, 팔라초 피티에 적용되는 것은 팔라초 파르네세Palazzo Farnese에도 마찬가지로 적용된다. 그리고 이 건축물들과 함께 우리는 링슈트라세Ringstraße[역주1] 건축의 한가운데에 들어서게 된다. 예술에게는 슬픈 시대였고, 그 당시 건축가들 가운데 소수의 예술가들에게는 더욱 슬픈 시대였다. 그들은 대중의 취향을 맞추기 위해 자신의 예술을 타락시키도록 강요받았다. 예술가의 손을 자유롭게 내버려 둘 만큼 큰 비전을 가진 건축주를 계속 만나는 것이 가능했던 이는 극소수였다. 가장 운이 좋았던 이는 아마 슈미트였고, 그 다음은 한센이었다. 그는 힘들 때 테라코타 건축에서 위안을 찾았다. 불쌍한 페르스텔은 분명 극심한 고통을 겪었을 것이다. 그는 마감 직전, 그의 대학교 건물 파사드의 전체를 시멘트로 덮으라고 강요받았기 때문이다. 예외적인 몇몇 건축가들을 제외하면, 당시 여타 건축가들은 대체적으로, 그런 감상적인 고민에서 벗어나 있었다.

지금은 달라졌는가? 이 질문에 대해선 대답하지 않겠다. 건축계에는 여전히 모방과 대체 예술이 득세한다. 아니, 더 나아가 최근 몇 년 사이에는 이런 경향을 적극 옹호하는 이들까지 등장했다. 그중 한 사람은

역주1 링슈트라세(Ringstraße): 오스트리아 비엔나 구도심을 원형으로 감싸는 대표적 순환대로. 19세기 중엽, 합스부르크 제국이 중세 성벽을 철거한 뒤 그 자리에 조성한 길로, 양옆으로 의사당, 시청, 국립오페라극장, 미술사박물관 등 기념비적 공공건물이 늘어서 있다. 제국의 위용과 근대 도시계획을 드러내는 상징적 공간이다.

이 사안이 자기 눈에도 너무 꺼림칙했는지 익명을 고수했다. 이제 '대체 건축가'는 더 이상 주눅들 필요조차 없다. 그들은 이제 구조체를 아예 파사드에 뻔뻔하게 못질하고, '받침돌'을 예술적 정당성을 주장하며 메인 처마 밑에 매달기도 한다. 자 어서 오라, 모방의 선수자들이여! 얄팍한 인타르시아를 덕지덕지 덧붙이는 자들이여, 우리 집 창문을 망쳐 놓은 자들이여, 종이 마셰로 만든 맥주잔이나 만들어내는 자들이여! 비엔나에서 너희를 위한 새로운 봄이 피어오른다. 땅은 이미 신선한 거름으로 잘 준비되어 있다!

하지만 온통 카펫으로 깔린 거주 공간은 모방이 아닌가? 그 벽들은 카펫으로 지어진 것이 아닌데 말이다! 물론 그렇지 않다. 이 카펫들은 단지 카펫일 뿐이며, 벽돌처럼 보여지기를 바라지 않는다. 그것들은 색이나 무늬로도 그런 오해를 불러일으키지 않으며, 자신이 벽면을 감싸는 피복임을 분명히 드러낸다. 그것들은 '피복Bekleidung의 원칙'에 따라 자신의 목적을 충실히 수행하고 있는 것이다.

이미 서두에서 언급했듯이, **'피복'은 구조보다 더 오래되었다.** 피복이 이용된 이유는 매우 다양하다. 때로는 날씨의 불쾌함으로부터의 보호가 목적이며, 이는 목재나 철재, 석재에 칠하는 유성 페인트와 같다. 때로는 위생상의 이유에서, 예를 들어 화장실의 유약 처리된 타일처럼 벽면을 덮기 위한 경우도 있다. 혹은 특정한 효과를 내기 위한 수단으로, 조각상의 채색, 벽지를 벽에 붙이는 작업, 목재의 베니어 처리 등이 있다. '피복의 원칙'은 처음으로 고트프리트 젬퍼Gottfried Semper에 의해 명시되었고, 자연에도 적용된다. 인간은 피부로, 나무는 나무껍질로 덮여 있다.

나는 이 피복의 원칙에서 한 가지 명확한 법칙을 이끌어낸다. 나는 그것을 '피복의 법칙'이라고 부르고자 한다. 놀랄 필요는 없다. 일반적으로 법칙은 모든 발전을 멈추게 한다고 말하지만, 과거의 거장들은 법칙 없이도 훌륭히 작업해왔다. 물론 그렇다. 도둑질이 존재하지 않는 사회에서는 그에 대한 법칙을 만들 필요조차 없을 것이다. 피복에 사용되는 재료들이 아직 모방되지 않았던 시기에는 이러한 법칙을 고민할 필요가 없었다. 그러나 지금은 그러한 법칙이 절실히 필요한 시점이라고 나는 본다.

이 법칙의 내용은 다음과 같다: **피복되는 재료와 피복하는 재료 자체가 혼동될 가능성은 어떤 경우에도 배제되어야 한다. 구체적인 사례에 적용하자면, 목재는 어떤 색으로든 칠할 수 있지만 단 하나의 색, 즉 목재 본연의 색으로 칠해서는 안 된다.** 어느 도시에서는 전시위원회가 회랑의 모든 목재를 '마호가니처럼' 칠하기로 결정했고, 그곳에서는 나뭇결을 흉내내는 것이 유일한 장식 수단이었다. 이 법칙은 그 도시에서는 매우 과감하게 들릴지도 모른다. 이곳에는 그런 표현방식을 고급스럽다고 여기는 사람들이 있는 것 같다. 철도와 전차가 모두 영국에서 유래했기 때문에, 그것들은 가공되지 않은 재료 고유의 색을 그대로를 드러내는 유일한 목재 구조물이었다. 나는 이제 감히 주장하건대, 그런 노면 전차(특히 전기식 노면 전차)는 전시위원회의 미적 기준에 따라 마호가니처럼 칠해진 것보다 오히려 재료 고유의 색 그대로 칠해진 것이 훨씬 더 보기 좋다고 생각한다.

그러나 우리 국민 에게도, 비록 묻히고 파묻혀 있긴 하지만, 진정한 품격에 대한 감각이 잠재해 있다. 그렇지 않았다면, 철도청이 3등 칸을 나무색(갈색)으로, 1등과 2등 칸을 초록색으로 칠함으로써 각 등급이 품격의 차이를 불러일으킨다는 고려할 수 없었을 것이다.

나는 어떤 동료에게 이러한 무의식적인 감각을 매우 극적인 방식으로 증명한 적이 있다. 한 건물의 2층에는 두 가구가 있었는데, 그중 한 세입자가 자기 돈을 들여 원래는 얼룩덜룩한 나무색(갈색)으로 되어 있던 창문 프레임을 흰색으로 칠하게 했다. 우리는 내기를 했다. 일정 수의 사람들을 그 집 앞에 데려가 창문 프레임의 차이를 지적하지 않고, 느낌상 플룬첸그루버 씨(중하류층, 미적 감각이 부족한 사람)와 리히텐슈타인 공작(상류층, 세련된 안목을 지닌 사람) 중 누가 어느 쪽에 살고 있을 것 같은지 묻기로 한 것이다. 사람들은 한목소리로 나무결 무늬가 있는 쪽이 플룬첸그루버 씨가 살고 있을 것 같다고 대답했다. 그 후로 내 동료는 오직 흰색으로만 칠한다.

이 나무결 무늬 칠은 본래 우리 시대의 발명품이다. 중세에는 나무를 주로 선명한 붉은색으로 칠했고, 르네상스 시대에는 파란색, 바로크와 로코코 시대에는 내부는 흰색, 외부는 초록색으로 칠했다. 우리 농민들은 아직도 건강한 미적 감각을 유지하고 있어서 '절대 색absolute Farbe'역주2으로 칠한다. 시골에서 보면 초록 대문과 울타리, 초록 셔터, 그리고 하얗고 갓 칠해진 벽이 얼마나 매력적으로 보이는가. 안타깝게도 몇몇 지역에서는 벌써 전시위원회의 취향을 따라가고 있다.

처음으로 유성 페인트로 칠해진 영국산 가구가 비엔나에 도착했을 때, 모조 예술 공예계에서 일어난 도덕적 분노를 아직도 기억할 것이다. 이 정직한 이들은 도장칠 자체에 분노한 것이 아니었다. 비엔나에서도 부드러운 목재를 사용할 때면 언제나 유성 페인트로 칠했기 때문이다. 그러나 이 영국 가구들이 단단한 나무를 모방하지 않고 유성 페인트를 당당하고 솔직하게 드러낸다는 점에 대해서 이 이상한 성자들은 빈정거리기 시작했다. 그들은 눈을 굴리며, 마치 자

역주2 절대 색(absolute Farbe): 나무결 등을 흉내 낸 인위적인 색칠이 아닌, 혼합되지 않은 강한 고유색

신들이 유성 페인트를 한 번도 써 본 적 없는 사람들처럼 행동했다. 아마도 그들은 자신들의 나뭇결 가구와 건축 작업이 지금까지 단단한 목재로 여겨졌다고 믿고 있었던 듯하다.

나는 이런 견해를 도장공들의 전시에서 그들의 이름을 거론하지 않고 비난하는데, 그러한 점에서 이 조합의 감사 인사를 받을 자격이 충분하다고 생각한다.

반죽 장인에게 적용하면, 피복의 원칙은 다음과 같다: 회반죽은 모든 장식을 담을 수 있으나, 단 하나는 안 된다 — 바로 벽돌 구조체의 표현이다. 이런 당연한 말을 굳이 해야 한다는 게 이상할지도 모르지만, 최근에 나는 어떤 건물에 대해 들었는데, 그곳은 회반죽을 바른 벽에 붉은색을 칠하고 흰 줄눈까지 그려 넣었다고 한다. 부엌에서 흔히 볼 수 있는 '돌 블록'을 모방한 장식도 같은 예에 해당한다. 따라서 벽을 덮는 모든 재료 — 벽지, 유성천, 직물과 양탄자 — 는 벽돌이나 석재를 표현하는 데 사용되어서는 안 된다. 이를 통해 왜 무용수들의 살색 타이즈가 미학적으로 어색한지도 이해할 수 있다. 짜여된 옷감은 어떤 색으로든 염색할 수 있으나, 살색만은 예외다.

피복하는 재료는 피복되는 대상과 색이 동일한 경우 자연색을 유지할 수 있다. 예컨대 나는 검은 철을 타르로 칠할 수 있고, 한 종류의 목재를 다른 종류의 목재로 덮을 수 있으며(베니어나 마퀘트리처럼), 이런 경우 피복재인 목재를 따로 염색할 필요는 없다. 그리고 금속을 다른 금속으로 덮을 수도 있으며, 이는 열처리나 전기 도금을 통해 이뤄진다. 그러나 피복의 원칙은 염색을 통해 피복 안에 있는 실제 재료를 모방하는 것을 금지한다. 따라서 철은 타르로 덮거나 유성 페인트로 칠하거나 전기 도금으로 피복하는 것은 가능하지만, 금속처럼 보이게끔 청동색으로 덮어서는 안 된다.

여기서 샤모트 타일과 인조석 판재도 언급할 가치가 있다. 어떤 것은 테라조 바닥(모자이크)을, 또 어떤 것은 페르시아 카펫을 모방한다. 물론 그런 모방을 진짜라고 믿는 사람도 있을 것이고, 공장들이 굳이 그렇게 만들었다는 건, 결국 그들의 소비자 취향을 잘 알고 있기 때문일 것이다.

그러나 아니다, 모방자들이여, 모조품을 만드는 건축가들이여, 너희는 잘못 생각하고 있다. 인간의 영혼은 너희의 이런저런 수단으로 속일 수 있을 만큼 천박하거나 하찮지 않다. 가난한 농촌 소녀가 진짜 재료로 지어진 교회에서 올리는 기도는, 설령 똑같은 열정으로 드린다 하더라도, 대리석처럼 칠해진 석고 벽으로 둘러싸인 공간에서의 기도보다 훨씬 더 강하게 하늘에 닿을 것이다. 물론 우리의 초라한 육체는 너희 손아귀에 있다. 인간에게는 오직 다섯 가지 감각만이 주어졌고, 진짜와 가짜를 구별할 수 있는 감각은 제한적이다. 인간의 감각이 더 이상 도달하지 못하는 바로 그 지점에서 너희의 세상이 시작되고, 너희의 지배력이 발휘된다. 그러나 다시 말하건대, 너희는 틀렸다. 나무 천장에 정말 높은 곳에 최고의 인타르시아 문양을 그려 넣어도, 눈은 그것을 진짜처럼 받아들일지 모르지만, 신성한 영혼은 너희의 속임수를 믿지 않는다. 아무리 정교하게 '인타르시아처럼' 그려져 있어도, 결국 그것이 단지 유성 페인트에 불과하다는 것을 느낀다.

Glass
유리

Der Kristallberg
Der Fels ist oberhalb der Vegetations-zone behauen und geglättet zu vielfachen kristallinischen Formen.
Die hinteren Schneekuppen sind mit Glasbögen-architektur bebaut.
Vorne Kristall-nadelpyra-miden
Über dem Abgrund eine Brückenver-gitterung aus Glas

파울 셰르바르트(1863~1915)의『유리 건축』(1917)은 유리를 중심으로 한 새로운 건축이 인간 문화와 환경을 근본적으로 변화시킬 것이라 전망한다. 총 111개의 유리에 대한 단편적인 글들로 구성된 이 책에서, 그는 닫힌 방에서 벗어나 태양, 달, 별빛을 전면 색유리 벽으로 받아들이는 공간이 새로운 문화를 형성한다고 주장한다. 이를 위해 이중 유리벽, 철골 및 철근콘크리트 구조, 유리 가구, 유리 벽돌, 색유리 모자이크 등 기술과 미학적 요소를 제안하며, 중공업, 유리, 화학염료 산업의 성장과 기존 목재, 벽돌 건축의 쇠퇴를 예견한다. 이 중「산 조명(Mountain Illumination)」은 브루노 타우트에게 직접적 영감을 준 것으로 알려져 있다. 유리 건축은 도시를 '빛의 밤'과 다채로운 색채로 물들이며, 인류의 생활 방식과 지구 표면을 재편하는 '유리 문화'로 나아간다.

김윤수

1914

유리 건축
Glass Architecture

파울 셰르바르트 Paul Scheerbart

김윤수 옮김

Extracted from: Scheerbart, Paul. *Glasarchitektur*. Berlin: Verlag der Sturm, 1914: — "I. Das Milieu und sein Einfluss auf die Entwicklung der Kultur," 11; "IV. Die doppelten Glaswände, Licht, Heizung und Kühlung," 14; "V. Die Eisengerippe und die Eisenbetongerippe," 16; and others, 11–125. The selected excerpts correspond to the following subchapters: I, IV–VII, XIV, XVII–XIX, XXI, XXXI, XXXIII, XXXV–XXXVI, XLII, XLVII, L, LVI, LXXXIV, XCVI–C, CII, CXI

1. 환경과 그것이 문화 발전에 미치는 영향

우리는 대부분 닫힌 방 안에서 살아간다. 이러한 공간이 바로 우리의 문화가 자라나는 환경이다. 우리의 문화는 일정 부분, 우리의 건축이 만들어낸 산물이다. 만약 우리가 우리 문화를 더 높은 수준으로 끌어올리고자 한다면, 우리는 좋든 싫든 우리의 건축을 바꿔야 할 책임이 있다. 그리고 이러한 변화는, 우리가 살아가는 방들의 닫힌 성격을 제거할 때에만 가능해진다.

이러한 변화는 유리 건축을 도입함으로써 가능하다. 유리 건축은 태양빛, 달빛, 별빛을 단지 몇 개의 창을 통해서가 아니라 가능한 모든 벽을 통해 받아들인다. 이 벽들은 전부 유리, 단순한 투명 유리가 아니라 색유리로 만들어질 것이다. 이처럼 우리가 새롭게 만들어내는 환경은, 반드시 우리에게 새로운 문화를 가져다줄 것이다.

[…]

4. 이중 유리 벽, 빛, 난방 및 냉방

공기는 열전도율이 가장 낮은 물질 중 하나이기 때문에, 이중 유리 벽은 모든 유리 건축에서 필수 조건이다. 이 벽 사이의 간격은 1m 정도일 수 있으며, 그보다 더 넓은 간격도 가능하다. 이중 벽 사이의 빛은 안팎으로 퍼지고, 외벽과 내벽 모두 장식적인 색유리로 구성될 수 있다. 그러나 색채로 인해 지나치게 많은 빛이 흡수될 경우, 외벽은 완전히 투명한 유리로 남겨두는 것이 좋다. 그런 경우에는 벽 사이의 조명에 색유리로 된 덮개 씌우는 것이 바람직한데, 그래야 저녁 시간에 외부로 비치는 빛이 눈부시지 않게 된다.

대부분의 경우, 이중 벽 사이에 난방기나 백열 전구 같은 발열체를 설치하는 것은 권장되지 않는다. 그 이유는 열기나 냉기가 외기로 쉽게 손실되기 때문이다. 대신 난방장치나 냉방장치는 조명처럼 실내 천장에 매달 수 있는데, 이때 유리 벽을 통해 빛이 고르게 분포되기 때문에 실내 조명은 어느 정도 불필요해진다.

무엇보다, 유리 주택은 적도나 극지방보다는 온대 기후 지역에 지어지는 게 좋을 것이다. 더운 지역에서는 흰색 철근 콘크리트 지붕이 필수이지만, 온대 지역에서는 굳이 필요하지 않다. 바닥 난방과 피복재료로는 전기 카펫을 사용하는 것이 권장된다.

5. 철골 구조와 철근 콘크리트 구조

유리 건축에서는 철골 구조가 필수적이다. 이는 중공업의 급격한 성장을 자연스럽게 유발할 것이다. 하지만 철을 녹으로부터 보호하는 방법은 아직 완전히 해결되지 않았다. 녹을 방지하는 방법은 여러 가지가 있지만, 그 중 어떤 것이 가장 좋을진 아직 모른다. 오랫동안 사용되어 온 단순한 보호 도료는 미적 측면에서는 만족스럽지 못하다. 유리 건축가는 이에 대해 분명히 보다 나은 대안을 제시해야 한다. 그러나 이것은 미래의 기술 발전에 맡길 수 있을 것이다.

유리집의 모든 부분이 반드시 유리일 필요는 없으니, 구조 프레임을 좀 더 여유 있는 크기로 허용할 준비가 되어 있다면, 철근콘크리트 구조를 고려해볼 만하다. 철근콘크리트는 건축 재료로서 그 우수함이 이미 입증되어 더 이상의 설명이 필요 없을 정도다. 철근콘크리트는 예술적으로도 다뤄질 수도 있다. 색을 입히거나 끌을 이용해 문양을 새기면서 미적 장식을 더하는 방식으로 말이다.

6. 유리 표면의 내부 구조

철제 혹은 철근 콘크리트의 골조가 유리의 전체적인 프레임을 이루기는 하지만, 유리로 마감된 표면에는 별도의 내부 프레임이 반드시 필요하다. 앞서 언급한 식물원 사례에서는 이 역할을 내구성이 부족한 목재가 대신하였다. 그러나 이제는 목재 대신 지속 가능하고 내구성이 있는 재료를 찾아야 한다. 철은 확실히 더 오래 사용할 수 있는 재료지만, 녹을 방지하기 위한 니켈 도금이나 페인트 도포와 같은 보호 처리가 필요하다. 하지만 페인트 도포 작업은 미관상 바람직하지 않으며, 자주 다시 작업되어야 한다는 단점이 있다. 아마도 철근 콘크리트는 이 역할에 가장 이상적인 건축 재료일지도 모른다. 왜냐하면 그것은 상대적으로 표면 면적을 많이 차지하지 않기 때문이다.

물론 이 외에도 새로운 건축 재료들이 다양하게 검토될 수 있지만, 그것들은 아직 충분히 검증되지 않아 유리 표면을 지지하는 신뢰할 수 있는 구조 재료로 사용되기엔 부족하다. 이는 기술자들의 과제이며, 그들은 이에 대한 해답을 반드시 찾아낼 것이다. 어느 경우든, 유리 건축구조에 적합한 재료는 강도가 뛰어나고 녹이 슬지 않는 것이어야 한다. 목재는 내구성이 부족하므로, 철 구조물에서라면 정말 어쩔 수 없는 경우에만 사용되어야 한다. 실제로 오늘날 교량(橋梁)을 건설할 때에도 더 이상 목재는 쓰이지 않는다. 이제 교량은 전적으로 철과 철근 콘크리트로 만들어진다. 이와 마찬가지로 유리 건축은 사실 반쯤은 철로 이뤄진 건축이라고도 할 수 있다. 따라서 중공업은 완전히 새로운 시장을 확보하게 되었고, 유리 건축을 통해서 철 소비는 10배 이상 증가할 것이다.

7. 가구와 실내 장식에서의 목재 배제

유리 집의 내부에서도 목재는 배제되어야 한다. 목재는 이제 더 이상 적합하지 않다. 전체 환경이 하나의 통일된 인상을 주기 위해서는, 찬장이나 탁자, 의자 등도 모두 유리로 만들어져야 한다. 이것은 목재 산업에 큰 타격이 될 것은 분명하다. 물론 니켈강으로 만든 가구는 에나멜이나 니엘로(은세공 기법)로 장식되어야 할 것이다. 그래야만 가구가 매우 정교한 목각 장식이나 다양한 나무를 상감한 장식장처럼 강렬한 미적 효과를 낼 수 있다. 목재를 배제해야 하는 이유는 그것이 오래가지 않기 때문이며, 철과 유리를 결합한 건축 방식에서 철의 사용은 지극히 자연스러운 발전 방향이라 할 수 있다.

[…]

14. 건물 재료의 외장과 그 정당성

쉽게 부식되는 회반죽으로 마감된 주택의 정면은 명백히 비난받아야 하며, 방수되지 않는 페인트 한겹으로 코팅하는 것은 당연히 허용될 수 없다. 그러므로 건축가들은 어떤 외장도 정당하지 않다고 선언하고, 벽돌 파사드를 완전히 드러낸 채로 전시한다. 끔찍한 광경이다! 벽돌은 오직 풍화되고 폐허의 성격을 가질 때, 즉 폐허처럼 보일 때에만 효과가 있다.

고대 이집트인들은 벽돌로 지은 피라미드를 매끈한 화강암 판석으로 마감했다. 그 화강암은 파괴된 것이 아니라 도난당했다. 이런 일이 발생한다면 보존은 당연히 불가능해진다. 그래서 품질이 다소 떨어지는 재료로 외장을 하는 것도 충분히 정당화될 수 있을 것이다.

오늘날에는 유리 구조물로 하루 만에 대체될 수 없는 건물들이 매우 많기 때문에, 공장이나 항만 시설 등에 사용할 수 있는 내구성 있는 외장재를 고민하는 것도 합리적이다. 에나멜 처리된 철판이나 마욜리카판은 특히 적합한 재료다. 오래된 벽이나 벽돌 담장, 마구간 같은 것들도 이런 방식으로 마감할 수 있다. 주택들도, 다수의 유리 파빌리온이 세워진다면, 지붕 정원을 통해 그럴듯한 외관을 만들 수 있다.

[…]

17. 응용미술에서의 유리 섬유

유리는 실처럼 뽑아낼 수 있는 섬유도 가공될 수 있다는 사실이 많은 사람들에게 잊혀져 왔다. 이 이야기는 40년 이상, 어쩌면 그보다 더 오래전으로 거슬러 올라갈 수 있다. 정확한 연대는 확실하지 않다. 이 유리 섬유는 응용미술 분야에서 완전히 새로운 산업으로 이어질 수 있다. 예를 들어, 소파 커버나 의자 팔걸이 등도 그것으로 만들 수 있다.

[…]

18. 유리 건축이 온 세상에 퍼졌을 때 지구의 아름다움

만약 전 세계에서 벽돌 건축이 유리 건축으로 대체된다면, 지구의 모습은 크게 바뀔 것이다. 그것은 마치 지구 전체가 반짝이는 보석과 에나멜로 장식된 듯한 모습일 것이다. 그 찬란함은 상상할 수조차 없다. 전 세계가 〈아라비안 나이트〉의 정원들처럼 찬란해질 것이다. 우리는 그때 이 지구에서 천국을 갖게 될 것이며, 더 이상 하늘에 있는 천국을 그리며 기다릴 필요도 없을 것이다.

19. 고딕 성당과 성

유리 건축은 고딕 건축없이 생각할 수 없다. 고딕 양식의 성당과 성이 세워지던 시기에도, 이미 유리로 된 건축이 시도되었다. 그러나 완전히 실현되지는 못했는데, 이는 필수적인 재료인 철이 아직 없었기 때문이다. 철이 있어야만 완전히 유리로 된 공간을 건설할 수 있다. 고딕 시대에는 대부분의 개인 주택에서 유리는 전혀 알려지지 않은 것이었다. 그러나 오늘날에는 모든 주택 건축에서 유리가 중심적인 요소가 되었다. 하지만 여전히 색채가 부족하다. 그러나 색은 머지않아 올 활발하게 사용될 것이다.

[…]

21. 벽 재료로 사용되는, 모든 색상과 형태의 속이 빈 유리 요소 (이른바 '유리 벽돌')

'유리 벽돌'이라 불리는 속이 빈 유리 요소는 유리 건축의 흥미로운 특별한 요소로 자리 잡을 수 있는 벽 재료이다. 이러한 가능성을 기반으로 이미 대규모 산업 프로젝트들이 시작되었고, 이는 향후 큰 잠재력을 가질 수 있다. 내화성과 투명성을 갖춘 모든 재료는 미적으로 벽 재료로 정당화될 수 있다. 유리 벽돌은 많은 철제 구조 골조를 불필요하게 만들 수 있을 것이다.

[…]

31. 유리 모자이크와 철근 콘크리트

유리 모자이크로 덮인 철근 콘크리트는 현재 우리가 발견한 건축 재료 중 가장 내구성이 뛰어난 재료일 가능성이 높다는 점을 강조해야 한다. 사람들은 늘 누군가 악의적으로 유리를 깨뜨릴까 봐 두려워하지만, 요즘 거리에서 누군가 창문에 돌을 던져 깨뜨리는 일은 드물며, 돌은 오히려 창유리보다는 사람 머리를 향해 던져지는 경우가 더 많다. 하지만 유리 모자이크에 돌이 던져졌다는 이야기를 들어본 적이 없다.

19세기에 전선이 처음 설치되었을 때는 거친 시민들이 그것을 파괴할까 봐 모든 전선을 지하에 매설해야 한다고 생각했지만, 그러나 오늘날 지상 전선을 파괴하려는 사람은 아무도 없다. 따라서 거친 시민들이 던진 돌에 의해 유리 건물이 파괴될 것이라는 걱정도 할 필요가 없다. 하지만 이것도 어디까지나 여담에 불과하다.

[…]

33. 이중 벽 사이의 조명 (방 내부에 설치된 매달린 조명을 배제하지 않음)

나는 이중 벽이 단지 실내 온도를 유지하기 위한 것만이 아니라, 조명 장치를 수용하기 위한 것이라고 여러 차례 강조해왔다. 반복되더라도 이 점을 다시 한번 분명히 하고 싶다.

이 조명 방식으로 인해 유리로 된 전체 집은 여름과 겨울의 평온한 밤에 반딧불이나 개똥벌레처럼 빛나는 거대한 등불이 된다. 이로 인해 유리건축은 시적인poetic 느낌이 난다. 그러나 조명은 집 내부에도 설치할 수 있다. 이러한 실내 조명 역시, 비록 이중 벽 사이에 설치된 조명만큼 강력하지는 않더라도 벽면을 효과적으로 밝혀준다.

[…]

35. 기존의 창을 대체하는 환기구

환기구가 유리 건물에서 중요한 역할을 하며, 기존의 창과 유사한 모든 요소를 대체하게 되는 것은 매우 자연스러운 일로 보일 것이다. 내가 유리로 된 방 안에 있을 때는 바깥세상의 소리도 들리지 않고, 외부 모습도 보이지 않을 것이다. 하늘이나 구름, 숲과 초원이 그리워지면, 나는 단순히 실외로 나가거나, 투명한 유리창으로 둘러싸인 부속 베란다로 이동하면 될 것이다.

36. 빛의 기둥과 빛의 탑

지금까지 기둥은 단지 구조를 지지하는 역할만 해왔다. 철골 구조는 석조 건축보다 더 적은 지지 기둥을 필요로 하며, 유리 건축에서는 대부분의 기둥이 불필요하게 된다. 대형 유리 건축물에서 기둥을 더욱 가볍게 보이도록 하기 위해, 기둥 전체를 유리로 감싸고 그 내부에 조명 요소를 설치할 수 있다. 이렇게 하면 이 기둥들은 더 이상 하중을 지지하는 구조물처럼 보이지 않게 되어, 전체적인 건축적 인상이 훨씬 더 자유롭고, 마치 모든 구조가 떠 있는 듯한 느낌을 준다. 이 빛의 기둥들과 함께 유리 건축은 거의 떠 있는 듯한 특성을 갖게 된다.

도시나 다른 장소들은 언제나 '탑'으로 식별되어야 하며, 밤에는 탑에 마법 같은 분위기를 부여하기 위한 모든 노력이 기울어져야 한다. 따라서 유리 건축이 원칙 아래에서는 모든 탑이 곧 '빛의 탑'이 되어야 한다.

[…]

42. 주택과 공원에서의 이동식 파티션

일본인은 파티션 스크린을 사용하여 자신의 생활 공간을 더 작은 영역으로 나누며 끊임없이 변화를 준다. 이 스크린 위에는 다양한 비단 재질이 때때로 덮여, 작아진 '방'은 자주 다른 외관을 가지게 된다. 유리 주택의 거실에서도 이동식 및 슬라이딩 유리 파티션을 통해 이와 유사한 방식으로 적용할 수 있다. 수직일 필요가 없는 이동식 유리 벽을 공원에 도입하면 훌륭한 장면을 만들 수 있으며, 더 높은 벽 스크린으로 이루어진 섬세한 건축은 공원에 새로운 건축적 의미를 부여할 수 있다. 이러한 새로움은 지속적으로 유연하게 변화할 수 있을 것이다.

[…]

47. 창문의 종말; 로지아와 발코니

조리와 난방을 위한 전기의 도입으로 굴뚝은 당연히 사라져야 한다. 사람들은 이러한 변화가 비용이 많이 든다고 주장하지만, 기술 발전의 속도가 계속 빨라지고 있다는 점은 잊고 있다. 물론 이러한 발전은 작업장이나 목수의 작업실에서 일어나며, 그곳에서는 스스로에 대해 떠벌이는 것이 달갑지 않게 여겨지긴 한다. 하지만 그 열성만큼은 결코 줄어들지 않는다.

유리 건축이 도입되면, '창문'에 대한 이야기도 더 이상 많이 나오지 않을 것이며, '창문'이라는 단어는 사전에서 사라질 것이다. 자연을 보고 싶은 사람은 자신의 발코니나 로지아로 나가면 된다. 이 공간들은 물론 예전처럼 자연을 즐길 수 있도록 마련될 수 있다. 하지만 그때는 흉물스러운 벽돌 주택들에 의해 그 광경이 망쳐지지 않을 것이다. 이러한 것은 미래에 대한 비전이며, 새로운 시대가 도래하기를 바란다면 우리는 반드시 이러한 싱싱을 마음 속에 간직해야 한다.

[…]

50. 산 조명

많은 것이 환상처럼 들리지만 실제로는 전혀 환상이 아니다. 히말라야산맥에 산 조명을 적용하자고 제안한다면, 그것은 실질적인 논의의 범주를 벗어난 우스꽝스러운 공상일 뿐이다. 그러나 루가노 호수 근처의 산들을 밝히자는 제안은 전혀 다르다. 그곳에는 주변 경관의 일부가 되기를 바라는 호텔들이 많기 때문에 비용만 감당할 수 있다면 유리 건축을 기꺼이 받아들일 것이다. 그리고 그들의 재정적 여력은 결코 무시할 수 없다. 그 호텔들이 유리로 지어지고, 그 호텔을 조명하여 산을 밝힌다면, 그것은 더 이상 환상이라 불릴 수 없다. 리기 산을 오르는 철도 역시 투광 조명을 통해 매우 쉽게, 그리고 효과적으로 조명할 수 있다. 항공 기술이 어둠을 정복하게 되면, 스위스 전역의 산들은 유리 건축을 통해 밤마다 다채롭게 빛나게 될 것이다. 우리는 지난 한 세기 동안 얼마나 많은 변화가 일어났는지 자주 잊는다. 1830년대, 고령의 괴테는 철도의 도래를 예견하지 못했다. 그로부터 채 백 년도 되지 않아 전 세계는 철도 레일로 뒤덮이게 되었다. 오늘날 많은 사람들에게 여전히 공상처럼 보이는 산 조명도 그만큼 빠르게 발전할 수 있다.

[…]

56. 새로운 빛 속의 자연

유리 건축이 도입된 이후, 모든 문화권의 자연은 우리에게 전혀 다른 빛으로 보일 것이다. 다채로운 색유리의 풍부함은 마치 자연 전체 위에 새로운 빛이 드리워진 듯, 자연에 또 다른 색조를 부여하게 된다. 우리는 더 이상 색유리를 통해 자연을 바라볼 필요가 없다. 건물, 빠르게 달리는 자동차, 비행기, 수상 교통수단 등 어디에서나 이 다채로운 유리가 활용된다면, 그 유리색에서 발하는 새로운 빛이 자연을 완전히 새로운 모습으로 비춰주게 될 것이다. 그리하여 우리는 우리는 자연이 또 다른 빛 속에서 보인다고 말할 수 있을지도 모른다.

[…]

84. 유리 건축이 가져올 '빛의 밤'

무언가를 형언할 수 없다고 말하는 것은 쉬운 일이지만, 유리 건축이 우리에게 가져다 줄 '빛의 밤'에 대해서는 정말로 다른 어떤 말로도 표현할 길이 없다. 유리탑들과 모든 구조물에서 빛이 뿜어져 나오는 것을 상상하게 된다. 그 빛들은 수없이 다양한 색채로 도시를 채운다. 밝게 조명을 밝히는 기차들을 떠올리고, 밤에도 색유리를 통해 빛이 퍼지는 공장들을 더한다. 그리고 유리로 된 궁전과 성당, 유리 빌라들, 육지와 수상에 세워진 마치 마을 같은 구조물들을 떠올린다—그것들은 때로는 움직이고, 점점 더 다양한 색의 물 위에 자리 잡는다. 금성과 화성의 생명체들은 이 광경을 경이롭게 바라보며, 더 이상 지구의 표면을 알아보지 못할 것이다.

어쩌면 미래의 사람들은 낮보다 밤에 더 많이 살아가게 될지도 모른다. 천문학자들은 하늘의 연구를 방해할 수 있는 이 거대한 다채로운 빛의 바다 때문에, 조용한 산골짜기나 봉우리 위에 자신들의 천문대를 세우게 될 것이다. 이 모든 것은 결코 현대적 발상이 아니다. 위대한 고딕 시대의 장인 건축가들이 이미 처음으로 상상한 것이다. 우리는 그 사실을 잊지 말아야 한다.

[…]

96. 유리 건축에 의해 어떤 산업 영역이 촉진되거나 위협받는가

앞서 언급된 바와 같이, 유리 건축의 등장으로 인해 석공과 목수들의 생계는 분명히 위협을 받는다. 이와 함께 전체 목재 산업과 짜맞춤 목공, 선반공 등도 마찬가지다. 하지만 그 변화의 속도가 너무 빨라서 기존 종사자들이 다른 업종으로 바꾸지 못할 정도는 아닐 것이다. 그들에게는 금속 및 유리 산업으로 옮겨갈 충분한 시간이 주어질 것이며, 새롭게 요구되는 기술들도 매우 많고, 이 전환을 가로막는 장애물은 없다. 물론 많은 자물쇠장이들은 석공이 자물쇠장이가 될 수 없다고 말한다. 그러나 이는 자물쇠장이들이 경쟁을 두려워하기 때문에 하는 말일 뿐이다. 그러나 유리 건축에 의해 필연적으로 활기를 띠게 될 산업 영역은 무엇보다도 중공업, 화학 염료 산업, 그리고 유리 산업이다.

97. 중공업

철이 주택 건축에 도입하면, 이는 분명 중공업 분야에 매우 많은 새로운 수주를 가져올 것이므로, 모든 대포 생산이 중단된다 하더라도 중공업은 계속해서 존속할 수 있을 것이다. 따라서 중공업은 이 책에서 논의된 아이디어들을 결코 가볍게 여겨서는 안 되며, 이러한 아이디어들은 중공업에 상당한 경제적 이익을 가져다줄 것이다. 어쨌든, 유리 건축으로 인해 많은 새로운 잠재 고객들이 생겨날 것이므로, 중공업은 이에 주목해야 한다.

98. 화학 염료 산업

이와 같은 내용은 색채 산업에도 해당된다. 유리 건축은 막대한 양의 색을 소비하게 될 것이다.

99. 유리 산업

유리 건축에서 유리 산업이 가장 큰 역할을 차지한다는 것은 부인할 수 없다. 그러나 현재 유리 산업의 규모는 앞으로 증가할 수요를 감당하기에 충분하지 않다. 이에 비례하여 산업 규모를 확장해야 하며, 그로 인해 파생될 재정적 성과은 실로 헤아릴 수 없을 정도이다.

100. 식물 세계에 미치는 색유리의 영향

유리 건축은 식물원에도 영향을 미치게 될 것이다. 완전히 무색 투명한 유리는 점차 사라질 것이다. 색유리는 빛을 지나치게 흡수하지 않는 외부에만 사용될 것이다. 이후 식물들은 실험적으로 색채가 있는 빛에 노출될 것이며, 전문가들은 놀라운 결과를 마주할 수도 있다. 그러나 이러한 실험은 성급하게 진행되어서는 안 된다.

[…]

102. 지구 표면의 변화

우리는 많은 아이디어들을 동화처럼 들린다고 말하지만, 그것들은 많은 경우 실제로는 전혀 환상적이거나 유토피아적인 것이 아니다. 80년 전 증기기관차가 등장했고, 그것은 명백히 지구의 표면을 변화시켰다. 지금까지 말해온 바에 따르면, 이번에는 유리 건축이 지구의 표면을 다시 한번 변화시킬 것이다. 유리 건축이 실현된다면 변화가 일어날 것이고, 물론 여기에는 논의할 수 없는 여러 다른 요소들도 고려되어야 한다.

우리가 모두 한탄하는 현재 도시의 '벽돌 문화'는 철도 때문에 생겨난 것이다. 우리가 알고 있는 형태의 도시가 해체되어야만 유리 건축이 비로소 등장할 수 있을 것이다.

문명의 미래를 염려하는 모든 이들에게는 이 해체가 반드시 이루어져야 함이 분명하다. 이를 더 길게 설명하는 것은 불필요하다.

우리는 모두 '색채'가 무엇인지 잘 알고 있다. 그것은 스펙트럼 중 일부분에 불과하다. 그러나 우리는 그 일부분을 원한다. 적외선과 자외선은 우리의 눈으로는 감지되지 않지만, 자외선은 개미의 감각기관으로는 감지된다. 당장은 우리의 감각기관이 하루아침에 발달할 수 없다고 하더라도, 우리는 최소한 우리의 감각 범위 안에 있는 것부터 받아들여야 한다. 즉, 우리가 스스로 감상할 수 있는 색채의 기적들을 받아들이는 것이다. 이 점에서, 우리의 삶 전체와 우리가 살아가는 환경을 필연적으로 변화시킬 유일한 힘은 바로 유리 건축뿐이다. 그러므로 우리는 유리 건축이 진정으로 이 세계의 모습을 변화시켜주기를 기대하지 않을 수 없다.

[…]

111. 유리 문화

지금까지의 모든 내용을 정리해보면 우리는 확실히 '유리 문화'에 대해 이야기할 수 있을 것이다. 새로운 유리 환경은 인류를 완전히 변화시킬 것이며, 이제 바랄 수 있는 것은 이 새로운 유리 문화가 지나치게 많은 반대자들을 만나지 않기를 바라는 일뿐이다. 오히려 유리 문화에 반대하는 사람들이 점점 줄어들기를 희망한다. 과거를 고수하는 것은 여러가지 측면에서 좋은 일이다. 적어도 그렇게 함으로써 과거가 보존되기 때문이다. 우리 또한 과거를 소중히 여긴다. 고대 이집트의 피라미드는 결코 철거되어서는 안 될 것이다. 그러나 우리는 또한 우리가 가진 모든 자원을 동원해 새로운 것을 향해 나아가야 한다. 새로운 것에 더 큰 힘이 함께하길!

Fascinating Surface

매혹하는 표면재료

Image credit (previous page):
© Haechan Kwon

헤르조그 & 드 므롱의 1990년대 후반 몇몇 작품들에서 드러난 표면처리에 대한 기법은, 새로운 촉각적 태도로 다가온다. 시그널 박스(1999)의 구리 띠가 만드는 효과, 리콜라 유럽공장(1997)의 반투명한 입면, 그리고 쿤스트키스테 미술관 계획안(1997)의 빗물 무늬로 비물질화된 콘크리트로 표현된 등은 제프리 킵니스가 매혹되어 마지못해 '화장술'이라 이론화한 피복의 또 다른 차원이다. 특히 표면의 '녹슨 빗물'로 건축의 현실/리얼리티를 적극적으로 드러내는 것은, 본래 건축의 견고함을 드러내던 구축재료의 표면이 풍화되는 현상까지 건축의 표현으로 꾸며 뽐내는 듯하다.

"킵니스가 이론화한 것처럼 화장은 건축에 활력을 주는 대안이다. 모든 아방가르드 건축이 기존에 받아들여지던 건축 기율의 경계를 넘으려 할 때 HdM은 건축의 바로 그 경계, 곧 파사드 위에서 교전하는 특유의 태도를 취한다. 킵니스에 따르면 이런 태도는 건축 자체에 내재된 것이지만, HdM을 다른 건축가와 구별해주는 태도이기도 하다.[1]"

전태규

1 소개문에서 일부 발췌. 제프리 킵니스, 현명석 옮김 "화장술의 간계" 『건축의 이론과 실천 1993–2009』, 151. A. 크리스타 사익스 엮음. 서울: 시공문화사, 2021.

2000

화장술의 간계: 헤르조그 & 드 므롱 건축에 대한 개인의 성찰

The Cunning of Cosmetics: A Personal Reflection on the Architecture of H&dM

제프리 킵니스 Jeffrey Kipnis

현명석 옮김

발췌: 제프리 킵니스. "화장술의 간계" 『건축의 이론과 실천 1993–2009』, 151–164. A. 크리스타 사익스 엮음. 서울: 시공문화사, 2021.

> "《라이트 컨스트럭션Light Construction》 전시가 열린 것을 축하하는 건배가 한창일 때, 깊은 곳에 묻혀 있던 긴장감이 … 헤르조그와 콜하스 사이 날 선 대화에서 터져 나왔다."
>
> —『엘크로키El Croquis』 79

내가 헤르조그 & 드 므롱 [이하 HdM] 의 작업을 맨 처음 신랄하게 비판한 게 언제였던가? 6년, 아니면 8년 전? 아방가르드 건축과 극단적이고 이색적이고 전복적인 것을 옹호하는 지적 작업에 몰두했던 나 같은 비평가가 HdM의 피상적 계획안을 경멸한 것은 당연한 의례가 아니었을까?

저항의 건축이 나아갈 방향으로서 이색적 형태를 제안하는 것이 아방가르드의 한 흐름이었다. 반면 HdM은 직교좌표를 따르는 단순한 볼륨을 노골적으로 제안했다. 아방가르드의 또 다른 흐름은 선동적 프로그램 구성 기법 안에 사건이론을 이식하는 것이었다. 반면 HdM은 편의 위주의 환원적 계획에 몰두하는 것을 꺼리지 않았다. HdM의 작업에서 나타나는 화장과 말끔한 디테일에 대한 몰두, 눈을 사로잡는 물성, 충격적 파사드는 과시적으로 급진성을 드러내는 다른 여러 시도에 비해 하찮아 보였다. 게다가 HdM의 작업이 유럽을 비롯해 많은 지역에서 반동적 신우파를 대표하는 전형적 사례로 이미 각인됐던 네오모던의 당과糖菓 선호 성향과 공공연히 연대하거나 적어도 그것에 연루된 것처럼 보였던 점은 상황을 더 악화시킬 따름이었다.

중요한 질문은 내가 정확히 언제부터 HdM의 작업에 매료됐는가다. 사춘기 소년이 소프트 포르노에 추파를 던지듯 괴츠 미술관, 시그널 박스, 리콜라 유럽공장, 또는 숭고미로 가득 찬 그리스 정교회 예배당이 실린 간행물을 남몰래 엉큼하게 감탄하며 되풀이해 보기 시작한 게 언제인가? [...]

내가 HdM을 다룬 『아크플러스Arch+』 특집호를 본 것은 1996년 3월이다. 이 특집호에는 매우 우수한 몇 편의 에세이가 실렸지만, 특별히 어떤 에세이가 내 인식에 충격을 주었다고 할 수는 없다.[1] 오히려 내게 일깨움을 선사한 것은 다소 무심하게 붙여진 특집호의 표제였다. 『헤르초크 앤 드 뫼롱: 미니멀리즘과 장식』. 이 제목을 본 순간 나는 뭔가 단단히 잘못되었다고 느꼈다. 정확히 무슨 잘못인지 특정할 수는 없었지만, 느낌은 확실했다.

페이지를 넘기며 나는 니콜라우스 쿠너르트Nikolaus Kuhnert가 별다른 설명 없이 HdM의 프로젝트를 두 가지 부류로 나눴다는 사실을 알았다. 인쇄된 표면을 가진 프로젝트는 모두 「장식」에 포함됐으며, 그 밖의 모든 프로젝트는 「미니멀리즘」에 포함됐다. 정밀하지 못한 체계에 따른 거친 분류였다. 표제를 본 순간 느꼈던 불안이 어디서 비롯된 것인지 비로소 분명해졌다. 하나의 건축 지능에서 나온 일관성을 갖춘 프로젝트의 모음이 어찌하여 이처럼 쉽게 미니멀리즘과 장식이라는 상반된 두 가지 범주로 나눠질 수 있겠는가?

얼핏 보기에 쿠너르트의 구분은 꽤 합리적이다. 그러나 예상대로, 면밀히 들여다보면 구분의 근거는 빈약했다. 예컨대 쿠너르트는 HdM의 작업목록에서 핵심인 시그널 박스Signal Box, 1999를 미니멀리즘의 범주에 넣었다. 이 결정은 시그널 박스의 단순한 형태, 곧 기능적 역할이 부여된 구리 띠 체계의 적용이 가져온 결과인 거석의monolithic 단일체를 염두에 둔 것이 분명했다. 그렇다 하더라도 시그널 박스의 띠가 형성하는 고급스러운 장場은 어떤 유의미한 건축 장식의 정의에 비춰 봐도 장식이라 부를 만하다. 비록 장식인 동시에 장식 개념을 되려 약화시킨다 하더라도 말이다(이 점은 나중에 더 자세히 다룰 것이다). 띠는 각각 공들여 뒤틀

1 Arch+ 129/130 (Dec. 1995). 이 특집호에는 HdM의 작업을 다룬 첫 번째 『엘 크로키(El Croquis)』 60호(1993)에 실렸던 알레한드로 자에라-폴로(Alejandro Zaera-Polo)의 탁월한 글 「안면(顔面)과 랜드스케이프 사이(Between the Face and the Landscape)」, 그리고 렘 콜하스(Rem Koolhaas)의 「헤르초크 앤 드 뫼롱의 건축(Architectures of Herzog & de Meuron)」이 「새로운 기율(New Discipline)」로 제목을 고쳐 다시 실렸다. 또한 마크 테일러(Mark Taylor), 테리 라일리(Terry Riley), 한스 프라이(Hans Frei)의 통찰력 있는 논평이 실렸다.

려 있다. 그리 많지 않은 내부의 실에 자연광을 들이기 위해 실제 필요한 것보다 훨씬 더 넓게 이처럼 띠가 적용된 까닭은 꽤 넓은 피부 영역에서 빛과 그림자와 형태의 매혹적이고 일시적인 몸짓을 발생시키기 위해서다. 패러데이 상자로 작용하도록 이 체계를 채택했다는 기능적 합리화 논리는 단지 연막일 뿐이다.[2] 나는 쿠너르트가 제시한 구분법을 자세히 따져 반박하고자 하는 것이 아니다. 화해 불가능해 보이는 범주 사이를 지연스럽게 오가며 친투하는 이 건축의 교활한 속임수에 감탄을 표하고, 그렇게 함으로써 범주를 해체해 재구성하고자 하는 것이다.

[…]

박스는 인본주의 기획의 요구, 역사나 형태의 유형, 맥락을 지배하는 언어에 거의 구애받지 않는다. 따라서 시그널 박스는 형태의 한계를 실험하는 데 이상적인 후보처럼 보인다. 게다가 지어지는 건물이 여러 채인 까닭에, 한 가지 프로토타입으로 환원되지 않는 연쇄성nonprototypical serialization이라는 흥미로운 의제로 그 형태론 연구가 확장될 수도 있다. 이런 소건을 고려하면 HdM이 상자에 그토록 집착했던 것이나 프로토타입 제시를 고려했다는 것 자체가 이미 낯선 형태를 지지하는 이에게는 저주스러운 일이었다. 이런 건축가 진영에게 두 번째 시그널 박스에서 니디니는 뒤틀린 표면의 모습은 애초에 프로토타입을 지향했던 야심의 공허함과 직교좌표에 근거한 상자의 부적절함을 HdM이 암묵적으로 인정한 것처럼 보일 법도 하다. 그러나, 이제 곧 밝혀지겠지만, 그만큼 진실에서 동떨어진 인식은 없다.

시그널 박스의 디자인에서 흐름이나 사건-구조, 리얼리즘이나 새로운 형태에 대한 관심은 전혀 보이지 않는다. 이 건물은 오롯이 화장술의 문제만을 다루며, 오직 구리 띠 체계만이 발산하는 시각적 유혹이 쳐 놓은 최면의 그물망이다. 여기서 반드시 짚어야 할 사실은 이들 구리 띠가 실은 건물의 피부가 아니라는 점이다. 피부는 실은 구리 띠 바로 밑에 깔려 있다. 구리 띠는 피부인 척할 따름이다.

시그널 박스를 화장으로 평가절하해 그 건축적 중요성을 축소하고자 하는 것이 아니다. 시그널 박스의 거부할 수 없는 매력을 포용하고 그것이 갖는 활력을 인정함으로써 화장이 지닌 변혁의 힘을 이야기하는 것이 중요하다. 화장이란 단순히 장식ornamentation이라는 말로 일반

2 전환국과 같은 시설의 전자장비는 이미 전자파 간섭에서 적절히 차단돼 있다. 구리 띠 체계가 패러데이 상자를 만들어내는 것은 사실이지만, 이것을 오롯이 기능적 필요에 따른 것으로 보기는 어렵다.

화될 수 있는 장식적decorative 건축 부속품의 한 부류가 아니라는 사실을 잊어선 안 된다. 화장의 효력이 미치는 장場은 그것의 친족이라 할 만한 것들의 효력이 미치는 장과 사뭇 다르다. 이런 차이에서 비로소 당대 HdM의 프로젝트가 탄생한다.

장식은 마치 보석 장신구처럼 따로 독립된 개체로서 신체에 달라붙는다. 장식은 신체 자체의 구조와 완결성을 강화한다. 반면 화장은 분절된 것이 아니다. 신체는 주어진 조건으로 여겨질 따름이며, 화장과 신체는 관계를 맺지 않는다. 화장은 에로틱한 위장이다. 화장은 언제나 오로지 피부 또는 그 특정 부위와 관계를 맺는다. 깊은 층위를 파고들면 화장에도 역시 물성이 내재한다. 그러나 다른 한편으로 화장은 피부를 욕망과 혐오의 이미지로 변질시킴으로써 물성을 초월하는 당대의 연금술이다. 장식은 하나의 개체로서 정체성을 유지한다. 반면 화장은 장場으로, 홍조紅潮나 그림자나 강조된 빛으로, 아우라나 기운으로 작동한다. 얇기, 접착력, 확산의 범위는 화장의 효과를 결정짓는 중요한 변수다. 지적이기보다 본능적인, 심미적이기보다 분위기로서 드러나는 효과 말이다. 장식에서 기교가 발휘되려면 균형감, 비율, 정밀함이 필요하다. 그와 달리 화장술의 기교는 다른 뭔가가 필요하다. 위협적인 뭔가가 필요하다. 편집증적 통제, 통제를 벗어난 통제, 정신분열적 통제처럼 말이다.

화장 효과는 비록 신체의 층위에서 작동하지는 않지만, 화장할 수 있는 신체, 적어도 그릇이 되는 안면顔面을 필요로 한다. 소스를 만드는 요리사에게는 송아지고기가 필요하다. 분장 예술가에게는 최근 인기 있는 삐쩍 마르고 특징 없는 안면이 필요하다. 그리고 극단적 화장술사에게 필요한 이상적 그릇은 혼자서는 영향력을 발휘할 수 없는 신체, 표면, 형태다. 형태 자체에서 유발되는 효과는 쿨하다고 하기에는 이제 너무 진부하다. 화장술사가 신체를 다루는 태도를 미니멀리즘으로 친다고 하더라도, 이때 미니멀리즘이란 이십 년 넘게 지난 과거에 예술세계가 태동시켰던 미니멀리즘과는 전혀 다른 것이다. 비록 두 가지 미니멀리즘이 모두 작품이 발휘하는 영향력의 시간을 즉각적인 것으로 압착하고자 한다 해도 말이다.

형태와 재료의 매개되지 않는 즉각적 현전을 통해 그것에서 영적 정동affect을 발산하는 정수精粹를 추출하는 것이 과거의 미니멀리즘의 방식이다. 반면 화장의 미니멀리즘에서 환원은 거식증의 결과다. 사그라들 때까지 신체를 굶겨 마치 발정 난 체셔 고양이 마냥 순전히 에로틱한 영향력으로만 남기고자 하는 강박증의 결과다. 빈혈 증세를 보이는 듯한 로세티 의약연구소를 떠도는 시간증屍姦症의 기운을 보라. HdM이 제안한 찬란한 그리스 정교회 예배당 계획안을 주교가 거부한 까닭을 추측해보자. 영적 공간이 에로스의 공간으로 변질된 것을 주교가 알아챈 것은 아닐까?

쿠너르트의 이분법은 HdM이 지금껏 이뤄낸 결정적 성취를 간과했다. 장식주의와 미니멀리즘이라는 서로의 안티테제를 하나의 일관된 통합체로 새롭게 승화시킨 성취 말이다. 가장 유명한 통합의 사례로, 실크스크린으로 잎사귀 이미지를 인쇄한 유려한 반투명 타일 문양 벽으로 널리 알려진 리콜라 유럽공장Ricola-Europe SA, 1993을 들 수 있다. 건물 안에서 바라볼 때 잎사귀 문양의 뒤쪽에서 빛을 비추는 낮에는 이들 문양이 마치 워홀의 벽지처럼 텅 빈, 보는 이를 한동안 마비시키는 진부함의 매력을 발산한다. 반면 건물 밖에서 바라볼 때 잎사귀 이미지는 딱 맞는 각도로 비스듬히 빛을 비출 때 순간적으로 환영처럼 나타나는 경우 말고는 거의 드러나지 않는다. 이 건물을 촬영한 사진들, 더 정확히 말하면 사진가들은 대부분 이 잎사귀 이미지를 키치적으로 보일 때까지 과장하곤 한다. 외관에서 잎사귀 이미지가 드러나는 경우는 실은 훨씬 드물고 한시적이다. 어쨌든, 이 능란하면서도 눈을 사로잡는 장치는 HdM이 발휘하는 높은 수준의 정교한 화장 테크닉의 실제 폭과 깊이를 교묘히 은폐한다.

늘 그렇듯 평면에서 형태는 오직 피부와 뼈만 남을 때까지, 집중을 방해하는 어떤 허영조차 남김없이 비워질 때까지 굶겨진다. 실크스크린 패널은 두 개의 긴 벽을 타일처럼 채운다. 캔틸레버로 처리된 차양 밑부분에서 시작된 널 패널은 아래쪽으로 방향을 바꾸어 벽을 감싼다. 이는 두 가지 개별 건물 형태 요소인 파사드와 차양이 갖는 각각의 완결성을 뒤집어 하나의 장場으로 뭉개는 결과로 이어진다. 결국 가늘고 긴 투명 유리 띠만 남게 된다. 역설적으로, 이 띠로 인해 확장하는 지붕의 터미널 트러스 구조는, 엄밀히 따지자면, 유일한 실제 파사드로서 드러나게 된다.

한없이 가볍고 얇은 잎사귀가 펼쳐진 장場의 모서리는 마치 면사포가 드리워진 양 처리됐다. 벽에서, 심지어 커튼월에서조차 이 장을 더 멀리 떨어뜨리기 위해서다. 이런 모서리 처리는 길고 가는 띠를 마치 꼭대기에서 바닥으로 우아하게 흐르는 물줄기처럼 보이게 한다. 너무 우아한 나머지, 수평 유리문 윗부분을 가로지르는 얇은 홈조차 물줄기의 흐름을 방해하는 것처럼 보인다.

패널 위로 물줄기가 흐르는 듯한 환영 덕분에 정면의 반투명 장과 측면의 콘크리트 벽을 나누는 경계는 모호해진다. 지붕의 물줄기가 콘크리트 위로 흘러내려 적실 때 그 표면은 마치 유리가 빛을 반사하는 것처럼 보인다. 수분이 증발한 후에는 수직으로 길게 남은 자국들이 평행을 이루며 장을 형성한다. 이런 장치는 리콜라 유럽공장을 마치 유령처럼 재연한 레미 자우그Remy Zaugg 스튜디오에서도 볼 수 있다. 지붕의 철 성분 때문에 녹슨 붉은 색으로 변한 빗물은 더욱더 극적이고 당혹스러운 효과를 가져온다. 가는 폭의 물줄기 자국들이 그려내는 패턴의 형태와 비례를 통해 리콜라 유럽공장에서 반투명 타일과 이음새가 만들었던 장(場)은 레미 자우그 스튜디오에서 낯설고 기이하게 되풀이된다.

확신에 찬 자기주장, 거리낌 없는 이미지 차용, 물성을 향한 심탐深耽, 둔탁한 형태에 더해 리콜라 유럽공장이 진정으로 특별한 까닭은 이 건물이 건물 또는 그 자체로서 존재한 적이 없다는 데 있다. 굳건한 현전의 약속은 어느새 파기된 채, 건축 화장술의 가장 강력한 힘, 곧 순수한 유혹만으로 남을 뿐이다.

HdM의 작업을 네오모더니즘이나 응용 미니멀리즘 예술 정도로 취급하는 여타 비평처럼 HdM의 테크닉을 논하지 않고 이들의 작업을 화장술과 연결해 질문하는 일은 분장과 향기 또는 피부와 신체 사이 유추를 연상시키는 것 이상을 이룰 수 없다.

형태, 계획, 구조, 구축, 심지어 질료materials를 다룰 때조차 HdM의 테크닉은 광신적일 정도로 건축적이다. 가장 엄밀한 건축 구축 규범의 잣대를 들이댄다고 하더라도, HdM이 규범을 위반하며 형태, 구조, 질료를 활용한 사례는 지금껏 단 한 번도 없다. HdM의 모든 실험은 기존 규범에 다시 생명을 불어넣거나 그것을 갱신하려는 시도다. 온전히 새로운 또 하나의 항목을 규범에 더하려는 것이 아니다. 형태나 프로그램은 물론이고 질료조차 새로운 항목으로 더하려 하지 않는다. 착색된 물줄기 자국이나 조류藻類, 표면에 기생하는 이끼나 곰팡이조차 이미 수 세기 동안 규범으로 전해졌던 것이다. 비록 대개는 성가신 방해요소로 여겨지게 일쑤였지만 말이다.

아방가르드와 달리 HdM이 세우는 비판의 날은 건축의 기본명제를 바탕으로 한다. 건축 고유의 팔레트에서 새로운 감성을 공작해내는 일 말고는 딱히 심오한 건축의 기획이 더는 남아있지 않다는 논쟁적 주장을 거부감 없이 수용함으로써 비판의 날을 세운다. 이 점이 바로 HdM의 건축이 흥미로운 까닭이다. HdM은 이데올로기 문제나 비주류로 남으려는 조건으로서 새로움을 추구하지 않는다. 반면 건축의 중심을 단도직입적이고 공격적으로 내세움으로써 새로움을 추구한다는 점에서 HdM은 아마도 현시점에서 가장 주목할 만한 건축가일 것이다.

화장 개념이 HdM에게 단순한 유추를 넘어 더 깊은 뭔가를 줄 수 있다면, 그것은 HdM이 화장술을 건축에 응용하기 위한 이론이나 빌려온 실천 방식으로 취급하지 않기 때문이다. HdM의 작업에서 불안을 일으키는 화장의 힘은 건축의 정통성에 이미 내재한 순간이나 움직임으로서 발산된다. 이로써 HdM은 응용된 이론을 근거로 하는 다른 건축작업이 이루지 못했던 효과를 종종 무심하고 우연한 방식으로 시의적절하게 성취하곤 한다.

HdM은 건축 물성을 다루는 기존 프로토콜을 따라 굳건히 작업하는 까닭에, 피터 아이젠만Peter Eisenman이 이십 년 넘게 추구했던 건축의 비물질화를 훨씬 더 설득력 있게 구현한다. 건축은 비물질 기호의 끝없는 참조체계라는 포스트 구조주의 관점에 과하게 동화된 나머지, 아이젠만은 건축에서 물성에 몰두하는 전통을 페티시즘이나 노스탤지어의 변태적 징후로 치부했다. 따라서 아이젠만은 예컨대 외단열 미장 마감재나 석고보드처럼 특징 없는 재료로 이루어진 텅 빈 형상으로 형태를 구축했다. 아이젠만은 자신의 형태가 순수한 기호가 되길 바랐다. 그 결과로 아이젠만의 건물은 대개 자신의 존재를 적극적으로 앞세우는 데 실패한 채 무대나 놀이공원처럼 비현실적인 것으로 쉽게 묵살된다.[3]

HdM은 유리나 목재나 콘크리트처럼 더 전통적이고 촉각적인 질료를 기반으로 하되, 이들 재료를 전통적이지 않은 방식으로 조작한다. 이로써 HdM은 건물을 안정적이고 지속적인 현전으로 정착시키지 않은 채 건물의 리얼리티를 내세울 수 있다. HdM은 콘크리트 형태의 콘크리트를 다른 질료로 대체함으로써 형태를 비물질화하지 않는다. 오히려 콘크리트 자체를 비물질화한다.

HdM 건축의 이런 측면을 꼭 집어 살필 수 있는 사례가 곧 완공될 그로테Grothe 소장품을 위한 쿤스트키스테 미술관Kunstkiste Museum이다. 발표한 계획안대로라면, 이 프로젝트는 극단

3 최근 피터 아이젠만을 다룬 『엘 크로키』에 실린 나의 논평을 보라. El Croquis, number 83 (1997).

에 다다른 콘크리트로 쓴 에세이로 부족함이 없다. 그 물성은 근처 슐테스Schultes나 페이클Peichl의 사카린 당과糖菓는 물론이고 안도의 그 유명한 콘크리트조차 안쓰러울 정도로 유약하게 만들어버릴 만큼 무자비하다.

윗부분을 더 무거워 보이게 만드는 수직 슬래브의 비례 때문에 쿤스트키스테의 형태는 마치 곧 넘어지기 직전에 멈춘 듯 보인다. 넘어질 것만 같은 위협 탓에 질료가 감당하는 지속적 무게감의 강도는 높아만 간다. 그러나 지붕에 고인 물은 곧 모든 표면을 녹과 조류의 세로무늬로 물들일 것이다. 콘크리트 상자의 외관은 마치 수족관을 채운 점성의 액체처럼 바뀔 것이다. 마치 중성 부력을 유지한 채 무작위로 떠 있는 것처럼 보이는 검은 창들이 이런 이미지를 더 강화한다. 무거운 것인가, 가벼운 것인가? 고체인가, 액체인가? 본질적인 것의 현전인가, 상상하는 것의 환영인가?

발표한 계획안도 충분히 흥미롭지만, 자크 헤르초크는 프로젝트 진행 과정에서 심지어 이보다 더 놀라운 발상이 있었다는 사실을 공개했다. HdM은 한때 일대일 규모로 이 건물의 갤러리 내부 사진을 외부 콘크리트 위에, 내부 공간과 사진이 대응하는 정확한 위치에 인쇄할 것을 고려했다고 한다. 만약 그렇게 됐다면 사진이 인쇄된 표면은 콘크리트를 마치 투명한 것처럼 보이게 했을 것이다! 현상의 변위變位만으로는 만족할 수 없다는 이 발상은 해체주의의 함의, 어쩌면 해체주의의 몰락을 담고 있다. 사진 촬영은 아마 베를린 출신의 주목받는 젊은 예술가가 맡았을 텐데, 건물 표면 위 사진작가의 현전은 역으로 미술관 소장품 가운데 이 작가의 작업이 부재한다는 사실을 확인시켰을 것이며, 따라서 소장품 자체에 대한 의구심을 불러일으켰을 것이다. 어떤 이유 때문인지 이 발상은 폐기됐지만, 그 탁월함은 부인할 수 없다. HdM이 자신의 화장술의 테크닉이 갖는 폭발력을 충분히 인지하고 있다는 증거다.

제프리 킵니스(Jeffrey Kipnis)는 오하이오 주립대학교 놀튼 건축대학의 건축 교수이자 빈 응용미술대학교의 석좌객원 교수로서, 하버드 대학교와 런던 건축협회 학교, 컬럼비아 대학교 등 다양한 기관에서 가르쳤다. 수많은 전시 및 저술 경력이 있으며, 현대 건축의 여러 측면을 다루는 영화 〈구축적 광기 [A Constructive Madness]〉(2003, 톰 볼 및 브라이언 네프와 공동 감독)을 만들어 수상도 했다. 조지아 공과대학교를 다녔고, 조지아 주립대학교에서 물리학 석사학위를 받았다. (저자정보 출처: 『건축의 이론과 실천 1993-2009』, A. 크리스타 사익스 엮음, 서울: 시공문화사, 2021.)

Das Material als Bekleidung

피복으로서의 재료

Image credit (previous page):
© Hild und K
Image discription:
바인슈트라세 7/7a 상가 파사드 작업: 바이에른 전통적인 회반죽 기법을 통해 여러 층위를 겹쳐 바르고 긁어내며 깊이 있는 파사드를 구현한 사례
© Hild und K

안드레아스 힐트는 고트프리트 젬퍼의 ‘피복이론’을 현대 건축에 적용하며, 재료를 건축의 구성과 표현을 결정짓는 핵심 요소로 이해한다. 그는 설계 과정에서 재료와 형태의 관계를 일방적으로 규정하기보다 양자가 상호 영향을 주고받는 반복적 과정으로 파악한다. 이러한 태도는 전통 장인기술과 현대 제작 방식을 접목하는 그의 프로젝트 전반에서 드러난다.

바인슈트라세 프로젝트에서 그는 전후 뮌헨 재건 건축[1] 양식을 현대적으로 해석해 스그라피토[2] 기법과 전통 색채를 현대 기술로 확장, 전쟁 전 화려한 도시 이미지와 재건의 역사, 현대적 도시 감각을 한 파사드에 결합했다. 이 과정은 젬퍼가 강조한 ‘피복’의 문화, 기술적 층위를 오늘날 맥락에 맞게 재해석한 사례다.

1 재건 건축(Wiederaufbau): 제2차 세계대전 이후 전면적으로 파괴된 도시를 복원하기 위해 독일 전역에서 전개된 건축 양식 및 도시계획 개념. 특히 뮌헨에서는 역사적 맥락을 고려한 부분적 복원과 현대적 해석이 결합된 방식으로 구현되었으며, 이른바 ‘재건양식(Wiederaufbaustil)’으로도 불린다. 이 개념은 빈프리드 네르딩어(Winfried Nerdinger)를 비롯한 여러 건축사가들에 의해 하나의 독립된 건축사적 범주로 논의된다.

2 스그라피토(Sgraffito): 서로 다른 색의 회반죽을 겹겹이 바르고 긁어내어 무늬를 만드는 기법. 아래 본문에서 더 자세히 설명된다.

루긴슬란드 수도원 프로젝트에서는 시민 참여로 건물을 텍스타일로 피복, 보이는 것과 보이지 않는 것, 일상과 특별한 경험 사이 경계를 재고하게 했다. 이는 재료의 물성과 사회적 상징성이 건축 속에서 경험으로 전환되는 방식을 보여준다.

두 사례는 재료를 역사, 기술, 사회적 의미가 교차하는 매개로 다루며, 젬퍼 이론의 잠재력을 동시대 건축 언어로 구현한다. 이러한 작업은 고대 사례 중심의 피복이론을 독자가 직관적으로 이해하도록, 그 현대적 적용 가능성을 제시한다.

김윤수

2019

재료와 건축

Material und Architektur

안드레아스 힐트 Andreas Hild

김윤수 옮김

Extracted from: Hild, Andreas. "Material und Aussage." in *Identität der Architektur. II. Material. Positionen zur Bedeutung des Materials in der Architektur*, edited by Hartwig Schneider and Uwe Schröder, 66–69. Cologne: Verlag der Buchhandlung Walther König, 2019. *『건축의 정체성(Identität der Architektur)』은 독일과 유럽의 저명한 건축가 및 건축학자가 참여해 매년 주제를 달리하며 진행하는 건축 학술 강연 시리즈로 독일 아헨공과대학교에서 열린다. 각 연도의 발표 내용은 동일한 제목의 학술지 형식으로 출판된다.

건축의 정체성 II. 재료: 건축에서 재료의 의미에 대한 입장들

재료와 건축

건축물의 퀄리티에 있어서 재료는 어떤 의미를 갖는가? 건축과 도시를 성립이루는 데 있어 그것은 어떤 위상을 차지하는가? 재료에 관한 이론과 실천은 건축의 근본에 속한다고 할 수 있는가?

재료란 건축물을 짓는 데 사용되는 물질이다. 재료 없이는 건물도 존재할 수 없다, 적어도 지어진 건물은 그렇다.

이러한 사실만으로도 건축재료는 구체적인 건축을 구성하는 요소이며, 그 효과에도 본질적으로 기여한다는 결론을 내릴 수 있다. 하지만 이것이 곧 재료가 항상 건축의 명시적인 주제가 되어야 한다는 뜻은 아니다. 실제로 재료를 전면에 내세우지 않는 건축은 많다. 재료는 강한 메시지를 전달할 수 있지만, 반드시 그래야 하는 것은 아니다. 물론 그 자리를 다른 주제가 대신할 수도 있다. 결정적인 것은, 건축물이 말하고자 하는 바를 경험 가능하게 표현하는 것이다. 그것이 어떤 수단을 통해 구현되었는지는 건축 또는 도시의 퀄리티에 있어 궁극적으로 결정적인 요소는 아니다.

재료와 설계

재료에 대한 구체적이고 결정적인 구상이 이미 설계 단계에서 존재하며, 이 구상이 애초부터 모든 설계의 고정된 일부였던 것은 아닐까? 재료가 건축의 내적 질서를 결정하는 것인가, 아니면 그 질서로부터 재료 선택이 도출되는 것인가?

적어도 우리 사무소에서는 재료가 설계와 건물의 구성에 결정적인 영향을 미친다. 우리가 설계한 건축물은 지금도 대부분 수공예적 방식으로 지어지기에, 이 재료와 건축의 관계는 자연스럽게 생긴다. 우리에겐 어떤 건축이 기술적으로 실현 가능한가 하는 질문은 항상 재료에 관한 질문으로 이어진다. 이때 재료가 설계를 규정하는지, 설계가 재료를 결정하는지에 대해선 일반화해서 대답할 수 없을 것이다. 이 둘이 끊임없이 움직이는 반복적 과정이라고 하는 게 가장 적절한 설명이 될 것이다. 무엇이 먼저였는지는 결국 중요하지 않다.

재료와 짓기

재료에 기반한 설계 구상은 어떤 방식으로 전달되고 실제 건축으로 구현되는가? 재료의 가공, 접합, 구성은 외형에 어떤 역할을 하며, 이러한 고민들은 설계 및 계획 과정의 각 단계에서 어떻게 검토되고 정교화되는가?

우리가 건축으로 인식하는 모든 것은 먼저 형태Form이다. 그리고 적어도 우리 분야에서, 모든 형태는 모종의 재료Material로 이루어져 있다. 하지만 재료가 외형을 규정하거나 지배하지 않는 건축도 얼마든지 존재하고 상상할 수 있다. 이상적인 경우엔 설계의 다양한 층위들이 서로 긴밀하게 얽혀 있어서 개별 요소들에 따로 떼어 다루는 것의 의미는 없어진다

Fig. 1
Fig. 2
뮌헨시에 있는 바인슈트라세 7/7a 프로젝트의 파사드(위)는 과거에 존재했던 건물의 역사적 드로잉(아래)을 기반으로 현대적으로 해석하여 바이에른 토착 회반죽 기법으로 재탄생했다.
© Hild und K

바인슈트라세 7/7a 상가: 회반죽의 피복

님펜부르크 부동산 주식회사Nymphenburg Immobilien GmbH의 의뢰로 호텔과 레스토랑을 포함한 6층 규모의 상업용 건물이 뮌헨 구시가지 한가운데에 지어졌다. 뮌헨 구시가지의 캐릭터는 이른바 '재건 건축Wiederaufbau'의 스타일을 따른다. 1945년, 뮌헨 시 당국은 전쟁으로 인해 거의 완전히 파괴된 도심을 전통적인 건축 양식에 착안하여 새롭게 재건하기로 결정했다. 역사적 요소의 보존 및 복원 외에도 현대적 요소와 전통 요소의 의도적인 결합이 여러 곳에서 이루어졌다. 안드레아스 힐트, 디오니즈 오틀, 마티아스 하버가 설계한 이 건물의 파사드는 바로 이러한 정신을 따른다. 이들은 전쟁 이전의 화려했던 상태에 대한 기억을 재건 테크닉을 통해 현대적으로 재해석해 통합적인 도시의 풍경을 만들어내고자 했다.

이 설계는 전쟁으로 파괴되기 전까지 해당 위치에 존재했던 건물의 역사적 도면을 반영한다. 그러나 이는 단순한 복원이 아니라, 그 역사적 도면을 스그라피토Sgraffito 기법 안에서 해석한 결과이다. 이 다층의 회반죽 테크닉은 1950년대 뮌헨에서도 파사드 디자인과 역사적 컨텍스트에 통합을 이루기 위해 자주 사용되었다. 인접한 신 시청사의 후면에서도 그 예를 찾아볼 수 있으며, 이보다 더 넓은 파사드 면적으로는 인근의 백화점 'Beck am Rathauseck'에서 동일한 방식이 적용되었다. 이곳에는 또한 전통적인 색상들인 붉은(벽돌)색과 회색(석회색)이 나타난다. 이들 색상들이 역사적으로 널리 쓰인 이유는, 다른 장소에서 '그을음 검정색'이 자주 사용된 것과 마찬가지로, 색을 내는 첨가제가 회반죽에 많이 혼합되어 쓰였기 때문이다.

이러한 전통적인 스그라피토 색채의 재도입을 통해, 신축 건물은 뮌헨 대성당Münchner Dom의 벽돌색과 뮌헨 시청의 패각석회석Muschelkalk 파사드와 상호 대응하는 관계를 형성한다. 이 두 상징적인 건축물 사이의 시선축에 위치한 건물은 각 방향에서의 시각적 관점에 맞춰 조율된다. 건물의 후면은 두 가지 잿빛(돌빛회색) 톤으로 단순화되어 있으며, 전면은 여기에 붉은 층을 하나 더 추가한다. 필서브로이가세Filserbräugasse 쪽 파사드에서 흑백에서 컬러로의 전환이 이뤄지는 지점은 과거 전후 재건 시기의 두 필지 사이의 경계였다. 그 파괴와 이후의 건축 역사는 파사드의 색채를 통해 암시되고 있다.

파사드 장식을 만드는 테크닉에서도 옛것과 새로움은 융합된다. '스그라피토Sgrafitto'라는 이름은 이탈리아어 '긁다sgraffiare'에서 유래한 것으로, 전통적으로는 서로 다른 색의 회반죽 층을 겹겹이 바른 후 부분적으로 다시 긁어내어 표현하는 방식이다. '힐트 운트 카Hild und K'와 '레스타우로 풋츠 주식회사 아르테 안티카Restauro Putz GmbH Arte Antica'가 공동으로 개발된 이 파사드 장식을 위한 테크닉 개념은 전통적인 수공예 기술의 잠재력을 현대적 테크닉을 통해 확장한다. 먼저, 일러스트레이터 자라 노넨마허Sarah Nonnenmacher가 이 장식의 기초가 되는 오리지널 드로잉을 컴퓨터상에서 실물 크기로 전환했다. 그에 따라 제작된 스텐실은 마지막 층을 바르기 전에 바로 아래 회반죽 층 위에 부착되었고, 건조 과정 중 다시 제거되었다. 삼색의 부조relief에서 가장 깊은 흑회색 영역은 전통적인 방식으로, 파사드에 그려진 기본 스케치선이 그려진 후 바로 파사드에 새겨졌다.

헤트플라이슈 운트 레페르트 건축사사무소Hetfleisch und Leppert Architekten와 협업하여 설계된 이 건물에는 뮌헨의 대형 축구 클럽인 FC 바이에른이 그들의 '체험 공간'을 숍, 식당, 호텔 객실과 연계하여 개장했다. 건축가들에 따르면, 이 건물이 FC 바이에른 팬들만을 위한 공간이 아니라, 모든 뮌헨 시민들이 혜택을 누릴 수 있는 장소가 되기를 바란다. 이 건물은 기존 구시가지의 맥락에 자연스럽게 어우러지면서도 동시에 새로운, 예상치 못한 측면을 지니고 있다.

Fig. 3
Fig. 4
바인슈트라세 7/7a의 파사드 디테일 – 회반죽 기법으로 구현된 장식적 패턴과 그 중첩된 깊이감.
© Hild und K

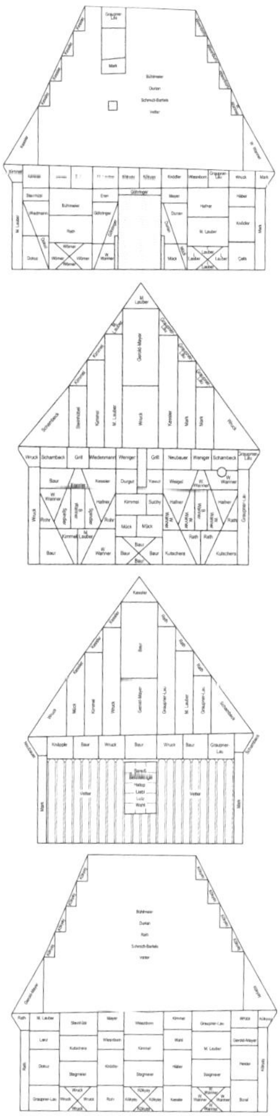

Fig. 5
루긴슬란드 수도원 로르흐 프로젝트. 참여자별 직물 패턴의 분할 다이어그램 – 각 구획은 참여자들이 맡아 제작한 직조물을 기록한 것으로, 공동체적 노동이 어떻게 역사적 건축의 외피를 재구성했는지 보여준다.
© Hild und K

루긴슬란드 수도원 로르흐: 참여형 프로젝트로서의 직조된 피복

2019년 렘슈탈 정원 박람회를 맞아 요룬 라그나르스도티르Jórunn Ragnarsdóttir가 큐레이팅한 건축 프로젝트 〈16개 지점〉에 대한 기여로, 힐트 운트 카 건축사사무소는 뷔르템베르크 동부에 위치한 로르흐Lorch에서 특별한 방식의 참여 프로젝트를 했다. 도시와 인근 지역에서 모인 여성 53명, 남성 1명, 소년 1명은 디오니스 오틀Dionys Ottl과 그의 디자인팀의 지원을 받아 약 114km에 달하는 나일론 실을 정성스럽게 수작업으로 각각의 개별적인 작품으로 만들었다. 이 작품들은 하나로 결합되어 박람회 기간 동안 '루긴슬란드Luginsland'라 불리는 건물을 피복하는 텍스타일 설치물이 되었다.

로르흐 수도원의 남쪽 성벽에 위치한 이 역사적인 건물은 과거에는 바로 아래에 놓인 장거리 교역로를 감시하는 용도로 사용되었을 것이다. 이 목조 건물은 164일 동안 피복될 것이며, 그래서 그동안 우리는 이 건물의 본래 외관을 볼 수 없게 될 것이다. 하지만 아이러니하게도 바로 그 피복으로 인해 이 건물은 그 기간 동안 더욱 강력한 존재감으로 인식되며, 이제까지는 너무나 당연하게 존재했던 탓에 거의 눈에 띄지 않았던 건물이, 오히려 시야에서 사라짐으로써 더 강력한 존재감을 얻게 되는 것이다.

이 섬세한 패턴의 텍스타일 덮개는 인근 수도원 교회의 건축에서 영감을 받아 제작되었다. 역사적 건물인 루긴슬란트의 특정한 벽면 채움 방식을 본떠, 각 부분의 디자인은 손뜨개 작업자들이 자발적으로 담당하여 만들어 완성하였다. 공동 작업을 통해 이 개별 작품은 한데 모아졌고, 2019년 4월 30일에 최종 설치 장소로 옮겨졌다.

이 자원봉사 프로젝트는 도시 전체와 인근 지역의 다양한 사람들과 그룹을 연결시켰다. 할머니와 손자녀, 주부와 여성 직장인, 로르흐 수도원 개신교 재단의 이웃 여성들, 그리고 터키 노동자 협회의 회원들까지 모두가 손끝이 다칠 때까지 뜨개질과 편물 작업에 참여했다. 2019년 5월 10일 렘슈탈 정원 박람회Remstal Gartenschau의 개막과 함께, 로르흐 시는 명백히 보이는 것과 보이지 않는 것 사이의 경계를 재고하게 만드는 하나의 건축 작품을 선보였다. 그 뒤에는 시민들의 헌신적인 참여가 있었고, 이를 통해 그들은 개인적이거나 사회적인 한계를 넘어서는 데 성공하였다.

Fig. 6
Fig. 7
루긴슬란드 수도원 로르흐 프로젝트. 참여자들이 손뜨개로 제작한 직물 조각들이 건물 전체를 피복한다.
© Hild und K

안드레아스 힐트(Andreas Hild)는 뮌헨공과대학교(TU Munich)과 취리히연방공과대학(ETH Zurich)에서 건축을 공부한 독일 건축가이자 뮌헨공과대학교 교수로, 파트너 Dionys Ottl(디오니 오틀), Matthias Haber(마티아스 하버)와 함께 뮌헨, 베를린을 기반으로 한 건축사무소 힐트 운트 카(Hild und K)를 운영하고 있다. 그는 주거건축과 역사적 건축 보존, 리모델링에서 전통적 건축언어를 현대적으로 재해석하며, 특히 '재료(Material)'의 물성과 표현에 깊은 관심을 가져 왔다. 이러한 태도는 고트프리트 젬퍼의 '피복이론(Bekleidungstheorie)'과도 사유의 접점을 이루며, 파사드 설계에서 재료의 질감, 구성, 맥락을 섬세하게 드러내는 작업으로 잘 알려져 있다.

The Age of Industry - Processing and Synthesis

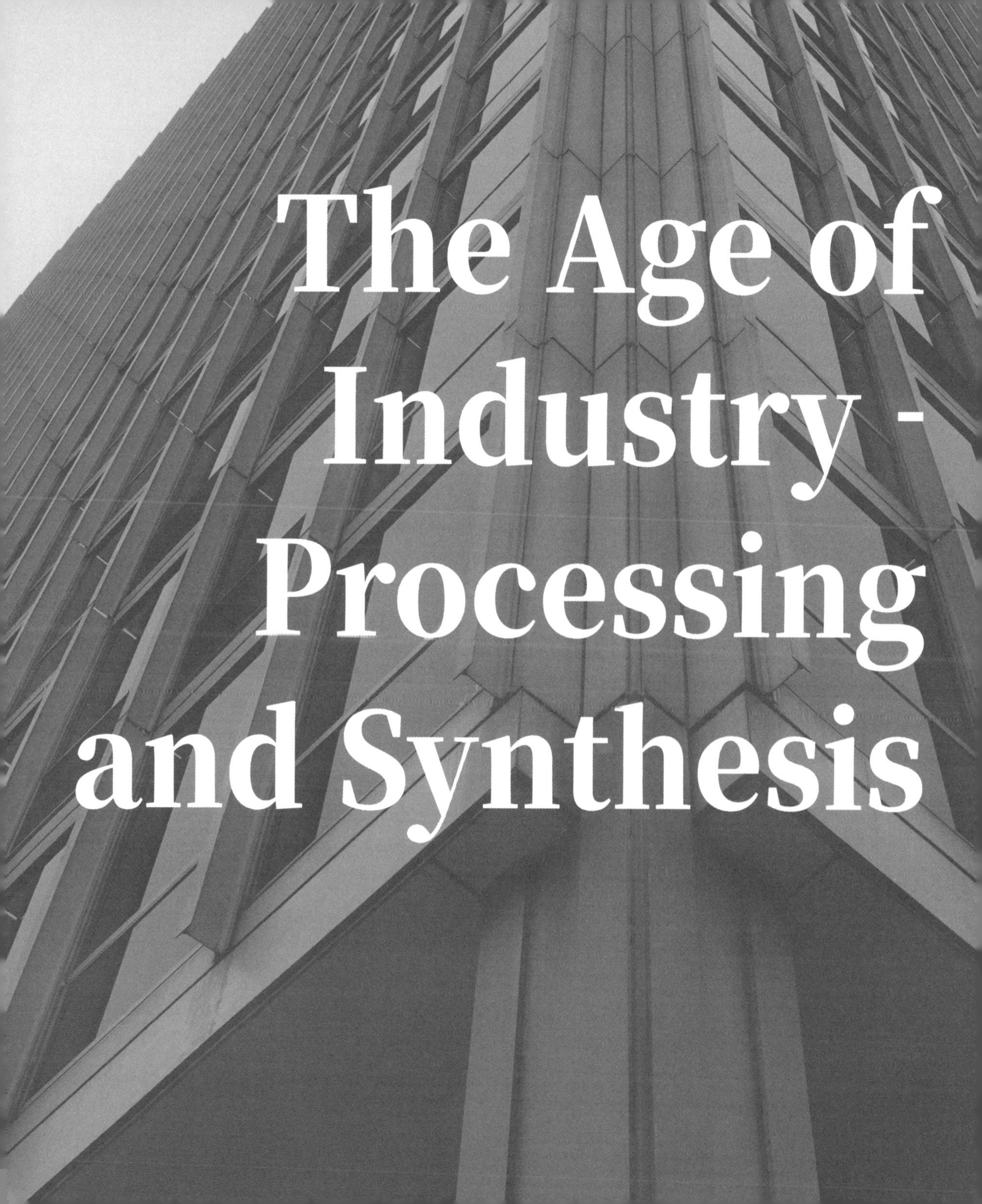

산업시대 –
가공과 합성

Construction of Buildings-Masonry
건축 건설과 석조

오늘날 건축에서 철은 더 이상 단순한 보조재료가 아니다. 주철과 연철은 벽돌 · 석재 중심의 고전 구조에서 벗어나 새로운 구조 시스템의 가능성을 제시한다. 비올레-르-뒤크는 철의 물리적 특성과 한계, 석조와의 조화 가능성을 통찰력 있게 분석하며, 철을 단순한 대체재가 아닌 고유한 속성에 기반한 새로운 구조 원리의 매개로 제안한다. 특히 철의 신축성, 산화 문제, 이질 재료 간 결합 방식은 기술적 차원을 넘어 건축의 미학과 공간 구성에 영향을 미치는 핵심 변수다. 철은 이제 유연하면서도 구조적 균형을 이루는 현대적 건축 언어의 주체로 자리매김할 수 있다. 중세 건축가들이 현대의 재료를 다뤘다면 어떤 구조를 상상했을까? 철과 석조의 복합 구조는 여전히 유효한 제안이며, 이는 구조적 · 환경적 과제에 대응하는 하나의 단서가 될 수 있다.

조기일

1863-72

건축 강의: 조적, 그리고 석재, 벽돌과 철의 동시적 사용

Dictionnaire Raisonné: Masonry, Simulataneous Employment of Stone, Brick and Iron

외젠 비올레-르-뒤크 Eugène Viollet-le-Duc

조기일 옮김

Extracted from: Viollet-c Duc, Eugène. "Lecture XI. The Construction of Buildings—Masonry". "XII. The Construction of Buildings—Masonry continued.—Methods of Execution—Simultaneous employment of Stone, Brick and Iron—Economy in the Outlay," in *Lectures on Architecture*: vol. 11, 41–44, 53–59, 62–68, 70, 76–77, 81, 88–93. Translated by Benjamin Bucknall. Boston, Massachusetts, United States of America: James R. Osgood and co., 1881.

11강

우리는 특히 조적조 건축에서 보조 재료로서 매우 귀중한 자재들, 즉 주철cast-iron과 연철wrought -iron을 사용할 수 있는 시대에 살고 있다. 고대인들은 철을 조적에 사용하는 경우가 거의 없었으며, 사용하더라도 갈고리나 연결핀과 같은 극히 작은 부품에 국한되었다. 중세의 위대한 건축가들조차 철 사용이 가져다주는 장점을 어느 정도 예감하고 있었고, 이를 나름대로 지혜롭게 활용하기는 했지만, 당시에는 철을 충분한 크기와 양으로 자유롭게 사용할 수 있는 여건이 갖춰지지 않았다.

그러나 탄성 조적elastic masonry방식을 채택한 이후, 철재는 다양한 경우에 있어 필수적인 역할을 수행하게 되었다. **오늘날에는 이러한 철이 더 이상 간과될 수 없는, 가장 효율적인 구조 재료 중 하나로 자리 잡았으며, 현대 제조 기술은 과거에는 상상할 수 없었던 대형 규격으로 이를 저렴하게 제공하고 있다. 따라서 이러한 새로운 재료들을 효과적으로 활용할 수 있도록, 우리가 어떤 구조 시스템을 채택해야 할지에 대해 고찰할 필요가 있다.**

그러나 철이 특정한 경우에 유용한 보조 재료가 될 수 있음에도 불구하고, 조적 구조와 결합될 경우 철은 동시에 매우 강력한 붕괴 요인이 될 수 있다는 점을 간과해서는 안 된다. 산화 과정에서 철은 팽창하며, 가장 견고하고 강인한 재료조차 파열시킬 수 있고, 나아가 본래의 성질을 상실하게 된다. 즉, 유연하고 질긴 성질은 사라지고, 쉽게 부서지는 성질로 바뀌며, 금속 상태에서 광석 상태로 퇴화한다. 따라서 철이 조적 구조의 핵심 골격을 형성하면서도 한 세기 이내에 구조를 파괴하거나 그 유용성을 상실하지 않도록 하기 위해서는, 철이 산화 작용으로부터 적절히 보호될 수 있는 조건에서 사용되어야 한다.

[…]

연철이 적절하게 사용될 경우에만 조적 구조에서 매우 유용한 재료가 될 수 있는 반면, 주철은 더욱 다양한 용도로 활용될 수 있다. 주철은 일반적으로 매우 높은 강성과 강도를 지닌 것으로 잘 알려져 있으며, 연철보다 부식에 덜 민감하기 때문에 훨씬 더 내구성이 뛰어나다. 지주support**와 같이 공기 중에 노출되는 부재에 사용되고, 복잡한 이음 구조나 파손을 유발할 수 있는 요인을 피할 수 있다면, 주철은 시간의 흐름에도 거의 영향을 받지 않는 반영구적인 재료로 간주될 수 있다.**

지금까지 우리는 아주 소규모 건축물을 제외하면 석조 구조물에 주철 지주가 사용된 사례를 거의 본 적이 없다.[1] 그러나 중세 시대 우리나라의 건축가들이 성공적으로 구현했던 '평형 구조equilibrated structure'를 채택한다는 조건 아래에서라면, 주철을 이와 같은 방식으로 활용함으로써 웅대한 성과를 얻을 수 있을 것이다. 다만, 이 재료가 효과적으로 쓰이기 위해서는 그에 적합한 형식이 반드시 수반되어야 한다. 예를 들어 석재 기둥에 적합한 직경을 단순히 주철로 모방하려는 시도는 매우 부적절하다는 점은 명확하다.

사실 철은, 우리가 오늘날 이해하고 있는 기념비적 조적 구조—즉 거대하고 일체화된 구조의 원리에 기반한 체계—에서는 거의 어떤 실질적인 역할도 하지 못한다. 그러나 만약 주철을 견고한 지지 부재로, 연철을 인장 부재로 활용하는 '평형 조적 방식equilibrated masonry**'을 도입한다면, 철은 그 안에서 합리적이고 유용한 기능을 수행할 수 있을 것이다.** 이러한 장치를 통해 우리는 매우 가느다란 지지대로도 석조 궁륭을 구축하는 것이 가능해지며, 이는 거의 실현된 적이 없는 구조 방식이다.오늘날 궁륭 천장은 종종 철제 프레임 위에 모르타르를 덮어 구성되는 방식으로 만들어진다.

그러나 이와 같은 다소 미개한 혼합 방식은 비용이 많이 들 뿐만 아니라, 내구성 면에서도 그다지 신뢰할 수 없어 보인다. **철과 조적재를 동시에 사용할 경우, 이 두 재료가 서로 구조적으로 독립된 상태에서만**

1 그러나 그렇게 설계된 소규모 건축물들 가운데, 우리 젊은 건축가들의 작품으로 꼽을 수 있는 예시들이 존재한다.

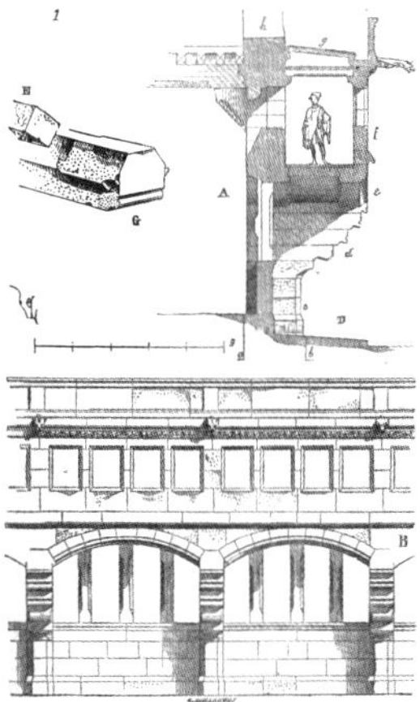

Fig 1
석재 코벨 위로 돌출 갤러리를 지지하는 중세식 방법.

결합이 가능하다. 게다가 철은 온도 변화에 따라 민감하게 반응한다. 더운 날씨에는 팽창하고 추운 날씨에는 수축하기 때문에, 철이 탄성이 없는 모르타르 반죽과 결합했을 때, 내부에서 지속적으로 발생하는 미세 움직임은 균열을 발생시킨다. 반면, 철을 구조적으로 자유로운 상태에서 적용하고, 일정 수준의 탄성을 지닌 조적 궁륭 구조 시스템을 함께 채택한다면, 이러한 구조 파손이나 이탈에 대한 우려는 줄어들 수 이다.

겉면이 드러난 아치 위에 구축된 궁륭 구조, 예컨대 중세 일부 시기에 채택되었던 방식과 같은 유형은, 내부 충전재와 독립되어 있어 구조적 응력을 견딜 수 있으며, 상당한 움직임에도 불구하고 이탈이나 강도의 손실 없이 유연하게 반응한다는 장점을 지닌다. 이러한 궁륭 체계는 다양한 구조적 조합을 허용하며, 매우 넓은 공간의 천장 구조를 구성하는 데에도 효과적으로 활용될 수 있다. 그렇다면 우리는 왜 이 방식을 적극적으로 채택하지 않는 것이는가? 지지 구조로서의 철재 활용뿐만 아니라, 사선 방향으로 작용하는 추력을 지지하거나 보강하는 수단으로 철을 사용할 수 있다면, 이를 통해 확보할 수 있는 구조적 가능성은 실로 무궁무진할 것이다.

12강

우리 시대만이 철도, 증기 기관, 그리고 더 강력하고 효율적인 각종 장치를 보유하고 있다. 그렇다면 왜 우리는 특히 조적의 경우, 지난 세기에 유행했던 건축 방식에 여전히 집착하고 있는 것인가?

[…]

우리는 이러한 새로운 재료들을 활용할 수 있는 적용 방안을 발전시켜야 하며, 옛 건축가들이 도입한 우수한 원칙들을 보존하면서도 구조의 구성 요소들을 어떻게 변형시킬 수 있는지를 보여주어야 한다. 조적 구조의 조건에 대해서는 이미 여러 차례 언급한 바 있으므로 이 자리에서 반복할 필요는 없다. 일반적인 원칙의 측면에서 구조 체계는 오직 두 가지뿐이라는 사실을 독자들이 이미 이해하고 있다고 전제한다. 즉, 하나는 수동적이고 불활성적인 구조이고, 다른 하나는 평형 구조이다. 오늘날 우리는 사용 재료의 특성과 점점 더 절박해지는 경제성의 요구로 인해 어느 때보다 평형 구조의 채택을 요구받고 있다. 중세의 건축가들은 우리가 따라야 할 길을 열어주었으며, 그것은 누가 뭐라 하든 진보의 길임이 분명하고, 우리는 그 길을 계속 따라야 한다.

첫 번째 사례로 제시할 수 있는 것이 [Fig. 1]에 나타난 배치 방식이다. 이는 중세 시대의 공공 건축물에서 자주 채택되었으며, 일정한 이점을 지닌다. 당시에는 건물을 이중 벽체로 짓는 경우가 드물었으며, 각 건물 본동은 폭 기준으로 단 하나의 방만을 포함하는 구조였다. 그러나 주요 실들을 길게 관통하지 않고도 각 공간 간의 이동이 가능하도록 반층 높이에 통로가 설치되는 경우가 많았다. 이러한 통로는 '앙트르솔entresol' 형태로 마련되어 자연광을 방해하지 않으면서, 몇 개의 계단만으로도 지상층이나 1층의 방으로 접근할 수 있도록 하였다.

[Fig. 1 단면 A]에서 보이듯이, 이 통로들은 코벨corbeling 위에 얹힌 궁륭들에 의해 지지되었다. 이러한 구조 방식으로 인해 기초는 단지 *a*와 *b*만큼의 두께를 가지면 충분하였다. 버팀벽 *c*는 코벨 *d*를 지탱하였으며, 그 위에는 아치 *e*가 놓여 있었고, 이 아치들은 다시 석재 벽체 *f*를 지지하였다. 외부 입면에서는 이러한 구조가 도해 B와 같은 외관을 이루었다. 이 일련의 코벨 위에 형성된 궁륭들은 1층 높이에서 비바람을 막아주는 외부 공간 D를 제공하였고, 이는 궁전의 중정에서 매우 유용한 기능을 하였다. 이는 시공이 간편하고, 코벨 *d*를 구성하는 큰 석재만 적절히 선별하면 되기 때문에 높은 시공성을 지닌 구조 방식임은 부정할 수 없다. 외부 아치는 세부 G에 나타난 기점석springer 위에 얹혀 있었으며, 이 기점석은 동시에 외부 아치보다 얇은 원통형 궁륭 E도 지지하였다. 궁륭 E는 단지 포장된 바닥만을 떠받치면 되었기 때문에 그만큼 얇게 시공되었다. 통로의 천장은 장선beam joist으로 구성되었고, 그 위는 독립된 석재 슬래브 *g*로 덮여 상층 홀의 테라스 역할을 하였다. 또한, 벽체 *h*의 하중은 코벨 층의 돌출부 *a*와 균형을 이루며 구조적 안정성을 확보하였다.

오늘날 이와 유사한 배치가 요구되고, 우리가 이 구조의 원칙을 전적으로 고수하려 한다면, 단순히 [Fig. 1]의 설계를 그대로 재현하는 데 만족해야 할까? 결코 그렇지 않다. 주철의 사용은 비용이 많이 들고 외관상도 중후한 인상을 주는 견고한 석재 코벨층의 필요를 없애 준다. 이를 통해 우리는 공사 비용을 절감할 수 있을 뿐 아니라, 보다 안전하고, 구조적으로 경량화되며, 1층에서의 공기 순환도 더 원활한 건축물을 구현할 수 있다.

[Fig. 2 단면 A]에 제시된 새로운 구조 방식은 버팀벽 *c*의 돌출 범위를 줄일 수 있게 하며, 그 결과 기초부의 부피 또한 절감할 수 있다. 견고한 석재로 만든 네 겹의 코벨층 대신, 45도 경사로 배치된 주철제 기둥 혹은 지주 *d*가 사용된다. 이 지주의 주두에는 기초부 B와 마찬가지로 철심이 삽입되어 있으며, 이는 도면 D′에 나타난 바와 같이 석재 기점석 D를 지지한다. 이 기둥과 기점석의 돌출 하중은 이중 타이바 T에 의해 견고히 지지되며, 이는 *e* 지점 혹은 피어 내부 깊이까지 끼워 고정된다. 기점석 L은 코벨 G가 부착된 피어 위에 얹히며, 인방 역할을 수행하는 두 개의 타이바 T에 의

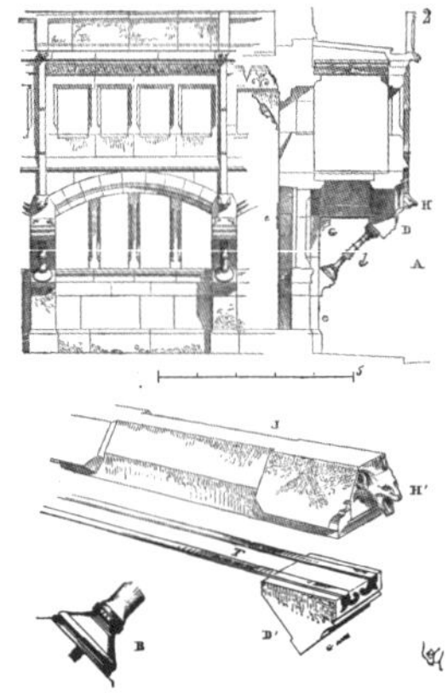

Fig. 2
철제 버팀대 위에 돌출 갤러리를 지지하는 방법.

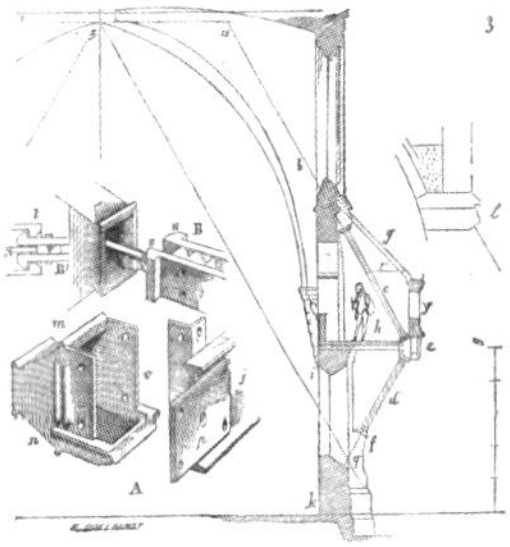

Fig. 3
궁륭 천장의 추력을 받치는 새로운 방법.

해 균열이 억제된다. 기점석 위의 상부 구조는 [Fig. 1]과 동일한 방식으로 시공할 수 있다. 그러나 원형 구조에 비해 여러 가지 개선이 가능하다. 예를 들어, 테라스의 배수를 석류조를 통해 외부로 방출하는 대신, [Fig. 2]의 배수구 H를 통해 물을 유도하고, 이는 기점석 L의 끝단에 마련된 배수 통로로 연결되며 세부는 도면 H′에 제시되어 있다. 이와 같이 빗물이 지면에 보다 가까운 위치로 떨어지게 되면 외벽을 튀기지 않게 된다. 갤러리의 천장은 이중 T자형 철재 보double T-iron로 구성될 수 있으며, ⊥ 플랜지 위에는 유약 처리된 테라코타 판을 놓고, 상부에는 회반죽을 덧발라 마감할 수 있다.

이 사례는 중세 조적 구조에서 채택된 원리들을 오늘날의 기술 자원과 결합하여 어떻게 활용할 수 있는지를 충분히 잘 보여준다. 만약 우리가 13세기와 14세기에 적용된 조적 구조의 원리들을 편견 없이 주의 깊게 연구한다면, 그러한 구조가 각기 명확한 기능을 수행하는 독립적인 부재들로 구성되어 있다는 사실을 곧 인식하게 된다. 이는 더 이상 고대 로마 건축처럼 콘크리트나 동질적인 매스로 이루어진 덩어리 구조가 아니며, 오히려 각 요소가 고유한 목적을 가지면서도 직접적이고 능동적인 역할을 수행하는 일종의 유기체적 구조라고 할 수 있다. 예를 들어, 플라잉 버트레스나 궁륭 아치와 같은 요소들이 그 예에 해당한다. 앞서 언급했듯이, 이러한 궁륭 아치들은 영구적인 아치틀로서 기능하며, 일정한 탄성을 지닌 철제 곡선과 같은 특성을 나타낸다.

[…] 철은 앞으로 우리의 건축에서 보다 중요한 역할을 담당하게 될 것이다. 철은 매우 강력하면서도 가느다란 지지부재를 제공할 뿐만 아니라, 전혀 새로운 평면 구성을 갖춘 가볍고 견고하며 탄성 있는 궁륭 구조의 채택을 가능하게 해 준다. 또한 기존 석조 건축에서는 불가능했던 돌출 구조, 코벨링, 사선 지지대와 같은 대담한 구성도 실현할 수 있게 한다. 예를 들어, 중세에 사용된 궁륭 천장 체계를 그대로 유지하면서도, 그 궁륭의 추력은 [Fig. 3]에서 제시된 방식에 의해 효과적으로 지지될 수 있다는 점은 분명하다. 강한 축이나 주철 기둥을 사선 지지대로 사용하는 방식은 지금까지 우리의 건축가들이 거의 고려하지 않았던 수단이다. 이유는 명확하지 않지만, 이 체계는 이론적으로도 풍부한 응용 가능성을 내포하고 있다. 이러한 방식은 고대 그리스, 나아가 로마 건축의 원리에 다소 위배되는 측면이 있긴 하나, 그만큼 새로운 구조적 사고를 자극하는 매우 의미 있는 시도이다.

그러나 오늘날 그토록 절실히 요구되고 있는 동시대의 건축을 창조하려면, 과거의 모든 양식을 혼합하는 방식이 아니라, 반드시 새로운 구조 원리에 입각하여 그 방향을 모색해야 한다. 진정한 건축은 이미 축적된 지식을 활용하거나 최소한 그것을 무시하지 않으면서, 현대 사회의 요구 조건을 철저하고도 엄격하게 따를 때에만 비로소 탄생할 수 있다.

[…]

가령, 지방 도시에서 흔히 볼 수 있는 것처럼 지붕이 덮인 시장 위에 대규모의 집회용 홀을 건설해야 한다고 가정해 보자. 시장 공간에 보다 넓은 개방감과 공기 및 채광의 유입을 확보하기 위해, 주철 원주들을 여러 열로 세우고 그 위에 석조 구조의 홀을 올린다면, 이 지주들은 상당한 수가 필요하며, 상부 구조가 전도되지 않도록 지주들의 상단을 강력한 스테이로 견고히 연결해야 한다. 이로 인해 길가를 따라 설치되는 원주열은 보행이나 공간 활용 면에서 다소 불편함을 초래하게 된다.

반대로 [Fig. 4]의 단면도에서 볼 수 있는 것과 유사한 평면 구성을 채택한다면, *a b c*의 절반이 그려진 육각형이 본질적으로 안정적인 도형을 이룬다는 점은 명백하다. 여기에 삼각형 *b d c*를 추가하더라도, 선분 *c e*가 끊기지 않는 한 이 구조의 안정성은 전혀 저해되지 않는다.

이 기본적인 형상을 바탕으로 우리는 [Fig. 4] 그림 A에서 보이듯 시장 위에 대형 홀을 지을 수 있다. 각 경간의 너비에 따라 결정된 간격으로 견고히 시공된 석재 블록 *f* 위에는, 60도 각도로 기울어진 주철 기둥을 세운다. 이 기둥들의 주두는 연철 횡거더에 의해 고정되며, 이 거더는 T자형 철재 장선을 지지한다. 장선들 사이에는 벽돌로 된 배럴 아치를 쌓을 수 있다. 또한 거더 *g*의 양 끝에는 철제 스트랩을 매달아 주철제 슈즈를 지지하게 하고, 이 슈즈 위에 석재 아치 *h*의 기점석을 얹는다. 이 아치 위에는 역시 조적조 방식으로 홀의 벽체를 세운다. 두 부분으로 구성된 주철제 브래킷 *i*는 타이로드 *j*에 의해 고정되며, 하부에서 발생하는 추력은 삼각형 *o p q* 및 *o s q* 구조를 통해 상쇄된다. 이 브래킷은 종방향 배럴 볼트 *k*를 지탱하고, 이는 다시 최상부의 주요 궁륭 구조를 떠받치게 된다. 이 구조에서 필수적인 조건은 석재 블록 *f*를 독립된 기초 위에 설치하지 않고, 견고한 횡방향 조적 벽 위에 배치하는 것이다. 이는 하중에 의해 *f, g, a, b* 기둥들의 하단 간격이 줄어들어 내부 삼각 구조의 기둥들이 들려 올라가는 것을 방지하기 위함이다.

계단실과 전실, 그리고 상층 홀을 난방하기 위한 설비가 반드시 필요하므로, 평면 구성은 [Fig. 5]에 나타난 형태로 계획되어야 한다. 이때 양쪽 끝에 배치되는 두 개의 건물은 하부 베이들이 종방향으로 이동하는 것을 효과적으로 차단하게 된다. 거리 쪽을 향해 열려 있는 공간 *m*[Fig. 4 참고]은 상부의 아치 구조로 인해 비바람을 피할 수 있어, 시장을 찾는 손님들이 이용하기에 매우

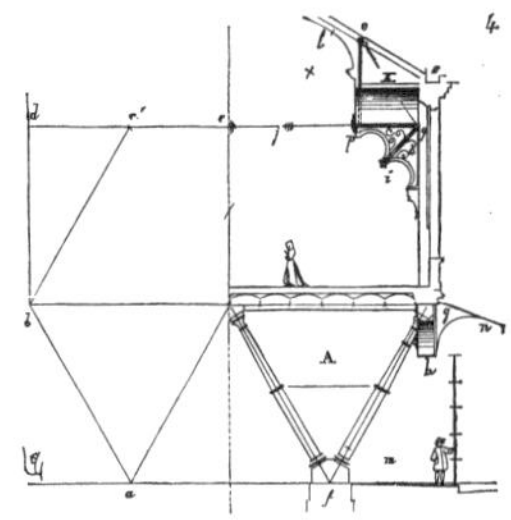

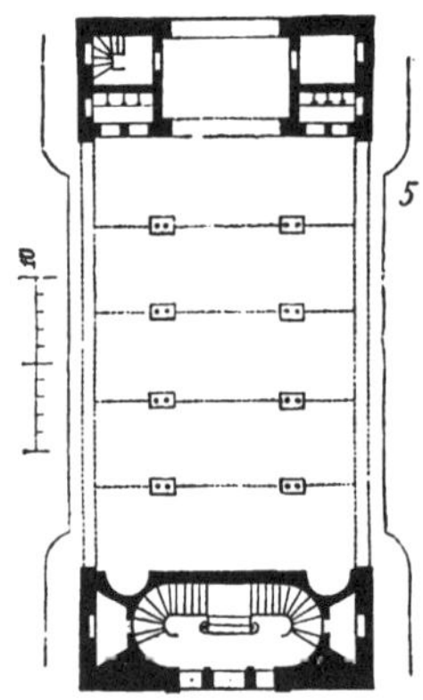

Fig. 4
비스듬히 설치된 철제 원주들 위에 조적 구조를 지지하는 방법.
Fig. 5
비스듬히 설치된 철제 원주들 위에 지지된 건물 평면.

편리하며, 가판대를 설치하기에도 적합하다. 더불어, 위치 *n*에는 차양awning을 설치하는 데 있어 어떠한 제약도 발생하지 않는다.

여기에서 내가 건축 양식의 견본들을 제시하려는 것이 아님을 이해해 주시기 바란다. 지금 논의하고자 하는 바는 양식의 문제가 아니라, 구조의 새로운 요소들을 탐색하는 과정에서 젊은 건축 전문가들이 취해야 할 올바른 접근 방식을 제안하는 데 그 목적이 있다. 만일 진정으로 독창적인 평면 구성을 바탕으로 건설된 기존의 건축물 중에서 적절한 사례를 선정하여 설명에 활용할 수 있다면 더없이 기쁠 것이다. 그러나 그러한 건축물이 존재하지 않고, 또 우리가 지향해야 할 목표에 대해 나의 의도를 명확히 전달하고자 하는 바람에서, 매우 유감스럽게도 나 자신의 사적 고찰의 결과를 제시하지 않을 수 없게 되었다. 나는, 우리 시대가 제공하는 건축 수단을 합리적으로 활용하여 탄생한 형식들이 반드시 고전주의의 원리에 부합하지 않으며, 소중히 여겨지는 몇몇 전통적 관행들로부터 일정 부분 벗어나는 경향이 있다는 사실을 충분히 인지하고 있다.

그러나 우리가 현대의 재료, 기술, 요구 조건과 조화를 이루며, 합리적인 경제성을 지향하는 새로운 건축의 시대를 진정으로 열고자 한다면, 전통적인 그리스나 로마의 개념들, 혹은 형편없는 건축이 이루어졌던

도판 XXI

그랑 시에클Grand Siècle의 관념들을 어느 정도는 기꺼이 포기할 각오를 해야 한다.

기관차를 설계한 기술자들은 역마차를 줄줄이 연결한 방식에서 아이디어를 따오려고 하지 않았으며, 그러한 발상을 한 적도 없었다. 우리는 예술이 특정한 형식에 고정된 것이 아니라, 인간의 사유처럼 끊임없이 새로운 형식을 입을 수 있다는 점을 고려해야 한다. 또한 건축물은 기하학적 입면도로 감상하기 위해 지어지는 것이 아니다. 우리가 앞서 제시한 평면도와 단면도를 바탕으로 한 결과물은 전혀 개성이 없다고 단정할 수는 없을 것이다. 도판 XXI은 이에 대한 판단을 가능하게 해 준다. 여기에서 고려되는 것은 단지 비와 바람을 피할 수 있는 공간 위에 마련된 하나의 홀일 뿐이다. 문제는 이 요구를 가장 단순하면서도 가장 견고한 방식으로 어떻게 충족할 수 있을지에 있다.

건축이 새로운 형태를 갖추려면, 그것은 반드시 새로운 구조적 기법을 엄격하게 적용하는 과정에서 비롯되어야 한다는 점을 분명히 이해해야 한다. 예를 들어, 주철 기둥을 벽돌 원통으로 감싸거나 모르타르로 마감 처리하거나, 철제 지지대를 조적 구조 속에 묻어 넣는 방식은 계산에 의한 결과도, 창의적 상상력의 산물도 아니며, 단지 실제 구조를 위장하려는 시도에 불과하다. 이러한 구조적 수단을 감추는 방식으로는 결코 새로운 형태를 창조할 수 없다. 13세기의 속세의 건축가들이 과거에 사용된 것과는 전혀 다른 구조 체계를 발명했을 때, 그들은 로마 또는 로마네스크 건축에서 채택했던 형태를 모방하지 않았다. 대신 그들은 자신들이 고안한 구조를 솔직하게 드러냈고, 그 결과 독자적인 인상을 지닌 새로운 형태를 창출하는 데 성공하였다.

그와 같이 논리적인 방식으로 작업을 진행하도록 하자. 우리 시대가 제공하는 수단들을 솔직하게 받아들이고, 이미 생명력을 상실한 전통을 개입시키지 않은 채 그것들을 적용하도록 하자. 오직 그렇게 할 때에만 우리는 새로운 건축을 창조해 낼 수 있다. 철이 오늘날 건축에서 중요한 역할을 담당하게 되었다면, 우리는 그 재료의 성질을 면밀히 연구하고, 모든 시대의 진정한 예술가들이 자신들의 작업에 발휘해 온 건전한 판단력을 바탕으로 그것을 솔직하게 활용해야 한다.

석재, 벽돌, 철의 동시적 사용

앞서 살펴본 바와 같이, 철제 골조를 원통형이나 교차 궁륭의 형태로 세운 뒤, 그것을 석고나 속빈 벽돌 구조 안에 매입하는 것은 참된 구조 원리에 위배되는 일이다. 이는 서로 상반된 성질을 지닌 두 재료를 밀착시키는 것으로, 마치 늑대를 양 우리 안에 가두는 것과 같다. 철재는 수축 및 물성 변화에 대비한 여유를 반드시 확보해야 하며, 오직

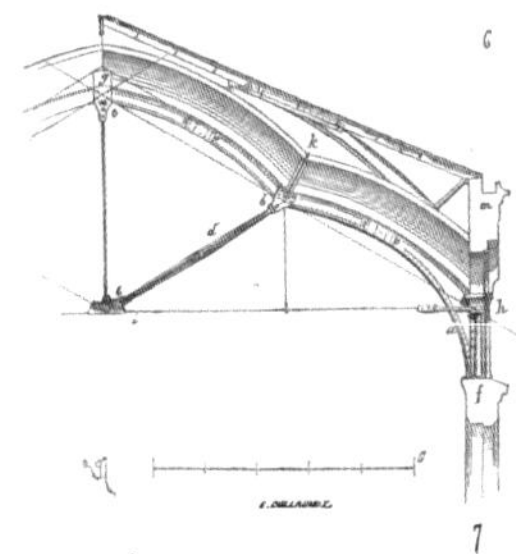

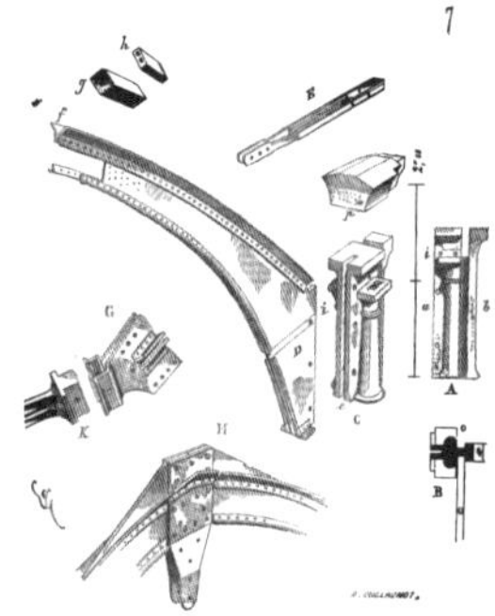

Fig. 6
철과 조적을 결합하여 궁륭 천장을 올리는 방법.
Fig. 7
철제 궁륭 천장 트러스의 세부.
Fig. 8
철과 조적을 결합해 올린 궁륭천장의 투시도.

그 특성이 충분히 발현될 수 있는 조건하에서만 사용되어야 한다.

그러므로 **철 위에 조적 궁륭을 구축하고자 한다면, 철재는 스스로의 움직임에 제약을 받지 않아야 하며, 자신이 지지하는 콘크리트 외피를 파손시키지 않고 팽창할 수 있어야 한다. 체결 장치는 외부에서 명확히 보이도록 설치해야 하며, 이는 구조의 일부가 손상될 경우 신속한 수리를 가능하게 하기 위함이다. 철과 석재를 병용하려 한다면, 우리는 전통적인 로마식 구조 방식은 과감히 포기해야 한다. 이제 우리는 더 이상 불활성의 고정된 매스에 기반한 구조물을 상정해서는 안 되며, 그 대신 탄성과 평형을 확보해야 한다.** 수동적인 힘의 집적은 능동적인 힘의 분산으로 대체되어야 한다.

[…]

중세의 건축가들이 오늘날의 금속 제조 기술로 생산된 자재를 보유하고 있었다면, 그들은 분명히 논리적이고 정교한 지성에 힘입어 다른 구조 형식을 채택했을 것이다. 예를 들어, 그들은 궁륭 천장의 과도한 높이를 줄이기 위해 노력했을 것이다. 이처럼 비정상적으로 높은 천장은 미적 고려에서 비롯된 것이기보다는 채택된 구조적 방식에서 기인한 것으로, 시공의 복잡성과 과도한 비용을 초래하는 원인이 되었다.

철을 힘줄이나 인대처럼 활용하면, 낮은 돔 높이에 넓은 경간을 가진 궁륭 천장을 구축할 수 있다. 이러한 구조적 결과를 얻는 방법은 [Fig. 6]에서 확인할 수 있다.

[…]

이러한 철제 트러스에 건축적으로 장식적인 외관을 부여할 수 있을까? 나는 가능하다고 생각한다. 그러나 그것은 철제 트러스에 석조 구조에 적합한 형태를 모방하여 부여함으로써 달성될 수는 없다. 현재 우리가 보유한 철 구조물 제작 기술로는 장식적 효과를 얻기 위해 상당한 비용이 소요될 수밖에 없다. 이는 철제 부재를 생산하는 제조업체들이 그러한 장식을 구현하기 위한 구성 요소들을 제공하지 않기 때문이다. 그러나 제조업체들이 이러한 요소들을 제공하지 못하는 근본적인 이유는, 우리가 지금까지 대형 건축물에서 철을 단지 보조적이고 숨겨진 기능에 국한하여 사용해 왔기 때문이다. 우리는 철이라는 재료의 물성에 적합한 형식을 부여함으로써 그것을 어떻게 효과적으로 활용할 수 있을지에 대해 진지하게 고민한 적이 없었다.[2] **앞으로 철의 활용에 대해 보다 본격적으로 논의하게 될 때, 우리는 이 재료가 어떻게 장식적일 수 있는지, 혹은 더 정확히 말해 철에 적합한 장식적 형식이 무엇인지를 탐구하고 제시하고자 한다.**

[…]

우리는 궁륭 천장의 추력이 철에 의해 어떻게 지지될 수 있는지를 이미 설명한 바

2 타성은 여전히 우리 사회에서 강력한 힘을 지닌 여신과 같다. 금속 공장들에서는 그 여신이 마치 숭배의 대상처럼 여겨지고 있다. 만약 자유무역이 이 숭배를 점진적으로 약화시키는 결과만을 가져온다 해도, 그것만으로도 충분히 의미 있는 성과가 될 것이다. 실제로 우리는 대형 금속 공장들이 새로운 단면을 가진 철강 부재를 제작해 달라는 요청을 받았을 때, 실린더를 새로 만들어야 한다는 이유로, 비록 그 주문량이 100톤이 넘는다 하더라도 이를 거부한 사례를 알고 있다. 이들 제조업자 중 한 명이 그 주문을 수락하더라도, 이미 다른 공장들이 모두 거절한 상황을 알고 있기 때문에 터무니없이 높은 가격을 요구하게 되고, 결국 새로운 형상의 철강을 사용하는 것이 오히려 비용 절감에 도움이 되지 않게 되는 결과를 초래하게 된다.

있다. 이제 우리가 더욱 면밀히 분석해야 할 문제는, 궁륭 구조의 건축에서 철의 적용 방식이며, 철제 구조와 조적조를 결합함으로써 연결근tie-bar의 도움 없이도 아치의 추력을 상쇄하는 것이 가능한지를 검토하는 일이다.

[Fig. 9]는 경간이 30피트인 아치를 나타낸 것이다. A는 폭이 15인치인 철판 띠로, 반원형으로 굽어 있으며, 도해 B에서 볼 수 있듯이 이 띠에는 길이 2피트 3인치의 철판제 돌출부 *a*가 브래킷 *b*를 통해 고정되어 있다. 이 곡선 띠에는 두 개의 앵글 아이언이 리벳으로 고정되어 있어 플랜지를 고정하고 구조적 강성을 보강한다. 이러한 돌출부 사이에 석재로 된 홍예석 *c* 또는 벽돌 *e*를 삽입하면, 이 아치는 구조적으로 무너질 수 없게 된다. 투시도 D는 이와 같은 철 구조 시스템을 시각적으로 설명하고 있다.

예를 들어, E가 철판으로 구성된 아치라고 가정하자. 이 아치에는 견고한 버팀대 *f*로 고정된 돌출판 *g*가 부착되어 있다. 이 경우, 지점 *i*와 *k*가 벌어지는 일은 일어날 수 없다. 왜냐하면 이러한 벌어지려는 힘은 오히려 버팀대들을 서로 더 강하게 밀착시키는 결과를 초래하기 때문이다. 이와 마찬가지로 철과 석재가 혼합되어 구성된 아치 B 역시 동일한 원리에 따르게 된다. 아치를 벌어지게 하려는 어떠한 외력도 홍예석들을 더욱 조밀하게 압착시키는 작용을 하게 되며, 철제 띠는 연속된 면을 형성하므로, 내면의 접합부는 벌어질 수 없다. 따라서 이러한 접합부들은 벌어짐이 불가능하며, 결과적으로 아치 구조는 파손되지 않게 된다.

[…]

이러한 구조의 실험 모델은 띠철hoop iron이나 심지어 아연판을 사용하여 적은 비용으로 제작할 수 있으며, 돌출판 사이에 작은 목재 조각을 끼워 넣음으로써 그 구조적 강도를 쉽게 입증할 수 있다.[3] 이와 같은 방식으로 구축된 아치는 석재나 벽돌 아치보다 제작 비용이 더 많이 들 수 있다. 그러나 그만큼의 재료 사용량을 절감할 수 있다는 점(이 정도 경간의 아치는 두께 0.4m 정도의 홍예석으로도 안정적으로 구축 가능하다) 외에도, 실제로 경제적 절감 효과가 나타나는 부분은 바로 교대abutment에서이다.

이 체계를 도입함으로써, 우리는 횡단 방향의 늑재를 구축하여, 단면이 매우 작은 기둥 위에 로마 시대의 궁륭 구조처럼 벽돌 또는 잡석조로 된 교차 궁륭groined vaulting을 지탱할 수 있게 할 수 있다. 이것은 구조적 경제성과 대지에서 고형 구조물이 차지하는 면적의 절감 측면 모두에서 하나의 진전이라 할 수 있다. 오늘날 도시에서는 건축 자재의 가격이 높고, 이용 가능한 공간이 제한적이므로, 건축가는 자재와 공간이라는 두 측면 모두에서 최대한 경제적인 해결책을 모색해야 한다.

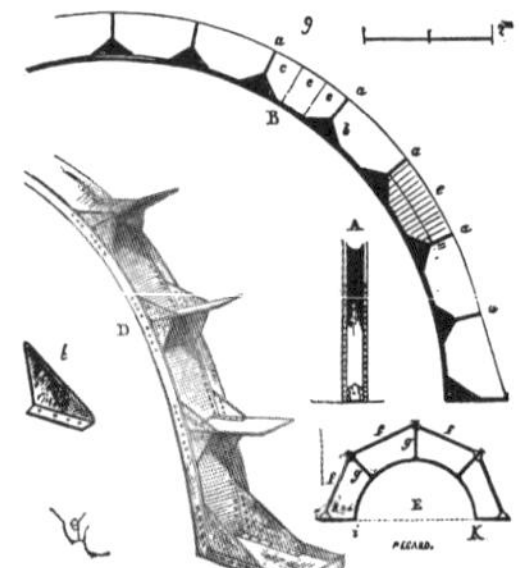

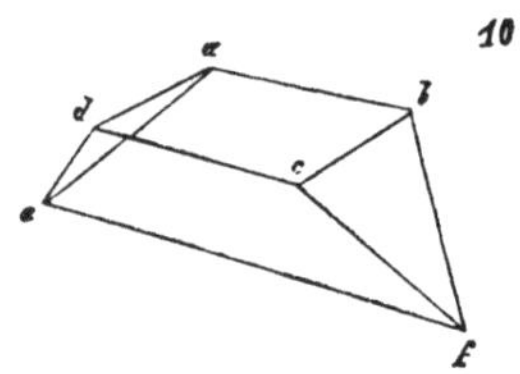

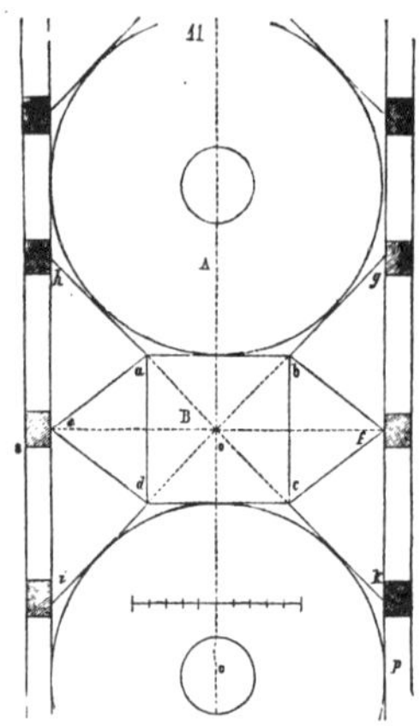

Fig. 9
철과 조적조의 결합–아치의 추력을 상쇄하는 방법.
Fig. 10
철과 조적조의 결합–궁륭 천장을 만드는 방법.
Fig. 11
궁륭 천장의 평면.

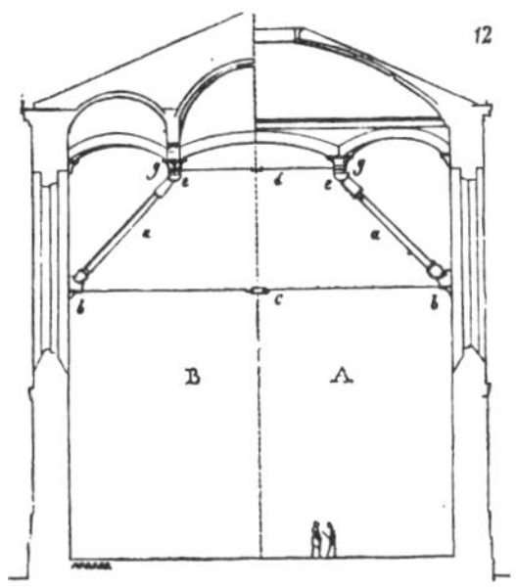

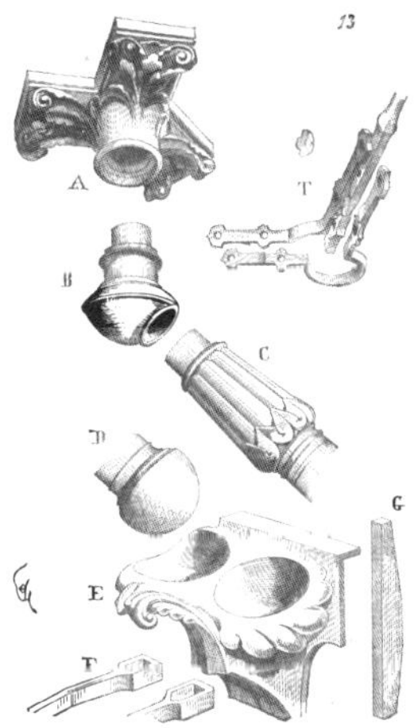

Fig. 12
철과 조적조의 결합-궁륭 천장 단면.
Fig. 13
철과 조적조의 결합-철공의 세부.

3 내호의 폭이 1.00m이고, 단면이 0.05m × 0.07m인 아치는 브래킷 없이 아연판(zinc)으로 제작하였으며, 열두 개의 스퍼(spur)를 단순히 납땜하여 부착하고, 홍예석은 소석고(plaster of Paris)로 구성하였다. 이러한 조건에서 종석(key stone) 부분에 9kg(20파운드 상당)의 하중을 가했을 때도 아치는 무너지지 않고 하중을 견뎌냈다.

철이 이러한 방식으로 사용되는 조건들은 그 내구성에 유리하게 작용한다는 점은 명백하다. 철제 평판은 석재나 벽돌로 된 홍예석들 사이에 매입되어 있으나, 그 역할은 어디까지나 수동적인 것이며, 단지 홍예석들에 의해 가해지는 단순한 압력에 의존할 뿐이다. 이 구조 시스템의 주요 강도를 구성하는 내호의 띠, 앵글 철재, 브래킷은 최소한 한 면 이상 공기 중에 노출되어 있어 부식 가능성이 상대적으로 낮다. 또한, 석재 또는 벽돌로 된 홍예석들은 궁륭 아래에 위치하며 덮어 있기 때문에, 철의 내구성에 영향을 줄 만큼의 수분이나 염분을 배출할 가능성은 거의 없다. [...]

[...]

이러한 유형의 구조에서는 모든 요소가 사전에 철저히 준비되어야 하는 것이 분명하다. 작업의 각 부재들은 공장이나 전문 제작소에서 미리 제작 및 조립된 상태로 건설 현장에 운반될 수 있으며, 현장에서는 별도의 추가 작업 없이 신속하게 제자리에 설치될 수 있다.

비용의 절감

이번 강의에서 제시된 일련의 사례들은 이러한 시도가 어떤 방식으로 전개되어야 하는지를 시사한다. 우리는 익숙한 장치들에서 출발하여 그것들을 점진적으로 변형하거나, 새로운 요소들을 적용하는 방식으로 접근하였다. 이제 우리는 새로운 재료의 활용을 보다 본격적으로 탐구하고, 그것을 바탕으로 새로운 조건하에서의 구조 형식들을 일반화하여 도출해 보고자 한다.

[...]

평면으로 이루어진 다면체와 같은 입체 형상들은 궁륭 천장이 요구되는 구조에서 철과 조적조를 혼합하여 사용하는 경우 적용 가능한 기본 형식을 제시하는 것으로 보인다. 그러나 금속의 물성과 그것이 가공될 수 있는 형상은, 리벳으로 고정된 철판을 사용하든 주조 또는 단조된 철재 사다리꼴을 볼트로 결합하든, 철을 이용한 아치 구조를 구축하는 데 적합하지 않다.

그러한 방식으로 제작된 철골 구조는 가격이 비쌀 수밖에 없으며, 휘어지거나 파손되지 않도록 과도하게 강하게 제작될 때에만 그 목적에 부합한다. 그러나 판철을 인장력에 **특히 잘 견디는 재료로 간주하고, 그것이 조적조와 결합하여 철 구조물이 뒤틀리는 것을 방지할 수 있다면, 또 철을 직선 부재로 쉽게 가공하고 연결할 수 있는 재료로 본다면, 이러한 개별 부재들로 하나의 독립적인 격자망을 구성하고, 그 격자망 위에 궁륭 구조를 분할된 형태로 안착시킬 수 있다면, 우리는 재료의 본성에 부합하는 철골 시스템과 개별 궁륭들로 넓은 공간을 덮을 수 있는 구축 방식을 마련할 수 있다.**

[Fig. 16]이 반구 내부에 내접할 수 있는 다

면체라고 가정하자. 이 다면체는 정팔각형, 정육각형, 정사각형의 면들로 구성되어 있다. 우리가 이 형상의 선들을 따라 철제 프레임을 설치한다면, 매우 견고한 격자 구조를 형성할 수 있으며, 이 격자의 각 부분을 궁륭 천장의 요소들로 덮는 것이 가능할 것이다.

[…]

이 구조의 외관은 [Fig. 18]에서 확인할 수 있다. **철제 격자망이 제공하는 강도 덕분에, 궁륭의 각 부분은 가벼운 재료로 만들 수 있으며 두께도 얇게 구성할 수 있다. 철제 격자망의 공간 안에 배치되는 궁륭 부분들은 테라코타나 연석으로 제작 가능한 늑재로 구획되어 있으며, 그 사이 공간은 도기재, 속이 빈 벽돌을 평평하게 눕혀 쌓거나, 앞서 설명한 바와 같이 분절된 성형 재료로도 손쉽게 채울 수 있다.** 이러한 궁륭들의 거푸집은 철제 구조체 자체에 고정할 수 있으며, 이 구조체는 궁륭 하부에 독립적으로 존재하면서도 시각적으로 드러나 있는 상태를 유지한다. 또한 이 구조체는 늑재가 접합되는 지점에서만 궁륭을 지지한다. […] 이 사례에서 내가 제시하고자 하는 것은 철과 조적을 동시에 사용하는 합리적인 적용 방식 중 하나일 뿐이다. 이는 단지 건축이 지금까지 갇혀 있던 틀에서 벗어나기 위해 우리가 어떤 방향으로 노력해야 할지를 지시하기 위한 것이며, 철을 단순한 임시방편이나 은폐된 구조 수단이 아닌, 대형 건축에 본격적으로 도입하고자 할 때의 하나의 출발점으로 제안하는 것이다.

예를 들어 천연 수정을 살펴보면, 철과 조적이 혼합된 궁륭 구조에 가장 적합한 형상을 발견할 수 있다. 결정화crystallisation 과정을 통해 생성된 다면체polyhedron들은, 넓은 공간을 덮기 위해 대형 거더 철재를 활용할 수 있도록 해줄 뿐만 아니라, 시각적으로도 매우 아름다운 형상을 제공해 준다. **새로운 재료의 활용이 논의될 때, 우리는 어떤 암시라도 소홀히 해서는 안 되며,** 어디에서든 통찰의 단서를 찾아야 한다. 그러나 그 중에서도 특히 자연의 창조 원리 속에서 배움을 얻어야 하며, 우리 스스로 창조적인 건축을 실현하고자 한다면 이러한 원리에 대해 깊이 익숙해져야 한다.

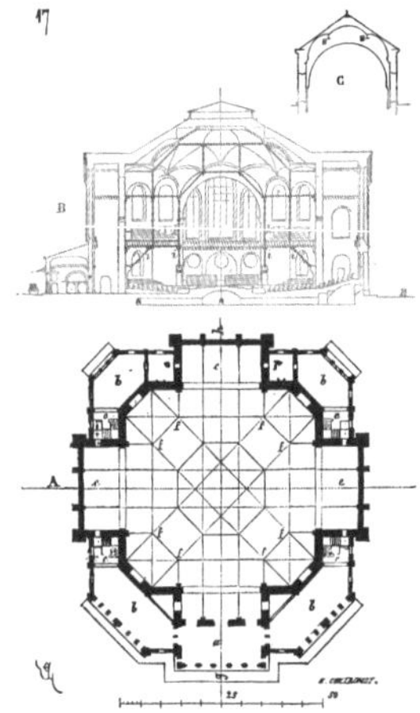

Fig. 17
철과 조적–넓은 공간의 궁륭 천장.
Fig. 18
철과 조적–넓은 공간에 궁륭 천장.

Iron
철

『프랑스에서의 건축, 철의 건축, 철근콘크리트의 건축』(1928)은 지그프리드 기디온이 19세기말 20세기초 프랑스의 철과 철근콘크리트 건축에 대해 서술한 책이다. 이 책에서 발췌한 「철」, 「처음의 시도들」, 그리고 「실험적 건축: 박람회장」은 19세기 수공예에서 기계 산업사회로의 전환을 건축 재료의 변화, 특히 철의 도입을 통해 조망한다. 철은 인장과 압축, 굽힘에 모두 대응하며 최소한의 단면으로 거대한 힘을 응축할 수 있다. 이는 투명한 유리 외피와의 결합을 통해 공간을 개방하고, 공중에 떠 있는 듯한 새로운 공간 감각을 창출하였다. 앙리 라브루스트의 생트 주느비에브 도서관과 19세기의 일련의 박람회장은 이러한 가능성을 실험하며, 정적이던 전통적 하중–지지의 역학을 넘어 유동적 평형과 구조적 합리성을 드러내는 것이었다.

전태규

Image credit (previous page):
Crystal Palace, steel engraving, interior during the Great Exhibition, 1851.

1928

철: 초기 시도들과 실험적 건축
Iron: First Attempts and Experimental Architecture

지그프리드 기디온 Sigfried Giedion
전태규 옮김

Extracted from: Giedion, Sigfried. *Bauen in Frankreich, Bauen in Eisen, Bauen in Eisenbeton*. Leipzig und Berlin: Klinkhardt & Biermann, 1928: — "Eisen: Erste Versuche," 101–109; "Experimentelle Architektur," 120–121.

철

건축에서의 철의 도입은 수공예에서 산업적 건축 생산으로의 전환을 의미한다. 새로운 건축의 시작은 기존의 제작 방식이 폐기되고, 수작업으로 단조된 철 대신 기계적으로 생산된 압연 철이 사용되기 시작한 날로 거슬러 올라갈 수 있다.

석재는 압축력에만 저항할 수 있다. 이는 움직이지 않는 덩어리들을 층층이 쌓아 올리는 것을 가능하게 하지만, 내부를 비워내 공간을 형성하는 방식(예: 고딕 양식)을 실현하려면 극도의 창의성이 요구된다. 석재는 응축된 매스를 의미한다. 석재는 공간을 빽빽하게 차단한다. 벽 전체 두께가 하중을 지탱하는 구조다. 넓은 수평 개구부는 석재 구조의 원리에 반한다.

철은 늘리거나 수축될 수 있다. 철은 인장력과 압축력, 나아가 굽힘에 잘 저항한다. 철의 중요성은 높은 구조적 응력을 최소한의 단면 안에 응축할 수 있다는 데에 있다. 비유하자면, 철은 건축물의 근육조직과 뼈대를 동시에 암시한다. 철은 공간을 개방한다. 벽은 투명한 유리 외피가 될 수 있다. 내력벽을 설계하는 것은 어리석은 행위가 된다. 이는 새로운 디자인 법칙으로 이어진다.

지지와 하중 간의 엄격한 균형 대신, 철은 더 복잡하고 더 유동적인 힘의 균형을 요구한다. 재료가 몇 개의 지점으로 응축됨으로써, 이전에는 알 수 없었던 투명성이 나타나고, 다른 물체들과의 부유한 관계가 생기며, 공중 공간의 창출, 즉 옥타브 미르보 Octave Mirbeau가 이미 1889년에 인식한 "하늘의 배열들des combinaisons aériennes이" 나타난다. 에펠탑과 같은 높은 구조물들을 거닐며 공중에 떠 있는 듯한 공간에 둘러싸이는 이 감각은, 비행이라는 개념이 실현되기 이전에 그것을 앞서 제시했고, 새로운 건축의 형성을 자극했다. 그것은 피상적인 형식적 모방을 통해서가 아니라, 오히려 내적인 법칙에 의해 이루어진 것이다.

모든 새로운 건축 재료 중에서 철은 가장 오랜 구조적 전통을 지니고 있다. 반세기 동안 철의 도입을 위한 투쟁이 얼마나 집요하게 지속되었는지, 그리고 그 디자인이 얼마나 점진적으로 드러났는지 살펴보는 것은 흥미롭다. 우리는 이 점진적인 실현을 따라가며 그 느린 성장을 확인할 수 있다.[1]

기계가 철재 프로파일의 생산을 가능하게 만들기 전부터, 철을 도입하려는 요구는 존재했다. 이론적으로 치수를 산출할 수 있는 방법이 발견되기 전에도, 직관과 비례 감각은 그것을 미래의 재료로 인식하고 있었다.

이것은 매우 이른 시점인 1849년에 이미 오늘날 우리가 작업하고 있는 주거 형태가 이미 예견되었을 정도였다. "유리는 금속 건축에서 중요한 역할을 하게 될 운명이다. 수많은 개구부로 인해 강도와 견고함이 약화되는 두꺼운 벽 대신, 우리의 집은 개구부로 가득 차 반투명하게 나타날 것이다. 단판 혹은 이중 유리로 된 두꺼운 유리창, 불투명하거나 투명한 이 유리창들은 낮에는 마법 같은 빛을 안으로 들이고, 밤에는 밖으로 흘려보내게 될 것이다."[2]

인간이라는 유기체 조직에서는 어떠한 태도들이 먼저 형성되고, 그것이 현실 속에서 나중에 구체화되는 것처럼 보인다. 기계공학이 발전하기 이전에 산업 자체가 그 세기의 중심축으로 인식되었던 것처럼, 이와 마찬가지로 — 더 축소된 차원에서 — 오늘날 사회 구조가 그것을 받아들일 준비가 되기 이전에 어떠한 집의 형식으로 나타나고 있다.

처음의 시도들

철을 지붕 골조에 사용하기 시작한 것이 그 출발점이었다. 극장, 창고의 목재 보들은 불쏘시개처럼 쉽게 불타곤 했다. 이를 철로 대체하려는 시도들이 있었다. 이내 사람들은 철 구조가 공간을 거의 차지하지 않고, 빛을 풍부하게 들여오고, 유리와 결합될 경우 특히 중정의 지붕에 적합하다는 것을 깨달았다. 유리와 철제 갤러리들이 등장했다.

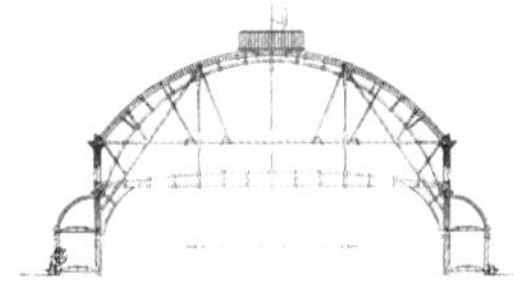

Fig. 1
프랑세즈극장 보강을 위한 연철트러스 구조, 빅터 루이스, 1786년.

1 우연히도 이 책이 인쇄에 들어갈 즈음에야 나는 A. G. Meyer의 『EISENBAUTEN』(에슬링겐, 1907) 한 부를 받았다. 그 책에는 많은 보충 자료들이 실려 있다. 서로 다른 출발점은 물론 출판 연도의 차이로 자연스럽게 설명될 수 있다. 그럼에도 불구하고, 우리의 접근이 종종 다행히도 일치한다는 점은 언급해 두고 싶다.

2 조바르(Jobard), 「금속 건축(Architecture métallurgique)」, 『건축 종합 리뷰(Rev. gén. de l'arch.)』, 1849년, 30쪽: "…우리의 집들은 우아하고 다수의 개구부들로 채워질 것이며, 그것은 집을 빛이 스며들 수 있도록 만들 것이다."

3 Ch. L. Eck, 『철, 주철, 판금의 민간, 산업, 군사 건축물 및 고정교 · 현수교, 갑문, 해안 제방 등에의 적용에 관한 이론서(Traité de l'application du fer, de la fonte et de la tôle dans les constructions civiles, industrielles et militaires, dans celles des ponts fixes ou suspendus, des écluses et des digues de la mer)』, 파리, 1841년.

4 완전히 철 구조로 지어진 최초의 유리 온실 중 하나는 1833년 파리 식물원(Jardin des Plantes)에 세워졌다. 참고: M. Neumann, 『온실을 짓고 관리하는 기술(L'Art de construire et de gouverner les serres)』, 제2판, 파리, 1846년.

5 앙리 들라보르드(Henri Delaborde),

이는 철도 역사, 시장 홀, 전시관의 출발점이었다. 압연 철제 보가 도입되기 전에는 지붕을 불연성으로 만들기 위해 철과 목재를 결합한 복합 구조에 대한 복잡한 실험이 수행되있다.[3]

교각과 철도와 같은 순전히 기술적인 용도 외에도 극장의 주철 계단과 철제 캐노피와 같은 다양한 디테일들이 건축에 등장했다. (분명히 1824년 이후 [자크-이냐스] 히토르프와 르콩테프가 앰비귀-코미크 극장에 도입한 것임). 유리 온실[4]의 벽에 비해 사실상 눈에 띄지 않는 외피는 주철 지지대와 철골 구조가 도입되는 계기가 되었다.

[…]

이후의 발전을 앞서 보여준 첫 번째 건물은 앙리 라브루스트Henri Labrouste가 설계한 생트 주느비에브 도서관Sainte-Genevieve Library, 1843-50이다. 앙리 라브루스트는 산업화의 초기 건축 분야에서 단연코 가장 저명한 인물이다. 로마 아카데미 국비유학생이었던 그는 고대 건축에 관습적 미학의 틀로 접근하지 않고, 파에스툼 신전을 면밀히 조사하여 "각 건축물의 구조적 유기체"[5]를 찾아냈다.

그는 아카데미 학생들이 고전적 디테일을 아름답게 그려내지만, 정작 건물의 내부 구조는 완전히 간과했다는 것을 보여주었다. 그는 "예술적 관점에서 최고의 건물은 바로 가장 단순하고, 가장 진실하며, 가장 합리적인 방법으로 지어진 건물"이라는 사실을 깨달았다.[6] 그는 처음으로 새로운 가능성을 통해 확장된 건설의 의미를 표현했다.[7] 건설의 본질은 석공이나 자물쇠 장인이 수공업으로 만든 디테일에 대한 고립된 연구에서가 아니라 건물의 모든 구성요소들이 유기적으로 맞물리는 데 있다. 라브루스트는 완전히 다른 맥락에서 언급했듯이, 사회적, 도덕적, 지적 삶의 쇄신에 대한 요구라는 하나의 거대한 흐름에 이끌렸던 1830년대 세대에 속한다.[8]

도서관을 맡게 되었을 무렵, 라브루스트는 모든 사람에게 새로운 정신esprit nouveau의 가장 순수한 화신으로 여겨졌다.[9] 12년 동안 그는 단 하나의 건물도 맡지 못한 채 파리를 방랑했다. 라브루스트가 도서관을 맡게 되었을 때 그는 이미 마흔을 넘긴 나이였다.

과학과 산업은 그에게 사실상 도움이 되지 않았다. 그럼에도 불구하고, 생트-주느비에브 도서관을 통해 그는 최초로 건물 기초부터 지붕까지 철골 구조를 적용하려는 시도를 했다. 생트-주느비에브는 프랑스 최초의 순수 도서관 건물이기도 하다. 라브루스트는 동시대 건축가들보다 철의 가능성에 더욱 민감했다. 철은 모든 것의 의미를 응축하고자 하는 그의 의도와 일치했다![10]

라브루스트는 시계에 기계장치를 끼워 넣듯 건물에 철골을 삽입한다. 건물을 감싸

「앙리 라브루스트의 생애에 대한 고지(Notice sur la vie de Henri Labrouste. Lue dans la séance publique annuelle du 19 octobre 1878)」, 8쪽. 라브루스트처럼 19세기 가장 중요한 건축가 중 하나였던 인물에 대해, 사망 이후 추도문을 제외하고는 실질적인 글이 거의 쓰이지 않았다는 사실은 매우 의미심장해 보인다. 이 연구를 진행하며 우리가 국립도서관(Bibliothèque Nationale)의 원도면을 자세히 확인하고자 했을 때조차, 그것들이 이미 사라졌다는 것이 드러났다. 라브루스트와 그의 제자들을 향한 아카데미의 사보타주에 가까운 행태를 문헌을 근거로 분명히 밝히는 일은 매우 중요했을 것이다. 근본적으로, 아카데미가 젊은 재능의 실현을 방해하고 억누르다가, 나중에 그들을 노년에 이르러 흡수 · 동화시키는 방식은 오늘날까지도 여전히 유효한 원리다.

6 외젠 미예(Eugène Millet), 「앙리 라브루스트」, 『건축가 중앙협회 회보(Bulletin de la Société centrale des architectes)』 발췌본, 1879 – 80년도 활동기록(Exercice), 5쪽.

7 이는 건축가 앙리 라브루스트(H. Labrouste)의 드문 자필 진술 중 하나이다: "la construction consiste dans la combinaison de toutes les parties architecturales" ("건축이란 모든 건축적 요소들의 결합으로 이루어진다") — 『1839년 파리 건축학교 학생들의 작품집(Travaux des élèves de l'école d'architecture de Paris pendant l'année 1839)』, 『건축 종합 리뷰(Revue générale de l'architecture)』, 1840년, 59쪽.

8 빌리 슈퓔러(Willy Spuhler), 『생시모니즘(Der Saint-Simonismus)』, 취리히, 1926년, 22쪽.

9 들라보르드, 앞의 책, 13쪽

고 있는 거대한 석조 코어는 여전히 그대로 남아 있지만, 이 석조 코어 안에는 1층에서 지붕 용마루까지 기둥, 천장, 볼트, 대들보, 지붕 구조 등에 철제 시스템이 적용되었다. 1층의 각 방에는 보가 걸려있지 않는 주철 기둥들이 2층과 연결되어 있다. 이 가느다란 주철 관 기둥들은 방 한가운데를 따라 얇은 플랜지로 천장에 연결되어 있다. 매끈한 기능, 지지와 하중을 암시하는 보, 장식, 기둥 없이 말이다. 오늘날 이런 일을 감히 시도할 수 있는 건축가는 르 코르뷔지에나 마트 슈탐과 같은 건축가 정도뿐이다. 그 위층의 이중 복도의 열람실(길이 84m, 너비 21m)은 지붕과 하나의 구조적 골격을 이룬다. 반원형 트러스는 주철 기둥과 벽면을 따라 배치된 콘솔에 의해 지지된다. 도면이 정확하다면, 라브루스트는 이 반원형 천장 트러스를 완전히 강체로 만들지 않고 팽창을 허용하기 위해 미리 세 개의 구간으로 나누었다. 우리가 알고 있듯, 이러한 사고 방식이 하나의 실질적인 형태—삼힌지 아치—로 이어진 것은 그로부터 40년 이상 지난 뒤인 1889년 만국박람회의 '기계관Galerie des Machines'에서였다.

지붕 골조는 이 반원형 트러스와 기둥 위에 얹혀 있다. 다락 공간에 들어서면, 대담한 규모와 무거운 아연 지붕을 지탱하는 가늘고도 정교하게 보강된 연철 스트럿에 감탄하게 된다. 라브루스트는 트러스 위를 철제 망으로 가로질러 석고로 감싸는 방식으로, 반원형 볼트에서 놀라울 정도의 얇은 구조를 실현했다. 이는 자연스럽게 카사블랑카와 르 랭시Le Raincy에서 페레Perret가 구현한 달걀껍질처럼 얇은 콘크리트 볼트의 섬세한 보강을 연상시킨다. 물론 라브루스트는 도서관이라는 용도상, 새롭게 고안된 외부에 노출형 인장 트러스 시스템인 폴롱소Polonceau 트러스를 사용할 수 없었다. 그는 보다 원시적인 수단으로 독자적인 구조 시스템을 마련했으며, 이는 철 구조는 스스로 균형을 이뤄야 한다는, 완전히 새로운 구조 개념으로 이어졌다. 라브루스트와 동시대인이자 이론가였던 레옹스 레노Leonce Reynaud는 이를 간결하게 요약했다. "아치 구조의 측압thrust을 제거하는 철제 골조는, 여기서 완전한 시스템으로 실현되었다."[11]

[…]

실험적 건축: 박람회장[12]

거의 모든 시대는 그 내면의 태도에 따라 특정 건축적 과제를 발전시키는 것으로 보인다: 고딕 양식의 대성당, 바로크 양식의 궁전, 과거에 대한 향수를 불러일으키는 19세기 초의 박물관 등이 그렇다. 독일 낭만-고전주의의 어떤 건물도 베를린에 있는 [칼 프리드리히] 쉥켈의 알테스 박물관(1819)

Fig. 2
생트-주느비에브 도서관, 앙리 라부르스트, 1843-50년.

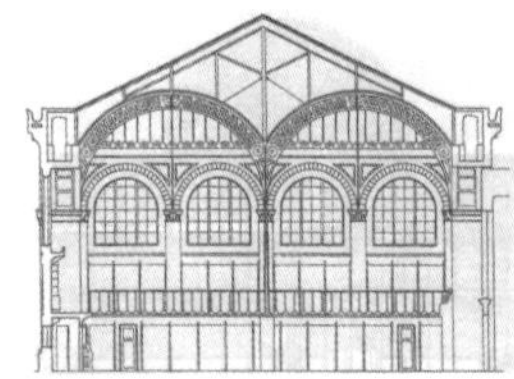

Fig. 3
생트-주느비에브 도서관 단면, 앙리 라부르스트, 1843-50년.

10 들라보르드, 앞의 책, 13쪽
11 레옹스 레노(Leonce Reynaud), 『건축 이론서(Traité d'architecture)』, 파리, 1852-56년, 387쪽: "철제 골조는 아치의 측압을 제거하는 결과를 낳으며, 이곳에서 하나의 완전한 시스템으로 정식화되어 있다."
12 프랑스어 "Exposition*이라는 단어는, "Industrie"와 마찬가지로 독일어 "Ausstellung"(전시)보다 훨씬 더 모호하고 다의적이다. "Exposition"은 단순히 전시를 뜻할 뿐 아니라, 개요(overview), 병렬(juxtaposition), 비교(comparison), 장소(site)를 의미할 수 있으며, 비유적 의미로는 이론의 제시 또는 표현(representation of a theory)까지도 포함한다.

Fig. 4
런던 박람회를 위한 수정궁. 조셉 팩스턴, 1851년.

보다 그 시대의 의지가 형태와 개념이 더 분명하게 드러난 건물은 없다. 동시에 프랑스인 앙리 드 생시몽은 산업을 중심 개념으로 인식했다. 19세기 후반, 1850년에서 1890년 시이에 산업이 본격적으로 발전하면서 전시회는 건축 생산의 창조적 지표가 되었다.[13] 산업 발전 초반의 경이로움이 자명한 사실로 바뀐 후에야 이러한 배치의 매력과 의미가 약해졌다.

박람회장은 빠르게 조립하고 빠르게 해체할 수 있는 가벼운 건물로, 산업 건축을 위한 실험실이다. 석재는 재료로서 너무 무겁고 비싸기 때문에 사람들은 철로 건축하기를 원했다. "철을 사용하면 건축의 다양한 부분들을 수많은 독립된 작업장에서 제작할 수 있다." 이 외에도 철은 "건물의 목적에 매우 적합한 특별한 개성을 부여할 수 있는" 장점이 있었다.

박람회장의 역사는 곧 철제 건축의 역사이다. 1851년(런던)과 1855년(파리)의 초기 실험적 시도 이후, 특정 건설업자들이 작업하던, 이전에는 시도되지 않았던 해법이 처음으로 실현되는 일이 거의 주기적으로 일어났다. 그 직후, 이 해법들은 가장 광범위한 범위로 삶에 자취를 남겼다. 종종 그것은 에펠탑과 같이 대담하고 심지어 논란의 여지가 있는 방식으로 전례 없는 구조물을 시도하는 일이었다.[14]

박람회는 발전의 결과를 요약했을 뿐만 아니라 이를 앞서 보여주기도 했다. 박람회의 역사에서 하중과 지지라는 기존의 정역학적인 느낌이, 새로운 현수suspended 평형 체계로 변화하는 과정을 직접 추적할 수 있다. 이 전개를 분명히 하기 위해 차근차근 살펴 보자.

수공예에서 기계 생산으로 급격히 전환되던 시대에, 박람회는 모든 새로운 발견들을 일제히 한자리에 모아 보여주는 역할을 했다. 여러 지역에서 작업은 분주하게, 동시에 진행되었고, 각국의 생산물들이 박람회에 나란히 전시됨으로써 서로 비교되고, 이를 통해 전체 생산 과정이 가능한 한 빠르게 상호 조정되고 고도화되었다. 1850년 이후의 박람회들은 철저히 세계화된 상업의 첫 번째 증거였다. 또한 이 박람회들의 존재 자체가 인간 활동의 영역에서의 단절이라는 것이 불가능함을 보여주기도 했다. 본질적으로 일시적이고 덧없는 성격을 지닌 이러한 전시 구성물들은 삶과 밀접하게 연결되어 있었으며, 동시에 오늘날 광고의 기원이 되었다. 짧은 시간 안에 막대한 비용을 들여 설치된 이 박람회들은, 당시까지는 알려지지 않았던 새로운 강도의 홍보 매체의 효과를 만들어냈다.

인간 노동의 전 영역이 다루어져야 했다. 모든 학문 분야는 물론, 때때로 이전 시대까지 포함되었다. 농업, 광업, 산업, 실제로 작동하는 기계들, 원재료에서 가공 재

13 어느 정도 유보적인 태도가 필요할지도 모른다. 19세기 건축은 이후 전개될 발전의 선구자로 이해되었지만, 동시에 쉽게 파악하기 어려운 고립된 분야로 여겨졌기 때문이다. 그러나 설계의 결정적인 영역에서는 여러 분야가 서로 겹친다. 집단적인 형성 의지에 대한 통찰은 박람회를 교량, 철도 건물, 기계, 탈것—즉, 익명적 설계의 전체 영역—과 연결시킨다.

14 이것은 박람회와는 거리가 먼 작업들에 의해서도 입증된다. 1883년, 펠릭스-벤자맹 뤼카는 대형 간행물 『프랑스의 토목사업(Les travaux publics de la France)』 중 「도로와 교량」 편 90쪽에서 다음과 같이 말한다. "1855년과 1867년의 박람회 전시장은 시공자들에게 대경간 구조에 대한 이해를 익히게 했고, 그 결과 전문 기술자들의 구상 능력이 커져 이들은 주저 없이 경간 160미터에 달하는 단일 아치교(두오루 강 다리)를 세울 수 있게 되었다."

료, 순수미술과 응용미술에 이르기까지. 이는 19세기의 다른 여러 분야에서도 전형적으로 나타났던, 아직 시기상 이르다고 할 수 있는 '통합'을 지향하는 강한 욕구—즉 총체적 예술Gesamtkunstwerk에 대한 열망—에서 비롯된 것이다. 분명히 실용적인 목적 외에도, 인간 세계를 새로운 운동 상태 속에 놓인 하나의 우주로서 시각화하려는 의도 또한 있었다. 박람회는 산업과 함께 탄생했다. 산업과 마찬가지로, 박람회 또한은 프랑스 혁명의 산물이었다. 19세기 전반까지의 박람회는 제한적인 행사에 머물렀지만, 세기 중반에 접어들며 산업화가 본격화되자 세계 박람회가 시작되었다.

Fig. 5
파리 박람회를 위한 산업궁전(Palais de l'Industrie), 1855년.

첫 번째 박람회는, 스스로를 「프랑스 산업 생산품 제1전시회Première exposition des produits de L'industrie française」라고 일컫으며 1798년(공화력 6년), 샹드마르스(Champ de Mars)에서 열렸다. 이 박람회는 18세기 다른 전시들처럼 사치품을 다루는 것이 아니라, 시계, 안전 자물쇠, 벽지, 직물, 실 등 일상용품을 대상으로 했다. 특히 실 등은 "기계로 빗고 뽑아낸carded and spun by machines" 것이라 명시되어 있었다.[15]

두 번째 박람회(공화력 9년)의 도록에는 전시의 실제 목적이 더 명확히 규정되어 있다. 완벽하게 제작된 제품만 전시해야 하며, 특히 새로운 발명découvertes nouvelles을 강조해야 한다. 당시 집정관이던 보나파르트는 박람회를 개막하며 다음과 같이 강조했다. "이 장엄하고 기념비적인 전시회는 우리 상업의 미래에 대한 모든 불안을 잠재워야 한다."(cf. Seconde exposition publique des produits de L'industrie française, [Paris: Imprimerie de la république, 공화력 9년(1801)])

철, 운송, 산업은 서로 맞물려 있었다. 1840년에서 1850년 사이, 발전은 단속적으로 이어졌다. 영국은 유럽 대륙과 달리 정치적 혼란에 거의 영향을 받지 않았으며, 19세기 전반기 동안 산업 생산의 선두를 달리고 있었다. 그리하여 1851년 런던에서 최초의 범국가적 산업 박람회Industrial Exhibition of All Nations가 개최되었다.

15 최초 박람회 도록 중 몇 안 되는 현존 사본 중 하나는 1798년, 같은 해에 설립된 파리 예술직능보존소(Conservatoire des Arts et Métiers)에 소장되어 있다.

Structural Frame, Concrete

구조적 골조, 콘크리트

오귀스트 페레의 「콘크리트」는 페레 아카이브에서 보관하고 있는 날짜 미상의 원고이다. 이 글은 건축 재료로서의 콘크리트 사용에 대한 그의 철학이 담겨있다. 페레는 고전 건축에서 구조적 골조를 모방하여 건축적 형식을 부여했다고 보았으며, 이는 파사드의 부착기둥과 같은 형태로 드러난다. 페레는 콘크리트 건축이 시공 과정에서 직접 목재를 사용한다는 측면에 있어서 고전 건축과 유사하다고 말한다. 하지만 근대에 들어서 대부분의 건축가들은 콘크리트를 숨겨야 하는 부끄러운 재료로 취급했고, 페레는 이를 강하게 비판한다. 그는 콘크리트를 숨기지 않았고, 오히려 "콘크리트는 건축물의 정신적 특성을 드러낸다"고 말하며, 콘크리트에 경의를 표했다.

성지환

undated

콘크리트
Concrete

오귀스트 페레 August Perret

성지환 옮김

Extracted from: Perret, Auguste, Undated typed manuscript, Perret Archives, Box 535, AP 548.

콘크리트 구축은 모든 건축 방법 중 가장 오래된 방법인 동시에 가장 근대적인 방법 중 하나다.

오래되고 훌륭한 라루스의 초판에 실린 훌륭한 글 중 하나는 이렇게 말한다: 소석회 모르타르 혼합물로 단단한 돌과 같은 덩어리를 만들기 위해 고운 자갈의 재료로 건축하는 기술은 고대로 거슬러 올라간다. 플리니에 따르면 이집트 미로(기원전 3,600년)의 페리스타일 기둥은 인공의 석재로 지어졌다고 한다. 니누스의 피라미드도 동일한 역시 동일한 기술로 세워진 또 하나의 거석 구조물로, 콘크리트의 물이 빠져나갈 수 있도록 유약처리된 작은 관으로 뚫려 있는 거석 아치구조의 이 시스템은 아직 개선된 바 없다.

'다른 많은 사례를 들 수 있다. 대형 건축물의 유적은 로마 제국이 지배했던 지역 곳곳에서 찾아볼 수 있으며, 인공 재료로 지어진 건물(예를 들어 리옹이나 님의 투르 마그네)이 시간과 인간 활동의 황폐화를 가장 잘 견뎌낸 건물이라는 점은 흥미롭다.'

페니키아인들은 위대한 항구 건설자이면서도, 콘크리트 사용에도 능숙했다.

중세 시대에는 콘크리트가 사용되지 않았지만 콘크리트를 만드는 공법은 소실되지 않았고, 외젠 비올레-르-뒤크Eugène Viollet-le-Duc는 12세기까지 기초에 콘크리트가 사용되었다고 언급한다. 그는 카르카손 성채에는 오늘날과 마찬가지의 방식으로 콘크리트를 틀에 부어 넓은 상인방을 만든 11세기 후반의 출입구와 창문이 있다는 사실을 언급한다. 상인방에 사용된 콘크리트는 매우 단단하며, 상당한 무게를 견뎌내면서도 단 한 곳도 파손되지 않았다. 그것은 오드Aude 지역의 고운 모래와 작은 벽돌 조각을 섞은 수화된 석회를 틀에 붓고 다져서 만들어진 것이다. 자갈이 섞인 골재는 매우 곱게 부서지며, 거의 대부분이 녹색 사암으로 이루어져 있다. 장인들의 관행은 이 인공 석재를 넓은 간격으로 사용하는 것이었는데, 이는 그들이 이 재료가 매우 단단한 지역산 사암보다도 더 강하다고 믿었음을 보여준다. 이 상인방은 어떤 방식으로도 손상되지 않았기 때문에 그들이 옳았다고 볼 수 있다.

프랑스 건축가들은 항상 자연석보다 강하고 서리를 견딜 수 있는 인공 석재를 만드는 방법을 알고 있었다.

그러나 19세기와 20세기에는 더 나은 혼합물을 개발하는 데 큰 진전이 있었고, 1820년 루이 비카Louis Vicat가 석회석을 점토와 함께 열처리하는 방식으로 인공 시멘트를 발명했다. 그 이후 시멘트 제조에 지속적인 진전이 있었다.

하지만 콘크리트 사용을 완전히 변화시킨 것은 프랑스인 조제프 모니에Joseph Monier가 1849년에 첫 실험을 수행하여 철을 도입한 것이었다. 1865년 그는 베를린의 보험사에서 공모한 내화 구조 구축 시스템에 대한 상을 수상했고, 수년 동안 철근 콘크리트의 독일식 명칭은 '모니에베통Monierbeton'이었다.

철을 삽입함으로서 콘크리트는 더욱 유연해진다. 즉, 철은 콘크리트 속의 힘줄처럼 작용한다. 이러한 특성으로 인해 부식, 화재 및 서리에 강하고, 수명을 가늠할 수 없는 **구조적 골조**가 되었다.

고대 세계에서 가장 초기의 건축 작품은 기둥을 구운 벽돌 혹은 날벽돌로 만들거나, 목재 조각으로 강화하거나, 전적으로 목재로 만든 골조 구조물이었다. 이러한 골조는 영구적인 구조물을 지을 때 깊은 존경의 대상이 되었으며, 마지막 디테일까지 모방되었다. 이 이집트 기념물을 보라 - 벽돌과 목재 골조를 순수하게 모방한 것이다. 그 당혹스러울 만큼 경이로운 파르테논 신전조차 못 머리 까지도 목재 골조를 흉내내고 있다.

로마인들은 콜로세움의 거대한 석조물에 어떻게 건축적 형식을 부여했을까? 콜로세움을 아무것도 지지하지 않는 장용 벽기둥으로 둘러싸고 있으며, 그것은 구조 골조를 떠올리게 한다. 그리고 목욕탕의 거대한 콘크리트 덩어리에서 단지 엔타블러처의 일부와 조각상 하나만을 떠받치고 있는 일렬의 기둥들, 그것들을 감싸고 있는 외장은 어떤 효과를 주는가? 그들은 우리에게 골조를 떠올리게 한다.

이탈리아 르네상스 파사드에 기둥과 벽기둥이 있는 이유는 무엇인가? 또 하나의 골조에 대한 경의이다. 17세기와 18세기 프랑스에서도 마찬가지였다. 왜 빅토르 루이Victor Louis는 프랑스 극장의 벽에 벽기둥들을 설치했을까? 그것들은 골조였다.

우리가 초기 고대나 소위 고전 시대에 대해 이야기하고 있든, 구조적 골조를 모방하지 않은 건축물은 없다.

그 사이 우리나라에서는 오푸스 프란키게눔opus francigenum - 리브와 리브볼트가 탄생했다. 이것은 돌로 만든 정통 구조 골조로, 유럽 전역으로 퍼져 나갔다.

그리고 이제 프랑스에서 발명된 철근콘크리트가 전 세계로 퍼져 나가고 있다.

이런 유형의 구조는 고대의 건축과 유사하다. 고대 건축은 목재 골조를 모방한 반면, 철근콘크리트는 목재를 사용하기 때문이다.

가느다란 지지대를 통해, 철근 콘크리트는 뾰족한 고딕 양식으로의 회귀를 보여준다. 다만 콘크리트의 경우 지지대가 하중을 지지하는 반면, 고딕 양식에서 발견되는 작은 기둥들은 리브를 지면까지 확장하여 화려하게 보이도록 하는 데에만 사용된다.

하지만 대부분의 건축가들은 아카데미의 영향으로 시각과 사고가 흐려져 이 모든 것을 전혀 인식하지 못했다. 그들은 콘크리트를 강력하지만 부끄러운 수단으로 여기고, 그것을 숨겨야 한다고 생각하며, 콘크리트를 저급하고 구식의 장식과 미장으로 덮어버리고, 결국 떨어져 나가 치명적인 결과를 초래하는 외장재로 마감한다.

콘크리트는 다루기 힘들다는 비난을 받지만, 이 까다로운 재료가 건축물의 아름다움을 해친 적은 없다. 그와는 반대로 콘크리트는 건축물의 정신적 특성을 드러낸다.

그리고 콘크리트를 자르고, 망치질하고, 끌로 조각하고, 다듬는 등의 존중을 베푼다면, 천연석 판매자들조차 놀라게 할 만큼 아름다운 표면을 얻게 된다.

위에서 언급한 모든 것을 고려해 볼 때, 자연이 요구하는 불변의 조건에 따라 보호용 마감재과 시각적 조정을 통해 완성된, 폭넓은 변화가 가능한 골조를 제시하지 않을 이유가 없다.

자신의 고유한 특성 외에는 더 주장하지 않으면서도, 이러한 유형의 구조 골조는 이미 우리에게 진정한 건축을 선사해왔다.

Material of Industrial Era
산업화 시대의 재료

미스 반 데어 로에(1886~1969)는 「산업 건축」(1924)에서 산업화 시대의 건축이 직면한 근본 문제를 산업화의 문제임을 직시하고 있다. 그는 건축의 성격은 재료의 성질이 결정하며, 이에 따라 "건설업의 산업화는 재료의 문제다." 라고 직언하고 있다. 미스는 산업화 시대의 재료인 유리와 철, 철근콘크리트에 대한 통찰을 바탕으로 새로운 조형원리를 가진 건축을 설명하며 시대를 초월하는 정신적 가치에 대해 논하고 있다.

아키라우터 4호에서는 젊은 미스의 시대정신을 엿볼 수 있는 건축재료에 관한 텍스트들을 소개한다. 「산업 구축」(1924)을 서두로 유리마천루가 소개된 「고층 건축물」(1922) 그리고 '건축물의 재료와 기술이 건축에 미친 영향[1]'에 대한 「강연」(1924)를 엮었다. 이후 철골과 그 구축의 미학으로 만개하게 되는, 미국으로의 망명 이전 독일에서 발표된 이 글들에서 우리는 미스의 빛나는 시대의지를 엿볼 수 있다.

전태규

Image credit (previous page):
© Jun Tae Gue

1 강연의 대한 부제는 그의 원고 영문 번역문 중 "(...) the influence of material and technology on building" 이라는 표현에서 따왔다. Fritz Neumeyer, *The Artless Word: Mies Van Der Rohe on the Building Art* (MIT Press, 1991), p. 250

1922-1924

산업 구축, '재료와 기술이 건축에 미친 영향'에 대한 강연
Industrial Building, Lecture on "the Influence of Material and Technology"

미스 반 데어 로에 Mies van der Rohe

김영철 옮김

발췌: 프리츠 노이마이어, "산업 건축", "강연" 『꾸밈없는 언어』, 김영철 옮김, 366–369, 380–386, 서울: 동녘, 2009.

산업구축, 1924

"industrielles Bauen," in: *G*, No. 3, Juni 1924, pp. 8–13.

건설업의 산업화를 둘러싼 논쟁에 참가한 거의 모든 단체들은 얼마 전까지만 해도 필요성에 이의를 제기했다. 아직은 현실적으로 산업화가 필요함을 확신하는 단체가 얼마 되진 않지만, 이 문제를 진지하게 논의하는 단체들이 점점 늘어 가고 있다는 사실은 분명히 발전이라고 생각된다. 만일 건설업 분야에서 시대에 뒤떨어진 관점이나 정서적 가치 등 특수한 상황들이 방해하지 않았더라면, 모든 영역에서 진척되고 있는 산업화가 건설업계 내에서도 진행되었을 것이다.

나는 건설업의 산업화가 우리 시대의 건축이 당면한 핵심 문제라고 생각한다. 건설업의 산업화가 성공을 거둔다면, 사회적 · 경제적 · 기술적인 문제뿐만 아니라 예술적인 문제까지도 저절로 해결될 것이다. 그렇다면 산업화를 어떻게 관철할 것인가? 이 물음에 대한 답변은 지금까지 산업화를 방해해 온 것들이 무엇인지 확인하는 과정에서 찾을 수 있다. 기업형태의 후진성이 산업화를 방해한 원인이라고추측하는 것은 잘못된 일이다. 이것은 원인이 아니라 여러 가지 정황 때문에 나타난 결과다. 후진적인 기업 형태는 과거의 건축 경제가 지닌 성격과 대립되는 것이 아니다. 새로운 기업 형식에 대한 시도는 반복적으로 이루어졌다. 하지만 이 시도는 건축 분야 중에서 산업화가 허용되던 분야에서만 이루어지고 고려되었다. 더군다나 현대건축에서 조립적 특성이 과대평가되고 있다는 것에는 의심의 여지가 없다. 여전히 전체 골조 구조물과 실내 마감의 대부분은 순수한 수공업적인 성격을 지닌 옛날 방식 그대로 지어지고 있다. 경제 형태나 노동방식에 따라 바뀌지 않는 수공업적 성격 덕분에 소규모 기업들은 생존을 보장받는다.

분명 새로운 건축시공의 경향이 보여주는 것처럼 더 큰 치수의 돌을 사용하거나 돌을 가공하는 치수를 달리해 자재와 노동 임금을 절약할 수는 있다. 그렇다고 해서 시공에 있어서 수공업적인 성격이 바뀌는 것은 결코 아니다. 한가지 더욱 유념해야 할 사항은 현재의 건축에서 새로운 시공방식보다 벽돌조 시공이 더 많은 장점을 가지고

있다는 사실이다. 여기에서 중요한 문제는 현재 행하고 있는 시공방식의 합리화가 아니라 건축 산업 전반의 근본적인 개혁이다.

근본적으로 같은 성질을 지닌 건축 재료를 사용하는 한, 건축의 성격은 달라지지 않는다. 이미 앞서 말했듯, **재료의 성격이 결국 시공방법을 결정하게 된다. 건설업의 산업화는 재료의 문제다.** 따라서 새로운 건축 재료에 대한 요구는 첫 번째 전제조건이다. 현재 우리의 기술이 도달해야 하고 또 도달할 수 있는 부분은 기술적으로 생산 가능하고 산업 구조를 통해 조달할 수 있는 새로운 건축 자재, 곧 견고하며 비바람을 견뎌내고 방음과 단열wärmesicher[1] 성능이 뛰어난 재료를 개발하는 것이다. 이 재료는 가벼워야 하며 산업화를 통해 생산할 수 있을 뿐 아니라 산업화를 필요로 하는 것이어야 한다. 모든 부재의 생산을 산업화하는 것이 합리적 이려면, 공장에서의 제조 과정을 거쳐야 한다. 그렇게 되면 건축 현장에서는 단지 조립만 하면 되기 때문에 예측할 수 없을 정도로 빠르게 공사가 진행되어, 건설비용 또한 상당히 절감하게 될 것이다. 또한 예술적 차원에서 건축을 새롭게 정의하려는 노력들도 고유한 영역을 찾게 될 것이다. 산업화를 통해 기존 형식의 건설업은 사라지게 될 것이라고 확신한다. 장차 집을 짓는 사람이 더 이상 수공업자가 아니라고 염려하는 사람은, 장차 자동차를 만드는 사람이 달구지를 만들던 목수가 아니라는 현실을 걱정해야 할 것 이다.

1 편집자 주 본 원고의 국문출판본에서 '난방'이라고 번역된 표현을 1947년 영문번역본의 표현 'insulating'을 참고하여 '단열'로 대체하였음. (프리츠 노이마이어, 『꾸밈없는 언어』, 김영철 옮김, 동녘, 2009; Museum of Modern Art (New York N.Y.) and Philip Johnson, *Mies Van Der Rohe: The Museum of Modern Art, New York* (Museum of Modern Art, 1978), p. 185.)

Fig. 1 유리 마천루, 1922년.
© Mies van der Rohe, MoMA

Fig. 2 유리 마천루 계획인 평면 1922년.
© Mies van der Rohe, MoMA

무제(고층 건축물), 1922

"Hochhauser", in: *Frühlicht*, 1.1922, H. 4, pp. 122–124.

건설 중인 고층 건축물의 골조만이 구조에 대한 대담한 생각을 뚜렷하게 보여준다. 우뚝 솟은 철골 구조가 주는 인상은 압도적이다. 그러나 건축물의 입면에 외피를 두르게 되면서 이런 인상은 전적으로 사라지고, 예술적 조형의 토대가 되는 구조적 사유의 흔적도 사라지게 된다. 대부분의 경우, 단순하고 의미 없는 사소한 형태들로 채워진다. 그럼에도 불구하고 이 건축물이 인상적일 수 있다면 그것은 단지 규모가 크기 때문이다. 그런데 이러한 건축물들은 실제로 기술의 능력을 보여주는 것 이상의 가능성을 가지고 있다. 이를 성취하기 위해서는 지금까지 전해 오는 형태들을 통해서 새로운 과제를 해결하려는 시도를 포기해야만 한다. 다시 말해, 새로운 과제의 본질에서부터 이 과제에 맞는 형태를 찾아나가야 한다.

이러한 건축물이 **새로운 구조적 원칙을 명료하게 보여줄 수 있는 방법은 하중을 지탱할 필요가 없는 외벽에 유리를 사용하는 것이다.** 물론 유리를 사용하려면 새로운 방식을 모색해야 한다. 베를린의 프리드리히역사 주변의 고층 건축물 계획안을 구상하면서 내가 생각해낸 올바른 해결 방법은 삼각형 대지에 어울리는 프리즘 형태였다. 그리고 큰 벽면을 유리로 마감할 때 나타나는 생기 없는 느낌을 주지 않으려고 각 입면에서 좌우 벽이 서로 약간 각이 지게 했다. 유리로 모형을 만들었던 실험적인 경험이 내게 길을 제시해 주었다. **유리를 사용할 때는 빛과 그림자의 효과가 아니라 빛의 반사가 만들어내는 다양한 연주가 중요하다는 걸 곧 깨달았다.** 지금 이 기고문과 함께 실려 있는 다른 계획안에서도 이것을 시도하려고 했다. 피상적으로만 보면 평면도의 윤곽선이 임의로 처리된 듯 보이기도 한다. 그러나 이 선은 유리 모형을 통한 다양한 시도의 결과다. 평면도에서 윤곽의 곡면을 결정했던 요소는 건물 내부의 조명, 건축물이 거리에서 보이는 방식, 빛의 반사가 이루어지는 방식이었다. 빛과 그림자를 계산해서 곡선으로 처리된 평면도의 윤곽선은 유리를 사용하는 모형에서는 표현하기가 어려웠다. 평면에서 유일하게 고정된 것은 계단실과 승강기실 뿐이다.

그밖에 평면을 세분화하는 문제는 각각의 필요와 기능에 근거해서 조절하고, 마감재는 유리로 한다.

건축 강연, 1924

장소, 날짜, 강연 동기는 알려지지 않았다.1924 년 6 월 19일의 출판되지 않은 원고. Vortrag, in: Archive Dirk Lohan, Chicago. 이 글 대부분은 1924 년 2월 7 일의 건축과 시대의지! " 원고 내용과 같다. 슬라이드를 상영한 이 강연의 마지막 1/3 부분에는 새로운 설명이 거의 없다. 미스는 프리드리히가의 고층 건축물과 사무소 건축에 대한 짧은 설명을 되풀이한다. 여기서 미스는 벽돌조 전원주택 계획안에 대해 처음이자 마지막으로 짧게 설명했다.

Fig. 3 유리 마천루, 프리드리히가, 1921년.
© Mies van der Rohe, MoMA

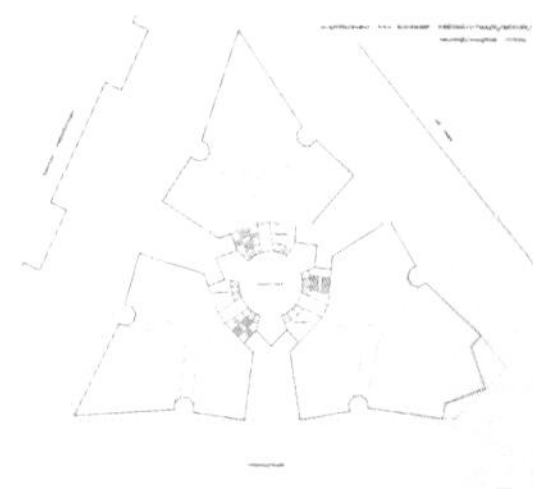

Fig. 4 프리드리히가 유리 마천루 계획안 평면 1921년.
© Mies van der Rohe, MoMA

오늘날처럼 활발하게 건축Bauwesen 에 대해 논의한 적은 없었습니다. 동시에 오늘날처럼 건축Bauen 의 본질에서 이토록 멀어진 시대도 없었습니다. 그러므로 오늘날 건축Baukunst 의 본질을 묻는 것은 대단히 중요한 의미가 있습니다. 우리가 건축의 본질을 명확하게 인식할 때에만 비로소 새로운 건축의 근본을 위한 투쟁에서 성과를 거둘 수 있으며, 또한 이를 효과적으로 추진할 수 있기 때문입니다. 그때까지 이 투쟁은 여러 세력들이 제각기 힘을 발휘하는 혼돈상태에 지나지 않을 것입니다.
우리는 공간으로 실행되는 건축Baukunst만이 주어진 시대와 정신적으로 결부된다는 사실을 알아야 합니다. **건축은 살아 있는 과제에서만, 시대가 제공하는 수단을 통해서만 스스로를 주장할 수 있습니다.** 어느 시대도 이와 다르지 않았습니다.

[…]

우리가 처해 있는 이 시대의 구조는 이전 시대들과는 정신적인 조건에서도 물질적인 조건에서도 근본적으로 다릅니다. 우리의 창조 활동을 결정하는 것은 바로 이 조건들입니다.

(중략, 브루노 타우트와 후고 헤링의 건축 사례가 뒤따른다)

저는 여러분께 계속해서 보다 더 근본적인 관점에서 창작된 다른 건축가들의 작업을 보여주고 싶습니다. 하지만 그런 작품이 드물고, 또 준비할 시간이 너무 짧아서 그렇게 할 수가 없었습니다. 그래서 어쩔 수 없이 제 작품을 통해 **건축물의 재료와 기술이 건축에 미친 영향**을 보여드리게 된 점을 양해해 주시기 바랍니다.

<u>프리드리히가</u>

주어진 대지는 삼각형이었고, 저는 이 조건을 하나도 빠짐없이 이용하려 했습니다. 내부공

Fig. 5 사무소 건축, 1923년.
© Mies van der Rohe, MoMA

간의 깊이가 깊어서 건축물 내부로 빛이 들게 하려면 입면을 분할할 수 밖에 없었습니다. **철골 구조 건축물의 외벽을 돌로 마감하는 것은 무의미하다고 생각했기 때문에 저는 건축물 외피를 유리로 처리했습니다.** 이 부분에서 유리 마감이 외부의 온도 변화를 충분히 견뎌내지 못할 것이라는 우려가 제기되었습니다.

그렇지만 이런 우려는 지나친 것입니다. 오늘날에는 이미 거대한 유리면으로 입면을 처리한 건축물들이 존재합니다. 저는 유리면이 커서 문제가 된 경우를 본 적이 없습니다. 더구나 오늘날에는 두 유리면 사이를 진공으로 처리해 단열 효과를 가져다주는 루드글래스Rudeglas라는 재료를 사용할 수 있습니다.

이것은 고층 건축물에 관한 또 다른 계획안입니다. 이 계획안에 대해서 조형적으로 완성되지 못하고 단지 도식적 처리에 머물러 있다는 비난을 들었습니다. 이 비난은 특징이 있습니다. 즉 그 근본이 다른 정신적 분위기에 근거하고 있다는 점입니다. 비록 새로운 건축관이기는 하지만, 이 사고방식에서는 아직도 특정 관념으로…… [이 문장은 완성되지 않았다]. 이 비난이 간과하고 있는 것은 설계 과제 자체가 도식적 성격을 갖고 있다는 것이며, 형태는 조형 과정에서 비로소 점차로 완성되어 간다는 점입니다. 이것이 앞에서 보여드린 건축물의 평면도입니다. 여기에서도 저는 건축물의 외부에서 내부로 접근하고자 시도했습니다. 그 결과 깊게 파인 곳들이 생겼습니다. 건축물에서 지나치게 큰 면적을 유리로 처리할 때 어디에서 문제들이 발생하는지 터득했기 때문에, 평면을 결정할 때 다면의 곡면을 선택했습니다. 이렇게 해서 다양한 빛의 반사 효과를 얻을 수 있었습니다.

이것은 철근 콘크리트를 사용한 사무소 건축 계획안입니다.

철근콘크리트 건축물은 본질적으로 골조 건축물입니다. 하중을 지지하는 구조와 하중을 지지하지 않는 벽, 다시 말해 뼈대와 외피의 건축물입니다. 기능에 근거한 사무 공간의 배치가 공간의 깊이를 결정하였고, 이는 16m 에 달합니다. 두 개의 기둥을 두되 그 간격을 8m로 설정하고, 각 기둥에서 바깥쪽으로 각각 한쪽에 길이 4m의 캔틸레버를 두는 방식이 가장 경제적인 구조 원리로 입증되었습니다. 전면에서 볼 때 기둥 사이의 간격은 5m 입니다. 이 기둥과 보 시스템이 천장을 지지하고 있습니다. 이 천장 슬래브 끝에서 위쪽으로 쌓은 수직벽은 건축물의 외피인 동시에 실내 서가의 뒷면으로 사용하도록 했습니다. 이 서가는 실내 공간에서 시선을 차단하지 않도록 외벽 쪽으로 옮겨진 것입니다. 2m 높이의 서가 위로 천장까지 이르는 높이로 띠창을 설치했습니다.

이 그림은 철근콘크리트 주택의 문제에 좀 더 가까이 접근하려는 시도를 보여줍니다.

이 주택에서 중요한 거실 공간은 네 기둥과 보가 지탱하고 있습니다. 이 공간은 얇은철근콘크리트 표피로 마감되어 있으며 벽과 지붕을 동시에 마감합니다. 지붕은 외벽면들을 기준으로 해서 중심 방향으로 약간 기울어져 있습니다. 기울어진 지붕의 두 면이만나서 생기는 홈은지붕의 배수를 고려할 때 가장 간단한 방법입니다. 이것으로 홈통가공 등의 함석 작업을 생략할 수 있습니다. 전망과 채광이 필요한 곳에 벽을 뚫어서 개구부를 만들었습니다.

Fig. 6 철근콘크리트조 전원주택의 모형, 1923년.
© Mies van der Rohe

Fig. 7 벽돌조 전원주택, 1923년.
© Mies van der Rohe

지금 보여드리는 벽돌조 전원주택은 방금 전에 보여드린 사진과는 반대로 **건축 재료가 조형에 미치는 영향을 보여줍니다.** 이 집의 평면을 계획하면서 저는 지금까지 통용되던 공간계획의 원칙이었던 개별적 공간 나열방식을 탈피했습니다. 대선에 공간효과들이 연속성을 갖는 방식을 택했습니다. 여기에서 벽은 더 이상 공간을 한정하는 역할을하지 않고, 주택을 구성하는 요소로서만 기능하도록 했습니다.

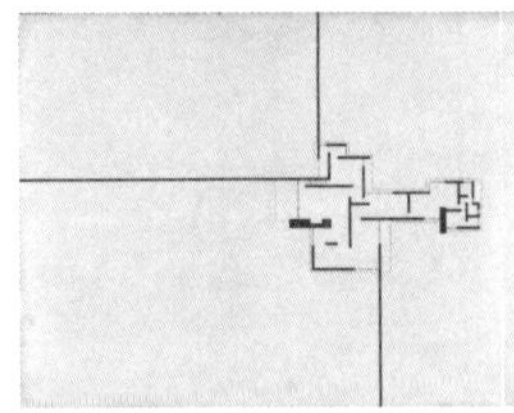

Fig. 8 벽돌조 전원주택 평면, 1923년.
© Mies van der Rohe, MoMA

결론

지금까지 여러분께 보여드린 작업들은 이것들이 도달한 수준이 아니라 특별한 조형원칙에 가치가 있습니다. 이곳 독일에서 포드Ford가 저술한 책이 그토록 큰 영향력을 발휘한다는 사실은 우리가 처한 상황을 아주 명확하게 보여주는 사례입니다. 포드가 바라는 것은 단순하고 명확합니다. 그의 공장은 현기증이 날 정도의 고도로 발달된 기계화를 보여줍니다. 저는 포드가 취했던 방향에는 동의하지만 그가 활동하며 머물렀던 차원의 영역은 거부합니다. 기계화는 결코 목적일 수 없습니다. 기계화는 언제나 정신적인 목적을 위한 수단이어야 합니다.

우리의 육신은 두 발로 이 땅 위에 굳건히 서 있기를 바라지만, 우리의 정신은 저 높은 하늘에 이르려고 합니다.

Materie Meravigliose
놀라운 재료들

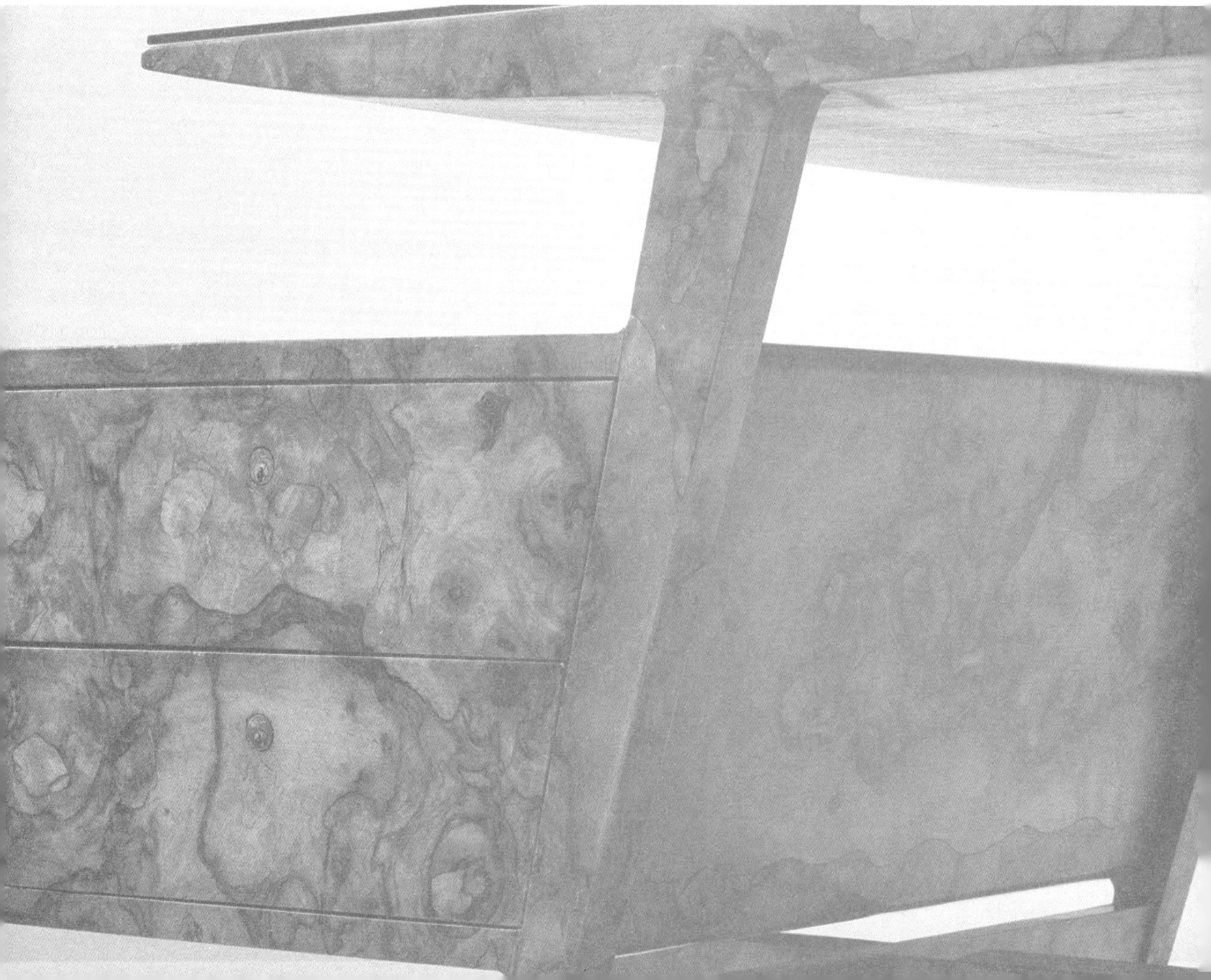

지오 폰티(1891~1979)는 20세기 이탈리아 건축가로, 건축 · 인테리어 · 가구 · 산업디자인 · 출판까지 스케일을 넘나들며 작업했다. 그는 재료들을 매우 즐겁게 소개한다. 마치 모든 재료들이 갖고 있는 가능성에 신이 난 듯, 자연 재료이든 산업 시대의 인공 재료이든 본인만의 방식으로 해석하여 소개한다. "현대적인 취향으로 현대적인 표현을 하면 모든 재료는 현대적이다"라는 그의 말은, 재료가 갖는 시대적 편견을 넘어서고자 하는 태도를 보여주기도 한다. 오히려 폰티에게 재료를 구분하는 기준이 되는 것은 영속성일 것이다. 재료를 나열하는 데에 있어서 영구적이며 부식하지 않는 것들을 먼저 제시하며, 그 중에서도 예술을 가장 먼저 제시한다. 재료에 대한 그의 폭넓은 시각들은 카라카스의 빌라 플란차트(Villa Planchart), 밀라노의 까사 디 판타지아(Casa di Fantasia), 그리고 다양한 가구 디자인에서 섬세하게 구현되었다.

홍다혜

1957

건축의 원재료에 관하여

Materie Prime

지오 폰티 Gio Ponti

김원 옮김

발췌: 지오 폰티, "건축의 재료에 관하여" 『건축예찬』, 김원 옮김, 138–145. 파주: 열화당, 2000.

예술

시멘트, 목재, 돌, 철재, 강철, 알루미늄, 세라믹, 유리, 그 어느 것도 영속성 있는 건축재료는 아니다. 건물에서 가장 영속성 있는 재료는 바로 예술이다. 예술은 변함이 없는 유일한 건축재료이다.

시간은 예술성 없이 만들어진 모든 것들이 부식하고 쓸모없이 되어 결국은 부서져 없어지도록 강요하며, 인간은 그 강요에 기권하고 만다. 그 재료가 석재이거나 철강재, 시멘트, 그리고 목재이거나에 관계없이. 그러나 예술적인 모든 것, 캔버스 위에, 종이 위에, 혹은 비단 위에 그릴 수 있는 매우 섬세한 그림들과 시와 그리고 건축물 중에서 가장 약하고 부서지기 쉬운 것이라 할지라도 이들은 오래 지속한다. 인간이 이들을 절대로 포기하려고 하지 않기 때문에 이 모든 것들은 인간에 의해 구제되어 보호받고 복원되고 혹은 수리된다. [···]

예술은 가장 영구적인 건축재료이다. 언어는 억제할 수 없고 썩지 않는 영원한 예술의 재료이다. 예술과 시는 그 어느 것보다도 더 오래 간다. 이들은 가장 강한 재료들이다. 예술은 전쟁에 도전한다. 그것이 지닌 연약함으로써 전쟁에 대항할 수 있다. 예술은 비너스를 보호했다. 그러나 콘크리트는 밀라노도 런던도 보호하지 못했다. 원자탄으로부터 가장 안전한 피난처는 예술이다.

회화도 하나의 건축재료이다. 밀라노의 팰리스 호텔 로비의 커다란 기둥은 캄필리Massimo Campigli의 아름다운 그림들 덕택에 그 육중한 입체감을 전혀 느낄 수 없다. 그것이 하나의 회화로 느껴지기 때문이다. 회화는 지혜로운 건축 디자인을 위한 하나의 재료이다.

그 외의 부식하지 않는 재료들

예술과 언어는 그 자체가 부식하지 않는 재료이다. 그러나 현대기술은 부식하지 않는 재료들—유리, 알루미늄, 스테인리스 스틸, 에나멜 입힌 강철, 세라믹, 테라 코타, 콘크리트, 그리고 (가까운 장래에) 플라스틱—로써 시간과 맞선다. 그리고 그와 함께 수명이 긴 대리석이나 석재와 목재같이 오래 되고 품위있는 재료들로써도 시간과 맞서고 있다. 현대석인 취향으로 현대적인 표현을 하면 모든 재료는 현대적이라고 볼 수 있다.

유리

유리는 훌륭한 재료이다. (만일 '건축이 수정'이라면 현대건축의 재료를 들 때, 우리는 우선 유리를 빠뜨려서는 안 된다.) 건물 정면 전체를 유리로 시공했을 때, 유리는 하늘을 반영하고 건축은 하늘 가운데에 놓인다.

우리는 유리를 알루미늄과 스테인리스 스틸과 에나멜을 칠한 철판과 세라믹 모자이크와 화강석과 조화시켜야 한다. 이전에는 단순히 창의 뚫린 공간만을 메우는 것이 유리였다. 이제 그것은 그 견고함과 완전무결한 투명성으로 인해 건축의 주역을 담당한다. 유리는 투명한 표피가 되었다. 나는 밀라노에 있는 멜란드리의 집을 유리로만 완성하였다.

알루미늄

알루미늄은 아름다운 재료이다. 그것은 건축 외부에 전혀 새로운 색감을 가져다 주었다. 전혀 새로운 은빛을. 알맞게 도금이 되었을 때, 그것은 마치 벨벳처럼 보인다.

알루미늄으로 된 발코니와 창을 달아 하얀 세라믹 모자이크의 단순한 집을 짓자. 그것으로 충분하다. 그리고 내부에는 연한 금빛 도금의 알루미늄을 사용하자.

선박의 내장재로 알루미늄을 쓰도록 선주들을 납득시키는 데 나는 무척 힘이 들었다. 나는 알루미늄을 콘테 그란데Conte Grande호에 썼다. 아프리카Africa호에는 천장의 반사를 위해 썼나. 줄리오 체자레Giulio Cesare호와 안드레아 도리아Andrea Doria호에도 그 내부에 알루미늄이 사용되었다.

알루미늄은 내가 사랑하는 재료 중의 하나이다. (물론 다른 것들도 있지만)

유색 도금한 알루미늄은 조심스럽게 사용해야 한다.

나는 미국인들이 좋아하는 밀크커피café au lait 색깔의 휘어지기 쉽고 극도로 얇은 알루미늄 화장판을 좋아하지 않는다. 금속은 금속성이어야 하는 것이다.

강철

강철은 훌륭한 재료다. 건축에서도 그것이 훌륭한 재료일지는 경우에 따라 다르다.

강철은 유사 조적조pseudo-masonry의 건축에 감춰 있는 그 자신을 스스로 해방시켜야 한다. (*il se dégagera*) 강철은 뼈대의 역할에서 벗어나 눈에 보이는 구조, 즉 건축의 구성요소가 되어야 하는 것이다.

스테인리스 스틸

[나의 사랑하는 친구, 레리치Lerici 그리고 구조니Gastone Guzzoni여, 나는 스테인리스 스틸을 사용하려고 한다. 그것은 가장 아름다운 것이다.] 그 중에서도 단단하게 만든 스테인리스 철판은 정말 대단한 재료이다.

Fig. 1
다이아몬드 모양의 세라믹 모자이크

세라믹

세라믹은 훌륭한 재료이다. 이것은 부식하지 않는 재료 중의 하나이다.

세라믹 모자이크로 건축을 덮어 보자. 어떤 구조물이건 표피가 있는 법이다. 다이아몬드 모양의 작은 파편들로써 건축을 덮자. 벽돌을 쌓아 올린 담장과는 달리 그것은 참으로 아무 숨김없이 하나의 껍질이 된다. 그 껍질은 건물의 표면에 부드러운 고귀함을 주게 되고 햇살과 더불어 그 고귀함은 빛을 발한다. 그것은 정말 아름답다.

표면을 모자이크 또는 세라믹이나 알루미늄, 혹은 시멘트나 유리로 처리했을 때 그 건물은 충분히 아름답고 성실한 것이 될 수 있다. 건축가는 그 외의 어떤 것을 첨가해서도 안 된다.

콘크리트

콘크리트는 경탄할 만한 재료이다.

그 긴장된 선을 따라 구조체는 하나의 형태로서 가능성을 갖는다. 그래서만 구조체는 스스로 지탱할 수 있는 표면을 갖출 수 있다. 그것은 유기적인 구조체를 창조한다. 그것은 참된 형태를 창조한다. 일단 형태가 드러나면 우리는 그것을 '그대로' 두어야 한다. [영국인들은 그것을 '신야수주의new brutalism[역주1]'라고 하지만] 그러나 그것은 아주 훌륭하게 다듬은 형태여야 한다.

콘크리트는 본질적이고 순수한 형태로서 구조체에 건축성을 부여하는 재료이다. 그 구조는 직각이라는 얽매임에서 우리를 벗어나게 한다. 콘크리트는 그것으로 세워진 건축의 형태를 확인시킨다. 그리고 그것은 다른 아무런 제약 없이 자기 자신을 설명하고 감싸는 그런 재료이다. [···]

플라스틱

플라스틱은 놀랄 만한 재료이다. 그것은 인간이 스스로 창조해낸 인공의 재료이다. 자연에서 태어나 인간에 의해 사용되어 온 다른 재료와는 다르다.

플라스틱은 공학기술의 산물이다. 우리는 그것을 응용할 수 있는 극한까지 끌고 갈 특권을 갖고 있다 — 형태에 있어서(모든 형태로), 빛깔에 있어서(모든 빛깔로), 규모에 있어서(모든 필요한 규모로). 그리고 그것이 가소성, 유연성, 불연성, 그리고 경성이나 연성, 투명성이나 불투명성, 저항성이나 비저항성을 모두 응용할 수 있는 재료이다. "우리는 자연생산품을 원한다. 인공생산품은 원하지 않는다"고 우리는 성급하게 말해 왔다. 그러나 내일이 되면 "우리는 인공생산품을 원한다. 그것은 모든 필요한 성질을 갖추고 있다. 그러나 자연생산품은 그렇지 못하다"라고 말할 것이다. 인공재료의 성취는 인간 지성의 승리이다.

플라스틱은 그 용도의 엄청난 확대를 반가워할 것이다.

대리석

대리석은 놀랄 만한 재료이다.

채석장에 가 보라. 상인들이 "다른 것들과 맞지 않는다"고 하거나 고르지 못한다고 거들떠보지도 않는 대리석들을 골라 보라. 이탈리아어로 카펠라치오cappellaccio, 대리석의 상흔 – 역주)라고 불리는 층 다음의, 결이 강조된 그런 대리석을 고르라. 그것은 그저 평범한 대리

역주1 밋밋하고 거대하고 과장된 노출 콘크리트의 건축양식

석에 지나지 않는, 바로 그대 자신의 대리석이 될 것이다.

토리노에 있는 카텔라Mario Catella에게 가라. 그는 놀라운 대리석들을 갖고 있다. 트로반티trovanti라고 부르는 것을 찾으라. 결의 반대방향으로 대리석을 자르라. 그러면 그대들은 내가 몬테카티니 빌딩을 위해 템페스타tempesta를 발명했듯이 새로운 대리석을 발명하게 될 것이다.

디자인을 위하여 대리석의 결을 마음대로 배치하는 일을 해서는 절대로 안 된다. 자연은 디자인을 위해 만들어진 것이 아니다. (*Natura non facit disegnum*) 자연을 가지고 도면을 그려서는 안 된다. 대리석의 결은 대각선으로 사용하라.

대각선상의 결을 조화시킨 그대들의 디자인으로써 대리석의 산을 재현시켜 보라. 나는 그것을 시도해 보았다. 대리석을 지혜롭게 끼워 맞춤으로써 새로운 대리석을 발명하라.

그대가 이미 대리석을 마감재료로 선택했다면, 결코 구조체와 혼동하지 않도록 하라.

거대한 스케일을 암시하는 크고 불규칙한 덩어리들을 깎아서 바닥을 만들자. 대각선으로 무늬진 조각용 대리석으로 바닥을 만들자. 그 길이 방향으로만 놋쇠로 묶어주면 된다. 덩어리의 크기는 반드시 불규칙적인 것이어야 하고, 그 배열은 일정치 않아야 한다. [···]

대리석을 사랑하라.

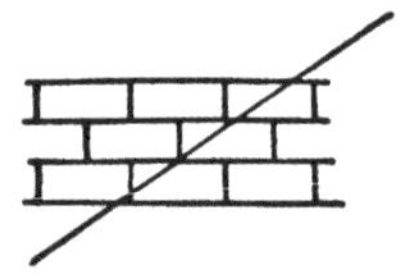

절대로
이렇게 하지 말고

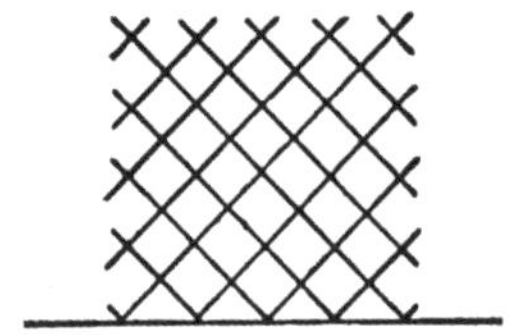

이렇게

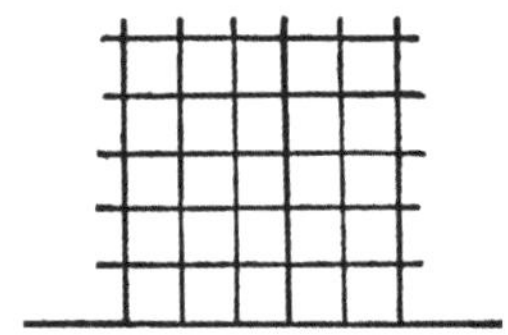

또는 이렇게

Fig. 2
대리석의 맞춤 방식

광택있는 스투코stucco[역주2]

스투코는 아름답다. 추상적으로 구성된 오층 높이의 멜란드리의 계단은 광택있는 스투코로 만들어졌다.

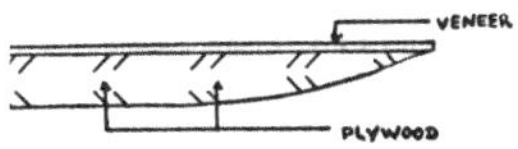

Fig. 3
합판의 끝 마감 방식

목재

나무는 어디에나 쓸 수 있는 훌륭한 재료이다. 내가 사랑하는 목재는 여러 종류다. 과산화수소로 표백한 다음, 조심스레 상감 세공하여 그 대각선의 결을 이용할 수 있는 페라라Ferrara[역주3]에서 생산되는 라니카radica[역주4]를 나는 전부터 사랑해 왔다. (그러나 결코 라디카를 문양이 있는 디자인에 써서는 안 된다.) 이제는 서양 물푸레나무를 사랑한다. 그리고 느릅나무도 사랑한다. 호두나무는 변함없는 훌륭한 목재이다. 베네수엘라에는 훌륭한 목재들이 있다. 브라질에도 역시 훌륭한 목재들이 있다.

제재소에 직접 가 보라. 그대 자신의 나무를 골라 보라. 그러면 그대들은 아무도 갖지 않은 그대 지신만의 나무를 갖게 될 것이다. 결이 고르지 못하여 멀리 내던져 있거나 쓰이지 않고 있는 것을 택하라. 환상적인 나뭇결과 그 결이 가장 잘 살도록 제재된 나무를 찾으라.

언젠가 나의 딸 리자는 훌륭한 밤나무를 발견한 적이 있다. 어떤 나무의 결은 아주 특이하나—나무의 중심부 다음에 나타나는 결이 특이하며, 병들어 죽은 나무에서도 특이한 나뭇결이 나타난다.

합판solid plywood panel[카를리Carlo de Carli는 새로운 고형 목재라고 부른다]의 판포르테panforte를 써 보라. 그 단면이 보이도록 사용하면 대단히 아름답다. 합판으로 고형 목재를 본뜨려 하지 말라. 다음 그림[Fig.5]에서 보이는 바와 같이 나무의 끝을 점차적으로 뾰족하게 하라.
(베니어가 두껍지 못하다는 것은 사실이다.)

나무에 광택을 내자. (그러나 갈색 바니시는 사용하지 말라.) 그 다음에 그 위를 연마석으로 닦아서 광택을 제거하고 촉감이 좋은 사틴satin 마감재처럼 되도록 하라. (유리같이 광택이 나는 나무는 천박하다.)

나무에 색을 입히지 말라. […]

역주2 서양식 회벽 바르기
역주3 남부 이탈리아의 도시
역주4 나무의 뿌리

직물

직물은 놀랄 만한 재료이다.

직물은 가장 아름다운 재료들 중의 하나다. 직물은 지혜로운 재료이다. 직물은 빛깔이 있다. 프린트한 직물은 가정의 시적인 정취와도 같은 것이다.

종이

종이는 놀랄 만한 재료이다.

종이가 얼마나 아름다운지 그대들은 아는가? 그것이 연약하면서도 사상을 전달하는 신비한 재료임을, 그 용도가 특이한 재료임을 아는가? 우리는 아직까지도 종이의 모든 가능성을 파악하지 못하고 있다. 그러나 종이로써 우리는 비범한 일을 행할 것이다. (종이는 놀랄 만한, 정말로 놀랄 만한 재료이다.)

이상의 재료들이 모두 한결같이 놀라운 재료란 말인가? 그렇다.
그 모두, 그 하나하나가 건축가에게 훌륭한 일들을 성취할 수 있도록 해주기 때문이다.

Wartime Materials
전쟁 재료

‘총동원(Total Mobilisation)’은 독일 철학자 에른스트 윙거의 글 「Die Totale Mobilmachung」에서 유래한 개념으로, 단순한 전쟁 준비를 넘어 사회 전체가 전쟁 상태에 편입되는 상황을 뜻한다.

장-루이 코헨은 제2차 세계대전 ‘전중(戰中, wartime)’ 건축 문화를 조명하며, 특히 건축 재료 산업의 재편과 기술 혁신을 분석한다. 그는 전쟁이 기존 자원과 기술 체계를 전복시키며 합성 목재, 플라스틱, 접착제 등 새로운 재료의 등장을 촉진했음을 밝힌다. 또한 전쟁 당시의 임기응변적 건설, 자원 재활용, 에너지 절약 실천을 통해 건축 생산이 ‘총동원 체제’로 전환되었음을 보여준다. 본 원고는 오늘날까지 널리 쓰이지만 건축이론에서 간과된 합성 재료들의 특수한 등장 배경을 조명한다는 점에서 의의가 있다.

전태규

2011

총동원 체제: 공장에서 부엌까지
Total Mobilisation, From the Factory to the Kitchen

장-루이 코헨 Jean-Louis Cohen

전태규 옮김

Extracted from: Cohen, Jean-Louis. "Total Mobilisation, from the Factory to the Kitchen" in *Architecture in Uniform: Designing and Building for the Second World War*, 55-67. Canadian Centre for Architecture, 2011.

"우리는 개별적인 전문화 체계를 수정하고, 개척자였던 조상들의 자립적 경쟁력을 되돌아보아야 한다는 것이 분명해졌다. 우리는 더 많은 것을 스스로 만들어야 하고, 더 많은 것을 스스로 고쳐 써야 하며, 아니면 없는 대로 살아야 한다. 그러나 없는 대로 사는 것은 미국적 삶의 방식이 아니다."

"전시상황을 위한 주거 가이드북(The War-Time Guide Book for the Home)" (1942)[1]

"익숙하지 않은 재료, 디자인, 제작 방식이라 하더라도 지금과 같은 상황에서는 전적으로 정당화된다."

허버트 L. 위트모어, "공학 뉴스-레코드(Engineering News-Record)" (1942)[2]

정부가 전쟁 시기의 판옵티콘적 조직의 중심에 자리하게 된 순간부터, 개인의 영역은 단 한 곳도 손대지 않고 남겨진 곳이 없었고, 어떠한 공간도 영향받지 않은 채로 남아 있지 않았다. 군대로의 징집이든 공장으로의 배치이든 간에, '총동원Mobilisation'은 사실상 주거 공간의 징집으로 이어졌다. 더 넓은 차원에서 보면, 모든 원자재raw material—광물이나 농산물뿐 아니라 모든 산업 자재—가 국가적 노력에 복무하게 되었다. 전쟁 생산에의 전면적 집중과 전통적 운송 체계의 부분적 붕괴는 과학 연구를 자극하고 새로운 공정과 형태의 발명을 촉진시켰다. 합성 재료의 종류가 현저히 증가했으며, 이는 탄성중합체와 연료에서부터 다양한 제품군에 이르기까지 광범위했다. 그 결과 몇 가지 새로운 접근 방식이 등장했는데, 이는 철강이나 콘크리트를 대체하는 다른 재료의 사용, 플라스틱과 같은 새로운 물질의 도입, 그리고 목재나 판지cardboard처럼 기존 재료를 접착제 기술의 발달에 힘입어 기발하고 경제적으로 활용하는 방식 등이 있었다. 이러한 전개는 특히 미국에서 더 쉽게 확인되는데, 이는 전문 저널이나 대중잡지에서 새로운 재료에 대한 광고가 풍부했기 때문이다. 그러나 이러한 현상은 마찬가지로 영국, 독일, 이탈리아에서도 나타났으며, 이들 국가는 에티오피아 침공에 대한 제재 이후인 1936년에 자급자족 정책을 시작한 바 있다.

전쟁 재료

1944년 9월, 『아키텍츄럴 리뷰The Architectural Review』는 '디자인 리뷰Design Review'라는 칼럼의 월간 연재를 시작했다. 이 칼럼은 새로운 재료와 그것의 향후 활용 가능성에 전념하는 지면이었다. 칼럼의 편집은 1943년 미술사가 허버트 리드Herbert Read가 창립한 디자인 리서치 유닛Design Research Unit의 일원이었던 세이디 스페이트Sadie Speight가 맡았으며, 부편집장의 직책이었지만 실제로는 저널의 내용에 훨씬 더 큰 영향을 끼쳤던 니콜라스 펩스너Nikolaus Pevsner의 감독 아래 운영되었다. 이 칼럼은 '보다 자유롭고 환상적일 전후 세계가 잊지 말아야 할, 전쟁 상황이 가장 순수한 형태로 드러나게 만든 시대 고유의 시각적 특질들을 상기시키는 새로운 디자인, 새로운 재료 그리고 새로운 공정에 관한 논의'[3]가 주된 목적이었다. 첫 연재에서는 로슬리텍스Roslitex®와 아이소플렉스Isoflex® 같은 단열재료, 오나조트Onazote® 같은 인조 발포 고무 판넬, 유리 섬유로 구성된 패널들의 추상화된 듯한 이미지가 크리스마스 선물용 참신한 아이디어처럼 소개되었다. 이후의 연재에서는 의도적으로 더 경박한 소비재들이 소개되었다.[4] 이 칼럼 연재 초기에는 혁신보다 절약에 더 초점을 누고 있었다.

재료를 절약하는 것에 대한 집착은 경제성을 기반으로 한 새로운 프로젝트의 윤리로 이어졌다. 진주만 공습 직후 발행된 잡지 『아키텍츄럴 레코드The Architectural Record』는 이 점을 더없이 명확히 밝혔다. "총력전은 전면적 절약을 의미한다"는 구호를 내세우며, 구조재와 배관을 포함한 건축의 모든 요소에 이를 적용한 것이다.[5] 1942년 워싱턴에서 설립된 전시생산국War Production Board은 출범 후 첫 6개월 동안 300건이 넘는 '제한' 또는 '재료의 경제성' 명령을 발행했다. 이 위원회는 곧바로 미국의 건축가들과 기술자들에게 '미국적 창의력'을 발휘할 것을 요구했다. "절약의 기본 원칙은 [경제에] 치명적인 재료의 사용을 없애거나, 일반적으로 사용되던 더 치명적인 재료 대신 덜 치명적인 재료로 대체하거나, 혹은 아예 치명적이지 않은 재료를 사용하는 것이다. 이를 실현하려면 디자인, 유형, 시공 방식의 변화가 불가피하며, 통상적이거나 '최신의' 형식을 포기하는 것이 필요할 때도 있다. 그 해답은 종종 '전통적 형식으로의 회귀'—즉, 한때 사용되었으나 최근의 고도화된 방식에 의해 대체되었던 형식들—에서 발견된다."[6] 이에 대한 또 다른 대응은 생산 공정의 단순화에 있었다. 예컨대, 미국 포틀랜드 시멘트 협회는 자사 광고에서 '건축용 콘크리트', 즉 거푸집의 흔적이 드러나는 날것의 콘크리트를 사용할 경우, "중요 자재, 운송 수단, 장비, 시공 시간"을 모두 절약할 수 있다고 주장했다.[8] 한편 영국에서는 근대 건축가 하워드 로버슨Howard Robertson이 1940년에 발표된 다양한 사례들을 통해 자원 절약에 대한 관심에서 비롯된 '구조적 경제structural economy'를 제안했다.[9]

목재의 재발명

전쟁 중이던 모든 국가에서 혁신은 공식적인 정책이 되었다. 이러한 경향을 가장 뚜렷하게 보여주는 사례 중 하나는 목재의 잠재력을 발견한 것이었다. 에른스트 융거Ernst Jünger가 1914–1918년에 묘사했던 것보다도 훨씬 더 강력한 '강철의 폭풍'이 쏟아지고 있었음에도, 나는 전쟁 중 개발된 가장 중요한 재료 중 하나가 목재였다고 감히 말하고자 한다. 여기서 말하는 목재는 제재소에서 직접 생산된 전통적 목재가 아니었다. 심지어 시카고 디자인 학교Chicago School of Design에서는 라슬로 모홀리-나기László Moholy-Nagy의 지도 아래, 금속 와이어를 대체하기 위해 가느다란 나무조각을 이용한 가구용 스프링과 매트리스를 개발하기도 했고, 영국에서도 유사한 방식의 프로그램이 진행되기도 했다.[9] 그러나 진정한 의미의 '재발명된 목재'는 대체재로서 폭넓게 적용된 것으로, 예를 들자면 미 해군의 임시 대형 구조물 트러스 작업에서 금속 대신 사용된 것이다. 1944년 『아키텍츄럴 리뷰』는 다음과 같이 보도했다. "진주만 공습 직후 갑작스러운 상황에서, 건축 골조용 구조 자재로서의 강철은 사실상 사라졌다. 반면에 이를 대체한 목재는 너무나도 훌륭한 대체재로 입증되어, 철강 구조가 도입된 이후 한 번도 누리지 못했던 평시의 인기를 얻게 될 것이 확실해졌다. 전쟁과 함께 도입된 장스팬 트러스 덕분에, 격납고와 작업장을 빠르게 세울 수 있게 되었다. 전시 중에 도입된 적층 목재 아치와 합판 보의 활용은 디자이너들이 '194X년대 건축물'에 적극적으로 도입하고자 하는 발전이다."[10]

실제로 화학 분야에서의 수지resin와 접

착제의 발전은 작은 목재 조각들을 접착하여 보, 트러스, 아치 등의 구조 요소로 조립할 수 있게 해주었으며, 이들은 금속 부재에 준하는 강도를 갖추게 되었다. 목재 소비가 폭발적으로 증가하면서 이러한 소형 목재 조각의 활용은 더욱 광범위해졌다. 접착 합판glued-up laminate은 다양한 구조 부재 형태로 생산되었고, 시카고 오차드 플레이스(현재 오헤어 공항 부지)에 오스틴 컴퍼니가 지은 200만 제곱피트 규모의 더글라스 항공기 공장과 같은 비행선 격납고나 대형 창고 건축을 가능하게 했다. 페놀 수지를 사용하지 않고 고안된 방식들과 이러한 미국식 해법의 차이는 1942년 프랑스 잡지 『Techniques et architecture』의 목재 특집호를 통해 가늠할 수 있다. 이 특집에서는 필리베르 드 로름Philibert de l'Orme이 고안한 곡선형 대들보의 애국적 전례들이 정당하게 언급되었지만, 그 접합핀dowels, 버팀대braces, 볼트로 조립된 구조는 접착된 합판 목재로 만든 구조체의 성능에는 훨씬 못 미쳤다.[11] 이탈리아에서는 작은 목재 부재들을 격자 구조로 엮어 만든 대형 3힌지 아치가 공장이나 군사용 구조물을 위해 제작되기도 했다.[12] 찰스와 레이 임스Charles and Ray Eames는 1943년에 소형 목재 조각과 성형 기법을 결합해 수송용 글라이더의 노즈 부품을 접착 성형 목재로 제작했다. 한편 장 프루베Jean Prouvé는 자신의 철재 가구 연구를 잠시 중단하고, 1942년에 '전부 목재로 된' 의자를 설계하기도 했다.[13]

합판은 19세기에 발명된 재료로, 니콜라스 펩스너가 1938년과 1939년에 『아키텍츄럴 리뷰』에 가격이 아니라 그 특성 덕분에 널리 사용되었다고 상세히 서술한 바 있다.[14] 이 재료는 후에 같은 잡지에서 다음과 같이 서술된 내용이 있다. "합판은 복합 구조 덕분에 목재를 아주 높은 수준으로 다룰 수 있게 해주며, 사실상 완전히 다른 재료라고 해도 과언이 아니다. 그러나 이 재료는 여전히 많은 이들에게 오해받고 있으며, 단지 '더 나은 무언가의 값싼 대체물'로 여겨지고 있다. 하지만 이는 두 가지 측면에서 오해다. 합판은 원목과 근본적으로 다를 뿐 아니라 실제로 그다지 저렴한 재료도 아니기 때문이다."[15] 하지만 이런 인식이 문제의 본질은 아니었다. 합판의 사용이 급속히 퍼져나간 이유는, 강력한 프레스와 금형을 통해 복잡한 오목 형태를 만들 수 있었기 때문이며, 무엇보다도 새로운 페놀계 접착제의 등장 덕분이었다. 예컨대, 드 하빌랜드 모스키토De Havilland Mosquito와 같은 일부 비행기는 수지로 처리된 합판으로 프레임을 만들었으며, 이 현대적 재료는 영국에서 군사용으로만 한정적으로 사용되었다.

한편, 미국에서는 이 재료가 '플라이몰드Plymold®', 즉 '휘어지는 목재'라는 이름 등으로 다양한 상표명으로 사용되었고, 시카고 디자인 스쿨의 라슬로 모홀리-나기는 이를 이용해 성형 의자를 제작했다.[16] 1943년부터 1945년 사이, 찰스와 레이 임스는 이 재료를 사용해 비행기의 테일피스, 그리고 부목splints과 들것litters 같은 구조의 합판 제품들을 제작했는데, 그것들은 응급 의료 장비이지만 조각 작품처럼 보이기도 했다. 삼림이 울창한 핀란드에서는 건축가 칼 스틱젤리우스Karl Stigzelius가 1941년, 제조업체 파르비아이넨[역주 1]과 함께 다각형 형태의 합판 텐트를 개발했다.[17] 목재의 수요가 급증하면서 점점 더 작은 조각들까지 재활용되었는데, 예를 들어 신문지 조각과 목재 펄프로 만든 호마소트Homasote® 패널 같은 것이 그것이다. 영국에서는 항공 산업에서 목재가 사용됨에 따라, 다른 산업 분야에서는 목재가 배급세로 전환되기도 했다.[18]

이러한 기술적, 조형적 발전과는 별개로, 목재는 훨씬 덜 정교한 방식으로 지속되었다. 철근 콘크리트의 옹호자였던 르 코르뷔지에는, 프랑스가 항복한 뒤 페탱 원수가 촉구한 '농촌으로의 회귀'라는 맥락에서 '뮈롱댕 주택Maisons Murondins'을 설계하며 매우 원초적인 기법에 의존했다. 군 막사에서 생산되는 대피소가 부족했던 상황에서, "콜럼버스의 달걀처럼 해답은 명확했다. 대피소는 현지에서 구한 날것의 (혹은 최소한으로 가공된) 재료—흙, 모래, 숲에서 가져온 나무, 가지, 나뭇단, 풀더미—로 현장에서 지어야 한다"는 것이었다.[19] 이때 사용되는 목재는 사각으로 다듬어지지 않은 통나무였으며, 이는 프랑스 장인조직 콩빠뇽 드 프랑스Compagnons de France의 숙련된 장인들과 자원봉사자들이 함께 설치하게 되었다.

이 '임시 농촌 마을' 프로젝트는 목재의 원시적 기술을 활용한 일련의 실험 중 하나였다. 이와 유사한 방식은 핀란드에서도 계속 전쟁Continuation War, 1944[역주 2] 중 자작나무 줄기나 통나무를 활용한 건축으로 나타났다. 이는 디자이너 일마리 타피오바라Ilmari Tapiovaara를 포함한 이들이 구상한 것으로, 놀라운 조형적 완성도를 지녔다.[20] 전선 반대편의 러시아인들 또한, 전방과 후방의 수요에 대응하기 위해 가장 단순한 형식의 목조 건축이 대량으로 도입되었다.

한편, 『스틸레Stile』의 편집장이었던 지오 폰티Gio Ponti가 주최한 공모전에서, 카를로 몰리노Carlo Mollino는 목재로 된 비행기 프로펠러에서 영감받은 가구를 디자인하여 출품했다. 이 프로펠러의 특징인 형태의 연속성, 이음새 없는 모습, 비틀림 저항성은 "목재 구조에 기반하던 항공기 제작에서 형태를 결정지었던 현대적 기준들로, 내구성, 신뢰성, 그리고 뒤틀림에 대한 저항력이 필수적인 조건이었다. 이에 따라 합판의 사용은 오늘날 프로펠러와 스키 제작에서도 보편화되었는데, 이는 그 신뢰성과 비용 면에서의 이점 때문이다."[21]

역주1 현재는 확인되지 않는 제조업체. 원문 표현은 manufacturer Parviainen

역주2 1941년 시작된 핀란드와 소련 간의 전쟁으로, 1940년에 종전된 겨울전쟁의 연장선상에 있어 '계속전쟁'이라 불리며 1944년 휴전으로 종결됨.

합성 재료

강철의 부족은 다양한 혁신적 해법으로 이어졌으며, 그 중 가장 먼저 등장한 것은 1936년 이탈리아에서 개발된 방식이었다.[22] 이때 공공 건축물에 대리석이나 세라믹 타일로 피복하기 위한 기본적 건축 재료로 철근 콘크리트가 권장되었다. 경량 철근 콘크리트 뿐만 아니라 대나무를 보강재로 사용한 콘크리트도 개발되었다. 주세페 파가노Giuseppe Pagano와 같은 여러 근대 건축가들은 이러한 캠페인의 과잉을 경계하며, 정권의 출판물들이 자랑하던 '자급자족의 신비주의'에 반대 입장을 취했다.[23]

동시에 산업계는 자체적인 해법을 찾으며 이탈리아에서 대량 생산되던 알루미늄의 혁신적인 용도를 개발해나갔다. 엔지니어 출신의 작가 카를로 에밀리오 가다Carlo Emilio Gadda는 이미 1931년에 알루미늄에 대한 찬가를 바친 바 있다.[24]

합성 고무, 석면, 목재 파티클 보드인 포퓰리트Populit®, 유리 섬유 등이 널리 유통되었다. 건축계의 주요 인사들은 1938년『포폴로 디탈리아Popolo d'Italia』지면을 통해 자급자족에 대한 문제를 논의했다.[25] 엔지니어 피에르 루이지 네르비Pier Luigi Nervi는 목재로 보강된 콘크리트 구조 시스템을 연구하였고, 이후 철망을 활용한 '페로시멘토ferrocemento' 기법을 개발하였다.[26]

건설산업에 적용된 지침들은 권장사항부터 규제, 경우에 따라서는 민간 건설의 전면 금지에 이르기까지 다양했다. 이러한 전환은 독일에서 비교적 원활하게 이루어졌는데, 이는 제1차 세계대전 당시의 제한 조치들이 대중의 치명적인 사기 저하로 이어졌던 기억이 여전히 남아 있었기 때문이다. 반면 영국에서는 1940년에 비우선 순위 프로그램의 축소에 대해 산업계가 강하게 반발했고, 이후에도 논쟁은 계속되었다[27]— 이는 전시 상황에서도 영국에서 민주주의적 삶이 계속되었음을 보여주는 대목이다.

미국에서는 민간 생산에 대한 규제가 금지 조치를 통해 이루어진 것이 아니라, 민간 건축업자들이 사용할 수 없는 우선 사재 목록을 작성하는 방식으로 시행되었다.[28] 미국 내 방대한 건설 수요는 프리패브리케이션기술의 발전과 더불어 새로운 유형의 기본 건축자재의 발명 또는 보급을 요구했다.

유나이티드 집섬United Gypsum Pvt. Ltd.사의 석고 보드 패널은 주택 건설에 널리 사용되었고, 이와 관련해 가장 성공적인 자재 중 하나는 셀로텍스Celotex Ltd.사가 개발한 시멘트 석면과 사탕수수 섬유로 이루어진 건축용 패널인 세메스토Cemesto®였다.

하지만 전쟁으로 인한 가장 중요한 재료의 변화는 플라스틱 분야에서 나타났다. 1909년에 발명된 베이클라이트Bakelite는 전쟁 이전부터 널리 사용되어 왔지만, 석유 기반 합성 재료와 사출 성형 공정의 개발로 인해 결정적인 전환점이 마련되었다. 밸브나 수도꼭지 같은 금속 부품들은 동일한 형태로 만들어진 폴리염화비닐로 성공적으로 대체될 수 있었다. 발명은 계속되었고, 실험실에서 생산된 화합물이 새로운 방식으로 활용되기 시작했으며, 전략 자원 외에도 우유나 견과류 같은 농산물 또한 원재료로 사용하기 위한 노력이 이루어졌다.[29]

기술적으로 가장 큰 성공 중 하나는 1936년 독일계 기업 롬&하스Rohm & Haas가 발명한 폴리메틸 메타크릴레이트Polymethyl methacrylate, 즉 플렉시글라스Plexiglas®였으며, 이는 비행기 캐노피에서 처음 사용되었다. 또 다른 사례는 미국 해군이 절연재로 널리 사용했던 비닐vinyl이다. 멜라민 포름알데히드melamine formaldehyde를 식기에 처음 사용한 건 해군이기도 했다.[30]

기술적 발명의 또 다른 영역은 샌드위치 패널의 개발과 같이 기존 재료와 신소재를 결합하는 것이었다. 『아키텍츄럴 레코드』는 1943년에 다음과 같이 언급했다. "플라스틱을 아는 사람들은 플라스틱을 보편적 재료를 대체하는 재료로 보기보다는, 오히려 기존 재료의 유용성을 증대시키는 재료로 본다. 예컨대 둘 중 어느 하나만으로는 충분하지 않은 곳에서 플라스틱과 목재가 함께 사용될 수 있다." 수지 접착 합판resin bonded plywood이 그 대표적인 예다.

이 외에도 많은 예가 있다. 안전유리로 사용되는 유리와 플라스틱의 샌드위치 구조, 플라스틱으로 코팅된 장식용 직물, 플라스틱이 스며든 유리 섬유를 압축해 만들어진 단열과 구조성능을 지닌 슬라브, 노출된 철재를 위한 투명하고 내후성이 뛰어난 플라스틱 표면 코팅, 그리고 플라스틱이 스며들어 가볍고 견고하며 반강성 형태로 성형된 캔버스-오늘날 비행기 조종사용 좌석에 사용되는 방식- 등이 있다.[31]

합성중합체synthetic elastomers의 발전 덕분에—이는 일본이 인도네시아산 천연 고무나무 공급을 차단하자 즉시 필수적인 것이 된 것으로—공기팽창식pneumatic 장비의 모든 분야에서 상당한 진전이 있었다. 영국은 위장과 기만 작전용으로 사용되는 팽창식 탱크와 상륙정을 대량 생산했으며, 팽창식 구명보트의 사용도 선박과 항공기에서 점점 일반화되었다.[32]

건축분야에서는 공기팽창 구조가 건설 현장에 등장했는데, 미국 건축가 월리스 네프Wallace Neff는 이를 재사용 가능한 거푸집으로 활용해 분사 콘크리트 주택을 지었다.

재활용, 단열 그리고 대체재

흙, 석고, 입자 재료, 잘게 자른 목재 조각의 사용이 장려되면서, 이들은 산업에서 중요한 요소가 되었다. 이러한 '빈약한' 재료들에 의존하는 것을 기술적 '퇴행'으로 오해해서는 안 되는데, 이는 혁신적인 생산 방식에 기반한 것이었기 때문이다. 또한 금속을 회수하고 재사용하기 위해 가능한 모든 방법들이 모색되었다. 점령된 파리에서는 조각상 기념비들이 철거되어 녹여졌고, 런던에서는 개인 정원 울타리를 철거하는 캠페인이 진행되었다.[33] 마르세유에서는 엔지니어 로베르 라보카Robert Lavocat와 건축가 자크 쿠엘Jacques Couëlle이 잘린 원뿔 형태의 '세라믹 스핀들ceramic spindles'을 발명하여 저렴한 궁륭 구조의 건설을 가능하게 했다.[34]

주거 공간의 에너지 절약은 특별한 관심의 대상이 되었고, 미국에서는 이것이 단열을 위한 최초의 캠페인으로 이어졌다. 이는 목재 조각, 압축된 짚과 면섬유로 만든 단열 패널을 통해 이루어졌으며, 해당 제품의 생산은 빠르게 증가했다.[35] 절약의 개념은 에너지 소비에도 적용되었고, 이는 두꺼운 석조 구조를 대체하는 기술적으로 단순한 재료를 사용하는 건축 방식에서 나타났다.

프랑스인들에게 점령기 동안의 모든 결핍을 표현하는 독일어 단어가 하나 있었다면, 그것은 에어자츠Ersatz, 대체물였다. 이 단어는 커피, 초콜릿, 직물 등과 관련하여 사용되었으며, 전쟁 중에는 대체재의 문제들이 광범위하게 발생했다. 1942년, 파리에서는 국립공예원Conservatoire National des Arts et Métiers 교수이자 협력주의 단체의 일원이었던 앙리-마르셀 마뉴Henri-Marcel Magne가 '대체 재료'에 관한 전시를 산업 진흥 협회Société d'Encouragement pour l'Industrie Nationale 주최로 조직했다.[36] 이 대체 정책은 세계적 차원에서 전개되었고, 때때로 기이한 결과를 낳기도 했다. 예를 들어 1941년에는 럭키 스트라이크Lucky Strike® 담배 포장지의 녹색 잉크에 금속이 포함되어 있었는데, 이 때문에 레이먼드 로위Raymond Loewy에게 포장 디자인을 다시 고안해 달라는 요청이 들어오기도 했다.

[…]

장-루이 코헨(Jean-Louis Cohen)은 20세기 건축과 도시 연구 분야에서 가장 영향력 있는 역사학자 중 한 명으로 평가된다. 뉴욕대학교 미술연구소(Institute of Fine Arts)에서 셸던 H. 솔로우 건축사 석좌교수를 지냈으며, 명료한 필력의 저술가이자 전시 기획자, 강연자, 논평자, 그리고 연구팀을 이끄는 학문적 리더로 활약했다. 그의 방대한 저서와 논문은 오늘날에도 건축사 연구의 중요한 토대가 되고 있다.

1 'Introduction', *The War-Time Guide Book for the Home* (New York: Popular Science Publishing Co., 1942).

2 Herbert L. Whittemore, 'Material Shortages: Redesign and Substitution', *Engineering News-Record*, 15 January 1942, 144–66. Quoted in Robert Friedel, 'Scarcity and Promise: Materials and American Domestic Culture During World War II', in *World War II and the American Dream: How Wartime Building Changed a Nation*, edited by Donald Albrecht (Washington, National Building Museum; Cambridge, Mass.: MIT Press, 1995), 55.

3 'Design Review', *The Architectural Review*, vol. 96, no. 573 (September 1944), 87.

4 On the editing of the section, see Jill Seddon, 'The Architect and the "Arch-Pedant": Sadie Speight, Nikolaus Pevsner and "Design Review"', *Journal of Design History*, vol. 20, no. 1 (2007), 29–41.

5 'Total War means All-Out Conservation', *The Architectural Record*, vol. 91, no. 1 (January 1942), 40–48.

6 Lessing J. Rosenwald, Bureau of Industrial Conservation, War Production Board, 'To the Architects and Engineers of the United States', *Pencil Points*, vol. 23, no. 5 (May 1942), 261.

7 Advertisement for the Portland Cement Association, *Pencil Points*, vol. 23, no. 6 (June 1943), 28.

8 Howard Robertson, 'Structural Economy', *The Architect and Building News*, no. 29 (March 1941), 298.

9 'Wooden Springs', *Business Week*, 31 October 1942; 'Sleep Like a Log' on New Wood Springs', *Bruce Magazine*, May–June 1943, press clipping, IHT Archives, Chicago.

10 'Materials for 194X', *The Architectural Forum*, vol. 80, no. 3 (March 1944), 12.

11 Leo Borsi, *Technique et architecture*, vol. 9, no. 3 (July/August 1941), 117.

12 'Grande carpenteria in legno lamellare', *Casabella*, vol. 17, nos 184–85 (April/May 1943), 77.

13 Peter Sulzer, *Jean Prouvé: Complete Works*, vol. 3: 1944–1944 (Basel, Boston and Berlin: Birkhäuser, 2000), 284.

14 Nikolaus Pevsner, 'The First Industrial Furniture', *The Architectural Review*, vol. 84, no. 501 (August 1938), 75–76, and 'The History of Plywood', *The Architectural Review*, vol. 86, no. 514 (September 1939), 129–130.

In the same issue, the *Review* published a supplement on the uses of plywood, p. 133–42.

15 'Plywood as a Material', *The Architectural Review*, vol. 86, no. 514 (September 1939), 134.

16 Al Berensohn, 'The New Wood That Bends', *ID Designs*, April 1941, 22–23.

17 My thanks to Timo Keinänen at the Finnish Museum of Architecture for this information.

18 The rationing of wood started in Great Britain with a 'Control of Timber Order', issued as early as 5 September 1939.

19 Le Corbusier, Les Constructions *'Murondins'* (Paris and Clermont-Ferrand: Étienne Chiron, 1942), 7.

20 See Erkki Helamaa, *40 Luku. Jorsujen ja jälleenrakentamisen vuosikymmenen* (Helsinki: Suomen rakennustaiteen museo, 1983).

21 Carlo Mollino, 'Proposizioni sui mobili tipo e i costruttori di mobili sono invitati a leggerle', *Stile*, no. 31 (July 1943), 33–37, quoted in Giovanni Brino, *Carlo Mollino. Architecture as Autobiography*, vol. 1 (London: Architectural Press, 1987), 90.

22 Giorgio Ciucci, *Gli architetti e il Fascismo. Storia dell'architettura italiana 1922–1944*, edited by Giorgio Ciucci (Milan: Electa, 2004), 442–75.

23 Giuseppe Pagano, 'Variazioni sull'autarchia architettonica', *Casabella*, no. 129 (September 1938), 2–3, and no. 130, 2–3.

24 Carlo Emilio Gadda, 'I metalli leggeri', *L'Ambrosiano*, 2 September 1931, 1–2; referred to by Poretti, 'Modernisme i autarchia', op. cit. note 22, 459.

25 See Pep Avilés' unpublished paper '1939: The Autarchic Debate', at the 'Front and Rear' conference at the New York's Institute of Fine Arts in March 2007.

26 Pier Luigi Nervi, 'Per l'autarchia. I problemi economici delle costruzioni edilizie', *L'Architettura italiana*, vol. 1, no. 13 (23 July 1938), 3. Idem, 'Per una misura autarchica edilizia', *L'Architettura italiana*, vol. 12, no. 17 (March 1940), 3. See Riccardo Dirindin, *La scelta degli strumenti. Ingegneria e modernità tecnica nell'opera di Pier Luigi Nervi* (Venice: Marsilio, 2010), 194–95.

27 'The Voice of the Industry', *The Architect and Building News*, January 1940, 43–69, and 16 and 23 January 1942.

28 Roger Wade Sherman, 'What Priorities Mean to Building', *The Architectural Record*, vol. 93, no. 2 (August 1941), 37–40.

29 E. F. Lougee, *Plastics from Farm and Forests* (New York: Plastics Institute, 1943).

30 Stephen Phillips, 'Plastics', in *Cold War Hot Houses. Inventing Postwar Culture from Cockpit to Playboy*, edited by Beatriz Colomina, Annemarie Brennan and Jeannie Kim (New York: Princeton Architectural Press, 2004), 90–123.

31 Robert F. Marshall, 'Plastics … Practically Speaking', The *Architectural Record*, vol. 93, no. 4 (April 1943), 54–55.

32 Roger N. Dent, *Principles of Pneumatic Architecture* (London: The Architectural Press, 1971), 32–33.

33 Celina Fox, 'The Battle of the Railings', *AA Files*, vol. 29 (1995), 50–59.

34 Pierre Vago, *Une vie intense d'architecture*, Mémoires (Montrouge: Le Moniteur, 2000), 200.

35 Raymond Loewy, cited in Greg Castillo, 'Domesticating the Cold War: Household Authority in a Postwar American "Dream House"', in *Cold War Hot Houses*, op. cit. note 30, 185.

36 'Remplacement du bois', exhibition held in Paris, 1941, XXV, under the auspices of the *Groupe Collaboration*, at the Maison de la Chimie, Paris, 1941: Henri Poupée, 'Remplacement', in *Les Professeurs du Conservatoire national des Arts et Métiers, essais en leur honneur*, edited by André Grelon, vol. 2 (Paris: INRP/CNAM, 1994), 184.

Insulation
단열재

21세기 건축에서 단열재는 더 이상 부차적인 게 아니라 필수적인 재료이다. 1970년대 오일 쇼크 이후 에너지 보존 문제는 본격화되었고, 곧 법제화되어 단열이 실무적 영역에서 상식으로 정착하였다. 그러나 건축이론의 영역에서 단열재를 다룬 텍스트는 드문데, 이는 1960~80년대 예술, 미학 중심의 이론적 풍토와, 전문화된 과학기술을 건축이 수용하는 과정에서 발생한 간극에 기인하는 것으로 보인다. 아키라우터 4호에서는 이러한 이론적 공백을 메우기 위해, 오늘날 일반적으로 사용되는 합성 재료인 단열재에 관한 기어링과 데플라제즈의 짧은 글을 소개한다. 저자는 단열재의 일반적인 적용 방식을 구축 방식에 따라 상세히 설명하는 것 뿐만 아니라, 본래 외부에 드러나지 않는 단열재의 존재를 들추어낸 몇 가지 프로젝트를 분석한다. 이를 통해 단열재가 단순한 기술적 장치를 넘어, 공간을 환경적으로 감싸는 장치로서, 젬퍼가 논의했던 '공간의 피복' 개념과도 연결됨을 통찰할 수 있다.

전태규

2005 보이지 않는 구축 재료

The "Invisible" Building Material

에바 기어링, 안드레아 데플라제즈

Eva Geering, Andrea Deplazes

전태규 옮김

Extracted from: Geering, Eva, and Andrea Deplazes. "The 'Invisible' Building Material," in *Constructing Architecture: Materials, Processes, Structures*, edited by Andrea Deplazes, 139–140, 146. Berlin: Springer, 2005.

보이지 않는 구축 재료

감추는 것과 드러내는 것에 대하여

건물의 열성능 요구를 만족시키기 위해 고안된 "다층multi-layer 벽체 구조"는 1970년대의 석유 파동과 그에 뒤따른 에너지 소비를 줄여야 한다는 인식들로부터 비롯되었다. 이제 다층으로 구성된 일반적인 벽체에서, 가장 바깥쪽 충운 (대개) 연약한 단열재를 날씨로부터 보호하는 역할을 한다. 다음으로, 단열재는 (주로) 건물 전체의 하중을 지지하는 구조체를 감싸고 있으며, 마치 양털 코트처럼 그 구조체에 고정된다. 이같은 기술적으로 자명한 발전은 건축과 관련된 새로운 질문들을 제기했다: 단열된 벽체는 어떻게 드러나는가? 그 모습은 단일체monolithic 벽의 모습과 동일할 수 있는가, 혹은 동일해야 하는가? 이 딜레마에 대한 하나의 분명한 해결책은 바깥쪽의 보호층을 자립적인 조적조 혹은 콘크리트 판 형태로 만드는 것이다. 그렇게 하면 우리의 다층 벽은 마치 석유 위기가 결코 없었던 것처럼, 단단한 벽체로 보일 수 있다. 심지어 단열재가 작업량을 줄이기 위해 얇은 시멘트미장만으로 덮여지더라도, 우리의 벽은 여전히 단단한 구조처럼 보인다. 적어도 우리가 실제로 그것을 만지지 않는 한 말이다… 환기구를 갖춘 벽체 시스템은 이러한 가식을 피하고, 가볍지만 단단해보이도록 나무, 판금, 슬레이트로 된 피복재cladding를 채택한다. 이러한 구성 역시 필연적으로 적용된 단열층을 가리지만, 그 단열층을 건축을 변화시키는 이유로서 간접적으로만 활용한다. 1970년대에, 모더니즘의 신조들과는 대조적으로, 건축이 다시금 의미를 지닌 매개체가 되면서 고트프리트 젬퍼의 피복 이론이 시의성을 가지게 된 것은 전혀 놀라운 일이 아니다.

바젤의 수바Suva 빌딩에서 헤르조그 & 드 므롱은 은폐 이론Concealment theory과는 반대되는 전략을 추구했다. 단열재는 투명한 유리 외피에 의해 보호되며, 그에따라 우리는 원래 보이도록 의도되지 않았던 재료들을 보게 된다. 모더니즘의 시대에는 모든 장식들이 거부되고 "구조적 진실"이 선언되었지만, 이 사례에서 단열재를 드러내는 것은 구축적 디테일을 교훈적으로 도출하려는 것이 아니다. 오히려 여기에서 우리가 마주하는 것은 금기의 파괴이며, "추한" 재료들에 대한 매혹이다. 특히 비전통적인 재료의 사용은 문화적 관습에 대한 날카로운 질문들을 제기하며, 그 누추함 속에서 아름다움을 드러낸다. 의미와 효과 사이의 긴장은 재료의 시로 다가온다: "시는 어떻게 드러나는가? 그것은 단어가 자신이 지시하는 어떤 것의 단순한 대체물이 아니라, 하나의 단어로 인식된다는 사실을 통해 드러난다." (로만 야콥슨, 『시학에 대한 질문들』)

열 손실 vs 열 유입

단열재는 내부로부터의 열 손실을 막아줄 뿐만 아니라, 외부로부터 과도한 열이 유입되는 것 역시 막아준다. 두 가지 효과 중 어느 쪽이 더 중요하게 작동하는지는 기후에 따라 다르다. 유럽 대륙의 온대 기후에서는 계절에 따라 열을 보존하는 것, 획득하는 것이 함께 요구된다. 재료에 내재된 이러한 모순에 대응하려는 하나의 시도는 투명 단열재의 개발이다.

여러 구성 요소로 이루어진 이 유형의 단열재는 빛과 열을 차단하지 않고, 오히려 그것들을 흡수하여 에너지를 저장할 수 있는 벽체를 가열할 수 있도록 한다. 투명 단열재는 빛과 열에 대해 투과성을 지닐 뿐만 아니라, 가시광선에도 투명하다. 이는 특히 직접 획득 시스템direct gain system에서 명확히 드러나는데, 이 시스템에서는 투명 단열재가 그 자체로 외피 요소로 사용된다. 이러한 방식으로 투명 단열재를 사용하는 것은 반투명한 창을 사용하는 것과 유사하다. 이러한 벽체 구성에서 투명한 것은 바깥쪽 보호층만이 아니라, 수바 빌딩에서 볼 수 있듯이, 단열재 자체가 사실상 보이지 않는다. 말하자면, 그것은 존재하지 않는 것이며, 건물 성능 기준에 대해 멋대로 행동하는 듯한 환상을 허용한다.[역주1]

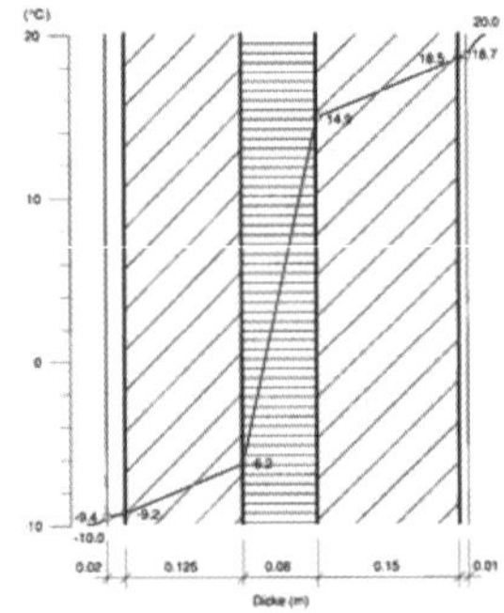

Fig. 1
온도 변화가 표현된 다중 벽체구조, 상세도

Fig. 2
단열 유리 파사드로 연결된 신축 건물과 기존 건물
헤르조그 & 드 므롱, 수바(Suva) 빌딩, 스위스 바젤, 1988–93
© HdM

역주1 투명 단열재와 관련하여 다음을 참고하라. Geering, Eva. & Deplazes, Andrea. "The "Invisible" Building Material" in Edited by Andrea Deplazes, *Constructing Architecture: Materials, Processes, Structures*, 145.

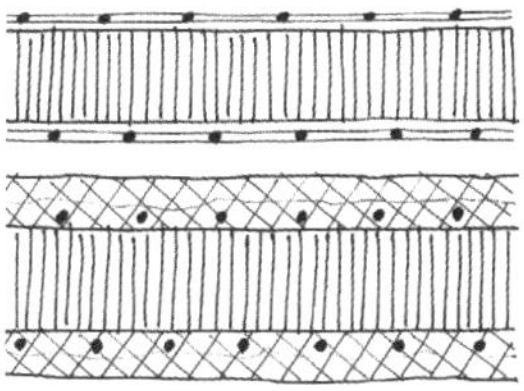

Fig. 3
벽체 상세도 스케치 (필립 존슨, 게이트 하우스, 뉴케이넌, 1995), 위쪽: 두 겹의 보강망 사이에 끼워 넣은 경질 폴리우레탄폼 단열재가 영구적 거푸집 역할을 함., 아래쪽: 경질 폴리우레탄폼 단열재 패널을 양쪽에서 두 겹의 콘크리트 뿜칠로 덮음.

Fig. 4
필립 존슨의 게이트 하우스의 폴리우레탄 폼보드가 시공되는 모습. 단열재가 곧 하중지지재가 된다.

합성 건축 재료

보이거나 보이지 않던 간에, 앞서 언급한 개념에서의 단열재들은 상호보완적이고 상호의존적인 층들로 이루어진 정교한 시스템의 한 부분이다.

단열 성능을 지닌 벽돌이나 콘크리트와 같은 합성 건축 재료들은 단순한 시공성의 욕망을 충족시킨다. 한편, 산업계는 하중지지 성능과 단열 성능을 동시에 충족하는 다양한 건축 재료들을 제공할 수 있게 되었다. 핵심적인 물리적 및 구조적 문제는 바로 이 이중성 속에 놓여 있다. 하중지지재loadbearing material에는 공기로 채워진 기공들이 스며들어 있어 간신히 하중 지지 요건을 갖추게 되며, 기공 안에 갇힌 공기는 열전도율이 낮기 때문에 단열 효과를 제공한다. 따라서 단열 기능은 항상 하중지지 성능을 약화시키며, 강도와 단열 성능 간의 비율은 매번 검증되어야 한다. 단열 성질을 지닌 하중지지재와 내력 단열재loadbearing insulation 사이의 경계가 흐릿해지는 것이 이러한 재료들의 특징이다. 합성 건축 재료들, 특히 다공성이면서 잘 부서지는 단열 벽돌 재료는 현장에서의 세심한 시공을 요구하며, 항상 습기로부터 보호되어야 한다. 기후로부터의 요구되는 성능을 보장하기 위해, 합성 건축 재료들은 미장 마감되거나 발수제로 처리되어야 한다.

하중지지 외피로서의 폴리우레탄

아래의 사례에서는 또 다른 전략이 등장한다. 단열재는 더 이상 내력부재에 덧붙여지지 않고, 그 부재의 존재를 전제로 하지도 않는다. 대신, 단열층이 곧 내력층이 된다.

높은 압축강도를 가진 강성 단열재는, 평지붕이나 대형 화물차용 주차장과 같은 압축 하중을 받는 부재를 단열하기 위해 개발되었다. 필립 존슨은 이 발전된 기술을 미국 매사추세츠주 뉴케이넌New Canaan에 위치한 게이트 하우스Gate House에 활용했다.

게이트 하우스(필립 존슨의 '글래스 하우스'를 방문하는 사람들을 위한 파빌리온)[2]는 관습적인 재료들—단열재, 콘크리트, 철근 보강재reinforcement의 도움을 받아 상호보완적인 방식으로 건축되었다. 그러나 이들 사이의 상호작용은 쉽게 읽히지 않는다. 완성된 건축물에서 이 부재들은 단순한 방식으로 서로를 보완하거나 완전히 융합되어 있지 않다. 보강된 단열재 층은 얇은 보강 및 보호 콘크리트 층을 위한 영구적 거푸집으로 기능한다. 게이트 하우스에서 사용된 이 시공 방식은 존슨의 구조 엔지니어인 이스라엘 A. 세이누크Ysrael A. Seinuk가 그에게 소개한 이탈리아 특허에 기반한 것이다. 일반적으로 이 시공 방식—두 개의 평행한 철근망과 그 사이에 위치한 단열재(강성 폴리우레탄 폼)로 이루어진 패널 형태, 그리고 전체를 덮는 얇은 분사 콘크리트

2 다 몬스타 (Da Monsta), 필립 존슨 (Philip Johnson), 1995. 단열재를 구조체로 삼은 실험적 건축.

층—은 저비용 주거를 건설하는 데 사용된다. 전통적인 콘크리트 타설과 달리, 이 방식에는 거푸집이 필요하지 않다. 게이트 하우스에서 실험된 복잡한 형태를 짓기 위해 건물의 수평 단면들을 나무 형판으로 제작하여, 비계를 통해 알맞은 위치에 설치되었다.

이들을 도면 위의 보조선과 같은 안내선으로 삼아 건물은 공장에서 제작된 강성 폼 패널들로 조립되었다. 평평하거나, 볼록하거나, 오목한 부분들이 퍼즐 조각처럼 현장에서 서로 맞춰졌다. 이 지점에서 건물의 형태는 여전히 변경 가능했으며, 이를 존손이 최대한 활용했다. 문을 위한 개구부가 잘려 나갔고, 표면과 모서리는 정확한 형태로 다듬어졌다. 첫 번째 분사 콘크리트 레이어는 패널들의 조립체를 강화시키고, 대부분의 형판과 비계를 제거할 수 있게 해주었다. 두 번째 콘크리트층은 벽에 필요한 두께를 더하고, 철근보강에 필요한 피복도 제공했다. 거푸집이 갑자기 내부로 전환되는 이 반전의 결과는, 외관상 단일체로 보이는 얇은 벽 콘크리트 외피였다. 시공 과정에서 형태의 조작이 가능한 이 건축 방식은, 가소성을 가진 변형 가능한 단열 콘크리트라는 꿈을 실현한다.

[…]

단열 벽체 시스템

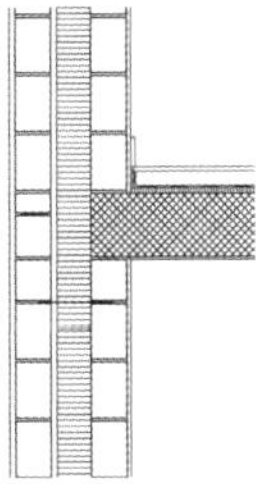
Fig. 5-1

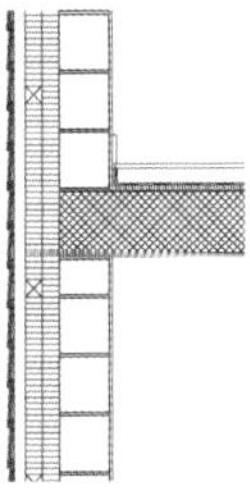
Fig. 5-2

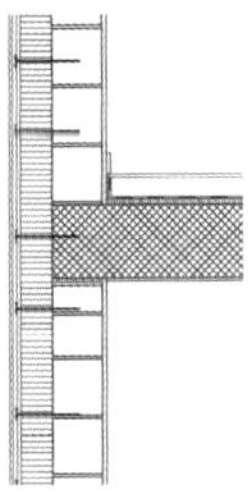
Fig. 5-3

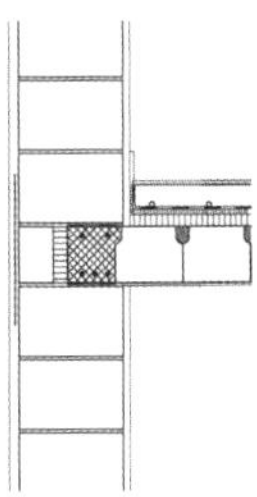
Fig. 5-4

상호보완적 시스템(Complementary systems)

상호보완적 시스템의 특징은 단일기능부재들을 기능적이고 위계적으로 분해하여 이해할 수 있다는 점이다. 건물 외피는 내력층과, 단열층, 그리고 그 단열재를 보호하는 기능을 수행하는 층들로 나뉘며, 각각의 층은 연속적으로 결합되어야 한다. 이렇게 다양한 층으로 이루어진 벽체의 다이어그램을 그리는 것은 구조를 분석하고 핵심 디테일을 파악하는 데 도움이 된다.

구조적 요소가 단열층과 맺는 위치적 관계를 기준으로 두 가지 상호보완적 시스템을 구분할 수 있다:

하중지지재가 내부에 있는 경우
- 벽돌 및/또는 콘크리트의 이중벽체double-leaf 구조 [Fig. 5-1]
- 경량 또는 중량 피복재가 적용된 통풍 구조 [Fig. 5-2]
- 외단열 미장 마감 구조 [Fig. 5-3]

하중지지재가 외부에 있는 경우
- 일체형monolithic 또는 분리된isolated 슬래브 접합부를 가진 노출 콘크리트 구조 [Fig. 5-4]
- 벽돌 마감 구조
- 내부 단열재가 적용된 단일 목재 구조

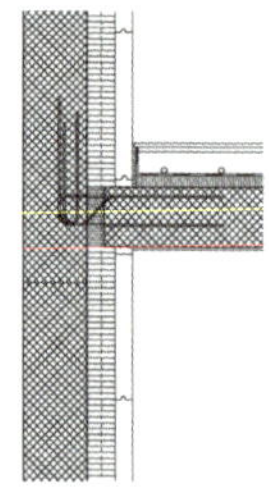
Fig. 5–5

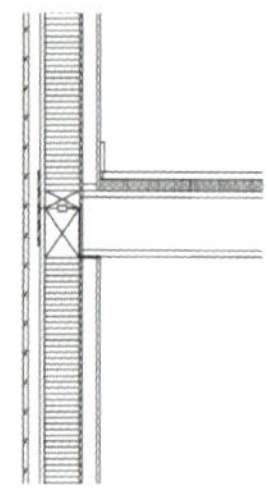
Fig. 5–6

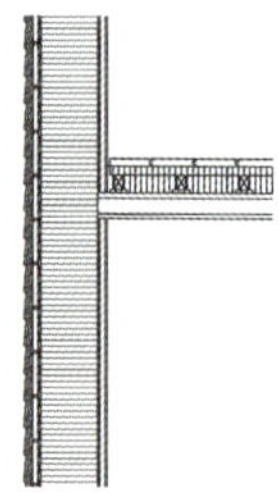
Fig. 5–7

합성 시스템(Synthetic systems)

합성 시스템에서는 하나의 위계 없는 요소가 여러 기능을 동시에 수행한다. 예를 들어, 하중지지와 단열, 또는 단열과 보호 기능을 함께 수행한다. 건물 외피는 본질적으로 균질한 구조(예: 단일벽 벽돌조)이거나, 구성 요소들이 분리 불가능한 복합체를 이루는 "블랙박스black box" 형태(예: 목재 패널 구조)이다. 합성 시스템은 종종 상호보완적 시스템complementary systems으로 보완되는데, 그렇지 않으면 특정한 디테일들—예를 들어, 단일벽 벽돌조에서의 기단부나 벽–지붕 접합부—을 적절하게 해결하는 것이 불가능하기 때문이다. 따라서 합성 시스템에서는 층의 다이어그램을 그리는 것이 유용하지 않다.

합성 시스템은 두 가지 유형으로 나눌 수 있다:

콤팩트 시스템
- 단열 미장재 적용되거나 그것이 없는 단일벽 벽돌조 [Fig. 5–5]
- 단열 성능을 지닌 콘크리트 구조

샌드위치 시스템
- 경량목구조 [Fig. 5–6]
- 목재 판벽 구조 [Fig. 5–7]

에바 기어링(Eva Geering)은 취리히 ETH에서 건축을 공부하였고, Flora Ruchat-Roncati 교수 지도 아래 졸업 작품을 완성하였다. 하버드 대학교 건축대학원(GSD)에서 교환연구를 경험했으며, Gigon/Guyer, van Sambeek en van Veen, Rudy Uytenhaak 아틀리에 등에서 실무를 익혔다. 2004년부터 취리히의 weberbrunner architekten과 협업을 시작하여, 2010년부터는 주요 멤버로 활동하고 있다. 또한 ETH 건축공학부에서 Andrea Deplazes 교수의 조교로서 교육과 연구를 병행하였으며, 주거와 재료, 단열 등 건축의 실천적 이슈에 관한 연구와 실무를 지속해 왔다.

안드레아 데플라제즈(Andrea Deplazes)는 ETH 취리히에서 건축을 전공했다. 졸업 직후 쿠어에 사무소를 열고 Valentin Bearth와 2001년까지 함께 일했으며, 이후 Bearth & Deplazes Architekten AG를 설립하여 실무에서 건축 설계와 시공을 병행했다. 1997년부터 ETH에서 조교수로 교육과 연구를 시작하여, 2002년 정교수로 임명된 이후 교육과정 개편, 학부장직(2005 - 2007) 등을 수행하며 학계와 실무의 가교 역할을 해 왔다. 그는 교육 현장에서 직접 쓴 강의 자료를 토대로 2005년에 『Architektur Konstruieren: Vom Rohmaterial zum Bauwerk』라는 핸드북을 편찬하였으며, 이는 국내에 『건축설계 시공 핸드북』(시공문화사, 2008)이라는 제목으로 번역 출간된 바 있다.

Conditioned Air & Bubble
조정된 공기와 버블

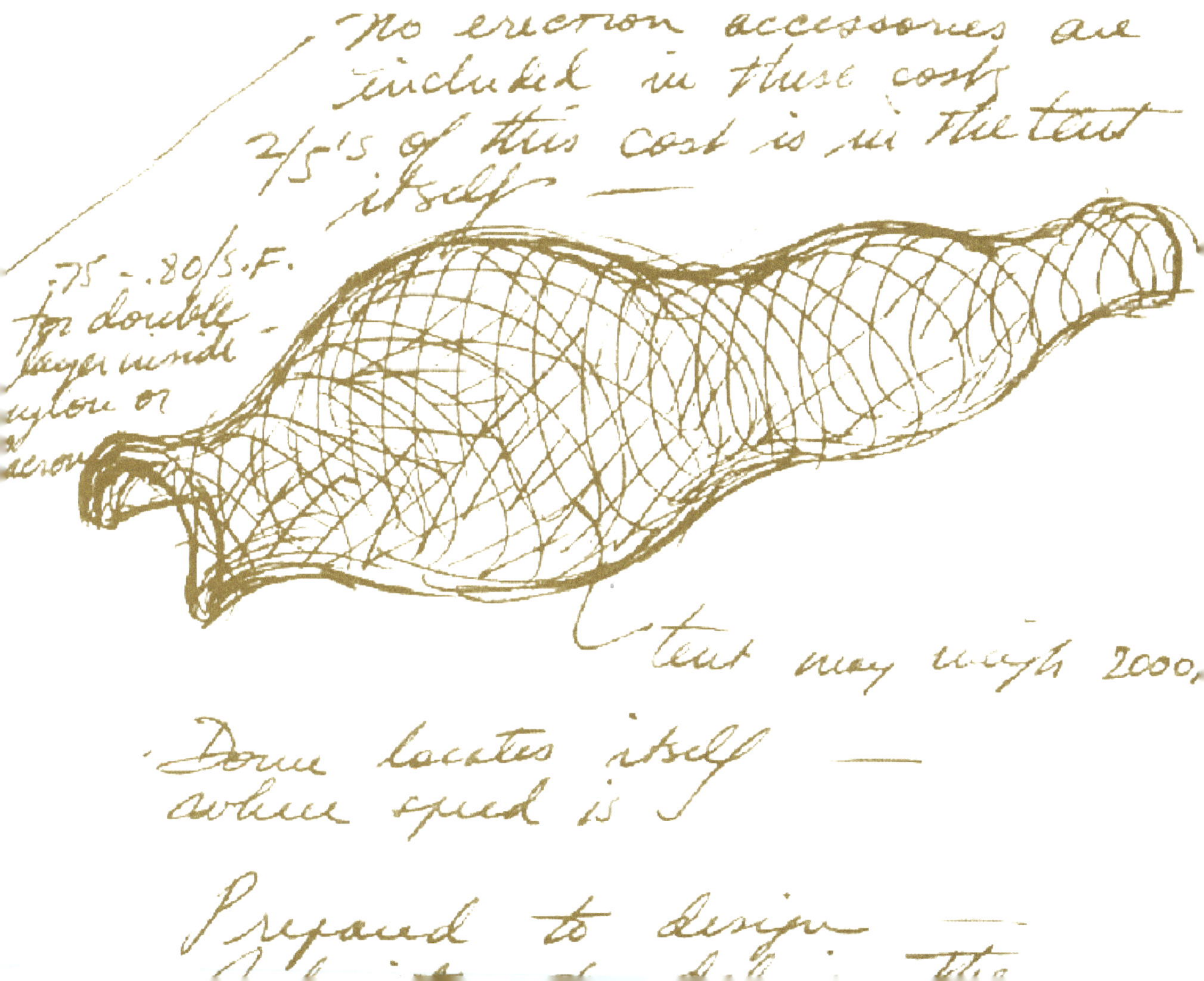

레이너 밴함(1922~1988)의 저서 『잘 조율된 환경의 건축』(1969/84)은 환경에 대한 유용한 시사점을 제공한다. 기존의 구조 혹은 피복의 원형적 원시 오두막이 아닌, 안식처에 대한 새로운 원형적 모델이 되는 천막과 모닥불을 제시하며 '환경 조정'에 대한 설비기계적 관점을 이론화했다는 점에서 그 의의가 크다.

19세기말부터 20세기 중반까지의 발전된 환경 설비기계들과 그 기계미학에 대해 서술한 이 책의 후반부에서, 밴함은 공기팽창 건축에 대해 짧게 언급하고 있다. 부풀려지는 공기막 구조물과 그 안에 주입되는 조정된 공기(conditioned air)로 '잘 조율된' 건축에 대한 이론적 설명을 토대로 하면, 공간을 이루는 '공기' 역시 건축의 재료로서 여길 수 있지 않을까?

전태규

1969

다양한 방법들: 공기팽창 건축
A Range of Methods : Inflatable Architecture

레이너 밴함 Reyner Banham
전태규 옮김

Extracted from: Banham, Reyner. "A Range of Methods" In *Architecture of the Well-Tempered Environment*, 269–277. University of Chicago Press, 1984.

[…]

이제 어떤 이들은 육지의 환경이 해상보다 덜 극단적이며, 바다의 거친 기후를 견뎌야 하는 선박 설계에서처럼, 순수한 생존의 압력이 건축가를 지속적인 혁신으로 몰아가지 않는다고 주장할지도 모른다. 그러나 이러한 주장—흔히 건축계를 옹호하는 데 사용되는 유형의 주장—은 하나의 치명적인 사실을 간과한다. 이는 건축학교에서 가르쳐지고 건축 평론가들 사이에서 논의되는, 문화적으로 보호된 영역 바깥에서, 거의 한 세기 동안이나 해양 설계 분야에 필적할 만한 수준의 환경 조정Environmental management에 관한 혁신의 기조가 존재했었다는 사실이다.

앞선 장들에서 보여준 바와 같이, 이러한 혁신의 흐름은 좋든 싫든 간에 건축을 이끌어왔다. 그러나 '기술의 집합체로서의 건축'은 오래전에 그 흐름에 대한 통제력을 상실했다. 조직된 전문 업역으로서의 건축가들은 구조적 환경 조정[역주1]을 제외한 모든 형태의 환경 조정을 다른 전문가들(전기, 기계 엔지니어들, 난방 및 환기 전문가들, 교통 및 시스템 공학, 통신 및 제어 관련 컨설턴트들)에게 기꺼이 넘겨주었으며, 젊은 건축가들에게도 이러한 명백한 직무유기를 지속적으로 가르쳐왔다. 대부분의 3학년 건축학도들은 간단한 콘크리트 구조 프레임 정도는 계산할 줄 알지만, 최근에 알려진 태양 열하중을 계산하는 방법은 알지 못하고, 더 섬세한 환경 요소들에 대해서는 말할 것도 없다.

이러한 상황이 초래한 것에 대해 이제 와서 건축가들을 탓하기 시작하는 것은 분명 너무 늦은 일이다. 이는 건축가들에게 보기에만 좋은, 비효율적인 환경 조각물의 창조자 이상이 되기를 요구하지 않았던 사회 전반에도 그 책임이 있기 때문이다. 그러나 우리는 다음의 사실과 마주해야 한다. 즉, 우리가 현재 알고 있는 건축가, 주로 구조적 해결책을 제공하는 존재로서의 건축가는, 수많은 경쟁적인 환경 전문가들 중 하나일 뿐이며, 그가 제시하는 것들은 더 이상 필수적인 것도, 문화적으로 인정받는 고유한 위상을 가진 것도 아니다. 과거에는 건축물을 세우는 것만으로 해결할 수 있다고 여겨졌던 점점 더 많은 상황들에서, 이제는 다양한 기술적 발전을 통해 실현 가능한 대안들이 등장하고 있다. 가장 명백하고 자주 인용되는 예는 드라이브인 영화관인데, 그것은 사실상 어떤 '주택house'도 아니다. 관객들이 자동차라는 형태로 각자의 환경 패키지를 가지고 오기 때문에, 영구적으로 둘러싸인 구조물에 대한 필요는 사라진다. 디자이너의 역할(그가 반드시 건축가일 필요는 없다)은 조경, 교통 공학, 전자공학, 광학요소들을 결합하고, 거기에 상영 장비에 대한 최소한의 기후 보호 장치를 덧붙이는 데 있다.

만약 드라이브인 영화관을 하나의 특별한 사례로 여긴다 하여도, 그것은 호버크래프트hovercraft의 경우보다 훨씬 덜 특수하며, 오늘날 환경 제어의 대표적 사례로 집요하게 다뤄지는 우주 캡슐space capsule에 비해서는 훨씬 덜 특별하다. 그리고 건축가들이 이를 특별한 경우로 치부할 수 있다는 사실은 그 기능을 수행하는 데 사용할 수 있는 여러 수단들에 비해 자신의 직무에 대한 시야가 얼마나 급격히 좁아졌는지를 보여준다. 아이작 웨어Isaac Ware의 『완전한 건축 총서Complete Body of Architecture』는 1750년에 활용 가능했던 거의 모든 환경 조정 기술을 다루고 있었다. 그보다 약 세 배 분량에 달하는 귀아데Guadet의 『건축의 요소와 이론Éléments et Théories』의 실용에 관한 부분은, 1900년에 사용 가능했던 환경 기술의 절반도 다루지 못했는데, 이는 귀아데 역시 웨어처럼 환경 기술 중 구조적 부분만을 거의 독점적으로 다루었기 때문이며, 그 구조적 부분은 이미 당시 전체 기술 체계의 절반도 되지 않았던 것이다.

기존의 건축 문화의 수호자들에 대해 가할 수 있는 가장 치명적인 비평은, 새로운 환경 조정의 측면들을 공론의 장으로 끌어

역주1 레이너 밴함은 이 책의 2장 「환경적 조정」에서 환경 조정 방식을 천막과 모닥불의 두 가지 원형에 비유하여 설명한다. 천막 혹은 두꺼운 벽체와 같이 구조체만으로 외부 환경에 대응하거나 열을 비축하는 방식을 구조적(structural) 혹은 보존적(conservative) 방식으로, 모닥불 혹은 전기장치를 활용하여 에너지를 소비해 환경을 조성하는 방식을 발전적(regenerative) 방식으로 구분하여 설명하고 있다. Banham, Reyner. "Environmental management" *The Architecture of the Well-Tempered Environment*, 18–28. *Architectural Press*, 1969. 밴함의 서술 일부는 남성택 외, 『아키라우터 Vol.1 안식처: 건축의 시작 그리고 끝』(한양대학교 출판부, 2021)에 실림.

Fig. 1 네바다주 라스베이거스의 프리몬트 거리. 인공 조명이 규정하는 환경.

들이는 이들은 정작 그들 자신이 아니며, 그러한 논의를 억지로라도 그들의 주목 안으로 밀어 넣는 것은 외부인들이라는 점일 것이다. 최근의 가장 극적인 사례는, 오늘날 '문화'로 받아들여지는 영역의 경계 가장자리에 선 문학가가, 야간의 환경을 대규모로 조작하는 것이 어떻게 기존 건축 담론과 연관될 수 있는지를 비교하는 용어를 제안했다는 사실이다. 톰 울프Tom Wolfe가 라스베이거스와 베르사유 궁전을 비교한 것[1]이 건축계에 충격을 주었다면, 그것은 의도적인 도발 때문이라기보다는, 그런 비교가 건축 비평가들(솔직히 말하자면 이 글의 저자 자신을 포함해서) 누구에게도 전혀 떠오르지 않았을 것이기 때문이다. 그리고 태양왕 루이 14세le Roi Soleil를 위해 베르사유에서 창조된 것과, 벅시 시겔Buggsy Siegel의 요청에 따라 라스베이거스에서 만들어진 것을 비교하기가 어렵게 느껴지는 이유는 그 의도의 고귀함 때문이라기보다는, 동원된 수단의 차이에서 주로 비롯되는 것이다.

그 수단의 차이는 다음과 같다: 베르사유에서는, 거대한 구조물에 의한 공간의 외피가 가장 중요하며, 그에 의해 생성된 표현 양식은 식재나 수공간과 같은 다른 수단들을 통해 공간을 조작하는 틀을 제공한다. 반면, 라스베이거스에서는 구조물이 상징적 공간을 정의하는 데 있어 가장 덜 지배적인 요소이다. 라스베이거스의 상징적 장소와 공간—스트립the Strip의 초대형 호텔들, 프리몬트 스트리트Fremont Street의 카지노 벨트—을 정의하는 것은 순수한 환경적 힘이며, 그것은 색채 조명으로 드러난다. 그 힘의 작동 방식이, 베르사유에서 구조가 활용된 것만큼 상징적으로 타당하다고 보든 아니든, 다음과 같은 사실은 여전히 유효하다: 공간이 규정되는 효과는 압도적이며, 명확한 구조 없이 가상의 볼륨들이 생성되고, 조명 기법의 다양성과 독창성은 거의 백과사전의 수준이다. 그리고 그것이 작동하는 규모는, 19세기 건축의 공적으로 공인된 기념비들—예를 들어 포스 브릿지Forth Bridge—이나, 베르사유나 시스티나 시대 로마와 같은 바로크 도시계획과 맞먹을 만큼 압도적이다. 만약 건축 교육이 환경 조정에 대한 전반적인 예술을 포괄한다면, 카라칼라 욕장Baths of Caracalla이나 생트 샤펠La Sainte-Chapelle을 방문하는 것만큼이나, 라스베이거스 역시 반드시 가 보아야 하는 장소가 될 것이다.

라스베이거스를 연구하는 궁극적인 목적은, 건축 실천의 한계를 넘어서 환경 기술이 얼마나 멀리까지 치닫을 수 있는지를 보여주는 하나의 사례를 확인하는 데 있다. 그것은, (좋든 나쁘든) 건축적 문화, 교육, 취향의 전통에 제약받지 않는 디자이너들에 의해 이루어진 것이다. 그러나 그렇다고 해서 건축가들 자신이 자신의 직업적 경계 너머로 나아간 적이 없다는 뜻은 아니다. 특히 전시 디자인 분야에서 그러한 시도들이 있었다. 그럼에도 불구하고, 조명에 대한 건축가들의 접근은 라스베이거스가 실제로 보여준 수준이나 파울 셰르바르트Paul Scheerbart가 이론적으로 제시한 상상력에 비하면 여전히 꽤 소극적인 상태이다—즉, 빛으로 구성된 형태들에서, 형태 안에 통합된 빛으로의 전환은 여전히 대부분의 건축가들에게는 너무도 큰 도약이다. 그러나 환경적 힘을 응용하는 다른 측면들에서는, 기술이 제시한 가능성에 건축가의 상상력이 맞닿았던 몇몇 전시장 환경들을 분명히 지목할 수 있다.

꽤 잘 알려져 있으나 충분히 연구되지 않은 하나의 사례는, 미국 원자력 위원회US Atomic Energy Commission를 위해 건축가 빅터 런디Victor Lundy가 버드에어Bird-air사의 월터 버드Walter Bird와 함께 설계한 분리 가능한demountable 파빌리온이다. 버드에어사는 이러한 유형의 공기팽창식 구조물inflatable structures 전문 업체이다. 이 프로젝트가 주목할 만한 이유는, 무엇보다도 비교적 이른 시기에 실현되었다는 점이다.[2] 공기팽창식 구조물은 1960년대 중반 이후 학생들 사이에서 상당한 인기를 얻었는데(부분적으로는 그 형식적 특성 때문이며, 한편으로는 그 주요 주창자인 프라이 오토Frei Otto의 명성 덕분이었다), AEC 파빌리온은 이미 1959년 리우데자네이루에서 공개되었으며, 이후 10년 넘게 세계 여러 지역에서 사용되었다.

이 구조물은 내구성 뿐만 아니라, 공기팽창식 구조물들 중에서 그 크기, 복잡성, 평면에서의 개방된 형태로서 주목할 만하다. 대부분의 공기 지지 구조물들이 단순한 돔 형태이거나, 폐쇄된 평면을 유지하는 반구형 형태의 연장선상에 있는 반면, AEC 파빌리온은 오히려 개방형의 궁륭 구조 또는 반원통형 구조로 설명하는 것이 더 적절하며, 이는 변형되어 중앙의 좁은 연결부를 통해 결합된 두 개의 반구형 공간을 형성한다. 출입은 양쪽 끝에 있는 아치형 현관을 통해 이루어지며, 그 지름은 중앙 연결부와 거의 같은 직경을 가진다. 내부에는 원자로 모형을 수용하기 위한 작은 공기팽창식 돔과 여러 개의 고정식 비팽창 칸막이, 영사 스크린 등이 배치되어 있다. 이 설계에 대해 런디, 버드, 그리고 협력 엔지니어들 사이 누가 정확히 어디에 기여했는지 명확히 하기는 어렵지만, 그 결과물은 지금까지도 건축적 정교함을 갖춘 거의 유일한 공기 구조물로 남아 있다.

이 구조물은 기술적으로도 정교하고 복잡하여, 가장 기초적인 공기 돔을 제외한 모든 공기 구조물이 그렇듯, 구조적 안정성을 확보하기 위해 여러 기술들을 사용하고 있다. 예를 들어, 개방형 현관은 내부 공

Fig. 2 미국 원자력 위원회 이동식 극장, 1959년, 빅터 런디와 월터 버드의 설계, 외부 전경.

Fig. 3 원자력 위원회 극장, 출입구의 회전문.

기압을 유지하기 위해 공기 밀폐 역할을 하는 회전문보다 바깥쪽에 위치해 있기 때문에, 다른 방식으로 지지되어야 한다. 실제로 이는 순수한 공기팽창식 구조물, 즉 내부 압력에 의해 단단하게 유지되는 공기 풍선이며, 공기 쿠션 위에 단순히 놓인 것이 아니다. 주 볼륨은 길이 약 230피트, 최고 높이 50피트, 가장 넓은 지점에서 너비 100피트 이상에 이르며, 진정한 공기 지지 구조물로서, 공기 밀폐 장치 사이에서 대기압보다 49mm 높은 공기압이 유지된다. 그러나 이것이 진정한 공기 지지 구조물이라 하더라도, 단순한 구조물은 아닌데, 이는 어느 정도 공기팽창식 구조물의 성격도 가지고 있기 때문이다. 이 구조물은 이중 외피를 가지고 있으며, 두 외피 사이에도 일정한 압력이 유지된다. 이러한 설계는 단일 외피 구조물에서 발생할 수 있는 사고로 인한 붕괴나, 개발도상국에서 미국 건축물이 흔히 겪는 파손 행위vandalism의 위험에 대비한 보호 기능도 갖추고 있다.

이 건물이 본 연구의 맥락에서 갖는 진정한 의의와 정당성은, 새로운 기술을 활용하여 분명하게 건축을 만들어낸다는 점에 있다. 이는 단지 새로운 재료로 만들어졌다거나, 그 부품이 새로운 방식으로 제작되었다는 의미는 아니다. (이 두 가지는, 기술 혁신이란 이 정도면 충분하다고 여기는 건축 담론의 일반적 경향을 보여줄 뿐이다.) 그보다는, 이 건물은 스스로 서있을 수 없는 방수막으로 구성되어 있지만, 그렇다고 텐트의 외피처럼 독립된 인장 구조 프레임에 의해 지지되는 것도 아니다. 이 구조를 지지하는 공기 쿠션은 지속적인 환경적 동력, 즉 작은 공기 펌프 장치(이 경우에는 공조 장치)의 작동을 통해서만 존재한다. 따라서 이 건물은 건축과 환경 조정 사이 전통적인 역할을 완전히 역전시키는 사례로 제시된다. **환경적 결함을 보완하기 위해 외부의 에너지를 가해야만 하는 단단하고 고정된 건축 볼륨이 아니라, 환경적 동력이 가해져야만 비로소 지어지고 고정되는 볼륨, 혹은 인공적인 환경(조정된 공기conditioned air)과 그것을 담는 주머니일 뿐이다.** 어느 쪽이든, 이것은 드라이브인 극장처럼 아예 건축적 외피 없이 기능하는 경우보다도 더 전복적인 제안으로 여겨질 수 있다. 그리고 어떤 기준에서 보더라도, 이는 지난 수년간 어렵게 이룬 대부분의 순수한 건축적 혁신들조차도 상대적으로 하찮게 보이게 만들 정도의 전환이다.

물론, 공기팽창식 건축을 실현하는 능력 역시 결코 쉽게 얻어진 것은 아니다. 공기 구조물을 성공적으로 지지하기 위해서는 피막Membrane을 제작하는 데 필요한 기술과 공기 처리 장비뿐만 아니라, 다루어야 할 공기를 제어하는 데 있어서의 상당한 지식과 실용적인 기술적 자원이 필요하다. 일반적인 상식과는 다르게, 공기 지지 구조물에 사용되는 압력은 낮지만 공급되어야 할 공기의 부피는 크다. 공기 처리 방식은 우리가 흔히 타이어에 공기를 주입하거나 스프레이건을 사용할 때처럼 고압의 공기를 다루는 기술과는 달리, 일반적인 환기 시스템에 더 가까운 방식으로 작동한다. 그러나 공기 구조물 안에 잠시만 머물러보면, 햇빛에 의한 열, 산들바람, 실내 난방, 혹은 문이 1인치 더 열렸거나 0.5인치 더 닫혔을 때와 같이 아주 미세한 압력 변화에 그 구조물이 반응하고 이를 수용하거나 저항하는 모습을 보고 듣는 것만으로도, 이러한 환경을 제어하는 데 얼마나 섬세한 지식이 필요한지를 금세 알 수 있다.

[…]

1 *The Kandy-Kolored Tangerine Flake Streamline Baby*, New York, 1965, pp. xvi–xvii. 울프(Wolfe)의 비교에서 핵심적인 지점은 라스베이거스와 베르사유의 건축적 일관성이었다. 표면적으로는 급진적으로 보이는 그의 견해에도 불구하고, 그의 비평 용어는 전적으로 시각적 · 문화적 차원에 머물렀으며, 제도권 전통(Establishment tradition) 안에 있었다. 또한 그의 후속 건축 관련 저술들은 관습을 넘어서는 데 거의 관심을 보이지 않았다. (라스베이거스에 대한 초기 언급을 확장한 글인, 널리 재인용된 에세이 '전자그래픽 건축'을 제외하면 말이다. "Electrographic Architecture", *Architectural Design*, July 1969)

2 이 시점은 공기 지지 구조물의 절대적인 발명이 아니라, 실용 기술의 관점에서 이른 것이다. 공기 지지 구조물의 발명은 제1차 세계대전 동안 등록된 랜체스터 특허(Lanchester patents)로 거슬러 올라간다. 버드의 회사는 그의 최초의 성공적인 공기주입 구조물 실험이 있은 지 10년 후인 1956년에 설립되었다.

English Original

Banham, Reyner, *Architecture of the Well-Tempered Environment*, 269–277, University of Chicago Press, 1984.

[…]

Now it might be argued that conditions on land are less extreme than those at sea, and that there is not the same sheer compulsion of physical survival to drive on the architect to the kind of continuous innovation that is manifest in the design of craft that must weather the intemperance of the oceans. Such an argument-and it is of a class of arguments often advanced in defence of architecture-ignores one damaging fact: that outside the culturally protected circle of what is taught in architecture schools and discussed by architectural pundits, there has been for almost a century a tide of innovation in environmental management fully comparable with that in nautical design.

The sweep and magnitude of that tide has dragged architecture with it, willy nilly, as the previous chapters will have shown, but architecture, as a body of skills, has long since lost control of it-architects as an organised profession have been happy to hand over all forms of environmental management, except the structural, to other specialists (electrical, mechanical, engineers; heating and ventilating specialists; consultants on traffic and system engineering, communications and control) and they have taught young architects to continue this dereliction of manifest duty; most third-year architecture students can calculate a simple concrete structural frame but very few until recently have known how to calculate solar heat loads let alone more subtle environmental considerations.

It is obviously too late in the day to begin blaming architects for the fact that this situation exists, especially since the blame lies also with society at large for not having demanded of them that they be any more than the creators of inefficient environmental sculptures, however handsome. But we have to face the fact that the architect as we know him at present, the purveyor of primarily structural solutions, is only one of a number of competing environmentalists, and that what he has to offer no longer carries the authority of either necessity or unique cultural approval. In an increasing number of situations that were formerly thought soluble only by the erection of a building, workable alternatives are, for a variety of technical reasons, now becoming available. The obvious and most often cited example is that of the drive-in movie house, which is no house. With its audience bringing their own environmental packages with them in the form of automobiles, the need for a permanent enclosing structure disappears, the task of the designer (who may or may not be an architect) is to devise a combination of landscaping, traffic engineering, electronics and optics, plus a modicum of weather-protection for the projection equipment.

If this is a special case, it is considerably less specialised than that of the hovercraft, and vastly less so than that currently obsessive paragon of environmental management, the space capsule. And the fact that is can be dismissed as a special case at all by architects shows how desperately their vision of their function in the world has narrowed in relation to the means available for performing that function. Isaac Ware's Complete Body of Architecture covered almost the total technology of environmental management available in 1750; the practical parts of Guadet's Elements et Theories, amounting to about three times the bulk of Ware's work, cover considerably less than half the environmental technology available in 1900, simply because, like Ware, Guadet was discussing almost exclusively the structural part of environmental technology, which was already less than half the kit.

Perhaps the most damaging criticism that can be made against the established guardians of architectural culture is that it is rarely they who bring new aspects of environmental management into the general body of discourse, but outsiders who force them upon their attention. The most spectacular recent example of this has been the way in which it has needed a literary man, operating on the very fringes of currently acceptable 'culture' to propose a term of comparison by which the large scale manipulation of the nocturnal environment can be related to the accepted body of architecture. And if Tom Wolfe's comparison between Las Vegas and the Palace of Versailles[1] shocks architectural opinion, it is less because it was meant to startle, than that it would never have occurred to any architectural critic (including the present author, I must admit) that the two entities were comparable. And the difficulty in conceiving of a comparison between what was created at Versailles for le Roi Soleil, and what was created at Las Vegas at the behest of Buggsy Siegel, stems largely from the contrast of the means

1 *The Kandy-Kolored Tangerine Flake Streamline Baby*, New York, 1965, pp. xvi – xvii. The specific point of Wolfe's comparison was the architectural consistency of Las Vegas and of Versailles, and in spite of the seeming radicalism of the views expressed, his terms of criticism were purely visual and cultural, in the Establishment tradition, and his subsequent writings on architecture have shown little interest in going behind the conventions (apart from the widely reprinted essay on 'Electrographic Architecture'—see *Architectural Design*, July 1969—which is an extension of his original remarks on Las Vegas).

employed, not the praiseworthiness or otherwise of the intentions behind their creation.

The difference of means is this: at Versailles the enclosure of space by massive structure is paramount, and the idiom thus created sets the cues for the manipulation of space by other means, such as planting and water; whereas at Las Vegas, structure is the least dominant element in the definition of symbolic space. What defines the symbolic places and spaces of Las Vegas-the super-hotels of The Strip, the casino-belt of Fremont Street-is pure environmental power, manifested as coloured light. Whether or not one agrees that the use made of that power is as symbolically apt as the use made of structure at Versailles, the fact remains that the effectiveness with which space is defined is overwhelming, the creation of virtual volumes without apparent structure is endemic, the variety and ingenuity of the lighting techniques is encyclopaedic. And the scale of the operation is as overwhelming as that of the officially admired monuments of nineteenth-century construction, such as the Forth Bridge, or of Baroque planning, such as Versailles or Sistine Rome. And in a view of architectural education that embraced the complete art of environmental management, a visit to Las Vegas would be as mandatory as a visit to the Baths of Caracalla or La Sainte Chapelle.

The point of studying Las Vegas, ultimately, would be to see an example of how far environmental technology can be driven beyond the confines of architectural practice by designers who (for worse or better) are not inhibited by the traditions of architectonic culture, training and taste. But this is not to say that architects themselves have not made forays beyond the common confines of their calling, especially in the field of exhibition design. Even so, their use of light has remained pretty timid by the standards set in practice by Las Vegas, or in theory by Paul Scheerbart-the change from forms assembled in light to light assembled in forms is still too big for most of them.

But in other aspects of the application of environmental power, one can point at a certain number of exhibition environments where the imagination of the architect has matched the promise of the technology.

A fairly well-known, though insufficiently studied example, is the demountable pavilion designed for the US Atomic Energy Commission by Victor Lundy, architect, with Walter Bird of the Bird-air Corporation, specialists in inflatable structures of this type. The project is notable, firstly, for its early date[2]-while inflatable structures have acquired a considerable vogue in the student underground since the mid-sixties (partly for their formal qualities and partly because of the prestige of their main proponent, Frei Otto) the AEC pavilion was in public use at Rio de Janeiro as early as 1959, and has seen service in various parts of the world for more than a decade.

Besides its durability, it is notable among inflatable structures for its size, complexity and open form on plan. Whereas most air-supported structures tend to be simple domes, or elongations of domical forms that still retain a closed figure in plan, the AEC pavilion is better described as an open-ended vault, or half-tube, deformed to produce two approximately hemispherical spaces joined by a central neck, and entered by means of arched porches, about the same diameter as the neck, at either end. Internally, there is a small inflatable dome to house a model atomic reactor, and sundry rigid, non-inflatable partitions, projection screens, and so forth. The precise distribution of credit for the design between Lundy, Bird and the consulting engineers, is not easy to fix, but the result remains virtually the only air structure to date with any pretensions to architectural sophistication.

It is also technically sophisticated and complex, employing -as all but the most elementary air-domes must do-a number of techniques to ensure structural stability. Thus, the open porches, being outboard of the revolving doors which act as air-locks to maintain the general support

2 The date is early in terms of the practical technology, not the absolute invention of air-supported structures which goes back to the Lanchester patents taken out during the first World War. Bird's company was founded in 1956, a decade after his first successful experiments with inflatables.

pressure within, must be supported by some other means, and are in fact pure inflated structures, air balloons kept rigid by internal pressure, rather than supported on a cushion of air. The main volume-some 230 feet long, fifty feet to its highest point and over 100 feet wide at the widest—is a true air-supported structure, however, between the airlocks which seal in its supporting pressure of 49 mm. above atmospheric. But if this is a true air-supported structure, it is not a simple one, in that it partakes of some of the nature of an inflated structure as well-it has a double skin, and some pressure is maintained between the two skins. This offers protection against sudden collapse due to accident (a risk with all single-skin air-supported structures) or vandalism (a risk to all US buildings in underdeveloped countries).

The true point and justification of this building in the context of the present study is that is makes unmistakable architecture out of the exploitation of a new technology, not in the sense of being made of a new material, or that its components were fabricated in a new way (the two propositions that appear to exhaust the concept of technological innovation in most architectural discussions) but because it consists of a weatherproof membrane incapable of supporting itself, but not-like the membrane of a tent-supported on a discrete rigid frame of tensile structure. The cushion of air which supported it existed only through the constant ministrations of environmental power, the operation of a small air-pumping device-in this case the air-conditioning plant. It thus presents us with a total reversal of traditional roles in architecture and environmental management. **Instead of a rigid built volume to which power must be applied to correct its environmental deficiencies, we have here either a volume which is not built and rigid until environmental power is applied to it, or a manufactured environment (conditioned air) and a bag to put it in.** Either way, this might be claimed as a more subversive proposition than simply doing without built enclosure altogether, as in the case of the drive-in movie house, and by any standards it is a development alongside which most of the purely architectural revolutions of recent years must appear rather trifling, however hard won they may be.

Not that the ability to make inflatable architecture has been any less hard-won. The successful support of an air-structure involves not only the technologies required to fabricate the membrane and the air-handling equipment, but also considerable resources of knowledge and practical skill in the control of the air to be handled. Contrary to popular commonsense the pressures involved in air-supported structures are low, though the volumes of air to be supplied are large. The air-handling requirements are, in many ways, more akin to those of normal ventilation than to the high pressure air technology that most of us have encountered in mechanical experiences such as inflating motor-tyres or painting with a spray gun. But one has only to inhabit an air structure for a little while, and see and hear it accepting or resisting minute variations in pressure due to sun-heat, breeze, internal heating, door-flaps left an inch too far open or pulled down a half-inch too tight, to realise what delicate knowledge is involved in the management of this kind of environment.

[...]

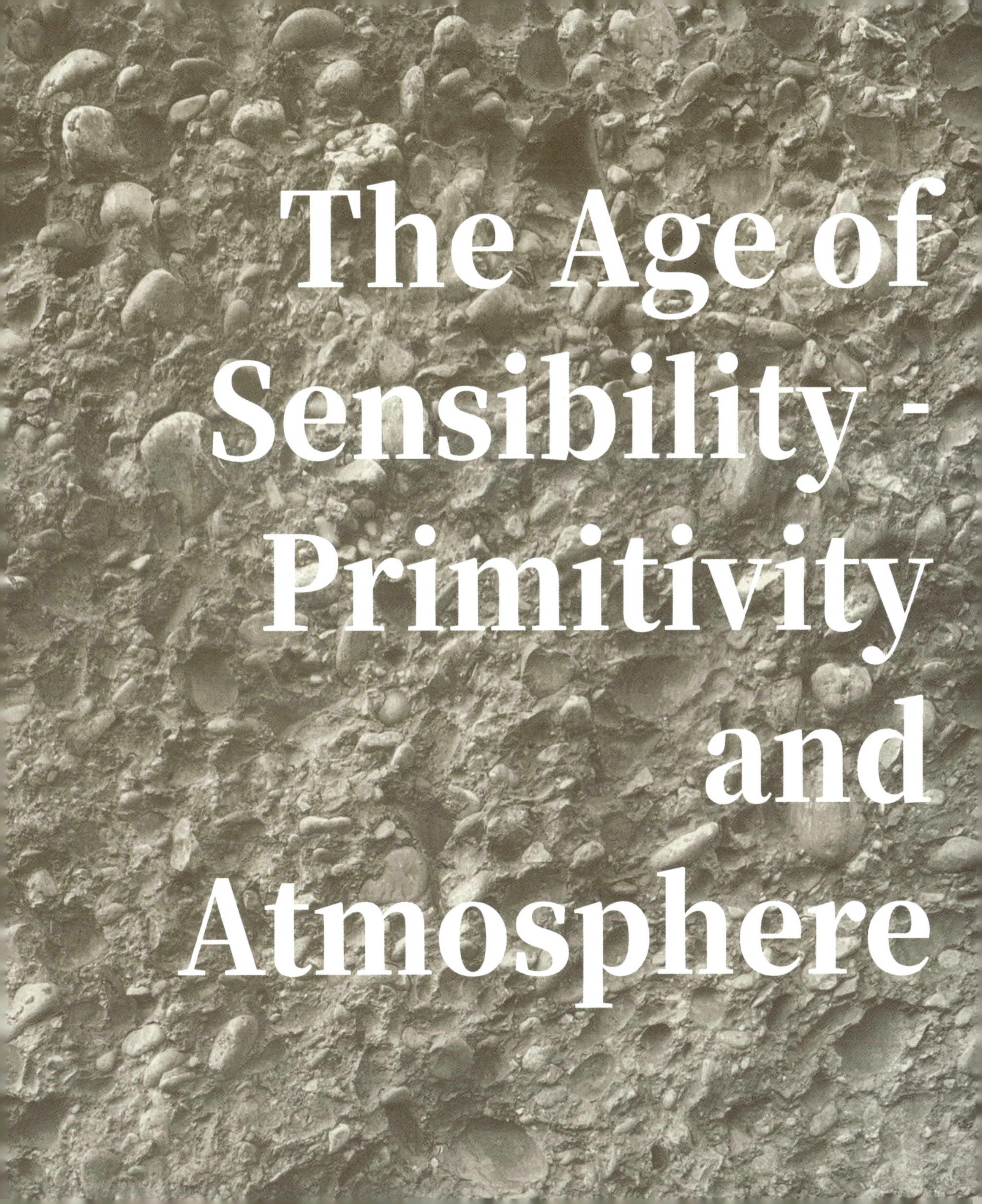

The Age of Sensibility - Primitivity and Atmosphere

감각시대 – 원초성과 분위기

Non-Pedigreed Architecture

토속건축

버나드 루도프스키(1905~1988)가 기획한 전시 《건축가 없는 건축》(MoMA, 1964-65)은 서구 건축사를 지배해온 사조와 양식에서 벗어나 무명의 토속 건축을 조명한다. 토속 건축(vernacular architecture) 혹은 계보 없는 건축(non-pedigreed architecture) 은 특정 건축가 없이 지역 공동체의 삶 속에서 자연발생적으로 형성된 건축으로, 지역 재료와 구축술이 필연적으로 결합된 형태이다. 산업사회 이전의 이러한 건축은 인력의 범위 내에서 최소한의 가공만을 거친 재료로 지어졌고, 인간의 본능적인 구축 행위를 보여준다. 더불어 공동체가 공유하는 생활 규범과 질서를 반영하며, 어떠한 인류 보편적 질서에 대해 재고하게 한다.

Image credit (previous, last page):
© Dahye Hong

홍다혜

1964

건축가 없는 건축
Architecture without Architects

버나드 루도프스키 Bernard Rudofsky

김미선 옮김

발췌: Bernard Rudofcky, "서문" 『건축가 없는 건축』, 김미선 옮김, 6–21, 서 울: Spacetime · 시공문화사, 2006.

Fig. 1
토속건축은 유행주기를 타지 않는다. 이는 거의 불변이며, 실상 개선될 수 없는 것이다. 왜냐하면 토속건축은 그것의 목적에 완벽하도록 지어지기 때문이다. 대체로 토착건물형태와 건축방식들의 기원은 먼 옛날 사라졌다. 위에 지중해 지역의 전형적인 주거가 있다.

서양이 입장에서 기록되고 가르쳐진 건축사는 몇몇의 선택된 문화들 외에는 주목받은 적이 없었다. 공간적으로 그것은 지구—유럽, 이집트와 소아시아로 뻗은—의 작은 부분이나 겨우 2세기(A.D.)에 알려진 것에 지나지 않는 것들만 포함한다. 게다가 건축의 발전은 대개 그것의 후기 단계들만 다루어진다. 처음 50세기를 생략한 건축사들은 잘 차려진 아카이브를 상연하듯이 "공식적인formal" 건축을 소개한다. 이처럼 독단적으로 건축을 소개하는 방식은 마치 심포니오케스트라의 출현으로 음악의 탄생시기를 정하는 것과 같다. 비록 초기 단계의 생략—양해가 없었을지라도—이 건축적 기념비들의 부족으로 설명될 수 있다 할지라도, 건축사가들의 차별적인 접근은 대개 편협함 때문이다. 이외에도 우리가 아는 데로 건축사는 사회의 일면과 같이 편향된다.

이는 결국 권력과 부를 기념하는 건축가들 중의 누군가에 지나지 않는 것과 같다. 즉, 보다 중요치 않은 사람들의 주택들에 관해서 한 마디도 없는 특권자에 의한, 특권자를 위한, 특권자의 건물들을 모아 둔 작품집—진짜 신과 가짜 신들의 성전들, 호상들과 피의 지배자들의 저택들—에 지나지 않는다. 귀족건축과 건축적 귀족성으로 다른 모든 종류를 배제한 그와 같은 선입견은 한 세대 전만해도 이해될 수 있었을 것이다. 고대 건물들의 잔재와 폐허는 건축가 혼자만의 완벽한 모델들(그가 그 자신은 물론 편의에도 도움을 준)로 대접받았던 때만해도 그랬다. 그러나 오늘날 역사적 형식들을 모방하는 것이 쇠퇴한 때에, 은행건물들이나 철도역사들은 신뢰를 나타내기 위해 석재로 만들어질 필요가 없다. 마치 기도자들이 믿음을 표현하기 위해 돌로 스스로에게 부과한 제한 같은 것은 닮을 필요도 없고 불합리해 보이는 것과 같은 이치다.

Fig. 2
북아메리카의 나무 위(樹上)에 사는 주민들. 추방 장면의 출처는 에라스무스 Erasmus Franciscus의 『실낙원 Lustgarten, 1668』.

『**건축가 없는 건축**』은 기존의 건축 계보에 포함되지 않은 생소한 세계를 소개함으로써 그 동안 우리가 가졌던 편협한 건축 예술의 개념을 무너뜨리고자 한 시도이다. 여기에 소개되는 건축의 세계는 우리에게 거의 알려지지 않았기에 적절한 명칭조차 붙일 수가 없다. 일반적인 명칭이 있다면 경우에 따라서 우리는 그것을 토속적, 작가미상, 자연발생적, 토착적, 식물적인 것들이라고 부를 것이다. 불행하게도 우리가 작자미상 건축물의 총체적인 사진을 보는 시각은 가시적이거나 기타 자료의 부족으로 왜곡되어 있다. 반면 우리는 3만 년 전에 살았던 화가들의 예술적인 작품들과 기교의 능숙함은 상당히 잘 알고 있지만, 고고학자들은 불과 기원전 3천 년경에 존재했던 취락의 흔적을 우연히 찾아내기만 해도 스스로 행운이라 여길 정도이다. 건축의 기원에 관해 의문을 갖는 것은 정당할 뿐만 아니라, 이 전시회의 주제와도 직결된다. 비록, 피상적이더라도 가능한 한 기원들을 언급하는 것이 올바른 일일 것이다.

성서를 믿는 국가에서는 또한 성서를 최고의 가치로 여기는 것을 발견한다. 애통하게도 아담Adam의 아들 카인Cain이 도시를 세운 후 그의 아들 에녹Enoch의 이름을 따랐다는 사실(창세기 제4장: 17절)을 대하게 될 때만큼 그렇게 건축 문제들에 관해서 성서의 명확성이 혼란스러운 적은 없다. 한 가족만으로 이룩된 도시란 듣기에는 좋으나 너무나 무모한 모험이며, 인류사에 두 번 다시 반복되지 않을 것이 틀림없다. 혹여 어떤 증거를 찾는다면, 그것은 부족함이 없던 낙원 에서 축복받아 노래하는 새와 같은 생활로부터 도시라는 숨막힐 정도로 착잡한 유기체로 한 세대 동안에 이루어진 깜짝 놀랄만한 진보를 설명할 수 있을 것이리라. 에녹을 괴물로 다루는 종교적 회의론자들은 노아의 방주에서 한층 더 중요한 의미를 발견할 것이다. 특히 그것이 하나님께서 직접 이루셨고 그의 치밀한 지시에 따라 만들어졌다는 뜻에서 말이다. 노아의 방주를 건물로 불러야 할지 혹은 수상 운반체로 불러야 할지에 대한 의문은 무의미하다. 방주에는 용골龍骨[역주1]이 없었고, 용골은 보다 훨씬 뒤에 만들어진 지적 발명품이다. 또 한 당시에는 배가 알려지지 않았다는 가설을 쉽게 믿을 수 있을 것이

역주1 선박에 사용하는 주재료로 선체(船體)의 중심선을 따라 배 밑을 선수(船首)에서 선미(船尾)까지 꿰뚫은 부재.

Fig. 3
수상 마을, 중국. 출처는 에라스무스의 「실낙원」.

다 왜냐하면 배가 있었다면 대홍수의 본래 목적은 달성될 수 없었을 것이기 때문이다. 노아가 아라라트Ararat산에 착륙했을 때 그의 나이 601세로 전성기가 지난 때였다. 그는 여생을 포도재배에 바치기로 결정하고, 건축일은 자식들에게 넘겨주었다. 성경에는 셈Shem의 오두막들—아마도 방주에서 떼어낸 목재의 일부를 짜맞추어 지었을 것이다—에 대한 언급이 있다(창세기 제4장: 27절). 그러나 이 작업으로 건축술의 몰락은 굳어져버렸다.

건축의 기원을 추적하기 위해 과학에 의존하는 편을 선택한 무신론자는 몇 가지 흡수하기 어려운 사실을 그대로 받아들여야 한다. 진취적인 인간이 처음으로 나뭇가지를 구부려서 엉성한 지붕을 만들기 오래 전부터 짐승들은 이미 숙달된 건축사들이었던 것 같다. 비버[역주2]가 인간이 댐을 건설하는 광경을 지켜보다가 뚝을 쌓는 아이디어를 얻었을 리는 없다. 아마도 그 반대였을 것이다. 인간이 비바람을 가릴 피난처를 만들게 된 최초의 동기는 인간의 사촌 유인원으로부터 였을 가능성이 가장 크다. 다윈은 극동의 군도에 사는 오랑우탄과 아프리카에 사는 침팬지가 그들이 잠잘 곳인 평평한 단platform을 만드는 것을 관찰하였다. "그리하여, 두 종들species은 동일한 습성을 가진 것으로 미루어 짐작컨대, 이는 본능이라고 할 수도 있으나, 동시에 두 동물이 비슷한 욕구를 갖고 유사한 추리력을 가진 결과가 아니라고 단정하지 않을 수 없다." 야생 원숭이는 인간처럼 자연동굴이나 돌출암반 아래에 은신처를 만들지 않고, 오히려 그들이 만든 높고 탁트인 발판을 선호한다. 다윈은 그의 저서 『**인간의 기원**The Descent of Man』의 어느 대목에서 "오랑우탄은 밤이 되면 자신의 몸을 판다누스Pandanus잎으로 덮는다고 알려져 있다." 라고 기술 한다. 또한 브렘Brehm은 자신이 키우던 개코원숭이들 중 하나가 "햇살이 뜨거울 때면 으레 짚으로 엮은 것을 머리에 뒤집어쓰고 몸을 보호한다."는 사실을 지적했다. 그는 "이러한 습성들에서 우리는 원시건축과 의상이 최초 원시인(고대 이탈리아 민족의)에게 발생하던 때처럼 좀 더 소박한 어떤 예술을 향한 첫 걸음들을 목격하는 것인지도 모른다."라고 추측했다. 따라서 교외에 살고 있는 사람들이 잔디 깎는 기계 옆에서 일요판 신문 한 장을 머리에 뒤집어쓰고 잠들어 있는 모습은 바로 건축의 기원을 재현하고 있는 것이다.

역주2 강에서 떼지어 사는 설치목 동물로 진흙이나 나뭇가지로 댐을 만들고 그 속에서 산다. 해리(海狸)라고도 한다.

그러나 인간과 짐승이 이 땅 위에 출현하기 전에도 갖가지 건축물이 존재했으며, 그러한 건축물들은 천지창조라는 태고의 힘에 의해 거칠게 형상화되었고 때로는 바람과 물에 의해 우아한 구조로 다듬어졌다. 특히 자연 동굴들은 엄청난 매력을 갖고 있다. 인간의 가장 오래된 피난처였던 동굴이 궁극적으로 인류 최후의 은신처가 될 가능성도 있는 것이다. 좌우간 인간은 위대한 예지를 동원하여 인류의 가장 귀중한 가공물인 정부문서와 사업문서를 보관하는 장소로 동굴을 선택하였다. 물론 이 전시회의 범위는 계보에도 없는 건축물들의 역사 요약은 물론이고 대강의 유형조차도 제공할 수 없다. 다만 이 기획으로 인해 우리가 공식적이고 상업적인 건축의 편협한 세계에서 벗어나는 계기가 되었으면 하는 바램이다.

Fig. 4
건축가로서의 자연. 시우다드 엔칸타다(Ciudad Encantada).

설사 이국적 예술들에 대한 평가가 오래전부터 서양 세계에서 있어왔다 하더라도, 그러나 늘 조심스럽게 "원시적"이라는 수식어를 빠뜨리지 않았다. 따라서 이국적 건축—여기서 이국적이라는 단어는 그것의 원형적 의미로 성질이 다른 것을 의미하는 것으로 사용된다—은 아무런 반응도 불러일으키지 못했고, 여전히 지리학이나 인류학 잡지의 어느 구석에 밀려나 있다. 그리고 소수의 지역 연구와 산발적 기록을 제외하고는 사실상 그 방면의 문헌은 전혀 없다. 그러다가 최근에 와서야 여행술이 일종의 산업으로 변환된 후부터 "그림엽서의 도시"와 "동화의 나라"에 있는 "인기 있는" 건축물의 매력이 고려할 만하다는 것이 입증되었다. 그러나 우리의 자세는 여전히 너무나 겸손하다.

여기에 소개되는 사진들은 회화적 요소가 풍부함을 의심할 여지는 없다. 그러나 재차 강조하지만 이번 전시는 진기한 것을 추구했거나 여행안내를 위한 시도가 아니라, 다만 우리들이 가진 건축학적 편견을 탐구하는 출발점으로 삼고자 했다. 비록 암시적인 성격을 지녔다고는 해도 이번 전시물이 소위 후진국 건축물의 정밀성과 산업화한 나라들의 건축적인 문제를 뚜렷이 대조시켜, 논쟁의 소지를 남긴 것은 확실하다. 기존 건축사에서는 건축가 개개인의 작품에 역점을 두었다. 그러나 여기서는 공동체적 체계를 강조하고 있다. 피에트로 벨루스키Pietro Belluschi는 공동체적 예술은 "소수의 지식인이나 전문가가 일으킨 것이 아니라, 공통된 체험을 바탕으로 공통된 문화유산을 가진 모든 구성원의 자연발생적이고 계속적인 활동에 의해서 생산된 공동체적 예술"이라고 정의했다. 이런 예술은 미개한 문명에는 존재할 수 없다고 주장할 수 있을지도 모른다. 그러나 그렇다 하더라도, 이러한 건축에서 도출되는 교훈이 우리에게 완전히 무의미하다고만은 할 수 없다.

전문가의 예술이 되기 이전의 건축에서도 배울 점이 많다. 역사의 시간과 공간 속에 남아있는 교육받지 않은 건축가들—이 전시회의 주역들—은 그들이 만든 건축물을 자연환경에

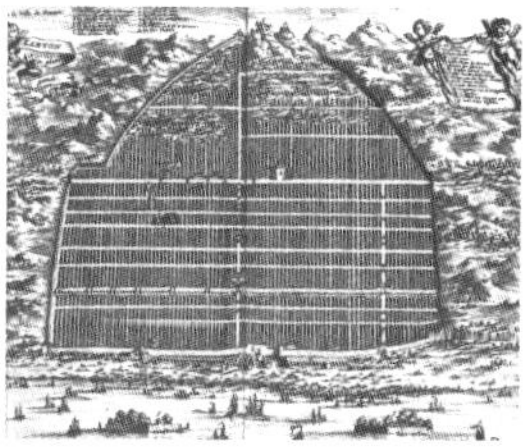

Fig. 5
광동 Canton의 도시계획도, 중국. 출처는 「동양주식회사 사절」 L'Ambassade de la Compagnie Orientale, 1665.

조화시키는데 경외할만한 재능을 보여준다. 그들은 현대의 건축가들과는 달리, 자연을 "정복"하려 하지 않고 기후의 변덕과 지형의 도전을 기꺼이 받아들이고 있다. 우리들은 평탄하고 특색없는 땅(지형에 어떤 결함이 있으면 불도저로 쉽게 밀어버린다)을 가장 좋아하는 반면, 보다 정교한 사람들은 험준한 땅에 매료된다. 실제로 그들은 주저 없이 가장 복잡한 지형을 찾아낸다. 그 중에서 가장 과감한 자들은 독수리의 둥지와 같이 높은 절벽 끝에 집터를 잡았던 사실이 밝혀졌고, 이 중 잘 알려진 예는 아토스Athos산에 있는 승려들의 왕국으로 험준한 성채인 마추픽추Machu Picchu와 몬테알반Monte Alban이다.

접근하기 힘든 자리에 건물을 세우는 상황을 추적해 보면, 안전을 갈망하는 인간의 욕망이 연결될 것이 틀림없다. 그러나 그보다 공동체의 경계를 분명히 해야 할 필요성이 더 크게 작용했을지도 모른다. 과거 세계의 많은 도시들은 방어적 가치는 없어진지 오래인 해자垓子[역주3], 물구덩이, 늪, 제방, 성벽에 의해 아직도 튼튼히 에워싸여 있다. 비록 오늘날에 와서는 성벽이 침략자들에게 장벽이 되지는 않지만, 바람직하지 않은 도시 확산을 억제하는 데는 도움을 주고 있다. 도시성urbanity이라는 말 자체는 성벽과 연결되어 있고 라틴어 'Urb'도 성벽으로 에워싸인 도시를 뜻한다. 따라서 예술작품이 되기를 지향하는 도시는 한 폭의 그림, 한 권의 책, 한 곡의 음악처럼 분명한 한계가 있어야 한다. 우리는 도시의 생성단계에 있었던 이러한 사연들을 잘 모른 채, 건축물의 확산에 기력을 소진하고 있다. 우리의 도시들은 공허한 모습으로 아무런 제약 없이 성장하고 있으며, 어떤 치료법으로도 손댈 수 없는 건축적 습진으로 변하고 있다. 우리는 과거 문명에서 살고 있는 인간들의 의무와 특권은무시한 채 혼돈과 추악한 환경을 정해진 운명인 듯 묵묵히 받아들이며, 특별히 누구를 표적하지 않는 무력한 항의를 하면서 우리 생활을 잠식해오는 건축물들이 던지는 일체의 불길한 징조를 무력화시키고 있다.

우리들이 직면하고 있는 문제의 일부는 생활에 대한 특별한 통찰력을 건축가들—혹은 전문가들—에게 의존하는 경향 때문에 발생한다. 그런데 사실 이들의 대다수는 자신들의 사업과 명성만에 정신을 쏟고 있다. 게다가 이 나라[역주4]에서는 생활예술을 가르치지도 않고 권장하지도 않는다. 사람들은 생활예술을 일종의 방탕으로 간주하고 있을 뿐, 생활예술주의가 검소하고 청결한 것이며 신의 창조까지는 아니어도 창조를 보편적으로 중시한다는 사실을 거의 알지 못한다.

역주3 외적에 대비하여 도시나 성곽 주변에 판 못.
역주4 저자의 상황을 고려하면 미국을 의미한다.

이러한 상황에 이르게 한 적잖은 책임은 역사가의 근면성에 원인이 있다. 그들은 언제나 건축가들과 그들의 부유한 후견인들의 역할을 강조하며 무명의 건축가들—상상력이 때로는 유토피아를 능가하고 미적 감각이 최고의 경지에 달랬던—의 재능과 업적을 흐려놓았던 것이다. 이들 건축물의 아름다움은 오랫동안 우연의 산물로 과소평가되어 왔으나, 오늘날 우리는 그들을 실제적인 문제를 다루면서 생겨난 진기하고 훌륭한 감각의 소산으로 인정하지 않을 수 없다. 때로는 수백 세대를 거쳐 고스란히 전해 내려온 주택의 형태들은 그것을 지은 연장이 그랬던 것과 마찬가지로 영원히 유효한 것 같다.

Fig. 6
시칠리아, 이탈리아테라인(Therane).

무엇보다도 우리들 내부의 감추어진 감동을 일깨워야 할 것은 이들이 내포하고 있는 '**인간애**humaneness'이다. 가령, 우리에게는 거리를 사막이 아닌 오아시스로 만들겠다는 생각이 전혀 들지 않는다. 도로의 기능이 아직까지는 고속도로와 주차장으로 악화되어 있지 않은 국가에서는 인간에게 적합한 거리를 만드는데 여러 가지 수법이 동원된다. 예컨대, 파골라pergole의 차양(즉 도로를 뒤덮는 차양), 텐트와 같은 구조물이나 영구적인 지붕이 그것이다. 이들은 모두 동양의 특색이며, 동양적 유산을 가진 국가들, 가령 스페인에서 흔히 볼 수 있다. 가장 세련된 도로 덮개는 시민들의 단결—결또는 박애—를 상징하는 이케이드arcade이다. 우리가 사는 지역에서는 알려지지도 않았고 그 가치를 인정받지도 못하고 있지만, 이 유별나게 호감가는 건축물의 기능은 단순히 비바람을 피하는 장소를 제공하거나 보행자들을 교통의 위험에서 보호하는 것 이상의 역할을 하고 있다. 거리의 풍경에 통일감을 주는 것 이외에도 아케이드는 때때로 고대의 토론장forum역할을 한다. 이는 유럽, 북아프리카, 아시아 전역에서 흔히 볼 수 있는 광경인데, 그곳에서는 아케이드도 '공식적인' 건축에 편입되기 때문이다. 일례로, 볼로냐Bologna의 거리는 약 20마일이 아케이드Portici로 연결되어 있다.

공동체적인 토착건축 유형 중 또 다른 이질적인 형태가 식량 저장고이다. 식량을 산업적인 생산품이라기 보다는 신의 선물로 경외하는 사회에서는 곡물창고 건축은 신성한 의미를 갖는다. 그 상태가 극에 달하여 처음 보는 이에게 곡물창고는 종교적 건물들로 연상된다. 비록 규모는 작지만 저장고는 이베리아 반도, 수단, 일본을 막론하고 기념비성을 갖게 되었다. 그것들의 탁월한 형식상의 순수성과 진의를 알고 난 다음에 우리는 그것들을 신성시하기에 이르렀다.

Fig. 7
골격구조, 모듈화된 건축자재들, 개방된 평면, 미닫이 문 등은 지난 수세기 동안 일본의 전통적 건물의 주요 구성요소였다. 상세의 출처는 18세기 책 삽화.

토착성이 강한 건축—중부유럽, 지중해, 남부 및 동아시아의 정교한 비주류 건축—과 본래의 원시건축에 더해 이번 전시에는 파내거나 새긴 건축물들, 예를 들어 자연암을 잘라 그 속을 파낸 혈거주거 같은 것들을 하나의 범주로 포함시켰다. 건축 생성의 기본 형태는 때로는 거대한 규모가 되기도 하는 방풍막wind screens으로 대표된다. 실제로 일본에서는 바람막이가 십 한 채, 작은 마을, 또는 산촌 전체를 에워싸는 경우도 있다. 유목민들의 주거로는 이동식 주거, 수레 위의 집, 썰매 위의 집, 선상주거, 텐트 등을 볼 수 있다. 산업 건축의 원형으로는 물레방앗간, 수직 · 수평 풍차, 중요한 비료생산 공장인 비둘기 집을 포함시켰다. "장치는 사랑하나, 그 아이디어는 멸시하는" 경향이 짙은 우리에게는 이러한 건축의 미학적 측면보다는 기능적 측면이 더욱 마음에 들지도 모른다.

대담하고 "원시적인" 무수한 수법들을 자세히 살펴보면, 그들은 우리가 직면하게 될 성가신 기술문명을 예상했다는 사실을 깨닫게 된다. 최근에 발명된 건축상의 특징들은 토속 건축에서는 낡은 것에 불과하다. 예컨대 조립식 건축재의 규격화, 이동식 가변 구조물, 그리고 이들 보다 특수한 것들로 온돌, 에어컨, 조명, 심지어 엘리베이터 등이 모두 그러한 것이다. 또한 우리가 살고 있는 주택의 쾌적함과 알려져 있지 않은 주택의 안락함을 비교할 수도 있다. 예를 들어, 어떤 아프리카 원주민의 건축물은 신분이 높은 남자가 여섯 아내를 거느릴 수 있도록 여섯 개의 분리된 공간을 갖춘 것을 보여준다. 혹은 우리는 현대 건축가들이 미래에 닥칠 전쟁의 위협으로부터 우리를 보호할 수 있으리라는 낙관적인 가정 하에 지하도시를 구상한 것보다 훨씬 오래전에 지하도시가 존재했고 아직도 존재하고 있으며, 그것도 어느 한 대륙에서만이 아니라 여러 대륙에 분포해 있다는 사실을 알게 될 것이다.

des matériaux non ouvrés

가공되지 않은 재료들

르 코르뷔지에(1887~1965)는 1940년 전시 프랑스에서 『뮈롱댕 구축』을 통해 흙, 모래, 나뭇가지 등 흔히 구할 수 있는 비가공 재료로 누구나 건축할 수 있는 새로운 형식을 제안한다. '뮈롱댕'은 '벽(mur)'과 '통나무(rondin)'를 합성해 만들어진 이름이며, 단순한 피난처를 넘어 삶의 회복을 이끄는 건축적 장치로 구상된다. 그는 청년들을 건축가이자 도시계획가, 지역 재생의 주체로 삼으며, 기능과 구조 이전의 건축을 실험한다. 특히 흙이라는 재료는 자원의 결핍과 불확실성 속에서 사회적 연대와 예술적 기쁨을 이끌어내는 핵심이 된다. 『뮈롱댕 구축』은 가장 낮은 재료인 흙을 통해 새로운 건축적 가능성을 탐구하며 정치적 · 미학적 메시지를 동시에 던지는 문헌이며, 오늘날 다시 읽어볼 만한 가치가 있는 건축 선언문이다.

허순목

1940 뮈롱댕 구축 Les Constructions "Murondins"

르 코르뷔지에 Le Corbusier

허순목 옮김

Extracted from: Le Corbusier, *Les Constructions "Murondins"*, 3, 6–15, 22, 30, 32–35. Éditions Étienne Chiron, Paris: Clermont-Ferrand, 1942

내 친우들인 프랑스 청년들에게 보내는 작은 선물

여러분은 우리 나라의 작은 부지에서, 여러분 손 안에 있는 수단을 동원해 기업가 정신과 용기, 발명의 즐거움goût de l'invention, 개인의 참여 의식을 불러일으킬 임무를 맡았습니다. 여러분들은 어떤 기능들을 유발시켜야 합니다. 이 기능들을 실현하려면 그에 맞는 장소와 지역이 필요합니다. 바로 건축과 도시계획이 필요한 것입니다. 이제 여러분은 건축가이자 도시계획가이며, 그리고 건설자가 된 것입니다. 여러분의 일은 젊음을 위해 예비되어 있습니다.

[…]

Fig. 1

건축물은 규모가 아주 큽니다. 여러분은 이를 짓기 위한 자금도 없고, 기술 인력도 없으며, 필수 자재들도 부족할 것입니다.

결국 허황된 꿈일까요? 여기에 핵심 질문이 있습니다.

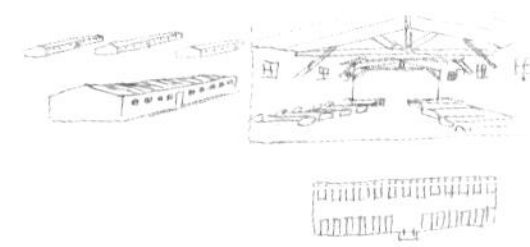

Fig.2

저는 8개월 동안 군수부armement에서 대형 공사들을 맡드며 틈틈이 임시 막사baraquements 문제에 골몰했습니다. 누구나 이 일이 쉬운 작업이라고 선뜻 상상하겠지요. 저는 솔직히, 이것이 건축에서 가장 힘든 과업 중 하나라고 확언합니다. 몇몇 특수한 목적을 위해서는 군용 막사 정도는 수용할 수 있다고 가정해보죠. 이를테면 하나의 군사 병영caserne 건물에 50명의 군인들을 몰아넣거나, 각종 임시 기능 장치들을 모아 설치하는 경우입니다. 병영 내부의 삶은 전혀 재미없습니다. 게다가 외부에서는 이런 막사들이 부지에 들어서면, 존재 자체로 가장 슬픈 흉물이 될 것입니다. 스산한 우울함과 "상자 속에 밀폐mise en boîte" 된 느낌, 거칠은 야생의 느낌, 이용자를 위한 배려의 부재가 느껴집니다. 이런 구축물이 전쟁에는 쓸모가 있을 것입니다. 하지만 여러분은 아마도 다른 것을 생각하고 있을 것입니다.

Fig.3
Fig.4
Fig.5

군용 막사는 여러분에게 전혀 도움이 되지 않습니다. 막사는 모든 자발적 시도의 수준을 망쳐놓을 것입니다. 여러분의 열망이자 당연한 권리인 기쁨에 대하여, 이 막사는 어떤 제안은 커녕 우울한 가능성만을 강요할 뿐입니다.

우리도 나름대로 대응하려고 시도했었습니다. 그러나 결국 해법은 실망스러웠습니나. 왜냐하면 이러한 막사는 전쟁이 끝나면 즉시 사라져야 하며, 더 이상 풍경을 불쾌하게 만들지 않도록 해야 한다는 현실 자체를 마주할 수밖에 없기 때문입니다.

여러분의 계획을 군용 막사에 테두리 속에 가두어 놓을 수는 없습니다. 크나큰 시련들이 이어졌었죠. 1940년 5월과 6월의 대규모 피난 사태가 일어났던 것 말입니다.

당시 사람들은 작업장에서 필요한 임시 피난처들을 제때 준비해 정해진 장소로 옮기는 것이 불가능함을 느꼈습니다. 희망은 없던 이 상황에서, 콜럼버스의 달걀과 같이 영민한 해결책 하나가 순식간에 떠올랐습니다. 안식처/피난처abri는 현장에서 지어져야 합니다. 사용자들 스스로, 그곳에서 발견한 가공되지 않은 (혹은 거의 손질하지 않은) 재료들로 말입니다. 흙, 모래, 숲의 목재, 나뭇가지, 장작, 잔디 뭉치 등을 활용하는 것이지요.

그렇게 해서 우리의 안식처는 "뮈롱댕Murondins"이라는 이름으로 명명되었습니다. 다시 말해, 벽mur과 통나무rondins를 합친 말입니다.

Fig.6

벽은 거의 아무 재료로나 짓습니다. 실제 하중을 지지하지 않아도 되기 때문입니다. 흙다짐 pisé을 이용해도 좋고, 자연 건조 벽돌briques crues이나 약간의 석회를 추가한 압축 블록plots도 가능합니다. 심지어 버려진 농가의 무너진 구축물에서 가져온 석재나 벽돌 조적조를 활용할 수도 있습니다. 이것은 단순한 벽면구조체pans de murs이며, 창문 구멍trous de fenêtres이나 다른 복삽한 맞춤형 시공도 필요 없습니다. 높이도 2미터 혹은 4미터를 초과하지 않으며, 전문 기술력이 없는 인력으로도 구현할 수 있는 벽체입니다.

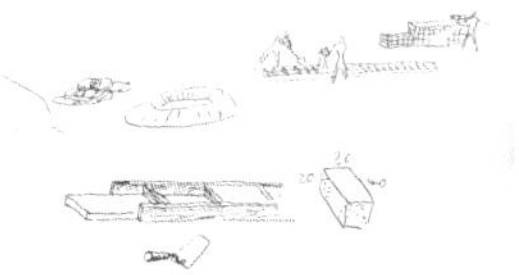

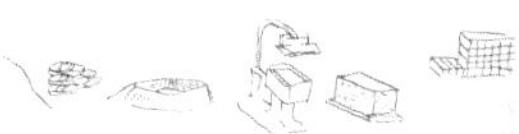

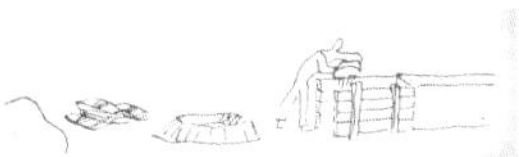

Fig.7
Fig.8
Fig.9

그리고 지붕구조체toiture 역시, 가공목bois de sciage으로 만든 목골조charpente가 아닌, 동일한 길이의 여러 통나무로 이루어져 있으며, 못이나 쐐기못으로 단순 고정되며, 조립 기법 assemblage이라는 개념도 필요 없습니다. 조립 목골조charpente d'assemblage도 없으며, 제재소 목재bois de scierie도 없는 것입니다.

통나무 지붕 위에는 나뭇가지와 흙덩이를 덮으며, 그 위에 약간의 석고와 방수 처리된 종이를 이용해 간단히 마감할 수도 있습니다. 기와도, 슬레이트도, 아연판도 필요 없는 것이죠. 즉, 전문적인 작품 구현을 위해 어떤 것도 요구되지 않습니다…

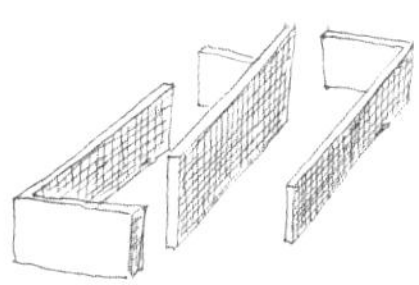

Fig.10

이 집은 사용자가 직접 구축하는 주택입니다. 프랑스의 젊은이들이 지을 수 있는 주택들인 것입니다.

[…]

그리고 여러 협회에서 훈련을 받은 프랑스의 청년들은 , 청년 스포츠 경기장 부지에 가서, 클럽에 필요한 작은 안식처들을 지을 것입니다.

이러한 사고가 손으로 그려지고 평면계획에 따라 표현되면서, 이 주택들이 인간을 위한 안식처abris d'hommes가 될 것이라는 사실을 깨닫게 됩니다. 이 안식처들은 삶과 동반하며, 수많은 민중과 늘 함께 해왔던 그런 건축과 흡사합니다. 바로, 오두막huttes 말입니다.

[…]

이 사업은 청년들의 손에 맡겨집니다. 그들이 곡괭이를 들고, 콘크리트를 타설하고, 주물틀을 만들고, 조적을 쌓고maçonner, 목골조를 다루며 직접 현장을 주도합니다.

Fig.11
Fig.12

재료matériaux는 대지 자체에서 나온 것입니다. 흙, 모래, 숲의 목재 등이 사용되는 것입니다. (물론 몇몇은 목공소 부품과 제재소 제품pièces de scierie은 외부에서 들여온 것도 있습니다)

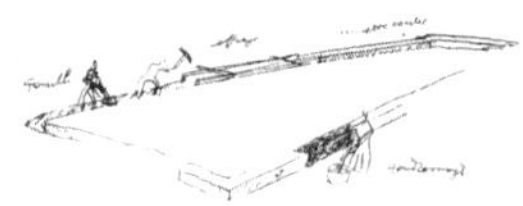

Fig.13

석회유lait de chaux는 기쁨을 상징하는 외장면 장식이 될 것입니다. 그 위에 붉은색, 파란색, 노란색, 녹색, 갈색 같은 선명한 색깔들을 입히면, 눈부신 벽화가 활짝 피어나게 될 것입니다. 화가 페르낭 레제Fernand Léger에게 조언을 청해 보아도 좋겠지요.

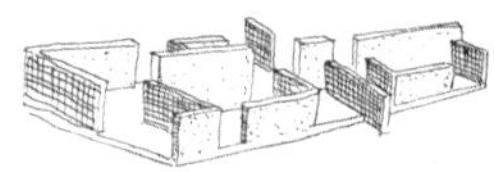

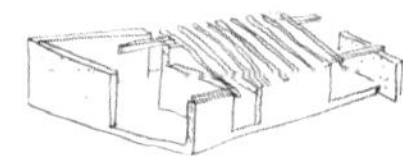

Fig.14
Fig.15

기술적 지침이 필요할 경우, 대표자délégué를 여기저기에 파견하여 전문가에게 조언을 구할 수 있을 것입니다. 가능하다면, 건설 현장의 사람 — 즉, 건설업자, 석공, 목수, 엔지니어, 혹은 건축가 중 한 명이면 더 좋습니다.

대표자는 첫 번째 팀을 이끌려고 노력할 것입니다. 그러면서 다 함께 현장에서 부딪치며 요령과 손재주, 그리고 개선책을 발견하게 될 것입니다. 실무를 통해서야 비로소 정립될 것이기 때문입니다.

이 시스템의 효과가 좋다면, 청년들의 주택들은 필요와 부지의 상황에 따라 다양한 계획과 함께 그 수를 늘려 갈 것입니다.

[…]

마을에서 청년들의 체류는 반드시 생산적이어야 합니다. 그들이 바로 마을을 일깨우는 역할을 담당해야 합니다. 눈을 뜨고 직시하는 것부터 시작됩니다, 이들이 할 일은 사람들의 눈을 뜨게 해주는 것입니다. 일단 눈이 열리면, 모든 일이 더 잘 풀릴 것입니다. 그렇습니다. 청년들이 짐을 꾸린 후 일렬 종대를 갖춘채 우렁찬 트럼펫 소리에 맞춰 마을을 떠나는 순간에, 정든 이웃들은 손을 굳게 잡을 것입니다. 감동적인 작은 축제가 열리며 청년들이 지은

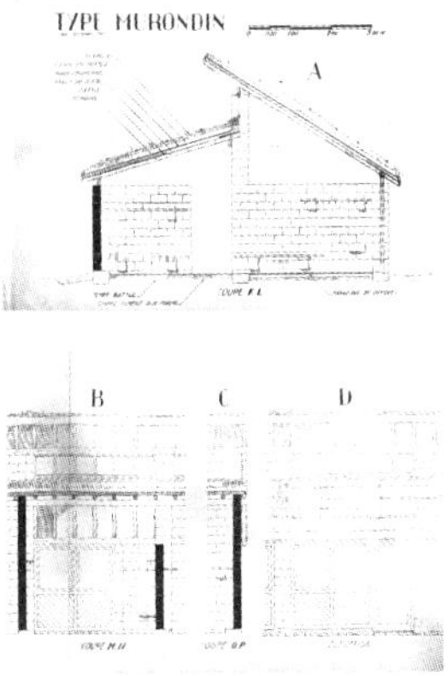

Fig.16

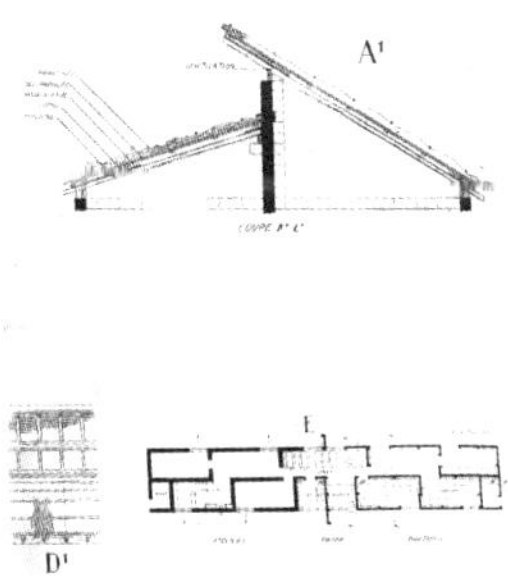

Fig.17

"뮈롱댕" 건축물을 마을의 소년들에게 엄숙히 인계합니다.

이 일이 프랑스 전역에서 이루어진다면, 그것은 정말 크고 중요하며 결정적인 사건이 될 것입니다.

프랑스의 젊은이들은 그들이 지나가는 모든 곳에서 새로운 삶의 기운을 불어넣을 것입니다.

이제 국가의 일반적 틀 속에서 제기된 문제가 이러합니다. 여러분의 자발적인 구상은 국가적 규모의 성격을 띠며, 나라 전체의 공익에 기여하는 일이 될 것입니다. 오늘날처럼 아무리 훌륭한 뜻을 지닐지라도 그 거창한 이상을 실현할 길을 찾기 힘든 시기에, 만약 '뮈롱댕'이라는 이 개념이 현실과 모순되지 않는다면, 아마도 여러분은 그것을 실천하는 선구자들 중 하나가 될 수 있을 것입니다. 여러분 중 몇몇 사람이라도 이 건축물들 중 하나를 지어 보고자 하는 사업의 의욕을 갖게 된다면, 저는 더없이 기쁠 것입니다.

그럼, 행운을 빌며, 우정 어린 마음을 담아 인사드립니다.

오종, 1940년 11월

르 코르뷔지에

Fig. 1
책임자가 동료들에게 사업계획을 설명한다.

Fig. 2
군용 막사(baraquement militaire)는 영혼도 비례도 없는 구축이다. 주변 경관을 훼손할 뿐만 아니라, 내부 역시 음울하다. 또이러한 막사를 짓기 위해서는 산업적인 공법과 운송이 필요하다. 6~8미터에 달하는 지붕구조체의 구조경간때문에 비용이 많이 들고, 내부의 대형홀은 삭막하다. 만약 칸막이로 공간을 분할하고자 하면 추가 비용이 필요하다.

Fig. 3
'뮈롱댕'의 최초 단위는 휴먼 스케일에 맞춰져 있고, 다양한 기능별 치수에 부응한다. 벽, 창유리, 지붕구조체는 모두 건축적 질서에 따라 구성되었다. 몇 가지 적용 사례를 보자. 여기에 보이는 것은 어느 한 건물의 중앙홀(foyer)이다.

Fig. 4
여기 보이는 것은 5인용 침대들이 갖추어진 기숙사 중 하나이다.

Fig. 5
이 장면은 난민 학교(école de réfugiés) 혹은 피해지역(région dévastée)의 임시 수용소에 마련된 교실을 보여준다.

Fig. 6
'뮈롱댕' 구축은 자연스럽게 경관 속에 녹아들어, 어떤 대지에도 픽처레스크(pittoresques) 건물군을 형성한다.

Fig. 7
여기서는 40×20×20cm 크기의 이음블록(parpaings)을 사용한다. 모래, 자갈, 심지어 기름기가 없는 흙을 섞기도 한다. 석회 몇 자루와 간단한 주물틀 장비(matériel de coffrage)만으로도 충분하니다. 주물틀에 부어넣고, 이음블록을 보관하면 된다.

Fig. 8
여기서는 각 마을의 제조업체들이 흔히 갖고 있는 수많은 "블록 압착기(presses à plots)중 하나를 사용한다. 모래와 석회, 잔자갈 등을 섞은 혼합물은 (7번 그림의 블록 주조 방식처럼) 점토질 흙으로 대체될 수도 있으며, 여러 지방에서 쓰이는 자연 건조 벽돌을 만들어 낸다. 현지에서 정보를 얻어야 한다.벽돌들은 햇볕에서 건조되며 단단해진다.

Fig. 9
여기서는 흙다짐 또는 널판지 거푸집(banchage) 방식으로 벽을 구축한다. 점토성 흙, 또는 모래, 잔자갈, 석탄재(mâchefer) 등을 섞은 접착성 낮은 모르타르(mortier maigre)가 사용된다. 거기에 석회를 혼합하고, 널판 사이에 재료를 타설한다.이런 방법은 전통이 존속된 몇몇 지역에 적합하다.

Fig. 10
벽들이 세워졌다. 구축은 극도의 단순성(simplicité)이다.

Fig. 11
지붕구조체 재료(matériaux de la toiture)를 보자. 벌채한 나무를 질라, 동일 크기의 통나무(rondins)로 만든다. 가지로 격자 구조(lattis)를 만든다. 잔가지(brindilles)는 다발(fagots)로 묶는다. 들판에서 삽으로 잔디 덩어리를 걷어낸다.

Fig. 12
한편 어딘가에서 대량 생산되었거나 마을 장인에게 주문된 몇몇 가지 제재소 제품 또는 대형 목공소 제품도 있다. 예를 들어, 직선 절단된 틀재, 표준 창유리판재, 문, 천창 등이 포함된다.

Fig. 13
구축 작업이 시작된다. 바닥에서 배수로 형태의 홈(fouille en rigole)을 파고, 그 안에 접착력이 낮은 콘크리트(béton maigre)를 채운다. 이것이 건물의 기단(socle)가 된다. 지하수의 모세관 상승 효과를 막기 위해, 기초 표면에 타르(goudron)를 칠한다.

Fig. 14
벽들이 세워지며, 일정한 너비의 단위 격실을 형성한다. 원칙적으로, 이 벽들은 항상 직각 교차를 형성하며 안정성(stabilité)을 확보한다.

Fig. 15
이제 지붕구조체를 얹는다. 정확한 시공을 위해, 벽 상단에 수평이 맞추어진 가공목재(그림 12번 그림의 틀재)를 고정한다. 그 위에 통나무를 못박아 고정하거나, 못이 없다면 쐐기못을 사용한다.

Fig. 16
(A) : 단면도는 지붕 덮기 작업의 전 과정을 보여줍니다:
1. 약 8×16cm 크기의 각재 2개가 통나무 들의 높이를 조절하는 역할을 합니다.
2. 통나무들 (지붕의 구조부).
3. 통나무 위에 얹은 나뭇가지 격자(lattis).
4.이 격자 위에 손으로 개어서 바른 석고를 덮습니다. 그리고 그 위에 두꺼운 석고층이나 점토 층을 형성하여, 방수용 역청지(방수 포장지)를 깔기 위한 매끈한 표면을 만듭니다.
5. 역청 처리된 판지(방수 타르지). 주의! 지붕의 방수 성능은 바로 이 층에서 결정됩니다!
6. 그런 다음 삽으로 잘라낸 잔디 블록(mottes de gazon)을 올려 덮습니다.
7.잔디 블록을 보호하기 위해 가지들을 얹어 줍니다. 몇 주가 지나면 잔디와 이끼가 다시 살아나 녹색이 될 것입니다. 여름이든 겨울이든 지붕은 산뜻한 모습을 유지합니다. 결과: 이 지붕 덮개는 탁월한 단열 효과를 지닙니다.
참고: 이 동일한 단면도 (A)는 세 가지 종류의 바닥도 보여줍니다.
8. 다져진 흙 바닥; 9. 시멘트 바닥; 10. 마루 바닥.

Fig. 16, 17
두 개의 단면도는 두 가지 지붕 예시를 보여줍니다. 첫 번째 (A)는 방수 처리 종이와 잔디 블록을 이용한 것이고, 두 번째 (A1)는 물결 모양 철판 지붕을 이용한 것입니다. (A1): 장치 1, 2, 3은 위와 동일하다. 4, 석고 또는 점토 바닥층에 지붕공의 가로널을 끼워 넣는다. 5, 아연 도금이나 섬유 시멘트의 골판 철판을 고정한다. 6, 가지, 이끼, 흙으로 덮어 철판을 햇볕(가열되는 것)으로부터 보호하고 빗소리를 완화한다.

Le béton brut
베통 브뤼트

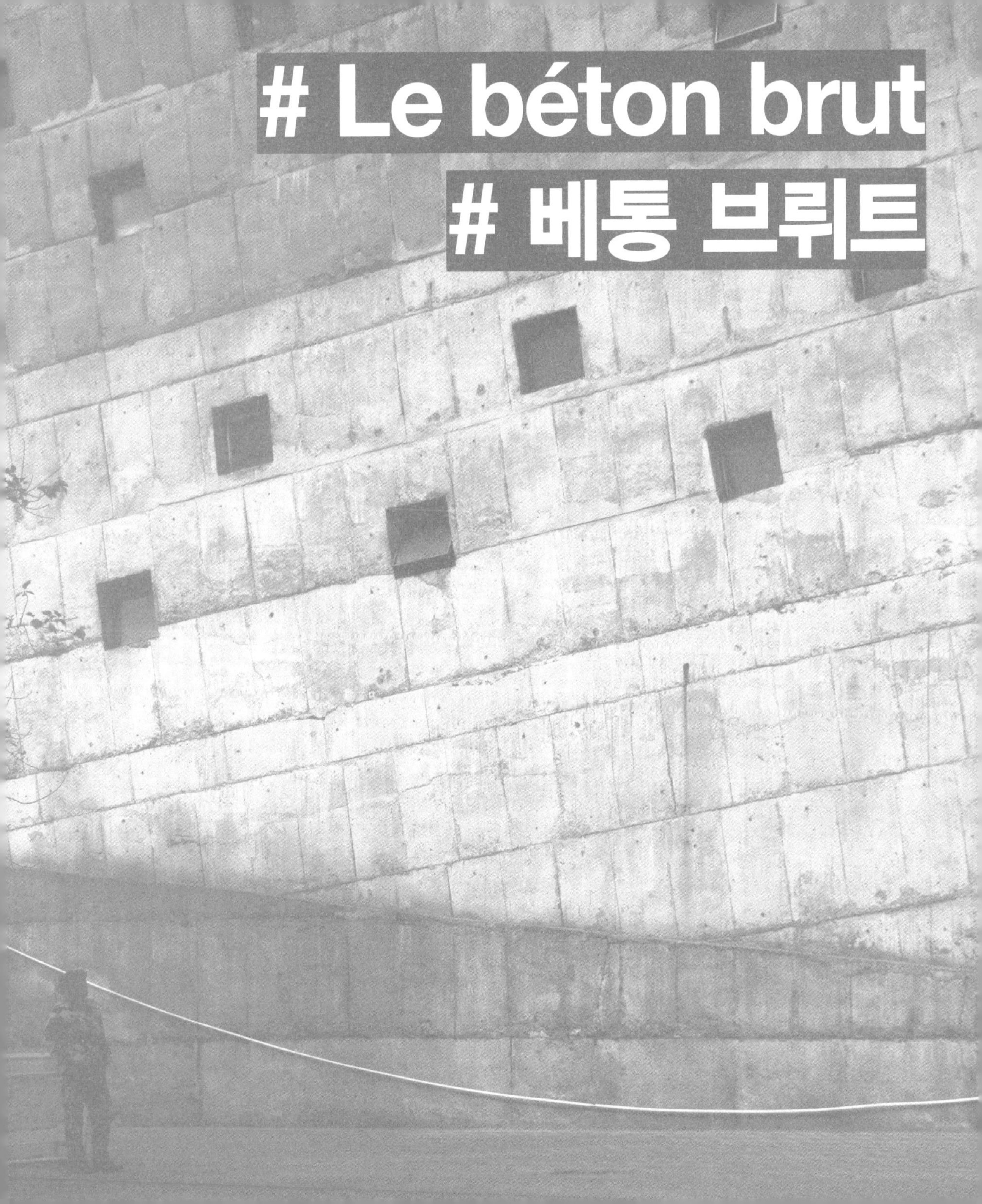

1950년대 유니테 다비타시옹 시리즈와 인도의 프로젝트들에서 르 코르뷔지에는 시공 과정에서 남은 결함이나 거푸집 자국을 아름답게 바라보기 시작했다. 그는 거푸집에 모듈로르와 규준선, 태양, 구름 등을 새긴 목판을 삽입해 콘크리트 벽을 부조처럼 다루기도 했다. 이는 1920년대 매끈한 면과 정확한 윤곽을 추구하던 태도에서 벗어난 변화로, 콘크리트 표면을 더욱 입체적으로 인식하며 그것을 마치 화석처럼 우연적인 상황들이 새겨지는 재료로 바라보게 되었음을 보여준다.

Image credit (previous page):
© Jeongseok LEE

Image credit (last page):
© Sun Mok HEO

홍다혜

1957

마르세유 위니테 다비타시옹과 베통 브뤼트
L'Unité d'Habitation at Marseilles and Le Béton Brut

르 코르뷔지에 Le Corbusier

김경훈 옮김

발췌: 르 코르뷔지에, "마르세유 위니떼 다비따시옹"『르 꼬르뷔제 건축 작품집 제5권』, 김경훈 옮김, 189–191, 서울: 엠지에이치북스, 2021.

마르세유의 위니테 다비타시옹

[…]

마르세유에서 위니테가 완공됨으로써 철근 콘크리트는 석재, 목재, 테라코트 등의 천연 자재와 동등한 급에서 사용할 수 있는 멋진 가능성을 보여 주었다. 콘크리트를 재생 석재로서 사용할 수 있다는 것이 현실로 드러났으며, 있는 그대로 드러내는 것에도 가치가 있음을 보여주었다. 시멘트의 모습이 지루하다는, 구체적으로 그 색깔이 따분하다는 말이 있다. 이는 어떠한 색깔이든 그 자체로 따분하다는 말처럼 거짓이며, 그 이유는 모든 색깔은 그 주변 환경과의 관계 속에서 가치를 부여 받기 때문이다.

마르세유의 위니테는 다섯 해에 걸쳐서 어렵게 만들어졌으며, 끊임없는 여건의 변화에 의해 계획이 계속 뒤틀렸다. 조정해주는 사람은 없었고, 무관심한 작업자들은 심지어 상인들뿐만 아니라 자기들끼리도 양보할 기세를 보이지 않았다. 예를 들어, 덧문을 만드는 콘크리트 일꾼들과 목수작업 일꾼들은 미세한 결함들이 (흔히 그렇지만) 훼손이나 회반죽 또는 페인트로 덮을 수 있을 것이라는 생각을 가지고 있었다. 이러한 결함들이 구조물의 모든 부분에서 아우성을 친다!

다행스럽게도 우리는 돈이 없다!

하지만 예산 문제가 해결된다 해도 이 결함들을 제대로 고치는 것은 거의 불가능하였다. 회칠이나 흙손으로 이를 다듬는 것은 문제 해결이 되지 않을 뿐만 아니라 건물 외관을 망쳐버릴 것이 뻔하였다. 베통 브뤼트는 덧문, 널빤지, 섬유, 목재 매듭 등과 같은 것들의 우연한 흔적을 보여 준다. 하지만 **이 흔적incident들은 근사해 보이며, 흥미롭기도 하며, 약간의 상상력이 있는 이들에게는 일종의 풍부함마저도 느끼게 한다.**

방문객들(특히 스위스, 네덜란드 그리고 스웨덴 사람들)은 나에게 '당신의 건물은 참 아름답습니다. 그런데, 건축시공은 엉망으로 실행되었군요' 라고 종종 말하는 것을 들었다. 나는 이에 대해 '성당이나 저택에 돌들이 엉성하게 쌓여 있고, 결함malfaçons을 있는 그대로 드러내거나 더 선명하게 나타낸 것을 보지 못하였습니까? 혹시 건축물을 볼 때 이런 것들을 눈치 채지 못하는지요? 사람들을 볼 때에 주름과 모반, 꼬부라진 코 등 수 없이 많은 특색들을 보지 않습니까? 메디치의 비너스나 바티칸 시대의 아폴로가 뼈와 살이 되어 숨 쉬는 것을 보러 오고자 하였습니까?' 라고 말해주곤 하였다.

오류défaut는 인간적인 것이다. 우리 자체가 그러하며, 오류는 우리 삶의 일부이다 중요한 것은 더 앞으로 나아가며, 삶을 계속 영위하고, 열정을 간직하며, 높은 곳을 향하고, 충성을 다하는 것이다!

마르세유에 있는 위니떼의 가장 치명적인 실수는 지붕에 있는 아동용 화장실로 이어지는 경사로의 난간이라는 생각이 불현듯 떠올랐다. 이 문제를 해결하기 위해서 이것을 보완하기 위한 방안으로서 거칠음과 기교 사이에 조화를, 흐림과 선명함, 그리고 정밀함과 우연함들 간의 상호작용을 부여하는 것이다. 사람들이 이것을 보면서 마르세유의 외관에 나타난 격렬함, 요란함, 그리고 의기양양함에 대하여 생각하고 숙고할 것이다. 이는 큰 용기, 그리고 훌륭한 신제품인 'matroil' 덕분이었다.

정부로부터 소정의 건축대금을 얻어, 자신의 역할의 중요성을 잘 인식하고 있는 한 사르디니아Sardinian 콘크리트공에게 돈을 지불할 수 있었다. 콘크리트가 작품을 망치게 된다면, 그것은 그 자체의 내재적 특징이 아니라 그것을 사용하는 사람의 우둔함 때문이다. 비슷한 이유로 본인은 정부에게 본인이 끝까지 신뢰할 수 있고 본인으로부터 직접 지시를 받고 이를 완벽히 이해할 수 있는 콘크리드공에게 작업을 맡기겠다고 누차 강조하였다. 건물의 일부분은 흙손을 이용하여 조각을 해야 할 정도로 설계하게 되고, 이때 작업자들은 조각가로서 해당 재료들의 모양을 직접 빚게 되는 셈이었다. 색채의 배열과 흙손 사용을 통하여 대조를 이루었고 콘크리트 그대로의 화려함을 드러낼 수 있었다!

발췌: 르 코르뷔지에, "노출콘크리트" 『르 꼬르뷔제 건축 작품집 제6권』, 김경훈 옮김, 180, 서울: 엠지에이치북스, 2021.

베통 브뤼트

(인도의) 금속판이나 (프랑스의) 전나무 및 합판으로 된 거푸집 내에 톱으로 켠 판자들을 개인적인 취향에 따라 원하는 대로 삽입할 수 있다. 콘크리트 주입이 끝난 뒤 쇠시리molding 자국들이 콘크리트 표면에 나타나며, 이는 5,000년 전에 이집트인들이 프레스코화를 조각할 때와 비슷한 효과를 낸다. 다시 말하자면 이 건축물은 표면과 부피감(벽의 인식)을 알게 해 주고, 자재와 그 역할, 시간의 의미, 빽빽한 일정과 현장의 엄격한 규율 또한 표현해 준다. 이것이 사람들의 머릿속에 자리잡기 위해서는 수 세대를 기다려야 한다. 마르세유의 위니테들은 이것을 이미 모듈러의 치수들을 통해 콘크리트 엘리베이터 탑에 구현하였다.

[…]

이것은 때때로 우리 주변에 있는 기대치 않은 놀라운 싸인들을 수용한다. 일용할 양식과 같은 존재지만 완전히 무시되는 것들을 찾아내어 빛내주기 위한 것이다.

Concrete for 'All of us'

'우리 모두'를 위한 콘크리트

본 글은 김중업 탄생 100주년을 기념하여 2023년 안양문화예술재단(김중업건축박물관)에서 발행한 총서『김중업, 그 유산과 미래』에 소개된 글을 재게재한 것이다. 김중업(1922~1988)은 1950년대 르 코르뷔지에 건축의 베통 브뤼트를 직접 경험한 후 재료의 질감과 구조적 진실성을 건축의 미학적 언어로 받아들였다.

적나라하게 노출된, 소위 발견한 그대로의 콘크리트의 투박한 물성은 예술적 표현으로 확장되었으며, 동시에 한국적 정서 속에서 거석건축의 조형성과도 접목했던 것으로 볼 수 있다. 무거운 덩어리의 재료가 주는 물리적 힘과 원초적 스케일을 통해 김중업의 건축은 다시 한국적 맥락 속에 원시 건축의 보편성으로 환원한다.

남성택

2023

김중업과 베통 브뤼트

Kim Chung Up and Béton Brut

남성택 Sung-Taeg Nam

발췌: 남성택. "김중업의 베통 브뤼트" 『김중업, 그 유산과 미래』, 김숭업건 축박물관 엮음, 128–167. 경기: (재) 안양문화예술재단(김중업건축박물 관), 2023.

근대건축, 특히 르 코르뷔지에에 대한 김중업의 관심은 1939년 일본으로 떠난 유학 시절부터 시작되었다.[1] 그가 수학한 요코하마 고공은 파리 에콜 데 보자르 출신의 나카무라 준페이가 교편을 잡고 있었다. 당시 그의 건축 교육이 보자르식 아카데미즘에 기반했다는 것은 널리 알려진 사실이다. 하지만 준페이 역시 1922년 파리 추계전살롱 도톤, Salon d'Automne에서 르 코르뷔지에가 시트로앙 주택 계획안과 이상 도시 계획안에 대해 발표하는 것을 목도하고 증언[2]했던 일본 건축가 중 한 명이었다. 이미 일본에서는 르 코르뷔지에에 대한 관심이 확대되고 있었으며, 식민지 출신 건축학도 김중업의 사상 속에 제국주의의 아카데미즘 건축과 맞서 싸우는 전위적 근대건축가에 대한 호기심이 생길 수밖에 없었다. 다만 그가 일본에서 접했던 서구 건축의 경험은 간접적이고 단편적일 수밖에 없다는 한계는 있다.

해방된 조국은 아직 가난했고 그에게 희망의 무대가 되기엔 부족했다. 곧이어 발발한 한국전쟁 때문에 모든 기대가 꺾여버렸다. 폐허가 된 조국의 현실 앞에서 고립감은 커져 갔다. 탈출구의 갈망은 불가피했다. 그런데 피난 중이던 부산에서 제1회 베니스 세계예술가회의(1952. 9. 22~30.)에 참석할 기회를 부여잡은 것은 그에게 천운이었다. 유럽의 건축과 도시들을 눈으로 목격하고 르 코르뷔지에와 같은 근대건축 거장을 만날 수 있으리라는 기대감으로 가슴은 벅차올랐다. 그때 심정을 김중업은 다음처럼 묘사한다.

> 어렸을 때 들은 누구에게나 기회는 세 번 꼭 찾아온다는 이야기를 새삼 되뇌이며 전력을 다하여 첫 번 기회인 이 웅대한 사명을 다하리라고 굳게 다짐했다. 목적지는 이탈리아의 베니스 시였고, 목적은 유네스코 주최의 제1회 국제예술가회의[세계예술가회의] 참석이었다. 르네상스 문화와 정신에 깊은 관심을 쏟고 있던 나에게 목적지가 유럽이며, 더욱이 이탈리아인 데다, 가장 흥미의 대상인 수도 [물의 도시] 베니스라는 것, 그리고 이번 회의가 창립회의이기 때문에 각 예술 분야의 거장들이 대거 참석한다는 사실과, 나에게는 학창 시절부터 존경하고 대학에서 그의 이론과 작품을 강의하던 르 코르뷔지에 선생을 만날 수 있으리라는 기대로 나의 가슴은 부풀어 오를 대로 부풀었다.[3]

하지만 일본에서 그가 익혔던 서구의 근대건축이 20세기 초 산업 기술과 기계주의 시대의 이상적 선언이었다면, 실제 그가 유럽에서 직면하게 될 건축은 새로운 목표와 조건 아래 전환기를 맞이하고 있었다. 제2차 세계대전의 폐허 위에서 다시 새롭게 재건해야 할 건축적 시도들이 다양하게 제안되기 시작했다. 예를 들어, 있는 그대로의 물성을 수용하고 드러내며 건축의 내재적 본질을 일깨우고자 노력하는 뉴 브루탈리즘과 같은 건축도 새롭게 등장했다. 김중업이 합류하게 될 르 코르뷔지에 아틀리에의 건축도 이러한 징후와 공명하며 이러한 현상의 건축을 선도하고 있었다.

파리 세브르가 35번지

952년 9월 18일 부산 수영공항을 출발한 김중업이 베니스에 도착한 때는 9월 22일 늦은 오후였다. 베니스 세계예술가회의 둘째 날인 23일에 열리는 공식 행사에 참여한 뒤, 그는 르 코르뷔지에의 뒤를 쫓아 짧은 만남[4]을 가졌다. 자신의 아틀리에로 찾아오라는 거장의 말을 흘려듣지 않고, 김중업은 사무실이 위치한 파리 세브르가 35번지35 rue de Sévre로 향했다. 이탈리아 여러 도시를 지나 스위스 알프스 산맥을 넘어 파리에 도착한 때는 10월 초 무렵이었다.

운이 좋게도 그는 거장과 다시 면담할 수 있었고 일정 기간의 설계 테스트를 거쳐 아틀리에의 정식 제도사dessinateur[5]로 계약하게 된다. 김중업의 공식적 실무 기간은 기록상으로 1952년 10월 25일부터 1955년 12월 28일까지 총 3년 2개월이었으며, 그가 귀국한 시기는 1956년 2월 말이었다.

1950년대 초반의 세브르가 35번지는 완전한 부흥기에 접어들고 있었다. 당시 아틀리에에서 설계 중인 르 코르뷔지에의 작품들은 1920년대 순수주의Purism 건축과는 상당히 달라졌기 때문에 김중업에게 놀라움과 낯섦으로 다가왔을 것이다. 그가 알던 르 코르뷔지에의 건축과는 매우 이질적이었을 것이며, 그 변화에 대해 충분히 이해할만한 상황도 되지 못했을 것이다. 불편한 언어 문제도 그렇고 매일 과중한 과업이 주어졌기 때문에 초기에는 동료들과 여유로운 소통은 꿈꾸기 어려웠을 것으로 짐작된다.[6] 사실 직원 대부분이 제2차 세계대전 이후에 합류한 젊은이들이었으며, 당시 가장 고참이던 앙드레 보겐스키(André Wogensky, 1916~2004)마저 1936년에 입사했던지라, 1920년대 르 코르뷔지에의 건축은 모두에게 역사 속의 신화였을 것이다. 아틀리에에서 그들이 생산하게 될 건축은 말 그대로 '미지의 영역'이었다.

김중업이 1920년대 르 코르뷔지에 건축을 따로 공부하는 것은 그리 쉽지 않았다. 그 방법이란 밤마다 사무실에 홀로 남아 옛 도면들을 들춰보는 것뿐이었다. 거장의 저서들은 주로 프랑스어 원문이었으니 처음에는 접근이 쉽지 않았을 것이다. 추정컨대 1929년 처음 출판된 『전집Œuvre complète』은 유용한 독학 자료가 되었을 수도 있겠다. 그가 입사한 해인 1952년까지 5권이 출간되며 불어 원문뿐 아니라 독어와 영어 번역도 수록되어 있었고 사진, 도면 자료도 풍부하게 정리되어 있었기 때문이다. 파리 및 근교의 백색 빌라들을 직접 답사하는 방법도 있었을 것이다. 하나 이 모두가 과거에 이미 완수된 건축이며, 김중업이 본격적으로 씨름해야 하는 대상은 여기에서 상당히 달라진 1950년대의 르 코르뷔지에 건축이었다.

르 코르뷔지에 스스로도 이미 1920년대 말에 그의 새로운 건축이 아카데미즘을 물리치고 승전했음을 선언했다. 그는 "건축적 혁명"이 완수되었으니 또 다른 다음 단계의 건축을 발전시켜야 한다고 믿었다. 1934년 『전집』 2권에서는 벌써 "1930년에는 새로운 문제의식의 단계가 시작"되었음을 단언한다. 그러므로 "이제부터는 이미 완수된 건축적 혁명에 대해 더 이상 말하지 않으리라"고까지 밝힌다. 그의 주장은 다음과 같았다.

> 이것은 두 번째 시리즈로 1929년부터 1934년까지에 대한 것이다. 첫 번째 시리즈는 1910년부터 1929년까지를 모은 것으로 20여 년의 연구에 대한 것이었다. 우연히도 1권이 1929년에 나왔다. 우리에게 있어 길었던 일련의 연구가 완수된 바로 그 해이다. 1930년에는

새로운 문제의식의 단계가 시작된다. 거대한 작업들, 건축과 도시론의 거대한 사건들, 새로운 기계 문명의 장비에 있어 위대한 시대이다. 부에노스아이레스에서 보르도로 향하는 배 위에서 내가 『프레시지옹Précisions』이라는 책을 집필하기 이전에, 다음과 같이 적었던적이 있었다. '이제부터는 이미 완수된 건축적 혁명에 대해 더이상 말하지 않으리라. 거대한 작업들이 시작되고 도시론이 지배적 문제의식이 될 것이다.'[7]

물론 우리는 이러한 비전이 그의 희망대로 전개되지 않았음을 알고 있다. 건축가로서 그의 명성은 더욱 높아만 갔지만, 실제 그가 1930년대에 연이어 제시했던 '거대한 작업들'과 도시계획 대부분이 외면당했다. 하지만 이 실험적 제안과 개념들은 제2차 세계대전 후 실현 기회를 잡은 르 코르뷔지에 후기 건축의 밑거름이 되었다. 그리고 그 설계가 김중업의 눈앞에서 진행되고 있었다. 바로 이 1950년대 르 코르뷔지에 건축이 김중업에게 깊은 영향을 끼치게 될 것은 분명했다.

1950년대 르 코르뷔지에 건축

당시 세브르가 35번지의 르 코르뷔지에 아틀리에는 중흥기를 맞이하고 있었다. 제2차 세계대전 후 심각해진 주거 문제를 위한 전후 복구 사업으로 마르세이유Marseille의 위니테 다비타시옹Unité d'habitation 집합주거 설계가 1945년에 시작됐고 이는 어려웠던 거장의 사무실을 재건할 수 있는 계기가 됐다. 마르세이유의 위니테 다비타시옹과 동일한 유형의 집합주거를 다른 도시에도 연이어 건설할 수 있을 것이란 기대감으로 충만했다. 게다가 1950년에는 인도 찬디가르의 도시계획 및 건축 설계가 시작되었다. 그 위에도 다양한 해외 및 국내 설계 제안이 밀려왔다. 덕분에 코르뷔지에는 사무실을 안정적으로 운용할 수 있는 여유가 생겼고 설계 인력도 증원해야 했다. 때마침 거장 밑에서 건축을 배우려는 젊은이들이 세브르가 35번지의 문을 끊임없이 두드리고 있었다. 그렇게 채용된 다양한 국적의 젊은 건축가들이 세계를 향한 르 코르뷔지에 건축의 첨병이 될 것이었다. 이러한 분위기 속에 김중업이 합류한 것이다.

이 시기 르 코르뷔지에의 작품은 1920년대의 표준화된 작품들에비해 저마다 개성있고 다채로워 보였다. 동시에 르 코르뷔지에가 보편적으로 적용하기 시작한 새로운 공통 원리들로 인해 체계성과 일체성도 내포하고 있었다. 그중에서 특별히 김중업의 작업과 관련된 두 가지 원리를 꼽자면 '모듈로르Le Modulor'와 '베통 브뤼트béton brut'를 들 수 있다.

첫 번째 원리는 모듈로르라는 척도 체계다. 인체 기반의 치수와 비례를 통해 공간 전체에 수학적 조화를 부여하는 기하학 체계로서 1945년부터 고안[8]되었고, 1950년에는 책으로 출판되어 공개됐다. 두 번째 원리는 가공되지 않은 (날것의) 콘크리트를 뜻하는 베통 브뤼트의 재료적 적용과 표현이다. 르 코르뷔지에의 후기 건축은 여러 '가공되지 않은 재료들matériaux bruts'을 사용해 솔직하게 구축됐다. 그중에서도 구조재로서 특별한 의미가 있는 콘크리트를 특별하게 '베통 브뤼트'라 이름 지으며 강조했다. 있는 그대로의 거친 모습으로 내외부에 적나라하게 노출되는 베통 브뤼트는 거장의 후기 건축 전반에 걸쳐 나타나는 트레이드 마크가 되었다.

마르세이유의 위니테 다비타시옹은 모듈로르와 베통 브뤼트를 전격적으로 실험한 최초의 사례였다. 모듈로르의 비례와 치수 체계는 거대한 건축물 볼륨 전체뿐 아니라 단위세대 주거의 내부, 그리고 수납장 같은 작은 가구 디자인에 이르기까지 총체적으로 적용되었다. 모듈로르의 비례 격자는 부분과 부분의 관계, 부분과 전체의 관계를 중시하는 구성 관점에서 정밀한 조화를 부여했으며, 위니테 다비타시옹 건축물 전체가 하나의 거대한 "직물적texturique"[9] 유기체처럼 직조되어 기하학적 일체성을 창출했다.

마찬가지로 베통 브뤼트도 재료와 물성 측면에서 일체성을 부여했다. 위니테 다비타시옹 전체가 단일 재료에 의한 모놀리스monolith 조직체로 구현됐기 때문이다. 하지만 모듈로르가 절대적인 통제를 요구하는 현학적 체계였다면, 베통 브뤼트는 기본적이거나 저급한 수준의 기술로도 구현될 수 있으며 일탈과 우발적인 것, 예측불가함과 우연함을 받아들이는 열린 작품, 즉 영도degrée zéro의 예술이었다. 정교하고 완벽하며 공장에서 대량생산 및 기성 제작될 수 있는 돔-이노dom-ino 골조의 콘크리트가 아니라, 소박하고 정직한 민중의 기술, 다시 말해 '고귀한 야만인bon sauvage'의 손으로 직접 구축할 수 있으며 특별한 기예 없이 결과로서 얻게 되는 콘크리트였다. 만일 그러한 상태가 진실되다면, 거칠고 조잡한 콘크리트 외장면을 거부하지 않고 그러한 가능성을 내재적 본성, 본질로 선언하며 예술로 승화시키고자 했다.

건축계에서 모듈로르가 고립된 외침 마냥 외면당했다면, 베통 브뤼트의 국제적 반향은 적지 않았다. 마르세이유의 위니테 다비타시옹이 선보인 베통 브뤼트는 1954년 무렵에 선포된 영국의 뉴 브루탈리즘에 있어 이미 존재하는 선구적 모본model처럼 인식되었고 궁극적으로 이 운동이 지향하는 원형type처럼 받아들여질 수도 있었다.

르 코르뷔지에 건축을 그리다

위니테 다비타시옹은 김중업이 입사하기 직전인 1952년 10월 14일에 마르세이유에서 준공기념식이 이루어진 상태였기에 그가 공헌한 흔적은 발견되지 않는다. 다른 걸작들인 라 투레트 수도원과 롱샹 성당은 막 설계가 시작되었으나 도면 기록상에 김중업의 이름은 찾아볼 수는 없다. 하지만 이 건축안들이 워낙 주목받았던 작품들인 만큼 사무실 직원 모두의 관심을 끌었기에 김중업도 눈여겨보았을 것이다. 이 작품들에 적용된 모듈로르와 베통 브뤼트는 어쨌거나 김중업이 그려야 할 다른 작품들의 도면에서도 적극 사용해야 하는 기본 원리들이었다. 특히 그가 많이 기여하게 될 찬디가르 캐피톨Capitol의 주요 건물들 전체는 베통 브뤼트라는 단일 재료로 지은 신전들과 아크로폴리스처럼 계획될 예정이었다.

파리에서 르 코르뷔지에의 도면들을 작도하는 일은 김중업에게 일상적인 과업인 동시에 역사의 창조에 참여하는 영광스런 순간이기도 했다. '르 코르뷔지에 학교'로 기능했던 세브르가 35번지에서 새로운 건축들을 손으로 그려가며 눈으로 익힐 수 있는 기회였다. 초반의 김중업이 프랑스어를 거의 못했기 때문에 '그린다'는 행위는 그에게 거의 유일한 소통 수단[10]이었다. 르 코르뷔지에의 건축을 그린다는 의미는 거장의 생각과 의도를 파악하는 것이기도 했다. 거장의 결정 사항을 그대로 도면화하는 가운데 제대로 이해하고 해석하기 위한 지적 능력도 배양되었다. 거장의 손을 대신하며 그의 눈과 두뇌를 상상하게 되기 때문이다.[11] 김중업이 여기서 작업한 내용은 르 코르뷔지에 재단Fondation Le Corbusier에 남아 있는 도면 목록을 통해 추정하여 정리[12]할 수 있다. 현재까지 파악하기로 그가 직접 도면 작업에 참여한 설계안은 총 12개다. 이 가운데 기여도가 높은 작품[13]은 인도 펀자브 주의 수도인 찬디가르의 캐피톨을 구성하는 공공건축인 행정청사, 의사당, 고등법원, 주지사 관저 네 곳이다. 소위 '궁전들Palais'로 불린 이 건물들은 저마다 고유한 유형을 선보이는 동시에 함께 어우러져 "형용할 수 없는 공간Espace indicible"[14]의 건축적 풍광을 형성한다.

그중에서도 김중업이 가장 전념했던 두 작업은 행정청사와 고등법원 작도였다. 그가 작도한 건수로는 행정청사 건축 도면이 117건, 고등법원의 태피스트리 및 벽걸이 양탄자가 137건에 달한다. 길이 254m, 높이 42m에 달하는 거대한 수평 건축인 행정청사의 도면부터, 고등법원 실내 벽면에 부착되는 태피스트리 내의 다양한 상징 기호

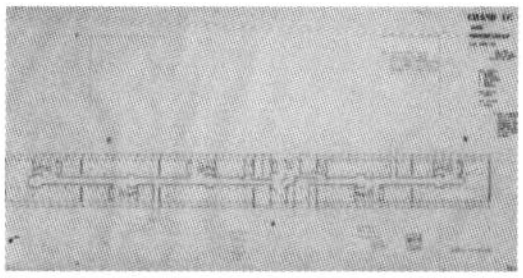

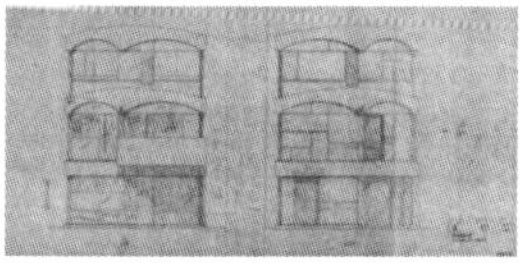

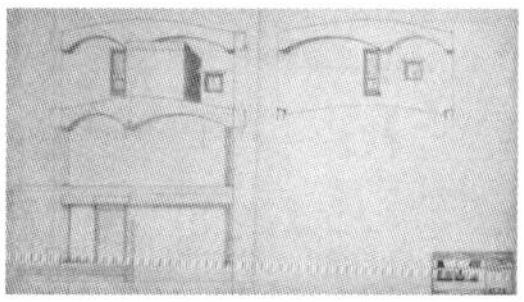

Fig. 1
찬디가르 행정청사 기준층 평면도(축척 1:200). 김중업 작성 도면, 1952년 11월 6일 작도. 김중업이 르 코르뷔지에 아틀리에에서 작성한 최초의 공식 도면 중 하나다. 출처: 르 코르뷔지에 재단 소장(FLC 2662)

Fig. 2
자울 주택 서측 입면도(축척 1:20). 김중업 작성 도면, 1952년 11월 21일 작도. 출처: 르 코르뷔지에 재단 소장(FLC 10012)

Fig. 3
자울 주택 서측 입면도(축척 1:20). 김중업 작성 도면, 1952년 12월 중 작도. 출처: 르 코르뷔지에 재단 소장(FLC 9970)

들signs의 도상 디자인까지 극단적인 스케일 차이를 경험하는 총체적 작업이었다.

김중업이 부분적으로 참여한 기타 작업으로는 인도 방직산업 중심 도시인 아메다바드의 건축 설계안 네 건(사라바이 저택, 쇼단 저택, 쉬만바이 저택, 방직자협회 회관)과 프랑스 국내의 설계안 네 건(자울 주택, 브라질관, 낭트 르제 위니테 다비타시옹, 로크&로브)의 도면 작업들이 있었다. 비록 이 작업들이 일시적이고 부분적이었다고 하나 그에겐 해당 설계안들을 깊이 관찰하는 계기가 될 수 있었을 것이다.

행정청사, 자울 주택, 브루탈리즘

김중업에게 부여된 첫 번째 도면 과업은 찬디가르 행정청사의 기본도면 마무리 작업[15]이었다. 그는 1952년 11월 6일 목요일에 1층 평면도, 2층 평면도, 기준층 평면도 작업을 완성했다. 이어서 주말도 없이 11월 8일 토요일에는 부분 평면도를, 11월 9일 일요일에는 북서쪽 입면도를 한 장씩 완성했다. [Fig. 1]

행정청사 작업이 일단락되자 그는 자울 주택의 도면 작업을 보조[16]하게 된다. 파리 인근의 부르주아 주택인 자울 주택은 1951년 설계가 시작된 후 계속 진행 중이었다. 김중업은 1952년 11월 15일 토요일부터 1953년 1월 6일 화요일까지 A 주택 및 B 주택의 입면도와 평면도를 도합 4장 그렸으며, 각 층 유리 창호 그리고 이와 일체화된 목재 판재의 상세도 4장, B 주택의 종단면도 1장을 추가적으로 작도했다.

거대한 행정청사의 평면과 입면을 1:200 축척으로 작도했다면, 자울 주택의 도면들은 입면, 평면, 단면을 포함해 거의 모두가 1:20의 축척을 기본으로 삼아 작도했다. 행정청사의 도면들이 장대한 건축 전체를 한눈에 담기 위해 멀리 떨어져 보는 '줌아웃'의 방식이라면, 그다음으로 그렸던 자울 주택의 도면은 건축 자체에 매우 가깝게 접근해 부분적인 표면과 디테일에 집중해 세밀하게 관찰하는 '줌인'의 방식이었다. [Fig. 2~3]

행정청사에서 자울 주택으로 넘어가며 스케일이 급변하게 되고 심지어 주택 설계를 1:20의 상당히 큰 축척으로 작도하게 되었던 김중업은 자울 주택의 형상과 표면에 훨씬 급작스럽게 가까워진 느낌이었을 것이다. 게다가 그렇게 얼굴 가까이 마주하며 집중적으로 관찰하게 된 자울 주택의 건축 요소들은 더욱 낯설게 다가왔을 것이다. 과거의 그가 예상했던 르 코르뷔지의 형태 언어와는 매우 거리가 먼 요소들이었기 때문이다. 흔히 '국제양식international style'으로 불리기도 했던 근대건축을 대표하는 거장의 작품 속에는 지역적 형태인 카탈루냐 궁륭, 그리고 전통적이고 토속적인vernacular

재료인 벽돌, 목재 등이 입면에 그대로 드러나고 있었다. 게다가 콘크리트로 된 골조와 발코니 난간은 더이상 매끈하고 추상적인 표면처럼 마감되지 않고 오히려 거푸집 목판 이음매를 그대로 노출시켰다. 김중업이 도면 작업하면서 베통 브뤼트의 건축적 표현을 처음으로 마주친 순간이었다. 이와 같이 그가 작도해야 했던 도면 속에서 자울 주택의 마감은 가히 '원시적인primitive' 방식으로 처리되어 있었다.

1953년부터 짓기 시작한 자울 주택은 김중업이 귀국한 해인 1956년에야 완공되었다. 아마도 김중업이 자울 주택의 완성은 보지 못했을 수 있지만 그리 멀지 않았던 공사 현장은 방문했을 수 있겠다. 실제 그가 얼마나 공사 현장을 찾았는지 확인할 수는 없지만, 다수의 외부 건축가들도 호기심과 기대감을 안고 아직 건설 중인 자울 주택을 방문하곤 했던 것이 사실이다. 대표적인 예로 영국 건축가 제임스 스털링은 공사 중인 자울 주택의 현장을 답사한 후 『아키텍처럴 리뷰Architectural Review』 1955년 9월호에 소개한 바 있었다. 「가르슈부터 자울까지Garches to Jaoul」라는 제목의 글에서 그는 당시 느꼈던 당혹감을 다음과 같이 표현했다.

> 이 주택들[자울 주택]은 (…) 사다리, 망치와 못을 이용해 작업하는 알제리 출신 노동자들에 의해 지어지고 있다. 유리를 제외하고 어떤 합성 재료들은 사용되지 않는다. 기술적으로, 이 주택들은 중세 시대 건축물과 비교할 때, 그 어떤 진보도 보여주고 있지 않다.[17]

부정적으로 느껴질 수 있는 그의 표현은 결과적으로는 새로운 건축의 가능성에 대한 고해성사였다. 1958년 스털링이 제임스 고완(James Gowan, 1923~2015)과 더불어 지은 랭함 주택(Langham House, 1958)은 자울 주택의 '중세적' 구축을 어느 정도 반영하고 있기 때문이다. 자울 주택은 기술주의의 맹신을 버리며 거짓 없이 구축된다. 있는 그대로의 구축적 진실을 드러내는 건축은 독창적 형태에 매몰되지 않으며 과거부터 존재해 왔던 것을 모두 포용하는 새로운 낭만주의를 제시했다.

자울 주택은 영국의 뉴 브루탈리즘이 환영했던 르 코르뷔지에의 작업 중 하나였다. 스털링의 글이 발표되고 나서 석 달 뒤인 1955년 12월에 게재된 레이너 밴함의 글 「뉴 브루탈리즘」은 영국 건축가 부부 앨리스 & 피터 스미슨Alison and Peter Smithson이 1954년 준공한 헌스턴톤 학교Hunstanton School를 분석 대상으로 삼았다. 카탈로그 속의 산업 재료들을 선택했으나 역시 "그 어떤 진보도 보여주고 있지 않"은 평범한 재료들이었고, 자울 주택처럼 직설적으로 구축된 건축이었다.

Fig. 4
찬디가르 행정청사 장관블록 입면 상세도(축척 1:50). 김중업 작성 도면, 1953년 2월 23일 작성. 출처: 르 코르뷔지에 재단 소장(FLC 2864)

이를 분석한 밴함이 도출해 낸 세 가지 특성[18] 중 마지막은 "'발견된 그대로as found'인 내적 가치를 위한 재료들의 가치 부여"였다. 브루탈리즘의 정수라 할 만한 이 세 번째 특성은 밴함의 글 속에 마침 인용되어 있으며 30여 년 뒤 자울 주택으로 육화되는 1923년 르 코르뷔지에의 정의, "건축은 가공되지 않은 날 것의 재료들로 감동적 관계를 설립하는 것이다(L'architecture, c'est, avec des matériaux bruts, établir des rapports émouvants)"와 직결되고 있다.

다시 김중업의 도면 작업으로 되돌아가자. 그가 그린 자울 주택의 입면도나 창호 상세도에서는 마감재들이 단순 명기되어 있을 뿐 아니라 재료적 표현도 반영되어 있다. 목재 합판 표면의 경우 자연적인 나이테 무늬들이 세심하게 그려져 있고, 앞서 언급했던 것처럼 콘크리트 표면에서는 거푸집 목판 이음매의 배열이 상세히 표현되어 있었다. 때로는 나란히 때로는 직각으로 교차하며 리듬감이 부여되며 그렇게 입체적으로 새겨진 이음매 문양의 표면은 베통 브뤼트로 이루어진 프리즈frieze 부조와 같은 장식적 패턴을 갖게 된다. 사실은 세밀하게 설계된 것이나 그다지 신경 쓰지 않은 듯 우연한 결과를 가장하는 패턴이다. 물론 실제 시공 과정에서 발생되는 우발적 효과들도 수용하므로 열린 결말의 조형 작품이기도 하다.

1953년 2월 초 김중업은 행정청사 도면 작업에 다시 투입된다. 행정청사의 중요한 일부분인 장관블록의 세부설계를 위해서 부분 평면도 및 종단면도를 1:50 축척으로 작도하며 발전시킨다. 오로지 베통 브뤼트로 구현되는 브리즈 솔레이유와 발코니 등 조각적 요소들을 동원해 장관블록의 상세 입면도를 완성한 때는 같은 해 2월 23일이었다. 강렬한 흑백의 다층적 음영 효과가 입혀진 이 입면도는 정확성과 추상성을 동시에 지닌 아름다움을 선보였다.[19] 구체화된 장관블록 입면이 반영된 새로운 전체 정면도는 3월 13일에 완성된다. 김중업은 틈틈이 아메다바드의 쉬만바이 저택과 쇼단 저택, 찬디가르의 고등법원 도면 작업에 짧게 투입되기도 했는데, 모두 베통 브뤼트가 지배적인 건축들이었다. [Fig. 4]

마르세이유 옥상정원

그해 가을인 1953년 10월과 11월 김중업은 다시 행정청사의 설계 작업을 전담하며 옥상정원에 전념할 수 있게 된다. 행정청사의 옥상정원 위에 배치된 직육면체 볼륨의 클럽과 직선 경사로, 또 '모자casquette'라는 별칭으로 불리는 곡선 캐노피 등 다양한 "독립적 기관들objets indépendants"의 형태를 확정 짓고 이 요소들로 구성된 자유 평면plan libre을 실험할 수 있는 설계의 기회였다.

12월에는 거대한 외부 경사로의 실시도면 작업도 진행했다. 이 경사로는 행정청사 건물 몸체로부터 분리되어 아예 돌출되어 있었으며 건물주축으로부터 틀어져 벗어나 있어 독립적인 오브제처럼 부각되었다. 기계식 엘리베이터를 대체[20]하는 경제적 수직 연결 동선으로 제안된 경사로는 청사 9개 층 전부를 연결시킨다. 단절적인 엘리베이터의 경험과는 달리 경사로 내부에서는 지그재그로 천천히 오르내리는 가운데 외부의 자연과 건축 풍광을 감상할 수 있는데 이를 반영한 섬세한 개구부 계획이 요구되었다.

옥상정원을 구성하는 주요 요소들과 외부에 돌출된 독립 경사로는 모두 베통 브뤼트로 이루어진 단일거석 오브제처럼 계획[Fig. 5] 되었는데, 김중업의 도면 속에 그 질감도 표현되어 있었다. 특히 외부 경사로의 경우 최종적으로 외장면에서 드러날 거푸집 문양의 계획[Fig. 6]이 정확히 작도되기도 했다. 베통 브뤼트로만 이루어진 행정청사 옥상정원과 더불어 그 도면 작업보다 1년 전에 이미 완공된 마르세이유 위니테 다비타시옹의 옥상정원을 환기할 필요가 있다. 행정청사 옥상정원의 도면 작업을 시작하기 직전 김중업이 마르세이유의 옥상정원을 방문한 바 있기 때문이다. 1953년 7월 19일부터 26일까지 엑상프로방스에서 열린 9차 CIAM에 김중업도 참여했다.[21]

이때 많은 이들이 CIAM의 공식 행사의 일환으로서 또는 개별적으로 방문했다. 멀리서 볼 때 엄청난 베통 브뤼트 단일거석이 세워져 있고 다시 그것이 필로티 위에서 부유해 있는 모습은 압도적이었을 것이다. 특히 성역 아크로폴리스를 떠올리게 하는 옥상정원의 초현실적 풍광은 기성 근대건축에 비판적이었던 팀 텐 또는 브루탈리즘을 주도했던 젊은 전위건축가들까지 포함해 경탄을 불러일으켰다. 하지만 건물에 가까이 다가서며 발견하게 되는 베통 브뤼트 표면의 투박하고 보잘것없는 마감 상태만큼은 종종 사람들의 부정적 편견과 비판을 유발하곤 했다. 1952년 10월 14일의 준공식의 기념사에서 르 코르뷔지에는 마르세이유의 베통 브뤼트에 대해 다음과 같이 길게 설명했다.

> 다행히 우리는 돈이 없었습니다! 오랫동안 나는 어떻게 이 형편없는 솜씨 malfaçons를 마주해야 할지, 어떻게 그것을 감추어야 할지, 그것을고쳐야 할지 되물었습니다. 심지어 돈이 있어도 그 문제는 해결되기 어려웠던 것으로 보였습니다. (…) 가공되지 않은 채로 노출된 콘크리트 위에 거푸집의 소소한 사건들이 보입니다. 판재 이음새, 목

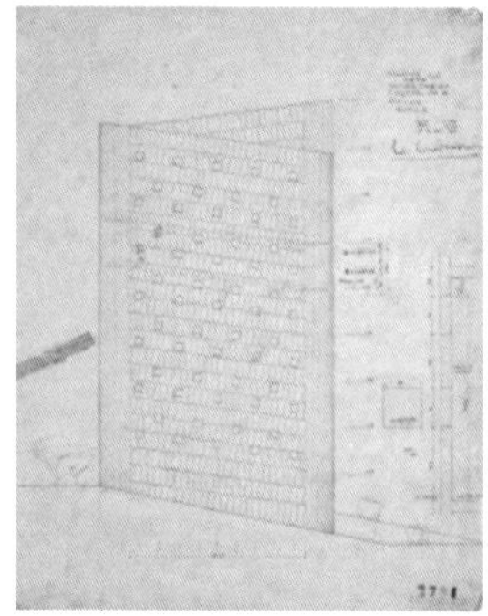

Fig. 5
찬디가르 행정청사 옥상정원 캐노피 입면도(축척 1:50). 김중업 작성 도면, 1953년 11월 25일 작성.
Fig. 6
찬디가르 행정청사 경사로 입면 상세도(축척 1:100). 김중업 작성 도면, 1953년 12월 15일 작성. 출처: 르 코르뷔지에 재단 소장(FLC 2784)

재 섬유질 조각, 나무 피목… 그런데 이것들은 보기에 따라 환상적입니다. 관찰하기에 흥미롭고 창의력이 부족한 이에게는 풍부함을 가져다줍니다. 얼마나 많은 사람들(특히 스위스, 네덜란드, 스웨덴 사람들)이 다음과 같이 내게 말했던지요. "당신의 건물은 아름답습니다. 하지만 너무 잘못 시공되었군요!" 저는 다음과 같이 답합니다: "당신이 대성당, 고성들을 보러갈 때, 석재의 거친 절단, (…) 이런 실수들에 집착하는지요? (…) 당신이 남자와 여자를 볼 때, 그들의 주름살, 사마귀, 휘어진 코, 수많은 상처들을 일일이 살피나요? (…) 실수는 인간적인 것입니다. 우리 자체가 그렇고, 매일의 삶이 그러합니다. 정말 중요한 것은, 달라지는 것, 살아가는 것, 집중하는 것, 높은 목적을 향해 나가는 것입니다. 바로 고귀해지는 것입니다! 이렇게, 마르세이유 위니테의 매우 형편없는 솜씨의 결과 앞에서, 나는 어떤 생각이 들었습니다. 옥상 정원의 어린이 놀이방을 향해 오르는 경사로의 난간이 보여주는 실로 극악한 형편없는 솜씨 앞에서 나는 혼자 말했습니다. '나는 대조를 통해 아름다움을 만들 것이다. 정반대의 생각을 찾아낼 것이다. 거친 것과 섬세한 것 사이에서, 둔한 것과 강렬한 것 사이에서, 정확한 것과 우발적인 것 사이에서 어떤 대화를 설정해낼 것이다. 그리고 사람들로 하여금 그것을 관찰하고 숙고하게 만들 것이다.' (…) 그렇게 기적이 완수되었으며, 대조의 효과가 만들어졌습니다. 색상의 보완, 흙손의 사용을 통해, 우리는 베통 브뤼트의 훌륭함을 실현해냈습니다![22]

베통 브뤼트의 실험이 인도 프로젝트로 이어지면서 르 코르뷔지에의 확신은 더욱 강해졌다. 베통 브뤼트의 건축은 과거 자신의 건축이 보여주었던 완벽한 외양과도 배치되면서 보통 사람이라면 당연히 가질 수 있는 기술적 서투름이나 실수, 수단이 정직하다면 얼마든지 우발적으로 촉발되거나 자연 발생적으로 형성되는 사건을 포용했다. 더 나아가 그는 이를 바탕으로 새로운 "조형적 교향곡symphonie plastique"을 꿈꾸었다. 그렇게 인간과 건축이 자연의 섭리 속에서 하나가 된다.

마르세이유 옥상정원의 원초적 공간 위에서 이국 청년 김중업은 어떤 감정을 느꼈을까. 베통 브뤼트뿐인 폐허를 연상시키는 옥상정원은 근대 식민 역사와 민족상잔의 내전으로 파괴된 고국에 대한 슬픔과 더불어, 그러한 폐허 위에서도 새로운 아름다움이 시작될 수 있다는 희망을 품지 않았을까. 우연히도 바로 이 무렵 그는 조국에서 체결된 휴전 소식을 접하게 되었으니 남다른 감정을 느꼈을 것이다. 그때의 뜨거운 감동에 대해 김중업은 다음과 같이 회상한 바 있다.

> 53년 7월 현대건축가회의(C.I.A.M.)가 남불 엑스.암.프로봔스에서 있었고 제나키스가 마르세이유의 유니테 다비타시옹(르 · 꼴뷰제의 종합아파트 건축)의 준공식이 있어 그 옥상 정원에서 에드거 봐레즈의 작품에 의한 평주곡의 발표회가 있을 때 한국 휴전 소식을 듣고 벅찬 감동 속에 흐느낀 기억이 아직도 새롭다.[23]

전쟁으로 파괴된 유럽 그리고 식민지 해방을 맞이한 인도를 무대로 마음껏 건축을 펼치고 있는 그의 스승처럼, 김중업 역시 건축가로서 조국의 재건에 공헌해야 한다는 소명의식을 새겼을 것이다. 그리고 더 나아가 조국의 땅 위에서 한국의 문화적 고유함과 우수성을 바탕으로 한 독창적 건축을 발전시키겠다는 야망도 키웠을 것이다. 특히 베통 브뤼트가 보여준 "형편없는 솜씨 malfaçon"조차 "조형적 교향곡"이 될 수 있다는 비전은 가난한 조국의 건축적 현실을 고려할 때 더욱 흥미로운 영감이 되었을 것이다. 모든 것이 파괴된 곳 위에서 발견할 수 있는 가장 기본적인 재료와 도구에 의지해 구축하며 이를 숨김없이 드러낼 때 아름다운 시와 같은 건축이 탄생할 수 있다는 바로 그런 가능성이었다. 이처럼 마르세이유의 옥상정원에서의 경험은 그에게 영원히 잊을 수 없는 순간이 되었음이 분명했다. 하지만 그가 1955년 말까지 르 코르뷔지에 아틀리에의 제도판 위에서 일상적으로 그려내던 다른 건축 프로젝트들도 역시 동일한 이상과 감성을 바탕으로 하고 있었다.

김중업의 베통 브뤼트

이제 1956년 2월 말에 귀국한 김중업이 국내에 실현한 작품들을 통해 그의 베통 브뤼트 차용에 대해 살펴보자. 그가 경험했던 스승의 건축 속에서 베통 브뤼트는 지속적인 기본 레퍼토리였다면, 귀국하자마자 김중업이 선보였던 그의 초기 작품들에는 뜻밖에도 베통 브뤼트의 표현이 부여되지 않았다. 예를 들어 부산대학교 본관(1959), 건국대학교 도서관(1956), 서강대학교 본관(1960)은 비록 찬디가르 행정청사처럼 수평 유형의 건물임에도 불구하고 주요 구조재로 사용된 콘크리트가 노출되지 않고 매끈한 흰색 표면으로 채색 마감되었다. [Fig. 7~9] 스승의 건축 가운데 최근의 베통 브뤼트 건축이 아니라 상대적으로 더 익숙한 순수주의 백색 건축을 선택한 것일까. 처음부터 베통 브뤼트를 왜 시도하지 않았는지

Fig. 7
부산대학교 본관(1959)
Fig. 8
건국대학교 도서관(1956)
Fig. 9
서강대학교 본관(1960)

Fig. 10
서산부인과의원(1967). 전체에서 적나라하게 드러나는 베통 브뤼트의 촉각적 질감.
Fig. 11
가회동 이경호 주택(1967). 지붕 격자 구조와 기둥의 베통 브뤼트를 부각시키는 빛과 음영.
Fig. 12
진해해군공관(1968). 거대한 베통 브뤼트 지붕과 그 밑 연못에서 반사되어 흔들리는 물 그림자.

정확히 알 수는 없다. 당시 산업적 측면에서 국내 시공 능력의 부족함을 꼽을 수도 있겠다. 하지만 미학적 측면에서 이론적으로는 "형편없는 솜씨"가 사실 베통 브뤼트의 구현에서 더 요구되는 것이 아니었던가.

추정컨대 그보다 더 근본적인 장애는 바로 전위 건축에 대한 건축주나 시민들의 몰이해였을 것이다. 김중업이 설계했던 서강대학교 본관은 외국인 총장이었던 게페르타에게조차 "학생들의 공장"[24]처럼 인식되었던 시절이었다. 백색 건축조차도 낯설게 보였을 터인데, 하물며 콘크리트를 그대로 노출한다는 것은 아예 어불성설처럼 받아들여졌으리라. 전쟁의 상흔과 기억이 여전히 생생한 시절인 1950년대 중후반의 한국에서는 부서진 폐허를 연상시키는 거친 콘크리트의 건축은 시기상조였을 수 있다.

역사적 관점에서 김중업의 백색 건축은 필요한 단계였을 수 있다. 20세기 초 서구의 근대건축이 오래된 건축적 관습을 벗어나기 위한 궁극적 수단으로서 장식을 완전히 벗겨내고 흰색의 표면을 제시했던 사실을 떠올리며, 식민지 시절에 자주적 근대화가 불가능했던 신생국 대한민국이—뒤늦게나마 그리고 매우 짧더라도—반드시 거쳐야 하는 필수적 통과의례를 준비한 것처럼 말이다.

사실 르 코르뷔지에의 베통 브뤼트 역시 백색 건축의 혁명을 완수한 이후부터 일련의 순차적 단계를 거쳐 도달된 것이었다. 우연하게도 김중업의 베통 브뤼트 역시 백색 건축의 단계 이후에 실현된다. 드디어 귀국 후 4년 만인 1960년 김중업은 주한 프랑스대사관 설계의 기회를 부여잡는다. 그에게 베통 브뤼트의 건축을 처음으로 시현해 볼 계기가 제공된 것이다. 건축 프로그램이 지니는 상징성이나 건축 및 예술 문화 전반에 걸쳐 건축주의 이해도가 높아 창의적 제안이 구현될 수 있었다. 1962년에 완공된 주한 프랑스대사관은 전체 골조는 물론 옥상 정원과 외부 계단, 공중에 떠 있는 우아한 지붕, 건물 간의 연결 다리 등 중요 부위 모두가 콘크리트로 만들어졌으며 온전히 노출되었다. 이후 베통 브뤼트가 적용된 설계안들이 뒤따른다. 서산부인과의원(1967)은 건축물의 주 표면 전부가 노출콘크리트로 이루어졌다. 한남동 이난영 주택1(1968), 가회동 이경호 주택(1967), 진해해군공관(1968) 등은 구조체와 지붕에 한정해 집중적으로 콘크리트의 정직한 표현을 부여한다. 재료적 물성 뿐만 아니라 구조 체계의 명료성도 부각된다. [Fig. 10~12]

이처럼 김중업의 건축에서 베통 브뤼트 또는 노출콘크리트 시리즈는 1960년부터 시작되어 집중적으로 시도되었다. 그러다가 김중업이 갑자기 강제 출국을 당하며 해외 망명 생활을 시작했던 1971년부터 건축가의 의도와 무관하게 중단된다. 그 이후 김중업은 새로운 전환기를 맞으며 보다 자유분방해진 다채로운 건축안들을 선보인다. 따라서 엄밀히 말해 김중업의 베통 브뤼트 건축은 단 10여 년 동안의 작품적 특징으로 한정될 수 있겠다. 최소한 베통 브뤼트를 하나의 건축 재료 및 표현 기법 정도로만 인식한다면 말이다. 하지만 르 코르뷔지에의 베통 브뤼트가 김중업에게 끼친 영향은 단순한 기법에 그치지 않는다. 베통 브뤼트는 하나의 사건으로서 그에게 강력한 건축적 영감을 부여했고 건축가로서 새로운 비전을 갖도록 변모시켰다. 이러한 관점에서 (건축작품에서) 재료적 사용 여부와 무관하게 김중업의 건축 전반에 걸쳐 베통 브뤼트가 의미 깊은 교훈으로 작용했다고 볼 수도 있다.

에필로그: 베통 브뤼트와 원시 건축

마지막으로 이러한 가정에 기반해 또 다시 1953년 마르세이유 옥상정원의 순간으로 되돌아 가보자. 바로 이 순수한 베통 브뤼트의 공간은 젊은 건축가 김중업을 각성시켰다. 그는 지금까지의 스스로를 직시하고 마음을 가다듬고자 했다. 그리고 앞으로 내디뎌야 할 발걸음의 방향을 고민했다. 새로운 출구가 필요했다. 마치 베통 브뤼트의 공간이 그런 것처럼 그는 원초적인 것, 근원적인 것으로 거슬러 올라가야 한다고 느꼈을 것이다.

1953년 여름 이후 김중업은 서구의 근대 문명의 울타리를 벗어나고자 한다. 그보다 더 오래되고 더 근본적인 것을 탐구한다. 그에게 르 코르뷔지에의 건축은 하나의 출발점이었다. 이제는 또 다른 건축을 향해 나아가야 한다. 궁극적으로 자기 자신만의 건축에 도달해야 한다. 그리는 것 이외의 다른 학습 방법도 필요했다. 미술과 음악, 영화와 문학 등 관심의 영역을 계속 확장한다. 더 나아가 스승의 건축이 아니라 스승이 건축을 독학했던 방식을 따르고자 한다. 편견 없이 다양한 세상을 경험하면서 궁극적으로 본질을 향한 여행을 떠나는 것이다.

1953년 9차 CIAM이 끝난 직후 그는 지중해 인근 남부 프랑스를 여행하며 전원 마을과 로마네스크 건축 등을 답사한다. 1954년 10월에는 알바 알토가 활동하는 핀란드와 스웨덴, 덴마크 등 북유럽을 목표로 여행을 떠난다. 이때 거쳐 간 벨기에와 네덜란드를 포함해 북유럽의 지역 건축과 도시, 시골 마을과 들판, 숲의 풍경은 그의 여행 수첩 속에 그림으로 담겼다. [Fig. 13]

김중업은 1955년 3월 중순부터 프랑스 노르망디와 브르타뉴 지역 곳곳을 답사한다. 오래된 석물이나 지방 특유의 장식물 등의 디테일을 분석할 뿐 아니라 선사시대의 건축인 선돌menhir과 고인돌dolmen에 매혹된다. 특히 브르타뉴에서 마주한 카르낙

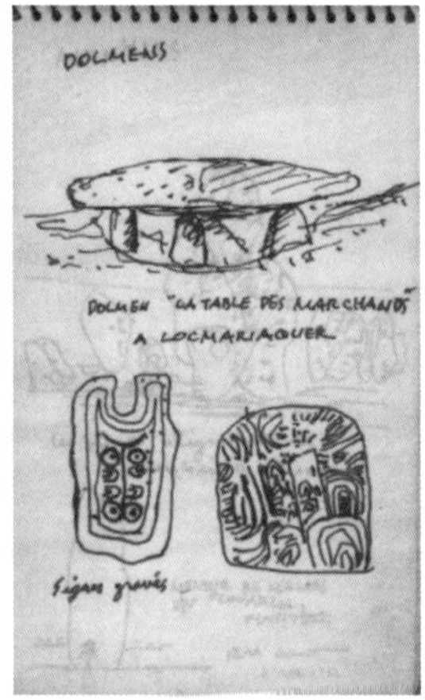

Fig. 13
벨기에 담므(Damme) 전경, 김중업의 자필 수첩, 유물번호 〈김347-00-52〉, 1954.
Fig. 14
로크마리아케(Locmariaquer) 돌멘(Table des Marchands), 김중업의 자필 수첩, 유물번호 〈김343-00-15〉, 1955.

Fig. 15
건국대학교 도서관
Fig. 16
주한 프랑스대사관(1962)

Carnac 들판 위에 정렬된 엄청난 수의 선돌들, 거의 13m에 달하는 높이의 케를로아 선돌Menhir de Kerloas, 로크마리아케Locmariaquer에 있는 장대한 규모의 고인돌Table des Marchands의 장관 [Fig. 14] 을 탐닉한다. 원시 건축 앞에서 그는 지구 반대편에 있는 고인돌의 땅 한반도를 회상[25]했을 것이다.

김중업의 '서방 여행'은 낯선 외국 땅에서 바주친 태곳적 건축 장면을 통해 조국의 뿌리와 갑자기 연결된다. 원시적 인간이 세운 기념비는 동서양의 구분 없이 시공간을 초월하며 절대적인 보편성을 띤다. '너'의 건축을 떠나 '나'의 건축을 향하고자 했던 김중업은 모든 것을 수렴시키는 '우리 모두'의 건축을 발견한다. 프랑스와 인도, 그리고 나중의 한국에 이르기까지 보편 적용될 수 있는 베통 브뤼트의 건축 역시 그렇다. 베통 브뤼트의 경험은 이렇게 원시 건축의 경험으로 이어지며, 궁극적으로 김중업의 건축이 나아가야 할 방향과 공명한나. [Fig. 15~16]

남성택은 한양대학교 건축학부 교수다. 서울대학교 건축학과를 졸업하고 프랑스 파리 마른느-라-발레 건축대학에서 석사 및 프랑스 건축사를 획득했다. 이후 실무를 병행하며 스위스 로잔 연방공과대학교에서 자크 뤼캉 교수의 지도 아래 박사학위를 받았다. 2019년 뉴욕대학교 The Institute of Fine Arts의 방문학자로 연구를 수행했다. 현재는 건축을 중심으로 오브제 디자인에서 도시에 이르기까지, 스케일의 구분 없이 삶을 담는 인위적 공간 환경과 연관된 구성, 구축, 변형 등 총체적 이론 연구와 건축설계에 관심 두고 있다. 『오늘의 건축을 규명하다』(2019)를 번역한 바 있으며 건축전문도서 시리즈 『아키라우터』의 편집장이다.

1 정인하의 연구에 따르면, 김중업은 일본 생활 때부터 이미 자기 방에 르 코르뷔지에의 사진을 내걸었으며, 졸업 직후 취직을 희망했던 일순위 설계사무소가 바로 사카쿠라 준조(坂倉 準三, 1901~1969)의 사무실이었다고 한다. 1930년에 르 코르뷔지에와 피에르 잔느레의 아틀리에에 취직해서 사보아 주택의 구현을 직접 경험한 것으로 유명한 준조의 사무실을 우선 지원했다면—비록 김중업이 그곳에 취직하진 못했지만—르 코르뷔지에와의 인연은 순전한 우연은 아니었던 것이다. 정인하, 『김중업 건축론: 시적 울림의 세계』, 산업도서출판공사, 1998, 9쪽 참조.

2 나카무라 준페이는 르 코르뷔지에가 시트로앙 주택 및 '300만 명을 위한 현대 도시'를 발표한 1922년 파리 추계전(Salon d'Automne) 현장에 있었다. 이 발표에 감명받은 준페이는 르 코르뷔지에의 제안에 대해 "미래에 대한 엄청난 일… 일본이라는 고립된 국가의 한 시민의 피를 들끓게 하는 열정과 힘(a tremendous deed to the future… passion and force present to arouse the blood of one citizen of an isolated country of Japan)"이라 기록했다.
(Junpei Nakamura's research on French Modernism published in 1924, https://www.galerie-taisei.jp/en/archives/japan.html)

3 김중업의 메모, 『비평건축』, 2호, 현실비평연구소, 1996.(정인하, 앞의 책, 13쪽 재인용)

4 정인하에 따르면 둘의 만남은 다음과 같다: "드디어 그는 산 마르코 광장 앞바다에서 페리로 승선하는 르 코르뷔지에의 모습을 보고 달려갔다. 이때 그에게 던진 질문은 좀 엉뚱하게도 모듈로르[Le Modulor, 일반적으로 '모듈러'로 표기하나 영어 'modular'와 구분되고 철자도 다르기에, 이 글에서는 르 코르뷔지에의 프랑스어 표현을 존중해 '모듈로르'로 표기했다]에 관한 것이었다. 그리고 서툰 영어로 자신을 소개하고, 그의 아틀리에에서 일하고 싶다는 의견을 피력했다. 이런 요청에 대해 르 코르뷔지에의 반응은 한마디로 어이가 없다는 것이었다. 훗날 그의 반응을 김중업은 이렇게 적고 있다. '귀는 작은 편이었고, 코끼리 눈같이 작은 눈의 소유자는 검고 굵은 안경을 쓰고 뚫어지듯이 응시하고 있지 않은가? 어이없다는 표정을 짓더니, 회의가 끝나는 대로 파리의 아틀리에로 찾아와 보라는 대답이었고, 대안의 회의장에 닿는 대로 총총 걸음으로 사라져 버렸다. 몇 안 되는 대화였지만, 나에게는 지나치게 벅찬 일이었고, 그와 가까이 할 수 있다는 희망에 가슴이 터질 듯하였다.'" (정인하, 앞의 책, 13쪽) 김중업이 스스로 설명하는 다른 내용의 만남도 있다. 마크 베다리다(Marc Bédarida)는 다음과 같이 적는다: "추후 인터뷰에서 베니스에서 나누었던 대화를 비롯해 세부적인 부분에 대해 김중업은 다음과 같이 설명한다. 김중업이 신라 시대의 건축에 대한 이야기를 하자 르 코르뷔지에는 다음과 같이 질문했다고 한다: '시인이요, 건축가요?' / '시인이자 건축가입니다.' / '나이가 스무살이라고?' / '아니요, 스물 아홉입니다.' / '우리 아틀리에에서 일하지 않겠소?' (R-J. Vinson, "Kim Chung Up", Connaissance des arts, Paris, April 1972, p. 109; 마크 베다리다, 「아틀리에 35S, 근대성의 보편적 멜핑팟」, 『김중업, 르 코르뷔지에를 만나다』, 김중업건축박물관 전시도록, 2018, 181쪽.

5 르 코르뷔지에 사무실의 직원 계약과 관련해 마크 베다리다, 앞의 책, 185~187쪽 참조.

6 "세브르가의 나의 아틀리에는 전 세계에서 몰려든 젊은 건축가들의 집결지였다. 처음 이들이 가진 것은 졸업장뿐이었다. 아틀리에에 와서 가구부터 시작해서 작은 집, 큰 집, 더 큰 규모의 건축물에서 도시계획까지 다양한 문제를 다루게 되었다. (…) 이들이 맡은 것은 단순한 스케치가 아니라 도면이었다. 일어날 수 있는 일에 대해 상상해보는 것이 아닌, 치열한 현실에 던져지게 된 것이다. / 계획, 구조, 조형, 미학, 소재, 강도, 비용, 기한이라는 현실이었다. 나는 이들과 매일 오후 하루에 다섯 시간씩 함께 했다. 나는 이와 같은 작업 방식이 훌륭한 교육이라고 생각한다." 르 코르뷔지에, 『건축대학 학생들과의 대화』, 1943.(막스 베다리다, 앞의 글, 188쪽 재인용)

7 Le Corbusier, Œuvre complète 1929–1934, Zurich: Girsberger, 1935, p. 8. 원문은 다음과 같다. "Voici la seconde série: 1929'1934. / La première avait groupé les anées 1910–1929, c'est à dire 20 années de recherches. / Le hasard avait fait que le premier tome parût en l'année 1929. Cette année était en quelque sorte, pour nous, la fin d'une longue série de recherches. 1930 inaugurait une étape de préoccupations nouvelles: les grands travaux, les grands événements de l'architecture et de l'urbanisme, l'ére prodigieuse de l'équipement d'une nouvelle civilisation machiniste. / Ayant rédigé, sur le bateau qui me ramenait de Buenos-Ayres à Bordeaux, le livre "Précisions", j'achevais mon manuscrit par ceci, à peu près: "Je ne parerai dorénavant plus de la révolution architecturale qui est accomplie. C'est l'ére des grands travaux qui commence, c'est l'urbanism qui devient la préoccupation dominante."

8 "C'est en 1945 que Le Corbusier a mis au point d'une manière définitive les recherches qu'il entreprises depuis vingt années sur les proportions, et qui lui avaient valu, il y a une dizaine année, le titre de D'h.c. en philosophie et mathématiques de l'Université de Zurich.", in Le Corbusier, Œuvre complète 1938–1946, p. 170. 르 코르뷔지에는 모듈로르에 대해 다음과 같이 밝혔다. "나는 '비례의 격자'가 온 나라를 뒤덮는 건축 현장을 꿈꾼다. 비례의 격자는 용접된 철제 띠로 이루어져 건물 벽에 점이나 선으로 위치를 표시할 수 있도록 할 것이다. 이것이 현장의 규칙이 되고 결합과 비례를 이루는 일종의 광범위한 표준이 되었으면 한다. 벽돌공, 목수, 조적공 모두 비례의 격자를 사용해 작업을 측정하고 그렇게 만들어진 다양한 작업들이 모두 조화의 증거가 되기를 꿈꾼다." in Andrés Wogensky, Les mains de Le Corbusier, 1987. (한글 번역은 앙드레 보겐스키, 『르 코르뷔지에의 손』, 이상림 옮김, 공간사, 2006, 93쪽 참고)

9 Le Corbusier, Le Modulor (1950), Boulogne-sur-Seine: Édition de l'Architecture d'Aujourd'hui, 1963, p. 7.

10 김중업은 당시 어려움을 이렇게 회고한다. "불란서 말을 못하니까, 하여튼 단어들이 정착되지 않아요. 왜 병신육갑한다는 말 있지. 말하자면 소위 의사를 정확하게 받아들일 수도 없고, 또 내 의사를 정확하게 전달할 수도 없으니까. 일단 강렬하게 밀고 나갈 수 밖에 없었던 거지. 그 강렬하게 밀고 나간다는 것은 스케치라고. 자꾸 남보다는 더 열심히 스케치해서 자꾸 아이디어를 내서, 이것 가지고도 당신 불만족이냐? 이런 식으로 어프로치해 들어간 것이지."「한국의 건축가-김중업」,『건축사』, 337호(1997. 5.) (정인하, 앞의 책, 17쪽 재인용)

11 그린다는 것은 건축에 있어 일상적이면서 본질적인 의미를 지닌다. 르 코르뷔지에는 다음과 같이 말했다: "그리는 것, 그것은 우선 눈으로 바라보는 것, 관찰하는 것, 발견하는 것이다. 그리는 것, 그것은 보는 것이며, 사물들과 사람들이 태동하고 성장하고 만개하고 죽는 것을 보는 것이다."(Danièle Pauly, Le Corbusier et le dessin, FAGE, 2015, 재인용) 도면을 그리는 것도 그렇다. 건축의 실무적 작업이나 수련을 위한 첫걸음이기도 했다. 르 코르뷔지에 스스로도 1907년 파리에 도착했을 때 오귀스트 페레(Auguste Perret, 1874~1954) 밑에서 도면을 그리는 외국인 제도사로 새출발했다. 세브르가 35번지가 르 코르뷔지에의 교육 기관처럼 인식된다면, 학생들의 학습 수단은 도면을 그리는 것뿐이었다.

12 르 코르뷔지에 재단(FLC)의 도면 기록과 자료들을 분석해 볼 때 현재까지 김중업이 기여한 것으로 파악되는 도면 문서 개수는 326건이며 설계 프로젝트 개수는 12개였다. 물론 기록에서 누락되거나 보존되지 못한 도면들이 있을 수 있고, 미확인 참여 설계 프로젝트도 더 있을 수 있다는 점도 감안하자. 326건의 도면들에는 트레이싱지 원도뿐 아니라 복사도도 포함되어 있다는 점을 유의할 필요가 있다. 이 중 원도는 184건이며, 나머지 142건은 복사도이다. 원도 없이 복사도만 남아 있는 경우도 7건이 있는데 아마 이 원도는 분실한 것으로 추정된다. 이 분실 원도의 개수까지 고려한다면 김중업이 작업한 총 원도의 수는 191건이고, 전체 도면 개수도 333건으로 늘어나게 된다. 한편 복사도를 단순히 재생산된 복제품으로 치부해서는 안 된다. 복사도는 추가적인 검토 및 수정 작업을 위한 기본 바탕이 되었고, 실제로도 그 위에 직접 수정을 가하고 발전시켜 유효화되는 다음 단계의 도면으로서 보존되었다. 따라서 복사도 역시 독립적 문서로 별도의 일련번호가 부여되어 있었던 것이 당연했으며, 김중업의 작업을 이해하는 데 있어 의미 있는 분석 대상이 된다. 세브르가 35번지에서 김중업의 도면 분석에 대해서는 다음을 참조. 남성택, 「KIM에 의해 그려진: 1952-1955, 르 코르뷔지에 아틀리에의 김중업 도면들」, 『김중업, 르 코르뷔지에를 만나다』, 김중업건축박물관 엮음, 190~231쪽.

13 물론 김중업이 입사하기 이전에 캐피톨의 배치는 이미 어느 정도 자리 잡았고, 각 주요 궁전들의 설계 역시 상당히 진척된 상황이었다. 그중 행정청사와 고등법원은 가장 진도가 앞서 있던 설계안들이었다. 그럼에도 여전히 확정, 발전시켜야 할 부분들은 많이 남아 있었고, 이를 정확히 규명하고 최종적으로 확정하는 일, 즉 'mettre au point'이 필요했다. 다른 직원들의 작업도 궁극적으로 그러했던 것처럼, 제도사(dessinatuer)로서 김중업의 임무는 거장의 생각을 완성하기 위해 '르 코르뷔지에의 손'을 대신해 그리는 역할이었다. 르 코르뷔지에는 새로 입사한 젊은 건축가들에게 다음과 같이 말했다. "나는 직원들에게 보수를 받고 일하는 디자이너들과 똑같은 정확성과 규칙성을 원한다. 까다롭고 기술적인 실시설계도면과 같은 것을 작업하게 되지 멋진 건축 스케치를 하게 될 것이라고 기대해서는 안 된다."(FLC S1 (2), 마크 베다리다, 앞의 책, 186쪽 재인용) 보겐스키도 다음과 같이 밝혔다. "따로 창작할 것도 없었고 그저 실행에 옮기기만 하면 됐다. 아틀리에에서 산출되는 모든 것들의 유일한 설계자는 르 코르뷔지에였다."(마크 베다리다, 앞의 책, 185쪽 재인용)

14 책으로 출판하려 했으나 미완성으로 남은 르 코르뷔지에의 이론이다. 후에 1946년 잡지에 동일 제목으로 글을 실은 바 있다. Le Corbusier, "L'espace indicible" in L'Architecture d'Aujourd'hui (Special issue), 1946.

15 그동안 행정청사 도면 작도를 전담했던 직원은 게르만 삼페르(Germán Samper Gnecco, 1924~2019)였으며 김중업은 입사 후 그를 도와 행정청사 도면을 발전시키고 마무리했다.

16 자울 주택의 설계를 주로 담당한 직원은 자크 미셸(Jacques Michel)과 살바도르 베르토치(Salvatore Bertocchi)였으나, 김중업이 그린 도면들은 로헬리오 살모나(Rogelio Salmona, 1929~2007)가 검토했다.

17 "These houses [···] are being built by Algerian labourers equipped with ladders, hammers and nails, and with the exception of glass no synthetic materials are being used: technologically, they make no advance on medieval building···." James Stirling, "Garches to Jaoul – Le Corbusier as Domestic Architect in 1927 and 1953", in Architectural Review, n.705, September 1955.

18 Reyner Banham about Brutalism (with Hunstanton School) : "The qualities of that object may be summarized as follows : 1, Formal legibility of plan; 2, clear exhibition of structure, and 3, valuation of materials for their inherent qualities 'as found'." (Reyner Banham, "The New Brutalism", in Architectural Review, n.708, December 1955, p. 357)

19 이 이미지는 르 코르뷔지에의『전집』에서 특별히 강조되어 게재되기도 했고, 나중에 르 코르뷔지에를 실은 스위스 10프랑 지폐의 뒷면 전체에 인쇄되는 등 후기 르 코르뷔지에를 대표하는 상징(emblème) 중 하나로 자리잡게 된다.

20 "La solution verticale majeure est assurée par deux grandes rampes montant du fond jusqu'à trente mètres de hauteur. [···] Le système d'assenseurs à l'américaine est ici impossible: les frais d'exploitation en seraient formidables et sans utilité musique l'heure de pointe n'existe qu'une seule fois, le matin. On a tenu compte du plaisir que les Indiens prennet à la marche à pied en imaginant des rampes douces, extérieures, d'où l'on dédcouvre des vues admirables sur la composition paysagiste et architecturale fournie par le Capitol. On a pu admettre que ces trois mille employés continuereaient tout simplement ici leur promenade jusqu'à la porte de leur bureau, une fois chaque matin. Dès lors la nécessité d'un transport vertical intensif n'existait plus." in Le Corbusier, Œuvre complète 1946–1952, p. 136.

21 정인하, 앞의 책, 32쪽.

22 Le Corbusier, 앞의 책, p. 187.

23 김중업의 자필 수첩, 유물번호 〈김349-00-013〉, 1985.

24 서강대학교 본관 설계에 참여한 안병의는 다음과 같이 말한다. "서강대 본관 작업 당시에는 저도 참여를 했어요. (···) 그러면서 하는 말이 당시 서강대 총장인 게페르트 교수는 보수적이니까 너무 모던하게 하지는 말라고 그러더군요. 그래 하는 수 없이 작업을 해서 가져가니까 게페르트 교수 왈, 이건 학생들의 공장 아니냐 그래요." 정인하, 앞의 책, 17쪽.

25 "문화의 발생은 중국보다 앞서 있어 돌멘(고인돌)이라는 구석기 시대의 거석 문화가 한반도 곳곳에 남아 있다." 김중업의 자필 수첩, 유물번호 〈3-8-17〉, 1985.

참고문헌

1 정인하,『김중업 건축론: 시적 울림의 세계』, 서울: 산업도서출판공사, 1998.

2 『김중업, 르 코르뷔지에를 만나다』, 김중업건축박물관 전시도록, 2018.

3 국립현대미술관 · 김중업건축박물관 공편,『김중업 다이얼로그』, 열화당, 2018.

4 『PA 프로아키텍트』, 1권(1997. 1.)

5 Le Corbusier, Œuvre complète (8 volumns), eds. Willy Boesiger, Oscar Stonorov and Max Bill, 1929~1969

6 Adolf Max Vogt, Le Corbusier, le bon sauvage. vers une archéologie de la modernité (2001), Folio, 2003. Jacques Sbriglio, Le Corbusier et laa question du bru talisme, Parenthèses, 2013.

7 Roberto Gargiani and Anna Rossellini, Le Corbusier. Béton brut and ineffable Space, 1940–1945, EPFL Press, 2011. Le Corbusier, "l'atelier 35 rue de Sèvres", Bulletin d'informations architecturales, été 1987.

Rammed Earth
흙다짐

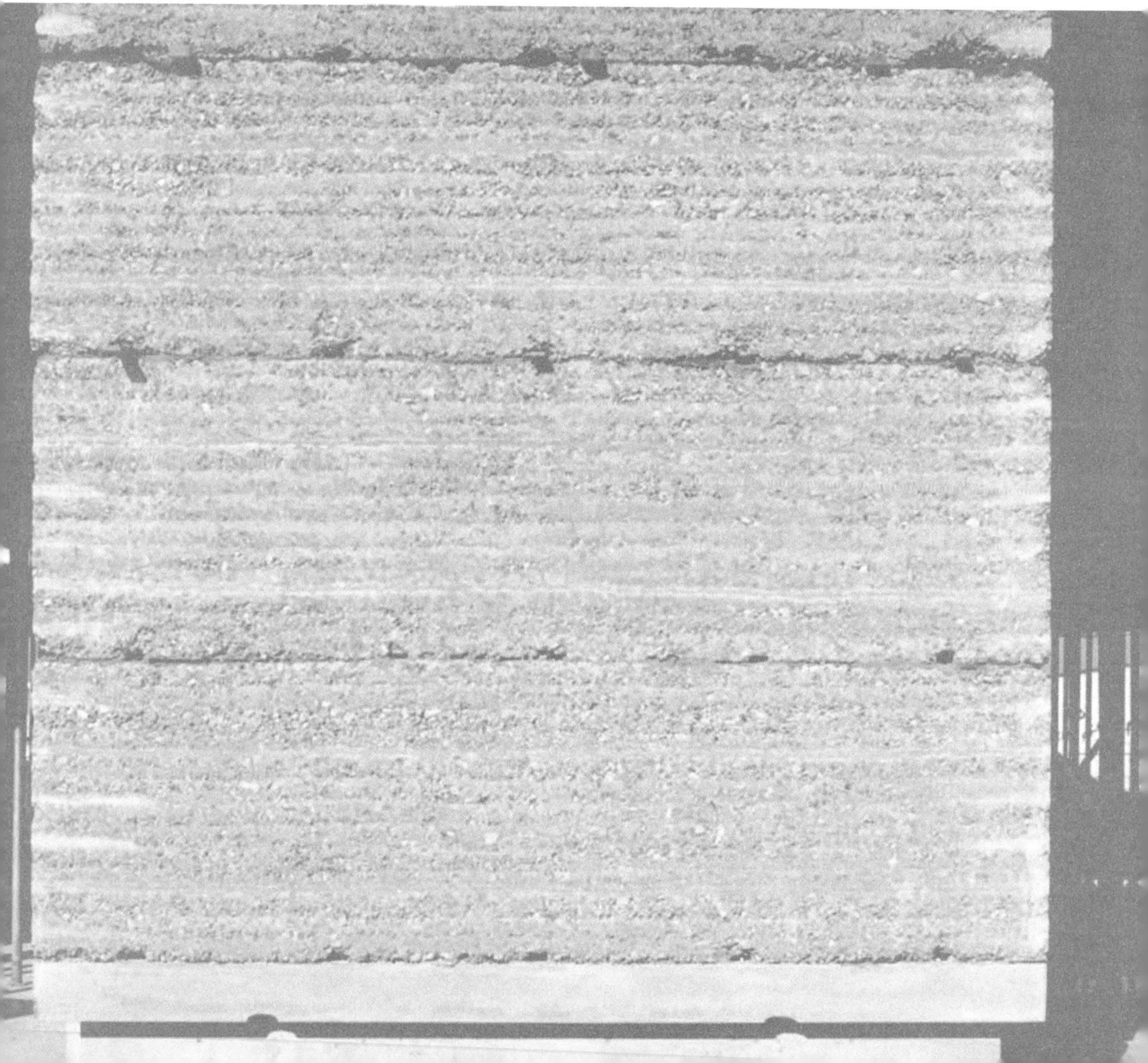

마틴 라우흐는 오스트리아 출신 건축가이자 장인으로, 30여 년간 현대적 맥락에서 흙을 활용하는 방식을 실험해왔다. 그는 아프리카에서 흙이 단순한 순환 고리 속에서 최적의 방식으로 구축되는 것을 경험했으며, 동시에 그러한 방식이 서구의 재활용 불가능한 재료들로 대체되는 현실을 목격했다. 이후 그는 흙의 본래 물성을 살리는 데 집중한다. 흙다짐 과정에서는 첨가제를 섞어 보강하기보다 두께를 키우거나 기계로 반복적으로 다지는 등 물리적 방법만으로 내구성을 확보하고자 했다. 또한 그는 흙다짐 과정에 프리패브리케이션 방식을 도입했다. 공장에서 긴 거푸집에 흙다짐 벽체를 제작하고, 필요한 만큼 절단해 현장으로 옮기는 방식이다. 이는 콘크리트 타설 방식과 목재 프리컷 방식의 중간 어딘가에 위치한 듯, 단단하면서도 유연한 흙의 이중적인 물성을 드러낸다. 흙이라는 토착 자원과 산업화된 생산 체계의 만남은, 원초적 재료를 미래에도 유효한 건축 자원으로서 의미를 지니게 한다.

홍다혜

Image credit (previous page):
© Emmanuel Dorsaz

2019

현대 재료로서의 흙

Upscaling Earth

안나 헤링어, 린지 블레어 하우, 마틴 라우흐

Anna Heringer, Lindsay Blair Howe, Martin Rauch

홍다혜 옮김

Extracted from: Heringer, Anna, Lindsay Blair Howe, and Martin Rauch. "Material" in *Upscaling Earth: Material, Process, Catalyst*, 47–59. Chicago: University of Chicago Press, 2019.

흙다짐: 자연적으로 견고함

침식과 구조적 안정성은 건축가들이 흙을 활용한 설계에 대해 우려를 표할 때 가장 흔히 언급하는 문제이기 때문에, 흙을 오늘날의 건축 실무에서 더 널리 활용하려면 그 재료의 물성이 일정하다는 점을 실험하고 입증할 수 있는 능력이 중요하다. 흙을 건축재료로 활용하려는 흐름에—적어도 겉으로 보기에—기여하고 있는 최근의 한 시도는 '안정화'이다. 흙의 안정화란, 자연 상태의 흙 혼합물에 시멘트와 같은 화학 첨가제로 보강하는 것을 의미한다. 일반적으로 흙 혼합물에는 5~10퍼센트의 시멘트 용액이 첨가되며, 이는 풍화로 인한 재료의 침식이나 충분하지 않은 압축 강도에 대한 불안을 덜어주는 역할을 한다. 저명한 건축가들의 많은 흙다짐 프로젝트들이 이러한 방식으로 실행되어 왔는데, 그 예로는 부르키나파소의 프란시스 케레Francis Kéré, 미국의 릭 조이Rick Joy, 그리고 호주의 루이지 로셀리Luigi Rosselli를 들 수 있다. 이들 프로젝트에는 시멘트가 최대 10퍼센트까지 혼합되어 있으며, 이는 콘크리트의 표준 시멘트 혼합 비율인 12퍼센트에 거의 근접하는 수치이다. 그러나 안정화는 반드시 필요한 것이 아닐 뿐만 아니라, 흙이라는 재료가 지닌 가장 중요한 두 가지 물리적 특성—즉 수분을 교환하는 능력과 완전한 재활용 가능성—을 오히려 훼손한다.

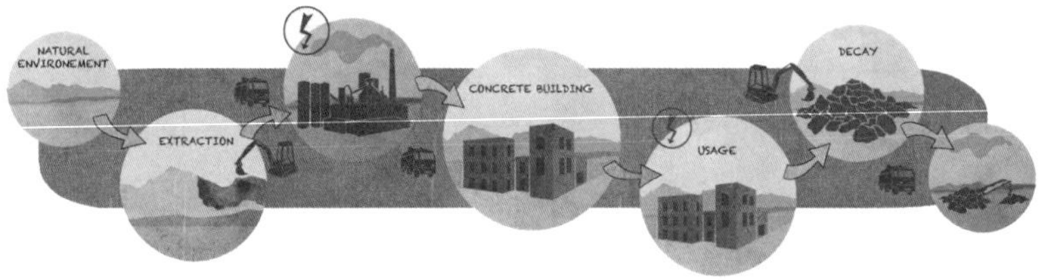

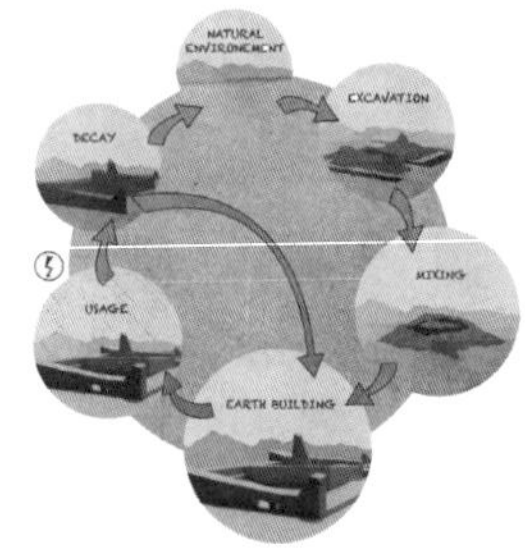

Fig. 1, 2
One of the most beneficial properties of building with earth is that—if it is not stabilized with chemical-based additives—it can be recycled infinitely or folded back into the ground. Schematic drawings: CRAterre and Studio Anna Heringer.

여기에는 네 가지 요인이 작용한다. 첫째, 수증기의 잔류와 '갇힌' 습기는, 특히 흙다짐이 대표하는 두껍고 하중을 지지하는 구축을 꺼리는 이유로 자주 거론된다. 그러나 실제로는 그 정반대가 사실이다. 수분을 흡수하고 방출하는 것은 흙다짐이 지닌 가장 뛰어난 특성 중 하나다. 표면 처리되지 않은 흙다짐은 여전히 '숨 쉴 수' 있기 때문에, 건물과 그 안에 있는 사람 모두가 수분을 교환할 수 있으며, 과도한 응결 수분은 모세관 작용을 통해 벽체 바깥으로 전달된다.[1] 이러한 흡습성hygroscopic characteristic은 계절에 관계없이 실내 온도와 습도를 일정하게 유지시킨다. 지금까지 수행된 몇몇 연구들—예를 들어 하우스 라우흐Haus Rauch 사례나, 우리가 ETH 취리히에서 진행한 디자인-빌드 학기 프로젝트인 탄자니아의 주거 및 커뮤니티 센터 프로젝트—에서는, 이러한 특성이 장기적인 운영과 유지관리에 소모되는 자원을 크게 줄인다는 사실을 뒷받침하는 결과를 보여주었다. 이는 환경에 미치는 영향과 비용을 모두 낮추는 데 기여하는데, 이러한 특성은 사실상 역설계reverse engineer[역주1] 하기가 거의 불가능하다.

둘째, 흙은 수용성 물질로, 그 결과 풍화와 외부 환경 조건에 취약해진다. 그러나 이 사실 또한 놀라운 자원이다. 이러한 열화劣化[역주2]를 인위적으로 보완하려 하기보다, 흙다짐 구축은 '계산된 침식calculated erosion'이라는 원리를 따르는 것이 바람직하다. '계산된 침식'은 구조물의 벽이 처음부터, 기존 계획보다 2~3센티미터 더 두껍게 시공되는 것을 전제로 한다. 물이 흘러내리며 입면을 풍화시키기 시작하면, 표면에 돌출된 석재들이 물의 흐름을 분산시켜 수분이 벽 안쪽으로 깊이 침투하거나, 혼합물 속 점토가 침식되는 것을 막는다. 또한 혼합물에 포함된 점토 입자는 수분 증가에 반응해 자연스럽게 팽창하며, 이러한 작용은 풍화의 진행을 멈추는 데 일조한다. 이러한 과정을 보조하기 위해 입면에는 '속도 저감 장치speed breaker'를 계획적으로 배치해야 한다. 이는 수평 방향으로 돌출된 재료 띠, 혹은 벽

1 Marco Sauer (ed.), *Martin Rauch: Refined Earth—Construction & Design with Rammed Earth* (Munich: Detail Verlag, 2016), pp. 69, 74–77. See also Ulrich Röhlen and Christof Ziegert, *Lehmbau-Praxis: Planung und Ausführung*, 2nd ed. (Berlin: Beuth Verlag, 2014); Günter Zur Nieden and Christof Ziegert, *Neue Lehm-Häuser international: Projektbeispiele, Konstruktion, Details* (Berlin: Bauwerk Verlag, 2002).

역주1 완성된 결과물의 구조나 작동 원리를 거꾸로 분석해 파악하거나 재현하는 방식

역주2 시간과 환경에 따라 재료 성능이 점차 저하되는 현상

과 단차 없이 맞닿은 트라스 석회trass lime 등을 일정 간격으로 삽입하는 방식이다. 전 세계의 수많은 프로젝트들이 이 방식을 적용해왔다. 그 결과, 정상적인 기후 조건 아래에서는 몇 센티미터에 이르는 초기 마모 이후 입면이 더 이상 후퇴하지 않는다는 사실이 입증되었다. 흙 혼합물의 품질이 충분하고 다짐이 올바르게 이루어진 상태에서, '계산된 침식calculated erosion'을 고려해 시공된다면 평지붕 구조의 흙 건축물조차도 풍화를 견딜 수 있다.

셋째, 화학 기반 첨가제는 흙의 재활용 가능성을 현저히 떨어뜨린다. 흙 건축물에 어떤 것도 첨가되지 않은 경우, 구조물이 더 이상 필요 없게 되었을 때 그 구성요소를 해체해 제거할 수 있으며, 그대로 자연으로 되돌아가 분해되거나 새로운 흙 건축을 위해 재사용될 수 있다. 시멘트와 같은 물질이 첨가되면, 그 재료는 이후 몇 번의 구축 사이클에서 다시 사용될 수는 있겠지만, 그 과정에서 재료는 점차 열화되고 결국 더 이상 사용할 수 없게 된다. 요컨대, 첨가물이 들어가지 않은 흙처럼 완전히 재활용되는 일은 결코 없다.

마지막 요인은 실용성이다. 흙에 첨가제를 섞어 변성하기보다, 발견한 그대로의 재료로서 흙을 설계에 활용하기로 선택할 때, 이 재료가 지닌 가장 유익한 성질과 고유한 지역적 특성을 모두 보존할 수 있다. 세계의 일부 지역은 흙 속에 자갈이 많이 포함되어 있어, 흙다짐 방식이 건축에 자연스럽게 어울리는 선택이 된다. 반면 방글라데시처럼 자갈은 적지만 짚이 풍부한 지역에서는 코브cob[역주3] 방식이 더 적합한 기술이 된다. 각 건축 방식은 저마다의 고유한 미학을 만들어내며, 해당 지역의 기후에 어울릴 뿐 아니라, 사람들이 편안함을 느끼는 방식—즉 사회적 · 문화적으로 형성된 생활 감각—을 반영하는 고유한 구축 원리를 따른다.

디자이너로서 우리의 접근은, 흙이 지닌 고유한 조건들—지역 기후와 토양 구성—을 매우 진지하게 받아들이는 데 있다. 이러한 요소들은 우리의 창의성을 자극하고, 각 작업에 고유한 진정성을 부여하며, 동시에 건축과 디자인에 있어 상식에 기반한 태도를 드러낸다.

역주3 진흙, 짚, 물을 혼합한 반죽 상태의 재료를 손으로 쌓아 올리는 전통적인 흙건축 기법

프리패브리케이션의 가능성

안정적이고 내구성이 뛰어나며 건강한 건축 재료로서 흙다짐이 지닌 고유한 잠재력은 대부분의 기후 환경에 적합하며, 오늘날 흙이라는 재료에 대한 인식 변화에 중요한 역할을 하고 있다. 형틀만을 이용해, 다짐봉으로 흙 혼합물을 층층이 다져 올려 오래 지속 가능한 건물을 짓는 일은, 최고 수준의 건축적 완성도를 지닌 설계로 이어질 수 있다. 하지만 인건비가 높은 산업화된 지역에서는 이러한 방식이 현실적이지 않다. 그런 맥락에서는 프리패브리케이션(사전 제작) 방식이 더 적절하며, 이는 노동과 기술 사이 스펙트럼의 반대편 끝을 보여준다. 다시 말해, 흙다짐 부재를 사전에 제작해 공급할 수 있는 능력을 의미한다.

벽과 같은 흙다짐 요소를 제작하는 방식은 두 가지가 있다. 현장에서 직접 시공하는 방법과, 공장에서 사전 제작하는 방법이다. 어느 경우든 제작의 첫 단계는 형틀을 설치하는 일이다. 예컨대, 콘크리트를 타설할 때 사용하는 형틀과 유사한 방식이다. 사전 제작된 흙다짐 요소들은 보통 길이 50~80미터, 높이 1.3미터의 형틀 안에서 제작되며, 이 형틀은 공장 내부에 설치되어 있어 현장 일정이나 기상 조건과 관계없이 재료를 생산할 수 있다. 두 개의 형틀 벽 중 하나는 고정되어 있고 다른 하나는 이동식이어서, 프로젝트마다 벽의 두께를 조정할 수 있으며, 제작된 흙다짐 요소는 이 형틀에서 쉽게 분리해낼 수 있다. 기계로 다질 경우, 장비는 고정된 측면에 장착된다. 이 장비는 흙을 자동으로 형틀 안으로 분배하고, 동시에 채워진 재료를 다질 수도 있다.

다짐 기계는 혼합 재료를 12~15센티미터 두께로 형틀 안에 부어 넣는다. 이 혼합물의 입자 크기는 3.2센티미터를 넘지 않아야 한다. 다짐이 이루어지면, 한 층의 두께는 6~8센티미터로 압축된다. 다짐이 완료되고 가변형 형틀 벽을 제거하면, 사전 제작된 벽 전체 길이를 필요한 부재 크기로 절단하게 된다. 이때 크기는 대개 건설 현장에서 크레인이 들어 올릴 수 있는 최대 중량에 따라 결정되며, 그 상대적 크기는 흙 표면의 연속적인 패턴을 가능한 한 온전히 유지하려는 의도에 따라 조정된다. 이처럼 제작된 방식은 현장 타설 흙다짐 특유의 미학을 반영한다. 각각의 요소는 흙 모르타르로 고정되며, 이 재료는 부재 간의 이음새를 자연스럽게 메워준다. 이후 각 흙다짐 부재는 같은 재료를 사용해 손으로 마감 처리되어, 이음새 없이 매끈한 면이 완성된다. 이렇게 제작된 벽 또는 벽체 요소는 공장에서

Fig. 3, 4
Machine conceived by Lehm Ton Erde GmbH to prefabricate with a mechanized ramming process. The material mixture is distributed into the formwork and then rammed by the machine.

Fig. 5
Earthen elements are stored in a warehouse until they reach their full compressive strength and material stability by naturally drying. Modular elements (here, cavity walls with integrated insulation) can be fully produced in advance and then set into place according to the requirements of the building site schedule.

Fig. 6
The Gugler Printing House (1998–1999) in Pie.

4~6주 간의 건조 과정을 거치며, 이 기간이 지나면 최종 강성에 도달하게 된다.

사전제작 과정은 생산과 시공 과정을 최적화할 뿐만 아니라, 재료의 균질성과 더 높은 품질의 결과물을 확보할 수 있게 해준다. 이는 산업화된 기준과 표준에 부합하기 위해 특히 중요하다. 흙이라는 재료에서 최종 결과물은 지역적 조건에 따라 달라지는 요소들에 의해 결정된다. 사용된 점토의 성질, 혼합물에 섞인 모래와 자갈, 다짐 과정에서의 수분 함량, 제작 과정에서의 기후 안정성, 그리고 다짐의 일관성이 그러한 요소들이다. 이러한 요소들은 흙다짐 재료의 압축 강도, 강성, 열적 특성, 수분 흡수율, 내화 등급 등에 직접적인 영향을 미친다. 이러한 성능은 사전 제작을 통해, 콘크리트나 다른 산업화된 표준 자재와 마찬가지로, 실험실 환경에서 정밀하게 제어되고 실험될 수 있다.

구축(building)을 통한 혁신

M.R. 오늘날 인류는 이제껏 경험하지 못한 규모의 위기에 직면해 있으며, 이에 따라 흙이라는 재료가 지닌 거대한 잠재력이 다시금 절실하게 요구되고 있다. 특히 흙다짐의 르네상스가 전 세계적으로, 그 중에서도 유럽 대륙을 중심으로 서서히 피어나고 있다. 이 흐름은 흙다짐 건축 방식이, 콘크리트처럼 손쉽게 상품화된 자재들이 수십 년간 거쳐온 기술 혁신의 과정을 똑같이 밟을 수 있었더라면, 지금보다 얼마나 더 진일보했을지를 짐작하게 한다. 그럼에도 불구하고, 흙이 강력한 로비나 대규모 자금 지원 없이도 다시 주목받고 있다는 사실 자체는, 지속 가능한 건축이란 무엇인지에 대한 정의를 근본적으로 다시 구성할 수 있는 잠재력을 흙이 여전히 지니고 있음을 보여준다. 결국 우리가 던져야 할 핵심적인 질문은 이것이다. 산업화된 자재들이 수십 년간 거쳐온 기술 축적의 흐름을 누리지 못한 채 여전히 여러 한계를 안고 있는 흙이라는 재료를, 어떻게 하면 오늘날의 생활 기준은 물론, 점점 더 기술 중심으로 흘러가는 건축 담론의 흐름 속에서도 성공적으로, 그리고 적절한 방식으로 실현해 나갈 수 있을까?

오늘날의 흙다짐 건축은 줄곧 디자인과 기술 혁신과 연관되어 왔다. 오스트리아 포어알베르크Vorarlberg 지역에 있는 나의 회사, 렘 톤 에어더Lehm Ton Erde에서 수행한 첫 번째 대규모 흙다짐 프리패브리케이션(사전 제작) 프로젝트는 장크트푈텐St. Pölten 인근에 위치한 구글러 인쇄소Gugler Printing House를 위한 것이었다. 이 프로젝트에서 사용된 사전 제작된 흙다짐 부재들은 '히포코스트hypocaust'—따뜻한 공기를 순환시켜 난방을 가능하게 하는 공간—로 설계되었다. 이러한 방식에서 드러나듯, 혁신은 주로 '디자인을 통한 연구research-by-design'의 형태로 작동해 왔으며, 사전 제작 부재의 개발 역시 우리의 프로젝트를 통해 이루어져 왔다. 2007년에 이르러서는 하나의 형틀 라인 안에서 여러 개의 부재를 동시에 제작할 수 있게 되었다. 이후 2012년에는 생산과 재료 분배가 모두 기계로 이루어진 첫 번째 대규모 프로젝트를 스위스 라우펜Laufen에 위치한 리콜라 허브 센터Ricola Kräuterzentrum에서 진행했다. 2014년에는 흙 혼합물을 형틀에 분배하고 곧바로 다짐까지 수행할 수 있는 장비를 개발하여, 이를 스위스 젬파흐Sempach의 스위스 조류학 연구소Swiss Ornithological Institute 프로젝트에 적용했다. 이어 2016년에는 단열 시스템이 통합된 흙다짐 부재를 처음으로 제작했고, 이를 독일 다름슈타트Darmstadt의 알나투라 아르바이츠벨트Alnatura Arbeitswelt 프로젝트에 적용했다.

건축 재료로서 흙이 지닌 잠재력을 극대화하려면, 사전 제작 방식의 흙다짐 공정이 필수적이다. 오늘날 흙은 주로 비내력 부재non-load-bearing로 사용되고 있지만, 사실상 건물 입면에서 하중을 지탱함과 동시에 단열 기능까지 수행할 수 있는 충분한 역량을 지니고 있다. 렘 톤 에어더Lehm Ton Erde는 지난 20년간 단열이 내장된 외부 이중벽 구조의 내력 벽체를 사전 제작 방식으로 구현하기 위한 연구를 지속해 왔으며, 현재는 기둥, 보, 브래킷 등 다양한 구성 요소의 사전 제작으로 그 범위를 확장하고 있다. 이 연구는 동시에 새로운 형태의 흙다짐 요소들을 만들어내고 있으며, 그것들의 물리적 성능과 재료의 생애주기적 특성을 실험하는 작업도 병행되고 있다. 마지막으로, 우리는 현재 사전 제작된 흙다짐 부재와 다른 건축 부재들—예를 들어 천장과 바닥 슬래브, 창문과 문 등—을 연결할 수 있는 표준화된 연결 요소들을 개발 중에 있으며, 이 접합부는 배관이나 전선 배치를 위한 통합 관로 역할도 수행한다. 이러한 표준화된 요소들의 개발은 특히 고도로 산업화된 맥락에서 흙을 실질적인 건축 재료로 확장해나가기 위한 과정에서 필수적이다.

Fig. 7
Students of Professor Annette Spiro and Lecturer Gian Salis at the ETH Zurich designed and prefabricated elements to create the first-ever rammed earth vault, working in close collaboration with Lehm Ton Erde GmbH.

Fig. 8
Six elements comprising two separate components and spanned by vaults were lifted into place on their site on the ETH Zurich Hönggerberg campus, with a hexagonal keystone, and then their joints were retouched to create a seamless surface.

Fig. 9
Minimal concrete foundations provide a stable base for the cupola. It is protected from weather by metal roofing.

하지만 흙을 건축 재료로 격상시키는 일은 단지 부재들이 점점 더 기술적으로 복잡해지는 프로젝트들을 통해서만 이루어지는 것은 아니다. 흙 건축은 그 자체만의 조형 언어formal language를 필요로 한다. 2012년에는 취리히 연방 공대ETH Zurich 건축학과의 아네트 슈피로Annette Spiro와 지안 살리스Gian Salis와의 협업을 통해, 사전 제작 방식과 형태 탐색form-finding[역주4] 접근을 결합하려는 시도가 이루어졌다. 선택 과목으로 개설된 이 수업에서 학생들은 지금껏 시도된 적 없는 과제를 부여받았다. 바로 사전 제작된, 안정화 처리되지 않은 흙 부재만을 이용해 세계 최초의 돔형 지붕cupola을 설계하는 것이었다. 세미나를 통해 완성된 높이 5미터의 설계는, 6개의 아치가 5개의 돔 형태 구조물을 지지하는 방식으로 이루어졌다. 이 부재들은 크레인을 이용해 정확한 위치로 들어 올려졌으며, 벽돌 사이의 모르타르처럼 작용하는 흙–석회 혼합물로 접합되었다. 안정화 처리되지 않은 순수한 흙은 오직 압축력만으로 구조를 유지해야 함에도 불구하고, 이 돔형 구조물은 혁신적인 설계 방식과 현대 기술 도구들을 통해 건축 재료로서의 흙의 잠재력을 높이는 동시에, 흙으로 구현할 수 있는 건축 언어나 건축적 표현architectonic expression의 가능성 역시 넓혀줄 수 있음을 보여준다.

안나 헤링어(Anna Herigner)는 1977년 독일 로젠하임 근교 라우펜에서 태어났다. 19세 때 방글라데시에서 NGO와 협업한 경험을 통해 지역 자원과 공동체 참여에 기반한 지속가능한 건축의 방향을 모색하기 시작했다. 이후 린츠 응용미술대학교에서 건축을 전공하고, 2005년 졸업 작품으로 METI Handmade School을 설계 · 완공하여 2007년 아가 칸 건축상을 수상했다. 그녀의 작업은 흙과 대나무 같은 자연 재료를 활용하고 지역 주민의 참여를 중시하는 것이 특징이며, 이러한 철학은 ETH 취리히, 하버드 GSD, 마드리드 공대 등에서 강의로 이어졌다. 또한 그녀의 작품은 MoMA, V&A, 베니스 비엔날레 등 세계 주요 전시에서 소개되며 국제적으로 주목받고 있다.

린지 블레어 하우(Lindsay Blair Howe)는 미국 캘리포니아 버클리에서 태어나 버지니아 대학교에서 건축과 글로벌 문화 · 상업을 전공했다. 이후 ETH 취리히에서 건축 · 도시학 석사와 박사 학위를 받고 강사 및 연구원으로 활동했으며, 도시 사회학과 공간 연구 분야에서 경험을 쌓았다. 2021년부터 리히텐슈타인 대학교에서 '건축과 사회' 부교수 및 부학장을 역임했고, 2025년에는 뮌헨 공과대학교 공간계획 및 개발 정교수로 임명되어 도시화와 공간 주변화 연구센터(CUSP)를 이끌고 있다. 그녀의 연구는 자발적 지리정보와 정성적 혼합 분석, 남아프리카 및 중부 유럽의 현장 연구를 통해 일상 경험이 도시 공간 이론에 제공하는 통찰을 탐구하는 데 초점을 맞추고 있다.

마틴 라우흐(Martin Rauch)는 빈 응용미술대학교에서 세라믹을 전공하고, 졸업 작품 「Lehm Ton Erde」로 오스트리아 과학연구부 장려상을 받으며 흙 건축 연구를 시작하였다. 이후 전통적 흙 다짐(rammed earth) 기법을 현대적으로 재해석하며, 조각 · 도예와 건축을 넘나드는 실험을 이어왔다. 1999년 'Lehm Ton Erde Baukunst GmbH'를 설립하여 다양한 건축 프로젝트를 수행하였고, ETH 취리히 방문교수, 린츠 예술공업대학교 강의, 유네스코 비공식 교수로 활동하며 흙 건축의 기술적 발전과 지속가능성 확산에 기여하고 있다.

역주4 구조적 균형이나 재료 특성을 바탕으로 자연스러운 형태를 찾는 설계 방식.

English Original

Rammed Earth: Naturally Resilient

Erosion and structural stability are two of the most common concerns cited by architects when expressing apprehensions about designing with earth, so the ability to test and prove consistent material properties is central to increasing the use of earth in contemporary building practices. One current trend contributing—at least ostensibly—to the promotion of earth as a building material is stabilization. Stabilizing earth refers to supplementing the natural earth mixture with chemical additives, such as cement. Commonly, a 5–10 percent cement solution is added to the earth mixture, assuaging fears of material erosion due to weathering or lack of adequate compressive strength. Many rammed earth projects by renowned architects have been executed in this fashion—for example, the works of Francis Kéré in Burkina Faso, Rick Joy in the United States, or Luigi Rosselli in Australia. These projects contain as much as 10 percent cement mixtures—nearly as high a ratio as the standard 12 percent cement mixture in concrete. Not only is stabilization unnecessary, it actually destroys the two most valuable physical properties of the material earth: its ability to exchange moisture and its full recyclability.

There are four factors at work here. Firstly, the retention of water vapor and "trapped" humidity are often cited as reasons to avoid the thick, load-bearing kind of construction that rammed earth in particular embodies. However, precisely the opposite is true: absorbing and expelling moisture is one of its most remarkable properties. Because untreated rammed earth can still breathe, the building and its occupants can exchange moisture, and excess condensation is transmitted out of the wall through capillary action. This hygroscopic characteristic results in a constant room temperature and humidity, regardless of the season. In the few studies that have been conducted to date, such as with Haus Rauch and in our ETH Zurich design-build semester project for housing and a community center in Tanzania, these properties have been shown to mean that significantly fewer resources are required for long-term operation and maintenance—all of which result in lower impact and lower costs. These properties are practically impossible to reverse engineer.

Secondly, earth is water-soluble, indeed making it vulnerable to weathering and environmental conditions. However, this fact is also an astonishing resource. Instead of trying to artificially compensate for this deterioration, rammed earth construction should follow the principle of *calculated erosion*. Calculated erosion requires that the walls of a structure are initially built 2 or 3 centimeters thicker than would have otherwise been planned. As water runoff begins to weather the façade, protruding stones break up the flows of water from further permeating the walls and eroding clay from the mixture. The clay particles in the mixture also naturally expand in response to increased moisture, contributing to the cessation of weathering. To support this process, speed breakers should be planned into the façade—horizontal strips of a protruding material, or trass lime flush with the walls, inserted at selected intervals. Countless projects relying on this system worldwide have proven that, after the initial attrition of several centimeters, the façade ceases to recede under regular weather conditions. As long as the quality of the earth mixture is sufficient, and it is compacted correctly, even earthen buildings with flat roofs can withstand weathering if they are built taking calculated erosion into account.

Thirdly, chemical-based additives significantly reduce the ability to recycle earth. If nothing is added to an earthen building, when the structure is no longer required its component parts can be removed, and it can simply be folded back into the ground to decompose or be reused for new earthen buildings. If substances such as cement are added, the material can perhaps be used for further rounds of construction, but this process entails continual degradation and eventual disuse. In sum, it can never be fully recycled like untreated earth.

The final factor is practicality. In choosing to design with the material earth as found rather than altering it with additives, both its most beneficial properties as well as its unique localized characteristics can be retained. Some regions of the world have a high gravel content in their earth, making rammed earth a natural choice for building. Others, like Bangladesh, have little gravel but have an abundance of straw, making cob building an appropriate technique. Each means of construction results in its own aesthetic, its own set of rules that suit its climate and meet its occupants' sociocultural requirements for comfort.

Our approach as designers is to take earth's inherent parameters—the characteristics of the local climate and the local earth mixture—very seriously. These factors challenge our creative impulses and make each product authentic, while also embodying a common-sense approach to architecture and design.

The Potential of Prefabrication

The unique potential of rammed earth as a stable, durable, and healthy building material is suited to most climatic contexts and is currently contributing to a transformation of the image of earth. Constructing long-lasting, sustainable buildings with nothing more than formwork, compacting layer after layer of earth mixtures by hand with tampers, can yield designs of the highest architectural quality. However, such an approach is not realistic for many industrialized parts of the world, where labor is expensive. In such contexts, prefabrication is more appropriate, representing the opposite end of the gradient between labor and technology: the ability to deliver component rammed earth elements.

There are two means of producing rammed earth elements such as walls: creating them in situ or prefabricating them. In either case, the first step in production is to install formwork; for example, the same sort of formwork that can be used for pouring concrete. Prefabricated rammed earth elements are typically executed in formwork 50–80 meters long and 1.3 meters high and located in a warehouse so that the materials can be produced regardless of the site schedule or weather conditions. One of the two formwork walls is fixed in place and the second is movable, such that the width of the wall can be adjusted for each project and the elements easily removed from this shell. When ramming with a machine, it is affixed to the immovable side. It can robotically distribute the material into the formwork as well as tamper the poured material.

The ramming machine pours a material mixture in 12–15 centimeter increments into the formwork; the particles of this mixture must be no larger than 3.2 centimeters. When it is compacted, the layer will reduce to 6–8 centimeters. Once ramming is completed and the adjustable wall removed, the entire length of the prefabricated wall is then cut into the required component parts. The size is most commonly determined by the maximum weight a crane can carry when lifting the elements into place on the building site; this relative size is in turn determined by the intention to leave the continuous pattern of the earth as intact as possible. In this sense, the process mirrors the aesthetic of in situ rammed earth, achieved by setting the elements into place with an earthen form of mortar that hides the seams of the components themselves. The elements are also retouched by hand with the same mortar substance to create a completely seamless finished surface. A wall or wall element executed in this way requires four to six weeks to dry in the warehouse, after which it will have reached its full load-bearing capacity.

The prefabrication process not only optimizes production and the construction process; it also allows for material consistency and higher-quality output, which are particularly important for achieving industrialized norms and standards. With earth, the overall product is determined by its contextually unique elements: the clay utilized, the sand and gravel added to the earth to form the mixture, the moisture level of the mixture during ramming, the stability of climatic conditions during the production process, and the consistency of the ramming itself. All of these aspects have a direct impact on the rammed earth's compressive strength, load-bearing capacities, thermal properties, moisture absorption ratio, and fire rating. They can be carefully controlled and tested in a laboratory setting through prefabrication, as is the case for concrete or other standardized, industrialized materials.

Innovation through Building

M.R. Today, confronted with crises the scale of which humankind has never known, the immense power of earth is once again urgently required. A renaissance in rammed earth, in particular, is beginning to blossom across the world, especially on the European continent. It provides a taste of how much more advanced this building process might have been were it to have enjoyed the similar decades of innovation that easily commodified materials such as concrete have undergone. Nevertheless, the very fact that earth is reasserting itself, and this despite its lack of a powerful lobby or major source of funding, demonstrates that it still has the potential to fundamentally reframe what it means to create sustainable architecture. The vital question, therefore, is: How can we address these deficits while successfully and appropriately building with earth, meeting both modern standards of living as well as the challenges of an ever-more technological architectural discourse?

Contemporary rammed earth building has consistently been associated with design and technical innovation. The first major prefabricated project executed in rammed earth by Lehm Ton Erde, my company in the Vorarlberg region of Austria, was for the Gugler Printing House near St. Pölten. The prefabricated rammed-earth components in this project were conceived as a hypocaust: a chamber in which warm air is circulated to act as a heating system. Innovation has primarily functioned like this, as "research-by-design," in which the development of prefabricated components has been conducted through our projects. By 2007, we were able to produce multiple components within a single line of formwork. The first large-scale project in which both the production and material distribution occurred by machine was in 2012 for the Ricola Kräuterzentrum in Laufen, Switzerland. We invented a machine that could distribute and also ram the mixture into the formwork for the Swiss Ornithological Institute in 2014 in Sempach. Finally, in 2016, we produced the first rammed earth components with integrated insulation systems for the Alnatura Arbeitswelt project in Darmstadt, Germany.

Prefabricated ramming is essential to realizing the full potential of earth as a building material. Earth is primarily used in non-load-bearing contexts today, when it is in fact perfectly capable of acting as both the load-bearing and insulating element in a building façade. Research into prefabricating load-bearing, exterior cavity walls with built-in insulation has been conducted by Lehm Ton Erde for the past twenty years, and we are currently expanding the scope of our research to encompass the prefabrication of elements such as columns, girders, and brackets. This research is simultaneously producing new forms of rammed earth elements, including testing the properties of their building physics and life cycles. Finally, we are currently developing standardized connecting elements to join prefabricated rammed earth and other building components, such as ceiling and floor slabs, doors and windows, and also to act as integrated conduits for piping and wiring. Creating such standardized elements is essential to the process of upscaling earth into a viable building material, particularly for highly industrialized contexts.

But the elevation of earth as a building material does not just occur through projects in which components become ever more technically complex. Earthen architecture requires its own formal language. In 2012, a partnership with Annette Spiro and Gian Salis at the ETH Zurich Department of Architecture attempted to combine prefabrication and form-finding approaches. In an elective course, students were presented with an unparalleled challenge: design the world's first cupola with prefabricated, unstabilized earthen-component parts. The 5-meter-high design that resulted from this seminar comprised six arches supporting five dome-like structures. These parts were lifted into place with cranes and fused together with an earth-lime mixture that acts like mortar between bricks. While pure unstabilized earth must indeed function as a compression-only structure, the cupola proved that innovative design approaches and contemporary technological tools have the capacity not just to elevate a building material but to also expand our notions of how we can create an architectural language and architectonic expression for earth.

Primitif Concrete
원초적 콘크리트

‘리얼리즘, 다양성, 구축’이라는 자양분을 바탕으로 스위스 건축은 20세기 후반 들어 괄목할만한 성장을 거듭하였다. 물성의 이해를 바탕으로 한 건축적 실험은 계속되었으며, 콘크리트는 그 중심축이 되는 재료였다. 벙커,교량, 산업건물의 기능적 콘크리트 구조물을 넘어, 비범한 콘크리트 현대 건축 작품들이 등장했다. 이에 콘크리트 재료의 관점에서 스위스 지역 건축가들의 실험적 사례들을 살펴보려 한다. 특히 ‘층’의 표현을 재현하는 ‘탬프트 콘크리트’(Tamped concrete)의 시공 방식과, 이와연관된 다양하고 창의적인 사례들을 주목하고자 한다.

Image credit (previous page): © Junhyuk Kim

박종진, 남성택

2016

스위스 건축과 적층형 콘크리트: 원초적 물성으로의 환원

Tamped Concrete in Swiss Architecture: Return to the Primitif Materiality

박종진, 남성택

Jong-Jin Park , Sung-Taeg Nam

발췌: 박종진, 남성택. "스위스 건축과 적층형 콘크리트." 건축(대한건축학회지), vol. 60 (no.02). 대한건축학회, (2016): 40-45.

Swiss Made Concrete

스위스는 다양한 콘크리드 건축의 역사적 사례들을 지니고 있다. 루돌프 스타이너Rudolf Steiner의 괴테나움, 로버트 마야르Robert Mailart의 교량, 아뜰리에 파이브Atelier 5의 공동주택, 발터 포르데레 Walter Forderer의 교회를 필두로 많은 근현대 콘크리트 건축들을 열거 할 수 있다. 물론 스위스 출신으로 콘크리트의 국제적 전도사였던 르 코르뷔지에의 직간접적 영향도 분명하다.

1960~70년대에는 콘크리트를 주재료로 사용한 주거 및 산업시설의 대규모 건설도 이어졌다. 현재 스위스의 건설 산업을 보게 되면 -지난 15년간 안정적이었던 경제 덕분에- 공사 자재에 사용되는 골재량이 연간 5천만톤에 달한다. 1인당 콘크리트 사용량이 가장 높은 나라이기도 하다.

콘크리트는 배합, 타설, 응고 과정에 따라 다양한 결과가 그대로 드러나는 매력적인 재료이다. 물론 의도에 따라 구성요소, 첨가제, 거푸집의 효과를 통해 전혀 다른추상적 이미지의 콘크리트 건축을 선보이기도 한다.

스위스 건축가와 기술자들은 콘크리트와 관련해 다양한 실험을 시도해왔다. 이러한 흐름을 적극적으로 수용했던 스위스-이탈리아어 권 티치노 지역 건축가들을 필두로, 바젤, 그리종, 취리히의 스위스-독어권 건축가들, 그리고 스위스-불어권 지역건축가들은 개성적인 작품들을 선보였다. 지역성을 기반으로 한 다양한 콘크리트 건축들은 곧 스위스 건축에 대한 뜨거운 국제적 관심을 끌게 된다.

1990년대 스위스 건축가들은 평범한 재료 속에 내재되어있던 본연의 물성을 '재발견'하고자 노력한다. 나무, 돌, 벽돌 등의 전통적 재료들 속에 숨겨져 있던 새로운 효과들을 일깨우기 시작한 것이다. 물론 콘크리트도 예외가 아니었다. 콘크리트를 사용하는 데 있어, '회색 또는 단색', '매끈하거나 거친' 등의 이분법적 선입견을 버리고, 자유롭게 표면의 색조와 질감을 다루었다. 콘크리트의 표면 자체가 건축 '표현'의 주인공이 된 것이다. 리히텐슈타인 현대미술관Moger & Degelo, Kunstmuseum Liechtenstein, 샤울라거 미술관Herzog & de Meuron, Schaulager, 빌라 가르발드Miller & Maranta, Villa Garbald, 바르딜 아뜰리에V. Olgiati, Atelier Bardill는 21세기 대표적 사례들이다. 건축가들은 축적된 엔지니어 기술과 협력해 창의적으로 배합물을 조절하고 새 요소를 가미하며 콘크리트의 변형적 표현 가능성을 높여갔다. 그 가운데, 적층된 콘크리트의 표면을 통한 실험적 사례들이 등장하며 주목받고 있다.

중력과 탬프트 콘크리트

모든 구조물은 중력이라는 자연적 힘에 순응한다. 역사 속에서 가장 오래된 재료인 흙, 석재, 벽돌들은 '쌓기' 를 통해 건설되어 왔다. 이러한 구조물들에게 있어, 압축력은 근본적 역학 요소였다. 원래의 콘크리트도 역시 마찬가지였다. 물론 오늘날의 근대적 '콘크리트'는 철근을 삽입해 인장력을 보강한 '철근 콘크리트'이다. 그러나 사실 콘크리트는 철근이 개발되기 훨씬 이전인 고대 로마시대부터 존재해왔던 오래된 건설 재료였다. 이때의 콘크리트는 여느 석조 건축처럼 순전히 압축력에만 의존하는 구조였다.

압축력에 의존하는 콘크리트는 쌓기의 방식으로 구축된다. 로마의 판테온은 'Opus caementicium'라 불리는 고대 콘크리트 기법을 사용한 가장 오래된 건축물 중 하나이다. 흥미로운 것은, 판테온의 돔과 벽은 단일한 콘크리트가 아니었으며 Fig.1이 보여주는 것처럼 구조적 역할에 따라 포졸란석회와 석재들을 섞어 각기 다른 배합의 층을 이루고 있었다는 점이다. 사실상 지층과 같은 구조물이었던 것이다.

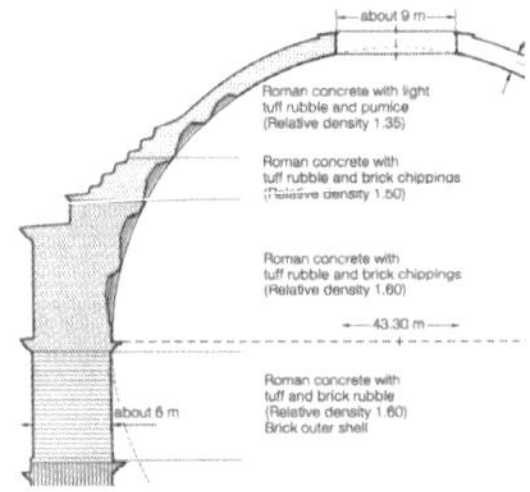

Fig. 1
판테온, 로마, 118-128 AD

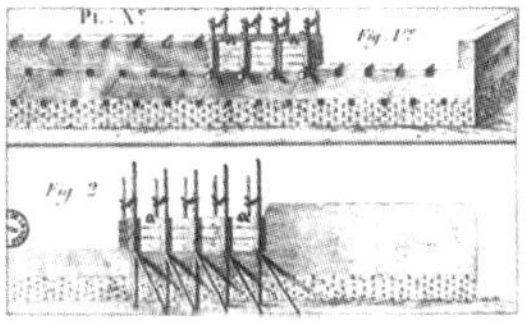

Fig. 2
프랑소와 콩트로우의 '피제' 기법, 1790

Fig. 3
마리오 보타, 리골레또 주택, 1975–1978

1790년 프랑스 건축가 프랑소와 콩트로우Francois Contreaux는 석재 기초 위에 흙을 차곡차곡 다져 단단한 구조물을 만드는 '피제Pise'라는 시공 기법을 개발한다. (Fig. 2)

이를 기반으로 기업가 프랑소와 고그네Francois Coignet는 1885년 모래, 시멘트, 미세골재들의 배합, 압축, 적층을 통한 '베통 아글로메레Beton agglomere'를 개발하는데, 이는 '탬프트 콘크리트'의 시초로 인식되기도 한다.

이처럼 고전적 방식의 콘크리트는 제3세계의 흙 건축의 시공법과 흡사하게 적층되고 다져져 구축되었다. 최근 현대적 방식으로 부활한 흙 건축의 'Rammed earth construction' 건설 방식은 점토와 보강재들을 거푸집 안에 짓눌러 압축하여 쌓아 벽체를 구축한다. 친환경 재료이자 내구성까지 갖추게 되면서, 미국, 호주, 독일 등 여러 곳에서 활발하게 실험되고 있는 현대적 흙 건축은 재료 선택과 시공 방법에 따라 다양한 표면 연출이 가능하다.

'템프트 콘크리트'도, 고전적 방식의 콘크리트나 흙건축, 아니면 자연의 지층처럼, 배합물들을 자연스럽게 쌓아서 압축력에 집중하는 구조이다. 콘크리트의 배합 방식 및 구축 과정 등 여러 변수에 따라 다양한 시각적 결과를 유도할 수 있다. 시공 순서에 따라 타설되어 '층layer'들이 겹쳐져 완성된 탬프트 콘크리트의 표면은, 우연의 요소가 가미된 결과적 형태의 자연스러운 조형과 유려한 리듬감을 창출해낸다. 색깔 염료를 가미하거나 독특한 색의 자연골재들을 배합시키는 방식으로 다양한 색채들로 입혀진 적층된 표면도 가능하다.

과거의 콘크리트나 흙이 구조적 필요나 시공적 효용성 등의 실용적 목적으로 사용되었으나 형태적으로 표현되지 않았다면, 오늘날의 흙 건축이나 콘크리트 건축은 그 재료적 물성을 그대로 드러내어 표현하고자 한다는 차이점이 있다. 이러한 관점에서 의미있는 사례들과 함께 독특한 스위스 콘크리트 건축 사례들을 관망해 보자.

적층을 표현하는 콘크리트

스위스-이태리어권인 티치노 지역은 스위스 건축에서 콘크리트의 현대적 전통을 만들어낸 요람이었다. 그 중심에는 마리오 보타Mario Botta가 있었다. 일반적으로 현장 타설한 노출 콘크리트의 사례들이 다수였으나, 보타의 초기작 리골레또 주택Casa Ligornetto은 독특한 방식의 콘크리트 건축이었다. (Fig. 3) 1977년 완공된 리골레또 주택은 넓은 대지 위의 경계를 형성하는 하나의 세워진 '벽'과 같았다. 특히 밝은 색과 짙은 적황색이 교차 반복하는 수평 띠의 건축적 표현은 강렬했다.

티치노 전통건축 양식을 반영해, 2개의 채색 콘크리트 블록으로 수평 띠를 강조하는 구축의 결과로서의 형태를 선보인 것이다. 물론 현장 타설이 아니라 기성 제작한 콘크리트 블록들을 이용했다는 점에서 탬프트 콘크리트 방식과는 차이가 있지만, 콘크리트 재료를 사용하되 단순한 '쌓기' 방식의 구축에 집중했으며 이를 조형화했다는 점에서 의미 있는 작품이었다.

1990년대 들어 현장 타설에 의한 적층 콘크리트의 표현들이 등장한다. 드방테리 & 라뮤니에Devanthery & Lamu niere의 정신치료소 공모전 당선작Centre de traitements psychiatriques, 1995과 기공 & 가이어Gigon & Guyer의 로쉬 기업연수원 공모전 작품Roche formation centre, 1999은 모두 다양한 색상을 이용해 수평 층을 강조하는 콘크리트 벽면의 표현에 집중하고 있다.

이후 라자리니 건축 그룹Mierta und Kurt Lazzarini과 피터 줌토르Peter Zumthor는 주변 환경과 밀접한 관계 속에서 탬프트 콘크리드 공법에 충실한 -결과적으로 흙 건축과 매우 유사한- 콘크리트 건축을 선보인다. 스위스 건축의 단순한 형태 위에 독특하고 상징적이며 때론 관능적인 이미지의 콘크리트 옷을 입기 시작한 것이다. 그 중 다음 3개의 사례들을 조금 더 상세히 보자.

사례 1: 드방테리 & 라뮤니에

2003년 스위스-불어권 지역인 이베르동Yverdon에 완공된 드방테리 & 라뮤니에의 정신치료소Centre de traitements psychiatriques du Nord Vaudois는 H형 평면의 단순한 볼륨이다. 그럼에도 불구하고 다색의 콘크리트 입면을 통해 주변의 회색 일변도의 콘크리트 건물들 사이에 색다른 활력을 불어넣었다. (Fig. 4)

콘크리트는 마치 페트라Petra, Jordan의 붉은 암벽을 연상케 하며, 마크 로스코Mark Rotko의 추상화처럼 강렬한 시선을 끈다. 건축은 '황토색, 적색, 세피아, 분홍색' ocher, red, sepia, red-violet 콘크리트 배스를 통해 밝고 경쾌한 이미지를 발산한다. 건축가는 독특한 건축 입면을 통해 새로운 도시적 이미지를 부여한다.

색조가루분말Pigment을 다른 재료들과 배합해 콘크리트 전체에 색채가 배여 든다. 여러 단계의 배합과 적층을 통해 콘크리트 표면은 다양한 색조들이 물든다. 콘크리트 벽체에 층층이 가미된 붉은 톤의 색조들은 리듬감 있는 금빛 알루미늄 창틀을 더욱 돋보이게 만든다.

특히 콘크리트 타설 경계를 중심으로 '번짐Blur'의 효과는 극대화된다. 이 건물의 구조는 실제로는 일반 철근 콘크리트 공법으로 지어졌으며 탬프트 콘크리트 공법의 이

Fig. 4
드방테리 & 라뮤니에, 정신치료소, 이베르동, 2000–2003

Fig. 5
라자리니 건축 그룹,
Wohnuberbauung Giardin, 사메단,
2007

상적 사례라고는 할 수 없다. 그러나 보타의 경우처럼 수평적 적층의 표현을 강조한다는 측면에서 흥미롭다.

사례 2: 라자리니 건축 그룹

스위스–독어권의 산골 마을 사메단Samedan은 앙가딘Engadin의 거친 알프스에 자리 잡고 있다. 지역 건축가, 라자리니 건축 그룹은 공모전을 통해 3개 동의 수직 아파트와 수평 테라스로 구성된 작은 집합 주거단지를 제안한다. 건축의 콘크리트 벽면은 마치 '위장막Camouflage'처럼 건축을 주변 환경에 사언스레 동화시킨다. 건축 대지는 산과 마을의 접경에 위치하고 있다. 거친 야산의 경사면은 테라스, 그리고 세 건물의 벽면으로 자연스럽게 이어 전환된다. 미세한 점토에서부터 크고 거친 자갈들까지 얽히며 흙색 톤부터 짙은 갈색 톤에 이르는 다양한 색깔 층으로 구성된 벽면이 만들어진다. 주변 자연과 건축의 형태적 차이는 존재하지 않는다. 야산의 단면처럼 적층된 콘크리트 벽면의 표현이야말로 이 프로젝트의 핵심 주제이다. (Fig. 5)

산업화된 재료로서 '철근' 콘크리트는 캔틸레버, 넓은 스팬과 큰 개구부, 대형 구조물 등의 수식어와 함께 중요한 역할을 수행했다. 반면 탬프트 콘크리트는 이러한 구조적 야망과 수사rhetoric는 거부한다. 흙과 돌과 같은 자연 상태의 재료로 돌아가고자 하는 것이다. 이러한 본연의 물성과 그 역학적 특성에 충실한 콘크리트 구축물은, 건축의 기원으로서 가장 원시적 '안식처shelter'였던 동굴에 보다 가까울 것이다. 얇은 것이 아니라 두껍고, 가벼운 것이 아니라 무거운, 열린 것이 아니라 폐쇄적인, 깊고 은밀한 심연의 공간을 숨기고 있는 덩어리인 것이다.

사례 3: 피터 줌토르

콘크리트의 원초적 물성을 깨어나게 한 가장 극단적인 사례는 피터 줌토르의 작품이다. 2007년에 완공된 브루더 클라우스 예배당Bruder Klaus Feldkapelle 건축은 단순한 듯 단순하지 않은 형태이다. 비규칙적 오각형 평면의 콘크리트 덩어리는 보는 방향에 따라 전혀 다른 게슈탈트Gestalt를 창출해 낸다. 단일석monolith과 같은 예배당은 마치 자연의 토양이 균일하게 솟아올라 굳어버린 듯한, 단면과 같은 입면을 드러낸다. 수평적인 지평선 위의 유일한 수직 오브제는 긴장감과 경건함을 만든다. 반복적으로 적층된 표면은 엄청난 압축력을 지탱하는 강인함을 표출한다. '강력한 형태forme forte'가 불러일으키는 '아름다운 침묵beau silence'의 건축이다. (Fig. 6)

건축주의 친척, 지인들로 구성된 시공 팀은 템프트 콘크리트 기법을 바탕으로 높이 50cm 씩 23번을 반복하여 기초와 함께 12m의 높이까지 적층하였다. 주변 강에서 얻어진 골재들, 붉은 빛의 모래, 그리고 백시멘트를 배합한 콘크리트를 반복해 쌓아갔다. 예배당의 입면은 시공의 과정을 그대로 보여주고 있다. 촘촘하게 축적된 콘크리트 수평 층의 거친 경계들은 종교적 의식과 같았던 구축의 단계들을 솔직하게 전시한다. 다져진 매스 덩어리는 자연의 힘을 하늘로부터 땅으로 묵묵히 흘려보낸다.

원초적 물성과 공간

줌토르의 예배당 외부를 수평으로 적층된 콘크리트라고 한다면, 내부는 수직의 검은 콘크리트 사이의 틈이라고 할 수 있다. 하나의 건축이 극단적인 양면성을 지니며, 대조적인 효과를 연출한다. 무엇보다도, 시공 방법에 따른 결과로서, 전혀 다른 두 종류의 콘크리트 표현이 만들어 진 것이다.

외부 거푸집으로는 보편적인 거푸집이 사용되었으나, 내부는 통나무들을 거푸집으로 사용한다. 콘크리트 바닥 기초 공사를 마친 후, 112개의 통나무들을 삼각형 '텐트 Teepee-like structure' 처럼 서로 기대어 배치한다. 콘크리트 타설을 반복적으로 진행한 후 3주 동안 내부에서 석탄을 때우며 불을 지폈다. 태워져 그을린 통나무들은 공간 상부의 빛우물 역할을 하게 될 개구부를 통해 크레인으로 끄집어내었다.

뾰족한 삼각형의 출입구 형태는, 역시 삼각형 단면을 지닌 내부 공간의 은밀한 복선이었다. 문을 통해 접하게 되는 내부는 예상치 못했던 공간적 경험을 선사한다. 태워진 통나무들의 형상과 온기가 그대로 새겨진 내부의 표면은 탄 내음을 간직한 짙고 거친 콘크리트이다. 기울어진 채 연속되는 비정형의 콘크리트 벽체는, 납을 녹여 마감한 불규칙한 바닥과 하늘로 열린 빛우물 사이를 연결한다. 떨어지는 눈물방울 모양의 내부 공간은 우주 또는 자궁과 같은 태곳적 공간을 재현한 듯 깊고 은밀하다. 줌토르는 탬프트 콘크리트 공법을 가장 극단적인 방식으로 시현하여 콘크리트의 원초적 물성을 그대로 구현한 급진적 사례라 할 수 있다.

가치와 가능성

탬프트 콘크리트는 흙 건축처럼 가장 오래된 콘크리트 기법을 새롭게 부활시킨 현대적 공법이다. 수직으로 전개되는 압축력을, 반복적으로 다져진 수평 콘크리트 층의 덩어리로 해소해내는 원시적인 구축은, 의외로 단순하면서도 다양하며, 의도되지 않았

Fig. 6
피터 줌토르, 브루더 클라우스 예배당, Mechernich-Wachendorf, 2007

으나 진실된 표면을 만들어낸다. 이러한 현대적 표현은 탬프트 콘크리트의 새로운 가능성을 열었다. 스위스, 독일을 필두로 하는 현대 건축가들은 콘크리트의 내재적 물성을 추구하면서 염료재와 골재의 다각화 등으로 다양한 표면의 효과와 효과적 시공 기법들을 지속적으로 실험하고 있다.

특히 지역에서 발굴 가능한 골재들을 반영하면서 지역적 정체성을 보존하고 토속적 건축과 연계할 수도 있는 대안적 콘크리트가 될 수 있는 가능성이 있다. 또 흙 건축과 더불어 조경이나 환경 예술의 일부로 활용 가능하다. 한편 더 나아가서는 3D 프린트 기술을 이용한 '자동화 적층 시공 시스템3D Concrete Printing Technology'과의 연계도 고려해 볼 수 있다. 물론 탬프트 콘크리트 기법은 주로 압축력에 저항하는 구조인 만큼 개구부 크기 등이 제한될 수 있으며, 지진 또는 무거운 하중에 견디기 위해 철재를 혼합해 사용할 때, 발생할 수 있는 철재의 부식 문제도 유념해 고려해야 한다. 이와 함께 표준화 작업에 대한 연구가 필요하며 합리적 가격과 생산성의 확보도 요구된다.

박종진은 경희대학교에서 건축을 공부하였다. 로잔연방공과대학교에서 파트릭 베르제 교수 지도 아래 2005년 건축학 디플롬 및 스위스 건축사를 취득하였다. 이후 UTA 연구실에서 근무하며 마스터 스튜디오 설계조교 및 프로젝트 연구원으로 활동했다. 2010년 파트릭 베르제 교수 지도아래 '모포제네시스' 도시이론을 바탕으로 박사학위를 받았다. Devanthéry Lamunière, Atelier Bonnet, FDMP 제네바 설계사무소에서 건축가와 도시계획가로 실무 수행 후 독립하여 박종진 도시건축 대표 및 한양대학교 겸임교수로 활동하고 있다.

참고문헌

1 'Tamped concrete'는 'Stamped concrete', 'Rammed concrete' 라고도 불린다. 이 글에서는 Francois Coignet의 'Beton agglomere'에 기원을 둔다. 한글로는 '탬프트 콘크리트' 라고 명기하기로 한다.

2 Hubertud Adam, "Contemporary concrete construction in Switzerland", *Review Detail*, vol. 2010, pp. 10–11.

3 스위스 산업자재 사용량은 1년단위 환산시 1인당 약 8.5톤에 달한다(2006).그 중 절반이 건설에 쓰이는 콘크리트 골재들이다.

4 Jacques Lucan(Ed.), *Matiere d'art: Architecture contemporaine en Suisse*, Basel: Birkhauser, 2001, pp. 136–137.

5 콩트로우 (Francois Contreaux)에 의한 기술은 프랑스와 독일에서 발전한다.미국에도 기술이 이전되어 인디언 아도브(adobe) 양식과 더불어 발전된다. 2차대전 이후 대규모 건설에 적합한 콘크리트와 철에 밀려 쇠퇴하나 1980년대 오일쇼크, 90년대 지구온난화현상과 환경친화적 건축 지향, '웰빙'(well-being) 추구 현상과 함께 흙건축은 부활하여, 많은 건축가들의 현대적 재해석을 통해 발전하고 있다. 'Tamped concrete'도 이와 연계된다고 볼 수 있겠다.

6 Matin Peck(Ed.), *Modern concrete construction manual*, Detail, 2014, pp.57–58.

7 Joseph Abram, "La machine d'invention", *Pathfinders: Devanthéry & Lamunière*, 2005, pp. 23–25

8 "To me, buildings can have a beautiful silence [⋯]" in Peter Zumthor, *Thinking Architecture*, 1999, p. 32.

Material and Phenomenological Experiences
건축재료와 현상학적 경험

2023년 10월 8일 유럽 건축석학 자크 뤼캉 교수는 홀연히 우리 곁을 떠났다. 그가 기여했던 아키라우터 3호『도시의 건축』이 출판된 바로 직후였다. 아키라우터 4호는 2018년 한양대학교 서울캠퍼스에서 진행한 뤼캉 교수의 특별 강연 원고 전문을 번역 소개하며 그를 기리고자 한다. 이 강연에서 뤼캉은 재료가 건축의 지각 경험에 끼치는 영향에 대해 주목하고 있다. 현대 건축에서 재료는 단순한 구축적 기능을 넘어 스스로의 내재적 물성을 통해 건축을 경험하는 인간의 마음 속에 고유한 분위기를 생성하는 주체로 다뤄진다. 재료는 건축과 감각을 이어주는 현상학적 매개체가 된다.

Image credit (previous, last page):
© Sung-Taeg Nam

남성택

2018

재료와 분위기: 현상학적 경험과 새로운 원시주의
Materials and Atmospheres: Phenomenological Experiences and New Primitivism

자크 뤼캉 Jacques Lucan
남성택 옮김

본 원고는 2018년 4월 24일 한양대학교 건축관 6층에서 진행되었던 자크 뤼캉 교수의 특별강연을 위한 스크립트를 번역 수록한 것임

이 강연의 목적은 건축에서 현상학적 경험이란 무엇인지를 이해하는 것입니다. 정확히 말하자면, 건축가들이 말하는 '현상학적 경험'이 무엇인지에 대한 이해입니다. 따라서 먼저 인용을 통해 강연을 시작하고자 합니다.

헤르조그 & 드 므롱의 자크 헤르조그는 그들의 건축 작업에 대해 이야기합니다. 1993년의 그는 다음과 같이 말했습니다 :

> "우리의 접근은 현상학적이다! 우리가 설계한 모든 것은 관찰과 서술에서 비롯되었다. 우리가 해온 모든 일은 길거리에서 발견된 것이다! 우리의 모든 프로젝트는 우리 지각perceptions을 사물에 투영한 결과물이다! 이것이 바로 우리의 건물들이 항상 서로 다르게 보이는 이유이기도 하다. 우리가 다른 방향으로 고개를 돌리면, 그 건물은 또 다른 지각을 통해 재탄생한다. 우리는 현상phenomena을 관찰함으로써 작업한다!"[1]

1993년은 헤르조그 & 드 므롱이 몇몇 프로젝트들을 완성해 주목받던 시기였습니다. 작고 단순하며, 재료에 대한 세심한 주의를 기울인 작업들이었습니다. 이 프로젝트 중에는 다음의 사례들이 있었습니다:

헤르조그 & 드 므롱, 타볼레 주택, 이탈리아, 1982 - 1988.

Slide 3. 타볼레 주택은 거의 전통적인 마른쌓기의 석조 구축dry stone construction처럼 보입니다. 이 지역의 전통 가옥들과 유사한 외관을 지니고 있는 셈입니다. 그러나 정확히는 철근 콘크리트 구조의 외부에 적용된 구축이었습니다.

우리는 다음과 같이 말할 수도 있습니다. 특별히 새로운 것은 그다지 없다구요! 석재는 전통적인 재료이고, 철근 콘크리트 역시 오늘날 전통적인 재료가 되었기 때문입니다. 그럼에도 불구하고 이 구축의 실제적 방식에 좀 더 면밀히 주목할 필요가 있습니다.

Slide 4. 평면도를 보면, 외벽의 직사각형 형태와 함께, 내부에 교차하는 두 개의 벽체가 눈에 띕니다. 복도가 없는 [앙필라드] 평면인 셈입니다. 각 방들은 기하학적 구조, 즉 기하학적 틀의 관점에서 볼 때 서로 크게 다르지 않습니다. 하나의 직사각형 안에 네 개의 직사각형이 들어 있으며, 이 방들은 서로 거의 유사한 비례를 가지고 있는 것입니다.

Slide 5. 그리고 건물의 종방향 입면을 보게 되면, 십자가 형태의 구조선을 확인할 수 있습니다. 수직 축은 내부 벽체의 끝단이며, 수평 축은 바닥판의 끝단입니다. 동일한 단순 기하학 형태가 평면과 입면에서 동시에 만들어지는 상황입니다. 이 때문에 이 주택은 높은 수준의 일관성을 지닌다고 할 수 있습니다.

Slide 6. 하지만 평면에서는 또 다른 주목할 만한 것이 존재합니다. 직육면체 평면의 네 모퉁이에는 기둥이 하나씩 있었던 것입니다. 이 기둥들은 외부에서 보이지 않았습니다. 석재 벽체 뒤로 숨겨져 있었기 때문입니다. 무엇때문일까요?

전통적인 골조라고 한다면, 입면 한 가운데에 기둥 하나가 보일 뿐 아니라 입면의 모퉁이에도 하나씩 기둥이 보여져야 할 것입니다. 이 입면에서 기둥 사이에는 벽면을 배치하거나, 혹은 아무것도 놓지 않을 수 있습니다. 골조는 벽체와 매우 다른 유형의 구조인 것입니다. 벽체는 골조의 일부가 아니며, 골조는 벽체 없이 구조적으로 완전할 수 있습니다. 골조에서 벽체는 하부 요소로서 종속됩니다!

Slide 7. 이러한 유형의 건축적 문제를 잘 설명했던 이가 바로 오귀스트 페레Auguste Perret입니다. 1930년대에 지어진 파리 공공사업 박물관Musée des Travaux Publics이 대표적 사례입니다. 지금 보이는 슬라이드의 왼쪽에는 건물의 골조만 지어진 모습이, 오른쪽의 완공된 건물의 사진과 비교되고 있습니다. 여기서 우리는 '골조에 종속된 벽체'의 개념이 무엇인지를 이해할 수 있습니

Slide 3.

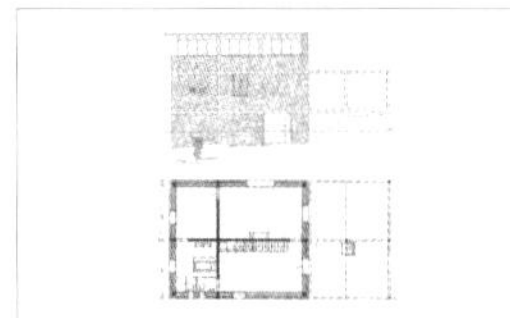

Slide 4.

Slide 5.

Slide 6.

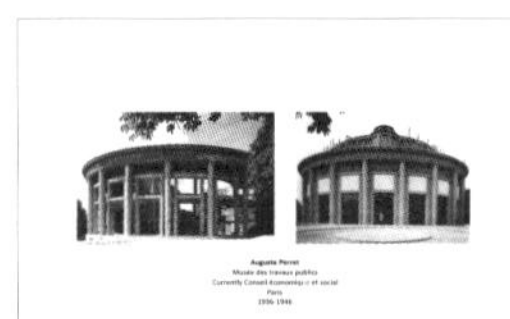

Slide 7.

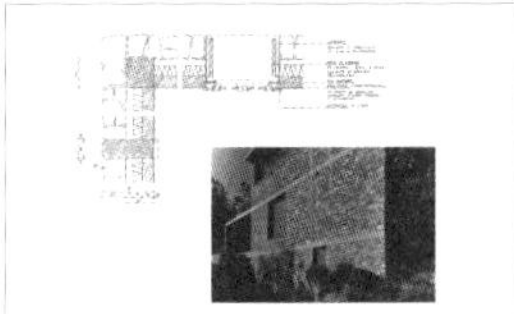

Slide 8.

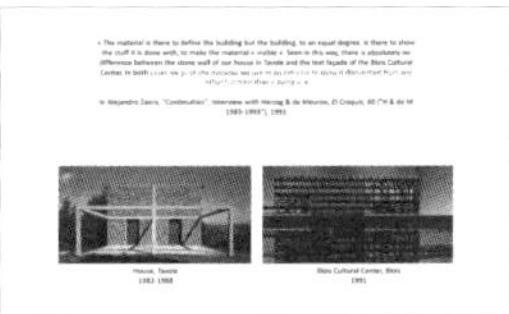

Slide 9.

다. 이와 같은 순간에 빗대어 오귀스트 페레는 말했던 것입니다: "건축이란 아름다운 폐허를 만드는 그것이다." 여기서는 골조가 폐허를 만들며, 벽체는 울타리를 형성할 뿐입니다.

Slide 8. 그러나 타볼레 주택의 문제의식은 공공사업 박물관의 문제의식과 동일하지 않습니다. 헤르조그 & 드 므롱의 건축가들은 무엇을 하고 있는 것일까요? 그들은 모퉁이에 기둥을 드러내지 않았습니다. 석재 벽면이 모퉁이를 따라 돌며 표면이 이어집니다. 겉으로 보기에는 벽체가 기둥에 의해 구획된 것이 아닙니다. 골조와 벽체는 동등한 중요성을 지니며, 벽체는 골조에 종속되고 있지 않다고 말할 수 있습니다. 이 결정으로 인해 주택은 더욱 높은 수준의 일관성을 갖게 됩니다. 어느 한 구축 요소가 다른 구축 요소에 종속되고 있지 않기 때문입니다.

타볼레 주택의 건축은 구조와 표현에 대한 사유로서, 비종속non-subordination, 비위계non-hierarchical에 관계합니다. 비위계적 체계 안에서는 모든 요소들이 동등한 중요성을 가지며, 모든 재료들 또한 마찬가지입니다. 목적이 있다면 이 재료들이 '보이도록' 만드는 것이었습니다.

> Slide 9. "재료는 건물을 정의하기 위해 존재한다. 하지만 이와 동일한 정도로, 건물 또한 그것이 무엇으로 만들어졌는지를 보여주기 위해 존재한다. 즉, 재료가 '보이도록' 만들기 위해 존재하는 것이다. 이러한 관점에서 본다면, 타볼레 주택의 석재 벽과 블루아 문화센터(Blois Cultural Center)의 텍스트가 입혀진 입면 사이에는 절대적인 차이가 없다. 두 경우 모두 사용하는 재료를 극한까지 밀어붙인 것이다. 그 재료를 '존재하기' 이외의 기능으로부터 해방시켜 드러나도록 하기 위해서였다."[2]

그러므로 당신이 어떤 건물에 흥미를 느꼈을 때, 그리고 그 건물이 처음에 상상했던 것만큼 단순하거나 전통적인 것이 아닌 것으로 인식하게 된다면, 실제로 그 안에서 어떤 일이 벌어지고 있는지를 면밀히 살펴보아야 할 것입니다.

이제 나는 헤르조그 & 드 므롱의 또 다른 건축물을 소개하고자 합니다. 타볼레 주택과 같은 시기의 작업으로, 타볼레 주택보다도 더 '현상학적'인 건축적 경험을 제안하는 건축 사례입니다.

헤르조그 & 드 므롱, 리콜라 저장 창고, 라우펜, 1986 – 1987.

Slide 10. 리콜라 창고는 단순한 형태를 지니고 있습니다. 멀리서 보면 그것은 하나의 평행육면체parallelepiped처럼 보입니다. 파사드는 줄무늬가 새겨져 있고, 그 띠들은 하부보다 상부에서 더 간격이 넓어지며 최종적으로 일종의 코니스/처마선cornice을 형성하게 됩니다.

Slide 11. 다시 한번 여기서도 평면은 직사각형입니다. 건물은 일종의 창고/헛간shed으로, 건물 중앙선을 따라 기둥들이 배치된 철골조를 지닙니다.

Slide 12. 이것은 단순한 산업용 창고가 아닙니다. 그 유명한 [벤츄리의] '장식된 창고decorated shed'입니다. 왜냐하면 그 외피envelope는 우리가 흔히 교외에서 볼 수 있는 저장 창고와 비교할 때 전혀 전통적이지 않은 외피이기 때문입니다. 그렇다면 이 외피는 무엇일까요? 이 '피부skin'는 어떻게 이루어졌을까요?

Slide 13. 가까이 다가가서 보게 되면, 외피의 형성 방식이 훨씬 더 구체적으로 드러납니다. 외피는 에테르닛Eternit 판재로 이루어져 있습니다. 일종의 '빈곤한' 산업용 재료인 것입니다. 근접해서는 이 재료가 어떻게 돌출 부재 위에 얹혀 있는지 볼 수 있고, 그 사이로 유리섬유 단열재glass wool insulation도 드러납니다. 당신은 이 표면의 내부를 파고들게 되고, 건물 전체의 형태나 볼륨은 잊혀지게 됩니다.

Slide 14. 이 건물에 다가가는 행위 자체가 하나의 경험이라고 말할 수 있습니다. 하나의 지각적perceptual 경험, 어쩌면 일종의 현상학적 경험입니다. 헤르조그 & 드 므롱에게 지각perception의 문제는 매우 중요합니다. 가까이에서 우리는 무엇을 보고 있는 것일까요? 멀리서는 무엇을 보고 있을까요? 가까이에서 보는 것과 멀리서 보는 것은 전혀 동일한 시각이 아닙니다.

Slide 15. 헤르조그 & 드 므롱은 또 다시 이렇게 말합니다.

> "우리의 건축은 존재하는 것을 강화하고 지각 가능한perceptible 영역으로 끌어내려고 한다. 여기서 중요한 것은 건물과 석회암벽의 본질적 형성 방식이다. 그 유사성과 차이는 해독없이 이해되어야 한다."[3]

헤르조그 & 드 므롱이 '해독없이 이해'된다고 말할 때, 의도했던 것은 아마도 순수한 현상학적 경험이었을 것입니다.

Slide 16. 이 순간 우리는 철학자 모리스 메를로-퐁티Maurice Merleau-Ponty의 유명한 저서, 『지각의 현상학Phenomenology of Perception』의 문구를 떠올리게 됩니다.

> 현상학이란 "[…] 세계가 항상 성찰이 시작되기 이전부터 — 양도할 수 없는 현존으로서 — '이미 거기 있는' 것으로 간주하는 철학이며, 그 모든 노력은 세계와의 직접적이고 원초적인 접촉을 다시 회복하려는 데 집중된다[…]."

헤르조그 & 드 므롱에게 있어 순수한 현상학적 경험이란 원래 형태original shape의 가능성을 망각하는 순간을 전제하고 있다고 나는 생각합니다. 그들에게는 그것이 바로 건축에서 미니멀리즘의 순간이었습니다.

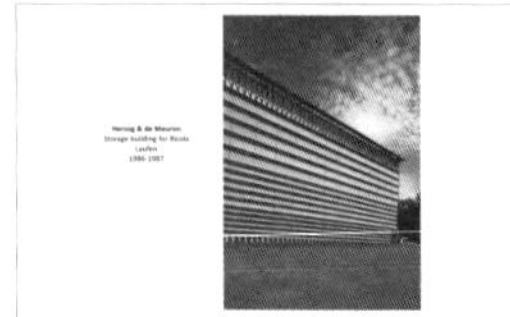
Slide 10.

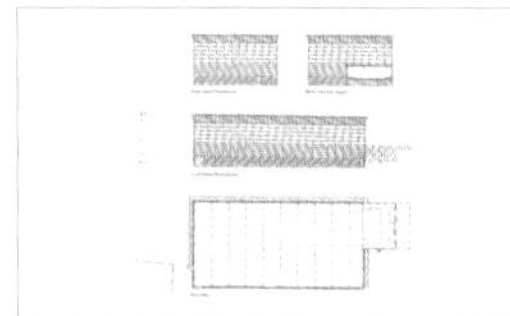
Slide 11.

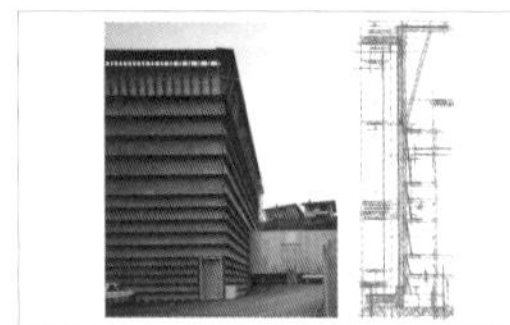
Slide 12.

Slide 13.

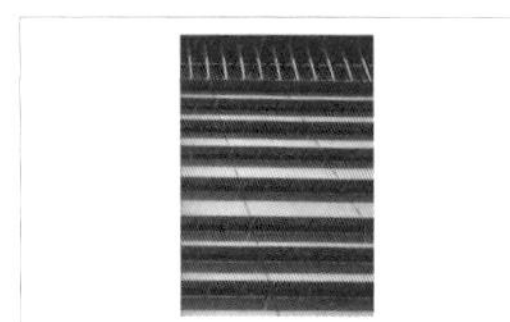
Slide 14.

Slide 15.

Slide 16.

Slide 17.

Slide 18.

Slide 19.

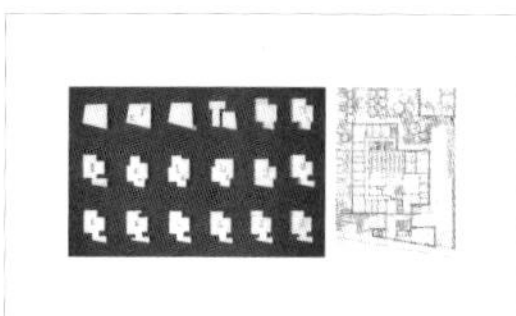

Slide 20.

> Slide 17. "라우펜의 리콜라 창고는 첫 번째 '미니멀리스트' 프로젝트였다. 뮌헨의 괴츠 갤러리(1991)는 이 단계를 완전히 명확하게 드러낸 작업이었으며 아마 그 유형 가운데 가장 아름다운 작품이었을 것이다. 우리는 왜 이런 방향을 선택했을까? 바로 포스트모더니즘과 해체주의de-constructivism에 대한 반작용이었다."[4]

미니멀리즘 시기 동안의 헤르조그 & 드 므롱은 형태form에 대한 탐구에서 벗어나 재료materials에 대한 관심을 향해 전진하고자 했습니다.

하지만 그들이 스타일/양식을 만들고자 했던 것은 아니었습니다. 그들은 단언했습니다:

> Slide 18. "80년대 초만 해도, 그 누구도 평면과 단면에 있어 직사각형, 즉 상자를 디자인의 기초로 사용하지 않았다. 우리는 뚜렷한 형상이 없는 건축을 원했다. 동시에 약간 주저하는 듯 모방은 전혀 하지 않는 유추analogy의 건축을 원했다. […] 우리가 미니멀리스트의 한 분파sect를 만들려 했던 것은 아니다. […] 우리는 반대로 우리 설계안들에서 직사각형이 지배적인 것은 아닌지 점점 더 의문을 갖기 시작했다.
>
> […]
>
> 이것은 하나의 전략이다. 스타일을 고착화하기보다는, 매번 새로운 설계안을 통해 건축을 새롭게 발명할 수 있는 자유를 부여하는 전략이다."[5]

타볼레, 리콜라와 같은 1980년대 작업들 이후, 이제는 1990년대의 건축 사례를 살펴보고자 합니다.

헤르조그 & 드 므롱,
병원 제약연구소,
바젤, 1995 – 1998.

Slide 19. 이 건물[제약연구소]의 평면은 이제 직사각형이 아닙니다. 오히려 매우 불규칙한irregular 형태를 띠고 있죠.

Slide 20. 이 건물은 여러 작전수행operations의 결과물입니다. 헤르조그 & 드 므롱이 만든 모형들을 보면, 모든 것들이 '하나의 형태the one'라는 전제 아래 만들어지고 있음을 알 수 있습니다. 모형들은 모두 하나의 덩어리이며, 파편의 조합은 전혀 아닙니다. 네 번째 모형만이 아성블라주/조립assemblage된 결과물처럼 보입니다만 유일한 예외입니다. 최종적인 형태는 프로그램과 기능을 주변 맥락context과 조화시키려는 시도에서 비롯되었습니다:

– 즉, 뒷마당에서는 정원을 둘로 쪼개지 않고 하나로 유지하기 위해,
– 그리고 하역 트럭이 원활하게 접근하고 정차할 수 있도록 하기 위해,
– 또 도시를 향해, 즉 거리 쪽으로 너무 단조롭게 긴 입면을 피하기 위해서입니다.

더 이상 이러한 작전수행들에 대해 부가 설명하지는 않겠습니다. 이제부터는 저는 외피envelope에 대해 이야기하고자 합니다.

Slide 21. 외피는 세 겹의 층으로 구성되어 있습니다. 밖에서 안쪽 순서로 설명하자면,

– 먼저 녹색 점들이 격자grid 체계로 인쇄되어 있는 투명 유리판으로 형성된 외피입니다. 녹색인 이유는 이 건물이 제약연구소이기 때문이죠.
– 그 다음으로는 유리판과 그 뒤의 금속판 사이에 있는 틈, 즉 빈 허공(보이드)이 있습니다.
– 그 뒤에는 얇은 금속판이 있는데, 유리의 녹색 점과 동일한 크기와 간격의 구멍들이 격자 체계에 따라 천공perforation된 타공판입니다.

여기서 우리는 리콜라 창고에서 느꼈던 것과 유사한 경험을 하게 됩니다. 멀리서 이 건물을 보면, 하나의 녹색 덩어리green whole 처럼 보일 것입니다. 그러나 가까이 다가가면, 표면이 점차 움직이는 것처럼 느껴질 것입니다. 모아레 효과moiré effect 때문입니다. 당신은 그 표면에 시선을 빼앗기게 될 것입니다. 표면은 깊이 있는 평면(deep plan)이 되고 있습니다. 헤르조그 & 드 므롱은 이렇게 말합니다:

Slide 22. "건물을 설계하고 디테일을 계획하는 일은, 건물 내부로 향하는 정신적 여정이 된다. 외부는 내부처럼 되고, 표면은 공간성을 지니게 된다. 표면은 '매혹적인attractive' 것이 된다. 그 표면은 디자이너로서 작업을 하고 있는 당신을 끌어당긴다. 당신은 정신적으로 건물 안으로 침투하게 되며, 이를 통해 건물이 무엇과 같은 지를 이해하게 된다."[6]

Slide 21.

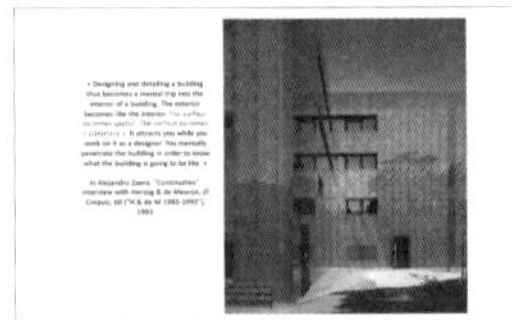

Slide 22.

건물 파사드의 표면은 깊이 있는 평면이 됩니다. 그 표면에 끌리고 매혹되는 것은 현상학적 경험이며, 해독이 필요없는 방식을 통해서입니다. 당신이 파사드에 다가갈 때, 근접한 시각을 갖게 됩니다. 그리고 알로이스 리글에 이어 질 들뢰즈가 명명했던 촉각 시각tactile vision, 혹은 햅틱 시각haptic vision을 경험하게 되는 것입니다. 이 햅틱 시각은 들뢰즈가 말하는 '매끄러운 공간smooth space'과 연결되며, '줄무늬 공간striated space'이 제공하는 광학적 시각optical vision과는 대조됩니다. 즉, 햅틱 또는 촉각 시각과 광학적 시각의 대결입니다.

Slide 23. 들뢰즈와 가타리는 『천 개의 고원Mille plateaux, A Thousand Plateaus』에서 이렇게 말했습니다:

"햅틱 공간, 매끄러운 공간의 첫 번째 특징은 방향, 기준점, 연결이 끊임없이 변한다는 것이다. 그것은 한 걸음 한 걸음마다 작동한다. […]

Slide 23.

Slide 24.

Slide 25.

Slide 27.

반대로, 줄무늬 공간은 장거리 시각의 요구에 따라 […] 정의된다."

당신은 지금 근접 공간, 햅틱 공간, 매끄러운 공간 속에 위치합니다. 그리고 그 안에서 재료가 주는 인상은 직접적이기를 원하며, 다른 무언가를 상징하거나 대표하려 하지 않습니다. 그 경험이 철저하게 비재현적이기를 건축가는 지향합니다!

Slide 24. "[…] 우리는 음악의 소리나 꽃의 향기처럼, 직접적인 신체 · 감정적 충격에 더 관심이 있다. 우리는 건물에서 어떤 의미를 찾으려 하지 않는다. 건물은 책처럼 읽힐 수 없다. 화랑 속 그림들처럼 설명, 자막, 라벨이 붙어 있지도 않다. 건물은 건물일 뿐이다. 그 점에서 우리는 철저히 비재현적이다! 우리 건축의 힘은 방문자에게 주는 즉각적이고 관통하는 충격에 있다. 우리가 보기에, 그것이야말로 건축에서 가장 중요한 전부이다."[7]

헤르조그 & 드 므롱은 다른 예시들도 듭니다.

Slide 25. "리콜라 창고의 나뭇잎 문양, 혹은 에베르스발데 도서관의 사진을 입힌 파사드 등, 이 모든 이미지들은 재현적representational이라기보다 비재현적non-representational이다."[8]

이제, 첫 번째 휴식입니다.

요제프 보이스,
코요테: 나는 아메리카를 좋아하고, 아메리카는 나를 좋아한다, 1974.

Slide 27. 요제프 보이스의 그 유명한 1974년 퍼포먼스 예술 작품〈Coyote: I like America and America likes me〉에 대해서 들어보셨을 겁니다. 그는 야생 코요테 한 마리와 한 공간에 함께 있고자 했습니다. 사흘에 걸쳐 하루에 여덟 시간씩, 코요테가 있는 방 속에 그는 머물렀습니다. 보이스는 두꺼운 회색의 펠트 덮개로 싸인 채 서 있었죠. 펠트는 주름진 직물striated cloth이 아니라 매끄러운 직물smooth cloth입니다. 처음에 코요테는 펠트를 갈기갈기 찢어놓았습니다. 3일이 지나자 코요테는 그를 받아들이게 되었고 보이스는 코요테를 껴안을 수 있을 정도였습니다. 이 퍼포먼스의 상징성에 대해 이야기하고자 하는 것은 아닙니다. 주목하고 싶은 점은 보이스가 점점 더 동물과 가까워지게 되었다는 사실입니다.

다른 상황 속에서 보이스는 재료들materials에 더 가까이 다가가려 하기도 했습니다. 이것이 바로 건축가들이 보이스의 작업에 끌리는 이유입니다.

보이스에 대해 헤르조그는 말했습니다.

헤르조그 & 드 므롱:
요제프 보이스(1921 – 1986)에 대하여

> Slide 28. "그는 우리가 이전에 한 번도 보지 못했던 것을 보여주었다. 예를 들어, 그가 재료를 다루는 방식은 건축가들이 흔히 하듯 단일한 기능에 따라서 사용하는 것이 아니었다. 그는 더 감각적인 접근 방식을 취했고, 재료에 상징적 의미를 부여하기도 했다. 하지만 이 상징적인 측면은 결코 우리의 작업 안으로 들어오지 않았다."[9]

헤르조그 & 드 므롱은 보이스 작업의 '상징적 의미'보다는 '더 감각적인 접근 방식'에 관심이 있었던 것으로 보입니다. 그 작업들은 비재현적이었습니다.

또한 우리는 조나단 설기슨Jonathan Sergison과 스테판 베이츠Stephen Bates의 목소리도 들어볼 수 있습니다.

조나단 설기슨 & 스테판 베이츠:
요제프 보이스에 대하여

> "…특정한 재료의 사용은 어떤 설명이나 내러티브를 요구하지 않고도, 본능적이고 직관적인 차원에서 소통하는 듯하다. (…) 겹겹이 쌓여 있거나 공간 속에 홀로 걸린, 희미하게 우스꽝스러우면서도 신비로운 펠트 슈트들은 놀랍게도 그것들이 만들어진 재료의 본질을 드러낸다."[10]

… 내러티브 없이도 본능적 차원에서 소통하고, 재료의 참된 본질을 드러내는 것….

아담 카루소& 피터 세인트 존:
요제프 보이스에 대하여

우리는, 우리는 아담 카루소Adam Caruso가 말하는것도 들어볼 수 있습니다.

> Slide 29. "요제프 보이스가 전후 독일에서의 예술을 다시 실천하고자 했을 때, 그의 작업은 의도적으로 설명 불가능한 것이었으며, 예술을 위한 정당한 기반으로 여겨질 만한 선험적 이론들을 거부했다. 그 대신 그는 새로운 출발을 위한 조건으로 이어지며 관객과 가능한 한 직접 연결되기 위해 자신의 내부 깊숙한 곳에 있는 감정적이고 직관적인 힘에 의존했다."[11]

또 누가 보이스에 대해 이야기했을까요? 피터 줌토르였는데요. 그 역시 동일한 이유 때문이었습니다. 바로 재료의 지각perception of materials에 관해서였습니다.

피터 줌토르,
종 베네데트크 예배당,
1985 – 1988.

Slide 31. 지금은 누구나 줌토르의 종 베네데트크 예배당을 알고 있습니다. 예배당은 단순한 형태이지만, 동시에 복잡한 기하학을 지

Slide 28.

Slide 29.

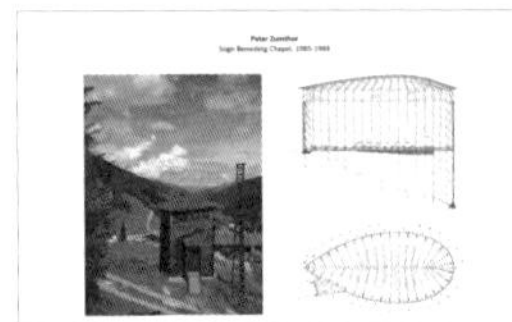

Slide 31.

니고 있습니다. 재료는 단 하나, 나무였습니다. 목조 구축인 셈입니다. 외피는 작은 나무 타일들이 겹쳐진 켜로 이루어져 있습니다. 햇빛에 노출된 입면에서의 나무 타일들은 밝은 색을 띠고 있습니다. 빈대쪽 입면의 타일들은 더 어둡습니다. 다만 그 밝음과 어두움 사이에는 매우 아름다운 색의 전이, 또는 그라데이션이 존재합니다. Slide 32. 줌토르는 말합니다.

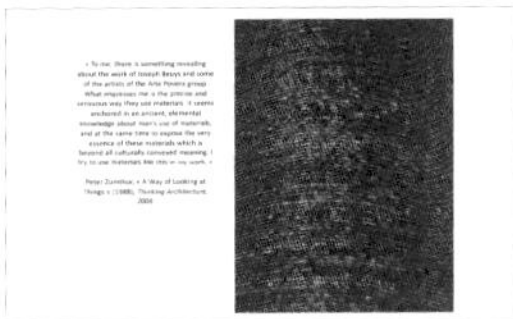

Slide 32.

> "내게 있어, 요제프 보이스와 몇몇 아르테 포베라Arte Povera 그룹의 예술가들의 직업은 무언가 일깨우는 힘이 있어 보인다. 내가 인상 깊게 여기는 것은 그들이 재료를 다루는 정밀하고 감각적인 방식이다. 그 방식은 인간이 재료를 다루어왔던 고대적이고 근원적인 지식에 뿌리를 두고 있는 듯하며, 동시에 문화적으로 전해진 모든 의미를 넘어 재료 자체의 본질을 드러낸다. 나 또한 나의 작업 속에서 이러한 방식으로 재료를 사용하고자 한다."[12]

... 재료의 본질 자체를 드러내고자 한다는 것 ... 문화적으로 전해진 모든 의미를 넘어선다는 것 ... 항상 반복되는 동일한 담론입니다. 그리고 분명히, 줌토어가 재료에 대해 말할 때는 하이데거적인 어조가 배어나고 있습니다. 하지만, 재료의 본질은 과연 무엇일까요? 문화적으로 전수된 모든 의미를 초월한다는 것은 과연 가능한 일일까요?

그리고 줌토르는, 헤르조그 & 드 므롱과 마찬가지로, 미니멀리즘의 예술을 수차례 언급합니다.

피터 춘토어,
아틀리에 춤토어,
할덴슈타인, 1985–1988.

> Slide 33. "도널드 저드, 그리고 다른 동시대 예술가들의 작품들은 근본적인 기하학으로 환원된 것이었으며, 내게 깊은 인상을 주었다."[13]

피터 춤토어,
마산 노인 주택,
쿠어, 1989–1993.

> Slide 34. "당신은 그것이 형태적 이미지가 아니라, 오히려 어느 한 분위기적 이미지, 재료적 이미지라는 것을 알아차릴 것이다. 실제적 형태는 중요하지 않다. 사실 형태는 결코 중요한 것이 아니다. 내가 관심 있는 것은 이미지의 감정적 혹은 경험적 가치이다. 형태란 내가 오브제 그 자체 속에서 발견하게 되는 것이며 건물의 구축 과정에서 스스로 발전하는 것이다."[14]

형태는 중요하지 않습니다. 중요한 것은 분위기입니다. 재료는 분위기를 만들어내며, '재료적 이미지'를 제공합니다. 이 지점에서 우리는 줌토르에게, 그리고 모든 현상학주의자들에게 왜 그렇게 구축이 중요한지 이해하게 됩니다. 재료에 대해 말한다는 것은 곧 재료의 구현 방식에 대해 말하는 것이며, 결국은 구축에 대해 말하는 것이기 때문입니다. 당신은 건축 오브제가 어떻게 구축되었는지를 보여주고자 하며, 그 재료들이 어떻게 사용되었는지를 드러내고자 하는 것입니다.

이제 우리는 헤르조그 & 드 므롱이나 줌토르, 그리고 카루소 & 세인트 존, 설기슨 & 베이츠의 건축물에서 볼 수 있는 명료성clarté, 이해 가능성의 이유를 이해하게 됩니다.

이제 우리는 카루소 & 세인트 존의 건물을 살펴보도록 하겠습니다.

아담 카루소 & 피터 세인트 존,
하우스 스튜디오,
런던, 1993 – 1994.

Slide 35. 하우스 스튜디오House Studio에서 우리는 오래된 벽에서 페인트칠한 옛 벽돌, 벽 끝단에서는 새 벽돌, 아연 도금된 철재로 만들어진 창문도 볼 수 있습니다. 카루소 & 세인트 존의 의도는 무엇이었을까요?

> Slide 36. "특별한 재료를 예외적인 것으로 만드는 일은 진부하다. 벽돌처럼 소박한 재료에 대한 감각을 증가시키는 것이야말로 시적인 작업이다."[15]

소박한 재료, 가난한 재료에 대해, 헤르조그 & 드 므롱이나 줌토르가 그러했던 것처럼, 카루소 & 세인트 존은 이러한 이유로 요제프 보이스의 작업을 높이 평가합니다. 소박한 재료의 시성poetic은 브루탈리즘으로의 회귀일까요? 나는 그렇다고 생각합니다. 구 브루탈리즘, 즉 앨리슨과 피터 스미슨의 브루탈리즘보다 더 정교해진 신 브루탈리즘입니다. 카루소 & 세인트 존이 스미슨 부부에 대해 깊은 존경과 애정을 가지고 있음은 잘 알려져 있습니다.

이제 우리는 카루소 & 세인트 존의 다른 건물을 살펴보겠습니다.

아담 카루소 & 피터 세인트 존,
현대미술센터, 노팅엄, 2004 – 2009.

Slide 37. 노팅엄 현대미술센터와 관련해 카루소 & 세인트 존은, 이 건물이 도시 맥락에서 크게 튀지 않고 기존의 옛 건물들과 비슷한 규모를 지닌, 일종의 '발견된 건물found building'처럼 보이기를 바란다고 말합니다. 이는 사진에서도 확인할 수 있습니다. 그들은 또한 내부 전시 공간 역시 '발견된 공간found spaces'과 같으며, 그 자체로 새롭거나 독창적인 공간은 전혀 아니라고 말합니다. 어떤 면에서, 이러한 표현들은 앨리슨과 피터 스미슨의 언어에 속합니다. 카루소 & 세인트 존은 이렇게 말합니다:

Slide 33.

Slide 34.

Slide 35.

Slide 36.

Slide 37.

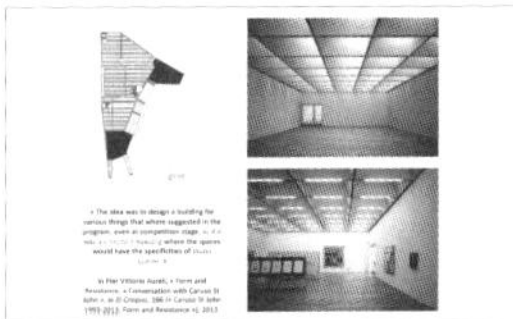
Slide 38.

Slide 39.

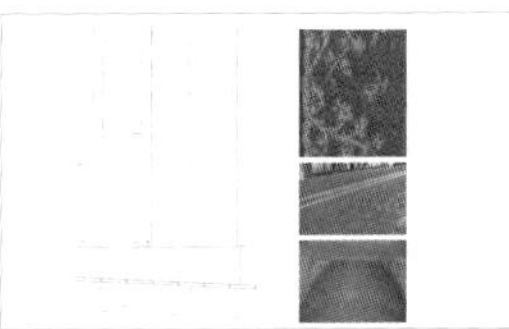
Slide 40.

Slide 41.

Slide 38. "아이디어는 다음과 같았습니다. 심지어 설계경기 단계에서부터 제안되었던 여러 다양한 용도의 건물을 설계하되, 공간들이 '발견된' 공간의 특별함을 지니고 있는, 어떤 한 '발견된' 건물처럼 보이도록 만드는 것이었습니다."[16]

노팅엄 현대미술센터에서 우리는 도시 환경 자체를 하나의 재료로 간주할 수도 있습니다. 그 작업과 관련하여, 헤르조그 & 드 므롱은 이렇게 말한 바 있는데, 이를 잘 기억하기 바랍니다: "우리가 해온 모든 일은 거리에서 발견된 것들이다!" 이 말은 본 강의의 첫 번째 인용문의 일부이기도 합니다.

반대로, 줌토르는 도시 환경보다는 자연 환경을 선호했습니다. 환경이라는 질문과 함께, 우리는 스위스의 유추적 건축analogous architecture 운동 그룹에 속한 일부 건축가들이 주장했던 '스티뭉stimmung'의 문제에 닿을 수 있습니다. 보통 스티뭉은 영어로 '분위기atmosphere'라고 번역됩니다. 스티뭉 또는 분위기를 만들어내기 위해,재료의 선택은 결정적인 중요성을 가집니다.

이제 우리는 다시 노팅엄 현대미술센터로 되돌아갈 수 있습니다.

Slide 39. 이 건물의 설계는 매우 정교합니다. 무엇보다도 파사드의 요소 설계가 그렇습니다.

노팅엄에서 오래된 전통 생산물 중 하나는 레이스, 즉 자수입니다. 카루소 & 세인트 존은 건물의 표면을 위한 패턴으로 레이스 한 조각을 선택해 사용합니다.

Slide40. 파사드의 외양은 커튼처럼 주름을 가지고 있는데, 이 주름은 콘크리트 판재로 형성되어 있습니다. 이 콘크리트 판재 위에는 레이스 패턴이 인쇄되어 있습니다. 이제 우리는 '피복cladding' 문제를 떠올릴 수 있습니다. 19세기 고트프리트 젬퍼가 『스타일Der Stil』에서 처음 제기했던 개념입니다. 여러분도 기억하실 겁니다. 젬퍼는 두 가지 유형의 피복을 구분했습니다. 주름진 커튼과, 평평한 양탄자입니다.

다시 한번, 노팅엄에서는 우리가 건물에 가까이 다가서야 만이 정확히 외피가 어떤 것인지, 그 외피가 어떻게 만들어졌는지를 볼 수 있습니다. 가까운 거리에서의 지각은 햅틱한/촉각적 지각, 즉 햅틱한 시각입니다. 표면의 문제는 현상학적 건축에서 핵심적 문제입니다. 건축이라는 유희play는 근거리 시각과 원거리 시각 사이에서 이루어집니다.

이제 우리는 설기슨 & 베이츠의 건물 두 채를 간단히 살펴보겠습니다.

조나단 설기슨 & 스티븐 베이츠,
도시 주거, 해크니, 런던, 1999 – 2002.

Slide 41. 첫 번째는 해크니의 도시 주거입니다. 벽돌 벽체로 이루어진 이 건물은, 제임스 스털링과 제임스 고완의 초기 작업 중 브루탈리즘의 한 사례인 런던 햄 커먼의 랭엄 하우스(Langham House, 1958)를 떠올리게 합니다.

Slide 42. 설기슨 & 베이츠는 '일상적인 ordinary' 것에 대해 이야기하며, '발견된 그대로as found'의 개념을 다시 유도합니다.

> "'아카데미'의 기존 모델 너머로 눈을 들어, '일상적'인 것을 재해석하여 활용할 수 있는 방식을 고민하도록 우리는 이끌렸다. '발견된 그대로as found'의 개념은 주변에 존재하는 모든 것에 우리의 눈이 뜨이도록 만들었다."[17]

그런데 만약 설기슨 & 베이츠가 벽돌을 사용할 수 없는 상황에서 도시 건물을 설계해야 할 때는 어떤 일이 벌어질까요? 예를 들어, 최근 제네바에 그들이 설계한 도시 주거를 살펴봅시다.

조나단 설기슨 & 스티븐 베이츠,
도시 주거,
제네바, 2006–2011.

Slide 43. 그들은 오귀스트 페레의 언어를 발견한 듯 보입니다. 합리적 질서를 추구하는 고전적 언어로의 회귀처럼 말입니다. 구축의 관점에서 보았을 때 매우 이해하기 쉬운 형태인 것은 분명합니다.

이제 두 번째 휴식입니다.

앞서 나는 촉각적 시각과 광학적 시각의 차이에 대해 이야기한 바 있습니다. 그리고 현상학적 건축 접근은 촉각적 시각에 우위를 두거나, 적어도 큰 중요성을 부여하고 있다고 말했었습니다. 광학적 시각은 철학자 르네 데카르트가 잘 설명합니다.

Slide 45. 그의 저서『방법서설Discours de la méthode』이후, 데카르트는『시광학La Dioptrique』을 집필했습니다. 오른쪽 페이지에는 데카르트의 시각에 관한 도해, 즉 '데카르트식 시각 도식'이 나타나 있습니다.

Slide 46. 이 개념은 고전적인 시각 개념으로, 시야viewshed와 원추형conical 시각이 중요합니다. 여기서 나는 고든 마타클락의 어휘를 빌려 '원추형'이라 불렀습니다. 이러한 시각은 눈과 보이는 대상 사이를 연결합니다. 대상은 당신의 앞에 위치합니다. 현상학적 접근에서 흥미로운 부분이 있습니다. 이러한 고전적 시각 개념에 대해 모리스 메를로-퐁티가 제기한 비판입니다.

모리스 메를로-퐁티

> Slide 47. "공간은『시광학』에서의 공간이 아니다. 다시 말해 사물들 사이의 관계망, 즉 제3자가 나의 시각을 지켜보거나, 기하학자가 바깥에서 그것을 내려다보고 재구성할 수

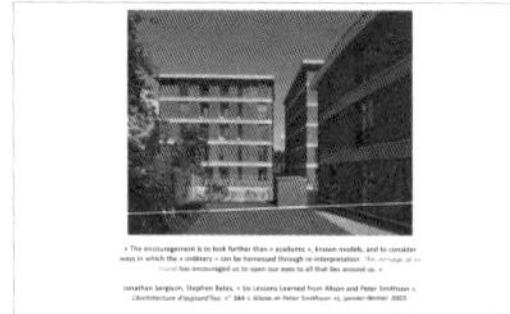

Slide 42.

Slide 43.

Slide 45.

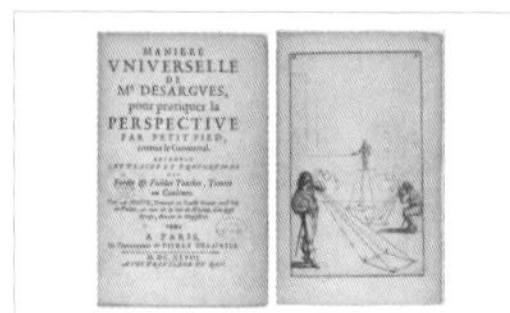

Slide 46.

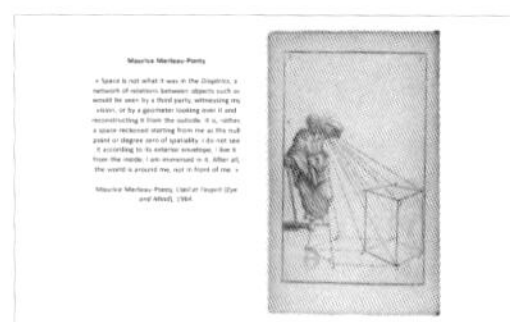

Slide 47.

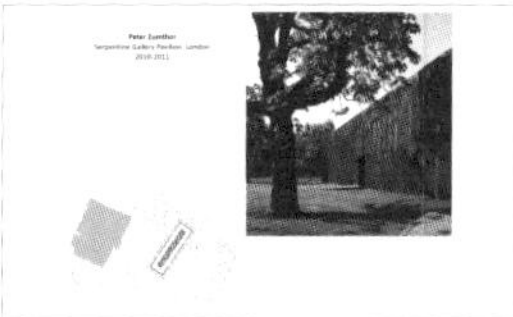
Slide 48.

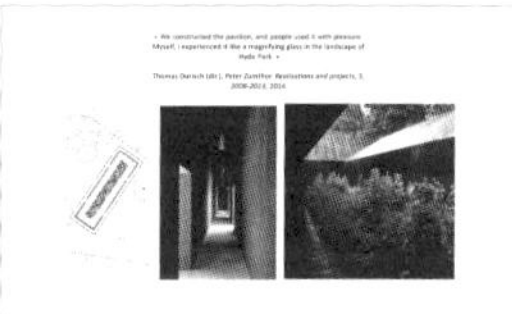
Slide 50.

> 있는 그런 관계망이 아니다. 공간은 오히려, 나 자신을 공간성의 영점, 즉 제로 지점null point or degree zero으로 삼아 거기서부터 측정되고 산정되는 것이다. 나는 공간을 외부적 외피에 따라서 보는 것이 아니라, 그 내부에서 살아간다. 나는 그 속에 둘러싸여 몰입되어 있다. 결국, 세계는 내 앞에 있는 것이 아니라, 내 주위에 있는 것이다."[18]

세계는 내 앞에 있는 것이 아니라, 내 주위에 있습니다. 그리고 나는 세계 안에 있습니다. 공간은 내 주위에 있습니다. 나는 단지 광학적 공간 안에 있는 것이 아니라, 촉각적 공간 안에 있는 것입니다.

이 강의의 앞부분에서 나는 표면이 가지는 끌어당기는 힘, 매혹하는 힘에 대해 이야기했습니다. 당신은 그 표면 가까이에 있으며, 그 표면의 인력장 속에 있고, 그 촉각적 공간 안에 있습니다.

이제 나는 이 강의를 공간과 현상학의 문제로 마무리하고자 합니다. 이를 위해 나는 줌토르의 최근 건축물 하나를 다루고자 합니다.

피터 춤토어,
서펜타인 갤러리 파빌리온,
런던, 2010 - 2011

Slide 48. 그가 설계한 서펜타인 파빌리온은 순수한 공간적 경험을 제안하고 있습니다. 외벽에 있는 여섯 개의 작은 문은 좁은 복도로 들어가는 입구가 됩니다. 복도는 어둠 속에 있으며, 네 개의 문이 정원으로 열려 있습니다. 정원은 하늘로 열린 공간입니다. 우리는 좁은 정원 안에서 꽃들을 마주합니다. 정확히 말하면, 꽃들의 전면에 위치하는 것이 아니라, 꽃들 사이에 있습니다.

Slide 50. 줌토르는 이렇게 말합니다:

> "우리는 이 파빌리온을 지었고, 사람들은 기꺼이 그것을 이용했다. 나 자신은 이 파빌리온을 하이드 파크의 풍경 속에서 하나의 확대경처럼 경험했다."[19]

지금 줌토르는 무엇에 대해 말하고 있는 것일까요? 그는 심도depth of field에 대해 이야기하고 있습니다. 이 작은 내부 정원은 하이드 파크의 외부 풍경을 위한 하나의 확대경처럼 작용하고 있다는 말입니다. 그렇다면 이 파빌리온은 진정한 구축물일까요? 아닙니다. 우리는 구조 프레임을 볼 수가 없습니다. 짙은 회색 벽만 보일 뿐입니다. 파빌리온은 마치 동굴과 같습니다. 동굴은 진정한 의미에서 구축물이 아닙니다. 진정으로 '지어진 것'이 아니기 때문입니다. 동굴은 절벽에 만들어진 구멍, 혹은 '파낸 것'입니다.

이제 나는 아이레스 마테우스 형제들의 작업들을 살펴보고자 합니다. 그들은 자신들의 프로젝트를 '물질의 제거subtraction of matter'로 설명합니다.

프란시스코 & 마누엘 아이레스 마테우스,
주택, 코루셰, 2007 -

Slide 51. 2010년 베니스 비엔날레에서 그들은 여러 주택 모형 컬렉션을 전시했습니다. 마누엘 아이레스 마테우스는 프로젝트들 중 하나를 설명합니다.

> Slide 52. "(...) 박공지붕을 가진 하나의 전형적인 구조체가 설계된다. 이것을 한계로 전제하여, 작업은 제거의 방식으로 진행된다. 집의 중심인 파티오 중정은 첫 번째 '음 negative'을 형성하며, 이를 통해 다른 경계들이 읽혀진다."[20]

이 주택의 내부를 상상해 보면, 서로 다른 공간들을 따르는 하나의 여정이 있고, 주택의 건축은 공간적이면서 지각적인 경험으로 간주될 수 있습니다. 또 다른 예를 봅시다.

프란시스코 & 마누엘 아이레스 마테우스,
주택, 몬테 카베이라.

Slide 53. 베니스 비엔날레에서의 모형에 대해 마누엘 아이레스 마테우스가 다시 설명합니다.

> Slide 54. "공간은 형태, 질감, 색, 온도, 빛에 의해 정의되며, 비움을 통해, 제거의 방식으로 구축된다. 그것은 공간을 중심 요소로 선택하고, 파내고 덜어내며 건설하는 정신적인 구성 과정이다. (...)"[21]

당신도 알다시피, 프로젝트의 첫 단계는 어느 한 전체 볼륨에서 시작됩니다. 이 첫 번째 볼륨은 조각적인 볼륨일까요? 그럴 수 있다고 생각합니다. 현상학적이며 공간적인 접근은 필연적으로 조각적인 차원, 조각적인 성격을 수반합니다.

프란시스코 & 마누엘 아이레스 마테우스,
리서치 센터,
라고 드 푸르나스, 상미겔, 아소르스 제도,
2008 - 2010.

Slide 55. 이 프로젝트에서 사용된 재료는 돌이지만, 추상적으로 다루어집니다. 왜냐하면 이곳에서는 돌로 어떤 형태든 만들어낼 수 있어 보이며, 구조적 존재감 없이도 가능한 것처럼 보이기 때문입니다. 건축이라기보다는 조각에 가깝다고도 할 수 있습니다.

Slide 56. 하지만 그 안에서는 흥미로운 리듬을 가진 공간의 연속성을 만들 수 있습니다.

Slide 57. 그리고 내부와 외부 사이에 흥미로운 관계들도 형성됩니다.

제가 아이레스 마테우스 형제의 주택들을 선택한 이유를 고백해야 할 것입니다. 그 이유는 그들의 작업이 공간적 현상학의 문제를 설명하기에 매우 이해가 쉽기 때문입니다. 이론을 입증하기에는 다소 단순한 면도 존재합니다.

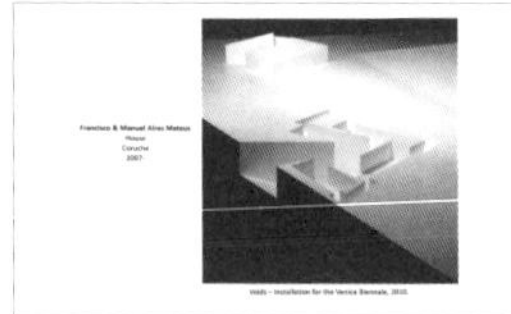

Slide 51.

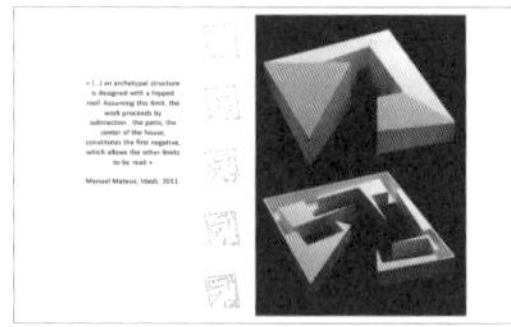

Slide 52.

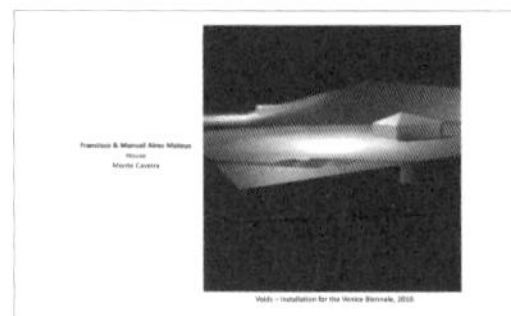

Slide 53.

Slide 54.

Slide 55.

Slide 56.

Slide 57.

Slide 59.

Slide 60.

Slide 61.

그래서 마지막 예로 저는 소우 후지모토 Sou Fujimoto를 다루고자 합니다.

소우 후지모토, 하우스 T, 마에바시, 군마, 2005

Slide 59. 왼쪽에는 다이어그램이, 오른쪽에는 평면이 보입니다. 왼쪽 다이어그램에서는 연속성에 대한 의도를 확인할 수 있습니다. 이상적으로는 하나의 공간, 하나의 방이며, 그 안에서 움직임이라는 공간적 경험이 이루어집니다.

후지모토는 이렇게 말합니다:

> "서로 관련 없는 것들이 공존하고 상호 의존적으로 자극을 주는 장소."[22]

당신은 일련의 방들, 여러 방들의 구성 안에 있는 것이 아닙니다. 이 방들은 — 하지만 과연 '방room'이라는 단어를 쓸 수 있을까요 — 서로 연결되어 있습니다. 당신은 하나의 공간 안에 있으며, 시야, 즉 당신의 시각은 끊임없이 변화합니다. 당신이 걷고, 움직이고, 위치를 바꿀 때마다 말입니다.

> Slide 60. "공간들은 분리되어 있고 동시에 연결되어 있다. 모든 방들은 상호 의존적이다." "걸음을 옮길 때마다 집의 내부 시야가 변화하고 새로운 풍경이 나타난다."[23]

지금까지 내가 이야기해온 이 예들 속에서 우리는 비어 있는 형태, 비어 있는 조각 안에 있습니다. 그리고 텍토닉적 성격은 거의 중요하지 않습니다.

마지막으로, 우리는 지그프리트 기디온이 공간, 특히 근대주의적 공간에 대해 말했던 것을 다시 떠올릴 수 있습니다.

> Slide 61. "공간의 본질은 […] 그것의 다면성, 그 안에서의 관계들이 지닐 수 있는 무한한 가능성에 있다. 따라서 하나의 기준점에서 어떤 영역을 완전히 설명하는 것은 불가능하다. 그 공간의 성격은 바라보는 지점에 따라 달라진다. 공간의 참된 본성을 파악하기 위해서는, 관찰자는 자신을 그 공간을 통과해 투사해야 한다."[24]

어쩌면 이는 현상학 자체가 오랫동안 제기된 문제임을 드러내는 증거일 수도 있습니다.

자크 뤼캉(Jacques Lucan)은 건축가이자 역사학자로, 스위스 로잔연방공과대학교(EPFL) 및 프랑스 국립건축학교(ENSAP Belleville 등)의 명예교수를 역임하였다. 1978년부터 1988년까지 건축 저널 *Architecture-Mouvement-Continuité*의 편집장을 맡아 건축 이론 담론 형성에 큰 역할을 했으며, 1997년부터는 EPFL에서 건축 이론 전공을 가르치며 *Matières*의 편집위원으로서 2020년까지 영향력을 이어갔다. 저서로는 *Composition, non-composition*(2009), *Précisions sur un état présent de l'architecture* (2015, 남성택 역 『오늘의 건축을 규명하다』, 시공문화사, 2019), *Habiter, ville et architecture*(2020) 등이 있으며, 이들은 19세기 이후 건축 이론과 현재를 잇는 중요한 학문적 토대가 되었다. 그의 저술과 학문 활동은 오늘날에도 건축 연구와 담론에 깊은 영향을 미치고 있다.

미주

1 In Alejandro Zaera, "Continuities", Interview with Herzog & de Meuron, *El Croquis*, 60 ("H & de M 1983–1993"), 1993.

2 In Alejandro Zaera, "Continuities", Interview with Herzog & de Meuron, *El Croquis*, 60 ("H & de M 1983–1993"), 1993.

3 In "Towards an Intuitive Unterstanding", in *Daidalos*, August 1995, "Magie des Werkstoffe II".

4 In William J.R. Curtis, "The nature of artifice, a conversation with Jacques Herzog", *El Croquis*, 109–110 ("Herzog & de Meuron, 1998–2002"), 2002.

5 Jacques Herzog & Pierre de Meuron, "The Pritzker Prize 2001" (2001), in *A+U*, Spécial Issue ("Herzog & de Meuron, 1978–2002), February 2002

6 In Alejandro Zaera, "Continuities", interview with Herzog & de Meuron, *El Croquis*, 60 ("H & de M 1983–1993"), 1993.

7 In Jeffrey Kipnis, "A conversation with Jacques Herzog (H&de M)", in *El Croquis*, 84 ("H & de M 1993–1997"), 1997.

8 Ibid.

9 Ibid.

10 Stephen Bates, Jonathan Sergison, "Resistance," in 2G, no. 34, 2005.

11 Adam Caruso, "The Feeling of Things", *A+T ediciones*, 13, 1999.

12 Peter Zumthor, "A Way of Looking at Things" (1988), *Thinking Architecture*, 2006.

13 Thomas Durisch (dir.), Peter Zumthor, *Realisations and projects*, 1, 1985–1989, 2014.

14 Peter Zumthor, "Questioning Images", Interview with Peter Zumthor, *Daidalos*, 68, 1998.

15 Adam Caruso, "Sigurd Lewerentz and a material basis for form", *OASE*, n° 45–46, 1997.

16 In Pier Vittorio Aureli, "Form and Resistance, a Conversation with Caruso St John", in *El Croquis*, 166 ("Caruso St John 1993–2013, Form and Resistance "), 2013.

17 Jonathan Sergison, Stephen Bates, "Six Lessons Learned from Alison and Peter Smithson", *l'Architecturo d'aujourd'hui*, n° 344 "Alison et Peter Smithson"), janvier-février 2003.

18 Maurice Merleau-Ponty, *L'œil et l'esprit (Eye and Mind)*, 1964.

19 Thomas Durisch (dir.), Peter Zumthor, *Realisations and projects*, 5, 2008–2013, 2014.

20 Manuel Mateus, *Voids*, 2011

21 Ibid.

22 Sou Fujimoto, *Primitive Future*, 2008

23 Ibid.

24 Sigfried Giedion, *Space, Time and Architecture*, 1941.

This manuscript is a translated transcript of the script prepared for Professor Jacques Lucan's special lecture, held on April 24, 2018, on the 6th floor of the Architecture Hall at Hanyang University.

English Original

The aim of this lecture is to understand what is a phenomenological experience in architecture. Rather, what is called, by architects, phenomenological experience. So I start with a first quotation.

Jacques Herzog was speaking about the work of Herzog & de Meuron. We are in nineteen ninety three (1993). He said :

> *"Our approach is phenomenological ! All that we have ever designed comes from observation and description. All that we have ever done has been found on the street ! All of our projects are products of our perceptions projected onto objects ! This is also the reason why our buildings always look so different from each other. Since we turn our head in different directions, the buildings arise from other perceptions. We work by observing phenomena !"* [1]

Nineteen ninety three (1993) : At this moment, Herzog & de Meuron had made several projects, small, simple, with an attention to materials. Among these projects :

Herzog & de Meuron, House in Tavole, Italy, 1982-1988.

[Slide 3] The House in Tavole seems to be nearly a traditional dry stone construction. It's look like the traditional houses of the region. But a dry stone construction with a reinforced concrete frame.

We can say : nothing really new ! Stone is a traditional material, and now reinforced concrete is also a traditional material. But we have to take a closer look at the reality of the construction.

[Slide 4] If we look at the plan, we see the rectangle of the exterior walls, and two crossing walls in the interior. It's a plan without corridor, a plan for which the rooms are not very different in relation to the geometric structure, to the geometric frame : four rectangles in one rectangle, with almost approximately the same proportions.

[Slide 5] And if we look at the longitudinal facade, we can see also a cross. Its vertical branch is the end of the interior wall ; the horizontal ones are the end of the floors. The same simple geometric shape produce the plan and the facade. It's why the house has a great degree of coherence.

[Slide 6] But in the plan there is something more. There are four pillars at the corner of the rectangle ; these pillars are not visible ; they are behind the stone walls. Why this ?

With a traditional frame, you should have one visible pillar in the middle, and one visible pillar at the corners of the facade. Between these pillars, you should have a wall... or nothing – the frame is very different from the wall ; the wall is not part of the frame ; the frame could remain strong without the wall. The walls are subordinated to the frame !

[Slide 7] This type of architectural problem has been illustrated by Auguste Perret. For example by the Museum of Public Works in Paris, built in the thirties. You see there, on the left only the frame of the building, on the right the building completed. You understand here what I call the subordination of the wall to the frame. It is at this moment that Auguste Perret said : "Architecture is what makes beautiful ruins". The frame makes the ruin; the walls make only the closure.

[Slide 8] The problem of the House in Tavole is not the same as the problem of the Museum of Public Works. What are the architects doing ? They don't put a pillar at the corners. The stone wall turns the corner. For what we can see, we can say that the wall is not framed by the pillars, that the frame and the wall have the same importance, that the wall is not subordinated to the frame. With that, the house is even more coherent, without subordination of one constructive element to another constructive element.

The architecture of the house in Tavole is a thinking about construction and expression, about the non-subordination, about the non-hierarchical. In a non-hierarchical system, all the elements are of equal importance, also all the materials. The purpose is to make the materials "visible".

[Slide 9] *"The material is there to define the building but the building, to an equal degree, is there to show the stuff it is done with (les choses avec lesquelles il est fait), to make the material "visible". Seen in this way, there is absolutely no difference between the stone wall of our house in Tavole and the text facade of the Blois Cultural Center. In both cases we push the material we use to an extreme to show it dismantled from any other function than "being"."* [2]

So, when you are interested by a building, and if it appears not so simple as you imagine, not so traditional, you have to see what happens exactly.

I take now a second building by Herzog & de Meuron, from the same period as the House in Tavole. And this building propose an architectural experience, more phenomenological than the House in Tavole.

Herzog & de Meuron, Storage building for Ricola, In Laufen, 1986-1987.

[Slide 10] The Storage building for Ricola have a simple shape. View from a distance it is a parallelepiped, with striated facades whose bands are higher on top than bottom, with a kind of cornice.

[Slide 11] Once again the plan is a rectangle. It is a shed : a steel frame with pillars in the central line of the building.

[Slide 12] It is not a basic industrial shed. It is a decorated shed, because it has a non-traditional building envelope if we compare it to the storages that we can see in the suburbs. What is and how is this envelope ? What is the skin made up of ?

[Slide 13] Viewed up close, the constitution of the envelope appears in much more detail. A constitution made by slabs of Eternit, a "poor" and industrial material. And you see how the material is put on consoles, you see the glass wool insulation. You penetrate the surface and you forget the whole shape of the building, you forget the volume.

[Slide 14] We can say that the approach of the building is an experience, a perceptual experience. Perhaps a phenomenological experience. For Herzog & de Meuron the question of perception is very important : what are we seeing at a close range ? what are we seeing far ? Near or far, it is not the same vision.

[Slide 15] Once again Herzog & de Meuron said :

> *"Our architecture tries to strengthen what exists, to pull it into the realm of the perceptible. Here, it is the essential constitution of the building and bedrock walls, which is significant. Similarities as well as differences are to be understood without coding."* [3]

When Herzog & de Meuron wanted to understand " without coding", I think that they wanted a pure phenomenological experience.

[Slide 16] At this moment, we can remember the words of the philosopher Maurice Merleau-Ponty in his famous book, Phenomenology of Perception :

> Phenomenology is *"(...) a philosophy for which the world is always 'already there' before reflection begins — as an inalienable presence; and all its efforts are concentrated upon*

re-achieving a direct and primitive contact with the world (...).”

For Herzog & de Meuron, I think that a pure phenomenological experience suppose to forget the possibility of original shape. For them, it was the time of minimalism in architecture.

[Slide 17] *“Ricola in Laufen was the first “minimalist” project, the Goetz Gallery (1991) in Munich carried this phase to full clarity and was perhaps the most beautiful work of that type. Why did we take this direction ? It was a reaction against post-modernism and against de-constructivism.”* [4]

In the minimalist moment, Herzog & de Meuron tried to escape from the research of form in favour of an attention to materials. But they don’t want to make a style. They said:

[Slide 18] *“At the beginning of the eighties, no one used a rectangle as ground plan and section, that is, a box as the basis of design. We wanted architecture without any distinguishable figuration, but with a hesitant non-imitating analogy. [...] We did not want a sect of Minimalists. [...] We in turn began to have more and more doubts about the dominance of the rectangle in our designs.*

[...]

It is a strategy that gives us the freedom to reinvent architecture with each new project rather than consolidating our style.” [5]

After Tavole and Ricola, buildings of the eighties, we can look at a building of the nineties.

Herzog & de Meuron, Institute for Hospital Pharmaceuticals, Basel, 1995-1998

[Slide 19] The plan is not a rectangle ; on the contrary, it is very irregular.

[Slide 20] It is the result of several operations, and you see with all these models that Herzog & de Meuron work “with the one”: all the models are one form, not an assemblage, except the fourth model, like an exception. The result confronts the program and the functions with the context: in the backyard, to maintain one garden, and not to divide it in two parts; to facilitate the placement of the trucks; to give at the city, along the street, a facade not too long. Now, I don’t want to describe more these operations. I want to talk about the envelope.

[Slide 21] The envelope is made with three layers, from exterior to interior: a transparent glass with a grid of printed green points – green because the building is a pharmacy; a void, made by the distance between the glass and the surface of a sheet metal; this sheet metal is perforated by a grid of points, and the points have the same dimensions as the green points of the glass.

You have a similar experience that we have had looking at Ricola Storage. When we are far from the building, we see it as a green whole. When we are near the building, the surface is moving, because you have a moiré effect. You are captivated by the surface. The surface becomes a deep plan. At this moment, Herzog & de Meuron said:

[Slide 22] *"Designing and detailing a building thus becomes a mental trip into the interior of a building. The exterior becomes like the interior. The surface becomes spatial. The surface becomes "attractive". It attracts you while you work on it as a designer. You mentally penetrate the building in order to know what the building is going to be like."* [6]

The surface of the facade of the building becomes a deep plan. To be attracted, to be captivated by the surface is a phenomenological experience, "without coding". As you approach the facade, you have a near vision. You experiment what is called by Gilles Deleuze – after Aloïs Riegl - a tactile vision, or a haptic vision. This haptic vision is linked to what Deleuze calls a "smooth space", opposed to a " striated space" which proposes an optical vision. Haptic or tactile vision against optic vision.

[Slide 23] Deleuze and Guattari say in Mille plateaux, A Thousand Plateaus :

"The first aspect of the haptic, smooth space of close vision is that its orientations, landmarks, and linkages are in continuous variation; it operates step by step. [...] Striated space, on the contrary, is defined by the requirements of long-distance vision [...]."

You are in a near space, a haptic space, a smooth space. And the impact of the materiel wants to be direct, does not want to represent something else. The experience wants to be absolutely anti-representational !

[Slide 24] *"(...) we are more interested in the direct physical and emotional impact, like the sound of music or the scent of a flower. We are not looking for meaning in our buildings. A building cannot be read like a book, it does not have any credits, subtitles or labels like pictures in a gallery. A building is a building. In that sense, we are absolutely anti-representational. The strength of our buildings is the immediate, visceral impact they have on a visitor. For us that is all that is important in architecture."* [7]

And Herzog & de Meuron take other examples.

[Slide 25] *"The leaves in the Ricola Factory or the photographic facade of the Eberswalde Library, all these images are rather non-representational than representational."* [8]

NOW, A FIRST BREAK.

JOSEPH BEUYS, Coyote: I like America and America likes me, 1974.

[Slide 27] You know this performance of Joseph Beuys. He shared a room with a wild coyote, during eight hours over three days ; he stood, wrapped in a thick, grey blanket of felt – the felt is not a striated cloth, it is a smooth cloth - . The coyote shredded the blanket to pieces. At the end of the three days, Beuys hugged the coyote that had grown quite tolerant of him.

I don't want to talk about the symbolism of the performance. I want only to notice that Beuys is closer and closer to the animal.

In other circumstances, Beuys wants to be closer and closer to materials. It is why architects like the work of Beuys.

Herzog & de Meuron : on Joseph Beuys (1921-1986)

[Slide 28] *"He showed us things we had never seen before : e.g. the way he operated with materials, he didn't use them only in a mono-functional way like architects tend to do – he had a much more sensual approach and he did attribute symbolic meaning to materials. This symbolic side however never became part of our own work."* [9]

… A more sensual approach… Herzog & de Meuron are not interested by the symbolism of the works of Beuys ; they are non-representational.

We can also listen to Jonathan Sergison & Stephen Bates.

Jonathan Sergison & Stephen Bates : on Joseph Beuys

"(…) yet the use of particular materials seems to communicate at a visceral level, requiring no narrative. (…) The faintly comic yet mysterious felt suits, presented either in a stacked pile or hung singularly in space, surprisingly reveal the very essence of the material from which they are made." [10]

… To communicate at a visceral level, requiring no narrative; to reveal the real essence of the material…

Adam Caruso & Peter St John : on Joseph Beuys

We can also listen to Adam Caruso.

[Slide 29] *"When Joseph Beuys was reconstructing the practice of art in post-war Germany, his work was intentionally inexplicable, rejecting a priori theories as a valid basis for art. Instead he drew on emotional and intuitive forces deep within himself in order to articulate this condition of starting anew and to connect as directly as possible with the viewer."* [11]

Who even talks about Beuys ? Peter Zumthor. For the same reasons ; the perception of materials.

Peter Zumthor, Sogn Benedetg Chapel, 1985-1988

[Slide 31] Everybody knows this chapel. A simple shape, but also a complex geometry. One material: wood. A wood construction. The envelope has a layer of little wood tiles. And, on the side facing the sun, the tiles have a light colour; the other side is darker, but between the light and the dark, there is an extraordinary transition or gradation.

> [Slide 32] *"To me, there is something revealing about the work of Joseph Beuys and some of the artists of the Arte Povera group. What impresses me is the precise and sensuous way they use materials. It seems anchored in an ancient, elemental knowledge about man's use of materials, and at the same time to expose the very essence of these materials which is beyond all culturally conveyed meaning. I try to use materials like this in my work."* [12]

... To expose the very essence of material... beyond all culturally conveyed meaning ... It is always the same discourse. And obviously, when Zumthor speaks about material, he has some Heideggerian accents. But what is the very essence of material ? But how is it possible to go beyond all culturally conveyed meaning ?

And Zumthor refers to Minimalism, like Herzog & de Meuron.

Peter Zumthor, Atelier Zumthor, Haldenstein, 1985-1988

> [Slide 33] *"The works of Donald Judd and other contemporary artists, reduced to elementary geometric forms, have impressed me."* [13]

Peter Zumthor, Homes for senior citizens Masans, Chur, 1989-1993

> [Slide 34] *"You notice how that's not a formal image but rather an atmospheric one, a material image, the actual form isn't important – in fact, form is really never important. What interests me is the emotional or experiential value of an image and the form is what I then find in the object itself, it develops from the construction of the building."* [14]

Form is without importance. Atmosphere is important. And material gives atmosphere, gives "a material image". At this point, we understand why construction is very important for Zumthor, like for all the phenomenologists. Because if you talk about materials, you talk about the material implementation, so you talk about construction. You want to show how the architectural object is constructed, how the materials are used.

Now we understand the clarity, the intelligibilty of the buildings by Herzog & de Meuron or by Zumthor, but also by Caruso & St John or by Sergison & Bates.

We can look at a building by Caruso & St John.

Adam Caruso & Peter St John, House Studio, London, 1993-1994

[Slide 35] We see the painted bricks of the old wall, we see the new bricks at the end of the wall, and the window made of galvanized steel. What is the aim of Caruso & St John ?

> [Slide 36] *"To make an extraordinary material special, is banal. To heighten one's awareness of a humble material like brick, is poetic."* [15]

About humble materials, about poor materials, Herzog & de Meuron or Zumthor think so, and they appreciate the work of Beuys for this reason. Is the poetic of a humble material a return to Brutalism ? Yes, I think, a new brutalism, more sophisticated than the old brutalism, the brutalism of Alison and Peter Smithson. We know that Caruso & St John have a great respect and admiration to Alison and Peter Smithson.

We can look at another building by Caruso & St John.

Adam Caruso & Peter St John, Centre for Contemporary Art, Nottingham, 2004-2009

[Slide 37] In relation to this centre of contemporary art, Caruso & St John say that it will be like a "found building", not too much different in the urban context, with the same scale as the old buildings, as we see in this picture. They say also that the interior spaces for exhibitions are like "found spaces", they are not original spaces. In some ways, these words belong to Alison and Peter Smithson. Caruso & St John say :

> [Slide 38] *"The idea was to design a building for various things that where suggested in the program, even at competition stage, as if it was a "found" building where the spaces would have the specificities of found spaces."* [16]

With the centre of contemporary art at Nottingham, we can consider that the urban environment is a material. In relation to their work, Herzog & de Meuron said – you remember : "All that we have ever done has been found on the street !" - it was part of the first quotation of this lecture.

At the opposite, Zumthor prefers the natural environment rather than the urban environment. With the question of environment, we can touch the problem of what some swiss architects of the analogous architecture movement called the stimmung. Usually, stimmung is translated into english as "atmosphere". The choice of materials is of major importance to give the stimmung or the atmosphere.

We can now return to centre of contemporary art at Nottingham.

[Slide 39] The design of the building is very sophisticated, and above all the design of the elements of the facades. An old and traditional production in Nottingham is the lace, the embroidery of lace. Caruso & St John take a piece of lace as pattern for the surface of the building.

[Slide 40] The shape of the facade is like a curtain, with folds which are constituted by concrete panels. Concrete panels on which is printed the pattern of the lace. Now we can remember the problem of cladding, a problem posed a first time by Gottfried Semper in the nineteenth century in Der Stil. You remember the two types of cladding differentiated by Semper : the curtain and its folds, and the carpet which is flat.

Once again, at Nottingham, we have to approach the building if we want to see what is exactly its envelope, how this envelope is made of. The near perception is an haptic perception, an haptic vision. The question of the surface is a major question for phenomenological architecture. The play of architecture is between near vision and distant vision.

Now we can quickly look at two buildings by Sergison & Bates.

Jonathan Sergison & Stephen Bates, Urban Housing, Hackney, London, 1999-2002

[Slide 41] The first one is the urban housing at Hackney. With the brick walls, it remember us the brutalism of one of the first building by James Stirling and James Gowan, Langham House, in Ham Common at London (1958).

[Slide 42] Sergison & Bates speak about "ordinary" and take again the concept of "as found".

"The encouragement is to look further than "academic", known models, and to consider ways in which the "ordinary" can be harnessed through re-interpretation. The concept of as found has encouraged us to open our eyes to all that lies around us." [17]

But what happened when Sergison & Bates are in the situation to built an urban building without using bricks ? Like recently in Geneva.

Jonathan Sergison & Stephen Bates, Urban Housing, Geneva, 2006-2011

[Slide 43] It seems that they find the language of Auguste Perret. A return to the classical language of a rational order. Very intelligible from the point of view of construction.

NOW, A SECOND BREAK

Before I spoke about the difference between haptic vision and optic vision. And I said that the phenomenological approach of architecture gives the preference to haptic vision, or gives a great importance to haptic vision. The optic vision can be illustrated by the philosopher René Descartes.

[Slide 45] After the Discours de la méthode (Discourse on Method), Descartes wrote La Dioptrique (The Dioptrics). On the right page, you can see the Cartesian diagram of the vision.

[Slide 46] This conception is the classic conception : the viewshed, the conical vision – I take a word from Gordon Matta-Clark: conical - links the eye and the object on which you are looking at. The objet is in front of you. What is interesting for a phenomenological approach, is the critic of this conception made by Maurice Merleau-Ponty.

Maurice Merleau-Ponty

[Slide 47] *"Space is not what it was in the Dioptrics, a network of relations between objects such as would be seen by a third party, witnessing my vision, or by a geometer looking over it and reconstructing it from the outside. It is, rather, a space reckoned starting from me as the null point or degree zero of spatiality. I do not see it according to its exterior envelope; I live it from the inside; I am immersed in it. After all, the world is around me, not in front of me."* [18]

The world is around me, not in front of me. I am in the world. The space is around me. I am in an haptic space, not only in an optic space.

In the first part of this lecture, I talk about the capacity of the surface to attract, to captivate. You are near the surface, in its attraction field, in its haptic space.

I have now to finish this lecture with the question of space and phenomenology. For that, I take a recent building by Zumthor.

Peter Zumthor, Serpentine Gallery Pavilion, London, 2010-2011

[Slide 48] This pavilion propose a pure spatial experience. Six little doors in the exterior walls are entrances to a narrow corridor. The corridor is in the darkness and four doors open to a garden, which is open to the sky. A narrow garden in which we are with the flowers, not really in front of the flowers, but among them.

[Slide 50] Zumthor says :

"We constructed the pavilion, and people used it with pleasure. Myself, I experienced it like a magnifying glass in the landscape of Hyde Park." [19]

What Zumthor is now speaking about ? He is speaking about depth of field : the little and interior garden is like a magnifying glass of the exterior landscape of Hyde Park. Is the pavilion a very construction ? No, we don't see frame elements ; we see only grey walls. The pavilion is like a cave. And a cave is not really a construction ; a cave is not really built. A cave is an excavation, a hole made in a cliff (falaise).

After this introduction, I can look now at several works by the Aires Mateus brothers. They explain their projects by subtraction of matter.

Francisco & Manuel Aires Mateus, House, Coruche, 2007-

[Slide 51] And at the Venice Biennale, in 2010 (two thousands and ten), they present a collection of models for houses. And Manuel Aires Mateus explains one among these projects.

> [Slide 52] *"(...) an archetypal structure is designed with a hipped roof. Assuming this limit, the work proceeds by subtraction : the patio, the centre of the house, constitutes the first negative, which allows the other limits to be read"* [20]

If you imagine the interior of this house, you have a trip of different spaces, and the architecture of the house can be considered as a spatial and perceptual experience. Another example.

Francisco & Manuel Aires Mateus, House, Monte Caveira

[Slide 53] The model at the Venice Biennale. [Slide 54] And the explanation, again by Manuel Aires Mateus.

> *"Space is defined by form, texture, colour, temperature, light and is built using the void, through subtraction. It is a mental process of construction that chooses space as a central element and builds by digging out, subtracting (...)."* [21]

You see that the first step of development of the project is a whole volume. Is this first volume a sculptural volume ? Yes, a think. The phenomenological and spatial approach has necessarily a sculptural dimension, a sculptural character.

Francisco & Manuel Aires Mateus, Research Centre, Lago de Furnas, San Miguel, Azores, 2008-2010

[Slide 55] For this project, the material is abstract, even if it is stone. Because here, with stone, it is possible to make any volume, without tectonic presence. It is like a sculpture more than an architecture.

[Slide 56] But it is possible to make a continuity of spaces, with an interesting rhythm.

[Slide 57] And interesting relations between interior and exterior.

I must confess that I choice the houses of the Aires

Mateus brothers because they are very understandable for the problem of spatial phenomenology. But a little too simple for the demonstration.

But I can take a last example : Sou Fujimoto

Sou Fujimoto, House T, Maebashi, Gunma, 2005

[Slide 59] You see the diagram on the left, the plan on the right. On the left, you see the intention of continuity : ideally one space, ideally one room in which the spatial experience of movement. Foujimoto says :

"A place where unrelated things can coexist and interdependently stimulate one another." [22]

So you are not in a series of rooms, a composition of rooms. The rooms – but can we employ the word room – are interconnected. You are in one space and the vision, your vision, changes always, if you walk, if you move, if your position changes.

[Slide 60] *"Spaces are separated and connected at the same time. All rooms are interdependent.", "With every step, interior view of the house transforms and new scenery appears."* [23]

With these examples I was talking you, we are in hollow shapes, in hollow sculpture, and the tectonic character is almost without importance.

At the end, we can recall Sigfried Giedion when he spoke about space, about modern space.

Slide 61] *"The essence of space (...) is its many-sidedness, the infinite potentiality for relations within it. Exhaustive description of an area from one point of reference is, accordingly, impossible ; its character changes from the point from which it is viewed. In order to grasp the true nature of space the observer must project himself through it."*[24]

It is perhaps the proof that phenomenology is a problem for a long time.

Notes

1 In Alejandro Zaera, "Continuities", Interview with Herzog & de Meuron, *El Croquis*, 60 ("H & de M 1983–1993"), 1993.

2 In Alejandro Zaera, "Continuities", Interview with Herzog & de Meuron, *El Croquis*, 60 ("H & de M 1983–1993"), 1993.

3 In "Towards an Intuitive Unterstanding", in *Daidalos*, August 1995, "Magie des Werkstoffe II".

4 In William J.R. Curtis, "The nature of artifice, a conversation with Jacques Herzog", *El Croquis*, 109–110 ("Herzog & de Meuron, 1998–2002"), 2002.

5 Jacques Herzog & Pierre de Meuron, "The Pritzker Prize 2001" (2001), in *A+U*, Spécial Issue ("Herzog & de Meuron, 1978–2002), February 2002

6 In Alejandro Zaera, "Continuities", interview with Herzog & de Meuron, *El Croquis*, 60 ("H & de M 1983–1993"), 1993.

7 In Jeffrey Kipnis, "A conversation with Jacques Herzog (H&de M)", in *El Croquis*, 84 ("H & de M 1993–1997"), 1997.

8 Ibid.

9 Ibid.

10 Stephen Bates, Jonathan Sergison, "Resistance," in 2G, no. 34, 2005.

11 Adam Caruso, "The Feeling of Things", *A+T ediciones*, 13, 1999.

12 Peter Zumthor, "A Way of Looking at Things" (1988), *Thinking Architecture*, 2006.

13 Thomas Durisch (dir.), Peter Zumthor, *Realisations and projects*, 1, 1985–1989, 2014.

14 Peter Zumthor, "Questioning Images", Interview with Peter Zumthor, *Daidalos*, 68, 1998.

15 Adam Caruso, "Sigurd Lewerentz and a material basis for form", *OASE*, n° 45–46, 1997.

16 In Pier Vittorio Aureli, "Form and Resistance, a Conversation with Caruso St John", in *El Croquis*, 166 ("Caruso St John 1993–2013, Form and Resistance "), 2013.

17 Jonathan Sergison, Stephen Bates, "Six Lessons Learned from Alison and Peter Smithson", *L'Architecture d'aujourd'hui*, n° 344 "Alison et Peter Smithson"), janvier-février 2003.

18 Maurice Merleau-Ponty, *L'œil et l'esprit (Eye and Mind)*, 1964.

19 Thomas Durisch (dir.), Peter Zumthor, *Realisations and projects*, 5, 2008–2013, 2014.

20 Manuel Mateus, *Voids*, 2011

21 Ibid.

22 Sou Fujimoto, *Primitive Future*, 2008

23 Ibid.

24 Sigfried Giedion, *Space, Time and Architecture*, 1941.

8
9
10
11
12
20
21
22
23
24
32
33
34
35
36
44
45
46
47
48
56
57
58
59
60

Material of Atmosphere
분위기의 재료

페터 줌토르의 브레겐츠 미술관에서 전시되었던 올라퍼 엘리아손의 설치 작업 《매개된 몸짓》(2001)은 관객의 원초적 경험을 이끈다. 방문자는 잔잔한 브레겐츠 호숫가에 위치한 반투명한 유리 건축물에서, 엘리아손이 연출한 공간—삐걱거리는 나무로 된 계단, 비탈진 흙바닥, 뿌연 안개 속을 출렁거리는 징검다리—을 한 층 한 층 경험하면서, 움직인다. 예술비평가 수잔 메이가 "날씨의 구성요소인 물, 빛, 온도와 기압은 올라퍼 엘리아손이 커리어 전반에 걸쳐 발전시킨 재료이다."[1] 라고 말했듯이 엘리아손에게 안개와 수증기는 분위기를 구축하는 '재료'로서 다뤄진다. 그 분위기는 사용자/관객의 움직임, 즉 '몸짓(motion)'을 유도한다. 하지만 그것은 강제된 것이 아니라 '조정된(mediated)' 것이다. 전시의 방식은 건축에서 재료의 물성을 통해 현상학을 이끄는 것과, 사용자의 동선을 계획하는 점과도 닮아 있다. 동시에 장소-특정적이다. 전시는 건축적이다.

전태규

Image credit (previous page):
The mediated motion, 2001
Kunsthaus Bregenz, Austria, 2001
Photo: Markus Tretter

1 May, Susan. "Meteorologica." In *Olafur Eliasson: The Weather Project*. Edited by Susan May. Exhibition catalogue. London: Tate Publishing, 2003: 15–28.

2001 전시 《매개된 몸짓》을 위해
For the Exhibition “the mediated motion”

올라퍼 엘리아손 Olafur Eliasson
전태규 옮김

친애하는 여러분께,

이 글을 쓰는 지금, 브레겐츠에서 열릴 프로젝트 오프닝까지는 한 달도 채 남지 않았습니다. 전시의 대부분은 완성되었지만, 늘 그렇듯 몇몇 매듭지어지지 않은 부분들이 아직 남아 있습니다. 혹시 전시가 최상층에서 끝난다고 느끼셨는지, 아니면 전시를 역순으로 거슬러 지상층 출구까지 내려가는 그 과정 또한 전시의 연장선으로 여겨서, 결국 건물 밖으로 나서는 그 지점을 전시의 끝이라고 느꼈는지 알려주실 수 있을까요?

어쩌면, 당신이 이 편지를 받아 읽는 이 순간부터 이미 프로젝트는 시작되었는지도 모릅니다. 전시장에 들어서기 전부터 이 편지가 분명 어떤 기대감을 불러일으킬 테니까요. 그 기대는 결국 쿤스트하우스[역주1]에서 당신이 프로젝트를 어떻게 마주하고 경험하게 되는가에 영향을 미칠 것입니다. 줌토르의 놀랍도록 도전적인 건물 또한 마찬가지입니다. 단지 그 건물 하나만으로도 우리는 얼마나 많은 기대와 선입견을 가지게 될까요?

역주1 페터 줌토르의 브레겐츠미술관 (Kunsthaus Bregenz, 1997)

이 프로젝트가 구축될 수 있는 바탕은 과연 무엇일까요? 그 기반은 스스로 서 있는

autonomous 콘크리트 건물일까요? 아니면 그 건물에 들어가기 전과 들어가는 동안 당신을 사로잡는 온갖 전제와 역학들일까요?

나에게 있어 쿤스트하우스는, 당신이 이 편지를 읽기 전까지는 존재하지 않을 수도 있습니다. 그리고 당신에게도 이 전시는, 만약 당신이 미술관의 메일링 리스트에 우연히 올라 있지 않았다면 존재하지 않았을지도 모릅니다.

바로 당신과 당신의 기대—전시를 향한, 그리고 전시를 통과하는 여정—이 이 전시를 만들어냅니다. 다시 말해, 이 전시는 당신의 움직임과 개입이 있어야 비로소 경험으로 매개되고[역주3]mediated 조성될 수 있습니다.

나는 이 건물을 풀기 위한 단서를 탐색했습니다. 왜냐하면 이 건물은 어떻게 보면 좋을지, 어떻게 경험해야 할지에 대한 온갖 선입견들로 가득했기 때문입니다. 그러던 중, 한 층에서 다음 층으로 이어지는 나선형 움직임의 여유로운 흐름을 발견했습니다. 당신의 훈련된 시선을 최대한 활용하고, 당신을 이 전시의 중심적인 참여자로 통합시키기 위해서는, 나는 이 움직임의 원리를 강화하는 것이 핵심이라고 깨달았습니다.

당신의 움직임과 방향감각은 시간 속 하나의 과정이기에, 나는 이 과정을 하나의 대상으로 전환할 기회와 매체를 찾고자 했습니다.특히 한 분야에서는 "과정 자체를 대상으로 삼는 것"이 오랫동안 탐구되어 왔는데, 바로 조경 건축입니다. 자연스럽게 저는 앞을 내다보는 통찰력을 지닌 귄터 포크트Günther Vogt의 아이디어에 주목하게 되었고, 이 프로젝트로 발전되었습니다. 바로 매개된 몸짓The mediated motion[역주4]입니다.

감사를 담아,

올라퍼 엘리아손

역주3 mediate에 대한 번역어로 '관계를 맺어 주다'의 의미를 지닌 '매개하다'를 채택하였다. 다른 직접적인 번역어로는 '조정하다,' '유도하다,' '조성하다' 등이 있을 수 있지만, 이 전시에서 작가인 엘리아손이 관객의 주관적 (혹은 현상학적) 경험을 간접적으로 만들기 위해 조경 건축가와 협력하여 조성한 내부 환경을 제시하고, 그 환경은 전시와 관객 사이의 관계를 맺어 준다는 측면에서의 간접적인 뉘앙스를 암시할 수 있는 '매개하다'를 선택하였다.

역주4 Motion에 대한 번역어로 '몸짓'을 채택하였다. 이 전시에서 의도된 (혹은 매개된) 경험의 신체적, 감각적인 측면을 담고 있는 단어이면서, '움직임' 으로 번역한 movement와 구분하기 위함이다.

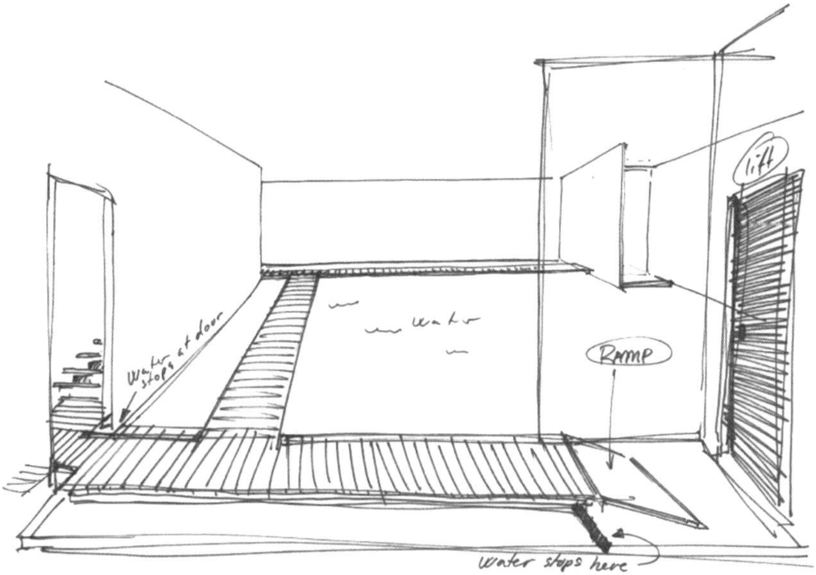

Fig.1
Sketch for The mediated motion, 2001 © Studio Olafur Eliasson

친애하는 방문자 여러분,

이제 전시는 설치가 완료되었습니다. 이 글을 읽고 있는 지금쯤이면, 아마도 이미 건물의 모든 층을 이미 거쳐 지나오셨을 것입니다.

혹시 전시장에 들어가기 전에, 바깥 날씨를 의식하셨나요? 만약 제가 브레겐츠의 날씨도 전시의 일부라고—전시의 또 하나의 요소라고—말한다면, 믿으시겠습니까?

이것은 제가 날씨를 만들었는지 아닌지의 문제가 아니겠지요—사실, 저는 이 전시에서 어떤 것도 만들지 않았습니다. 저는 단지 어떤 것이 전시의 일부가 되어야 할지, 어떤 것을 제외할지를 결정했을 뿐입니다.

전시가 어디에서 시작되고 어디에서 끝나는지를 결정하면서, 저는 (언제나 그렇듯이) 날씨가 전시의 일부인지 아닌지는 사실 중요하지 않다는 것을 깨달았습니다. 왜냐하면 그것은 제가 선택할 수 있는 일이 아니기 때문입니다—제가 원하든 원하지 않든, 날씨는 항상 전시의 일부일 수밖에 없습니다—마찬가지로, 전시도 어떤 의미에서는 날씨의 일부인 셈이지요.

이 이야기는 물론 오래전에 시작되었습니다. 예술에서 객체성objecthood이 해체되고, 자율적 존재로 여겨지던 예술작품의 전제가 무너졌던 그때부터요.

브레겐츠의 쿤스트하우스라는 도전에 직면하며, 저는—날씨뿐만 아니라—춤토르의 건축물 역시 전시의 일부로 받아들여야 했습니다. 그 이유는 간단합니다. 쿤스트하우스는 그곳에 존재하고 있기 때문입니다. 그리고 다른 많은 건물들과 달리, 이 건물은 '그곳에 존재함' 자체를 강하게 주장하고 있는 건물입니다 (아니면 '여기'라고 해야 할까요?). 왜 그런지는… 페터 춤토르에게 물어봐야겠지요.

친애하는 페터,

당신의 건축물이 이제 이 전시의 일부가 되었다는 점을 이해하셨다고 전제하고, 저는 이 건물을 방문하고 (그리고 이 글을 읽고 있는) 사람들에 대해 묻고자 합니다.

사람들이 이 공간 속에서 이동할 때, 무슨 일이 일어난다고 생각하시나요? 그들은 무엇을 보게 될까요? 그들은 자기 자신을 볼까요—자신의 존재를, 주변 환경을 통해 활성화된 감각으로 인지하게 될까요? 아니면 비-반영적인non-reflexive 환경 때문에 스스로를(그리고 자신의 몸체를) 잊은 채, 비-존재non-presence의 상태로 빠져들게 될까요?

1년 전, 제가 처음으로 쿤스트하우스에서의 이 전시를 구상하기 시작했을 때, 위의 질문들이 가장 먼저 떠올랐습니다. 그리고 시간이 좀 흘렀지만, 저는 이 두 가지 가능성—방문자의 존재감과, 덜 바람직한 비존재 속 자기 망각—이 모두 작동하고 있다는 것을 이해하게 되었습니다. 단지 서로 다른 조건에 해당될 뿐이었습니다.

건물이 하나의 (건축의) 아이콘으로 인식될 때—고급 취향의 정적인 재현 이미지나, 심지어 대상화된 신성한 전당처럼 받아들여질 때—건물 안에서 사람들의 참여engagement는 단지 형식적인 수준에 머물게 됩니다. 그리고 그들의 존재감은 지식의 유예된 서사 속으로 흡수되어버립니다 (이런 상황에서는 외부의 날씨가 아무런 차이를 만들지 못하죠).

그것은 건물과 관계를 형성하고 논론할 때에, 가장 중요한 요소인 '머무름duration', 더 좋은 말로는 '시간' 을 논의하지 않는 것과 같습니다. 방문자의 시간—당신의 시간 말입니다.

3층까지 걸어 올라가는 데는 시간이 걸립니다—그리고 그렇게 걷는 동안, 당신은 건물 안의 모든 전시 공간을 지나가게 됩니다. 공간을 경험하고, 그 안을 이동하며, (당신의) 시간을 감각적으로 활용하는 일은, 제가 보기에는 당신에게 '존재감'—몸체를 지닌 존재로서의 감각—을 선사합니다. 움직이며 주변과 상호작용하는 그 과정이야말로 공간을 형성하는 것이고, 동시에 당신 자신을 구성하는 것이지요.

저는 여기서 이 전시에 접근하는 열쇠를 기쁘게도 발견했습니다. 움직임Movement. 몸짓Motion. 이 요소야말로 당신 (그리고 저)로 하여금 이 건축물을 전체주의적 거석monolith으로가 아니라, 주관적 투명성으로 인식하게 만듭니다. 여기서부터 저는 비로소 이 전시를 어떻게 만들지—어떤 매체를 통해 그 '몸짓'을 매개할 것인지를—고민할 수 있었습니다.

몸짓을 매개하기. 당신이 아는 것을 느끼고, 그 감각하는 것을 이해할 수 있도록, 우리의 움직임을 전시 안에 드러내고 통합하는 것. 모든 움직임은 어떤 정도로든 매개mediation의 성격을 띱니다—혹은 이것을 '일구어내기/경작cultivation'이라고 부를 수도 있겠지요?

도시나 풍경 속을 거닐 때 우리는 언제나 일정 수준의 연출 혹은 매개를 경험합니다. 우리의 도시 환경은 우리를 '매개하기 위해' 계획된 것이니까요.

야외의 풍경과 도시 공간은, 움직임을 공간 생성의 원동력으로 활용해온 오랜 전통을 가지고 있습니다. 그것들은 우리의 기억을 활용하여, 우리의 기대를 조직합니다.

도시는 놀람을 제거하고 예측 가능한 환경을 만들기 위한 안전 장치들—교통 통제, 쇼핑몰 등—을 통해 매개됩니다. 반면 도시의 사회적 잠재력은, 덜 예측 가능한 (다목적의) 환경 속에 존재합니다. 이런 환경은 당신이 '존재감의 환대hospitality of presence'를 누릴 수 있게 해 줍니다.

쿤스트하우스의 네 개 층 전체에 걸친 이 전시를 위해, 저는 '몸짓의 과정'을 일구어내는cultivating 데에 익숙한 누군가와 협력하고자 했습니다.

이 전시를 만들어가는 과정 자체가—날씨나 건물처럼—전시의 일부가 될 수밖에 없음을 이해했기에, 저는 야외 공간이라는 유형에 대해 경험이 풍부한 사람을 찾고자 했습니다.

이렇게 하여 저는 조경 건축가 귄터 포크트와 그의 스튜디오에 이르게 되었고, 그들은 도시라는 자연nature of the city을 활용해, 몸짓이 핵심이 되는 공간을 구성해온 경험이 있는 전문가들이었습니다.

저는 전시 공간을 정원garden과 같은 구조로 매개했습니다. 각 층은 물론 층과 층 사이의 계단까지 당신이 돌아다닐 수 있는 서로 다른 플랫폼이 제시됩니다. 버섯이 자란 나무, 수생식물(개구리밥)이 떠 있는 물 위를 가로질러 떠 있는 나무로 된 다리, 오염된 흙으로 이루어 경사진 대지, 그리고 마지막으로 연기로 가득 찬 방과 그 안의 현수교…. 매개된 몸짓.

올라퍼 엘리아손

올라퍼 엘리아손(Olafur Eliasson)은 1967년 덴마크 코펜하겐 출신으로, 덴마크 왕립 미술 아카데미에서 1989년부터 1995년까지 공부하였다. 1995년 베를린에 스튜디오 올라퍼 엘리아손을 설립한 그는 장인, 건축가, 기술자, 연구자 등과 협업하며 설치, 조각, 사진, 영화 등 다양한 매체를 아우르는 작업을 이어왔다. 1997년 베네치아 비엔날레에 참여하며 국제적으로 주목을 받았고, 2003년에는 테이트 모던 터빈홀에 〈The Weather Project〉를 설치하여 큰 반향을 일으켰다. 이후 세계 주요 미술관과 비엔날레에서 개인전을 열며 활동을 이어왔으며, 대표적인 전시로는 테이트 모던의 〈In Real Life〉, 바젤의 퐁다시옹 베일러에서 선보인 대규모 설치 등이 있다.

Extracted from: Eliasson, Olafur, and Günther Vogt. "Dear Everybody." in *The Mediated Motion*, 7. Cologne: Verlag der Buchhandlung Walther König, 2001.

English Original

Dear Everybody,

As I write this, there is less than a month until the opening of the project in Bregenz. Most parts of the exhibition have come together, but as usual there are a few loose ends waiting to be tied up. Could you tell me if the exhibition ends at the top floor, or if the descent to the ground floor towards the exit, while you go through the show in reverse, is in fact a prolongation of the exhibition, so that the end is at the exit when you leave the building?

And, for that matter, perhaps the project has already begun, with your reception of this letter, which will surely cause you to have certain expectations before you even enter the exhibition. Your expectations will have an influence on how you eventually encounter and experience the project at the Kunsthaus. And the extraordinarily challenging building by Zumthor: how many expectations and preconceptions has that building alone supplied us with?

What is the base on which this project can be built? Is it the autonomous concrete building or is it all the presumptions and dynamics that engage you before and while you enter the building? For me, the Kunsthaus may not even exist until you read this letter, and for you, the show would probably not even exist if you did not happen to be on the museum's mailing list. It is you and your expectations – your trip to and through the exhibition – that create this show. In other words, this show is dependent on your movement and engagement in order to become mediated and organised into experiences.

In my search for clues to unlock the building – since the building is surely full of preconceptions of how to see and experience – I discovered the generous aspect of the spiral movement that takes you from one floor to the next. In order to take the greatest advantage of your tutored eye and to integrate you as a central player in the exhibition, I realised that enhancing the principle of movement would be the key. Since your movement and orientation is a process in time, I looked for an opportunity and medium to turn this particular process into the object.

In one field in particular, the process as object has been cultivated – landscape architecture – which is why I have turned to Günther Vogt, whose ideas on cultivating process have been a farsighted source for the development of this project: *The mediated motion.*

With best regards,

Olafur Eliasson

Dear Visitors,

Extracted from: Eliasson, Olafur, and Günther Vogt. "Dear Visitors." in *The Mediated Motion*, 10–11. Cologne: Verlag der Buchhandlung Walther König, 2001.

Now the show is up. At the moment you read this, you will most likely have walked through each floor of the building.

Before going into the exhibition, did you notice the weather outside? If I said that the weather in Bregenz is part of the exhibition – an extra piece in the show – would you believe me? I guess it's not a question of whether or not I made the weather – in fact, I didn't make anything in this show. I only decided what should be part of the show and what shouldn't. In deciding where the show starts and ends, I (as always) realised that the question of whether the weather is part of the show or not is irrelevant, since I don't have a choice – the weather will always be part of the show, whether I want it to be or not – just as the show, in response, is part of the weather. This story started, of course, a long time ago, with the end of objecthood in art and its assumed existence as an autonomous thing. Challenged by the Kunsthaus in Bregenz, I had to consider – besides the weather – Zumthor's building to be part of the show. The reason for that is simply that the Kunsthaus is there, and unlike many other buildings, it even makes a big point of being there (or should I say here?). And why is that so? I should ask Peter Zumthor.

Dear Peter,

Assuming that you understand that your building is now part of this exhibition, I want to ask you about the people visiting this building (and reading this text). What do you think happens when people move around in the spaces? What do they see? Do they see themselves – sensing their own presence, activated through their surroundings? Or do they forget themselves (and their bodies) in a non-presence due to their non-reflexive surroundings?

A year ago, when I first started to think about making this exhibition at the Kunsthaus, the above questions were some of the first to emerge. And it took me a while to understand that both possibilities (the visitors' sense of presence, and the less fortunate forgetting of yourself in non-presence) seemed to be in play – only under different conditions. When the building is perceived as an icon (of architecture) – a static representational image of good taste or even an objectifying sacred hall – the engagement of the people in the building is merely formal. And their sense of presence is absorbed in a suspended narration of knowledge (a displacement where the weather outside makes no difference). It is like relating to – and discussing – the building, without the most relevant component: duration or, even better, time. The visitor's time – your time. It takes a while to walk up to the third floor – and doing so takes you into every single exhibition space in the building. Experiencing the spaces, moving through them, taking advantage of (your sense of) time, I believe, gives you the benefit of presence – having a body. Moving and engaging with your surroundings is eventually what constitutes the spaces (and yourself).

So here I happily found the key for how to approach this exhibition. Movement. Motion. This is the component that enables you (and me) to see a subjective transparency in the building rather than a totalitarian monolith. From there I could start thinking about how to make this exhibition – with what media I should mediate the motion.

Mediating the motion. Exposing and integrating our movements into the exhibition in a way that enables you to sense what you know and to know what you sense. Every movement has some level of mediation, or should I call it 'cultivation'? Moving around in a city or in a landscape always carries with it a certain level of staging or mediation. Our city surroundings have been planned to mediate us. Outdoor landscape and city spaces have a long tradition of using movement as a generator of space; they take advantage of our memory to organise our expectations. The city is mediated through safety measures that eliminate surprises and create predictable surroundings (traffic control and shopping malls). The city's socialising potential, on the other hand, lies in its less predictable (multipurpose) surroundings, which let you enjoy the hospitality of presence.

For the exhibition on all four floors of the Kunsthaus, I wanted to involve somebody experienced in cultivating the processes of motion. Understanding that the process of making this show is inevitably a part of the show, as is the weather and the building, I had to look for somebody experienced with the typology of working with outdoor spaces. This led me to landscape architect Günther Vogt and his office, who, in their interdisciplinary collaborations, are experienced in using the nature (of the city) to engineer areas in which motion is essential.

I mediated the spaces as a garden-like structure, where each floor, as well as the stairs between the floors, presents a different platform on which you can move around. Wood with mushrooms, a wooden pontoon bridge across water with duckweed, a sloped plane of contaminated earth and finally a smoky room with a hanging bridge . . . *The mediated motion.*

Olafur Eliasson

The mediated motion, 2001
Kunsthaus Bregenz, Austria, 200
Photo: Markus Tretter

The mediated motion, 2001
Kunsthaus Bregenz, Austria, 2001
Photo: Markus Tretter

The mediated motion, 2001
Kunsthaus Bregenz, Austria, 2001
Photo : Markus Tretter

Water, Fog, Cloud
물, 안개, 구름

1981년에 설립된 딜러 스코피디오 + 렌프로는 엘리자베스 딜러와 리카르도 스코피디오, 찰스 렌프로와 후에 합류한 벤자민 길마틴이 파트너로 함께 이끌어 왔다. 딜러 스코피디오 + 렌프로는 2002년 스위스 국립박람회을 위한 파빌리온 설계를 위해, 리카르도 스코피디오의 주도 하에 네타셸 호수(Lake Neuchâtel)에 블러 빌딩을 고안해냈다. 블러 빌딩은 구름이 건물이 된 유일한 사례로서, 블러 빌딩을 이루는 주된 건축 재료는 안개 즉, 수증기이다. 딜러 스코피디오 + 렌프로는 안개를 건축 재료로 사용하는 이례적인 도전을 성공시켰으며, 이로 인해 당시 박람회 방문객들에게 특별한 경험을 선사했다.

Image credit (first, last page):
© DS+R

성지환

2025 블러 빌딩
Blur Building

딜러 스코피디오 + 렌프로 Diller Scofidio + Renfro

싱지환 옮김

블러Blur란 '흐릿하게 하다, 희미하게 하다, 가리다, 자욱하게 하다, 모호하게 하다, 혼란스럽게 하다'를 의미한다. 흐림Blurring은 보통 오류와 관련되어 있다: 예를 들어, 고장 난 카메라는 흐릿한 이미지를 만들어낸다. 흐릿한 시력은 시각적 장애로 여겨진다. 하지만 흐릿함에 대해 긍정적으로 생각할 수 있는 방법들도 있다. 모션 블러Motion blur는 공간의 물리적 움직임을 표현하고자 했던 미래주의 사진작가들이 사용한 기법이다. 흐림 효과는 이미지 편집 소프트웨어의 기본 기능이다. 일본의 카메라 렌즈는 보케의 흐림 일관성에 따라 평가된다.

Fig. 1
안개를 생성하는 블러 빌딩.
© DS+R

2002년 스위스 국립박람회를 위해 제작된 블러는 의도적으로 초점을 흐리게 고안되었다. 이는 박람회가 점점 더 시각 매체들로 과포화되고, 극적인 최첨단 몰입 기술과 디지털 시뮬레이션으로 가득한 전시 공간으로 변모한 것에 대한 하나의 응답이었다. 만족을 인치당 픽셀 수pixel/inch로 측정하는 소비 문화를 지닌 사회에서, 이러한 기술적 과시는 시각적 자극에 대한 채워지지 않는 욕망을 점점 더 정교한 기교로 부추기고 있었다. 고해상도는 새로운 규범으로 여겨졌다. 반대로 블러의 세분화된 물환경은 저해상도 건축, 즉 분위기의 건축이었다.

이 구조물은 가로 300피트, 세로 200피트, 높이 75피트의 경량 텐세그리티 구조물로 4개의 기둥에 의해 호수 바닥위에 지지되었다. 공기중에 놓여있는 플랫폼에서는 아무것도 볼 수도, 할 수도 없었고, 오직 우리의 시각 자체에 얼마나 의존하는지에 대해 생각하게 만들었다. 그것은 환경적 차원에서 존재감을 낮추는 것de-emphasis에 대한 실험이었다. 네샤텔 호수Lake Neuchatel에서 끌어온 신선한 물은 필터링되어 35,000개의 고압 노즐을 통해 미세한 안개 형태로 분사되었다. 이로 인해 생성된 구름 덩어리는 자연과 인공의 힘이 끊임없이 충돌하는 역동적인 장면 속에서, 계절마다, 날마다, 시간마다, 분마다에 따라 계속 변화했다. 블러는 예측할 수 없었지만, 특정한 경향성이 있었다: 강한 바람은 구조물의 앞쪽 부분을 드러냈으며, 긴 꼬리를 만들었다; 고온 · 고습은 안개를 외부로 확산시켰다; 저온 · 고습은 안개가 호수로 내려앉아, 바깥으로 퍼져나가게 했다; 고온 · 저습은 증발 효과가 있었다. 호수의 온도보다 낮은 기온의 대기는 대류를 일으켜 안개를 위로 띄워 올렸다. 스마트 기상 시스템은 온도, 습도, 풍속 등 변화하는 기후 조건을 실시간으로 추적하여, 안개 덩어리를 유지하기 위해 구역별로 수압을 조절했다. 이 시스템은 시간이 지남에 따라 어떻게 작동해야 하는지 학습했으며, 이것은 초기 형태의 인공지능이었다.

Fig.2
확산하는 안개. © DS+R
Fig.3
안개 속을 향하는 다리. © DS+R

방문객들은 해안에서 긴 경사로를 지나 계단을 올라갔고, 그 플랫폼에는 모든 시각적, 청각적 요소가 지워져 있었다. 그곳에는 오직 시각적 백색소실과 쉿쉿거리는 노즐의 백색소음만 있었다. 블러에 들어가는 것은 형태도 없고, 특징도 없고, 깊이도 없고, 규모도 없고, 질량도 없고, 표면도 없고, 차원도 없는 거주 가능한 수단에 발을 들여놓는 것과 같았다. 플랫폼 위에서는 움직임에 제약이 없었고, 대중은 자유롭게 안개 속을 거닐 수 있었다. 안개 속을 뚫고 푸른 하늘로 이어지는 계단을 통해, 누구나 윗층의 엔젤 데크로 올라갈 수 있었으며, 이는 마치 비행 중 구름층을 뚫고 지나가는 것 같았다.

Fig.4
블러 빌딩의 안개 속. © DS+R

물은 블러의 맥락이자 주요한 건축 재료일 뿐만 아니라 나아가 미각적 즐거움이도 하다. 상층 데크에서 반 층 아래에 위치한 워터 바에서는 생수, 지하수, 미네랄워터, 탄산수, 전 세계의 증류수 등 가장 안목 있는 전문가도 만족할 수 있는 다양한 종류의 생수를 제공했다. 사람들은 이 건물을 마시도록 초대되었다. 블러가 개장한 직후, 이 건축물은 스위스 특유의 기념 방식으로 — 기념용 초콜릿 바에 형상화되어 — 기억 속에 남게 되었다. 사람들은 이 건물을 직접 먹을 수도 있었다.

기상학자, 수자원 엔지니어, 구조 엔지니어, 농업 전문가, 스쿠버 다이버, 등산가, 소설가, 그리고 사운드 아티스트가 파빌리온의 실현에 기여했다. 크리스찬 마클레이Christian Marclay는 내부에 미묘한 음향 효과를 만들어냈다.

이 도시가 전시관을 공상과학 박물관으로 개조하는 데 관심을 가졌음에도 불구하고, 박람회가 폐막한 지 6개월 후에 임시 구조물은 해체되었으며, 호수는 원래 상태로 복원되었고, 건물의 철제는 새로운 구조물의 재료로 재활용되었다.

딜러 스코피디오 + 렌프로(Diller Scofidio + Renfro)는 1981년 건축가 엘리자베스 딜러와 리카르도 스코피디오가 설립한 뉴욕 기반의 디자인 스튜디오로, 건축, 도시설계, 설치미술, 멀티미디어 등 여러 분야를 통합하는 실험적인 실천을 이어오고 있다. 1997년부터 찰스 렌프로가 합류하여 2004년 파트너가 되었고, 2015년에는 벤자민 길마틴이 합류하면서 현재 네 명의 파트너 중심으로 운영되고 있다. 이 스튜디오는 뉴욕 하이라인(2009), 보스턴의 현대미술관(Institute of Contemporary Art, 2006), 로스앤젤레스의 더 브로드(The Broad, 2015), 모스크바의 자랴디예 공원(Zaryadye Park, 2017), 뉴욕의 더 셰드(The Shed, 2019) 등 도시 경관과 문화 시설을 넘나드는 주요 프로젝트들을 수행했다.

English Original

Extracted from: Diller Scofidio + Renfro, "Blur Building" in *Architecture Not Architecture*, 50. London and New York: Phaidon, 2025.

To blur means to make indistinct, to dim, to shroud, to cloud, to make vague, to obfuscate. Blurring is often associated with error: A malfunctioning camera produces a blurred image. Blurred vision is considered a visual impairment. There are, however, positive ways to think about blur. Motion blur was a technique used by Futurist photographers who sought to express physical movement in space. Blurring is a standard feature in image-editing software. Camera lenses in Japan are rated according to blur coherence, or bokeh.

Blur, built for the Swiss National Exposition in 2002, was conceived to be out of focus, a response to the oversaturation of visual media in expositions that had become showcases filled with spectacular state-of-the-art immersion technologies and digital simulations. These displays of technical prowess fed an insatiable appetite for visual stimulation with ever-greater virtuosity in a society with a consumer culture that measured satisfaction in pixels per inch. High definition had become the new orthodoxy. By contrast, Blur's atomized water environment was low definition – an architecture of atmosphere.

The three-hundred-foot-wide, two-hundred-foot-deep, seventy-five-foot-high lightweight tensegrity structure was supported on the lake bed by four columns. The open-air platform offered nothing to see or do but contemplate our dependence on vision itself. It was an experiment in de-emphasis on an environmental scale. Fresh water was pumped from Lake Neuchatel, filtered, and shot as a fine mist through thirty-five thousand high-pressure nozzles. The resulting fog mass changed from season to season, day to day, hour to hour, and minute to minute in a continuous dynamic display of natural versus man-made forces. Blur was unpredictable yet had certain tendencies: high winds revealed the leading edge of the structure and produced long fog trails; high humidity and high temperatures expanded the fog outward; high humidity and cool temperatures made the fog fall to the lake and roll outward; low humidity and high temperatures had an evaporating effect; air temperature cooler than the lake temperature produced a convection current that lifted the fog upward. A smart weather system tracked the shifting climatic conditions of temperature, humidity, and wind, regulating water pressure in various zones to maintain the fog mass. The system learned how to behave over time; it was a primitive form of artificial intelligence.

Visitors crossed a long ramp from shore and ascended a stairway to a platform where all visual and acoustic references were erased. There was only an optical whiteout and the white noise of hissing nozzles. Entering Blur was like stepping into a habitable medium, one that was formless, featureless, depthless, scaleless, massless, surfaceless, and dimensionless. On the platform, movement was unregulated, and the public was free to wander through the fog bank. One could ascend to the upper-level Angel Deck via a stairway that broke through the fog into the blue sky, like piercing a cloud layer in flight.

Water was not only Blur's context and primary building material but also a gustatory pleasure. The Water Bar, submerged one-half level below the upper deck, offered a broad selection of bottled waters, including spring water, artesian water, mineral water, sparkling water, and distilled water from around the world, an array that could satisfy the most discerning connoisseur. The public was invited to drink the building. Soon, after Blur opened, it was immortalized in a souvenir chocolate bar, a uniquely Swiss form of commemoration. The public could eat the building too.

Weather scientists, water engineers, structural engineers, agricultural experts, scuba divers, mountain climbers, a novelist, and a sound artist contributed to the pavilion's realization. Christian Marclay created subtle acoustic effects within.

Despite the town's interest in converting the pavilion into a science fiction museum, the temporary structure was taken apart six months after the exposition closed, restoring the lake to its original state and recycling the building's steel for new structural profiles.

Varia

바리아

Weathering
풍화

건축가 조성룡은 건물이 맞이하는 시간이라는 필연에 초연한 듯하다. 그의 건축은 도시와 장소를 세심하게 배려하고, 건물이 낡거나 고쳐져야 할 언젠가를 염두하여 설계된 것처럼 보인다. 건축가는 '건물은 지어지고 소멸하는 순간까지 풍화(風化, weathering) 라는 과정을 겪는다.' 는 생각을 바탕으로 건축이 나이듦이 어떻게 아름답게 다뤄질 수 있는지를 고민하고 건축에 담아낸다. 이러한 태도는 리모델링 프로젝트인 선유도공원(2002)과 어린이대공원 꿈마루(2011)에서 잘 드러난다. 산업 구조물과 자연이 어우러지는 모습은, 마치 오래 전부터 이곳에 있었던 듯 폐허화된 낭만으로 다가온다.

아키라우터 4호에서는 '풍화'를 주제로 어린이대공원 꿈마루에서 드러난 건축가 조성룡의 생각을 발췌하여 소개한다. 기존의 오래된 건축, 낡은 도시 인프라 역시, 재사용(reuse)의 대상으로서의 '건축재료'가 된다.

전태규

Image credit (previous page):
© Jun Tae Gue

2018

기품 있게 늙어감에 대하여: 어린이대공원 꿈마루

On Aging with Grace: Kkummaru of Seoul Children's Grand Park

조성룡, 심세중

Sung-Yong Joh, Sejoong Shim

발췌: 조성룡, 심세중, "기품 있게 늙어감에 대하여" 『건축과 풍화: 우리가 도시 에서 산다는 것은』, 5-7, 155-159, 177-179, 181-185, 193-195, 199-201, 203-207. 수류산방, 2018.

머릿말

빠르게 도시화가 진행되던 1970년대부터 서울의 한강 건너 지역 아파트단지에서 살았다. 나와 우리 가족이 가장 오래 살아온 지역이다. 아파트와 신도시 열풍이 불던 1980년대에 입주하여 이제는 단지에 같이 살던 이웃들이 많이 떠나갔지만 나는 아직 그 아파트에 30년 넘게 살고 있다. 사무실을 개설하면서 천 세대가 넘는 규모 큰 단지와 1990년대 이후의 주상복합 건물에 이르기까지 크고 작은 도시 공동주택을 설계하였다. 그 사이사이에 지역 미술관, 공원 같은 공공건축, 공공적인 장소를 계획할 기회도 얻었다. 오래된 장소의 가치를 찾아 내고 재활용하여 새로운 가치를 만들어 내야 하는 변환작업이 많았다. '기억'과 '기념'의 주제들도 얽혀 있다. 지구 환경의 문제를 제대로 이해하며 자원을 보존하는 방법을 생각하고 될 수 있는대로 '최소한' 주변 환경에 '개입' 하려고 노력했다. 무턱 댄 신축이나 증축만이 아니라 오래된 건물과 장소를 재생하는 일도 중요하다고 생각했다.

최근에 재건축 사업이 진행되고 있는 반포, 둔촌동에 살던 사람들의 이야기가 소셜 네트워크에 자주 올라온다. 단지의 아이들과 함께 나이를 먹은 키 큰 나무들, 함께 공부하던 학교의 풍경이 한순간에 사라지는 일을 아쉬워한다. 거의 대부분의 아파트가 30여 년을 넘기면 쉽게 헐어 버릴 구실과 명분을 기어코 얻게 낸다. 아파트 단지 입구에 '경축 구조 안전 진단 통과' 라는 플래카드가 걸리고 몇 년 후 재건축 공사가 끝나면 그 단지의 원래 모습은 어디에서도 찾아볼 수 없다. 단지에서 생활하던 사람들에게는 오래된 건물뿐 아니라 집으로, 학교로, 시장으로 가는 길과 아파트 모퉁이, 풀밭과 나무들 같은 일상적인 생활 경관과 중첩되는 삶의 기억과 의미가 존재한다. 그래서 어떤 사람들에게는 성장기를 대부분 보낸 고향과 같은 곳이고 어떤 사람들에게는 살아 온 삶의 마지막 장소일 수도 있다.

건물은 지어지는 순간부터 풍화(風化, weathering: 지표를 구성하는 바위, 돌 따위가 햇빛, 공기 물등의 작용으로 점차 파괴되고 부서지는 현상)라는 과정을 통해 퇴화하고 소멸에 이른다. 비와 바람,더위와 추위는 건물의 풍화작용을 재촉한다. 돌, 벽돌, 나무처럼 오랫동안 건축 재료로 쓰던 것들은 풍화되어 자연으로 돌아간다. 그러나 근대 이후 공장에서 생산된 재료들은 자연에서 쉽게 변형되거나 소멸되지 않는다.『도시의 이미지The Image of the City』(1960) 라는 저작으로 유명한 케빈 린치Kevin Lynch,1918~1984 교수의 마지막작업은『웨이스팅 어웨이Wasting Away』(1990)이다. 이 책은 폐기(廢棄)에 대한 성찰이 필요하다고 강하게 주장한다. 웰빙well-being과 마찬가지로 웰 다잉well-dying이 중요한것처럼, '도시환경과 건물을 제대로 폐기'wasting well 할 수 있도록 근본적인 질문을 던진다. 모스타파비Mohsen Most afavi, 1954~는 레더배로우David Leatherbarrow, 1953~와 함께 쓴 책『온 웨더링On Weathering : The Life of Buildings in Time』(1993)에서 건축의 풍화와 '시간속의 건축'을 이야기한다. 건물은 완성되어 사용하면서부터 기후의 영향으로 천천히 낡아가기 때문에 건축의 목표는 이 피할 수 없는 과정에서 (기술을 통하여) 가능한 한 풍화를 지연시키며 문제가 발생하더라도 노화를 자연스럽게 보이게 하는 데 있다는것이다.

[…]

변해 가는 과정을 드러내자

"꿈마루가 개관한 지 만 4년(2016년 기준)이 되었습니다. 서울 어린이대공원 안에 있는데, 아직도 비교적 안 알려졌죠. 어린이대공원이라는 곳의 성격이, 마치 어린이만 가는 공원 같단 말이에요. 어른들에게는 별 관심이 없는 곳, 가더라도 애들 때문에 의무로 가는 곳. 그래

Fig. 1
어린이대공원 꿈마루, 진입부 전경. © Jun Tae Gue

Fig. 2
어린이대공원 꿈마루, 2층 북동쪽 로비 전경. © Jun Tae Gue

도 대부분 어린이날 전후로 한두 번은 간 적이 있으니, 서울 사람이라면 상당수가 봤음직한 건물입니다. 꿈마루를 두고 어떤 사람은 재활용, 어떤 사람은 복원이라고도 얘기하는데 어느 것도 꼭 맞지는 않은 듯 싶습니다. 처음으로 되돌린건 아니니 복원은 아니고요, 그보다는 오히려 시간의 흐름을 살리려 했습니다. 어떤 정치 · 사회적 흐름속에서 태어난 건물이나 공간이 무슨 원인에 의해서 바뀌고, 또 쓰는 사람이 바뀌면서 계속 변해 가는 과정, 그 자체를 현재에 드러낼 방법을 생각했습니다. 처음 상태뿐 아니라 시대마다 남겨진 흔적도 가치가 있다면 버리지 않고, 거기에 지금 시점을 다시 삽입하는…. 건축 평론하는 김원식 선생이 하신 얘기가, 이 건축은 '양피지에다 새로 쓴 것' (팔림프세스트palimpsest)인데, 대개는 그러면 마지막에 쓴 것이 가장 두드러져 보이기 마련이지만 그게 아니라 새로 쓴 것과 옛 자국이 그대로 같이 보인다고요. 재미있게 읽으신 거 같아요."

서울시에서 철거하기로 했던 어떤 낡은 건물

"2010년 봄에, 인테리어 협회에 있던 홍익대 오인욱 교수에게서 전화가 왔어요. 서울시 디자인 무슨 위원회에 속해 있는데 회의 중에 건물 하나가 논란이 되었다, 보존하느냐, 철거하느냐. 시에서는 철거로 방침이 정해졌는데 다시 얘기 중이라고해요. 이어서 그 일을 행정직으로 맡고 있던, 당시 푸른도시국 최광빈 국장이 자문을 구한다고 왔습니다. 그때 최광빈 국장은 푸른도시국으로 온 지 얼마 안 되었을 때고, 부임하기 전에 건물은 이미 철거 후 새로 짓기로 결정된 상태였습니다. 어느 날 오인욱, 최광빈, 저 세 사람이 지금의 꿈마루, 즉 어린이대공원 교양관에 모여서 처음으로 현장 답사를 하게 되었습니다. 그 때만 해도 그 건물에 대해 아는 바가 없었어요. 바깥에서 외양만 잠시 보고… 많이 낡았고 페인트를 계속 덧칠한 상태였고, 우리가 지금 보는 당당한 구조는 있었지만, 외벽에 창이 하나도 없이 몽땅 MDF로 덧대고 틀어막아서, 무슨 재개발 현장처럼 어수선했어요. 내부는 전등도 없어서 손전등을 들고 들어갈 수밖에 없었는데, '이게 뭐지?' 굴 속 같이 들락날락해요. 서울시에 구조진단한 내용과 원래 도면을보여 달라고 했습니다. 구조적으로는, 제일 꼭대기 층만 방수 성능이 조금 안 좋고 그 외에는 별 문제가 없어요. 그런데 시에 설계 도면이 없다는 거예요. 부랴부랴 수소문하기 시작했는데 1969년인가, 『공간』(1969년 9월호)에 간단하게 도면이 실린 것을 보게 되었습니다. 그 도면을 보고 기절할 만큼 놀랐어요. 그 때 이게 나상진(1923~1973)이라는 분의 작업이었다는 것과, 처음엔 골프장 클럽하우스였다는 것도 알게 되었습니다. 그 건물이 《한국 건축100년》전 (1999, 국립현대미술관)에서 상당히 주목을 받은 것도 알게 되었고요. 아 이것은, 그냥 어떤 건물이 아니라 한 시대의 선을 긋는 프로젝트다, 그런 감이 들었어요. 아무리 어려운 점이 있어도 헐어서는 안 된다고 주장하기 시작했습니다. 하지만 최광빈 국장으로서는 고민인 것이, 전임자가 해 놓은 일이고, 이미 결재도 끝난 걸 다시 바꿔 놓는다는 것이 행정적으로 무척 어려우니까요. 원래 조건은 어린이대공원의 관리 사무소 기능이었습니다. 그것으로만 쓰기에는 이 건물이 지나치게 크고, 유지 관리하는 데 돈도 많이 들어가고, 보기에 따라서는 옛날 건물이 공원에 별로 어울리지 않는다는 견해도 있었을 수 있지요. 그래서 철거하고 작은 관리 사무소를 새로 짓겠다고 한 것입니다. 제가 최광빈 국장에게 헐지 않고 쓸 수 있을 아이디어를 낼 테니 그 방안이 납득이 가면 헐지 않았으면 좋겠다, 이렇게 해서 시작이 된 얘기예요.'

Fig. 3
어린이대공원 꿈마루, 2층으로의 계단 진입부. © Jun Tae Gue

[…]

쓸모가 다한 건물을 살려 낸다면, 건축가는 어떻게 개입할 것인가

"꿈마루로 돌아와서, 나는 아이디어를 내는 단계, 즉 기본 계획만 하기로 하고 시작했어요. 서울시에 새로운 설계를 위한 예산이 없으니 절차상 정상적으로 설계를 할 수 없었죠. 우선은, 새로 지을 작은 건물의 예산밖에 없기 때문에 그 범위를 벗어나면 안 되었습니다. 관청이 운용하는 공공 건물이라 행정 상황이나 재정 조건이 부합하지 않으면 진행이 되지 않기 때문에, 더 이상의 예산을 들이지 않고 큰 건물을 고쳐 쓰도록 맞출 방법을 내야 했습니다. 실은 처음 최광빈 국장에게 남기자고 제안을 했던 순간에 아이디어는 이미 떠올라 있었습니다. 그러니까 자신 있게 주장을 한 거죠. 관리소에서 요구한 시설은, 사무실, 회의실, 통신실, 화장실 등을 포함해서 기존 공간의 3분의 1쯤 되었습니다. 교양관 전체 면적이 5,000평방미터쯤 되는데 필요한 것은 1,400평방미터 정도, 예산도 딱 그만큼이었습니다. 조금 더 나간 건, 지어진 다음 유지 관리도, 그 3분의 1의 면적을 유지할 예산으로 할 수 있게 맞추려고 했습니다. 유지 부분이 더 중요할 수도 있고요, 공원 안의 시설이기 때문에 가능하다고 생각했습니다. 서울역 고가 활용 프로젝트를 할 때도 그랬던 것처럼…. 현재의 상태대로 놔 두는 그런 개념이죠. 쓸 부분을 제외하고 나머지는 기둥이나 지붕은 있지만, 벽과 창문을 터서 외부 공간으로 바꾼다는 것인데요, 건축이라는 것이 쓸모가 끝났을 때, 또는 기능이나 조건이 바뀌었을 때 우리가 무슨 생각을 해야 할 것인가. 새로 쓸 수 있는 부분

Fig. 4
어린이대공원 꿈마루, 2층에서 본 계단 상부. © Jun Tae Gue

만 살리고, 그 다음에는 이것을 풍화되는 과정 속에 두자는 거죠."

[…]

건축 문화재, 복원이냐, 보존이냐

"전에 내가 문화재청, 문화재위원으로 있으면서 관심을 가졌던 것이 유네스코의 문화 유산 보존 방법이었어요. 복원은 150년 동안 유럽 사회에서 꽤 논란이 있어 왔습니다. 그 논란을 쭉 따라 올라가면 제일 먼저 존 러스킨John Ruskin, 1819~1900하고 외젠 비올레-르-뒤크Eugène Viollet-le-Duc, 1814~1879 얘기가 나와요. 비올레-르-뒤크가 파리 노트르담 성당하고 툴루즈의 남동쪽의 카르카손Carcassonne 성을 예쁘게 복원했죠. 지금토 훌륭한 관광 자원으로 쓰이고 있는데, 그걸 당대에 존 러스킨이 비판하고 나섭니다. '그건 복원이 아니다, 시대의 선후 관계를 애매하게 만드는 것은 오히려 파괴다'라고요. 그러면서 일어난 논쟁, 그리고 20세기 들어와서 파르테논 신전 복원 등 여러 가지를 겪으면서 유럽 사회가 도달한 결론은 복원에는 건축의 진정성authenticity이 살아 있어야 한다는 겁니다. 만약 보강이 꼭 필요하다면 빈드시 후데 사람들이 그 차이를 알아볼 수 있는 방법을 써야 됩니다. 한창 경복궁 복원 바람이 불 때였어요. 〈대장금〉에 나오는 소주방燒廚房을 복원한다느니…, 문화재 위원으로서 그 부분에 상당한 회의기 있었어요. 경복궁은 옛날, 대원군 때(1865~1872 년 중건)는 천 개의 건물이 있었다고 하지요. 천 개 건물의 지붕이 경복궁에 차 있는 걸 상상해 보고. 그 뒤로 북악산, 인왕산까지 상상해 보면 엄청난 풍경일 겁니다. 그 느낌을 우리가 상상할 수 있게 자아내는 게 중요한 거지. 지금에 와서 자료도 없는데, 그냥 일제 강점기에 찍힌 몇몇 사진과 〈북궐도형北闕圖形〉을 가지고 이 시대의 몇몇 건축가나 전문가가 추정해서 짓는 건, 복원이 아니라 신축이지요, 신축. 그런데 그걸 이루느라고, 그 장소에 그나마 남아 있던 원래 기초라든지 땅 아래 유물은 오히려 다 파괴해버리거든요. 그런 정비 개념은 옳지 않다, 그런 주장을 한참 했어요. 어떻게든지 지금 상태를 잘 견디도록 유지를 하는 것이 우선이고 재현은 그 다음에 다른 방법을 찾자고요. 당시 유홍준 청장도 상당히 귀를 기울여 줬습니다. 그런데 한참 보류되었던 소주방도 최근에 다시 지었잖아요. 10년 만에 도로 후퇴한 기분이 드는 거야. 꿈마루가 문화재는 아니지만, 과거의 의미 있는 작업들을 다시 손을 대거나 재활용 하려고 할때, 유네스코에서 오랜 논쟁 끝에 정해 놓은 기준과 방법을 적용할 수는 없을까 하고 생각을 했습니다."

[…]

옛 사람의 마음을 지금 읽는 일

“이 작업을 하면서 나상진이라는 건축가가 클럽하우스를 어떻게 생각했는가, 그 건축을 어떻게 실현했나를 생각하게 되죠. 우선 클럽하우스의 관습적인 형식을 안 따른 겁니다. 물론 인테리어에 구조가 노출된다는 것은 상상도 못하던 때니까, 안쪽이 지금처럼 드러나 보이지는 않았겠지만, 아무리 치장을 잘 해도 코지cozy한 기분이 안 날정도로, 바깥의 랜드스케이프를 어떻게든 끌어 들이려고 노력을 한 거죠. 그리고 당대 유럽이나 일본, 미국에서 적용하던 재료나 디자인 요소를 가져 왔습니다. 요즘 표절 얘기가 많은데, 건축은 실제로 사용을 해야 되는 속성상 공간의 쓰임에 대해 선례나 관습을 따르면서 이루어지는 경우가 대부분입니다. 그런 관점에서 나상진이라는 건축가가 당대에 관심을 가지고 있던 여러 사례들을 공부해서 여기다 넣은 건 사실이고, 또 나름대로 당시 국내 산업에서 도저히 할 수 없었던 기술을 시도했습니다. 내가 학창시절에 폴 루돌프Paul Rudolph,1918~1997에 심취했던 걸 떠올리면서 이 클럽하우스 설계를 보면 대단하다는 기분이 듭니다. 하지만 콘크리트 기둥에 세로로 홈을 판 것은 사족처럼 보여요, 기둥 두께가 실제보다 약간 날씬하게 보이게 하는 효과가 있긴 하지만, 난 좀 크게 보였어도 좋았겠다는 느낌인데, 사람들은… 흔히 볼 수 없는 수법이니까 재미있어 하죠. 콘크리트로 뭔가 표현을 만들어 내는 것이 당시 건축가들에게는 무척 하고 싶은 일이었습니다. 꿈마루의 경우 나상진 선생은 합판으로 만든 콘크리트 거푸집에 일일이 각목을 대어서 홈을 낸 다음에 나중에 그걸 깨서 만들었는데, 그렇게 하면 품이 너무나 많이 들고 건설비가 비싸니까, 그 시절 어느 건축가는 거푸집에다가 새끼를 꼬아 붙여서 시도하기도 했어요(웃음). 요새 사람들은 이해도 못할 것이, 콘크리트 벽을 매끈하게 만들어 내는 것도 힘들던 시대였어요. 돈과 기술, 재료의 질이 안따라가는거죠. 이 건물에서 나상진 선생은 콘크리트 기둥을 요철로 표현해냈고, 콘크리트 판을 공장에서 만들어서 조립해 보기도 했고(피크닉 가든), 약간 유머러스 하기도 하고 에로틱한 부분도 있고(여자 룸 사우나), 돌로 쌓은 프리미티브한 형태의 구조물을 직선적인 콘크리트 구조에 섞기도 했습니다. 그분이 그때 하고 싶었던 거겠고, 조합이라고 그렇게 폄하할 필요는 없는듯 싶고, 재미있게 했어요.”

[…]

Fig. 5
어린이대공원 꿈마루, 기존 벽체 및 금속 프레임 디테일. © Jun Tae Gue

Fig. 6
어린이대공원 꿈마루, 기존 콘크리트 기둥 벽체 및 유리면. © Jun Tae Gue

Fig. 7
어린이대공원 꿈마루, 피크닉 가든, 콘크리트와 넝쿨 벽면. © Jun Tae Gue

Fig. 8
어린이대공원 꿈마루, 피크닉 가든 안쪽 중정. © Jun Tae Gue

그 곳에 스민 시간을 읽으려 하는 마음가짐

"그렇게 과정을 통해서 뭔가 깨우쳐 가는 게 중요한 거잖아요. 그게 시정에도 반영이 되고 많이 알려지고 그 의미를 북돋아줘야 하는데 잘 이어지지 않는거죠. 지금도 도시 재생이다. 뭐다, 말을 붙여서 트렌드처럼 되어 버렸는데 걱정되는 부분도 있어요. 일종의 스타일로 가져가 버리면 곤란하거든요. 앞으로도 꾸준히 생각해야 하는데. 시간과 공간을 연결해서 읽어 내는데도 여러 방법이 있을 수 있지 않겠어요? 각각의 케이스에 맞는 길을 찾아야지, 똑같이 반복한다면 그것도 문제를 일으킬 수 있지요. 유사한 사례에서 방법론을 참조할 수는 있지만 개념 자체는 그 땅, 그 자리에 있는 그것 자체, 거기에 스며 있는 시간을 읽어 내려는 데서 나오는 것입니다. 부스러진 옛 흔적과 새 것의 조합도 그렇게 읽어 내는 과정에서 태어나는 거지, 처음부터 어떤 스타일을 상상하며 추구한 것은 아닙니다. 꿈마루가 콘크리트가 아니라 철골 건물이었으면 전혀 다르게 되었을 공산이 큰 거죠. 콘크리트는 노출되어 쓰이는 것인데, 거기에 누군가 모르타르를 막 바르고 칠해서 못 쓰게 만들어 놓은 거잖아요. 그것을 어떻게든 원래의 형태로 돌리려는 하는 과정에서 어쩔 수 없이 흔적이 남은겁니다. 만약 콘크리트가 깨끗했다면 그렇게 할 필요가 없었겠고요. 워낙 많이 훼손된 흔적들을, 새롭게 쓰는 부분과 변질되지 않고 남은 부분을 어떻게 결합하고 공존하게 할건가, 그런 고민에서 방법이 나온 것뿐입니다. 새로 짓는 카페에서 인테리어로 빈티지처럼 보이게 했다고 한들, 거기에 무슨 시간성이 있겠어요?"

[…]

품위 있는 풍화라는, 어떤 공공성

"『온 웨더링On Weathering : The Life Of Buildings in Time』이라는 책이 있습니다. 풍화에 대해서' 라는 뜻인데요. 그 첫 부분이 이렇게 시작을 해요. 원래 유럽에서는 건축이 풍화되는 걸 전제로 설계하고 집을 지었다, 문을 여는날부터 건물은 점점 나이를 먹고 기능이 약해지고 보기 흉하게 되는게 당연하다는겁니다. 그래서 풍화를 조금 늦출 방법, 나아가서 풍화가 좀 되어도 추하지 않게 할 방법을 고민했다는 거예요. 돌의 표면이나 돌의 결합 방법 등. 이 책의 저자는, 그런데 근대 건축으로들어오면서 이 부분이 시원치 않다고 지적합니다. 르 코르뷔지에Le Corbusier.1887~1965의 사부아 주택Villa Savoye, 1931 도 엄청나게 노화되어 버려서 지금은 거의 새로 지은거나 마찬가지거든요. 그렇게 되서는 안 된다는 거죠. 르네상스 시대의 팔라디오Palladio, 1508~1580 같은 건축가들이 그런 면에서 굉장히 훌륭하다. 건물이 노화된 후에 대한 고려를 처음부터 했고, 그걸 계승해서 연구한 근대 건축가로 이탈리아의 스카르파Carlo Scarpa, 1906~1978를 꼽습니다. 처음부터 품위를 지키도록 재료나 디테일을 생각하고, 시간이 지나서 정 힘들어지면 다른 도움을 받아 그 품위를 유지하게 해 주는것. 꿈마루에서 얼마나 잘되었는지는 모르겠지만 부분적으로는 해 보려고 했습니다. 그리고 그것이 이제 우리가 연구해야 할 주제의 하나가 아닐까 합니다. 처음 설계 할 때부터 그렇게 해야 하고 또 이미 풍화된 것들을 그런 시각에서 다시 보아야 되지 않나 하는 생각을 합니다. 그게 시간의 개념을 살려 내는 결과가 되겠고요. 특히 공공 건축은 사안에 따라서 공간 운용에 조금 여유를 가질 수 있기 때문에, 무엇이 중요한가를 살피면 방향이나 개념을 바꾸어 새로운 시대의 상황에 맞추는 것이 가능하죠. 옛날에는 클럽하우스였지만 공원 시설이 되어야한다면 어떤 부분은 내 놓고 어떤 부분은 살려 낼지에 대한 고민, 무엇이 공공을 위한 건지 생각을 바꾸면 되는거니까요. 이미 헐고 쇠한 것을 무조건 부수는 것도 문제지만, 손해 안 보겠다는 계산을 따지며 악착같이 새것처럼 쓰는것도 좋은 방법만은 아니라고 봅니다. 그게 공공성을 살려 내는 어떤 경우가 되지 않겠나, 지금 이루어지는 여러 프로젝트에도 일정 부분 적용할 수 있을 거라고 봐요. 예를 들어 세운상가에서도 개인 소유 부분이 있고 공공에 열린 공간이 있는데, 그 공유하는 공간들을 어떻게 볼 것인가. 그런 경우 말이지요."

조성룡은 1944년 일본 도쿄에서 태어나 인하대학교 건축학과를 졸업한 뒤 같은 대학원에서 석사 학위를 받았다. 1975년 우원건축연구소를 설립하며 독립하였고, 1983년 '서울 아시아 경기대회 선수촌 및 기념공원' 국제 설계공모에서 1등에 당선되어 주목을 받았다. 대표작들은 아시아선수촌 아파트 외에도 의재미술관, SOMA미술관, 선유도공원, 이응노의 집, 서울어린이대공원 꿈마루가 있다. 성균관대학교 성균건축도시설계원 교수를 거쳐 석좌교수로 활동하였으며, 현재 조성룡도시건축(UBAC)의 대표이다. 2018년에는 『건축과 풍화』를 출간하며 설계 철학과 건축에 대한 성찰을 담아냈다.

Material Design for Climate
기후를 위한 질료 디자인

Image credit
(first, previous, last page):
© Jun Tae Gue

인류가 맞닥뜨린 급박하고 실재하는 위협인 기후 위기를 해결하는 데 기존 거대 담론, 특히 비판적 담론은 속수무책인 것처럼 보인다. 오늘날 기후 위기 문제에 대한 우리 접근 전략을 급진적으로 다시 짜는 것이 필요하다. 이런 측면에서, 형태 미학이 아닌 테크놀로지를 향한 몰두를 통해 건축의 존재론적 속성인 물리적 영속성을 그 뿌리로부터 뒤흔들었던 1960년대 레이너 밴함의 환경 건축 기획은 유용한 레퍼런스다.

마찬가지로, 배형민이 총감독을 맡은 《2024년 광주비엔날레 순환폴리》는 기후 위기에 대한 대응으로 건축 질료의 문제를 정면으로 다룬다는 점에서 기존 "친환경" 건축의 한계를 넘어서는 급진성을 띤다. 일종의 질료 디자인 연구 프로젝트인 《순환폴리》를 통해 우리는 자연 생태계의 일부로 쉽게 용해되는 동시에 물리적 내구성을 보장해야만 하는 기후 위기 시대 건축의 딜레마를 확인할 수 있으며, 전근대 지역 장인의 손기술과 첨단 테크놀로지의 흥미로운 얽힘,

그리고 이상주의적 매니페스토와 리얼리티 사이에 있을 수 있는 다양한 노선과 전략의 스펙트럼을 목격한다. 테크놀로지를 통해 건축의 물성을 지우려 했던 밴함의 기획이 기존 건축의 한계를 밀어붙였듯이, 기후 위기에 맞서 건축을 형태 미학이 아닌 질료 디자인으로 재정의하려는 《순환폴리》의 기획은 건축이 그 자율적 기율의 익숙한 영토 너머 더 큰 스케일의 관계망 속에 있음을 선언한다.

그러나 유연하게 변화하는 유기체인 지구 행성과 달리, 그 속에 놓인 건축 질료의 존재 이유는 거의 언제나 그 내구성에 있으며, 《순환폴리》 기획은 그래서 실패가 예견된 실험이다. 그러나 건축이 그것이 처한 태생적 딜레마를 해소하거나 떠날 수 있었던 순간은 과거에도 없고, 미래에도 없을 것이다. 이것이 건축이 짊어진 원죄이며 운명이다.

현명석

2025

기후 위기 시대 건축의 곤란한 처지: 사라질 것인가, 견뎌낼 것인가

The Inconvenience of Architecture in the Age of Climate Crisis: Reflections on Re:Folly, Gwangju Biennale 2024

현명석 Myung Seok Hyun

본 원고는 『건축평단』 26 (2025년 봄)에 실린 저자의 글 「광주비엔날레 순환폴리를 보고 떠올린 몇 가지 생각」을 고쳐 다시 작성된 것임.

> 나의 질문은 이러하다. 우리가 이번에는 관심의 문제를 다루는 또 다른 강력한 기술적 도구를 고안할 수 있을까? 도나 해러웨이의 주장처럼 더 이상 주안점이 폭로하는 데 있지 않고 보호하고 돌보는 데 있는 그런 기술적 도구를? 사실의 문제에서 실재를 빼지 않고 실재를 더하도록 누군가의 에토스에서 비판적 충동을 변화시키는 것이 정말 가능할까? 달리 말해, 해체deconstruction와 구축주의constructivism의 차이는 무엇인가?[1]

1

비판이 더는 힘을 발휘하기 어렵다는 징후와 진단은 새로운 밀레니엄 이후 꾸준히 나타났다. 특히 기후 위기가 호모 사피엔스의 멸종을 가져올 수도 있는 실질적 위협으로 다가오면서, "현대 신화"로 위장한 제국주의나 자본주의 혹은 이데올로기 갈등이 촉발하는 잠재적 위협은 심지어 그리 급박한 게 아닌 것처럼 보인다. 건축이 여전히 사회 윤리적 차원에서 중요하다고 여긴다면, 의도를 숨긴 채 허위의 탈을 쓴 현대 신화를 적으로 설정하고 그 실체를 폭로하거나 해체하는 일보다 더 필요한 일은 명백히 실재하는 위협을 직시하고 인류가 생존할 수 있는 건설적 대안을 내놓는 일이다. 서구 합리주의가 가져온 모순적 상황을

1 Bruno Latour, "Why Has Critique Run out of Steam? From Matters of Fact to Matters of Concern," *Critical Inquiry* (Winter 2004), p.232. 브뤼노 라투르, 「왜 비판은 힘을 잃었는가? 사실의 문제에서 관심의 문제로」, 이희우 역, 『문학과 사회』(2023년 가을).

자세히 살피고 폭로하는 비판적 기획의 관심이 과거 수 세기에 머무른다면, 인류세의 전 지구적 위기는 심층 역사를 아우른다.

이런 거대 스케일의 시공간에서 우리가 풀어야 할 문제는 점점 더 첨예하고, 이리저리 얽혀 풀기 어려운 실타래처럼 복잡하다. 얽힘의 상황에서 문제가 특정될 수 없으니, 문제를 일으킨 원인을 특정하기 어렵고, 그래서 적확한 비판도 힘겨운 상황이다. 오랫동안 인류가 공들여 구축해 온 일상의 사회 규범 자체를 송두리째 위협했던 팬데믹 현상을 겪으며, 인류는 머지않은 미래에 자신이 초래할 수 있는 참상의 예고편을 똑똑히 목격했다. 언제 그런 일이 있었나 싶을 정도로 까마득한 과거처럼 여겨지기도 하지만, 불과 5년 전 일이다. 우리는 한때 모두 마스크로 얼굴을 가린 채 인간과 인간 사이 관계, 인간과 인간 아닌 모든 것 사이 관계, 그리고 우리가 지금껏 당연하게 여겼던 사회 물리적 경계, 연결, 접촉, 공유 개념을 모조리 다시 질문해야 했다. 그리고 인류 전체를 위협했던 위기는 사라지지 않았으며 여전히 실재한다. 단지 팬데믹에서 그 외양을 바꿔 지구 온난화로, 새로운 유형의 파시즘으로 말이다. 위기는 명백히 실재하지만, 기존 비판 전략으로는 위기에 대응할 수 없는 곤란한 상황이다.

유엔 세계환경개발위원회WCED가 1987년 발표한 「브룬트란트Brundtland 보고서」에서 "환경적으로 건전하고 지속가능한 발전ESSD, environmentally sound and sustainable development"을 명기한 이후, "지속가능성sustainability"과 "친환경"은 건축을 포함한 다양한 분야에서 중요한 화두가 됐다. 「보고서」는 "지속가능한 발전"을 "경제와 사회가 기댈 수밖에 없는 천연자원과 생태계 서비스를 계속 제공하는 자연 체계의 능력을 유지하면서도 인간 발전 목표를 달성하려는 과정"이라고 설명했다. 그러나 이 명제는 모순이다. 마치 공존 가능한 것처럼 나란히 놓인 "지속" 혹은 "유지"와 "발전"이 개념적으로 배타적인 까닭이다. 이 모순적 상황을 벗어나려면 영속성과 물성을 본질로 삼는 건축의 존재 자체에 대한 고민이 필요한데, 그동안 건축계에서 "지속가능성"에 관한 주류 담론은 대체로 기술적이고 기계적인 층위에 머물렀을 뿐이다. 이후 관련 규제나 기준 마련을 위한 논의와 대책은 꾸준히 있었지만, 과연 건축 역사 이론이나 실천의 영역에서 이런 환경과 생태 문제가 급진적으로 다뤄졌는지는 의문이다.

2

그래서 필자의 질문은 이러하다. 인류가 당면한 이 급박한 문제를 다시 건축계에서, 건축 역사와 이론과 비평의 영역에서 진지하게 다룰 수 있을까? 인류 위기의 시대에 비판의 쓸모는 이미 폐기된 것인가? 질문에 명쾌하게 답하긴 어렵지만, 어쨌든 논의를 촉발할 수 있을 만한 지난 세기 미완의 건축 기획 가운데 하나를 잠시 되돌아볼 순 있을 것 같다. 그것은 바로 역사 비평가 레이너 밴함Reyner Banham이 제시했던 "환경 건축" 기획이다. 밴함은 1969년에 초판이 나온 그의 저서 『잘 조율된 환경의 건축The Architecture of the Well-Tempered Environment』 첫머리를 다음과 같이 열었다.

> 내 앞 세대 위대한 건축 역사가들의 업적 가운데 하나는 그들이 다양한 종류의 새로운 구조 재료와 절차를 건축 역사와 결합했다는 것이다. 그러나 이 결합이 그리 어려운 일은 아니었다. 이미 오랫동안 건축 역사가들의 관심이었던 목재, 벽돌, 석재와 같은 재료의 구축 기술에 관한 논의를 그냥 새로운 재료에 관한 것으로 확장하면 되는 일이었기 때문이다. 쇠, 강철, 콘크리트가 새롭게 등장한 주제이긴 했지만, 그것이 속한 일반 범주는 이미 오래됐으며 익숙한 것이었다. 반면 전기 조명이나 기계식 환기는 그렇지 않았다. 오랜 건축 역사에서 조명이 논의됐던 경우는 기껏해야 석조물의 지엽적 요소라고 할 수 있는 창을 통해 비추는 자연광 정도였다. 인공조명은 보통 평면에 표기되지 않는 램프나 양초, 혹은 그 밖의 다른 이동할 수 있는 장치에 불과했으며, 이런 장치의 설계가 건축가의 일이 되는 경우는 드물었다.[2]

영국 태생이지만 미국식 실용주의와 서버비아suburbia 도시 로스앤젤레스를 사랑했던 밴함은 모더니즘 건축 역사를 처음 썼던 이들이 산업화 이후 새롭게 등장한 건축 질료와 구축술을 기존 건축 역사와 무리 없이 결합했다고, 그리고 이런 결합이 그리 어려운 일은 아니었다고 말한다. 이런 평가의 바탕엔 건축 역사를 형식적 양식의 문제로 접근했던 기존 역사 쓰기historiography의 안일함을 향한 그의 비판적 입장이 깔려 있다. 밴함의 문제의식을 좀 더 밀어붙이면, 이런 비판적 질문도 가능하다. 천연 혹은 전통 질료를 대체하는 산업 질료와 플라스틱류의 합성 질료가 새롭게 등장하며 건축 생산 체계는 근본적, 전반적으로 달라졌지만, 이런 급변 상황을 건축 역사가 대다수는 미학의 문제로 치환해 기존 역사에 편입했고, 따라서 결국 모더니즘 건축은 신고전주의를 부정적으로 잇는 또 다른 양식, 달리 말해 과거 양식의 형식적 안티-테제 정도로 정리된 게 아닐까?

2 Reyner Banham, *The Architecture of the Well-Tempered Environment* (University of Chicago Press, 1969/1984), pp.9–10.

밴함은 이처럼 모더니즘 건축 역사 쓰기를 통해 견고하게 구축된 질료와 형식의 공조 관계를 우회해, 그동안 기존 역사에서 거의 주목하지 않았던 주제인 건축 환경을 만드는 테크놀로지, 곧 공기조화 설비 기술과 장치에 집중했다. 밴함의 기획은 그래서 "통상 [프레젠테이션] 평면에 표기되지 않으며 (…) 이동할 수 있는", 그래서 시공간을 가로지르며 부유하는 시각 매체 중심의 건축 담론에서 소외되기 일쑤였던 설비 장치를 중심에 놓고 모더니즘 건축의 대안적 역사를 다시 쓰는 것이었다. 『잘 조절된 환경의 건축』은 이런 기획의 결과다. 모더니즘 건축 형태에 근거를 제공했던 혹은 제공했다고 알려졌던 "순수하고 단단한" 질료 대신 손에 잡히지 않는 건축 환경을 만드는 설비 장치와 그 비-영속성에 전복적 가치를 부여함으로써, 밴함은 대안적 역사 쓰기의 동인動因을 얻었다.

『잘 조절된 환경의 건축』이 (짐짓 객관적인 양) 과거 사례를 다루는 역사서라면, 1965년에 밴함이 발표한 「집은 주택이 아니다A Home Is Not a House」는 아직 도래하지 않은 미래의 비-영속적 환경 건축을 요청하는 매니페스토다.[3] 이 글에서 밴함은 견고한 구조물 없이 상황에 맞춰 형성되는 공기막air curtain만으로 알맞은 삶의 환경을 구축하는 설비 키트, 곧 "집 아닌 집un-house"을 제안한다. 심지어 자동차 배터리를 전원 삼아 작동할 수도 있는 이 설비 키트는 심지어 운반가능해 집이 땅에 정착할 필요도 없다. 물론 밴함이 상상하는 기계식 설비 키트를 움직이는 동력을 오늘날 관점에서 따져보면, 그것은 지속가능하거나 친환경적인 건축과는 거리가 멀다. 밴함이 공기막으로 대체하고자 하는 "기념비적" 건물 껍데기를 짓는 과정에서 발생하는 탄소 배출량 못지않게 그의 기계식 설비 키트는 그 제작과 유지 과정에서 다량의 탄소 배출량을 발생시킬 게 분명하다.

그럼에도, 밴함의 기획은 인류가 오랫동안 건축의 본질로 여겼던 물리적 형태의 영속성과 그것에 필연적으로 수반하는 미학의 문제를 뿌리로부터 다시 질문했다는 점에서 급진적이다. 밴함의 "집 아닌 집"은 사실상 건축에서 영속성과 물성을 제거함으로써 건축의 존재론적 토대 자체를 뒤흔든다. 환경론자의 관점에서 밴함의 가속주의는 위험해 보일 수 있지만, 적어도 그의 환경 건축 기획은 시간의 흐름과 변화를 거스르는 건축의 영속성은 그대로 둔 채로 지구 환경의 지속가능성을 타진하는 모순적 상황을 전제하진 않는다. 폐기된 뒤에도 썩거나 사라지는 데 오랜 시간이 필요한 콘크리트나 플라스틱은 시간을 견디며 영속적이어야 할 건축에 가장 적합한 질료이며, 그래서 건축은 인공 이전의 자연, 곧 천연 질료만으

Fig. 1
숨쉬는폴리. © Hyosook Chin

Fig. 2
숨쉬는폴리. © Hyosook Chin

3 Reyner Banham, "A Home Is Not a House," *Art in America 2* (1965). 레이너 밴함, 「집은 주택이 아니다」, 현명석 역; 남성택 외, 『아키라우터 Vol.1 안식처: 건축의 시작 그리고 끝』 (한양대학교 출판부, 2021)에 실림.

Fig. 3
에어폴리. © Hyosook Chin

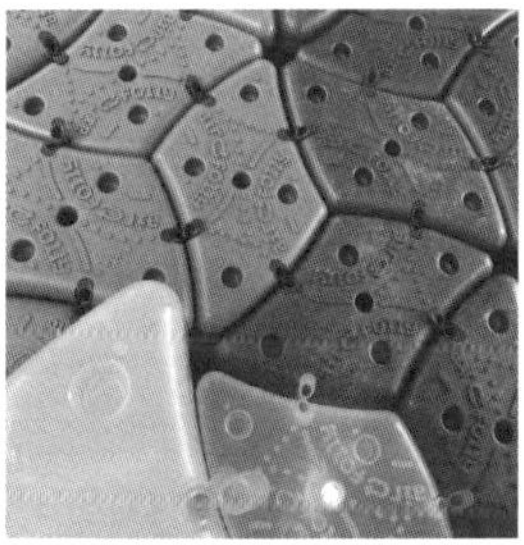

Fig. 4
에어폴리. © Myung Seok Hyun

로 유지되던 지구 생태계를 교란할 수밖에 없는 원죄를 타고났다. 이 원죄를 벗을 수 있는 가장 급진적이고 근본적인 해결책은 건축을 영속적이지 않은 것으로 재설정하는 것이다. 질료 자체가 소거된 채 이리저리 운반가능한, 단지 "잘 조절된" 대기 환경만으로 정의되는 밴함의 (집 아닌) 집만큼 개념적으로 지속가능하며 친환경적인 건축이 있을 수 있을까?

3

관련하여, 배형민이 총감독을 맡은 《2024년 광주 비엔날레 순환폴리》는 다양한 생각거리를 던진다. 네 가지 폴리 가운데 특히 솔토지빈(조남호)의 〈숨쉬는폴리〉는 오늘날 건축 리얼리티에 가장 근접한 프로젝트다. 〈숨쉬는폴리〉를 통해 조남호는 "단열과 기밀로 단절된 공간에 공기조화와 열 교환 체계를 설치하는 패시브 주택"의 비판적 대안을 실험한다. 집의 껍데기를 다공성 구조물로 만들어 내외부의 철저한 단절 없이 거주할 수 있는 환경을 만드는 게 그 목적이다. 폴리의 주재료인 목재는 그 자체가 통기를 허용하는 다공성 다발 구조다. 폴리 형태에서 중요하게 살필 점은 상부에 더운 공기를 모을 수 있는 에어포켓 공간을 확보하는 것일 뿐, 미학적으로 중요한 고려 사항은 없다. 땅에 매설한 냉각관을 통해 차갑게 식힌 공기를 들여 실내 온도를 조절하고, 적은 전력만으로 돌리는 팬으로 공기 순환을 유도하는 것이 이 집의 공기조화 체계다. 그러나 살아 "숨 쉬는" 목재의 수분 함유율을 줄여 변형을 방지하기 위해 열처리를 가한 탄화목은 결국 나무의 생명력을 한시적으로 끊음으로써 내구성을 확보한, 피할 수 없는 현실적 선택지다. 건축이 자기 본질인 영속성을 포기하지 않는 한 해소할 수 없는 이 지속가능성의 딜레마는 「순환폴리」 모든 작업에서 공통으로 나타난다.

밴함이 제안한 공기막과 가장 닮은 작업은 바래(전진홍+최은희)의 〈에어폴리〉다. 견고함을 제거한 얇은 막에 공기를 유입하는 뉴매틱pneumatic 구조라는 점에서 그러하다. 그러나 바래의 「에어폴리」가 기존 뉴매틱 구조물과 다른 점은, 통상 그것을 이루는 합성 질료 대신 천연 질료를 활용했다는 데 있다. 〈에어폴리〉는 미역 재배와 채취 과정에서 발생하는 부산물을 마이크로 스케일까지 연구해 기존 플라스틱과 같은 수행성을 지닌 질료로 개발했다는 점에서, 《순환폴리》 가운데 기존 건축 기율의 한계에서 가장 멀리 벗어난 연구 프로젝트이기도 하다.

어셈블+BC 머티리얼즈+아틀리에 루마의 〈이코한옥〉은 지역 장인과 기술, 연구진이 긴밀하게 협업한 한옥 리모델링 프로젝트다. 폐자재를 적극적으로 활용하는 한편, 지역 전통 기술로 색을 입힌 경량 흙과 다양한 패각류를 활용한 생석회(산화칼슘)를 벽돌 재료와 플라스터 마감재로 개발, 생산했다. 특히 프로젝트 진행 과정에서 있었다고 알려진, BC머티리얼즈와 국내 재료 연구진(김형기) 사이 열띤 논쟁이 필자는 흥미로웠다. 논점은 철강 산업 부산물을 가공한 시멘트 대체재인 슬래그의 배합비에 관한 것이었다. 국내 연구진의 견해는 생석회와 슬래그를 적절히 배합해 벽돌 강도를 개선하자는 것이었다면, 슬래그를 일부 포함하는 시멘트가 이미 상용화된 유럽 상황에 익숙한 BC 머티리얼즈는 지역 자원을 더 적극적으로 활용하자는 주장을 강하게 폈다고 한다. 슬래그는 오히려 콘크리트를 계속 사용하는 명분을 제공할 뿐이며, 따라서 마땅히 실험적이어야 할 폴리 작업에선 슬래그를 배제해야 한다는 게 BC 머티리얼즈의 생각이었다. 〈이코한옥〉은 보편성과 지역성, 실천적 지속가능성과 선언적 프로젝트 사이에서 있을 수 있는 노선의 다양한 스펙트럼을 단적으로 보여주는 사례다.

Fig. 5
이코한옥. © Jun Tae Gue

Fig. 6
이코한옥. © Myung Seok Hyun

옻칠은 천연 질료를 바탕으로 아름다운 광택을 내는 전통 건식 피복 기술이다. 옻나무 수액을 활용한 옻칠로 천연 직물을 칠해 겹겹이 눌러 붙이는 과정을 거치면 강도 있는 패널을 제작할 수 있는데, 이토 토요의 〈옻칠집〉은 이런 옻칠 피복 패널을 심지어 내력 구조체로 작동할 수 있을 정도의 프로토타입으로 개발해 이글루를 연상시키는 아치식 구조물로 구현한 실험 프로젝트다. 특히 옻칠은 단순노동이나 기계로 대체하기 어려운 숙련된 장인의 공예 기술인데, 이런 주변부 지역 기술의 가능성을 건축 스케일까지 확장했다는 데 의의가 있다. 표준화와 대량생산을 근거로 하는 근대 건축 생산 체계의 대안으로 레이저 커터나 삼차원 프린터가 빌더 역할을 도맡는 디지털 패브리케이션이 있다면, 〈옻칠집〉의 기획은 로우테크low-tech로서 그 대칭점에 놓인 또 다른 대안을 제시한 사례인 셈이다. 디지털 테크놀로지를 활용한 파빌리온의 형태 기하학이 애초 기획이나 상상만큼 높은 복잡도로 구현되지 못한 것은 아쉽지만, 전근대 중세 장인의 구축술과 최첨단 디지털 테크놀로지가 서로 대치하는 대신 생경하게 조우하는 「옻칠집」의 뜻밖의 상황은 오늘날 다양한 사례에서 종종 목격할 수 있다.

Fig. 7
옻칠집. © Hyosook Chin

Fig. 8
옻칠집. © Hyosook Chin

총감독 배형민과 〈에어폴리〉의 건축가 바래는 대담에서 이 프로젝트를 일종의 "질료 디자인material design"으로 정의했다.[4] 흥미롭게도, 본래 "디자인" 개념에 비춰보면, 이 말은 애초에 형용모순이다. 서구 건축에서 알베르티나 바사리와 같은 초기 근대 인본주의자들은 "디세뇨disegno"를 오직 인간 주체의 마음에서 포착하거나 투사하는, 따라서 질료에 앞서거나 질료와 무관한 윤곽선의 집합체로 인식했다. 이런 인식을 바탕으로 "디자인"은 중력이 작동하고 시공간이 특정되는 리얼리티에서 해방돼 진공의 기하학 세계에 존재하는 표기notation의 위상을 얻고, 아무리 멀리 떨어진 시공간이라도 가로질러 오갈 가능성을 획득한다. 그리고 이런 디자인과 질료의 개념적 분리는 필연적으로 디자이너 주체의 독점적 권한을 강화한다. 반면 현장에서 질료를 다루는 다양한 장인적 주체와 질료 생산 생태계가 이루는 복잡한 관계망에서 디자이너/건축가 주체는 소외될 수밖에 없다. 이런 까닭에, 다시금 건축가가 질료를 다루는 과정 자체를 해킹하겠다는 "질료 디자인"의 선언은 건축가가 디자인/설계의 유일한 저자로 남기를 거부한 채, 다시 수많은 주체와 행위자와 매체가 뒤얽히는 건축 생산의 복잡한 관계망으로 들어가겠다는 선언일 수밖에 없다. 질료 디자인은 그래서 서구 인본주의 세계관의 종말을 뜻하는 말이기도 하다.

건축 디자인을 질료 디자인으로 재정의하는 일, 그것이 기후 위기에 대응하는 건축가의 태도이자 진략일 수 있다. 그러나 이렇게 함으로써 건축은 자기 문제를 스스로 해결할 수 없는 딜레마에 놓이고 만다. 우리 삶의 거대 터전인 지구 행성은 유연하게 변화하는 유기체지만, 미시적 터전인 건축 질료는 거의 언제나 필연적으로 변하지 않는 영속성과 내구성을 요구하기 때문이다. 그러나 막상 따지고 보면, 건축이 그것이 처한 태생적 딜레마를 해소하거나 떠날 수 있었던 순간은 과거에도 없고, 미래에도 없을 것이다. 그것이 건축이 짊어진 원죄이며 운명이다.

4 배형민 외, 『제5차 광주폴리: 순환폴리 2 사람과 장소』 (광주비엔날레, 2024), 142–152쪽.

현명석은 학부와 대학원에서 건축을 공부했으며, 20세기 중반 미국 건축 사진에 관한 연구로 박사학위를 받았다. 건축 역사와 이론, 디자인을 가르친다. 역/저서로는 『건축의 이론과 실천 1993–2009』 (공역, 시공문화사, 2021), 『좌향, 여백, 표층』 (공저, 우리북, 2021), 『삶을 짓는 사람들: SH 건축의 오늘 그리고 내일』 (공저, 제대로랩, 2020), 『건축표기체계』 (공편역, 아키텍스트, 2020), 『건축 사진의 비밀』 (공저, 디북, 2019) 등이 있다. 『The Journal of Architecture』, 『The Journal of Space Syntax』, 『건축평단』, 『C3』, 『와이드 AR』, 『Space』, 『건축문화』 등에 논문과 글을 실었다. 건축 매체와 한국 현대건축에 관한 연구와 저술에 몰두하고 있다.

Reusing Materials
재료 다시 쓰기

하니 뷔리는 프리부르 공학 · 건축 응용과학대학(HEIA-FR)의 팝업 아틀리에 교육을 통해 재료와 건축 교육의 관계를 새롭게 조망한다. 이 과정에서 학생들은 기존에 사용된 건축 요소나 발견된 사물을 바탕으로 설계를 시작하며, 주어진 재료의 형태와 성질이 프로젝트의 방향을 결정하는 출발점이 된다.

재료의 재사용(reuse)은 단순한 절약이 아니라, 건축재료와 설계자 간의 대화 속에서 새로운 가능성을 발견하는 방식으로 제시된다. 팝업 아틀리에는 재료를 다시 쓰는 행위를 중심에 두어, 흙과 섬유, 재사용 자재와 같은 지속 가능한 재료들을 중심으로 새로운 건축적 가능성을 탐구하게 한다. 이를 통해 학생들은 재료의 한계와 잠재력을 직접 체험하고, 협업과 실험을 통해 설계 과정을 재구성한다.

Image credit (previous page):
© Nicolas Grandjean

남성택

2024

생각하는 물질: ‘팝업 아틀리에’ 교육에 관한 논의

La Matière qui Pense : Table Ronde sur “L’Enseignement à L’Atelier PopUp”

하니 뷔리 Hani Buri

김준희 옮김

Extracted from: Buri, Hani. "La matière qui pense: Table ronde sur 'l'enseignement à l'atelier PopUp.'" *Tracés*. June 2024, 30–33. https://www.espazium.ch/fr/actualites/la-matiere-qui-pense-table-ronde-sur-lenseignement-latelier-popup

Fig. 1
흙을 재발견하기 세미나. 프리부르의 블루팩토리 구 저장 홀은 1:1 규모의 실험들을 수용할 수 있게 해준다.
© Anouk Ruffieux

실제 재료를 사용하여 학생들이 프로젝트와 그 구현을 1:1 스케일로 실험하는 실험적 아틀리에, 바로 이것이 HEIA–FR(프리부르 건축공대) 건축 교육 과정이 2016년부터 팝업 아틀리에를 통해 진행해온 것이다.

물질과의 관계를 전환하기

“수많은 세월 동안 장인은 물질에 존중과 주의를 담아 형태를 부여하던 이들이었다. 유행과 반유행에서 벗어나 있는 이 존중과 주의는 여전히 좋은 것이다.” 1964년 아니 알베르 Annie Albers가 이와 같이 표현했듯, 감각적이고 존중하는 태도는 우리가 물질과의 관계를 다루는 방식, 더 나아가 프로젝트를 수행하는 방식에 변화를 일으키기 위해 필요한 조건이다. 상상하고, 발견하고, 실험하고, 시험하고, 검증하고, 실패하고, 찾아내고, 나누는 것이다… 2016년부터 팝업 아틀리에는 HEIA–FR의 건축 교육을 실험적 차원을 건축 및 프로젝트 교육에 도입하는 방향으로 재정립해왔다. 구조적 실험과 개념적 탐구의 풍부할 뿐만 아니라, 이러한 학습 방식의 가치는 협업적 태도와 작업 방식을 기를 수 있는 가능성에 있다. 이 방법은 건축 생산의 메커니즘에 질문을 던지며, 환경에 대한 존중과 주의를 바탕으로 지속가능한 접근을 향해 나아가게 한다.

「모든 것은 변한다Tout se transforme」라는 섹션은 건축 저널 『TRACÉS』, TRANSFORM 연구소, HEIA-FR의 건축 과정, 그리고 스위스 서부 대학연합HES-SO 간의 파트너십에서 비롯된 것이다.

편집위원회: 세레나 반뷔첼Séréna Vanbutsele, 마르코 스빔베르스키Marco Svimbersky, 이사벨 콘체이로Isabel Concheiro, 발레리 오를리에Valérie Ortlieb, 마르크 프로쇼Marc Frochaux, 카미유 클라센스-발레Camille Claessens-Vallet

이러한 접근은 과거 바우하우스Bauhaus와 블랙 마운틴 칼리지Black Mountain College[1]에서 실천되었고, 오늘날에는 프랑스의 그랑자틀리에Grands Ateliers[2]나 미국 앨라배마의 루럴 스튜디오Rural Studio[3]처럼 다시 주목받고 있는, 실험적이며 학제적인 교육 전통에 뿌리를 두고 있다. '직접 해보는 것을 통한 학습'이 이 방법론의 중심에 있으며, 학생들은 직접 손을 움직여 작업에 참여함으로써 건축 과정에 능동적으로 관여할 수 있는 기회를 얻게 된다.

2014년, EPFL과 HEIA-FR이 솔라 디캐슬론Solar Decathlon[4] 대회에 참가하기로 결정하면서 이 프로젝트는 구체화되었다. 두 기관은 프리부르 블루팩토리Bluefactory 부지에 있던 옛 공장 창고를 함께 개조해, 교육과 연구를 위한 실험 공간으로 탈바꿈시켰다. 그것이 바로 팝업 아틀리에이다. 2016년부터 이 아틀리에에서는 수많은 프로젝트가 탄생했으며, HEIA-FR 건축 과정 교육의 중요한 일부를 구성하고 있다. 바이오 및 지오 소재를 활용한 실험 워크숍, 학생 프로젝트의 모형mock-up 제작, 건축 시공 연습 등 다양한 활동이 이루어지고 있다. 이러한 교육의 풍요로움을 증언하고 공유하기 위해 네 명의 교원과 한 명의 석사 졸업생이 함께한 라운드테이블이 개최되었다.

검증에서 실험으로

HEIA-FR에서의 건축학과 초기 교육에서는, 1학년 학생들에게 지붕 구조체용 목재 띠latte를 사용해 구조물을 설계하고 실현하는 '솔페주Solfège' 과제가 주어진다. 이 과제에서는 도

1 블랙 마운틴 칼리지는 1933년, 미국 노스캐롤라이나 애슈빌 인근에서 존 앤드루 라이스(John Andrew Rice)에 의해 설립된 실험적 자유 대학이었다. 예술 분야가 강하게 통합된 학제간 교육을 지향하며, 실험은 그 핵심 역할을 맡았다. 대표적인 예로, 벅민스터 풀러(Buckminster Fuller)가 학생들과 함께 제작한 지오데식 돔(geodesic dome)들이 있다.

2 2001년 이슬-다보(l'Isle-d'Abeau)에 설립된 그랑자틀리에는 1:1 스케일의 실험을 위한 장소로, 주로 건축학교는 물론 예술, 디자인, 공학 계열의 학생들에게 재료에 대한 감수성과 실무 능력을 기르는 데 핵심적인 역할을 해오고 있다. 그랑자틀리에는 천연 재료를 활용한 건축 기술의 개발과 전승에 중점을 둔다. 출처: lesgrandsa-teliers.org

3 30년 전부터, 데니스 K. 루스(Dennis K. Ruth)와 새뮤얼 목비(Samuel Mockbee)가 설립한 루럴 스튜디오(Rural Studio)는 시민적 책임과 디자인에 기반한 교육 방식(design-build studio)을 발전시켜왔다. 앨라배마 시골 지역에서 교원과 학생들로 구성된 팀은 지역 사회와 도움이 필요한 주민들을 위해 건물을 설계하고 직접 짓는다. 출처: ruralstudio.org

4 솔라 디캐슬론(Solar Decathlon)은 전 세계 대학들이 참여하는 국제 대회로, 학생들은 태양만을 유일한 에너지원으로 사용하는 실물 크기의 완전한 주거 공간을 설계하고 건설하는 과제를 수행한다.

Fig. 2
기초 훈련(Exercice Solfège).
© Valentin Deschenaux

Fig. 3
새로운 상상을 위한 여름 아카데미.
(Académie d'été Nouveaux imaginaires)
© Giona Bierens de Haan

면 작업과 제작이 끊임없이 상호작용하며 진행된다. 재료는 지정되어 있고, 학생들은 스케치를 시작으로 점차 모형 제작을 통해 목재 띠를 공간 속에 어떻게 구성할지를 실험하면서 구조의 안정성이라는 질문을 마주하게 된다. 실제 크기로 구조물을 제작하는 과정에서 연결 방식의 실현 가능성과 가새 구조의 설계가 시험대에 오른다. 예를 들어, 나사를 박을 때 목재가 갈라지지 않고 고정이 가능한 것일까? 구조를 안정시키기 위해 띠를 하나 더 추가해야 할 필요는 없는가? 니콜라 그랑장Nicolas Grandjean 교수에 따르면, "학생들은 이처럼 모형과 실물 스케일의 실험을 통해 이론 수업에서 배운 내용을 검증하고 발전시키는 방법을 익힌다".

2학년이 되면 학생들은 자신들의 프로젝트에서 건물의 모서리를 재현한 모형mock-up을 제작하게 된다. 이 건축 과정은 2차원에서 설계된 도면이 실제로 구현 가능한지를 검증하는 데 목적이 있다. 이를 위해 학생들은 재료의 시공 방식을 구상하고, 관련 자료를 조사하며, 전문 장인들에게 조언을 구한다. 이는 자신이 선택한 재료의 한계를 인식하는 첫걸음이자, 동시에 학생들의 호기심을 자극하는 계기가 된다. 투입된 노력, 마주한 어려움, 전문가들과의 협업을 통해 학생들은 이들 전문가와 그들이 지닌 기술의 중요성을 실감하게 된다.

재사용을 통한 설계

HEIA-FR가 주관하는 건축 공동 석사 학위 과정Joint Master of Architecture, JMA의 "재사용reuse"에 관한 세미나 시리즈에서는, 재료와 프로젝트 간의 연관성이 더욱 강하게 드러난다. 학생들은 라 르수르스리/재활용센터La Ressourcerie[5]에서 제공하는 제한된 수량의 재활용 건축 요소들을 바탕으로 파빌리온을 설계하도록 유도된다. 재사용에서는 단순히 재료만이 아니라, 그것의 형태와 건축 요소로서의 특성 또한 '주어진 것'이 된다. 이처럼 설계자는 재료와의 상호작용을 통해 형태를 만들어내게 되며, 형태는 장소나 기능 같은 다른 요소만큼이나 이러한 상호작용에 의해 결정된다. 이러한 프로젝트 과정의 전환은 팝업 아틀리에에서 이루어지는 교육 프로젝트의 특징이다.

재사용은 일부 여름 아카데미에서도 다뤄진다. 한 프로그램에서는 학생들이 오브제 트루베/발견된 사물object trouvé을 바탕으로 새로운 상상력을 펼쳐나가도록 초대되었다. 기오나

5 라 르수르스리(La Ressourcerie)는 프리부르에 위치한 재사용 전문 센터로, 팝업 아틀리에에서 이루어지는 수업에 정기적으로 협력하고 있다.

6 영국의 인류학자 팀 인골드(Tim Ingold)는 창작자와 재료 간의 '조응(correspondance)' 과정에 대해 이야기한다. 참고: Tim Ingold, *Faire – Anthropologie, archéologie,* art et architecture, éditions Dehors, Bellevaux, 2017

비어렌스 드 한Giona Bierens de Haan에 따르면, "건축은 그 자체가 목적이 아니라, 건축을 통해 미래에 대한 새로운 서사를 탐구하고 모색하기 위한 도구"이다. 학생들은 예측 불가능한 상황과 우연한 발견을 다루고, 그것을 프로젝트의 기원으로 전환하는 능력을 길러야 한다. 프로젝트는 재료와 설계자 간의 대화로 제시되며[6], 이는 서로가 서로에게 영향을 주는 과정이다.

확실성을 가르치기보다 방법을 가르치는 것은, 변화하는 세상에 맞설 수 있는 수단을 학생들에게 제공하는 일이다.

Fig. 4
흙 다짐 공법(pisé)으로 만든 모형.
© Nicolas Grandjean

Fig. 5
가에탕 두스(Gaëtan Dousse)의 석사 프로젝트. 슬레이트(천연석재)에 관한 일련의 탐구를 진행하였다.
© Gaëtan Dousse

Fig. 6
'재사용' 세미나.
© Hani Buri

Fig. 7
가에탕 두스(Gaëtan Dousse)의 석사 프로젝트. 슬레이트(천연석재)에 관한 일련의 탐구를 진행하였다.
© Gaëtan Dousse

Fig. 8
'흙을 재발견하기' 세미나.
© Marie de Carbonnières

Fig. 9
'식물 섬유로 사고하고 구축하기' 세미나.
© Ari Cretton

새로운 건축 재료

근대 건축은 고도의 가공을 거친 재료인 철근 콘크리트와 강철로 특징지어진다. 오늘날, 지속 가능한 건축에 대한 논의 속에서 천연 건축 재료들이 다시금 주목받고 있으며, 이는 HEIA-FR 건축 과정의 핵심 주제 중 하나이기도 하다. 팝업 아틀리에는 환경에 미치는 영향이 적은 이러한 재료들을 학생들에게 소개하기에 이상적인 장소이다. 흙, 식물성 섬유, 재사용 재료를 기반으로 한 건축 방식들은 일주일간 진행되는 블록 세미나에서 함께 다뤄진다.

세미나 「흙을 재발견하기Redécouvrir la terre」와 「식물성 섬유로 사고하고 건축하기Penser et construire avec des fibres végétales」에서는, 먼저 일련의 놀이적 과제를 통해 재료의 성질과 시공 방식을 새롭게 경험한다. 이어지는 단계에서는 특정 기술의 구조적 · 조형적 가능성을 그룹 프로젝트를 통해 탐구한다. 목표는 '아는 것'이 아니라 '탐색하는 것'이다. 실험과 실패가 탐구의 원동력이 되며, 특정 시공 기술을 숙달하는 것이 아닌, 연구 방법론을 세우고 창의적 가능성을 발견하는 데 중점을 둔다. 이러한 태도는 재료에 대한 존중과, 그것을 변형시키는 행위에 대한 존중을 전제로 한다

이러한 과정 속에서 건축가는 재료를 관찰하고, 손으로 느끼고, 그것을 변형시키며 그 특성을 실험하는 장인과 가까워진다. 감각적이면서도 과학적인 방식으로 재료를 깊이 있게 이해하고, 그것을 설계로 전환하는 것—이것이 바로 이번 라운드테이블에서 소개된 가에탕 두스Gaëtan Dousse의 석사 프로젝트의 목표였다. 갓 졸업한 이 학생은 오랜 시간에 걸쳐 슬레이트slate에 대한 일련의 조사를 수행했다. 그 역사, 채굴 방식, 물성에 이르기까지 폭넓게 탐구한 결과, 그의 작업은 하나의 전시로 구현되었으며, 고대의 재료에 담긴 새로운 가능성을 시적으로 제시하고, 새로운 물질성을 추구하는 건축 실천의 길을 제안했다.

씨앗을 뿌리기, 장기적인 관점의 교육

학생들이 팝업 아틀리에를 거치며 얻게 되는 영향은 객관적으로 측정할 수 없다. 그랑자틀리에Grands Ateliers에서 수학한 줄리앙 오스타Julien Hosta는 "이러한 학습 방식은, 재료성과 그것이 어떻게 생산되는가에 대한 또 다른 관계를 프로젝트에 자연스럽게 통합하는 하나의 건축 세대를 형성했다"고 말한다. 팝업 아틀리에는 재료에 대한 감수성을 기르고, 전문가들과의 대화가 설계 초기 단계에서부터 통합되어야 한다는 인식을 심어줄 수 있는 기회이다.

로랑 드 뷔르스템베르거Laurent de Wurstemberger 교수는 말한다. "그 영향은 학생들의 반짝이는 눈에서 드러난다. 이 교육이 프로젝트에 대해 보다 겸손한 태도로 이어질 것이라 믿는다. 그 안에서 시적 순간은 재료와 비례가 조화롭게 실현될 때 비로소 태어난다."

토론에서 HEIA-FR의 이론 미카엘 프리츠Michael Fritz 교수는 팝업 아틀리에에서의 교육 방식이 재료 생산 과정에 대한 주의 깊은 태도 덕분에, 이른바 '이론 건축architecture savante'보다는 '토착 건축architecture vernaculaire'에 더 가깝다고 평가한다. 중요한 것은 재료를 다루는 작업 자체보다는 바로 그 방식이다. 재료와 직접 작업하는 과정은 우리로 하여금 관찰하고, 듣고, 받아들이는 태도를 기르게 하며, 이미 존재하는 것들에 귀 기울이고 그것으로부터 영감을 얻도록 이끈다.

[다시 한 번] 확실성을 가르치기보다 방법을 가르치는 것은, 변화하는 세상에 맞설 수 있는 수단을 학생들에게 제공하는 일이다.

하니 뷔리(Hani Buri)는 스위스 로잔 연방공과대학(EPFL)에서 건축학 학위를 받고 같은 대학에서 박사 학위를 취득하였다. 1991년부터 2005년까지 BMV 아키텍츠에서 독립 건축가로 활동하였으며, 2005년부터 2012년까지는 EPFL 목조건축 연구소 IBOIS에서 연구원 및 교수로 재직하였다. 또한 2008년부터 2012년까지는 Shel에서 건축가로서 실무 경험을 이어갔다. 2012년 이후 프리부르공과대학(HEIA-FR)에서 교수로 재직하며 구조와 지속가능 건축, 목조건축, 토착 건축, 재료성과 미학을 주제로 교육과 연구를 병행하고 있다. 현재는 Joint Master of Architecture 프로그램의 연관 교수로 참여하며, 학생들과 진행한 'Séminaire Réemploi' 프로젝트가 2024년 유럽건축교육협회(EAAE) 교육상(Pedagogy Award)을 수상하는 성과를 거두었다.

Einfach Bauen
단순하게 짓기

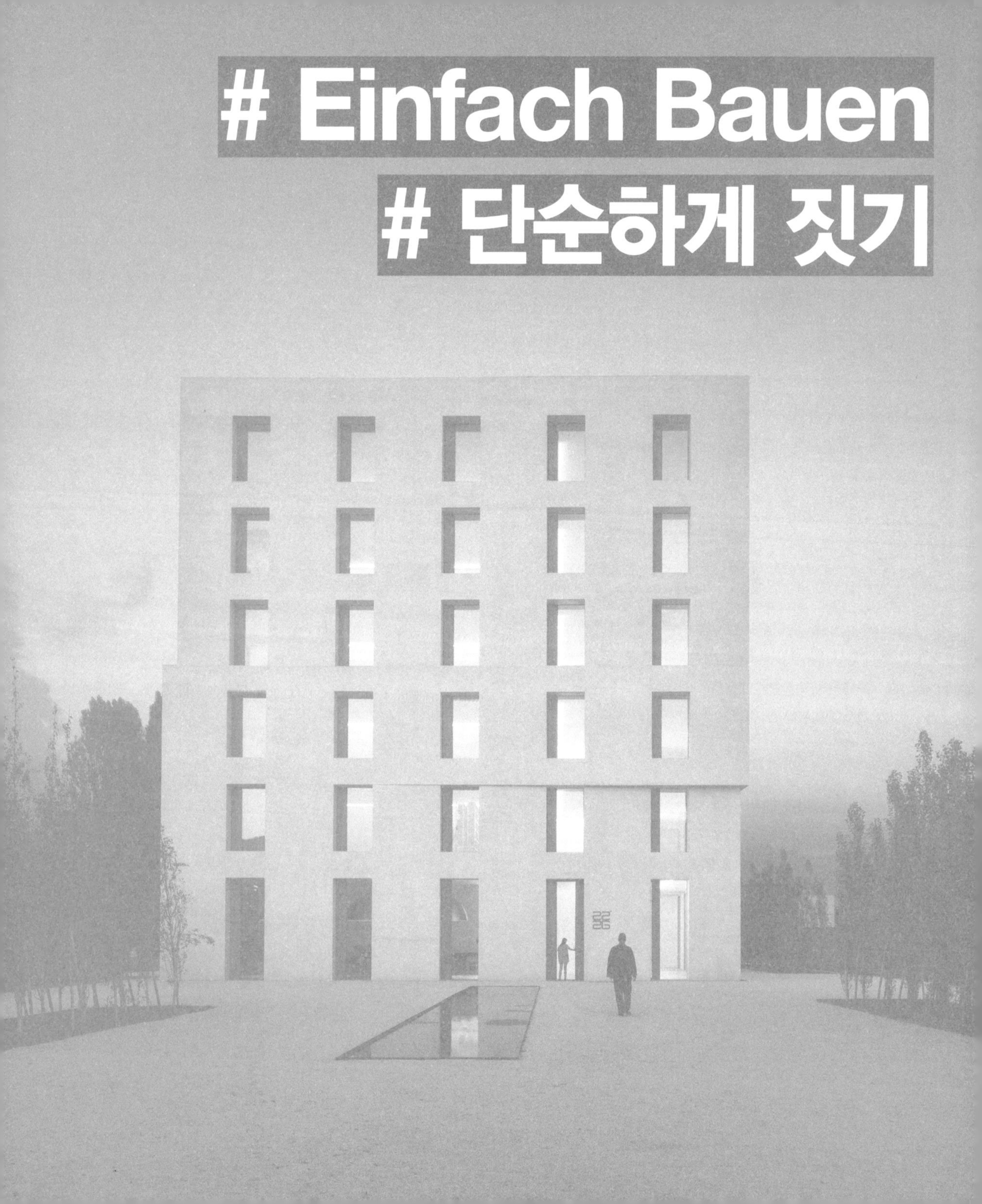

이 글은 오스트리아의 건축가이자 건축 저술가인 플로리안 아이허가 바움슐라거 에벨레[1]건축사무소의 철학적 · 기술적 측면을 이 사무소의 대표 프로젝트를 중심으로 서술한 것이다. 바움슐라거 에벨레는 지역성과 장인정신을 바탕으로 단순함 · 지속가능성 · 재료의 물성을 핵심 철학으로 삼는 사무소다. 이 철학은 오스트리아 루스테나우에 있는 이 사무소의 본사건물 2226에서 명백히 드러난다.

고단열 벽돌과 석회 미장, 원목, 최적화된 삼중유리라는 최소 가공 재료를 단일 기능 부품이 아닌 여러 환경 요소를 균형 있게 매개하는 재료로 활용해 외피자체가 건물의 구조체일 뿐만 아니라, 단열 · 축열 · 습도 · CO_2등 내부공간의 환경을 조율하는 역할을 한다. 숨은 환기 제어 장치 외엔 기계설비 의존을 줄여, 장기 유지보수와 운영 에너지를 더 낮췄다.

1 바움슐라거 에벨레(Baumschlaer Eberle): 오스트리아 알프스 지방에서 본사를 두고 있지만, 유럽과 전세계에 지사를 두고 활발하게 활동하는 건축설계사무소다. 지속가능성, 공공성, 장인정신을 기반으로 활동하고 있다. 2226 프로젝트를 통해서 전세계적으로 알려졌으며, 이 프로젝트는 시리즈물로 여러 곳에 다양한 버전으로 건설되었다.

76cm 두께의 일체형 벽식구조, 섬세하게 결정된 개구부의 비율, 내부 석회 미장면과 단차 없이 이어지는 원목 창틀, 이중바닥과 유동형 바닥모르타르, 프리스트레스트 슬래브 등의 기술을 건축에 도입한다.

결과적으로 이 건물은 내부 환경과 사용자 행태에 능동적으로 반응하는 거대한 환경조절 장치가 된다. 또한 지역 자재 조달과 수공예 제작을 통해 시공 현장의 질서를 회복하고 비용의 예측 가능성도 높였다. 이러한 재료 중심 · 로우테크 · 단순 접근방식은 특히 독일 건축계에서 큰 주목을 받고 있는 〈단순하게 짓기〉[2]에 결정적인 영향을 주었다.

김윤수

2 〈단순하게 짓기(Einfach Bauen)〉: 설계와 건설이 점점 복잡해지는 상황에 대한 비판에서 시작한 프로젝트. 단순한 설계와 시공을 통해 경제성, 시공성, 지속가능성에 대한 질문을 던지는 프로젝트다. 이 프로젝트는 독일어권 건축계에 엄청난 반향을 일으켰다. 모두에게 공개된 공식 웹사이트를 통해 관련 내용을 확인할 수 있다. https://www.einfach-bauen.net/

2016 구축재료, 구축방식, 구축현장
Baustoff, Bauart, Baustelle

플로리안 아이허 Florian Aicher
김윤수 옮김

Extracted from: Aicher, Florian. "Baustoff, Bauart, Baustelle." in *be 2226 Die Temperatur der Architektur: Portrait eines energieoptimierten Hauses*, 131–142. Basel: Birkhäuser Verlag, 2016.

"이 집은 고요함을 자아낸다. 자연스럽고 과장됨이 없다. 나는 이곳에서 편안함을 느끼는데, 이는 빛과 그림자, 개방과 벽, 표면과 공간의 비례가 올바르게 조화를 이루고 있기 때문이다."

이 단어는 조금 유행에서 벗어났지만, 집ein Haus이란 도대체 무엇인가? 자세히 들여다보면 이에 대해서는 꽤나 다양한 대답이 가능하다. 집은 고정된 물질적 구조물, 즉 하나의 객관적인 대상으로 볼 수도 있다. 혹은 어떠한 주관적인 것, 의지의 결과물, 심지어 예술적 창조물로 볼 수도 있다. 아니면 삶의 과정에서 비롯된 존재, 아직 그 형태가 완전히 확정되지 않은 유기체로 설명될 수도 있다. 이런 집은 고정된 실체라기보다는 사건으로서의 성격을 더 많이 지닌다 — 그것은 하나의 역동적인 체계다.

이러한 관점에서 집을, 움직이지 않는 오브제적인 성격을 지닌 건축요소와 건축부재들의 집합체라고 이해할 수 있을까? 오히려 그것은 서로 연결되어 여러가지 영향에 반응하고, 특히 그것을 사용하는 사람들의 행위에 반응하는 하나의 구성체가 아닐까? 그렇다면 이러한 반응을 가능하게 하기 위해 건축 재료는 어떤 특성을 가져야 하며, 건축 구성은 어떤 방식이어야 할까? 사용자에게 다가가되 강요하지 않고, 지극히 자연스럽게 반응하는 집이라면, 그것은 그만의 독특한 방식으로 구성되어야 한다.

'집'이라는 말은 원래 덮어주고 감싸주는 것을 의미한다. 'Hut(모자)' 또는 'Haut(피부)'가 여전히 그 뜻을 떠올리게 하고, 여기에 'Heim(집)'과 'Heimat(고향)'이 더해진다.역주1 집은 사용자에게 보호되는 장소를 제공하고, 그들이 삶을 펼칠 수 있는 한정된 공간을 만들어준다. 이 공간은 사용자를 특정한 삶의 방식을 강제하지 않도록 충분히 중립적이어야 한다. 집은 기후, 넓은 의미에서는 분위기, 이로운 환경들이 어루어진 총체를 제공한다. 그것의 안락함은 다양하게 반응할 수 있는 능력, 외부자극을 완충하고, 사용자가 직접 개입해 조율할 수 있도록 열려 있는 데 있다. 상대방으로서 한계를 설정하면서도, 동시에 함께 작동하는 파트너로 존재한다 — 집은 중재자이지 전문가는 아니다. 그것은 사용자가 다가갈 때 그를 맞이하는 구조물이다.

이는 건물을 구성하는 건축 재료가 지녀야 할 특성들quilities이다. 이러한 재료들은 사용자 환경의 변화에 반응할 수 있어야 하며, 이를 완충하고, 저장하며, 경계를 설정할 수 있어야 한다. 그리고 이는 복잡한 구조 없이도 지속적으로 가능해야 한다. 이러한 재료들은 전문가라기보다는 중재자에 가까우며, 그 자체의 시스템이나 사용 방식 모두에서 단순하다. 일반적으로는 자연적 기원에서 응용에 이르기까지 최소한의 가공 과정만 거친 재료들이다. 물론 건축에는 언제나 전문가가 필요한 특별한 경우도 있지만, 예외적인 것이 아닌 자명한 것이 기준이 되어야 한다.

구축재료

오늘날의 벽돌은 하중을 지지하고, 열 손실을 차단하며, 열과 습기를 저장할 수 있다 — 이는 단열을 위한 공기층이 포함된 균질하고 일체형인 건축 재료이며, 압축력을 받는 구조에 가장 널리 사용되는 재료이다. 벽돌은 일반적인 재료들 가운데 실내 기후의 두 가지 핵심 요소인 온도와 습도를 완충하는 데 있어서 단연코 가장 우수하다. 그 원재료인 점토는 거의 무한정으로 이용 가능하다.

벽돌은 오늘날 산업적으로 운영되는 소성 과정을 거친다. 이는 800–900°C의 고온에서 이뤄지는 에너지 집약적 공정이지만, 시멘트, 철강, 유리 또는 플라스틱의 가공과 비교하면 훨씬 에너지 소모가 적다. 벽돌은 2226 건물의 주요 건축 재료이다.

시멘트는 본질적으로 벽돌과 유사한 산업적 생산 과정을 거치지만, 그 소성 온도는 1450°C로 훨씬 더 높고, 원료를 준비하기 위한 노력 — 즉 암석의 파쇄와 분쇄 — 이 추가로 필요하다. 시멘트가 콘크리트로 가공

Fig. 1
건물 외피.

Fig. 2
벽돌 작업.

역주1 'Hut(모자)', 'Haut(피부)', 'Heim(집)', 'Heimat(고향)' 등은 모두 비슷한 어감을 지닌 단어들로, '집(Haus)'이라는 말과 어원적으로 또는 음성적으로 연관되어 있다.

Fig. 3
석회석 소성 작업.

Fig. 4
사암 채석장.

Fig. 5
창틀.

역주2 유동형 바닥 모르타르(Flie ß estrich, Flow screed): 흐르는 성질(flie ß end)을 가진 평탄층(Estrich)으로, 시공 시 펌프 등으로 타설하며 자체적으로 수평을 맞추는 기능을 갖춘 바닥 마감층입니다. 주로 콘크리트 슬래브 위에 깔려 바닥을 평탄하게 만드는 데 사용됩니다. 2226의 경우 모르타르가 사용되었다.
역주3 아티카(Attika): 옥상 가장자리에 세워지는 낮은 벽체로, 외벽 위 연장 설치되며 형태에 따라 돌출되기도 한다.

되면 구조적 성능 면에서 벽돌을 훨씬 능가하며, 철근과 결합할 경우 압축력과 인장력 모두에서 우수하다. 그러나 실내 기후에 기여하는 바는 제한적이며, 열 저장 기능은 단열이나 습기 완충 역할에 거의 적합하지 않다. 구조적 강도가 높은 전문 재료인 이 시멘트(콘크리트)는, 2226에서는 오직 꼭 필요한 부분, 즉 슬래브와 기초에만 사용되었다.

건물 2226에서는 석회가 내부와 외부 모두의 미장재로 사용되었다. 시멘트와 마찬가지로 석회도 소성된 석재지만, 훨씬 낮은 온도(1000°C)에서 소성된다. 소성 시 방출되는 이산화탄소는 가공된 모르타르가 굳는 과정에서 탄산화 작용을 통해 대기 중에서 다시 흡수되어, 형태를 갖춘 석회석으로 경화된다. 석회 미장은 벽돌의 실내 기후 관련 물성들을 보완하며, 단단한 층으로 이를 보호한다. 외부 미장의 마지막 마감층은 내후성이 있으며, 이는 건조 가공처리된 석회를 원료로 한 순수 석회 미장으로, 탄산화는 처음 3개월 동안 충분히 이뤄지며, 이후 수십 년에 걸쳐 풍화 작용을 통해 계속 경화되며 석재와 같은 품질을 갖게 된다. 이렇게 만들어진 미장은, 하층 및 내부 미장에 사용되는 기계화된 산업 제품과 달리, 수공예적으로 구워지고 만들어진 것이다.

황산칼슘은 노출 '유동형 바닥 모르타르 Fließestrich'역주2로 사용되며, 실내 기후 특성과 생산 시 에너지 소비 면에서 벽돌과 유사하고, 시공 특성 면에서도 유리하다.

자연석 — 로르샤흐Rorschach 사암 — 은 외부 창턱과 아티카Attika역주3의 마감재로 사용되었다.

목재는 재생 가능한 이 지역의 주된 건축 자재로, 창호, 외부 문, 실내 마감, 바닥 구조의 하부 등에 전적으로 원목 형태로 사용된다. 합판이나 집성재와 달리 산업적 가공 과정이 생략되며, 그 대신 가공 과정에서는 숙련된 수공업 노하우의 고품질이 큰 장점으로 작용한다.

유리는 복잡한 화학 조성을 가진 무기질 용융 제품으로, 약 1,400C° 고온에서 다양한 성분이 녹아 생성되며 오늘날 대부분 그 제조는 대규모 산업 시설에서 이뤄진다. 이러한 가공 과정을 고려할 때, 유리는 고급 건축 자재로 분류되며, 2226 건물에서는 이에 걸맞게 절제된 방식으로 사용되었다. 열관류율(Ug) = 0.5W/(m² · K), 채광율(Lt) = 71%를 가진 고성능 삼중유리만이 고정 유리창 형태로 사용되며, 파사드 전체 면적 중 유리의 비율은 16%에 불과하다.

구축방식

2226 건물은 전형적인 벽식구조로, 벽돌벽과 그 위에 얹힌 철근콘크리트 슬래브로 구성된다. 각 층은 연속적으로 조적되어 있으

며, 실내 공간을 형성하는 내부 벽과 구멍(창, 문)이 있는 파사드 및 세로로 긴 개구부를 지닌 외벽 모두가 하중을 지지한다. 이러한 건축 구조는 채광 및 공조 개념, 즉 동적인 시스템에 부합한다.

벽체는 동질적인 벽돌 구조로, 첨가물 없는 순수한 벽돌 파편이 석회 모르타르로 조적되고 석회로 마감되어 있다. 특히 외벽은 구조 지지, 단열, 열 저장, 습도 조절, 방수 기능을 모두 갖춘 다기능 요소로 주목할 만하다.

겉보기에는 로우테크처럼 보이지만, 이는 최고 수준의 벽돌 건축이며 기술적 지능은 별도의 장치가 아니라 건물 자체에 내장되어 있다. 76cm 두께의 외벽은 각각 38cm 깊이의 벽돌 두 겹을 일체형으로 쌓아올린 구조이다. 6층 높이(그 중 지상층은 특히 높다)는 이러한 구조 방식이 가능한 한계를 시험하는 것이다. 구조적 요구에 따라 네 가지 벽돌 조합이 고려되었으며, 외부는 지면에서 꼭대기까지 고단열 벽돌이 사용되고, 내부는 다양한 압축 강도를 지닌 벽돌이 사용되었다. 또한, 두 벽돌층은 반 벽돌 폭만큼 어긋나게 쌓아 열교를 방지한다. 이 이음부는 침하줄눈[역주4]처럼 조적되었는데, 모르타르는 빠르지만 취성[역주5]이 있는 접착제보다 응력의 집중을 더 잘 흡수한다. 이러한 방식 덕분에 이 건물은 신축줄눈[역주6] 없이도 시공이 가능해졌다.

이 건물의 높이는 또 하나의 도전이었다. 왜냐하면 외벽은 어떠한 지지체 없이 매끄러운 평면 구조로만 구성되어 있기 때문이다. 이 시스템이 가능했던 것은 내부 벽체가 수직으로 결합된 측면 벽을 통해 횡방향으로 보강되었기 때문이다. 재료에 '속임수 없이' 충실하겠다는 의지는 분명하다. 이 건물에는 단 한 개의 콘크리트 벽도 없으며, 대신 '구조의 미학Rohbauästhetik'이라는 새로운 개념이 존재한다. 창문 설치 방식 또한 주목할 만한데, 실내 쪽에서 석고 마감면과 완벽하게 일치되게 설계되었고, 가로 1.8m에서 최대 3.5m에 이르는 대형 창 요소가 이를 가능하게 했다. 원목 프레임은 조적된 고정턱Anschlag[역주7]에 설치되며, 외벽 미장면은 유리면과 단차 없이 맞닿으며, 내부 미장면은 목재 프레임면과 정확히 일치한다. 발포재, 접착제, 석고 몰딩 없이 오직 흙손 마감만으로 처리되었다.

하중을 지지하는 벽돌 위에는 8cm 두께의 얇은 프리스트레스트 슬래브가 놓이며, 그 위엔 약 20cm의 콘크리트가 타설된다. 이러한 구성는 건물 구조의 동적인 특성에 따른 결과다. 얇은 요소는 프리스트레스트이 된 상태로 제작되어, 이는 타설 시 임시 거푸집을 줄이고 결과적으로 슬래브 두께를 최소화할 수 있도록 한다. 약 8m의 스팬을 확보하면서 전체 슬래브 두께는 25cm로 유지되며, 이는 벽돌 구조의 기준 단위 안에도 부합한다.

Fig. 6
건설 과정.

Fig. 7
프리캐스트 공법 천장.

역주4 침하줄눈(Setzfuge, Settlement Joint): 구조물의 하중 작용이나 지반 침하에 따른 점진적 변형에 대응하기 위해 만드는 줄눈으로, 특히 조적식 구조물에서 모르타르층이 응력을 분산시켜 구조적 균열을 방지하는 역할을 한다.

역주5 취성(脆性): 외부 힘이나 충격을 받았을 때, 늘어나거나 변형되지 않고 갑자기 부러지거나 깨지는 성질.

역주6 신축줄눈(Dehnungsfuge, Expansion Joint): 건물이나 구조물이 온도 변화, 습기, 재료의 수축·팽창, 구조적 하중 변화 등으로 인해 변형되거나 갈라지는 것을 방지하기 위해, 의도적으로 일정 간격을 두고 형성하는 이음선 또는 틈새.

역주7 고정턱(Anschlag): 창 또는 문 프레임을 고정시키기 위해 벽체에 마련된 돌출부 또는 턱 구조.

Fig. 8
바닥 구조.

이 바닥판 위에는 마감 바닥이 올라가는데, 이는 독특한 방식의 이중 바닥 구조이다. 받침 목재 위에 대패질하지 않은 가문비나무로 짠 조립 마루판이 놓이고, 그 위에 방음 매트가 덮인다. 그 위에 유동형 바닥 모르타르가 타설된다. 이 방식은 시공이 빠르고, 깔끔하며, 견고하고, 이음새 없이 마감되며, 후처리도 용이하다. 이 바닥 아래 공간은 전기설비를 유연하게 배치할 수 있는 여지를 제공한다. 필요한 경우에만 바닥에 구멍을 뚫어 네 개의 분배 샤프트 중 하나에서 전선을 끌어오고, 더 이상 필요없을 땐 그 전선을 없애고 바닥을 자국 없이 메운다.

이 건물은 견고해 보일 뿐만 아니라 실제로도 그러하다. 마감 재료는 사용자 친화적이다. 손으로도 감지될 수 있고, 견고하며, 관리가 쉽기 때문이다. 이 건물에서는 '보수'라는 개념이 하나의 원칙처럼 작동하는데, 바닥이 그러한 사례이다. 매끄럽게 처리된 석고 마감 벽의 장점 중 하나는 손상이 생겨도 손쉽게 복구할 수 있다는 점이다. 처음에는 물건을 벽에 걸 때 매우 조심스러웠지만, 지금은 테이프를 사용하는 것이 흔한 일이 되었다.

내부 인테리어는 단순하고 소박하며, 최소한의 요소만으로 구성되어 있다. 그러나 이 단순함 속에도 고도의 장인정신이 깃들어 있다. 예컨대 구내식당의 긴 푹신한 벤치는, 버튼을 리듬감 있게 배열해 큰 면적을 분절하는 영국식 '카피토니에Kapitonierung'[역주8] 기술 덕분에 안락함과 우아함을 얻었다. 또는 사무공간의 개방감 역시 장인의 솜씨로 제작된 길이 4.5m의 통오크 테이블 덕분이다. 기술적 정점이라 할 만한 또 하나의 예는 크기 1.8×4.5m에 달하는 거대한 유리 스윙도어다. 이는 단지 강화유리로 만든 것만이 아니라, 손가락 너비 정도의 알루미늄 프레임과 자물쇠 케이스와 힌지까지 일체형으로 통합되어 있다.

구축현장

이 집의 건축재료와 건축방식이 그러했듯, 건축 현장도 그러했다. 단순하고, 자명하며, 깔끔했다.

요즘의 건축 현장을 떠올려보자. 물류 차량이 분주하게 드나들고, 자재 더미가 길을 막고, 잡동사니가 어지럽게 널려 있으며, 못을 밟을까 걱정해야 하고, 질문에 대답을 회피하는 인부들이 이리저리 돌아다닌다. 작업자는 앞뒤 작업 과정을 모르는 경우도 많고, 라디오는 여기저기서 합창하듯 울린다. 그런 상황을 경험한 사람이라도 이 현장을 회상할 때마다 계속 놀라움을 감추지 못할 것이다. 하지만 2226 건축 현장에서는, 자재가 잘 정리되어 있고, 작업동선은 열려있

역주8 카피토니에(Kapitonierung): 천 또는 가죽을 쿠션재 위에 덮고, 단추나 바느질로 천을 눌러 고정하면서 입체적인 패턴을 만드는 기술.

고, 일은 신속하게 진행되면서도, 차분한 집중력이 느껴졌으며, 심지어 '좋은 분위기'라고 말하고 싶을 정도였다.

이것은 겉보기만큼 놀라운 일은 아니다. 손발이 잘 맞는 작업팀들이 투입되었고, 공정도 소수의 전문 인력에 의해 이루어졌으며, 서로가 서로를 알고 있었고, 각자 적어도 자신이 하고 있는 일의 전반적인 상황을 어느 정도는 이해하고 있었다. 이곳에서도 복잡성을 줄이는 것이 긍정적인 결과를 낳았다. 전체를 조망할 수 있고, 그 속에서 자신의 위치를 인식하고 있는 사람은 자기 일이 지닌 가치를 실감하게 된다. 전체에 대한 이해는 장인적 작업의 특징이며, 산업사회에서 단편적으로 분업된 노동과는 본질적으로 구별된다.

이러한 태도는 심지어 건축의 주요 공정이 국내 최대 건설사가 수행하는 건축 현장에서 그대로 드러난다. 그 이유는 간단하다: 이곳에는 '전문가'라는 이름의 쪼개진 단위로 일하는 성과급 팀이 없다 — 어떤 앵글 프로파일도 설치되지 않고, 방수 시트도 붙지 않으며, 심지어 난방 배관도 깔리지 않고, 환기 덕트가 매달리지도 않으며, 천장 속 구조물이 시공되지도 않는다. 따라서 당연히, 벽을 따라 배선 홈을 파는 일도 없다. 네 개의 배수관, 하나의 설비 샤프트, 그리고 바닥 위에 깔린 전기선이 네 곳의 분배함으로 이어지는 것 — 이 정도면 충분하다.

장인적 작업은 이 건축에서 또 다른 방식으로도 드러난다. 마감 작업의 핵심 요소들은 장인적 역량을 전면에 내세우는 작업장에서 제작되었다. 예를 들어 창문이 그렇다. 다른 이들에게는 크기만으로도 어려운 과제일 수 있지만, 이 창문을 제작한 목공소에게는 전혀 문제가 되지 않았다. 수십 년간 개별 맞춤 제작을 경험하며 얻은 자신감은 표준 프로파일 아닌 자신들만의 방식을 구축할 수 있는 기반이 되었고, 이는 동시에 자신들의 한계에 대한 인식도 가능하게 했다. 이러한 자신감은 목재라는 재료에 대한 정밀한 이해, 즉 그것이 어디에서 자라며, 언제 벌목되고, 작업장에 들어오기 전 어떻게 다뤄져야 하며, 이후 어떻게 가공되고 취급되어야 하는지를 아는 데서 비롯된다. 이러한 기반 위에서 장인들은 진공 단열재가 삽입된 개폐창이나 소형 모터의 설치와 같은 새로운 기술적 요소의 통합도 무리 없이 수행할 수 있었다.

또는, 외부 석회 미장 덕분에 실현된 이 건물의 빛나는 마감은 석회석을 채석장에서 직접 확보하고, 자체 가마에서 굽고, 소성한 석회를 물로 소화한 뒤 최종 미장까지 모두 책임지는 수공업체에 의해 실현되었다. 이뿐만 아니라, 이 업체는 오랜 문화재 복원 경험을 바탕으로 이번 프로젝트에 적합한 배합을 결정하고 새로운 방식을 개척하였다. 결과적으로 순수한 석회 외에는 아무것도 포함되지 않은 표면이 제공되었고, 도료나 살균제는 일절 사용되지 않았으며, 시간이 흐를수록 이끼나 딱따구리를 두려워하지 않아도 될 정도로 마감은 더욱 단단해졌다.

이 건축물은 국가의 경계를 넘어 영향력을 미치는 수공예 문화를 보여준다. 이러한 문화의 지역적 기반 — 재료에 대한 숙련된 경험과 기술 — 은 자명한 것이다. 석회석은 브레겐즈Bregenz 숲 깊은 곳에서 채석되었고, 발가우Wallgau 지방에서 구워졌으며, 천연석은 로르샤흐Rorschach에서, 하얀 전나무는 브레겐즈 숲에서 공급되었다.

이러한 협업자들과 함께한 건축현장이었기에 공정은 순차적으로 진행될 수 있었다 위에서는 아티카Attika가 벽돌로 마무리되는 동안, 중간층에서는 창이 설치되고 유리가 끼워졌으며, 아래층에서는 미장 작업이 시작되었다. 골조 공사는 4개월 만에 완료되었고, 겨울철 내부 마감 공사 중에는 반팔을 입고 작업할 정도였다. 예기치 못한 난관 — 무엇보다 어려운 지반 조건 — 에도 불구하고 공사일정과 예산은 지켜졌다.

결론

오늘날의 건축에 대해 알고 싶다면 건축 현장으로 가야 한다. 그곳에서는 '기계처럼 작동하는 집'이라는 개념이 어떻게 이미 현실이 되었는지를 알 수 있다. 바닥, 벽, 천장을 포함한 모든 골조 표면은 각종 배관, 전선, 덕트, 그리고 이와 관련된 포장재들로 가득하다. 집에 대한 모든 요구는 기술적 설비를 통해 해결된다. 하지만 설치가 늘어날수록 새로운 접점이 생기고, 그 접점은 동시에 약점이 될 수 있으며, 그것은 또 다른 보완 요구를 낳는다. 이 요구들은 다시 기술적 장치, 제어 시스템, 조절 시스템으로 이어진다. 그렇게 모든 설비가 완료되면, 이 집은 다시 또 하나의 집으로 포장되고, 그 포장을 우리가 눈으로 보게 되는 것이다.

놀랍게도, 오늘날 이렇게 과도한 설비로 이뤄진 건축물은 '친환경 최고 등급'이라는 영예를 얻는다. 이런 점에서 건물 2226의 건축 현장은 '존재하지 않는 것들'로 평가받을 수 있다. 존재하지 않는 것이란 바로: 스스로를 정당화하며 끝없이 커져가는 기계적 설비의 소용돌이, 그리고 설치된 모든 설비 등을 또 다른 외피로 감싸는 이중 외피다.

이에 반해 2226은, '이중 바닥'과 보이지 않는 환기 조절 장치를 제외하면, 이 건물은 눈에 보이는 그대로 받아들일 수 있다. 2226은 직관적으로 이해 가능한 건축이다. 그리고 우리는 깨닫게 된다. 이렇게 하면 저렴하게 건축할 수 있다는 것을.

이 집은 나름의 방식으로 다음과 같은 질문에 답한다: 자원이 부족한 시대에 어떻게 건축할 것인가? 그것은 '인간'이라는 자원에 주목하며, 인간의 경험을 신뢰하고, 동시에 물질 자원을 절약하며 그 지속가능성을 핵심 가치로 삼는다. 기술적 지혜를 건축 자체에 다시 회복하고, 이를 인적 자원을 통해 실현한다. 짧은 운송 거리, 무해한 건축 재료의 사용이 이 맥락에서 자명한 조건이다.

그렇다면 에너지 소비는 어떨까—이 질문은 바로 이처럼 견고한 집을 짓기 위해 사용된 벽돌의 양을 향한다. 이에 대한 답변은 다음과 같을 것이다: 이 집을 짓는 데 소비된 에너지는 비엔나에서 마요르카까지 한번 왕복하는 비행기의 에너지 소비와 비슷하다. 물론, 한 번의 비행도 과도한 것일 수 있다. 하지만 이를 통해 무엇이 절약되었는지를—단열재, 차단층, 각종 기계장치, 복잡한 설비, 운영 비용, 그리고 15년 내 다시 발생할 교체 및 유지 비용 등을—함께 따져보아야 할 것이다.

플로리안 아이허(Florian Aicher)는 1954년 독일 바덴뷔르템베르크 주 울름에서 태어나 슈투트가르트 주립건축학교(Staatsbauschule Stuttgart)에서 건축을 전공했다. 그는 건축가로서 주로 건축물 설계, 프로젝트 기획, 전시 기획 분야에서 활동하고 있다. 또한 여러 출판물을 편집 · 발간하고, 전문지와 일간지를 대상으로 저널리스트로 글을 쓴다. 그는 뮌헨응용과학대학(Hochschule München), 칼스루에 조형예술대학(HfG Karlsruhe), 자르브뤼켄 조형예술대학(HdK Saar)에서 강의했으며, 현재는 오스트리아 케른텐 응용과학대학(FH Kärnten)에서 가르치고 있다.

Kalkbrennen
석회 굽기

오스트리아의 게롤드 울리히는 포어알베르크 발가우 지역에서 전통 석회굽기 수공예를 부활시켰다. 산업화로 사라진 이 기법은 미세입자의 고품질 석회를 생산해 문화재 복원에 특히 적합하다. 그는 로마 시대 기원의 길쭉한 화실 가마에서 120시간 동안 지역 석회석을 800~900도로 천천히 구워 소석회를 만든다. 석회는 통기성과 수분조절 능력이 뛰어나며, 시멘트보다 유연해 오래된 건물의 원형을 장기적으로 유지하는 데 유리하다. 이러한 그의 기술은 바움슐라거 에벨레와 데이비드 치퍼필드 등 유럽의 많은 건축가들의 프로젝트에도 적용되고 있다.

김윤수

2013

석회: 인류의 가장 오래된 건축 재료
Kalk: einer der ältesten Baustoffe der Menschheit

게롤드 울리히 Gerold Ulrich
김윤수 옮김

Extracted from: Ulrich, Gerold. "Kalk – Einer der ältesten Baustoffe der Menschheit: Handwerkskunst des Kalkbrennens wiederbelebt." *Raum und Zeit*, no. covs5 (2013): 12–15.

게롤드 울리히(Gerold Ulrich)는 오스트리아 포어알베르크주 발가우 지역에서 활동하는 장인으로, 1989년부터 프리랜서 도장 · 복원 전문가(Meister)로 활동해 왔다. 그는 전통적인 방식으로 직접 석회를 며칠에 걸쳐 천천히 소성하는 독자적 기술을 개발했으며, 이를 통해 자연스럽고 지속 가능한 건축 마감재를 생산한다. 그는 건축 재료가 다시 자연으로 환원되는 '완전한 순환' 개념을 실현하며, 수백 년 된 문화재 복원부터 현대 건축의 외벽 마감까지 아우르는 그의 작업은 재료의 생명성과 고유한 자연성을 강조하며, 장소성과 지속가능성 실천으로 이어진다.

불에 구운 석회는, 인류의 가장 오래된 건축 재료 중 하나로, 과거에는 모든 마을에서 농부들이 부업으로 직접 만들어 사용했다. 산업화와 함께 이 오래된 수공예는 거의 사라졌지만, 오늘날 다시금 부흥을 맞이하고 있다. 포어알베르크Voralberg 발가우Walgau 지역의 자타인스Satteins 위쪽 알프스 마이엔제스Maiensässwiese 초지[역주1]에서, 스위스와 오스트리아에 작업장을 둔 화가이자 회반죽 장인, 복원 전문가인 **게롤드 울리히**Gerold Ulrich는 이 지역에서 최초로 전통 방식으로 석회 가마를 운영하고 있다. 그는 지역의 오래된 건축물을 복원하는 데 꼭 필요한 재료이자 도구인 **'석회**Kalk[역주2]**'**에 대해, 개인적으로 깊은 관심을 가지고 있다. 회반죽, 수리, 다양한 색조의 도장 작업에 쓰일 석회는, 원형 복원을 위해 요구되는 특별히 미세한 입자의 품질을 갖춰야 하는데, 이는 이제 소수만 남은 산업 석회 공장들조차 더 이상 제공할 수 없는 것이다.

석회 전문가 게롤트 울리히는 설명한다: **"산업 석회 공장에서는 비용 절감을 위해 석회를 단 이틀 만에 구워냅니다. 그 결과 산업용 석회는 비교적 거친 입자를 지니며, 기본 색조도 균일해집니다. 이런 석회는 기껏해야 일반적인 건축 용도에는 적합하겠지만, 귀중한 문화재 건축물을 원형에 가깝게 복원하려면, 그 건축물이 처음 지어졌을 당시 사용되었던 것과 같은**

재료, 즉 지역에서 직접 만들고, 천천히 정성스럽게 구워낸 미세입자의 석회 재료를 사용해야 합니다. 복원가는 프로젝트에 대한 애정과 디테일에 대한 안목을 갖추고 있어야 하죠."

Fig. 1
바움슐라거 에벨레 건축사사무소 본사 2226 건물의 석회 파사드.
© Gerold Ulrich

Fig. 2
바움슐라거 에벨레 건축사사무소 본사 2226 건물의 석회 파사드 디테일.
© Gerold Ulrich

역주1 마이엔제스(Maiensässwiese) 초지: 전통적으로 봄철에 가축을 데리고 올라가 머물던 고지대 중간 목초지
역주2 석회(Kalk; lime)는 벽면 마감에 쓰이는 자연 재료이고, 스터코(Stuck; stucco)는 그 재료로 벽을 미장하는 행위나 기법이다.

닷새 동안 밤낮으로 가마에 불이 지펴진다

게롤트 울리히의 석회 가마에 길게 뻗은 화실에서는 불타오르는 뜨거운 불꽃이 이글거린다. 가마 속 온도를 일정하게 800도에서 900도 사이로 유지하기 위해 커다란 전나무 장작이 계속해서 투입된다. 화실 위로는 거대한 굴뚝처럼 넓은 원통이 솟아 있으며, 이 원통 안에는 지역 채석장에서 채굴한 거친 석회석 18톤, 즉 약 8.5m3로 가득 차 있다. 이처럼 길게 설계된 화실 기술은 고대 로마 시대에 발명되었으며, 서로마 제국이 멸망한 뒤 사라졌다가 중세 후기에 다시 발견되었다. 길게 뻗은 화실은 산소 유입을 향상시키고, 석회석을 태우기 위한 열을 지속적으로 강화하여 공급하는 역할을 한다. 이 가마의 불은 약 120시간, 즉 닷새 남짓 동안 쉬지않고 지펴져야 석회석이 고르게 달아오르고 바스러지기 쉬운 상태가 된다. 이 연소 과정은 석회석($CaCO_3$)에서 응고 성분인 이산화탄소(CO_2)를 제거하고, 이렇게 연소되어 부서지기 쉬운 돌은 이후 물에 넣으면 미세입자로 된 수산화칼슘(소석회, $Ca(OH)_2$, 즉 구운 석회 CaO가 물 H_2O와 결합한 것으로 풀어지며, 이는 벽체 회반죽이나 석회 도장용으로 사용된다. 석회석은 지역에 따라 혹은 함유된 미량 원소(철, 몰리브덴 등)에 따라, 갈색, 붉은색, 회색 등의 고유한 색조를 띠며, 이를 색소 안료와 혼합하면 다양한 벽 도장용 색조를 연출할 수 있다. 그리하여 알프스 지역의 오래된 건축물들은 건축 양식뿐 아니라 그에 사용된 건축 재료의 특성에서도 지역적인 특색을 드러낸다. 석회 회반죽과 석회 도장은 건조되는 동안 공기 중의 이산화탄소를 흡수하여 다시 원래의 석회석($Ca(OH)_2 + CO_2 = CaCO_3$)으로 단단히 굳어지게 된다.

석회 – 통기성과 지속성을 지닌 건축재료

석회석은 단단하면서도 상대적으로 부드럽고 통기성이 있는 재료로, 빗물과 지반으로부터 벽체를 통해 흡수된 수분을 스펀지처럼 흡수한 뒤 다시 증발시킨다. 반면 최근 몇몇 보수 작업에서 손상된 벽체를 영구적으로 보수하기 위해 사용된 시멘트는 단단하지만 유연성이 부족한 재료이다. 이러한 특성으로 인해, 시멘트로 보수된 역사적 건축물에서는 불과 몇 년 만에 날씨로 인한 균열이 생겼다. 수백 년 된 원래의 석회로 미장되었던 부분은 여전히 잘 유지되었지만, 시멘트로 보수된 부분은 부스러지고 있다.

Timber
목재

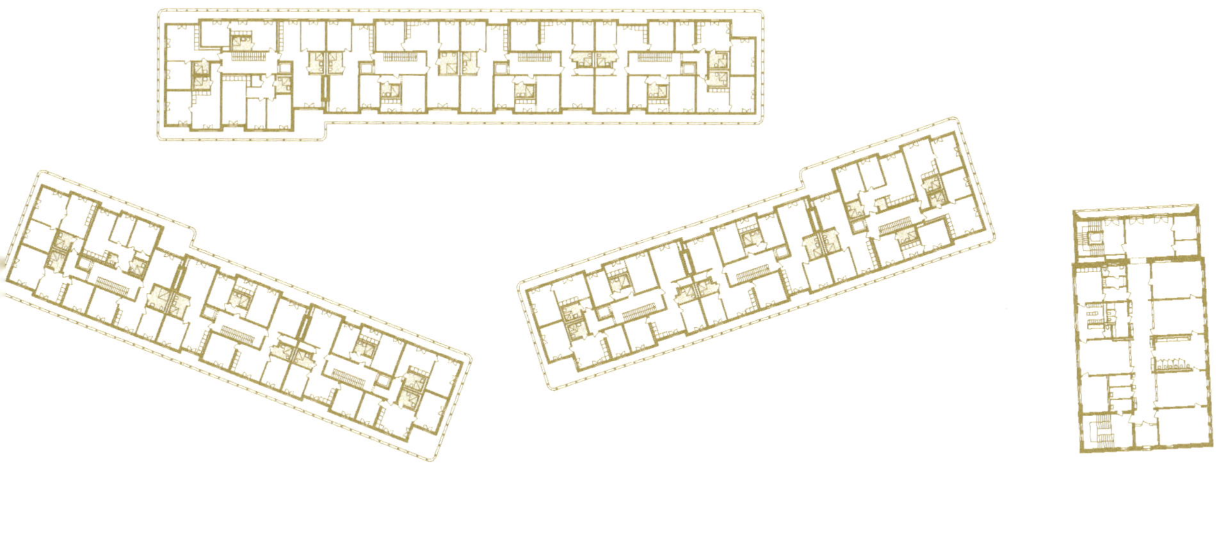

독일 중부 튀링겐 주의 주도 에어푸르트에 지어진 안드레아스게르텐은 성채 외곽, 도시와 자연이 맞닿은 경계 공간 속에서 목재, 유형학, 공동체를 재구성한 주거 프로젝트다. 폐쇄형 블록 대신 정원 헛간, 로지아, 파빌리온 등 내부와 외부, 개인과 공동체를 연결하는 지역 전통 목조 건축을 참조하고, 하인리히 테세노우와 고트프리트 젬퍼의 사유를 바탕으로 철근콘크리트 · 벽돌 · 목재의 하이브리드 구조로 된 건물 본체와 독립된 로지아 시스템을 도입했다. 약 100세대를 10개의 계단 코어로 묶어 각 코어가 여러 세대의 '수직 이웃공동체'가 되도록 구성하고, 세대 · 형태 · 이동성의 다양성을 수용하며, 중앙 정원을 공용 생활의 심장부이자 일상의 만남을 위한 'the space between'[1]으로 계획했다. 로지아는 구획 없이 개방해 거주자가 스스로 쓰임을 정의하도록 했으며, 기존 벽돌 창고를 유치원으로 개조하고 예배당을 포함해 물리 · 사회 · 재료적 연속성을 구축하며, 목재를 통해 따뜻하면서도 개방적인 공간을 구현했다.

김윤수

Image credit (first, second page):
© Philip Heckhausen

Image credit (previous page):
© Dorschner Kahl Architects & Heiner Mildner Architects

Project author:
Arbeitsgemeinschaft Dorschner Kahl Architekten (Leipzig) & Heine Mildner Architekten (Dresden)

1 영국의 부부 건축가 앨리슨과 피터 스미슨(Alison and Peter Smithson)이 자주 사용한 개념으로, 건축과 도시 사이에 놓인 '사이 공간'을 의미한다. 이는 남는 자투리 공간이 아니라, 공적과 사적, 내부와 외부, 개인과 공동체를 부드럽게 매개하며 생활 속에서 관계와 만남이 이루어지는 장소를 뜻한다. 이는 골목, 중정, 보행로, 놀이터, 광장처럼 명확한 기능 공간이 아닌, 다의적 · 가변적인 성격을 지닌다.

2022

구조와 모호성 사이: 목재, 유형학, 그리고 더불어 사는 것에 관하여

Between Structure and Ambiguity: On Timber, Typologies, and Togetherness

아드리안 도르슈너 Adrian Dorschner

김윤수 옮김

본 원고는 아드리안 도르슈너가 직성한 도르슈너 칼 건축사사무소(Dorschner Kahl Architekten)와 하인네 밀트너 건축사사무소(Heine Mildner Architekten)의 공동작업인 안드레아스게르텐(Andreasgärten) 프로젝트와 관련한 2022년 미발표 원고를 번역하여 수록한 것임.

에이푸르트Erfurt의 안드레아스게르텐Andreasgärten 프로젝트는 한 사이트의 재료, 컨텍스트, 그리고 사회적 염원에 귀를 기울일 때 어떤 건축이 나타날 수 있는지를 탐색한다. 이 프로젝트는 페터스베르크Petersberg의 바로크 양식 성채 바로 바깥에 위치하며, 완전히 도시적이지도, 그러면서도 순전히 자연 풍경도 아닌 모호한 영역 — 과거에는 군사적 사격장이었던 글라시glacis[역주1]였으나 지금은 보호구역인 그린벨트 — 에 자리하고 있다. 이러한 맥락의 불확실성, 혹은 풍부함은 우리 탐구의 핵심이 되었다. 우리는 어떤 형태에서 출발한 것이 아니라 일련의 질문들로부터 출발했다: 이 공간을 압도하지 않고 잘 자리할 수 있는 건축은 어떤 것일까? 여러 세대가 함께 살아가는 공동체가, 그저 하나의 도식적인 계획안이 아니라 진정으로 살아 있는 일상으로 성장할 수 있게 하는 주거 유형은 무엇일까? 그리고 나무 — 하나의 재료이자 하나의 존재로서 — 는 어떻게 이러한 염원을 구현하는 데 기여할 수 있을까?

우리는 이제껏 익숙하게 다루어왔던 고전적인 도시 유형들 — 폐쇄형 블록perimeter block, 경계edge, 기존 도시 형태의 연속성 — 로 돌아갈 수 없었다. 대상 사이트 주변엔 이러한 구조들이 밀집된 형태로 존재한다: 블록, 좁은 거리들, 에어푸르트 구시가지Altstadt의 솔리드

역주1 글라시(glacis): 성곽 바깥에 위치한 완만한 경사의 방어용 넓은 빈 땅으로, 적의 접근을 쉽게 알아채고 막기 위한 공간이었다. 근대 이후에는 도시 주변의 순환도로, 오픈스페이스, 공원 또는 녹지로 활용된다.

한 매스 등. 그러나 이 프로젝트의 사이트 — 성채의 외벽과 도심부 사이에 놓인 공간 — 는 전혀 다른 접근을 요구했다. 그것은 계승된 모습이 아니라, 발명된 새로운 이미지였다.

그래서 우리는 역사 속에 비주류로 존재했던 건축들 — 정원 헛간, 목조 발코니, 로지아, 파빌리온 — 로 시선을 돌렸다. 이들은 보통 나무로 된, 종종 비형식적이고, 종종 친밀한 그러한 건축들이다. 우리가 이 형태들에 끌린 것은 그들이 가진 노스탤지어 때문이 아니라, 이들이 '매개mediate'의 역할을 하기 때문이었다. 이들은 매개공간threshold를 형성하고, 기념비성을 강요하지 않는다.[역주2]

우리는 도시 목조 건축 전통이 강한 북부 도시들인 스웨덴의 예테보리Gothenburg와 라트비아의 리가Riga를 주목했다. 예테보리에서는 아르비드 푸레Arvid Fuhre의 크바르테레트 스탄다레트Kvarteret Standaret 프로젝트는 시민의 존엄성과 가정의 친밀함이 어떻게 목재와 조화를 이룰 수 있을지 보여줬다. 란스회브딩에후스Landshövdingehus는 방화 법규를 반영한 건축 유형으로 1층은 벽돌로, 상부층은 목재로 이루어졌는데, 푸레는 이를 우아하고 고전적인 감각으로 다듬어, 목재를 세련된 도시 언어로 풀어냈다.

에어푸르트로 돌아온 우리는 크레머다리Krämerbrücke를 조사했다 — 거리처럼 느껴지는 이 다리 위를 건널 때면, 그 아래로 강이 흐른다는 것을 거의 의식하지 못한다. 한편으로는 촘촘한 석재 파사드들이 도시의 리듬을 이어가고, 다른 한편으로는 나무로 된 로지아들의 숨겨진 세계가 게라Gera강을 향해 열려 있다. 이러한 이중성 — 돌과 나무, 공공성과 친밀성, 체계적인 것과 즉흥적인 것 — 은 우리를 매료시켰다. 이 프로젝트에서는 우리는 강을 물리적으로 가로지르는 다리를 지을 필요는 없었지만, 이와 유사한 모호함의 흐름을 따르고자 했다.

우리는 하인리히 테세노우Heinrich Tessenow의 목조 주택 건축을 다시 살펴보았다. 그가 헬레라우Hellerau를 위해 설계한 소규모 건물들은 엄밀한 구조와 부드러움, 품위, 그리고 건축의 사회적 역할에 대한 깊은 신념을 융합한다. 테세노우는 우리에게 반복, 비례, 절제를 통해 조용하지만 강력한 공간을 만들어낼 수 있다는 걸 가르쳐주었다. 그리고 우리는 고트프리트 젬퍼Gottfried Semper가 말한 '퓌궁Fügung; 접합' — 조립의 논리, 접합부joint와 전이부transition의 표현 가능성 — 에 대한 글을 떠올렸다. 젬퍼에게 있어 텍토닉tectonics은 하나의 스타일이 아니라, 구조를 문화적 표현으로 사고하는 하나의 사고 방식이었다. 이러한 정신으로 우리는 목재를 하나의 기술이자 윤리로 접근했다.

안드레아스게르텐은 하나의 유형학적 재

Fig.1
Arvid Fuhre, Kvarteret Standaret, Gothenbur

역주2 비주류 건축이 '매개(mediate)'한다는 말은 서로 다른 것을 연결하고 조율하는 공간적인 역할을 의미한다. 여기서 서로 다른 것, 이를 테면 1) 로지아, 발코니가 내부와 외부를, 2) 발코니, 파빌리온이 개인과 공동체를, 3) 정원 헛간, 로지아가 자연과 건축을, 4) 제도 밖의 삶과 제도 안의 삶을 연결함으로써 비주류 건축은 '중간지대(threshold)'를 형성한다. 건축가는 이러한 비주류 건축이 오히려 가장 인간적이고, 가장 잘 관계를 매개하는 건축의 본질을 보여준다는 주장을 하는 것이다.

Fig.2
크레머다리(Krämerbrücke)

Fig.3
A steamboat race on the Mississippi (the Prints & Photographs Division at the Library of Congress)

발명이자, 다양한 분위기와 단편들, 그리고 레퍼런스들의 종합이다. 세 채의 가늘고 긴 목조건물이 과수와 다년생 식물이 심어진 공동 정원을 둘러싸고 있다. 어떤 이들은 이 건물들을 나란히 정박해 있는 증기선에 비유하기도 했다 — 이는 단순히 증기선의 외적인 모습이 아니라, 증기선들의 우연성있는 배치과 그것들 사이의 간격을 내포하고 있다는 점에서 반가운 비유다.

"도시를 계획하는 것은 강 위에 그림을 그리는 것과 같다. 강은 그 명료함을 앗아가고, 결국엔 아무것도 아닌 것으로 용해되어 버린다." — 데니스 스콧 브라운Denise Scott Brown[1]

이 통찰은 오래도록 우리 곁에 남아, 우리만의 접근 방식을 만들어가는 데 조용한 지침이 되었다. 만약 우리의 건물이 마치 떠내려온 나뭇조각들처럼 — 느슨하게 모여 있되, 어디에 고정된 것이 아니라, 생각과 관계의 흐름에 따라 그 자리에 흘러들어온 것이라면 어떨까? 혹은 보이지 않는 강둑을 따라 정박한 증기선들처럼 — 각각 고유한 논리를 지니되, 함께 하나의 별자리constellation를 이룬다면?

데니스는 그의 도시계획에 대한 인사이트를 건축 프로젝트에까지 적용하는 것에 대해서 달가워하지 않을지도 모른다 — 하지만 그것이 우리가 설계하는 방식이다. 우리는 이미지와 단편들, 레퍼런스들을 서로 연결함으로써, 그리고 그것들로부터 구체적이면서도 열려 있고, 구조화되어 있으면서도 부드러운 공간을 제안하려 한다.

계획의 초기 단계에서부터, 여러 세대가 함께 살아가는 사회적 프로그램이 모든 설계 결정의 방향을 이끌었다. 나이, 이동성, 가족 구성의 차이를 넘어서는 공존을 가능하게 하는 공간은 어떤 모습일까? 건축은 어떻게 사람들 사이의 마주침과 소통을 이끌어내면서도, 동시에 혼자만의 시간을 위한 거리와 여백을 허용할 수 있을까?

사이트엔 약 100세대의 임대 주거가 있으며, 이는 10개의 계단실을 중심으로 조직되어 있다. 이 계단실들은 단순한 동선 이상의 역할을 한다. 우리는 이를 수직적 이웃공동체vertical neighborhoods라고 부른다 — 출입과 리듬을 공유하는 아파트들의 집합체인 것이다. 이 개념은 전후 주택에서의 실패한 이상들에 대한 반성에서 비롯되었다 — 예를 들어 런던의 로빈 후드 가든Robin Hood Gardens 같은 사례가 있다. 그곳에서 "공중 가로streets in the air"는 공동체를 위한 것이었지만, 종종 사생활 노출과 소외가 문제시 되었다. 우리는 여기에서 교훈을 얻고자 했다. 형태를 모방하는 것이 아니라, 그 안에 작동하는 사회적 메커니즘을 이해하려는 시도였다.

안드레아스게르텐에서는 각각의 수직적 이웃공동체가 다양한 아파트 유형들로 구

1 Frida Grahn (Hrsg.): *Denise Scott Brown in Other Eyes: Portraits of an Architect*, Birkhäuser, Basel 2022

성되어 있다. 작은 스튜디오형 주거부터 대가족용 평면, 무장애 유닛barrier-free units, 그리고 1층에는 돌봄이 필요한 이들을 위한 커뮤니티 주거까지… 이러한 내적 다양성은 비공식적인 상호 돌봄을 가능하게 한다 — 나이 든 거주자가 아이를 돌보고, 젊은 거주자는 장을 본다. 건축은 이를 가능하게 하지만, 결코 강요하지는 않는다.

중심에 놓인 정원은 이 프로젝트의 이름이자 심장이다. 모든 출입구는 이 정원을 향하고 있다. 우리는 또한 중부 독일 전역에서 발견되는 전통적인 마을 유형인 앙거Anger[역주4]를 떠올렸다. 이러한 역사적 마을에서는, 주택과 농가들이 공용 녹지인 앙거를 중심으로 배치되어 있다 — 길쭉한 형태일 때도 있고, 원형이나 삼각형일 때도 있지만, 언제나 공동으로 소유된다. 이 공간은 방목지이자, 만남의 장소, 그리고 공동체를 위한 공간적 중심점으로 기능했다. 공간적 소속감과 공유에 중점을 두는 이러한 농촌의 형상은, 우리 도시 프로젝트에 은근한 레퍼런스로 작용했다.

안드레아스게르텐 중심의 정원은 장식적인 것이 아니다 — 이곳은 건너고, 사용하고, 살아갈 수 있는 공용 장소common ground이다. **건물들은 이 정원을 중심으로, 대칭이 아니라, 관계를 형성하며 배치되어 있다** — 마치 한 마을이 중심의 녹지를 에워싸듯이… 이곳은 놀이터도, 잔디밭도, 광장도 아니다. 이곳은 그 중간 어딘가에 있는 것 — 앨리슨과 피터 스미슨Alison and Peter Smithson의 용어를 빌리자면, 'the space between'이다. 일상의 만남을 위한 소프트 인프라스트럭처다.

이 건물들은 하이브리드 구조로 지어졌다. 1층과 계단실은 벽돌과 철근콘크리트로 시공되었고, 상부층은 공장에서 제작된 프리패브 고형목 패널prefabricated solid timber panels을 사용했다. 건물을 둘러싼 로지아[역주5]들은 독립구조체로서, 별도의 텍토닉 켜를 형성한다. 집성목 패널laminated timber panels 자체는 전통 목공 논리를 따르지 않는다. 패널의 크기는 수공예보다는 운송 물류의 제약에 따라 결정된다. 하지만 로지아에서는 다른 질서가 나타난다 — 리듬, 조립, 비례의 질서

이 로지아들은 동선을 위한 공간이 아니다. 이것은 주거 공간을 바깥으로 확장한다. 로지아는 발코니, 매개공간threshold, 앉을 수 있는 장소, 식물을 심는 곳, 인사를 나누는 장소다. 우리는 의도적으로 이 공간들을 구획하지 않은 채 남겨두었다. 이러한 설계는 리스크가 따르는 것이었지만, 결국 실제로는 효과가 있었다. 어떤 주민들은 화분과 커튼 활용해 이 로지아를 자신만의 공간으로 사용했고, 또 어떤 이들은 그들의 공간을 이웃을 향해 개방하기도 했다. 어떤 경우에는, 아이들이 로지아를 가로질러 한 아파트

Fig.4
Alison and Peter Smithson, Robin Hood Gardens
Fig. 5
Dorschner Kahl Heine Mildner, Andreasgärten Erfurt
Fig 6
Wilhelmsdorf_Angerdorf

역주4 앙거(Anger): 중부 독일 전통 마을에서 중심에 위치한 공공녹지 또는 공터를 말한다. 일반적으로 주택과 농가들이 이를 둘러싸듯 배치되며, 공동 방목지, 만남의 장소, 마을 행사 공간 등으로 사용되었다.

역주5 로지아(loggia): 건물 외벽에 면한 반외부 공간으로, 외부를 향해 열려 있다. 이 글에서는 로지아가 건축 구조의 논리를 시각적으로 드러내는 독립구조체로서 기능한다.

Fig. 5
Dorschner Kahl Heine Mildner, Andreasgärten Erfurt

Fig. 6
Wilhelmsdorf_Angerdorf

에서 다른 아파트로 달려가기도 했다 —이는 작은 도시적 기적이다.

아파트 내부에서는 공간의 위계와 방향성이 은은한 넉넉함을 담고 있다. 대부분의 유닛은 양방향으로 열려있다: 거실과 주방은 내부 정원을 향해 열리고, 침실은 조용한 도시의 외곽을 향한다. 현관에서 주방을 거쳐 침실에 이르는 시퀀스는 어떤 틀에 박힌 공식을 따르는 것이 아니라, 공적 공간에서 사적 공간으로, 열린 공간에서 아늑한 공간으로 자연스럽게 전이되는 흐름을 따른다. 주방은 매우 넓게 설계되어, 각 가정 내에서 사회적 중심으로 기능할 수 있도록 했다.

1층에 있는 두 개의 돌봄 주거 공동체는 넉넉한 공용 공간과 함께 사용되며, 정원과 바로 연결된다. 덕분에 거동에 제한이 있는 주민들도 일상에 참여할 수 있다. 방들은 큰 창문으로 열려 있고, 지나가는 사람들이 인사를 건네며, 우연한 만남과 대화들이 자연스럽게 펼쳐진다.

이 프로젝트에서 또 하나의 핵심적인 포인트는 19세기 벽돌 마차 창고의 재사용이었다. 우리는 그것을 철거하는 대신, 유치원으로 리모델링하자고 제안했다. 기존 구조물은 새로운 목재의 볼륨으로 확장되었는데, 이는 기존 벽돌 파사드의 구조적 · 텍토닉적 논리를 이어가면서도, 동시에 이를 자신만의 독자적인 구축 언어와 공간적 리듬을 지닌 새로운 재료로 번역하는 것이었다. 새로운 매스의 짧은 끝단에 위치한 로지아는 인접한 목조 주거 건물들과 공간적 · 건축적으로 연결되며 재료언어와 리듬에 있어 전체 앙상블 안에서 연속성을 형성한다. 목재 파사드는 바차노Bazzano의 산타 주스타Santa Giusta 로마네스크 교회에서 (이미지 차원이 아니라, 구조적 차원에서) 영감을 받았다. 그 석조 파사드처럼, 우리의 목재 클래딩 역시 수직적 · 수평적 요소로 구성되어 있으며, 이는 장식적인 것이 아니라, 리듬을 형성하는 정밀하고 깊이감 있는 입면을 만들어낸다.

마지막으로, 예배당이다. 이 프로젝트는 기독교 공동체의 주도로 시작되었으며, 건축주인 요하니터Johanniter는 환대hospitality와 돌봄care에 뿌리를 둔 자선 구호 단체다. 예배당은 팔각형 평면의, 나무로 된, 소박한 형태를 띈다. 그것은 과시적인 기념물monument이 아니라, 그 자리에 놓인 하나의 존재presence다. 이 예배당은 앙상블의 구성을 완결시키기도 하고 동시에 개방적인 성격을 띄는데, 둘레를 따라 놓인 벤치를 통해 누구나 들어와 머물 수 있도록 환영하기 때문이다.

요하니터와의 긴밀한 협업이 이 프로젝트를 특별하게 만들었다. **우리는 익명의 클라이언트를 위해 설계한 것이 아니라, 그곳에 살게 될 사람들과의 대화를 통해 설계한 것이다.** 그들의 신념이 이 프로젝트를 형성했다. 그것은 이념적인 신념이 아니라, 사회적인 신념이었다 — 공동체, 돌봄, 관심에 대한 믿음. 이곳에 살기 위해 그들의 신앙을 공유할 필요는 없다 — 그러나 함께 살아가는 것에 대한 믿음은 공유해야 한다.

이 모든 것을 가능하게 한 것은 목재였다. 구조적으로뿐만이 아니라, 공간의 분위기 측면에서도... 목재는 모종의 따뜻함, 정밀함, 그리고 절제된 태도를 가능케 해주었다. 목재 덕분에 우리는 밀도 있으면서도 무겁지 않게 지을 수 있었고, 공간을 통제하기보다 섬세하게 구성할 수 있었으며, 거주민들이 공간을 자유롭게 해석하고 맞춰갈 수 있도록 유도하면서도, 열린 상태를 유지할 수 있었다.

안드레아스게르텐은 아직 완성되지 않았다. 지금도 사람들이 살아가며 그 형태를 만들어가고 있다. 이곳은 일종의 관계들이 형성되고 변화해갈 수 있도록 열려 있는 구조다. 우리는 그 열린 상태가 앞으로도 지속되기를 바란다.

Fig. 9.10
기존 벽돌 마차 창고의 파사드는 그 구조적 · 텍토닉적 논리를 이어가면서 새로운 목재의 볼륨으로 확장된다. 새로운 목재 파사드는 바차노(Bazzano)의 산타 주스타(Santa Giusta) 로마네스크 교회로부터 영감을 받아 디자인되었다.

아드리안 도르슈너(Adrian Dorschner)는 드레스덴 공과대학교(TU Dresden), 바르셀로나 발레스 고등건축학교(ETSAV Barcelona), 취리히 연방공과대학교(ETH Zürich)에서 건축을 공부했다. 졸업 후 바젤의 디너 앤 디너 아키텍텐(Diener & Diener Architekten)에서 실무를 거쳐, 2010년부터 토비아스 칼(Tobias Kahl)과 함께 라이프치히에서 건축사무소 Dorschner Kahl Architekten을 운영하고 있다. 그는 다름슈타트 공과대학과 성 갈렌 건축워크숍에서 가르쳤으며, 2023/24년에는 코트부스 브란덴부르크 공과대학에서 '건축 보존과 개입'을 주제로 객원교수를 역임했다. 현재 작센 건축가협회 등록 건축가이다.

English Original

The Andreasgärten project in Erfurt explores what kind of architecture might emerge when one listens closely to material, context, and the social ambition of a site. Located just outside the baroque citadel on the Petersberg, the project takes place in an ambivalent zone – neither fully urban nor purely landscape – a former glacis, once a military field of fire, now a protected green belt. This uncertainty – or richness – of context became the core of our inquiry. We didn't begin with a form, but with a set of questions: What kind of architecture could inhabit this space without dominating it? What typologies would allow a multigenerational community to grow, not as a scheme but as a lived everyday? And how can wood – as a material, as a presence – help shape these ambitions?

We could not fall back on the classic urban typologies we are otherwise used to working with – the perimeter block, the edge, the continuation of existing urban morphologies. Around the site, these structures exist in dense form: blockrands, narrow streets, the solid figure of Erfurt's Altstadt. But the project site – the space between the citadel wall and the urban body – demanded another approach. A new image, not inherited, but invented.

So we turned toward architectures that have historically occupied the second row: garden sheds, wooden balconies, loggias, pavilions. Architectures made of wood, often informal, often intimate. We were drawn to these forms not out of nostalgia, but because they mediate. They form thresholds. They do not insist on monumentality.

This led us to Gothenburg and Riga – northern cities with strong traditions of urban timber construction. In Gothenburg, Arvid Fuhre's Kvarteret Standaret showed us how civic dignity and domestic intimacy could be reconciled in wood. The Landshövdingehus, with their brick ground floors and timber upper levels, were a fire-regulated typology, but Fuhre transformed them into elegant, almost classical compositions, using timber as a refined urban language.

Back in Erfurt, we studied the Krämerbrücke – a bridge that feels like a street. Crossing it, you hardly notice the river below. On one side, dense stone façades continue the urban rhythm. On the other, a hidden world of wooden loggias opens to the Gera river. This duality – stone and wood, public and intimate, structured and improvised – fascinated us. In our project, we didn't have to bridge a river, but we wanted to flow with a similar ambiguity.

We revisited the domestic wooden architectures of Heinrich Tessenow, whose small buildings for Hellerau combined rigorous construction with softness, dignity, and a deep belief in the social role of architecture. Tessenow taught us that repetition, proportion, and restraint can produce spaces of quiet power. And we recalled Gottfried Semper's writings on Fügung – the logic of assembly, the expressive potential of joints and transitions. For Semper, tectonics was not a style, but a way of thinking structure as cultural expression. In this spirit, we approached wood as both technique and ethos.

The Andreasgärten are a typological reinvention. A synthesis of atmospheres, fragments, and references. Three slender timber buildings surround a shared garden, planted with fruit trees and perennials. Some have compared them to steamboats anchored side by side – an image we welcomed, not for its picturesque quality, but for what it implies about contingency and spacing.

"Planning a city is like drawing on a river. The river takes the clarity away and eventually dissolves into nothing." — Denise Scott Brown

This observation stayed with us. It became a quiet guide as we assembled our own approach. What if our buildings were like pieces of driftwood – loosely clustered, not fixed, carried into place by currents of thought and association? Or like steamboats, moored along an invisible riverbank – each with its own logic, yet forming a constellation. Probably Denise wouldn't approve of this transfer – but that's how we design. By connecting images, fragments, references, and building from them a spatial proposition that tries to be both specific and open, structured and soft.

From the outset, the social program of multigenerational living shaped every design decision. What kind of space supports coexistence across age, mobility, and household structure? How can architecture invite interaction, but also allow for distance and retreat?

The site contains around 100 rental units, organized around ten staircases. These staircases are more than circulation: they form what we call vertical neighborhoods – clusters of apartments that share access and rhythm. This idea arose from our reflection on failed ambitions in postwar housing – such as Robin Hood Gardens in London. There, the "streets in the air" promised community, but often delivered exposure and alienation. We tried to learn from that: not to imitate form, but to understand the social mechanisms.

In Andreasgärten, each vertical neighborhood contains a mix of apartment types: from compact studios to large family flats, from barrier-free units to assisted living communities on the ground floor. This internal diversity supports informal mutual care – an older resident watches a child; a younger one brings groceries. The architecture enables this, but never enforces it.

The garden at the center is both name and heart of the project. All entrances face it. We also thought of the Anger, a traditional village typology found across central Germany. In these historic settlements, houses and farmsteads are arranged around a common green – the Anger – often elongated, sometimes circular or triangular, always collectively held. It served as pasture, meeting place, and spatial anchor for the community. This rural figure, with its emphasis on spatial belonging and shared use, became a quiet reference for our urban project. The garden at the center of Andreasgärten is not ornamental – it is common ground, meant to be crossed, used, lived in. The buildings stand around it not in symmetry, but in relation – like a village encircling its green. It is not a playground, not a lawn, not a plaza. It is something in between – the space between, to borrow a term from Alison and Peter Smithson. A soft infrastructure for everyday encounter.

The buildings are constructed as hybrids. The ground floor and stair cores are built from masonry and reinforced concrete, while the upper floors use prefabricated solid timber panels. The surrounding loggias, though, are self-supporting structures – a distinct tectonic layer. The laminated timber panels themselves follow no traditional carpentry logic; their size is dictated more by transport logistics than craft. But in the loggias, a different order emerges – one of rhythm, of assembly, of proportion.

The loggias are not circulation spaces. They extend the apartments outward. They are balconies, thresholds, places to sit, to plant, to greet. We deliberately left them undivided. It was a risk. But it worked. Some residents defined their spaces with pots and curtains; others opened them to neighbors. In several cases, children run from one apartment to another across the loggias – a small urban miracle.

Inside the apartments, spatial hierarchy and orientation reflect a quiet generosity. Most units are dual-aspect: living rooms and kitchens face the inner garden; bedrooms open to the quiet edge of the city. The sequence from entrance to kitchen to bedroom follows not a formula, but a gradient – from communal to private, from open to protected. The kitchens are unusually large, allowing them to serve as social centers within each home.

On the ground floors, two assisted living communities share generous common areas, with access to the garden. Residents can participate in everyday life, even with limited mobility. The rooms open with large windows; passersby greet them; conversations unfold without planning.

Another key moment in the project was the reuse of a 19th-century brick carriage hall.

Instead of demolishing it, we proposed to convert it into a kindergarten. The existing structure was extended with a new timber volume, continuing the structural and tectonic logic of the historic brick façade, while translating it into a new material with its own constructive language and spatial rhythm. The loggia on the short end of the new volume creates a spatial and architectural link to the adjacent timber residential buildings, establishing continuity in material language and rhythm across the ensemble. The wooden façade draws from the Romanesque church of Santa Giusta in Bazzano: not in image, but in structure. Like the stone façade, our timber cladding is composed of vertical and horizontal elements – not decorative, but rhythmic, forming a precise surface with depth.

Finally, the chapel. The project was initiated by a Christian community, and the client – the Johanniter – is a charitable order with roots in hospitality and care. The chapel is octagonal, wooden, simple. It is not a monument, but a presence. It closes the ensemble, but also opens it – with a bench all around, inviting use by anyone, from anywhere.

Working closely with the Johanniter made a difference. We were not designing for an anonymous client, but in dialogue with people who would live there. Their beliefs shaped the project, not ideologically, but socially: a belief in community, care, attention. You don't have to share the faith to live here – but you have to believe in living together.

Timber made this possible. Not only structurally, but atmospherically. It enabled a certain warmth, a precision, a modesty. It allowed us to build densely, but not heavily. To articulate space, not control it. To invite adaptation, and to remain open.

Andreasgärten is not finished. It is being lived into shape. It is a framework, a set of relations, a condition of becoming. We hope it stays that way.

Material "As Found"
'발견한 그대로'의 재료

이 글은 앨리슨과 피터 스미슨의 뉴 브루탈리즘을 '재료에 대한 윤리적 태도'로 고찰한다. 흔히 브루탈리즘은 거친 콘크리트의 이미지로 단순화되지만, 스미슨 부부에게 중요한 것은 양식이 아니라 건축재료와 인간이 맺는 관계의 방식이다. '날것(raw)'은 재료의 자연(自然)한 속성을 가리지 않고 드러내려는 겸허한 태도를, '브뤼트(brut)'는 르 코르뷔지에의 베통 브뤼트에서 비롯한 거칠고 인간적인 흔적의 가치를, 그리고 '발견한 그대로(as found)'는 일상의 재료와 사물을 건축 속에 있는 그대로 현실을 직시하는 태도를 말한다. 헌스탄톤 학교, 어퍼 로운과 같은 작업에서 드러나는 스미슨의 재료에 대한 에토스(ethos)는, 단순히 미학적인 게 아니라 윤리적인 것이었다. 그들은 건축재료를 대하는 정직한 태도를 통해 건축과 인간 사이의 친밀함을 모색했으며, 전후의 도시 역시 그들에게 주어진 '재료'로 대하여 공동체적 삶을 지향하는 윤리적 건축관으로 나아간다.

전태규

Image credit (previous page):
the smithsons, alison and peter smithson, upper lawn pavilion, 1959–1962.

2025

날것, 브뤼트, 그리고 발견한 그대로: 스미슨 부부의 재료에 대한 에토스

Raw, Brut and As Found: Ethos or Ethic of Smithons' Material

전태규 Tae Gue, Jun

본 원고는 『미로 2호: 일본』(정림건축문화재단, 2025)에 실린 저자의 원고 「뉴 브루탈리즘과 일본 건축의 이미지」를 부분적으로 수정, 확장하여 재구성한 것임.

브루탈리즘 건축에 대한 다양한 의견들이 있지만, 콘크리트의 건축으로 브루탈리즘을 이해하는 것이 가장 대중적인 접근일 것이다. 르 코르뷔지에의 노출콘크리트를 일컫는 표현인 '베통 브뤼트béton brut'로부터 유래한 것으로 설명되는 이 표현은 20세기 중반 이후 전세계적으로 확산된 콘크리트의 건축을 설명하기 위해, 영문 표현 brutal과 같이, 거칠게, 거친 이미지로 확산되었다. 오늘날 스타일로 인식되는 브루탈리즘의 두가지 특성이 있다면 하나는 내부공간의 볼륨이 곧바로 콘크리트의 매스로 외부에 드러나는 것과, 설비배관이 의연한 태도로 (거칠게) 그 위로 지나가는 것일 것이다.

브루탈리즘을 콘크리트의 건축으로 여기는 것은, 1950년대 초반 영국을 중심으로 형성되었던 '뉴 브루탈리즘The New Brutalism' 담론과 관련한 역사적 사실로 미루어 보았을 때 반은 맞고 반은 틀렸다고 할 수 있다. 뉴 브루탈리즘이라는 표현을 건축에 처음 등장시킨 스미슨 부부는 르 코르뷔지에를 암묵적으로 계승하고 있기는 했지만, 그들이 계획한 최초의 뉴 브루탈리즘 건축은 콘크리트가 아니라 철골과 벽돌, 유리로 구축된 날것의 재료로 투명성을 지닌 헌스탄톤 학교였기 때문이다. 동시대 영국의 건축비평가 레이너 밴함은 이 건축에 대해 다음과 같이 지적한 바 있다. '헌스탄톤은 철골과 벽돌, 유리로 지어졌으며 철골과 벽

돌, 그리고 유리로 지어진 것처럼 드러난다 appears to be made'.[1]

이러한 재료에 대한 솔직한 태도는 스미슨의 '발견한 그대로as found'의 개념과도 연결되는데, 이는 분명 브루탈리즘이 가진 거친, 날것의 콘크리트 건축의 이미지와는 재료적으로 구분되는 것이다. 스미슨의 초기 뉴 브루탈리즘 건축인, 헌스탄톤에서 드러나는 재료에 대한 태도와 오늘날 대중적으로 인식되는 브루탈리스트 건축의 거친 콘크리트의 건축은 구분되어 이해할 만한 여지가 있다.

> "지금까지 브루탈리즘은 양식적으로 다루어졌지만, 그 본질은 윤리적이다."[2]

스미슨의 자신들의 브루탈리즘에 대해 '윤리적'이라고 일컫은, 마치 초기 뉴 브루탈리즘 담론의 방향성을 교정하고자 하는 이 표현은 근대 건축에서의—특히 철 건축에서—재료 혹은 구조를 솔직하게 드러내고자 하는 의지와 함께 스미슨의 재료에 대한 태도와 조응한다. 발견한 그대로의 건축 재료를 그 모습 그대로 건축에 드러내는 것을, 재료에 대한 윤리적 태도로 이해할 수 있지 않을까? 밴함의 논의에 의해 양식화된 브루탈리즘과는 구분되는, '윤리적' 태도를 이해하기 위해서는 스미슨 부부의 뉴 브루탈리즘을 살펴볼 필요가 있다.

스미슨 부부가 발견한 일본의 전통 건축과 '재료에 대한 숭배'

스미슨 부부의 초기 뉴 브루탈리즘에서 일본 건축이 참조되었다는 사실은 그다지 많이 알려지지 않았다. 스미슨은 1955년 『아키텍추럴 디자인』의 1월호에서 발표한 '뉴 브루탈리즘'이라는 제목의 아티클[3]에서 자신들의 생각을 밝힌다. 건축사가 테오 크로스비Theo Crosby와의 인터뷰 형식으로 구성된, 일종의 선언문과도 같은 이 글에서 스미슨 부부는 자신들의 뉴 브루탈리즘이 영향받은 일본 전통 건축의 개념은, 일본인들의 자연과 재료에 대한 태도로부터 비롯된 것이라고 말한다.

> 일본 건축은 1900년 이후 세대를 매료했다. 프랭크 로이드 라이트의 오픈 플랜과 독특한 방식으로 구성된 장식, 르 코르뷔지에의 순수주의 미학(슬라이딩 스크린, 연속적 공간, 흰색과 흙색의 힘), 그리고 미스의 절대적인 구조와 스크린이 그 예시이다. 일본 건축을 통해 가르니에와 베렌스의 세대는 형태 개념을 발견했다. 하지만 일본인들에게 그들의 형태[적 고유함]은, 삶에 대한 일반적인 개념인, 자연 세계에 대한 숭배, 그리고 그로부터 비롯한 건축된 세계의 재료에 대한 숭배의 일부분일 뿐이었다.[4]

그들은 자신들의 선배 세대라고 할 수 있는 라이트와 코르뷔지에, 미스, 그리고 가르니에와 베렌스가 일본 건축에 영향받았다고

1 Reyner Banham, "The New Brutalism," *Architectural Review* (London, Dec. 1955), pp. 354–61, reprinted in *October, 136* (Cambridge: MIT Press, Spring 2011), pp. 19–28.
2 Alison & Peter Smithson, "The New Brutalism," *Architectural Design, 27* (London, 1957) reprinted in *October, 136* (Cambridge: MIT Press, Spring 2011), p. 37.
3 Theo Crosby, "The New Brutalism," *Architectural Design* (London, Jan. 1955), reprinted in *October, 136* (Cambridge: MIT Press, Spring 2011), pp. 17–18.

Fig. 1
영화 〈지옥문〉(기누가사 데이노스케, 1953) 중 – 1

Fig. 2
영화 〈지옥문〉(기누가사 데이노스케, 1953) 중 – 2

주장하면서도, 일본 건축에서 드러나는 보다 근원적 태도를 '자연 세계에 대한 숭배, 그로부터 비롯한 건축된 세계의 재료에 대한 숭배Reverence for the materials' 로서 표현한다. 스미슨 부부는 이 개념을 예시로 부연 설명하는데, 인용문 '건축된 세계의 재료'에 달린 각주를 통해 "영화 〈지옥문〉이 (일본의) 주택과 수도원, 궁전을 처음으로 컬러로 보여주었다"[5]고 언급한다. 기누가사 데이노스케 감독의 1953년 영화 〈지옥문〉은 최초로 일본의 전통 주택, 수도원, 궁전 등을 해외에 컬러로 소개하였는데, 나뭇결이 있는 그대로 드러나는 목조 주택과, 화려한 색채의 반투명한 비단발, 그리고 건물 안으로 드리우는 달그림자와 주변 풍경은 건축과 자연, 그리고 그 속에 담긴 인간의 삶이 한데 어우러지는 이미지로 소비되었다

있는 그대로의 재료를 건축의 요소로 활용하는 일본 전통 건축의 방식은 당대 누구보다 급진적인 입장을 견지했던 스미슨 부부에게 큰 인상을 남겼던 것으로 보인다. 필름에 담겨 전해진 일본 전통 건축의 이미지는 양식을 거부하며 고전적 장식을 제거했던 20세기 초 근대 건축가들의 방식보다도 더욱 '날것brut'이었다.

재료 본연의 특성을 있는 그대로 드러내는, 스미슨이 일본 전통 건축에서 발견한 날것의 재료에 대한 태도는 헌스탄톤 학교 계획에서 더욱 드러난다.

피터 스미슨은 1997년 『에이알큐arq: Architectural Research Quarterly』와의 인터뷰를 통해 헌스탄톤의 디테일이 미스의 텍토닉으로부터 영감받은 것임을 회상한다.[6] 그는 당시 연인이었던 앨리슨이 전달해준, 아키텍츠 저널에 실린 미스의 금속공학관 드로잉과, 1947년 MoMA에서의 미스 전시 도록을 통해 미스의 건축을 접한다.[7]

> "미스의 작업은 순수한 건축의 방식으로 보이면서 내가 해볼 수 있는 것으로 느껴져서 흥미롭게 다가왔다. 하지만 미스의 감각은 손쉽게 형성된 것이 아니었고, 어딘가 그의 디테일이 형식적으로 다가온다고 느꼈다. 너무 고안된 것처럼 보였다. 그보다, 나는 베일리 가교의 단순성과 명쾌함에 더 매료되었다."

피터 스미슨의 표현을 통해 헌스탄톤의 철골 디테일이 미스를 참조하면서도 거기서 좀 더 직접적이고 날것의 형식으로 발전된 것임을 알 수 있다.

> [...] 미스 반 데어 로에의 격언은 다음과 같다. 건축은 세 개의 벽돌을 조심스럽게 놓음으로서 시작된다. 반면 브루탈리즘은 벽돌의 벽돌다움을 드러내려 할 때 시작된다. 그것은 매우 물리적인 무언가, 그 특성에 대한 것이다. 확실히 미스는 기하학적 특성에 큰 관심을 가진 것 같았다. 다만 그의 건물은 조금 다르다—더 형이상학적이다.[8]

2차 세계대전 당시 영국군 공병으로 복무한 피터 스미슨은 전시 상황에서 빠르게 베

4 Ibid., p.18
5 같은 글, p. 18, Footnote no. 2.

일리 가교라고 일컫는 철교를 지어야만 했다. 날것의 철골 부재를 옮기고 조립하는 공병 역할을 수행한 피터 스미슨의 이같은 배경은, 그의 재료에 대한 태도와도 연결된다.

콘크리트 등으로 피복되었던 (방화성능을 확보하기 위한 것이긴 했지만) 미스의 철골 구조 디테일과는 다르게 스미슨 부부가 계획한 헌스탄톤의 철골기둥이 H형강 모습을 그대로 유지하면서, 철골끼리 모서리에서 예리하게 만나는 것을 드러내는 방식은 더욱 노골적brutal이다.

또한 이러한 태도는 헌스탄톤의 설비들이, 마치 레디메이드 아트처럼 독립된 오브제의 모습으로 배치된 것과도 연결된다. 화장실 세면대, 식당 개수대와 같은 설비들도 바닥으로부터 일정 높이 띄워져 설치되었고, 필요한 설비배관들은 거리낌 없이 그 모습을 드러낸다.

계단 역시 벽체로부터 일정 부분 간격을 지닌 채로 계획되었고, 철재 스트링거에 결합된 목재 발디딤은 의도적으로 모서리가 튀어나와 있어 사용자로 하여금 서로 다른 재료로 조립assemblage되어있음을 알 수 있게 한다. 스미슨의 최초의 뉴 브루탈리즘 건축인 헌스탄톤의 건축에서, 재료들과 요소들, 각 부분들은 전체에 종속되는 것이 아니라 독립적 체계로 존재한다.

날것의 재료를 통해 형성된 건축의 친밀함 그리고 베통 브뤼트

스미슨 부부가 뉴 브루탈리즘 건축을 통해, 솔직하게 드러나는 날것의 재료로 표현하고자 했던 것은 정말로 거친 이미지에 그치는 것인가? 뉴 브루탈리즘 건축이 재료의 발견한 그대로의 가치를 드러내는 것에 대해 필립 존슨은 "재단하지 않은 모서리와 노출된 설비들로만 이루어진 표면의 미학이 아니라, 건물의 초기 계획 단계까지 거슬러 올라가는 급진적 철학이다"[9] 라 지적한다. 스미슨이 날것의 재료로 구축하고자 했던 진정한 의도를 읽어내고자 한다면, 그들의 1955년 선언문에서 발표했을 때 인용된, 일본 건축의 재료에 대한 태도와 건물과 인간 사이에 존재할 수 있는 어떠한 '친밀함'에 대해 살펴볼 필요가 있다.

> 이른바 뉴 브루탈리즘의 근간을 이루는 것은 바로 이러한 재료에 대한 숭배, 즉 건축과 인간 사이에 형성될 수 있는 '친밀함affinity'에 대한 지각이다. 미스만큼이나 일본 건축의 존재에 많은 빚을 지고 있는 헌스탄톤 학교가, 영국에서의 뉴 브루탈리즘의 첫 번째 실현이라는 주장이 논의되고 있다.[10]

스미슨 부부가 발견한 일본 전통 건축의 이미지와, 그 속의 삶을 조성하는 방식은 헌스탄톤 학교Hunstanton middle school, 1949-54에서 재현되었다. 스미슨은 헌스탄톤 학교

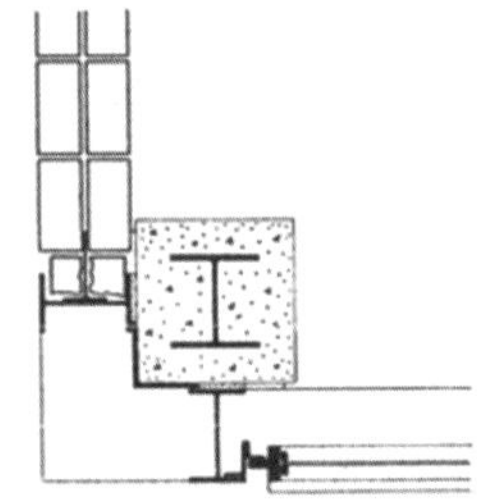

Fig. 3
미스의 IIT 동문회관 코너부 디테일
Source: Werner Blaser, *Mies Van Der Rohe* (Thames and Hudson, 1972).

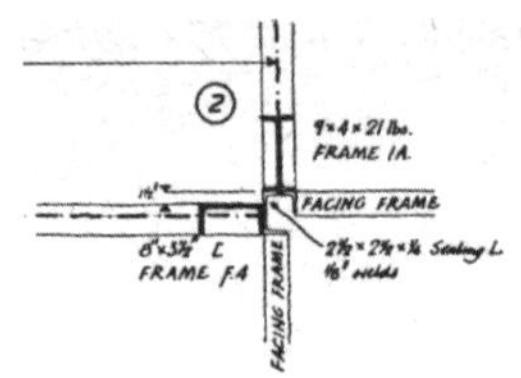

Fig. 4
스미슨의 헌스탄톤 코너부 디테일
Source: A. & P. Smithson, "School at Hunstanton", *Architect's Journal*, September 1954

6 Peter Smithson, "Refelctions on Hunstanton", *arq*: vol. 2: summer 1997.
7 Ibid. p. 35
8 Ibid.

Fig. 5
헌스탄톤 학교의 계단. 철골 스트링거와 목재 디딤판.
Source: P. Johnson, "School at Hunstanton", *Architectural Review*, September 1954

Fig. 6
헌스탄톤 학교의 식당. 독립된 오브제로, 발견한 그대로 배치된 개수대 등의 가구들.
Source: P. Johnson, "School at Hunstanton", *AR*, September 1954

를 잡지에 소개할 때 의도적으로 가구와 집기를 들이기 전의 모습을 사진에 담았는데, 마치 영화 속 일본 전통 건축의 목구조가 인간의 삶의 무대가 되었던 것처럼, 헌스탄톤 학교에서는 노출된 철골 부재의 구조가 건축적 배경이 되길 원했다. 그들은 일상적이고 날것의 건축 재료를 드러내는 방식이 건축과 인간 사이의 친밀한 관계를 만들 수 있다고 여긴 것처럼 다가온다. 이러한 '비워진 공간'은 그들이 후에 '거주자의 예술art of inhabitation'이라고 표현한 개념, 즉 사용자들이 직접 공간을 풍요롭게 만드는 것과 연결된다.[11] 건축가는 공간을, 거주자는 그 공간을 채움으로서 건축을 풍부하게 한다.

스미슨의 뉴 브루탈리즘 건축에서 건축

> 헌스탄톤 학교는 두 개의 삶을 가지고 있다. 하나는 어린이들을 가르치는 일상적 삶, 이는 건물 요소들과 동등하게 여겨질 소음과, 가구와, 분필 가루로 이루어져 그 모든 것이 '학교'라는 단어로 더해진다. 그리고 학교가 박물관이나 창고로 바뀌었을 때에도 지속될 영구적인 구축형태, 그리고 그 구축 형태가 사라진 후에도 아이디어로 계속 존재할 순수한 공간의 비밀스러운 삶이 있다. 그 구축된 형태를 바탕으로 인간의 내재된 고귀함이 표현된다.[12]

과 인간 사이의 '친밀함'을 다루는 태도는 르 코르뷔지에의 '베통 브뤼트'의 휴머니즘적 가치에서 큰 영향을 받았던 것으로 보인다. 르 코르뷔지에가 말하는 '날것'의 콘크리트는 단순히 마감이 거칠게 된 것에서 나아가 목재 거푸집의 우연한 결함malfaçons과 오류défaut로서 드러나는 인간성에 대한 예찬과 포용이었다.

스미슨의 뉴 브루탈리즘이라는 표현 역시, 실은 코르뷔지에의 베통 브뤼트를 직접적으로 참조하는 표현이었다. 1950년대 초 그들이 처음 "뉴 브루탈리즘" 이라는 표현으로 건축계에 등장할 때에는 아무런 설명없이 등장하여 레이너 밴함의1955년 비평에 의해 미학적 방식으로 확산되었다고 볼 수 있겠지만, 스미슨의 뉴 브루탈리즘이라는 표현은 코르뷔지에의 베통 브뤼트를 직접적으로 참조하는 것이었다. 얼마간 시간이 지난 1973년 스미슨 부부가 출판한『수사 없이Without Rhetoric』의 서두의 각주에서 뉴 브루탈리즘에 대한 생각을 다음과 같이 말한다.

> "[뉴 브루탈리즘은] 마르세유의 위니테에 대한 신문기사 제목이었던 '건축에서의 브루탈리즘Brutalism in architecture' (베통 브뤼트의 잘못된 번역인지 모를?)을 보고 인용한 것이다—그것의 우리의 대답이다."[13]

스미슨은 르 코르뷔지에의 '브뤼트' 개념으로부터 나아가, 일본 건축에서와 같이 나무의 나무다움과 벽돌의 벽돌다움을 드러내는 방식[14], 그리고 철골조차도 재료의 형태를 '있는 그대로' 드러냈다. 코르뷔지에

9 Philip Johnson, "School at Hunstanton", *Architectural Review*, September 1954, p. 153
10 Theo Crosby, "The New Brutalism," p. 18.
11 Alison and Peter Smithson, "The 'As Found' and the 'Found'", in David Robbins ed. *The Independent Group: Postwar Britain and the Aesthetics of Plenty*, (1990), op. cit., p. 203.

가 인간애Humanity를 거친 날것의 콘크리트에서 발견하였듯, 스미슨 부부는 자연의 재료를, 그리고 산업 부재와 공장제작된 설비 기구들까지 다양한 '재료Material'들을 선별하여 날것의 방식으로 드러냈다. 그리고 그 방식은 건축과 인간 사이의 '친밀한' 관계를 만들기 위한 것이었다. 친밀한 것은 편리한 것과는 다르다. 날것의 재료로 구축된 건물은 삐걱거리고, 거칠고, 불편하지만, 손이 가고, 금세 정이 들며, 기억에 더 남고는 한다. 마치 대단히 솔직한 사람을 대할 때처럼 말이다. 스미슨 부부의 뉴 브루탈리즘은 건축과 인간 사이의 친밀한 관계를 형성하기 위한 것이었다.

스미슨 부부의 '어퍼 로운Upper Lawn, 1962'은 이러한 맥락에서 스미슨-브루탈리즘의 가치를 잘 드러내는 건축 작업이다. 그들이 런던 근교에서 발견한 오래된 석조 건물을 허물고 담장으로 쓰이던 한쪽 벽 일부를 유지한 채 경량 목재를 벌룬 프레임 구조를 덧붙여 만든 이 2층짜리 가설 건축물은 일종의 실험 주택이었다. 얇은 목재 프레임과 기존에 있던 두터운 석조 담장은 엉성하게 결합되었고, 기존의 석조 벽체와 목조 경량구조물, 바깥에 붙은 알루미늄 시트와 스테인레스로 된 문짝 등은 날것 그대로 드러났다. 느슨하게 계획된 단열 처리와 기밀하지 않았던 디테일 때문에 악천후엔 외장재가 알루미늄 시트가 덜덜거리는 소리가 나고, 겨울엔 유리창에 서리가 가득 끼었다고 한다. 스미슨 부부는 이러한 계절과 기온의 변화의 온전한 감상을 의도하였고 이를 '기후 주택Climate House'이라 이름 붙였다.[15]

피터 스미슨은 후에 어퍼 로운에 대해 다음과 같이 말한다 "그것[어퍼 로운]은 진정한 브루탈리스트 작업이었다. 그것은, 오래된 집의 오래된 벽, 스테인레스 스틸, 알루미늄 피복, 티크 목재 - 모든 재료들은 그것들의 특성을 느낄 수 있도록 사용되었다."[16] 건축과 인간, 날것의 재료와 그 구축, 나아가 자연과 세계와도 밀접한 관계를 맺는 또 다른 삶의 방식을 실험했던 어퍼 로운은 1982년까지 스미슨 부부 가족의 별장으로 사용되었고, 이듬해 그들이 직접 찍은 사진들과 삶의 기록들로 엮여 출판되었다.[17]

발견한 그대로의 재료: 스미슨 부부의 재료에 대한 윤리

헌스탄톤과 어퍼 로운을 통해 알 수 있는 스미슨 부부의 초기 뉴 브루탈리즘 건축에서 드러나는 재료성Materiality은 날것의 재료로 건축과 인간 사이의 친밀함을 계획하는 것이었다. 재료의 본성을 존중하고 그를 장식하거나 마감하지 않고 시각적으로 드러내는 것은, 일종의 윤리적 태도로 다가온다. 필립 존슨은 이와 관련하여 다음과 같이 지적한 바 있다. "이 건물[헌스탄톤 학교]은 장

12 Alison & Peter Smithson, "Hunstanton Secondary Modern School," *The Charged Void: Architecture* (New York: The Monacelli Press, 2002), p. 42.

13 Alison and Peter Smithson, *Without Rhetoric*, London: Latimer New Dimensions Pub, 1973, p. 2

14 Peter Smithson et al., *Peter Smithson: Conversation with Students*, p. 24.

Fig. 7
스미슨의 어퍼 로운 (1962) 전경
"the smithsons, alison and peter smithson, upper lawn pavilion, 1959–1962"

Fig. 8
스미슨의 어퍼 로우 (1962) 뒷편 전경
"the smithsons, alison and peter smithson, upper lawn pavilion, 1959–1962"

15 Alison and Peter Smithson, "Tesing of the 'Climate House," The Upper Lawn: Solar Pavilion Folly (Barcelona: UPC Editions, 1983), republished as UpperLawn, Solar Pavilion: Alison and Peter Smtihson (London: MACK, 2023), p. 42.
16 Peter Smithson et al., op. cit., p. 77.
17 Alison and Peter Smithson, *The Upper Lawn: Solar Pavilion Folly* (Barcelona: UPC Editions, 1983)
18 Philip Johnson, op. cit., p.153.
19 플라톤, 『국가론』, 380BC.

식적인 디테일로 호감을 사려 하지 않으며, 좋든 싫든 간에 우리가 이에 대해 입장을 취하고, 그 결정의 빛 아래에서 우리의 양심consciences을 성찰할 것을 요구한다."[18]

필립 존슨이 말하는 이떠한 '양심'을 건드는, 뉴 브루탈리즘의 재료에 대한 발견한 그대로의 태도를 과연 윤리적이라 할 수 있는가? 플라톤은 진실한 것, 선한 것, 아름다운 것이 동일한 근원을 가진다 하였으므로, 진실한 것은 곧 선하다.[19] 윤리가 선善에 대한 것이라면, 진실한 것은 윤리적인 것으로 여겨질 수 있다. 건축의 윤리적 태도에 대해 강조한 존 러스킨은 『건축의 일곱 등불』(1849)의 두 번째 챕터인 「진실의 등불The Lamp of Truth」에서 다음과 같이 말한다. "나는 아주 단순하고 서툴게 지어진 시골 교회에서도 신성함이 결여되어 있거나, 견딜 수 없는 정도의 추함으로 다가온 경우를 보지 못했다. 돌과 나무는 거칠고 가식 없이 사용되고, 창들은 격자의 하얀 유리로 끼워질 뿐이다…"[20] 스미슨이 날것의 재료를 다루며 그것의 본성을 드러내는 것은 것은 도덕의 측면에서 윤리적이다. 밴함 역시 근대 건축의 운동에서 나타나는 도덕적 태도가 '구조와 재료의 솔직함'에 있다고 말한 바 있다.

스미슨의 진실된 재료로 다가가는 윤리적 태도, 이러한 내용을 바탕으로 다시 스미슨 부부가 정정하고자 했던 브루탈리즘을 들여다보자. 스미슨 부부는 1955년의 레이너 밴함의 뉴 브루탈리즘 비평이 촉발한, 뉴 브루탈리즘 건축을 '위상학적 이미지'로 특징지우는 미학적 논의에 반발하였다.[21]

> 브루탈리즘에 대한 어떤 논의도 브루탈리즘이 "현실" 에 대해 객관적이려는 시도를 고려하지 않는다면 본질을 놓치게 될 것이다. 그 현실은 사회의 문화적 목적, 그것이 촉구하는 바와 같은 것에 대한 것이다. 브루탈리즘은 대량생산 사회와 정면으로 마주하려 하며, 그 속에서 작동하는 혼란스럽고 강력한 힘들로부터 거친 시학을 끌어내려 한다. 지금까지 브루탈리즘은 양식적으로 논의되어 왔으나, 그 본질은 윤리적이다.[22]

스미슨의 브루탈리즘이 현실사회의 문제를 정면으로 마주하려 한다는 점에서, 공동체를 위한 그 건축이 윤리적이라고 볼 수 있다. 아리스토텔레스는 인간은 본성적으로 공동체적 존재라 전제하였고[23], 최고의 선, 즉 행복은 공동체적 삶에서 실현된다고 『니코마코스 윤리학』에서 말한다.[24] 이 글에서는 직접적으로 윤리성을 성취하는 건축에서 자세히 다루고 있지는 않지만, '거친 시학rough poetry'로 표현된 스미슨의 날것의 재료들을 사용하는 태도는 단순히 진실됨으로서 옳은 것으로서의 윤리에서 나아가 공동체를 위한 윤리의식으로 다가온다.

발견한 그대로의 재료로 구성하는 것과 공동체를 위한 건축, 그에 대한 스미슨의 고민은, 1957년 『조디악Zodiac』 4호에 수록

된 「브루탈리즘에 대한 대담Conversation on Brutalism」에서 보다 더 구체적으로 드러난다. 앨리슨 스미슨과 피터 스미슨 부부와 함께 제인 드류Jane E. Drew, 그리고 맥스웰 프라이Maxwell Fry 부부가 주고받은 이 대화에서, 스미슨 부부는 그들의 생각을 보다 더 명료하게 전달한다.

> 피터 스미슨: "근대 건축의 첫 번째 시기의 의도는 그 건축이 기계와 같아야 했다는 것이다. 이때 그 건축은 기계로 만들어졌든 아니든, 그것은 기계로 만들어진 것처럼 보여야 했다. 시와 같았던 기계적 작품이 표면적이고 양식적인 기계작업으로 타락한, 말하자면 1936년부터 1946년까지의 시기에 대한 반작용으로, 지금 나에게 흥미로운 것들 중 하나는 기계적 건축 기술의 진정한 미학이 등장해야 한다는 것이다. 그리고 어떤 면에서 이는 꽤나 거친/브루탈한brutal 접근을 수반한다. [...] 1920년대의 대표적 건축인 예컨대 가르슈 주택과 사보아 주택을 떠올려보면, 르 코르뷔지에는 건물 전체를 마치 기계로 만들어진 것처럼 보이게 하려 했다는 느낌을 준다."
>
> [...]
>
> 앨리슨 스미슨: "만약 당신이 기존 거장들의 전통을 따르고, 그러한 맥락에서 1940년대의 건축을 바라본다면, 그 당시 건물들은 실제 재료로 만들어진 것이 아니라 마치 가공된 식품—예컨대 크래프트 치즈—같은 것으로 지어진 것처럼 보였을 것이다. 그래서 우리는 다시 나무, 콘크리트, 유리, 강철 등 실제로 손에 쥘 수 있는 재료로 돌아갔다."[25]

스미슨 부부의 이같은 표현으로 짐작할 수 있는 것은, 코르뷔지에로 대표되는 1920년대의 제1기계시대의 미학은 건축을 기계 '처럼' 보이는 데 집중했지만, 그들이 바라본 1940년대의 건축은—제2기계시대라고 할수 있을지 모를—진정한 기계적 건축 미학을 추구해야 하며, 그를 위해 산업사회에서 현실적으로 다룰 수 있는 재료를 있는 그대로 드러내는 거친 방식으로 나타난 것으로 이해할 수 있다.

다시 한 번, 현실을 직시하는 태도로 재료를 선별하는 것의 윤리가 드러난다. 여기서 더 나아가 그들은 공동체를 위한, 도시계획에 대한 생각을 밝힌다.

> 피터 스미슨: "지멘스슈타트 계획Siemensstadt Siedlung, 1929–31은 그로피우스가 배치한 주택들을 선형으로 배열하여, 그 공간은 매우 익명적이고 중립적이었다. 직각의, 위생적인, 기계적 건축의 깔끔한 면모를 갖추었지만 외부 생활공간 측면에서는 철저히 익명적이었다. [...] **나는 브루탈리즘의 본질적 윤리가 도시 계획town planning에 있다고 생각한다.** 우리가 진정으로 반발하는 것은, 익명의 관리자가 거대한 마스터플랜을 깔아두는 것에 대한 감정이다. 그것은 좋은 구성 원칙을 바탕으로 할 수 있지만, 그것이 땅 위에 건축으로 이루어질 때 중요한 것은 그 건물들이 서로 맞물리고 상호작용하는 방식이다. 그것이 바로 우리가 움직이며 정체성을 느끼거나 상실하는, '실제 장소'를 만드는 것이다."

20 John Ruskin (1849), *The Seven Lamps of Architecture*, p. 49 (University of California Libraries, 1889)
21 Reyner Banham (1955), "The New Brutalism," op. cit.
22 Alison & Peter Smithson (1957), "The New Brutalism," op. cit. p. 113
23 아리스토텔레스, 『정치학』, 355BC.
24 아리스토텔레스, 『니코마코스 윤리학』, 355BC.

피터 스미슨이 브루탈리즘의 본질적 윤리가 도시 계획에 있다고 언급하는 것은, 그들이 〈골든 레인 집합주택 계획안〉(1952), 그리고 〈셰필드 대학 증축 계획안〉(1953)에서 기존 도시조직과 건물을 존중하며 새로운 건축을 계획하는 방식에서 이미 드러난 것이었다. 스미슨 부부의 「클러스터 시티Cluster City, 1957」와 같은 프로젝트에서 그들은 "공동체의 기능과 열망, 그리고 믿음을 위한 기호나 이미지를 만드는 것, 그리고 그것들을 이해할 수 있는 총체로 만드는 것"에 노력하였다.[26] 이는 기존 도시에 대한 윤리적 태도로부터 비롯되며, 나아가 그들이 1959년 근대건축국제회의CIAM 이후 형성된 팀텐Team X의 주요 설립자로 활동하며 전후 도시계획에 집중한 것으로도 연결된다.

스미슨 부부의 진실한 재료의 표현과 공동체를 위한 건축의 윤리는, 1990년에 그들이 자신들의 건축을 회고하며 발표한 「발견한 그대로와 발견된 것The 'As Found' and the 'Found'」에서 함께 다루어진다. 발견한 그대로의 예술에 대해 직접 '주워올리고, 뒤집어 생각하고, 함께 두는 것[27]'이라 밝힌 이 글에서 스미슨은 건축에서의 발견한 그대로의 윤리적 태도를 드러낸다.

> "우리는 인접한 건물 뿐 만 아니라, 장소의 기억을 구성하고, 그 장소에 존재하던 구축된 조직이 어떻게 지금의 모습으로 남았는지 읽어낼 수 있는 모든 흔적들에 대해 '발견한 그대로 as found'의 표현을 사용했다. 따라서 건물이 들어설 부지의 기존 '구조'로서의 거대한 나무에 대한 우리의 존중.... 건축에 대해 생각하기 시작하는 순간, 건축은 '발견한 그대로의 것들 the as found' 로부터 감화되어 장소에 특정적인specific-to-place 것이 되어야 한다.
> [...]
> 따라서 '발견한 그대로'는 평범함을 새롭게 바라보는 것이었고, 평범한 '사물'이 어떻게 우리의 창의적인 활동에 활력을 불어넣을 수 있는지에 대한 개방적 태도였다. 이는 전후 세계가 실제로 어떠했는지에 대한 직시이다."[28]

이러한 맥락에서, '발견한 그대로'의 재료를 다루는 태도는 곧 스미슨의 윤리적 건축의 출발점이 된다. 레이너 밴함 역시 1966년 출판물 『뉴 브루탈리즘: 윤리적인? 혹은 미학적인?』이라는 제목에서 드러나듯, 스미슨 부부의 윤리적 테제를 인지하고 있었다. 그럼에도 불구하고, 밴함은 브루탈리즘이 윤리적이기보다 양식적인 건축이 된 것에 대해 지적한다.

> "브루탈리즘은 확실히 '또 하나의 건축'une architecture으로, 관용어이자, 토착적인 양식으로, 비록 초기의 윤리적 명분을 비추던 도덕적 열정을 일부 잃었다 하더라도 다양한 건축적 분위기를 표현할 수 있을 만큼 보편적인 미학이 되어가고 있었다."[29]

25 Mr. Peter Smithson, Mrs. Alison Smithson, Miss Jane B. Drew, Mr. E. Maxwell Fry from *Zodiac* 4, 1959, pp. 73–81. Reprinted in *October, 136* (Cambridge: MIT Press, Spring 2011), pp. 39–40.

살펴본 바와 같이, 스미슨 부부의 건축은 단순히 새로운 양식을 제시하는 데 그치지 않고 진실된 재료를 드러내고 공동체적 삶을 담아내려는 윤리적 태도의 구현이었다. 재료를 있는 그대로 다루는 태도는 건축의 정직함을 실천하는 윤리로 이어지며, 이는 존 러스킨이 강조한 '진실의 등불'이나 밴함이 말한 근대 건축의 '재료와 구조의 솔직함'과 맞닿는다.

더 나아가 그들의 건축은 도시와 공동체 속에서 건물들이 관계 맺고 상호작용하는 방식을 모색함으로써, 공동체적 삶의 선善을 건축적으로 실현하려 했다. 따라서 스미슨 부부의 브루탈리즘은 단순한 양식이나 미학이 아니라, 진실을 드러내고 공동체를 향한 건축의 책임을 직시하는, 거친 시학의 윤리에 있다고 할 수 있다. 본 논의는 스미슨 부부의 구체적 건축 사례 분석으로 나아가지는 않았지만, 건축의 윤리적 태도를 사유할 수 있는 하나의 장을 마련하는 데 의미가 있기를 바란다.

전태규는 한양대학교 학부와 대학원에서 건축을 공부하였고, 뉴 브루탈리즘과 이미지 전시 《삶과 예술의 평행(Parallel of Life and Art)》 연구로 석사학위를 받았다. 서울건축에서 실무를 경험한 후 모교로 돌아와 석사 후 참여연구원으로 활동하여, 『아키라우터(archirouter)』 4호의 편집을 기획했다. 그는 건축역사와 이론과 관련한 연구, 저술활동을 지속하고자 한다. 최근 조병수의 『Experience and Perception 경험과 인식』(도미노프레스, 2025)을 국문으로 번역하였고, 건축잡지 『미로: 2호』 (마티, 2025) 등에 글을 실었다.

26 전태규 역: 남성택 외, 『아키라우터 Vol.3 건축의 도시: 도시도 건축이다』 (한양대학교 출판부, 2023) 에 실림.

27 "the art is in the picking up, turning over, and putting with…" Alison and Peter Smithson (1990) op. cit., p. 203.

28 Ibid.

29 Reyner Banham, *The New Brutalism: Ethic? or Aesthetic?* (London: Architectural Press, 1966), p . 89.

Trace of Water
물의 흔적

침식을 일으키는 주요한 힘으로서 물은 바위에 흔적을 남긴다. 건천의 바위 위에 새겨진 물의 흐름은 단순한 자연 현상을 넘어, 오랜 시간 속에서 드러나는 하나의 형태 형성 재료로 읽힐 수 있다. 〈건천 프로젝트〉는 이러한 흔적을 발견하고, 그것을 건축적으로 재현하기 위한 다양한 방식을 실험하였다. 모래 위로 직접 물을 흘려보내는 작업에서 출발해, 물은 지질학적 파라메터들과 함께 시뮬레이션 상에서 다시 생성되었고, 이어 '찍어내기'의 과정을 통해 물리적 현실로 변환되었다. 이 과정에서 모방 · 묘사, 무작위, 조건적 재현, 직접적 재현 · 찍어내기 등 여러 방법들을 비교해보며, 의도와 우연을 적절히 수용할 수 있는 방식을 선택하였다. 흔적을 그대로 담아내면서도 새로운 공간을 만들어내는 이 방식은 건축이 창조라기보다 발견–재현–변환의 연속 과정임을 보여준다. 결국 〈건천 프로젝트〉는 바위 위 흔적, 시뮬레이션된 흐름, 시멘트로 고형화된 덩어리까지, 물이 스스로 그려낸 기록을 공간으로 전환하는 과정이었다.

Image credit (previous page):
© Dahye Hong

홍다혜

2025

침식시키기
Intentional Erosion

홍다혜 Dahye Hong

본 원고는 2022년 한양대학교 건축학부 졸업전시에서 발표한 저자의 건축 설계 작업 〈건천 프로젝트〉를 정리한 것임.

Fig. 1
제주 건천 (저자 촬영, 2022)

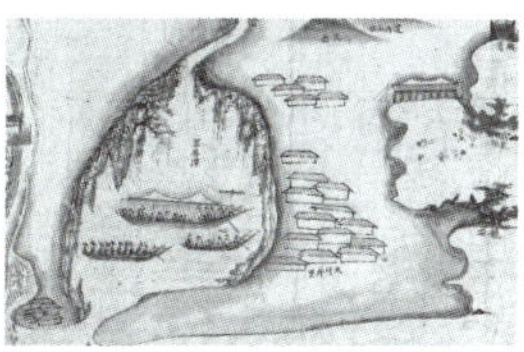

Fig. 2
屛濟汀舟, 『탐라순력도』, 18C

건천

제주에는 물이 흐르지 않는 강이 있다. 평소에는 하천 바닥의 바위들이 드러난 채 마른 풍경이 이어지지만, 집중 호우가 내리면 갑작스레 거센 물줄기가 나타나 바위를 휩쓸고 시나간다. 이를 보통 '건천'이라 부른다(Fig. 1). 어린 시절 폭우가 쏟아지던 날, 건천에 엄청난 수량이 콸콸 흘러내려오던 모습은 지금도 선명한 기억으로 남아 있다. 그러나 대부분의 계절 속에서 건천은 조용히 방치된 채, 도시 속에서 그 존재를 숨기고 있다.

건천은 단순한 수로가 아니다. 『탐라순력도』에 묘사된 한천은 이미 18세기 초 신화적 풍경으로 기록되었으며(Fig. 2), 설문대할망의 전설이 깃든 장소이기도 했다. 일상 속에서도 다람쥐궤, 호거바위 같은 이름 붙은 바위들은 여름철 피서지이자 아이들의 놀이터였다. 오랜 시간 물줄기가 다듬어 만든 기암괴석군은 신화와 일상의 기억이 겹겹이 쌓인 하나의 서사적 지층이다. 그러나 1980년대 이후 하천 정비사업으로 도심 구간의 건천은 복개되거나 제방 구조물로 대체되었는데, 이로 인해 오히려 유속이 빨라지고 생태계가 단절되며 암반 붕괴 위험까지 높아졌다는 지적이 있다.

상류와 하류

제주시를 지나는 가장 큰 하천인 한천을 살펴보면, 하류로 갈수록 복개와 옹벽이 많아지고, 상류로 갈수록 원형에 가까운 자연 하천이 드러난다(Fig. 3—4). 특히 상류의 기암괴석들은 오랜 침식의 흔적을 보여준다. 바다 방향의 경사, 수로 곡률에 따른 회전력, 집중 호우가 만든 격류, 바람과 같은 기후 요소가 더해져 다양한 물의 형태들이 깍여 만들어졌다(Fig. 5). 결국 침식된 바위는 물의 흐름과 시간을 그대로 보여주는 기호이자 지형 언어이다. 이에 물을 건축의 주요 재료로 삼고, 그것을 공간으로 치환하여 하천정비사업으로 개입이 일어난 한천의 하류에 새로운 공간적 서사를 이어 쓰는 건축 작업을 시도한다.

Fig. 3
한천의 상류 (저자 촬영, 2022)

Fig. 4
한천의 하류 (저자 촬영, 2022)

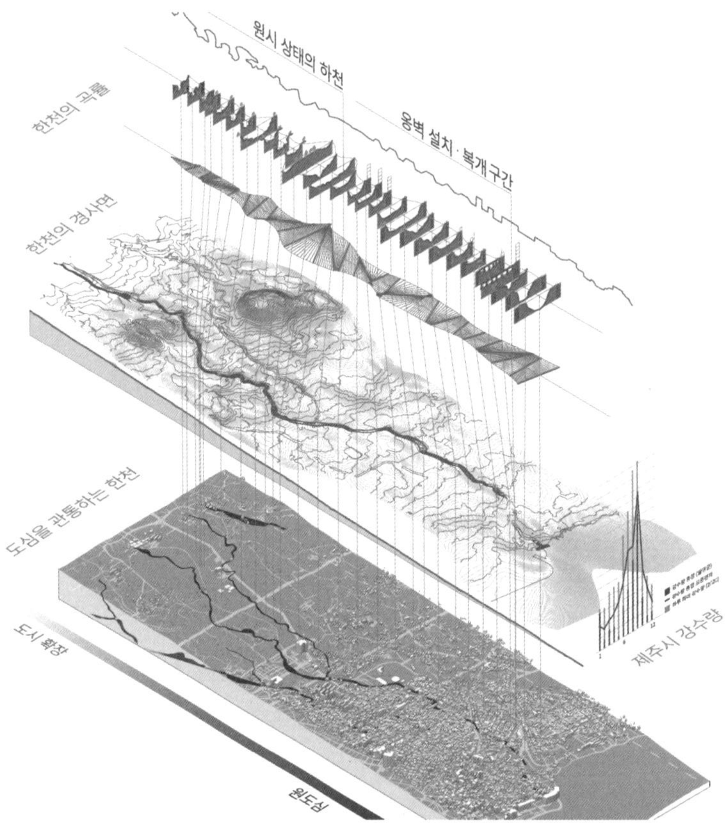

Fig. 5
한천의 도시적, 지리적 현황

대상지

건천의 최하류는 원도심을 지나 바다와 맞닿는 지점으로, 행정적 개입이 빈번하게 일어난 구간이다. 특히 용연 계곡은 관광지로 정비되었고, 남쪽으로 이어진 용담1동에는 현재 도로와 주차장으로 쓰이는 약 120m 길이의 복개 구조물이 연속적으로 설치되었다. 시간과 주체가 뒤섞인 채 조각처럼 덧대어진 구조물들이 한천을 분절시켜나간 것이다. 이는 마치 초현실주의의 도시적 '카다브르 엑스키cadavre exquis' 기법(Fig. 6)을 연상시킨다. 이러한 인식을 바탕으로, 〈건천 프로젝트〉는 복개 구조물 옆, 그 다음의 건천 구간을 새롭게 덧붙일 조각으로 제안하고자 한다(Fig. 7—8). 기존 건천의 지하 공간 내부에 입체적인 공공 공간을 조성하는 방식으로, 평상시에는 시민 공원으로, 집중 호우 시기에는 출입을 제한해 유수 공간으로 전환되는 것이다.

Fig. 6
Man Ray, André Breton, Yves Tanguy, and Max Morise, 1928. © Man Ray Trust, ADAGP, Paris 2020. (저자가 접힌선 표시)

Fig. 7
도시적 카다브르 엑스키

Fig. 8
대상지 (저자 촬영, 2022)

지형 관찰과 파라메터

건천의 지형 속에 물이 남긴 흔적을 관찰한 결과, 다음과 같은 설계 방법론이 연결된다. 모형 스터디에서는 모래 더미 위로 물을 흘려보내고, 그 과정에서 형성된 패임을 관찰한다 (Fig. 9). 물의 속도에 따라 전혀 다른 물줄기가 생성되므로 '파라메터parameter'라는 개념도 도출될 수 있다. 물의 형태에 영향을 주는 조건들—경사, 수로의 곡률, 강수량, 유속 등—을 파라메터로 정리한 뒤, 이를 컴퓨터 시뮬레이션 프로그램에 입력하여 다양한 흐름을 재현한다(Fig. 10). 이 과정을 통해 건천이라는 장field을 구성하는 물의 형태들이 공간적 언어로 변환된다.

Fig. 9
물의 흐름이 만들어낸 패임 (저자 촬영, 2022)

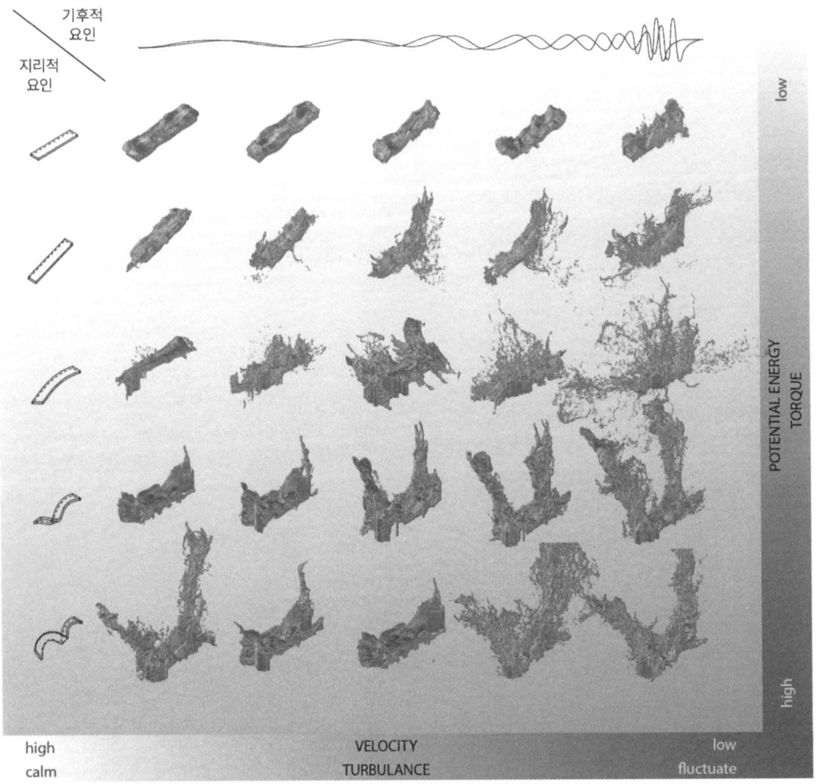

Fig. 10
물줄기의 재현

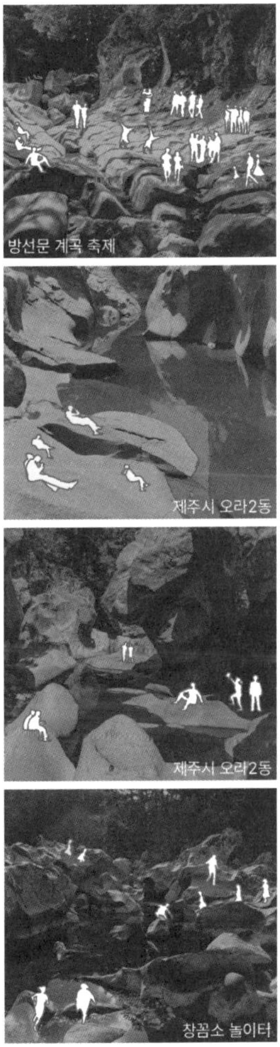

Fig. 11
건천 상류의 바위들이 만들어내는 서로 다른 성격의 공간들과 사용 방식 (저자 촬영, 2022)

Fig. 12
주요 재료로 선택된 네 가지의 물줄기와 각각에 내재된 공간적 성격

물줄기의 공간

시뮬레이션을 통해 생성된 물줄기들은 잔잔한 흐름부터 거친 파동까지, 서로 다른 패턴을 보여주었다. 이는 단순한 곡선이나 형상이 아니라 그 자체로 공간적 속성을 내포하고 있다. 이 과정에서 void와 solid의 관계가 전도된다. 원래는 solid였던 바위가 물을 드러냈다면, 이제는 solid로 시뮬레이션된 물이 그 외부 공간을 드러내는 방식이다.

생성된 후 선택된 네 가지의 물줄기는 주요 공간 형성의 재료가 된다. 각 물줄기의 곡면은 조형적 외피에 그치지 않고, 공간의 성격과 사용 방식까지 규정할 수 있다(Fig. 11). 예컨대 완만하게 펼쳐진 물줄기의 흐름은 광장처럼 보행과 버스킹, 일시적 만남이 일어나는 열린 장소로 기능할 수 있으며, 격렬한 흐름에서 유래한 밀집된 곡면은 머무름을 유도하며 놀이, 피크닉 같은 체류형 공간을 만든다(Fig. 12).

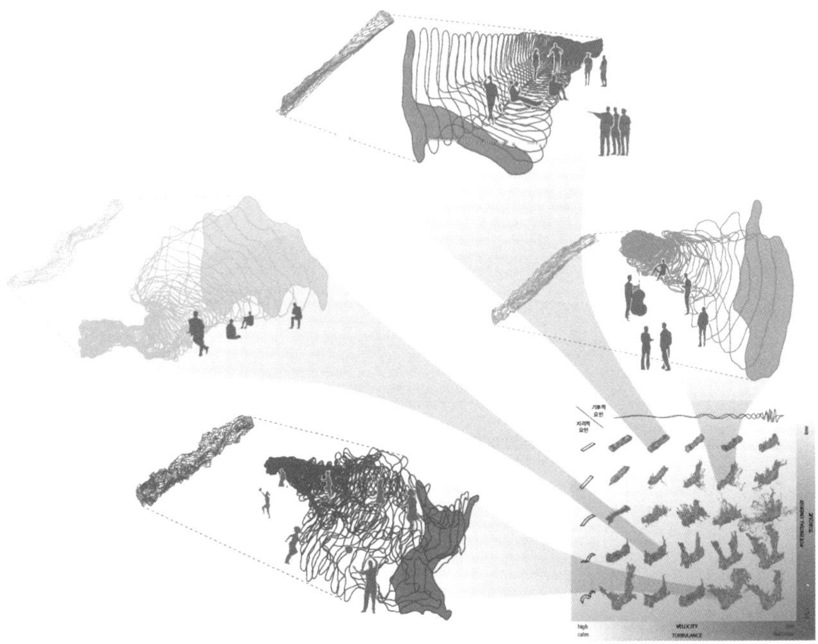

분절과 재조합

형태는 다시 분절되고 재조합된다. 선택된 물줄기들은 메쉬mesh로 변환된 뒤 5×5×5m 단위로 잘려 나가며, 동일한 단위의 조각들이 콜라주collage처럼 이어 붙여진다. 이 조각들은 독립적인 영역성을 가지면서도, 겹치고 중첩되며 예측할 수 없는 공간적 연쇄를 만든다. 마치 피카소의 아상블라주 〈Guitar〉가 해체와 재조합을 통해 새로운 해석을 이끌어낸 것처럼, 물줄기의 파생과 재조합은 우연성을 내포하며, 사용자의 움직임과 겹쳐지면서 또 다른 공간의 이야기를 만들어낸다(Fig. 13—14).

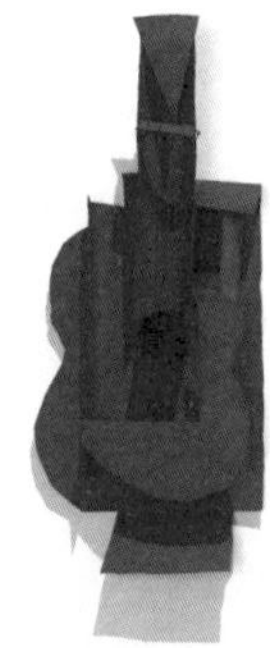

Fig. 13
〈Guitar〉, Pablo Picasso, 1914. The Museum of Modern Art, New York.

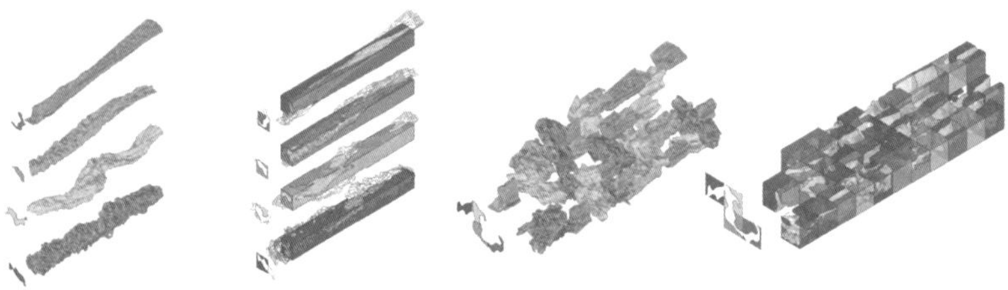

Fig. 14
선택된 네 가지 물줄기의 분절과 콜라주를 통한 공간 생성

찍어내기의 재현

시뮬레이션을 통해 얻은 물줄기의 형상은 물리적 현실 속에 재현되어야 한다. 선택된 방식은 '찍어내기stamping'로서, 화석이 생명의 흔적을 응고하듯, 물의 형태 또한 새로운 재료 속에 고형화된다. 3D 모델에 기반해 5×5×5m 단위로 분할된 물의 조각들을 3D 프린터로 출력하는 작업은 디지털 정보를 아날로그 실물로 번역하는 과정이자, 미세한 정보 소실이 발생하는 물리적 변환작업이기도 하다. 이후 출력된 물 조각solid의 빈 부분void에 유토를 채워 물 조각의 형태를 얻는다. 이 유토 조각들이 모여 형성된 하나의 큰 거푸집 내부에 다시 시멘트를 붓는다. 물 - 유토 - 시멘트로 이어지는 연속적인 변환 속에서 solid와 void는 서로 교차하며 새로운 형태를 만들어냈다(Fig. 15).

제작된 시멘트 덩어리는 축소 모형일 뿐만 아니라, 그 자체가 하나의 새로운 현실이 될 것이다. 그리고 물의 흔적을 간직한 채 도시 건천 속에 삽입되어, 기존에 있던 건천과 병치되며 또다른 물리적 서사를 연장한다.

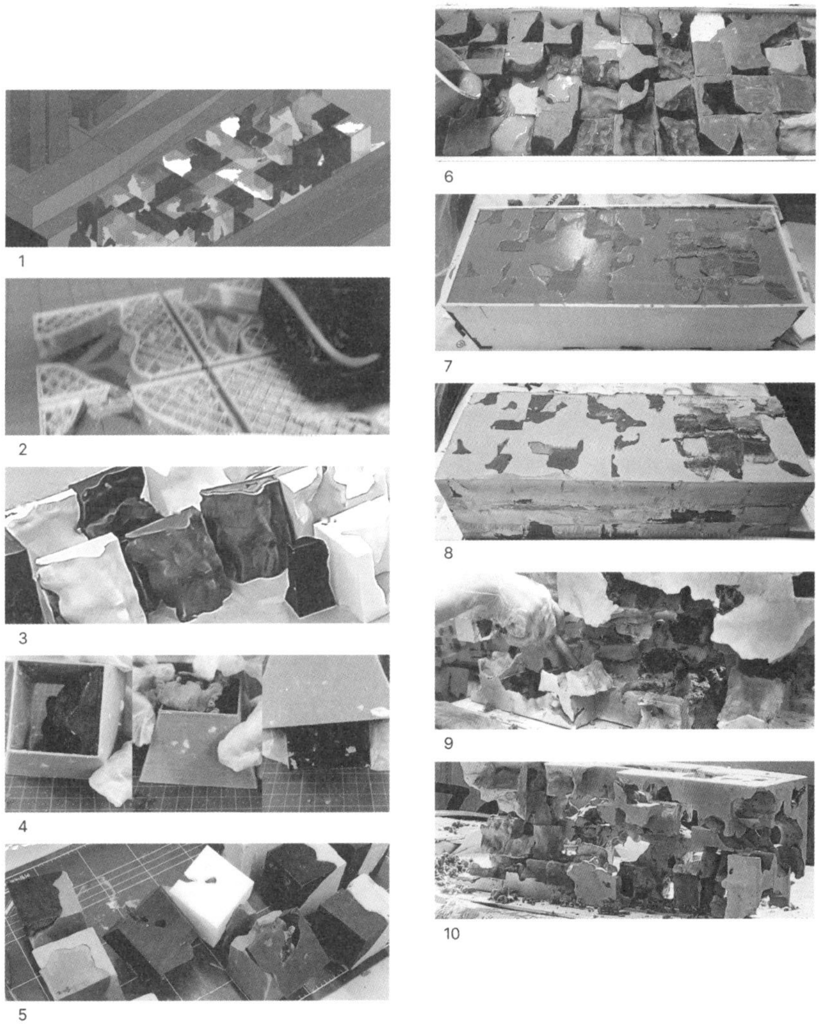

Fig. 15
모형 제작 과정과 현실로의 번역 (저자 촬영, 2022)

모방

재현의 가장 단순한 방식은 '모방'이다. 고전 시대의 소묘처럼, 실재하는 사물을 관찰하고 손으로 정확히 옮겨내려는 모방의 태도는 재현의 기본적 접근이라 할 수 있다. 그러나 이 방식은 관찰자/작가에 따라 필연적으로 왜곡이나 변형을 수반한다(Fig. 16). 본 프로젝트는 이러한 전통적 모방의 방식을 따르지 않는다. 바위에서 물의 흐름을 '그려 재현하는' 것이 아니라, 물의 흔적이 작동하는 원리를 읽고, 그것을 조건으로 부여하여 실제로 생성하는 공간적 재현 과정에 집중한다.

Fig. 16
모방 후 찍어내기 (저자 촬영, 2022)

무작위

이러한 재현은 또다른 의미에서 완전히 통제되지 않은 '무작위/랜덤'을 수반한다. 이는 결과를 예측할 수 없는 상태에서 단순히 우연에 모든 것을 맡기는 비이성적 태도다(Fig. 17). 다다이스트들이 시도했던 실험적 방법들처럼 기존의 합리성과 질서를 거부하고, 무의식적 충동이나 우연적 조합을 작품 제작의 핵심으로 삼는 것이다. 다만 본 프로젝트가 지향하는 바는 지형, 경사, 유속, 강우량 같은 물리적 조건들에 기반하는 무작위성이다. 건천의 재현은 '완전한 무작위'도, '절대적 통제'도 아니다. 자연의 우연성과 조건의 법칙성이 교차하는 지점에서, 발견과 해석을 통해 새로운 공간 언어를 획득하는 과정이다.

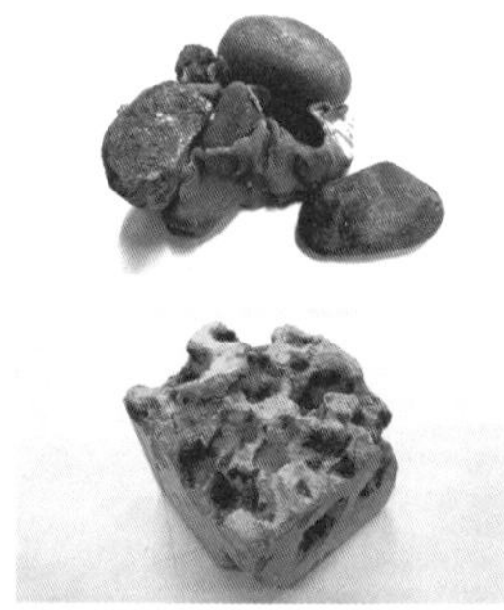

Fig. 17
무작위 배열 후 찍어내기 (저자 촬영, 2022)

조건적 재현

이러한 조건적 재현의 태도는 동시대 예술 · 건축 작업들과도 맞닿는다. 로버트 스미스슨Robert Smithson의 작업 〈Spiral Jetty〉(1970)는 유타주 그레이트 솔트 레이크에 설치된 거대한 나선형 구조물로, 돌과 흙을 쌓아 만든 인공 지형이다(Fig. 18). 이는 호수의 수위나 기후 조건에 따라 드러나거나 사라지고, 염분의 결정이나 미생물의 증식은 표면의 색과 질감을 바꾼다. 이처럼 관람 시점에 따라 다른 풍경이 나타나는 작업은, 고정된 조각이 아니라 환경 속에서 자연의 조건들에 따라 변화되는 열린 작업이다. 올라퍼 엘리아손Olafur Eliasson은 물, 빛, 색채, 안개 등을 발생시켜 자연 현상을 공간 속에 재현했다. 1998년부터 2020년까지 꾸준히 진행된 〈Waterfall〉작업들에서는 거대한 펌프를 통해 물을 끌어올리고 그것을

Fig. 18
조건적 재현 후 찍어내기 (저자 촬영, 2022)

Fig. 19
Robert Smithson, 〈Spiral Jetty〉, 1970, Public Domain

그대로 낙하시켜 관객이 베르사유 궁전이나 런던, 뉴욕 등의 대도시와 같은 생소한 맥락에서 폭포를 체험하게 했다. 이는 폭포를 발생시키는 조건들을 설정하고, 그 안에서 관람자가 스스로 현상을 '발견'하도록 유도한 장치였다. 이들과 마찬가지로 〈건천 프로젝트〉에서도 배경 조건들을 세팅하고, 그것들이 만들어내는 흐름을 수집하여 재현했다는 점에서 유사한 맥락에 있다(Fig. 19).

스탠 앨런Stan Allen의 'Field Conditions' 개념은 조건적 재현을 이해하는 데 중요한 또다른 이론적 배경이 된다. 여러 힘과 규칙이 얽혀 형성하는 장은 고정된 형태가 아니라, 차이와 반복이 만들어내는 관계적 구조이며, 이는 건천 프로젝트의 접근 태도와도 교차한다. 후자의 경우 물을 둘러싼 조건들을 정리하고, 그 조건 속에서 생성되는 결과들을 수집하고 해석하는 방식이기 때문이다.

직접적 재현

Fig. 20
프로타주 기법

〈건천 프로젝트〉는 발견된 흔적을 물리적으로 '옮기는' 직접적 재현을 동반한다. 대상이 남긴 자국을 그대로 채취하여 또 다른 매체로 전환하는 과정은 예술에서 여러 형식으로 나타났다. 막스 에른스트Max Ernst의 프로타주frottage 기법은 거친 표면 위에 종이를 올리고 연필로 문질러 표면의 질감을 그대로 옮기는 방법이었다(Fig. 20). 동양의 어탁, 탁본 전통이나, 현대 작가 서도호Do Ho Suh의 〈Rubbing/Loving Project〉시리즈도 이와 비슷한 맥락에 있다. 또한 대상을 잉크나 물감으로 찍어내어 반복적으로 흔적을 남기는 스탬핑stamping 방식도 그러한데, 앤디 워홀Andy Warhol의 실크스크린이나 쿠사마 야요이Yayoi Kusama의 패턴 작업처럼, 찍어내기의 반복 속에서 동일성과 차이가 동시에 드러나기도 한다.

〈건천 프로젝트〉에서는 3D 프린팅 된 여러 개의 물조각을 유토로 찍어내고, 그것들이 다시 거푸집이 되어 하나의 시멘트 덩어리 구조물로 변환된다는 점에서 이러한 직접적 재현의 방식(Fig. 21)이 사용되었다.

Fig. 21
직접적 재현(stamping) 후 찍어내기
(저자 촬영, 2022)

스스로 그려낸 기록

본 프로젝트에서는 건천의 바위에서 발견한 물의 흔적을 섬세하게 묘사한다거나, 혹은 완전한 무작위의 방식으로 생성하는 방식을 택하기 보다는, 물이 만들어지기 위한 장을 만들어 어느 정도의 범위 안에서 형태를 도출하고, 그것을 다시 일종의 건축적 프로타주이자 찍어내기의 방식으로 물리적 변환 과정을 거쳤다. 여기에서 중요한 점은 결과가 작가의 손에 의해 만들어진 것이 아니라, 발견된 흔적이 곧 새로운 오브제로 치환되었다는 점이다. 뒤샹Marcel Duchamp이 발견된 사물을 미술의 장으로 끌어올린 레디메이드ready-made의 태도와도 연결될 수도 있지만, 여기서는 사물이 아니라 흐름의 흔적이 발견되고, 그것이 다시 건축적 공간으로 전환되었다는 점에서 차이가 있다. 흔적을 고스란히 담아내면서 새로움을 창출하는 이 방식은 건축이 창조라기보다 발견 – 재현 – 변환의 연속적 과정임을 가장 직관적으로 보여준다. 〈건천 프로젝트〉가 보여준 것은, 바위 위에 새겨진 흐름의 흔적, 시뮬레이션으로 도출된 물줄기의 형태, 그리고 찍어내기를 통해 고형화된 시멘트 덩어리까지—그 모든 것들은 결국 물이 스스로 그려낸 기록이다(Fig. 22). 물은 더 이상 단순히 다루어지는 대상이 아니라, 스스로 자신의 건축 언어를 생성하는 원재료로 자리한다.

Fig. 22
발견–재현–변환의 과정을 거쳐 나타난 현실. 모형 사진 (저자 촬영, 2022)

홍다혜는 한양대학교에서 건축학을 전공하고, 같은 학교에서 남성택 교수의 지도하에 건축 역사 · 이론 · 비평 전공 석사학위를 받았다. 직관에 기반한 실험과 같았던 학부 졸업설계인 〈건천 프로젝트〉에서는 물의 형태를 현실로 옮겼듯, 석사학위논문에서는 그 이론적 연장선에서 흙의 자체적인 형태를 거푸집으로 삼는 현대의 콘크리트 건축 사례들을 수집하고, 그 구축 과정과 미학적 의미를 연구하였다. 재료의 물성에서 비롯되는, 그리고 가공 과정에서 발견되는 형태 모두에 관심을 두고 있으며, 현재는 실무를 병행하면서 원재료와 그 가공 과정을 살피고자 재료 공장 답사를 진행하고 있다.

Make Matter "Speak"
재료를 말하게 하기

앙투안 피콩의 저서 『건축의 물질성』(2018은 건축을 이해하기 위한 핵심 범주로서 물질, 재료, 그리고 물질성을 구분하여 정의하고 그 의미를 탐색한다. 그는 건축을 단순한 구축 행위가 아니라, 중력과 자연에 저항하고 풍화와 잔존을 통해 시간 속에서 살아가는 물질의 조직으로 규정한다. 피콩에게 물질성은 인간의 사유와 실천과 관련된, 어떤 현상, 사물, 객체, 체계의 물질적 차원을 가리키며, 본질적으로 물질과 인간이 이루는 관계적 개념이다. 그는 건축이 침묵하는 본성을 지닌 물질을 '말하게 하려는' 야망과 동시에 그 실패 속에서 독자적인 효과를 드러낸다고 지적한다.아키라우터 4호에서는 인간이 물질을, 건축재료를 대하는 태도에 대해 분석적으로 논의하는 피콩의 「서문」일부를 발췌하여 소개한다. 그는 역사적 변동 속에서 형성된 '물질성의 체제'를 분석함으로써 건축사를 새롭게 구성할 수 있음을 제안하고, 디지털 문화와 환경 위기의 현재에서 물질성을 이해하는 것이 인간을 이해하는 핵심적 매개임을 지적한다.

전태규

Image credit (previous page):
© Dahye Hong

2018

물질, 재료, 물질성
Matter, Materials, Materiality

앙투안 피콩 Antoine Picon
전태규 옮김

Extracted from: Picon, Antoine. "Introduction: Matter, Materials, Materiality." in *The Materiality of Architecture*, 2–13, 18–19. Minneapolis: University of Minnesota Press, 2021. 2026년 한글 완역본 출간 예정 (번역: 김정혜)

[…]

건축은 […] 이해하기 어렵다. 아마도 그 주된 이유 중 하나는 그 구성에서 물질matter이 수행하는 역할 때문일 것이다. 무엇보다도 건축은 중력과 자연 요소에 저항하고, 동시에 아름다움과 사용성을 위해 대규모로 배열된 물질이다. 기원전 1세기 초에 이미 로마의 건축가이자 공학자인 마르쿠스 비트루비우스 폴리오[비트루비우스로 더 잘 알려짐]는 그의 저서 건축 십서De architectura에서 견고함, 유용함, 아름다움으로 건축의 본질적 특성을 강조했으며, 이 책은 오늘날까지 비교적 완전한 형태로 전해 내려오는 고대의 유일한 건축 논고이다.[1] 건축은 풍화되는 물질로, 그로인해 건축물이 공간 속에서만이 아니라 시간 속에서도 존재한다는 사실을 우리에게 상기시킨다.[2] 건축은 폐허로 남는 물질이며, 점차 그 날카로웠던 윤곽과 그 위에 새겨지고 조각되었던 장식물들을 잃어가다가, 사회학자 게오르크 짐멜Georg Simmel을 인용하자면, 인식 가능한 인공물의 모든 중간적 결합상태를 거친 후에 마침내 자연의 순수한 상태로 되돌아간다.[3] 물론 회화와 조각 역시 물질로 구성되지만, 그 경우 물질은 상대적으로 덜 무겁고 덜 압도적인 존재로 나타나 인간의 손에 의해 훨씬 세심하게 다루어질 수 있다.

1 비트루비우스와 그의 논고와 관련하여, 다음을 참고하라 Pierre Gros, *Vitruve et la tradition des traités d'architecture: Fabrica et ratiocinatio* (Rome: École Française de Rome, 2006).

2 Mohsen Mostafavi and David Leatherbarrow, *On Weathering: The Life of Buildings in Time* (Cambridge: MIT Press, 1993)

끝없는 철학적 사유의 대상인 물질은 언제나 다소 불가해한 상태로 남아 있다. 그것은 근본적으로 인간의 목적에 무관심한 것으로 보이며, 심지어 영국의 인류학자 팀 잉골드Tim Ingold와 같은 현대 저자들이 우리에게 그 자발적 활동에 협력하기를 권한다 하더라도 그러하다.[4] 나는 물질을 인간의 제도에 복종시키는 대신 그것과 협력하려는 이 욕구로 나중에 다시 돌아올 것이다. 그 생각이 매혹적일 수는 있지만, 그것이 주로 학문적 범위에 머물러 있다는 점을 눈여겨 볼 만하다. 인간의 의도로부터 벗어나, 물질은 실제로 종종 그것을 사용하려는 사람들—제작자들과 건설자들부터—에 저항한다. 나무를 휘게 하거나 돌을 조각하는 일은 결코 쉽지 않다. 그것들은 완력과 기술을 요구한다. 이러한 작업들을 협력의 결과로 해석할 수도 있다—어떤 면에서는 그렇다—그러나 완고한 물질적 실체에 맞서는 긴장된 마주함과 투쟁으로도 볼 수 있다. 존 러스킨John Ruskin에서부터 리처드 세넷Richard Sennett, 그리고 팀 잉골드에 이르는 지속적인 지적 전통은 물질을 다루는 수공예 작업을 이상화해 왔으나, 이러한 작업이 실제로는 얼마나 어려운지를 종종 간과하게 한다. 비록 그 극복된 후의 어려움이 기쁨과 자부심의 원천이 된다 하더라도 말이다.[5] 그 무관심과 저항 때문에 물질은 침묵하는 것처럼 다가오며 심지어 난해하거나 불투명하게 보이기도 하는데, 이러한 인상은 일반적으로 물질에는 즉각적인 표현성이 결여되어 있다는 점에서 더욱 강화된다. 물질과 재료는 우리에게 자발적으로 말을 걸지 않는다 (이는 특히 벽돌과 콘크리트와 같은 건축 재료에서 더욱 그러하다).

비록 미학적 탐구가 건축 분야에서 중요한 위치를 차지하고 있지만, 물질이 수행하는 독특한 역할로 인해 독립적 표현의 역할은 다른 예술들에 비해 훨씬 더 제한적이다. 마치 그 침묵됨과 불투명성이 건축 작품을 훼손하는 것처럼 말이다. 건축이 만들어내는 효과 역시 종종 미묘하며, 관람자의 의식적 인식의 경계 어딘가에 머문다. 철학자이자 문화 비평가인 발터 벤야민이 예술과 그 재현 가능성에 관한 고전적 에세이에서 지적했듯이, 건축의 경험은 일반적으로 산만한 방식으로 이루어진다. 벤야민이 묘사한 도시산책자flaneur는 자신이 거니는 건축적 환경에 주의를 항상 기울이지는 않는다.[6] 이러한 산만한 상태는 오늘날 의 디지털 세계에서 스마트폰의 확산에 의해 극적으로 강화되었는데, 사람들은 거리를 걸으면서 주변에서 일어나는 일에 눈길도 주지 않은 채 강박적으로 스마트폰을 확인하곤 한다.

우리가 단순한 행인이나 거주자로서 공간적 환경과 상호작용하는 방식이 일반적으로 산만할지라도—몇몇의 주목할 만한 기념비나 도시 혹은 뛰어난 경관을 예외로

3 Georg Simmel, "The Ruin," in *Essays on Sociology, Philosophy and Aesthetics*, ed. K. H. Wol (New York: Harper & Row, 1965), 259–66.

4 Tim Ingold, *Making: Anthropology, Archaeology, Art and Architecture* (London: Routledge, 2013)

5 John Ruskin, *The Seven Lamps of Architecture* (London: Smith, Elder, 1849); Richard Sennett, *The Craftsman* (New Haven, Conn.: Yale University Press, 2009); Ingold, *Making*.

6 Walter Benjamin, "The Work of Art in the Age of Its Technological Reproducibility" (1936), trans. Howard Eiland, in *Selected Writings*, vol. 3, 1935–1938, ed. Howard Eiland and Michael W. Jennings (Cambridge, Mass.: Harvard University Press, 2002), 101–33, esp. 119–20.

하고—건축은 여전히 여러 층위에서 우리를 대상으로 하고 있다는 인상을 준다. 우선, 인간의 행위는 그와 같은 울림을 결코 일으키지 못할 건축 환경의 집요한 속삭임이 있다. 이와 관련하여, 이슬람 미술사학자 올렉 그라바르Oleg Grabar는 장식에 관한 한 에세이에서 건축과 관련된 가장 심오한 진리는 "건축은 항상 인간을 위해 봉사하며, 단순하고 평범한 식사나 강연을 듣는 것과 같은 활동에서부터 신을 숭배하거나 예술 작품을 숙고하는 것과 같은 장엄한 활동에 이르기까지, 인간의 다양한 활동을 풍부하게 하는 것 외에 다른 목적을 갖지 않는다는 점"이라고 언급했다.[7] 미국 건축가 루이스 칸은 1972년에 개관한 뉴햄프셔의 필립스 엑세터 아카데미 도서관을 묘사하며, 일상적 인간 활동을 꾸미기 위해 존재하는 예술 형식의 이 명시된 겸손—그 명백한 종속—에 답했다. 그는 이 유형의 건축물이 "책을 든 사람이 빛을 향해 나아갈 때"에만 의미를 갖는다고 주장했다.[8] 공간 처리의 뛰어난 점은 가능한 가장 직접적인 독서 경험에 의해 정당화되며—이는 칸의 건축이 겸손한 태도로 풍요롭게 하고자 하는 경험이다. 이러한 풍요로움은 건물 안에 거주하거나 생활하는 것을 즐겁고 심지어 영감을 얻는 것으로 만드는 요인들 가운데 하나이다.

그러나 일반적으로 지각할 수 있는 그 한계에서 들려오는 건축 환경의 집요한 속삭임은 결코 건축의 유일한 효과가 아니다. 우리가 건축물에 조금 더 주의를 기울일 때, 많은 건축 작품들이 우리에게 말을 거는 듯한 인상을 주는 것 역시 그 범위에 포함된다. 마치 벽돌, 돌, 콘크리트, 강철 덩어리들이 정적인 것이 아니라 실제로 살아있는 것처럼 말이다. 이러한 인상은 프랭크 게리와 자하 하디드와 같은 건축가들의 작품을 마주할 때 특히 두드러지는데, 이들은 노골적으로 생동하는 기하학으로 우리의 주의를 사로잡고자 했다. 그러나 단순한 주택 또한 바라보는 이에게 말을 걸 수 있다. 마치 말을 하다가 감정을 드러내기 직전의 얼굴들처럼, 어떤 파사드는 즐겁고 거의 웃는 듯 보이는 반면, 다른 파사드들은 어둡고, 심지어 움츠러들어 있다. 이러한 두드러지는 효과들을 설명하기 위해, 18세기 건축 이론가들은 그들이 "캐릭터character"라 부른 개념을 발전시켰다. 1780년 『건축의 정수Le Génie de l'architecture』에서 니콜라 르 카뮈 드 메지에르Nicolas Le Camus de Mézières는 이렇게 썼다. "내가 더 면밀히 살펴볼수록, 나는 모든 사물이 오직 그 자체로 고유한 캐릭터를 가진다는 것을 점점 더 알게 되었다." 그는 이어서 말했다. "우리가 건축을 통해 감정을 불러일으키려 할 때, 단순히 돌을 하나하나 쌓아 올리는 것이 아니라 정신에 호소하고 영혼을 자극하려 할 때는 항상 이 원리에서 시작해야 한다. … 효과와 감각은

7 Oleg Grabar, *The Mediation of Ornament* (Princeton, N.J.: Princeton UniversityPress, 1992), 193.
8 Louis Kahn, *Writings, Lectures, Interviews* (New York: Rizzoli, 1991), 76.

전체를 지배하는 숙고된 의도에서 비롯된 다."[9]

르 카뮈가 비꼬듯 지적한 것처럼, 단순히 물질을 쌓아 올리는 것이 아니라 전체적 구성을 통해 물질에 생동감을 부여하려는 야망은 건축 과정에서 가장 중요한 것이다. 인간의 영혼에 닿고자 하는 욕망에 몰두하면서, 건축은 인간의 감정을 아랑곳하지 않는 듯한 그 물질을 감응하도록 만들고자 하는 오랜 열망을 끊임없이 불러 일으켜 왔다. 사물을 이루는 근원인, 말없는 실재로서의 물질만큼 생각과 감정에 더 낯설게 느껴지는 것은 없어 보인다. 그 자체만으로, 재료는 인간의 활용 가능성을 암시하는 속성을 지니고 있음에도 불구하고 거의 표현력이 없어 보인다. 그러나 건축은 일정한 수준에서 물질과 재료를 인간화하는 매혹적인 능력을 부여받은 듯 보인다. 이러한 점에서, 이 가장 물질적인 예술 형식이 대담한 철학적 사유를 불러일으켜 왔다는 사실은 놀라운 일이 아니다. 마치 건축이 조직하는 물질과 정신의 인식 사이에 깊은 공명이 존재하는 것처럼 말이다.

물질과 더불어, 혹은 어쩌면 그 결과로서, 언어 또한 다음 장에서 전개될 논의에서 중요하게 다뤄진다. 여기서의 나의 의도는 결코 건축을 문법과 어휘에 내재된 예술적 표현의 매체로 자리매김하려 했던 포스트모던의 야망을 다시금 불러내는 것이 아니다. 오히려 나의 목적은 자기표현에 대한 열망에서 비롯되는 함의를 탐구하는 데 있다. 간단히 말해, 언어는 이러한 열망의 상한으로 기능한다. 이상적으로는, 건축은 르 카뮈의 말처럼 우리에게 직접적으로 발언하고 "말할" 수 있는 능력을 가져야 한다. 그러나 이러한 발화 행위가 실제로 성공한다면, 그것은 건축 예술을 구성하는 물질의 불투명성을 상실하게 만들 것이다. 건축 기율discipline 전체의 역설은 물질을 표현하게 만드는 데에 있으며, 이는 종종 언어 자체에 대한 물질의 완고한 저항을 간과하는 지점에 이른다—비록 그 표현 능력의 상당 부분이 바로 이 저항에 빚지고 있음에도 불구하고 말이다. 이는 건축과 언어 사이에서 반복적으로 연출되는 거리감이, 그것들이 결합할 때 발생하는 효과보다 궁극적으로 더 강력하기 때문이다. 달리 말하면, 건축은 끊임없이 말하고자 해야 하지만, 동시에 그것은 언제나 실패할 수밖에 없다—마치 시지프스가 바위를 산 정상으로 밀어 올리도록 영원히 저주받았으나, 그것이 매번 그의 손을 벗어나 골짜기로 굴러 떨어지는 것과 같이.[10]

생동animation의 개념은 건축이 생명을 얻은 것처럼 보이는 방식과 연결되지만, 항상 불완전한 방식으로만 이루어지는데, 이는 건축이 완전한 표현에 도달할 수 없음을 드러내기 때문이다.[11] 신이나 자연은 움직이지 않는 물질을 살아 있는 몸체로 변형

9 Nicolas Le Camus de Mézières, *The Genius of Architecture; or, The Analogy of That Art with Our Sensations* [*Le Génie de l'architecture, ou, L'Analogie de cet art avec nos sensations*, 1780], trans. David Britt (Santa Monica, Calif.: Getty Center for the History of Art and the Humanities, 1992), 70–71. 캐릭터와 관련한 이론에 대해서는, 다음을 참고하라 *Werner Szambien, Symétrie, goût, caractère: Théorie et terminologie de l'architecture à l'âge classique* 1500–1800 (Paris: Picard, 1986).

10 Albert Camus, *The Myth of Sisyphus* [Le Mythe de Sisyph, 1942], trans. Justin O'Brien (London: Penguin, 2013).

시킬 수 있지만, 인간은 이를 그만큼 효율적으로 해내지 못한다. 특히 건축과 관련해서, 인간은 돌무더기가 결코 진정으로 말하는 능력을 갖출 수 없다는 사실을 받아들여야 한다. 이런 의미에서 건축물은 마치 미켈란젤로의 미완성작 '노예들Slaves'과 유사하다. 그 조각된 형상들은 겨우 석재 감옥으로부터 벗어나기 시작했을 뿐이다. 이 불완전함보다 더 강력한 것은 없다. 따라서 건축은 진정으로 "말하지" 못하는 바로 그 능력의 부재에서 가장 인상적인 효과를 얻어낸다.

최종적으로, 건축을 위치시키거나 사유한다는 것은 필연적으로 물질의 침묵하는 완고함과 그것이 인간의 노력에 저항하는 성질, 그리고 그것을 소통하게 만들고자 생동을 부여하려는 욕망 사이의 끊임없는 흔들림과 미주하는 것을 의미한다. 바로 이 중대한 긴장이 내가 여기서 다루고자 하는 것이며, 건축을 이해하기 위한 근원적인 단서를 제공하는 듯하다. 특히 이러한 긴장은 물질과 재료, 더 정확히 말해 내가 '물질성materiality'이라 부르고자 선택한 것과 건축이 맺는 피할 수 없는 관계를 비추어 볼 수 있게 한다. 물질, 재료, 물질성. 지금 단계에서 이 세 가지 개념을 더 면밀히 살피는 것은 이 책의 전반적 목표를 명확히 하는 데 기여할 것이다. 이 세 용어는 일반적으로 무엇을 의미하며, 그리고 여기서는 어떤 관점으로 사용될 것인가?

물질matter은 셋 중에서 가장 일반적인 용어로, 철학자들과 과학자들이 사물을 이루는 기초적 실체를 지칭하기 위해 광범위하게 사용해 온 개념이다. 우리는 물질에 대해 친밀함과 거리감을 동시에 느낀다. 물질은 어디에나 있으며 우리의 감각에 가닿지만, 동시에 추상으로 남는다. 이는 우리가 그것을 개념화하기 위해서는 주변으로부터 대부분의 성질을 제거해야 하기 때문이다. 르네 데카르트가 형태, 색, 냄새, 맛을 제거했을 때 공간적 연장만이 물질에 남는 유일한 성질이라고 통찰한 것은 널리 알려져 있다.[12] 알베르트 아인슈타인의 질량과 에너지의 등가 개념과 그에 대한 양자 물리학의 확률적 해석 바탕으로, 현대 과학은 이 주제에 대해 다른 관점을 발전시켰다. 그러나 일상적 차원에서의 물질 경험은 여전히 명확성과 포착 불가능성의 역설적 혼합으로 특징지어진다. 물질은 우리를 둘러싸고 있으며, 우리의 신체를 (심지어 정신조차도) 이루고 있지만, 동시에 불투명하고 무관심한 것으로 보인다. 이러한 물질의 성질은 철학과 문학에서 반복적으로 다루어진 주제였다—예를 들어, 장 폴 사르트르의 소설 『구토La Nausée』에서 물질이 수행하는 역할을 떠올려보라.[13] 건축의 야망은 바로 이러한 불투명성과 무관심을 극복하여 물질과 인간 사이의 미묘한 연결을 드러내는 데 있다.

재료Materials, 즉 목재, 철, 콘크리트와 같

11 이 개념과 관련하여, 다음을 참고하라 Spyros Papapetros, *On the Animation of the Inorganic: Art, Architecture, and the Extension of Life* (Chicago: University of Chicago Press, 2012).

12 데카르트의 물질 개념은, 이를테면 그의 저술인 『세계(The World)』에서 드러난다. (*Le Monde, ou Traité de la lumière et des autres principaux objets des sens*), published for the first time in 1664.

13 Jean-Paul Sartre, Nausea [*La Nausée*, 1938], trans. Lloyd Alexander (New York: New Directions, 1964).

은 것은 색채와 질감에서부터 기계적 강도에 이르기까지 특정한 성질과 밀접하게 연관된 물질에 해당한다. 더 중요한 점은, 재료는 일반적으로 인간의 사용과 연관된다는 것이다. 석재와 같은 일부 재료는 자연에 의해 주어지지만, 강철과 같은 다른 재료는 복잡하고, 대체로 산업적인 과정을 거친 결과물이다. 재료들이 공통적으로 가지는 점은, 특정한 목표를 달성하기 위해 동원될 수 있는 성질propertiy을 통해 주로 정의된다는 것이다. 이러한 성질은 전적으로 자연적인 것일 수도 있고, 재료가 채굴되거나 생산되는 방식에 따라 달라질 수도 있다. 예를 들어, 콘크리트의 역사는 상당 부분, 원래는 가지고 있지 않았던 성질(예: 물에 대한 저항)이 소석회, 모래, 잡석의 혼합으로부터 어떻게 획득되었는가를 보여주는 역사이기도 하다.[14] 사실, 재료의 성질은 연구, 실험, 그리고 그 이후의 합의에 의해 인간에 의해 부분적으로 정의된다. 여기에서도 콘크리트는 방수성과 경도와 같은 성질의 발전에 있어 연구와 실험이 중요한 역할을 했던 훌륭한 사례로 들 수 있다. 이러한 성질들의 정의는 처음부터 자명했던 것이 아니었다. 19세기 중반 무렵, 연구와 실험은 현대 콘크리트를 특징짓는 근본적 성질의 정의에 관한 점진적인 합의로 이어졌다. 다시 말하면, 재료와 그 성질은 최소한 일정한 정도까지는 항상 사회적으로 구성된다. 생산 과정과는 별개로, 인간의 합의가 궁극적으로 제도화된 형태인 '표준standards'은 이 구성에서 본질적 역할을 수행한다. 따라서 물질에 비해, 재료는 인간에게 한 발짝 더 가깝다.

물질성materiality이라는 개념은 물질과 재료의 개념과 동일한 방식으로 논의할 수 없다. 물질성은 명확한 성질을 갖거나 그를 지니지 않는 선재先在하는 실체에 대응하지 않기 때문이다. 물질성은 일반적으로 **인간의 사유와 실천과 관련된, 어떤 현상, 사물, 객체 또는 체계의 물질적 차원**을 지칭한다. 물질성은 본질적으로 관계적이기 때문에, 물질이나 재료와 혼동되어서는 안 된다. 물질성은 우리가 인간으로서 물질 및 재료, 더 넓게는 우리를 둘러싼 물리적 세계, 그리고 근본적으로 물질적인 것으로 인식되는 현상, 사물, 객체들과 맺는 관계의 유형을 특징짓는다. 물질성에 대해 일반적으로, 건축은 특히 감각의 영역에 속하는 가시적이고 심지어 촉각적인 구성 요소에 주목한다. 건축 설계는 이러한 관계가 특정한 장소나 건축물의 사례에서 어떻게 드러나고 계획될 수 있는지를 상상하는 일이다.

이 책에서 나는 건축 기율의 관점에서 상정되는 물질성의 문제—다시 말해, 건축의 물질성—에 대해 더 깊이 탐구할 것이다. 앞서 언급했듯이, 이 여정에는 건축과 언어에 대한 성찰뿐만 아니라, 건축이 물질과 재료에 인간적 연관성을 부여하고자 시도하

14 현대 콘크리트의 역사와 그 성질의 점진적 규정에 관해서는 풍부한 연구 문헌이 축적되어 있다. 예를 들어, 다음을 참고하라. Cyrille Simonnet, *Le Béton, histoire d'un matériau: Économie, technique, architecture* (Marseille: Editions Parenthèses, 2005); Adrian Forty, *Concrete and Culture: A Material History* (London: Reaktion Books, 2012).

는 핵심 방식인 생동animation에 대한 논의도 포함될 것이다. 그러나 시작부터 짚고 넘어가야 할 중요한 점은, 물질성이 본질적으로 관계적이기 때문에 우리가 물질과 재료에 관계 맺는 방식 이상의 무언가를 말해준다는 사실이다. 물질성은 인간이 이러한 관계를 통해 우리 스스로를 이해하는 방식과 불가분의 관계에 있다. 실제로, 물질적 존재들로 가득한 외부 현실에 대한 우리의 인식은 우리가 사고하고 행동하는 방식에 대해 본질적인 무언가를 알려준다. 내가 여기서 전개할 주된 논지는 건축이 물질성을 다루는 것은 인간으로 존재하는 것이 무엇을 의미하는가라는 질문에 다가가고 있기 때문이라는 것이다. 이 야망을 이해하는 또 다른 방법은 마르틴 하이데거Martin Heidegger의 유명한 「건축, 거주, 사유」의 번역문에서 일반적으로 사용되는 용어인 '수용inhabiting' 또는 '거주dwelling'의 개념으로 눈을 돌리는 것이다.[15] 거주한다는 것은 한 장소나 건축물의 특정한 공간 및 그것을 채우는 물질적 사물thing들과 맺는 특별한 관계를 포함한다. 이러한 관계는 거주자로 하여금 자신이 누구인지를 더 잘 자각하도록 한다.

물질성은 고정적이지 않으며 영원불변이지도 않다. 인간과 그들을 둘러싼 물질 및 재료 사이의 관계는 시대와 사회에 따라 상당히 다양하게 변화해 왔다. 그것은 기술적, 경제적, 문화적 요인 뿐만 아니라 사용 가능한 재료, 도구, 장비, 기계들, 또한 노동의 조직, 그리고 물리적 현실에 대한 과학적 및 철학적 표상에 결정적으로 좌우된다. 심지어 특정한 역사적 시기와 사회 안에서도 그것은 단일하지 않다. 18세기 영국의 한 귀족은 동시대의 장인과 동일한 방식으로 물질 세계와 관계맺지 않았다. 따라서 나는 물질성의 일반적이고 다소 추상적인 정의를 내리기보다는, 그것을 끊임없이 진화하는, 사회적 스펙트럼의 양 극단에 걸쳐 변화하는 관계로 상정할 것이다.

그럼에도 특정한 역사적 시기와 특정한 사회에서는, 사람들이 받아들이는 다양한 물질성 개념들 중에는 공통된 특징들이 존재한다. 이는 인류학자, 사회학자, 역사학자들이 연구하는 공유된 신념, 지식, 실천과 마찬가지이다. 그와 다른 특징들은 흔히 논쟁의 대상이 되며, 그 두드러지는 성격 때문에 인문학과 사회과학에서도 연구된다. 이 합의된 요소들과 논쟁적인 요소들이 결합되어, 주류적 접근으로 물질성에 대해 말할 수 있는 하나의 장field을 정의한다. 이러한 접근은 단일하지 않다. 그것이 아우르는 논쟁과 모순들로 인해, 과학의 기초에 관한 합의의 순간들을 설명하기 위해 철학자이자 과학사학자인 토머스 쿤Thomas Kuhn이 그의 과학혁명에 관한 고전적 에세이에서 도입한 패러다임과는 비교될 수 없다.[16] 오히려 그것은 역사학자 스티븐 컨Stephen Kern

15 Martin Heidegger, "Building Dwelling Thinking" (1954), in *Poetry, Language, Thought*, trans. Alfred Hofstadter (New York: Harper & Row, 1971), 145–61. 나는 여기서 '거주'라는 용어를 하이데거가 사용하는 것보다 더 좁은 건축적·도시적 의미에서 사용했다. 그러나 어떤 장소나 건물을 거주하는 것과 지상에서 거주한다는 것은, 하이데거가 지적했듯이, 실제로 연결되어 있다. 역주) 하이데거 국문 번역어에 대해서는 다음을 참고하였음. 마르틴 하이데거, 「건축 거주 사유」 김영철 옮김. 다음에 수록. 김현섭 엮음, 『하이데거적 장소성과 도무스의 신화』 (대전: 도서출판 아키트윈스, 2019), 37–76쪽.

이 19세기에서 20세기로의 전환기 서구의 '시간과 공간의 문화'를 그려낸 대비된 모습과 유사한데, 여기서 문화는 여러 공유된 가정들과 치열한 논쟁의 대상이 된 쟁점들을 중심으로 전개된다.[17]

건축생산이 사회적으로 수용되기 위해서, 건축은 대체로 물질성의 지배적인 접근법에 따른다. 따라서 이 학문의 발전은 특정한 설계 의제들에 의해 왜곡되었음에도 불구하고 물질성의 연속적인 변화를 반향한다. 이러한 공동의 진화를 이해하는 또 다른 방법은 역사학자 프랑수아 아르토그 François Hartog가 그리스-로마 고대에서부터 오늘날에 이르는, 호메로스 시대에서 포스트모던 조건에 이르는 서로 다른 "역사성의 체제"의 존재를 부각시키고자 했던 것처럼, "물질성의 체제"라는 개념을 도입하는 것이다.[18] 물질성의 체제는 역사적 특정 시점에서의 지배적인 물질성 접근법의 특징적 요소들, 그 요소들이 구축되는 합의, 그리고 그 합의의 한계를 드러내는 논쟁과 모순을 포괄한다. 이러한 물질성의 체제가 부각되면, 건축이 필연적으로 그 흔적을 지닌 연속적 물질성을 이해할 수 있으며 무엇보다 그 경험을 바탕으로 다양한 건축사들을 새롭게 다시 쓸 수 있을 것이다. 이 책의 말미에서 나는 르네상스, 18세기에서 19세기로의 전환기, 그리고 20세기 전반의 모더니즘을 물질성에 대한 공유된 개념의 변형에 있어 핵심적인 사건으로 고려하여, 서구 건축의 이러한 수정된 역사를 개략적으로 그려볼 것이다. 이러한 수정을 제시하는 나의 목적은 서구 건축의 새로운 시대 구분을 제안하려는 것이 아니라, 통상적인 해석에서 사용하는 것과는 다른 관점에서 이 건축을 이해하는 데 있다.

연속적인 물질성의 체제 관점에서 건축의 진화가 어떻게 보일 수 있는지에 대해 더 탐구하기 위해, 나는 디지털 문화의 확산과 환경 이슈의 등장이라는, 종종 인식되는 것보다 훨씬 긴밀하게 연결된 두 가지 발전 또한 고려하면서 지난 수십 년 동안 건축이 겪어온 변화를 고려할 것이다. 디지털 영역은 단순히 새로운 기술들의 집합이 아니며, 특히 물질성에 대한 다른 이해를 반영하는 문화의 등장과 연관된다. 여기서 주목할 점은, 디지털 영역이 한때 일부 건축 이론가들과 실무자들이 한번쯤 두려워했을지도 모르는 것과 같이, 건축의 물질성을 훼손하거나 그것을 가상적이고 덧없는 것으로 전락시키지는 않았다는 사실이다.[19] 오히려 디지털 영역은 우리 동시대에 영향을 미치는 변화를 드러내는 데 기여해왔다. 가장 정교한 형태로, 디지털 아방가르드 건축은 이러한 변화들을 다루는데, 그것은 우리가 물리적 환경과 맺는 관계와 물질 세계에 대한 새로운 경험에 직면한 주체로서 자신을 이해하는 방식을 동시에 포함한다.[20] 때로

16 Thomas Kuhn, *The Structure of Scientific Revolutions* (Chicago: University of Chicago Press, 1962).
17 Stephen Kern, *The Culture of Time and Space*, 1880 - 1918 (Cambridge, Mass.: Harvard University Press, 1983).
18 François Hartog, *Regimes of Historicity: Presentism and Experiences of Time [Régimes d'historicité: Présentisme et expérience du temps*, 2003], trans. Saskia Brown (New York: Columbia University Press, 2015).
19 Kenneth Frampton, *Studies in Tectonic Culture: The Poetics of Construc-tion in Nineteenth and Twentieth Century Architecture* (Cambridge: MIT Press, 1995)

는 추상적으로 보일 수 있더라도, 디지털 시대의 건축적 표현들은 이 물질 세계에 대한 새로운 경험에 기초하며, 이는 필연적으로 우리의 인간성에 기여하는 것을 지속한다.

이러한 전개 전반에서의 핵심은, 우리가 물질과 재료와 맺는 관계가 물리적 환경과 구별되면서도 동시에 그것과 불가분하게 연결된 감각적 존재로서의 우리 자신을 규정하는 데 중요한 역할을 한다는 것이다. 이와 관련하여, 인간과 비인간의 동시적 구성 혹은 공동 생산에 대해 말하는 것이 가능해진다. 건축은 특히 물질성의 문제와 관련하여, 이러한 구별과 결합의 이중 과업에 중요한 기여를 한다. 19세기 이론가들 가운데 존 러스킨은 물질성과 인간성 사이의 밀접한 관계에 특히 민감했다. 그것은 『건축의 일곱 등불Seven Lamps of Architecture』(1849)에서부터 『베네치아의 돌Stones of Venice』(1851–53) 에 이르는 그의 주요 저작 전반에 스며들어 있다. 물질과 재료, 그리고 인간이 그것들과 맺는 관계에 대한 그의 관심은 오늘날 물질과 설계의 화해를 추구하는 디지털 건축가들에 의해 그의 작업이 재발견된 이유 중 하나이기도 하다.[21] 최근에는 물질성과 인간성 간의 연결고리가 건축의 현상학적 해석에서 주요 주제 가운데 하나가 되었다. 예를 들어, 물질성은 핀란드 건축가 유하니 팔라스마Juhani Pallasmaa의 영향력 있는 에세이『건축과 감각The Eyes of the Skin: Architecture and the Senses』[22]에서 중심적 역할을 한다. 그러나 현상학은 역사적 시간에 의해 구애받지 않는 근원적 진정성에 건축학을 뿌리내리려는 필요성에 몰두하기 때문에, 물질성과 인간성을 역사에 의존하는 차원이 아니라 불변의 것으로 전환시킨 철학적 관점을 제시해 왔다. 따라서 물질성의 내용에 대한 우리의 평가와 인간 조건에 대한 우리의 이해가 역사적 시기마다 상당히 달라져 왔음을 강조하는 것이 결정적으로 중요해진다.

[…]

[…] 건축가들은 물질을 때때로 마치 "말하려는" 듯 보일 정도로 표현력을 갖도록 만들고자 하지만, 철학자들과 사회학자들은 그들의 학문에서 언어중심적logocentric 전통을 벗어나 사물과 객체의 침묵하는 행위주체성을 재발견하고자 한다. 건축된 대상objects의 측면에서 언어는 여전히 매력을 유지하고 있지만, 오늘날 인문학과 사회과학의 일부 학자들은 언어의 지배로부터 벗어나려는 시도를 하고 있다.

비록 언어가 건축에 있어 불가피한 참조가 되었지만, 건축 표현에 대한 추구는 궁극적으로 언어적인 것이 아니다. 내가 앞서 논증했듯, 건축의 산물은 진정으로 말할 수 없다. 그럼에도 불구하고 이러한 추구는 지극히 물질적인 수단을 통해 관찰자를 움직이고자 하는 야망을 드러낸다. 이러한 야망은

20 나는 이 주제를 앞선 몇몇 글들에서 전개한 바 있으며, 그중에는 「건축과 가상: 새로운 물질성으로」도 포함된다." *Praxis: Journal of Writing + Building*, no. 6 (2004): 114–21; and especially Digital Culture in *Architecture: An Introduction for the Design Professions* (Basel: Birkhäuser, 2010)

21 Lars Spuybroek, *The Sympathy of Things: Ruskin and the Ecology of Design* (Rotterdam: V2, 2011)

22 Juhani Pallasmaa, *The Eyes of the Skin: Architecture and the Senses* (Chi–chester: John Wiley, 2005)

건축이 모든 예술 가운데 가장 물질적인 것으로 여겨지며, 그 물질성이 때로는 단순한 구축과 혼동될 정도로 강하게 드러내는 점에서 이 학문의 특징이 된다. 물론 다른 예술들도 물질을 광범위하게 다룰 수 있지만, 대체로 건축만큼 물질에 의존하지는 않는다. 예를 들어, 조각은 그 표현을 성취하기 위해 기존의 사물과 존재를 모방하는 데 의존할 수 있지만, 본질적으로 물질을 그 중심에 둘 수 밖에 없는 것은 아니다. 한편 흥미로운 점은, 다양한 근현대의 예술가들이 자신들의 작업에서 물질과 더 일반적 차원에서의 물리적 현상을 중심으로 삼고자 할 때, 공간과 구조와 같은 건축의 자원을 차용해 왔다는 사실이다.[23]

물질을 표현하게 만들려는 건축적 야망은 물질과 인간 사이에 연관관계가 성립될 수 있다는 것을 함축하며, 이 책에서 중심적 역할을 하는 그 연결을 나는 물질성이라고 명명하였다. 다시 말하지만, 물질성은 물질이 아니다. 그것은 인간이 그들의 신념, 지식, 실천의 프리즘을 통해 물질 및 재료와 관계 맺는 방식을 지칭하며, 건축은 이러한 실천들 가운데 특히 핵심적인 것인데, 이는 물질이 그 정의 자체에서 수행하는 역할 때문이다. 물질성은 하나의 관념이나 관념들의 집합도 아니고, 일련의 구체적 습관과 행위들도 아니다. 그것은 사상들뿐만 아니라 상상이 경험 그리고 실천과 상호작용하는 장에 해당한다. 그것은 특정 사회가 역사의 특정 시점에서 물질 세계와 맺는 관계를 구조화하는 데 기여하는 모든 요소들을 포괄한다. 사회적 차원과 더불어, 그 일시적이고 역동적인 것이 그 본질이다. 물질성은 끊임없이 진화한다. 이 책에 영감을 주는 이론적 과제는 역사와 불가분의 관계에 있으며, 현재주의—즉 현재만을 중시하며 시간이 가져온 변화를 망각하고, 현재의 신념들을 실제로는 영원불변의 사실인 양 여기는 경향—가 오늘날 많은 논쟁에서 만연한 특징이 된 지금, 이러한 역사적 관점은 더욱더 필요해 보인다.[24]

[…]

앙투안 피콩(Antoine Picon)은 프랑스 국립과학연구센터(CNRS)와 파리-벨빌 국립건축학교 등에서 연구와 교육을 이어왔으며, 현재 하버드 대학교 디자인대학원(GSD)의 건축사 및 기술사 교수이자 건축기술학부의 학과장으로 재직하고 있다. 그는 건축, 도시, 기술, 미학을 넘나드는 폭넓은 연구로 잘 알려져 있으며, 『French Architects and Engineers in the Age of Enlightenment』(1992), 『Digital Culture in Architecture』(2010), 『Smart Cities: A Spatialised Intelligence』(2015) 등 다수의 저서를 통해 건축이론과 기술사 연구의 중요한 흐름을 제시하였다. 2014년부터 프랑스 건축 아카데미(Académie d'architecture)의 회원으로 활동하고 있으며, 국제 학술 무대에서 활발한 저술과 강연을 이어가고 있다.

23 이는 리처드 세라와 제임스 카펜터와 같은 예술가들의 경우에서 찾아볼 수 있다. 특히 카펜터의 작업은 예술과 건축의 경계를 흐릿하게 만든다. Sandro Marpillero, *James Carpenter: Environmental Refractions* (Basel: Birkhäuser, 2006).

24 Hartog, *Regimes of Historicity*.

Elements of Architecture
건축의 요소

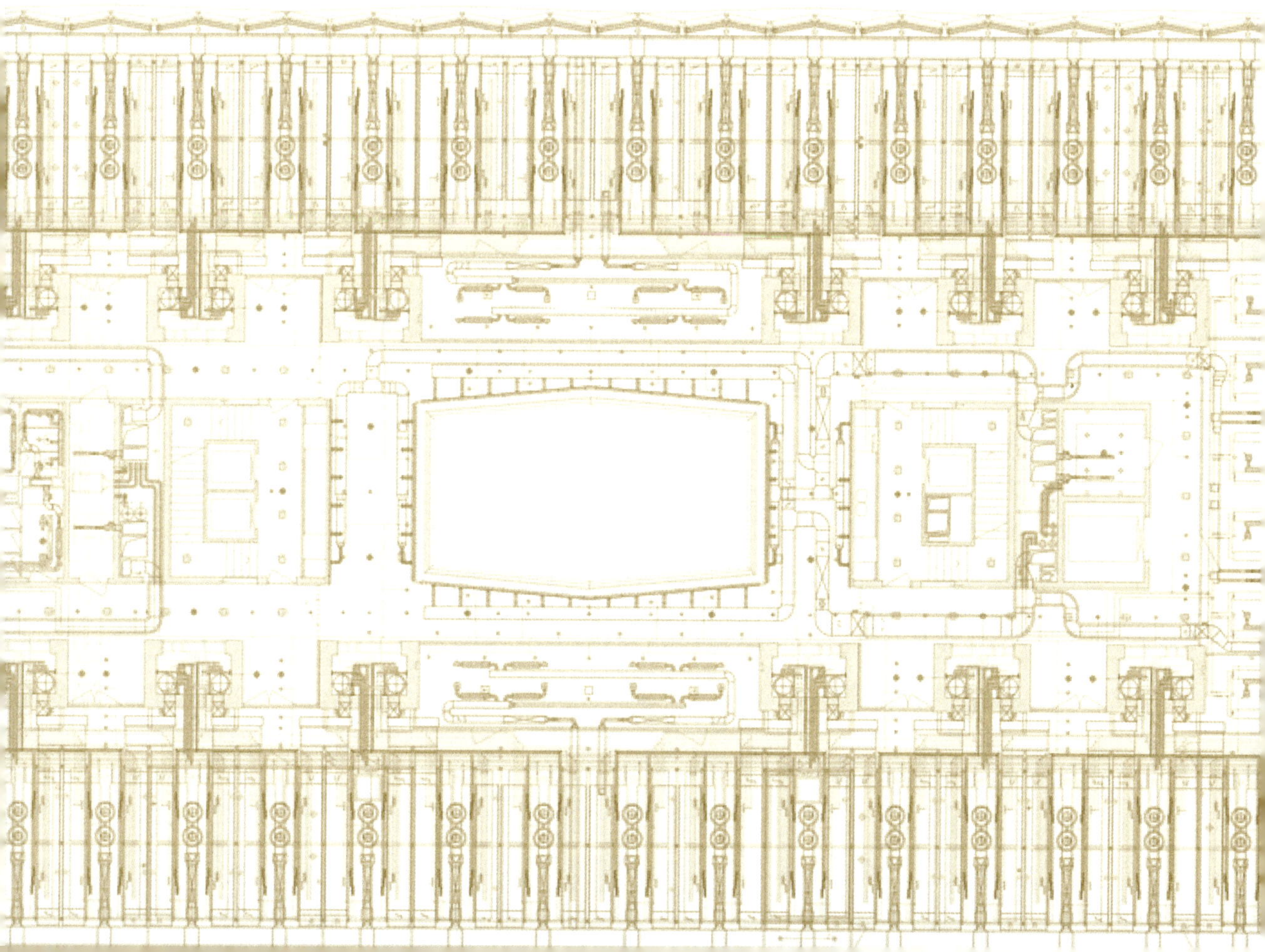

라우렌트 슈탈더는 건축 담론에서 반복적으로 호출되어온 '요소' 개념을 재검토한다. 알베르티, 젬퍼, 르 코르뷔지에 등 건축이론의 역사적 선례에서 요소(혹은 정리)는 건축의 논리와 시대적 변화를 매개하는 근원적 출발점이었으나, 2014년 렘 콜하스가 감독한 베니스 비엔날레 《건축의 요소들(Elements of Architecture)》 전시는 마치 홈디포의 카탈로그와 같이 방대한 나열 속에서 일관된 정의를 제시하지 못한 채 담론에서 급속히 사라졌다. 슈탈더는 이 문제를 통해 건축 요소가 단순한 부재나 재료가 아니라, 공간을 규정하고 질서를 형성하는 어떠한 장치임을 논한다. 그는 건축의 요소를 하중 지지, 보호, 순환이라는 세 가지 요구로 분류할 것을 제안하며, 건축을 '요소들의 콜라주'가 아닌 '아상블라주'로 이해할 때 실천적 · 심미적 의미가 회복될 수 있음을 주장한다.아키라우터 4호에서는 '물질로서의 재료'를 건축의 근원으로 여기는 시각에서 나아가 '요구를 수행하는 요소'로서 건축을 인식하는 다른 시각을 소개하고자 한다.

전태규

2017

요소에 대한 하나의 제언
On Elements: A proposition

라우렌트 슈탈더 Laurent Stalder

전태규 옮김

"요소Elements"는 언제나 다수의 건축 이론들의 개념적 전제로서 고정된 토포이/주제topoi 중 하나로 다루어졌다. 이는 오랜 건축 실천에 대한 탐구의 주요 출발점으로 입증되어 왔다. 레온 바티스타 알베르티는 건축의 "요소들"에 중대한 역할을 부여했는데, 이는 그가 구축에 헌정한 세 번째 책(1443–1452)에서였다. 헨리 우튼Henry Wotton은 비트루비우스의 저작을 느슨하게 번역하여『건축의 요소들Elements of Architecture』이라는 제목으로 출판했다(1624). 네 가지 "요소들" 이라는 표현은 고트프리트 젬퍼가 최초로 전지구적 건축을 이론화하고자 시도했던 토대였다(1851). 요제프 두름Josef Durm은 그 시절 가장 포괄적이었던 지침서에서 "공간 구획 구조물"을 "건축적 요소들"이라는 이름 아래 요약하였다(1920). 그리고 르 코르뷔지에는 다섯 가지 정리(비록 '요소들'은 아닐지라도)를 통해 그의 근대 건축 이론을 제시하였다(1927).

이들을 비롯한 수많은 텍스트들은 모두 동시대의 논리에 따라 건축 실천의 복잡성을 면밀히 조사하고, 새로운 모델들을 제안하려는 열망을 공유한다. 젬퍼는 비트루비우스적 건축 전통을 재고하게 하기 위해 네 가지 요소들을 제안했고, 새롭게 접근 가능한 전지구적 건축을 배경으로 그것을 새롭게 만들고자 했다. 반면 르 코르뷔지에의 다섯 가지 정리는 철근콘크리트 라는 새로운 재료의 기능적, 구조적, 미적 영향에 대응하고자 하는 급진적인 시도이다. 이러한 이중적 열망은 건축 이론의 시대적 기여에 따른 것이다. 역사 속에 내재된 이러한 시도들은 건축 기율에 관한, 그리고 건축과 관련한, 건축을 둘러싼 문화적 담론을 융합시킨다.

이러한 맥락에서, 2014년 베니스 비엔날레의 큐레이팅 작업—동시대 건축의 "요소들Elements"을 전시하겠다는 기획—이 전시 이후의 건축 담론과 논쟁들 속에서 거의 완전히 사라졌다는 점은 흥미롭다. 이는 아마도, 당시 전시되었던 수많은 유물들, 문서들, 도판들, 그리고 독창성과 무관하게 선별된 텍스트들이 넘쳐나는 상황에서, 전시 전체를 조망하는 것과 "요소"라는 개념을 일관되게 정의하는 것이 매우 어렵기 때문일 수 있다. 또한 이는 당시 전시의 큐레이터[1]의 '일반적인' 설명 때문일 수도 있다. 그는 아카이브, 박물관, 공장부터 실험실, 모형, 시뮬레이션에 이르기까지 다양한 전시 형식을 통해 "요소의 세계사에서 가장 잘 드러나거나 놀라운, 그리고 잘 알려지지 않은 순간들 중 일부를 선별하였다"고 주장했다. 전시의 과학 감독Scientific Director이 제시한 설명은 더더욱 모호했는데, 그는 브뤼노 라투르의 '사실fact의 문제에서 관심concern의 문제로의 전환'이라는 논지를 바탕으로, 건축을 드론에 비유하였고, 전시된 것들을 치명적인 사고의 잔해에 비유하면서 사회가 그것에 대해 관심을 가져야 한다고 주장했다. 관점에 따라, 드론에 대한 비유 혹은 어떠한 형태의 "건축 문법"이나 분류 체계classificatory system든, 이를 강하게 거부하는 입장이든, 둘 다 건축을 위해 다시 한번 새로운 출발을 선언하기 위한 보통의 방식으로 이해될 수 있다.

요소에 대한 관심이 빠르게 증발한 것은 그것들이 전시된 장소, 즉 비엔날레 때문일 수도 있다. 비엔날레는 게오르크 프랑크가 처음으로 "관심의 경제학attention economy"라고 명명한 희생자인 기관인데, 그곳에서는 주목을 끄는 것이 가치가 되는 것이지, 가치가 있는 것이 주목을 끄는 것이 아니다. 건축의 근원에 대한 질문이 제기되고 그 "질서로의 호출"이 전파되자마자, 그것은 시카고(2015)의 'State of the Arts', 베니스(2016)의 'Reports', 리스본(2016)의 'Forms of Form', 시카고(2017)의 'New Histories' 등 다양한 비엔날레 전시들에 의해 곧바로 밀려났다.[역주1] 2014년의 이론적 제안이—건축가가 아니라 건축 자체를 전면에 배치하며—뜻밖에 등장했던 것만큼이나 갑작스럽게, 그 짧은 막간은 새로운 제도들이 새로운 저자들과 그들의 다양한 작업—혁신적이거나, 사회개혁적이거나, 형식주의적이

역주1 저자는 2014년 이후의 다양한 건축비엔날레 전시들에 대해 약칭으로 언급하고 있다. 2015년 시카고 건축 비엔날레의 '건축 예술의 상태(The State of the Art of Architecture)'; 2016년 베니스 건축 비엔날레, '처음으로부터의 보고(Reporting From The Front)'; 2016년 리스본 건축 비엔날레, '형식의 형식(The Form of Form)'; 2017년 시카고 건축 비엔날레, '새로운 역사 생산(Make new History)'

거나, 역사적 반성에 기반한 작업들—을 '관심 경제'의 시장에 내놓아야 한다는 강박에 자리를 내주었다. 그렇게 해서 "요소들"에 대한 담론은, 순식간에 고양되었던 만큼이나 빠르게 새로운 논평들에 의해 메말라 버렸다.

그러나 건축에 대한 성찰이 매체 혹은 학술적 권위의 논리에 의해 덜 움직이고, 오히려 건축 실천에 의해 더 많이 움직인다는 것은 과연 무엇을 의미할까? 개별적 논의의 덧없음이 아니라, 건축의 지속성—즉, 그것의 물질성, 구성물들, 혹은 흔적들—에 기반한 성찰이란 무엇인가? 그리고 그것은 어떻게 가능한가?

건축의 동시대적 요소들을 도식화할 수 있는 방법 중 하나는, 2014년 베니스 비엔날레에서 수행된 것처럼 그것들을 단순히 펼쳐 늘어놓는 것일 수 있다. 이것은 가장 간단하게 다가오지만, 건축에 대한 높은 차원의 논의를 이끌어내는 데에는 거의 도움이 되지 않는다. 잘해야 그것은 건축의 현재 상태, 생산 과정, 그리고 사용 방법 유형들에 대한 간략한 요약 정도로 정리될 뿐이다. 이러한 접근들을 이해하려고 노력하다보면, 반복적으로 떠오르는 질문이 있다: 무엇이 요소인가? 경량천장 속 매달린 배관들은 하나의 요소로 보아야 하는가, 아니면 천장 구조 자체만이 요소인가? 그리고 일체형 화장실은 하나의 요소인가, 아니면 단지 세면 도기 자체만 요소인가? 만약 이러한 '일반적 나열'이 비생산적으로 보인다면, 그것은 그 체계가 요소들 사이의 관계—건축구법적인 어떠한 것, 혹은 모든 것을 구성하는—를 고려하지 않기 때문이다.

그러나 이러한 무작위성은 건축이, 그 과업 자체의 복잡성과 점점 더 전문화되는 실무자들 때문에, 이론의 영역으로부터 결국 벗어났다는 것을 의미하는가? 아니면 그것은, 체계화에 대한 열망이 이제부터는 업계 외부의 사람들에게 위임되어야 한다는 것을 의미하는가—그리고 사실 그들은 건축가들과는 무관하게 이미 수년 동안 이를 훨씬 더 효율적으로 수행해오고 있는 것은 아닌가? 예를 들어, 홈디포Home Depot는 건축 자재와 부품부터 도구, 장비, 식물, 조립식 주택에 이르기까지의 요소들을 정확한, 물류적 질서로 제시한다. 마찬가지로, 가구 매장들은 거실, 주방, 정원 등 실 유형에 따라 구획되어 있으며, 각각에 맞는 설비와 비품들을 갖추고 있다. 심지어 건설 산업에서도 BIM 덕분에 어떤 요소든 경제적 가치를 정확히 산출, 표로 정리하고 평가할 수 있다. 그리고 우리는 공공 행정 기관들 또한 오래전부터 법적 기준이나 규범에 따라 자신들의 요소들을 명확히 규정해왔다는 사실을 잊어서는 안 된다.

건축의 요소들을 이해하기 위한 또 다른 접근 방식은 건축 매뉴얼의 전통에서 찾을 수 있다. 이 전통에서는 공간을 규정하는 요소들 이후에, 사람, 물품, 액체들이 공간의 경계를 관통하며 지나가기 위한 다양한 개구부들이 뒤따르고, 마지막으로는 건물 내부의 순환을 담당하는 요소들이 이어진다. 따라서 바닥, 벽, 지붕에 대한 챕터들 다음에는 문, 창문, 발코니에 대한 챕터들이 오고, 그 다음으로는 계단(기계식과 전동식 모두), 엘리베이터, 경사로에 대한 챕터들이 뒤따른다. 대부분의 요소들은 이러한 순서 안에서 분류될 수 있지만, 또 다른 일부는 그 밖으로 벗어난다. 이 점에서, '요소들' 전시를 수록한 출판물[역주2] 역시 전형적이다. 알베르티 전통의 건축 이론에서 가장 정통한 방식대로 기둥을 벽의 일부로 간주하여 생략하는 것은 정당화될 수 있을지 모르지만, 20세기의 벽은 다층으로 분해되고 진화한 결과, 벽과 파사드 사이의 구분은 사실상 무의미해졌다. 마찬가지로 발코니는 로지아나 포르티코로 손쉽게 보완될 수 있겠지만, 문에 대한 장에서 다룰 수도 있었다. 그리고 물론, 처음 보기엔 요소로 여겨지지 않을 공간들이 포함되기도 했다. 예컨대 복도는, 건축의 확립된 요소들에 비해 지나치게 좁은 체계를 바탕으로 하는 비전통적 이탈로서, 지극히 문자 그대로 이해되어야 할 것이다.

첫 번째 방식에서는, 정보, 용어, 그리고 실현 가능하거나 허구적인 서사들의 홍수 속에서 길을 잃을 위험이 있으며, 끝내 건축을 이미 전문성이 입증된 다른 전문가들의 손에 맡기고 그것과 영원히 작별하고 싶은 유혹에 빠질 수 있다. 반면, 두 번째 방식은 하나의 가능한 질서를 제시하지만—반복적인 예외들에 의해 마찰을 겪는다. 이 두 번째 접근은 또한, 기기, 건축 부재, 공간 사이를 계속 구분하는 등, 별다른 이유 없이 특정한 전통적 전제들을 영속시키는 듯 보이기도 한다. 그러나 건축의 요소들은 단지 돌이나 석고, 합성 또는 자연 재료, 혹은 그 혼합물로 된 구체적 인공물일 뿐만 아니라, 언제나 건축 공간을 규정하고 자격을 부여하는 장치들이기도 하다. 건축 요소들은 독립적으로 존재하지 않으며, 고유한 내재적 논리에 따라서만 기능하는 것도 아니다. 오히려 그것들은 하나의 기술적 앙상블을 구성하며, 따라서 배타적인 방식이 아니라, 더 근본적으로 그것들의 '동시성'에 전제하여 조직되어야 한다. 이는 철근과 콘크리트의 정밀한 혼합물로 구성된 철근 콘크리트 벽체—물론 콘

역주2 Koolhaas, Rem. *Elements of Architecture*. Marsilio Editori spa, 2014.

크리트 역시 자갈과 시멘트로 구성됨—만큼이나, 환기 덕트, 조명, 마감판들로 구성되어 함께 매달려야 하는 천장 구조에도 똑같이 적용된다. 따라서 일관된 건축 질서가 더 이상 오로지 '요소들'에만 기반할 수 없다는 것은 자명하다(왜냐하면 요소는 어디서 시작되고 어디서 끝나는가?), 재료를 중심으로 구성될 수도 없다(복합재료는 어떤 범주에 속하는가?), 그리고 순수한 경제적 또는 불류적 질서의 적용으로부터만 추론될 수도 없다(비록 건축이 궁극적으로 이 질서로부터 벗어나거나 그것을 초월해 작동할 수는 없다고 하더라도).

그 대신, 건축의 모든 '요소적 체계'는 건축의 실천praxis이 요구하는 바에 응답해야 한다. 오늘날 최소한 세 가지 요구를 구별해낼 수 있다: 기둥이나 바닥처럼 하중을 지지하는 역할을 하는 것들, 벽과 천장부터 난방 시스템, 단열재, 외장재, 방음재에 이르기까지 안식처를 제공하는 것들, 그리고 복도, 창문, 화장실, 문, 경사로처럼 순환을 위한 목적을 수행하는 것들.이러한 방식의 분류는 건축 기술과 공학, 재료 설계와 건축 간의 구분을 불필요하게 만든다는 장점을 지닌다. 그렇게 함으로써 각각의 요소들을 고립된 존재 방식이 아니라 전체 구조 안에서의 역할에 따라 고려할 수 있게 된다. 이 세 가지 요구—그것이 오직 세 가지뿐이라면 는 압축과 인장에 대한 수용력, 음향적 · 열적 · 단열적 특성, 신체를 움직이게 하고 공기 · 물 · 에너지를 교환하는 능력으로 다시금 정리할 수 있으며, 그 후 다양한 재료적 특성에 따라 세분화 될 수 있다. 이러한 관점은, 건축에 부과되는 '수행적performative' 요구들을 전면에 내세우면서, 건축을 요소들의 콜라주collage로서 암묵적으로 독해했던 일반적 방식은 이제는 '조립/아쌍블라주assemblage'로서의 이해로 대체되어야 하며, 이를 통해 건축은 다시금 그 심미성—즉 보편성을 갖춘 특성—을 회복해야 함을 시사한다.

라우렌트 슈탈더(Laurent Stalder)는 스위스 취리히 출신으로 로잔 연방공과대학(EPFL)과 취리히 연방공과대학(ETH Zürich)에서 건축을 공부하였다. 이후 ETH 취리히 건축역사이론학부에서 박사 학위를 받았으며, 2006년 루체른 응용과학예술대학교 건축학부 교수로 재직한 뒤 2006년부터 ETH 취리히 건축학과 건축역사이론 교수로 활동하고 있다. 그의 연구와 저술은 19세기부터 21세기에 이르는 건축과 기술, 미디어, 재료의 교차 영역을 탐구하는 데 중점을 두고 있으며, 건축의 사회적 · 문화적 맥락 속에서 재료와 기술의 의미를 규명하는 데 기여해왔다. 주요 저서로는 『Herman Muthesius: Das Landhaus als Kulturgeschichte』(1997), 『Der Schwellenatlas』(2009, 편저), 『Architektur im 20. Jahrhundert: Ein Studienbuch』(2011, 공저), 『Architecture/stories: materials, experiments, structures』(2022, 공저) 등이 있다.

English Original

Extracted from: Stalder, Laurent. "An Elementary Proposition." Translated by Jill Denton. *e-flux Architecture: History/Theory*. 2017. https://www.e-flux.com/architecture/history-theory/162450/an-elementary-proposition

"Elements" have always numbered among the fixed topoi of any conceptual preoccupation of architectural theory. They have long proven to be a central point of departure for inquiries into architectural practice. Leon Battista Alberti granted the "elements" of architecture a pivotal role in his third book, which he devoted to construction (1443–1452). Henry Wotton published his loose translation of Vitruvius under the title Elements of Architecture (1624). Four "elements" were the fundament on which Gottfried Semper first endeavored to formulate a global theory of architecture (1851). Josef Durm, in what was the most comprehensive manual of his day, summarized "constructions delimiting space" under the name "architectural elements" (1920). And it was under five points, if not elements, that Le Corbusier laid out his theory of modern architecture (1927). These texts as well as many others all aspire to scrutinize the complexity of architectural practice according to its contemporary logics, and in turn, to propose new models for it. Semper proposed his four elements to prompt a rethink of the Vitruvian architectural tradition and, against the backdrop of a newly accessible global architecture, forge it anew. Le Corbusier's five points, for their part, constitute a radical attempt to come to terms with the functional, structural, and aesthetic repercussions of a novel material—reinforced concrete. This dual aspiration is architectural theory's contribution to its time. Historically embedded, it fuses discourse that is concerned with the rules of the architectural discipline with cultural discourse on, and about architecture.

In light of these examples, it is curious to note that the 2014 Venice Biennale curatorial proposal, to exhibit the contemporary "elements" of architecture, has since then fallen almost completely out of architectural discourse and its debates. This may be due to how difficult it was, given the flood of artifacts, documents, graphics, and texts of greater or lesser originality, to gain an overview of the exhibition and a coherent definition of an "element." This may also be due to the generic comments of the curator, who claimed to present a "selection of the most revealing, surprising, and unknown moments of a global history of elements" in a broad variety of exhibition formats, from archives, museums, and factories to laboratories, mock-ups, and simulations. The explanation proffered by the exhibition's scientific director was even more vague, who—taking lead from Bruno Latour's thesis on the transformation of a matter of fact into a matter of concern—compared architecture to a drone, and the exhibits on display to the remains of a fatal accident, which society should concern itself with. Depending on one's viewpoint, either the drone analogy or the emphatic rejection of any kind of "architectural grammar" or classificatory system can be understood as a common excuse to declare, yet again, a fresh start for architecture.

The rapidly evaporating interest in elements may also be due to the place where they were exhibited: the Biennale, an institution victim of what Georg Franck originally described as the attention economy: where value accrues to whatever draws attention, not the other way around. For no sooner had questions about the fundamentals of architecture been put and the "call to order" sounded than were they swept aside by the various State of the Arts (Chicago, 2015), Reports (Venice, 2016), Forms of Form (Lisbon, 2016), or New Histories (Chicago, 2017). As unexpectedly as 2014's theoretical proposition had come into play—positioning architecture, not architects, in the foreground—did the brief intermezzo cede to the compulsion of new institutions to place new authors and their various—innovative, social-reformist, formalist, or historically reflective—works on the market of attention. And so, discourse on "elements" dried up as fast as it had been hustled by novel commentaries to new heights.

Yet what would it mean to hazard reflections on architecture that are driven less by media or academic career logics than by architectural practice; not the ephemera of individual debate but rather the durability of architecture, which is to say, its materiality, constructs, or traces? And how could it be done?

One possible approach to mapping the contemporary elements of architecture might consist of, as was done in the Venice Biennale of 2014, simply laying them out. This appears most expedient, yet it is hardly conducive to superordinate statements on architecture. At best, it can lead to a brief summary of the present state of architecture, its processes of production, and types of usage thereof. Yet while trying to make sense of such an approach, one question repeatedly comes up: What is an element? Do the pipes in a suspended ceiling constitute an element, or just the suspended ceiling itself? And is an integrated toilet an element, or just the toilet bowl itself? If such a general layout seems unproductive, that is because the system fails to take into account of connections between elements, which are constitutive of anything and everything architectonic.

But does this randomness then mean that architecture, on account of the complexity of its tasks and its increasingly specialized practitioners, has definitively taken leave from the realm of theory? Or could it mean that the striving for systematization must from now on be delegated to those outside the profession, who have in any case been accomplishing this feat for years already, independently of, and much more efficiently than architects? Home Depot, for instance, presents elements ranging from construction materials and components to tools, equipment, plants, and prefab houses in a precise, logistical order. Similarly, furniture stores are subdivided according to room type, from living room, to kitchen, to garden, each with its relevant fittings and furnishings. Even the construction industry, thanks to BIM, can accurately deduce, tabulate, and accordingly rate the economic value of any element, and public administrations have, we should not forget, long since specified their elements in line with legal criteria or norms.

Another approach to understanding the elements of architecture can be taken from the tradition of architectural manuals, in which constitutive elements of a space are followed by various openings for persons, goods and fluids which perforate the spatial boundaries, and finally, by those elements that serve as circulation within a building. Thus, after the chapters on floors, walls, and roofs come those on doors, windows, and balconies, and then stairs (both mechanical and traditional), elevators, and ramps. While the majority of elements can be classified within this order, others again fall outside it. Here too, the publication that accompanied the exhibition on Elements is exemplary. For while in the finest tradition of Albertinian architectural theory the column might justifiably be omitted by deeming it a section of the wall, the twentieth-century evolution and disintegration of the wall into layers has effectively rendered any distinction between it and the façade obsolete. Similarly, the balcony might easily be complemented by the loggia or portico, but it could also be dealt with in the section on doors. And then there are, of course, the inclusion of spaces that would not be qualified as elements at first glance. The corridor, for example, would have to be read quite literally as an unconventional departure from an order based all too narrowly on the established elements of architecture.

While with the first approach one risks becoming lost in a flood of information, norms, and either feasible or fictitious narratives, leaving one tempted to leave architecture in the hands of otherwise-proven experts and so definitively bid it farewell, the second approach chalks out a possible order—albeit one that repeatedly chafes at its exceptions. This second approach also seems to perpetuate certain traditional givens for no good reason, for instance, continuing to distinguish between apparatuses, building components, and spaces.

Yet elements of architecture are not only concrete artifacts of stone or plaster, synthetic or natural materials, or a mixture thereof, but also—and always—devices that determine and qualify architectural space. Architectural elements neither lead an independent existence nor function solely according to their own inherent logic. Rather, they constitute a technical ensemble and must therefore be coordinated, not for reasons of compromise but rather, and more crucially, their simultaneity. This is as true of the reinforced concrete wall—that precise amalgam of steel and concrete, with the latter, of course, composed from gravel and cement in turn—as it is of the suspended ceiling comprised of ventilation ducts, lighting, and covering plates that must hang together. It hence goes without saying that a coherent architectural order can no longer be based solely on elements (for where does an element begin and end?), oriented around materials (for which category would composites fall?), or deduced from the application of a purely economic or logistical order (despite the fact that architecture can ultimately never evade or operate beyond this).

Instead, any elementary order of architecture should respond to the requirements of its praxis. At least three of these can be distinguished for today: those, such as pillars and floors, which serve to bear loads; those whose purpose is to provide shelter, from walls and ceilings to heating systems, insulation, cladding, and soundproofing materials; and those which serve purposes of circulation, like corridors, windows, toilets, doors, and ramps. Classification of this sort has the advantage of obviating the distinction between building technology and engineering, between material design and architecture, so that each of these might be considered not in terms of their isolated elemental existence, but rather their role in the overall structure. These three requirements—if there are only three—could in turn be further classified according to their compressive or tensile capacity, their acoustic, thermal, or insulating properties, or their ability to keep bodies in motion, to exchange air, water, and energy, and then further in terms of their diverse materiality. This perspective, which foregrounds the performative demands made of architecture, further implies that the common subtextual reading of architecture as a collage of elements must cede to that of an assemblage, and thereby regain its aesthetic—which is to say, mutually shared—quality.